에듀윌과 함께 시작하면,
당신도 합격할 수 있습니다!

대학 졸업을 앞두고 취업준비를 하며
대기환경기사 시험을 준비하는 취준생

비전공자이지만 더 많은 기회를 만들기 위해
대기환경기사에 도전하는 수험생

환경 관련 업체에서 일하며 승진을 위해
대기환경기사에 도전하는 주경야독 직장인

누구나 합격할 수 있습니다.
시작하겠다는 '다짐' 하나면 충분합니다.

마지막 페이지를 덮으면,

에듀윌과 함께
대기환경기사 합격이 시작됩니다.

에듀윌 환경 시리즈

환경 쌍기사 취득
취업의 문이 넓어집니다!

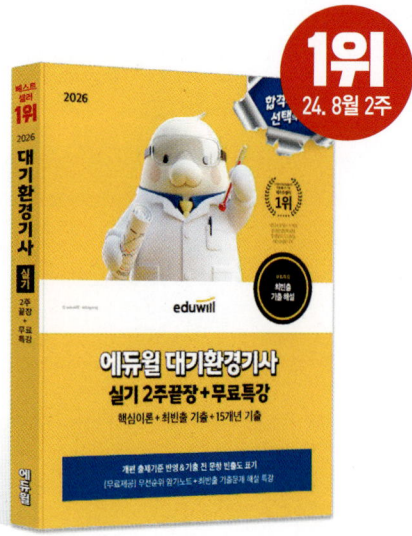

* YES24 수험서 자격증 한국산업인력공단 대기환경 베스트셀러 1위(2025년 10월 4주 주별 베스트)
* YES24 수험서 자격증 한국산업인력공단 대기환경 베스트셀러 1위(2024년 8월 2주 주별 베스트)
* YES24 수험서 자격증 한국산업인력공단 수질환경 베스트셀러 1위(2025년 11월 2주 주별 베스트)
* YES24 수험서 자격증 한국산업인력공단 수질환경 베스트셀러 1위(2024년 9월 3주 주별 베스트)

에듀윌 대기환경기사
2주 완성 학습 플래너

환경 전공자 플랜
- 하루 3시간 이상 학습
- 기출문제 위주로 학습하여 빠르게 합격하기

WEEK	DAY	학습내용	완료
WEEK 01	DAY 01	PART 01 대기오염관리 기초	☐
	DAY 02	PART 02 대기오염관리 실무	☐
	DAY 03	2025~2024년 기출문제	☐
	DAY 04	2023~2022년 기출문제	☐
	DAY 05	2021~2018년 기출문제	☐
	DAY 06	2017~2014년 기출문제	☐
	DAY 07	2013~2011년 기출문제 **1회독**	☐
WEEK 02	DAY 08	2025~2022년 기출문제	☐
	DAY 09	2021~2016년 기출문제	☐
	DAY 10	2015~2011년 기출문제 **2회독**	☐
	DAY 11	2025~2022년 기출문제	☐
	DAY 12	2021~2016년 기출문제	☐
	DAY 13	2015~2011년 기출문제 **3회독**	☐
	DAY 14	우선순위 암기노트	☐

환경 비전공자 플랜
- 하루 6시간 이상 학습
- 계산문제 해설에 집중하여 학습하기

WEEK	DAY	학습내용	완료
WEEK 01	DAY 01	PART 01 대기오염관리 기초	☐
	DAY 02	PART 02 대기오염관리 실무	☐
	DAY 03	2025~2023년 기출문제	☐
	DAY 04	2022~2019년 기출문제	☐
	DAY 05	2018~2015년 기출문제	☐
	DAY 06	2014~2011년 기출문제 **1회독**	☐
	DAY 07	2025~2022년 기출문제	☐
WEEK 02	DAY 08	2021~2016년 기출문제	☐
	DAY 09	2015~2011년 기출문제 **2회독**	☐
	DAY 10	2025~2022년 기출문제	☐
	DAY 11	2021~2016년 기출문제	☐
	DAY 12	2015~2011년 기출문제 **3회독**	☐
	DAY 13	우선순위 암기노트	☐
	DAY 14	최종 복습	☐

서술형 문항 대비 빈출 개념 마무리 학습!

우선순위 암기노트

에듀윌 대기환경기사
실기 2주끝장

대기환경기사 실기

서술형 문항 대비 마무리 학습!

우선순위 암기노트

5회 이상 출제된 문제

※ 분류방법에 따라 출제횟수는 달라질 수 있습니다.

01 원심력집진장치에서 블로우다운(Blow down)

구분	내용
의미	원심력집진장치에서 처리가스량의 5~10% 정도를 흡인하여 줌으로써 유효 원심력을 증대시키는 방법이다.
효과	• 사이클론 내의 난류현상을 억제시킨다. • 먼지의 재비산을 막아준다. • 장치 내벽에 부착되는 먼지의 축적을 방지한다. • 집진효율이 증대된다.

02 입경의 종류

① 스토크스 직경: 원래의 먼지와 밀도 및 침강속도가 동일한 구형입자의 직경이다.
② 공기역학적 직경: 측정하고자 하는 입자와 동일한 침강속도를 가지며, 밀도가 $1g/cm^3$인 구형입자의 직경이다.

03 충전탑의 흡수액이 갖추어야 할 조건

① 용해도가 커야 한다.
② 점성이 작아야 한다.
③ 화학적으로 안정해야 한다.
④ 휘발성이 적어야 한다.
⑤ 부식성이 낮아야 한다.

04 바람에 대한 서술

① 해륙풍은 해안 근처의 지역에서 바다와 육지의 열용량차에 의해 발달된 바람이다.
　낮에는 햇빛에 의해 육지가 빨리 따뜻해져 공기가 상승하여 바다에서 육지 쪽으로 부는 바람을 해풍이라 하고 밤에는 육지가 빨리 차가워져 공기가 하강하고 바다는 천천히 식어 따뜻한 공기가 형성되어 육지에서 바다로 부는 바람을 육풍이라 한다.
② 산곡풍은 평지와 계곡 및 분지지역의 일사량차로 인하여 생기는 바람이다. 곡풍은 낮의 일사량이 평지보다 산이 많아 산의 비탈면을 따라 상승하는 바람이고 산풍은 밤에 산의 냉각으로 산의 비탈면을 따라 하강하는 바람이다.
③ 경도풍은 기압경도력이 원심력, 전향력과 평형을 이루면서 고기압과 저기압의 중심부에서 발생하는 바람이다.
④ 지균풍은 기압경도력과 전향력이 평형을 이루어 마찰력이 존재하지 않는 고도 1km 이상에서 등압선과 평행하게 부는 바람이다.

05 물리적 흡착의 특성

① 입자 간의 인력(Van der Waals 힘)이 주된 원동력이다.
② 흡착제에 피흡착물질이 부착되는 흡착이다.
③ 가역적인 흡착반응이 일어난다.
④ 일반적으로 기체의 분자량이 클수록 흡착량은 증가한다.
⑤ 흡착되는 피흡착물질의 분압이 높을수록 흡착량은 증가한다.
⑥ 온도가 낮을수록 흡착량은 증가한다.
⑦ 오염가스 회수가 용이하다.

3회 이상 출제된 문제

01 다이옥신 처리방법
① 촉매분해법: 300~400℃ 부근에서 촉매를 사용하여 다이옥신을 분해하는 방법으로 촉매로는 금속산화물(V_2O_5, TiO_2 등), 귀금속(Pt, Pd)이 사용된다.
② 광분해법: 자외선 파장(250~340nm)을 이용하여 다이옥신을 분해한다.
③ 열분해법: 고온(850℃ 이상)의 산소가 아주 적은 환원성 분위기에서 탈염소화, 수소첨가반응 등에 의해 분해한다.
④ 오존분해법: 수중에 포함된 다이옥신을 분해하는 방법으로 고온의 염기성 상태에서 오존을 주입하여 분해한다.

02 후드 선택 시 흡인요령
① 발생원에 최대한 접근시켜 흡인시킨다.
② 포착속도(Capture velocity)를 충분히 유지시킨다.
③ 에어커튼을 사용한다.

03 상자모델의 가정조건
① 상자 공간에서 오염물의 농도는 균일하다.
② 오염물의 분해는 일차반응에 의한다.
③ 오염배출원은 이 상자가 차지하고 있는 지면 전역에 균등하게 분포되어 있다.
④ 오염원은 방출과 동시에 균등하게 혼합된다.

04 전기집진장치의 집진효율을 증가시키는 방법

① 집진장치 내의 전류밀도를 안정적으로 유지한다.
② 처리가스의 유속을 낮춘다.
③ 역전리 현상을 방지한다.
④ 재비산 현상을 방지한다.
⑤ 집진면적을 증가시킨다.
⑥ 집진극의 길이를 길게 한다.
⑦ 강한 전계강도를 유지한다.
⑧ 집진극에 오염물질이 없도록 한다.
⑨ 분진의 전기비저항값을 적절하게 유지한다.

05 채취관을 보온 또는 가열해야 하는 경우

① 채취관이 부식될 염려가 있는 경우
② 여과재가 막힐 염려가 있는 경우
③ 분석물질이 응축수에 용해해서 오차가 생길 염려가 있는 경우

06 충전탑 관련 용어

구분	내용
Hold-up	흡수액을 통과시키면서 유량속도를 증가할 경우 충전층 내의 액보유량이 증가하게 되는 상태이다.
Loading Point	일정양의 흡수액을 흘릴 때 유해가스의 압력손실은 가스속도의 대수값에 비례하며, 가스 속도 증가 시 나타나는 첫 번째 파과점이다.
Flooding Point	가스 속도가 커져서 액이 흐르지 않고 넘는 점이다.

07 열섬효과에 영향을 주는 요인

① 도시지역에서 발생하는 인공열의 증가
② 도시지역 표면의 열적 성질의 차이
③ 지표면에서의 증발잠열의 차이
④ 건물 등에 의한 거칠기 변화

08 전기집진장치에서 2차 전류가 현저하게 떨어질 때의 대책

① 스파크 횟수를 늘린다.
② 부착된 먼지를 탈락시킨다.
③ 조습용 스프레이의 수량을 증가시켜 겉보기 저항을 낮춘다.

09 알베도와 비인의 변위법칙 설명

① 알베도는 지표면에 입사된 에너지에 대한 반사되는 에너지의 비율을 퍼센트로 표현한 값이다.
② 비인의 변위법칙은 흑체로부터 방출되는 파장 가운데 에너지 밀도가 최대인 파장과 흑체의 온도는 반비례한다는 법칙이다.

10　온실효과

구분	내용
기온상승 원리	온실의 유리처럼 온실기체가 지구에서 방출되는 적외선 영역의 에너지를 흡수하여 다시 지구로 반사시켜 지구의 온도를 상승시키는 현상이다.
원인물질	CO_2, CFC, N_2O, CH_4, SF_6

11　원자흡수분광광도법의 용어 설명

① 공명선: 원자가 외부로부터 빛을 흡수했다가 다시 먼저 상태로 돌아갈 때 방사하는 스펙트럼선이다.
② 분무실: 분무기와 함께 분무된 시료용액의 미립자를 더욱 미세하게 해주는 한편 큰 입자와 분리시키는 작용을 갖는 장치이다.

12　건식법

구분	내용
종류	석회석주입법, 활성탄흡착법, 활성산화망간법
장점	• 폐수의 발생이 없다. • 배출가스의 온도저하가 거의 없는 편이다. • 연돌에 의한 배출가스의 확산이 양호한 편이다.

13. 연소방법

구분	내용
증발연소	휘발유, 등유 등과 같이 화염으로부터 열을 받아 가연성 증기가 발생하여 연소하는 형태이다.
분해연소	석탄, 목재와 같이 분자량이 큰 연료가 열분해되면 가연성 가스를 방출하는데 이 가연성 가스가 화염을 발생시키며 연소하는 형태이다.
표면연소	목탄, 코크스 등과 같이 고정탄소 성분이 연소하여 화염을 내지 않고 표면이 빨갛게 빛을 내면서 연소하는 형태이다.
확산연소	LPG, 프로판 등과 같은 기체연료를 버너노즐로 분사시켜 외부 공기와 혼합하면서 연소하는 방법이다.
내부연소	니트로글리세린 등과 같이 공기 중의 산소의 공급이 없어도 그 물질 내부에 포함하고 있는 산소를 이용하여 스스로 연소하는 형태이다.

STEP 03 3회 미만 출제된 문제

01 **황산화물 처리 시 발생하는 Scale 생성 방지대책**
① 순환액의 pH 변화가 적도록 유지한다.
② 흡수액의 양을 증가하여 탑 내 또는 배관에서의 Scale 생성을 방지한다.
③ 탑 내에 세정액을 주기적으로 분사한다.
④ 배가스와 슬러지 분배를 적절하게 유지한다.
⑤ 탑 내에 내장물을 가능한 한 설치하지 않는다.
⑥ 슬러리 석고농도를 5% 이상 유지하여 석고의 결정화를 촉진한다.

02 **가솔린 자동차에 사용하는 삼원촉매장치**
① 사용하는 삼원촉매: 백금(Pt), 팔라듐(Pd), 로듐(Rh)
② 제거되는 오염물질: NO_x, HC, CO

03 **상사법칙에서 송풍기 회전수와 풍량, 풍압, 축동력의 관계**
① 풍량은 회전수에 비례한다.
② 풍압은 회전수의 제곱에 비례한다.
③ 축동력은 회전수의 세제곱에 비례한다.

04 **액분산형 흡수장치의 종류**
① 충전탑
② 분무탑
③ 벤투리스크러버
④ 사이클론스크러버

05 흡착제 재생방법

① 감압 진공 탈착법
② 수세 탈착법
③ 고온공기 탈착법
④ 고온 수증기 탈착법
⑤ 불활성 가스에 의한 탈착법

06 분산모델의 특징

① 지형 및 오염원의 조업조건에 영향을 받는다.
② 오염물의 단기간 분석 시 문제가 된다.
③ 먼지의 영향평가는 기상의 불확실성과 오염원이 미확인인 경우에 문제점을 가진다.
④ 미래예측이 가능하다.

07 수용모델의 특징

① 새로운 오염원, 불확실한 오염원과 불법배출 오염원을 정량적으로 확인평가 할 수 있다.
② 측정자료를 입력자료로 사용하므로 시나리오 작성이 곤란하다.
③ 오염원의 조업 및 운영 상태에 대한 정보 없이도 사용 가능하다.

08 이산화황의 연속자동측정방법

① 용액전도율법
② 적외선흡수법
③ 자외선흡수법
④ 정전위전해법
⑤ 불꽃광도법

09 이온크로마토그래피

구분	내용
측정원리	이동상으로는 액체, 그리고 고정상으로는 이온교환수지를 사용하여 이동상에 녹는 혼합물을 고분리능 고정상이 충전된 분리관 내로 통과시켜 시료성분의 용출상태를 전도도 검출기 또는 광학 검출기로 검출하여 그 농도를 정량하는 방법이다.
써프렛서의 역할	용리액에 사용되는 전해질 성분을 제거하기 위하여 분리관 뒤에 직렬로 접속시킨 것으로써 전해질을 물 또는 저전도도의 용매로 바꿔줌으로써 전기 전도도셀에서 목적이온 성분과 전기 전도도만을 고감도로 검출할 수 있게 해주는 것이다.

10 선택적 촉매환원법

구분	내용
원리	200~400℃에서 촉매(TiO_2와 V_2O_5 등)에 NH_3, H_2, CO, H_2S 등의 환원가스를 작용시켜 NO_x를 N_2로 환원시키는 방법이다.
반응식	• $6NO_2 + 8NH_3 \rightarrow 7N_2 + 12H_2O$ • $6NO + 4NH_3 \rightarrow 5N_2 + 6H_2O$ • $4NO + 4NH_3 + O_2 \rightarrow 4N_2 + 6H_2O$ (산소가 공존하는 상태)

11 원심력집진장치의 집진효율 향상조건

① 원통의 직경이 작을수록 집진효율이 증가한다.
② 입자의 밀도가 클수록 집진효율이 증가한다.
③ 가스의 유입속도가 클수록 집진효율이 증가한다.
④ 입자의 직경이 클수록 집진효율이 증가한다.

12 헤이즈계수(Coh: coefficient of haze)

구분	내용
정의	깨끗한 여과지에 먼지를 모아 빛전달율의 감소를 측정함으로써 결정되며 광화학적 밀도가 0.01이 되도록 하는 여과지상의 고형물의 양을 의미한다.
공식	$\text{Coh} = \dfrac{\text{OD}}{0.01} = \dfrac{\log \dfrac{1}{I_t/I_o}}{0.01} = 100 \log \dfrac{1}{I_t/I_o}$ OD: 광화학적 밀도로 불투명도의 log 값 I_t: 투과광의 강도 I_o: 입사광의 강도 I_t/I_o: 빛 전달률(투과도)

13 먼지의 입경 측정방법

구분	내용
직접적 방법	• 표준체 측정법: 다양한 크기의 표준체를 이용하여 입경별로 분리·측정하는 방법이다. • 현미경법: 측정자가 각각의 입자를 직접 현미경으로 관찰하면서 측정하는 방법이다.
간접적 방법	• 관성충돌법: 관성충돌을 이용하여 입경을 간접적으로 측정하는 방법으로 체를 이용하여 모래를 거르는 방법과 유사하다. • 액상침강법: 물이나 공기 등의 유체에서 침강시키며 속도를 구하고 스토크스 법칙에 적용하여 입자의 직경을 구하는 방법이다. • 공기투과법: 입자의 비표면적을 측정하여 입경을 측정하는 방법이다. • 광산란법: 입자의 표면에서 일어나는 빛의 산란정도를 광학분진계로 측정하는 방법이다.

14 충전탑과 단탑의 차이점

① 포말성 흡수액일 경우 충전탑이 유리하다.
② 흡수액에 부유물이 포함되어 있을 경우 단탑을 사용하는 것이 더 효율적이다.
③ 온도 변화에 따른 팽창과 수축이 우려될 경우에는 충전제 손상이 예상되므로 단탑이 유리하다.
④ 운전 시 용매에 의해 발생되는 용해열을 제거해야 할 경우 냉각오일을 설치하기 쉬운 단탑이 유리하다.
⑤ 단탑은 충전탑에 비해 압력손실이 크다.
⑥ 단탑은 충전탑에 비해 흡수액의 Hold-up이 크다.
⑦ 충전탑은 충전물이 고가이므로 초기 설치비가 많이 든다.

15 가스상 물질의 시료채취방법

(1) 시료채취관 선정 시 재질과 관련하여 고려해야 할 사항
　① 화학반응이나 흡착작용 등으로 배출가스의 분석결과에 영향을 주지 않는 것
　② 배출가스 중의 부식성 성분에 의하여 잘 부식되지 않는 것
　③ 배출가스 온도, 유속 등에 견딜 수 있는 충분한 기계적 강도를 갖는 것
(2) 폼알데하이드 여과재
　① 알칼리 성분이 없는 유리솜 또는 실리카솜
　② 소결유리

16 여과집진장치의 집진원리

① 차단
② 확산
③ 관성충돌
④ 중력
⑤ 정전기적 인력

17 흑체의 정의

흑체는 입사되는 모든 파장대의 복사에너지를 완전히 흡수하는 이상적인 물체이다.

18 스테판-볼츠만 법칙

스테판-볼츠만 법칙은 흑체가 방출하는 열복사에너지와 절대온도의 관계를 나타내는 법칙이다.

$$E = \sigma \times T^4$$

E: 흑체의 단위 면적당 방출하는 에너지 세기
σ: 비례상수$[=5.67 \times 10^{-8} W/(m^2 \cdot K^4)]$
T: 흑체의 절대온도(K)

19 유압분무식 버너의 특징

① 구조가 간단하고 유지보수가 용이하다.
② 연소장치가 큰 대형보일러에 이용할 수 있다.
③ 고부하의 연소가 가능하다.
④ 연료의 분사유량은 15~2,000L/h 정도이다.
⑤ 유압은 5~30kg/cm²로 크다.
⑥ 유량조절범위가 환류식의 경우는 1:3, 비환류식의 경우는 1:2 정도로 적어서 부하변동에 적응하기 어렵다.
⑦ 연료의 점도가 크거나 유압이 5kg/cm² 이하가 되면 분무화가 불량하다.

20 전기집진장치로 분진을 집진할 경우 작용하는 집진원리

① 입자 간의 흡인력
② 전계강도의 힘
③ 전기풍에 의한 힘
④ 대전 입자의 하전에 의한 쿨롱력

21 여과집진장치 중 간헐식, 연속식 탈진방법의 장점

구분	장점
간헐식	• 간헐식은 먼지의 재비산이 적다. • 탈진과 여과를 순차적으로 실시하므로 높은 집진율을 얻을 수 있다. • 여포의 수명은 연속식에 비해 길다.
연속식	• 연속식은 포집과 탈진이 동시에 이루어지므로 압력손실이 거의 일정하다. • 고농도, 대용량의 가스를 처리할 수 있다. • 점성있는 조대먼지의 탈진에 효과적이다.

22 세정집진장치에서 관성충돌계수가 커지는 경우

① 가스유속이 빠를수록 커진다.
② 먼지입경이 클수록 커진다.
③ 처리가스의 온도가 낮을수록 커진다.
④ 가스의 점도가 낮을수록 커진다.
⑤ 분진의 밀도가 클수록 커진다.
⑥ 물방울 직경이 작을수록 커진다.

23 전기집진장치에서의 장애현상의 원인 및 대책

(1) 2차 전류가 주기적으로 변하거나 불규칙하게 흐를 때

구분	내용
원인	• 집진극에 집진된 먼지의 스파크가 심할 때 발생한다. • 방전극과 집진극이 변형되었을 때 발생한다.
대책	• 분진을 충분하게 탈리시킨다. • 1차 전압을 스파크와 전류의 흐름이 안정될 때까지 낮추어 준다.

(2) 2차 전류가 현저히 떨어질 때

구분	내용
원인	• 먼지농도가 높을 때 발생한다. • 먼지의 겉보기 저항이 이상적으로 높을 때 발생한다.
대책	• 스파크 횟수를 늘린다. • 조습용 스프레이의 수량을 증가시켜 겉보기 저항을 낮춘다.

(3) 재비산현상이 일어날 때

구분	내용
원인	• 비저항이 $10^4 \Omega \cdot cm$ 이하일 때 발생한다. • 배연시설에서 연료에 S 함유량이 많은 경우에 발생한다.
대책	• 처리가스의 속도를 낮추어 준다. • 암모니아 가스를 주입한다.

서술형 문항 대비 빈출 개념 마무리 학습!

우선순위 암기노트

에듀윌 대기환경기사
실기 2주끝장

에듀윌이 너를 지지할게

ENERGY

세상을 움직이려면
먼저 나 자신을 움직여야 한다.

– 소크라테스(Socrates)

에듀윌 대기환경기사

실기 2주끝장

대기환경기사 실기시험이란?

대기환경기사 실기 시험정보

01 실기시험 일정

구분	원서접수	시험일	합격자 발표일
1회	2026.03.23~2026.03.26	2026.04.18	2026.06.12
2회	2026.06.22~2026.06.25	2026.07.19	2026.09.11
3회	2026.09.21~2026.09.23, 2026.09.28	2026.11.07	2026.12.18

※ 정확한 시험일정 및 시험정보는 한국산업인력공단(Q-net) 참고

02 실기시험 진행방법

구분	내용
시험과목	대기오염관리실무 단일과목으로, 20문항 내외가 출제됨
검정방법	• 주관식으로 시험지에 직접 풀이과정과 답을 작성해야 함 • 시험시간은 3시간임
합격기준	• 100점을 만점으로 하여 60점 이상 • 단일과목으로 과락은 없음

03 응시자격

대기환경기사 실기시험은 필기시험에 합격한 자와 필기시험 면제자에 한하여 응시할 수 있습니다.

※ 정확한 응시자격은 한국산업인력공단(Q-net) 참고

04 출제기준

▶ **출제기준 변경사항**

2026년부터 대기환경기사 시험 출제기준이 개편됩니다. 실기과목명이 '대기오염방지실무'에서 '대기오염관리실무'로 변경되고, 주요항목도 기존 4개에서 9개로 세분화되었습니다.

▶ **출제기준 개편에 따른 학습방향**

이번에 개편된 출제기준은 기존 내용을 구체화한 수준으로, 실제 시험에서 체감할 변화는 크지 않을 것으로 전망됩니다. 따라서 과거 기출문제를 기반으로 시험이 출제될 가능성이 높으며, 기출문제를 통해 기본 개념을 확실히 이해하고 응용력을 높이는 것이 여전히 중요합니다.

적용기간(2025.01.01~2025.12.31)		적용기간(2026.01.01~2030.12.31)	
실기과목명	주요항목	실기과목명	주요항목
대기오염방지실무	1. 대기오염방지기술 2. 가스처리 3. 입자처리 4. 대기오염 측정 및 관리	대기오염관리실무	1. 대기환경관리 계획수립 2. 대기환경관리 대관업무 3. 대기오염물질 측정분석 4. 방지시설 설치 5. 방지시설 운전 관리 6. 악취관리 7. 실내공기질 관리 8. 이동오염원 관리 9. 미세먼지 관리

※ 출제기준의 세부항목 및 세세항목은 한국산업인력공단(Q-net) 참고

개편 출제기준

개편 출제기준 이론 반영 & 강의 무료 제공!

2026년부터 적용되는 대기환경기사 실기시험 출제기준은 주요 항목이 세분화되며 전반적으로 개편되었습니다. 개정된 모든 내용은 에듀윌 교재에 반영되어 있으며, 새롭게 바뀐 출제기준에 맞춰 2026년 실기시험 대비 특강을 무료로 제공합니다.

경로 안내 에듀윌 도서몰(book.eduwill.net) ▶ 회원가입/로그인 ▶ 동영상강의실 ▶ 대기환경기사 검색

※ 동영상강의는 2025년 12월 내로 업로드 될 예정입니다.

실기시험 답안 작성법에 최적화된 교재!

01 계산문제의 정답은 소수 둘째자리까지 반올림한다.

국가자격시험 필답형 실기시험 수험자 유의사항에 따르면, 계산문제는 최종결과값에서 소수 셋째자리에서 반올림하여 둘째자리까지 구하여야 하나, 개별문제에서 소수처리에 대한 별도 요구사항이 있을 경우, 그 요구사항에 따라야 합니다. 따라서 계산문제의 정답을 적을 때에는 풀이과정의 최종값은 소수 셋째자리 이상, 정답은 소수 둘째자리까지 적으면 감점되지 않습니다.

▶ 에듀윌 대기환경기사 실기 교재는 실제 시험에서 풀이과정을 작성하는 것처럼 해설을 수록했습니다.

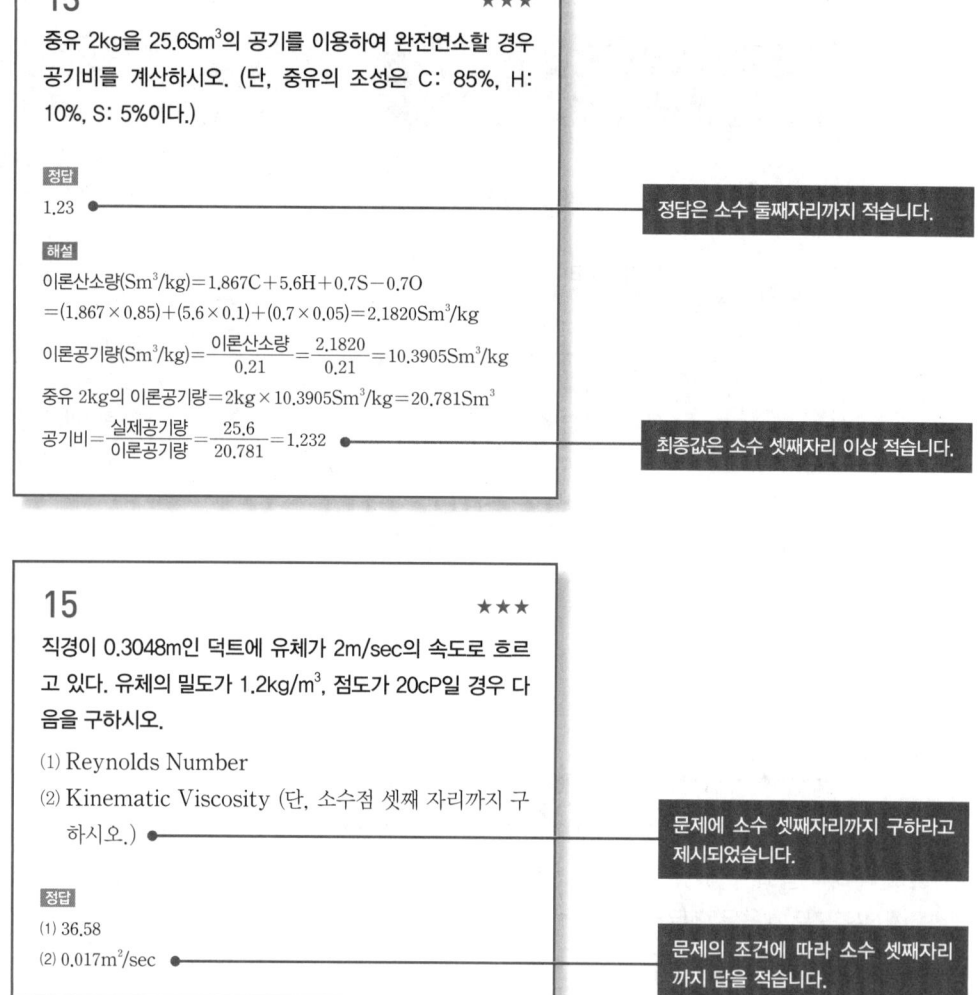

13 ★★★
중유 2kg을 25.6Sm³의 공기를 이용하여 완전연소할 경우 공기비를 계산하시오. (단, 중유의 조성은 C: 85%, H: 10%, S: 5%이다.)

정답
1.23 ● ─── 정답은 소수 둘째자리까지 적습니다.

해설
이론산소량(Sm³/kg)=1.867C+5.6H+0.7S−0.7O
=(1.867×0.85)+(5.6×0.1)+(0.7×0.05)=2.1820Sm³/kg
이론공기량(Sm³/kg)= $\dfrac{이론산소량}{0.21}$ = $\dfrac{2.1820}{0.21}$ =10.3905Sm³/kg
중유 2kg의 이론공기량=2kg×10.3905Sm³/kg=20.781Sm³
공기비= $\dfrac{실제공기량}{이론공기량}$ = $\dfrac{25.6}{20.781}$ =1.232 ● ─── 최종값은 소수 셋째자리 이상 적습니다.

15 ★★★
직경이 0.3048m인 덕트에 유체가 2m/sec의 속도로 흐르고 있다. 유체의 밀도가 1.2kg/m³, 점도가 20cP일 경우 다음을 구하시오.
(1) Reynolds Number
(2) Kinematic Viscosity (단, 소수점 셋째 자리까지 구하시오.) ─── 문제에 소수 셋째자리까지 구하라고 제시되었습니다.

정답
(1) 36.58
(2) 0.017m²/sec ● ─── 문제의 조건에 따라 소수 셋째자리까지 답을 적습니다.

주의 ▶ 문제에 별도로 소수점 처리에 대한 조건이 주어지면 문제를 따른다!

02 계산문제의 중간과정에서는 소수 넷째자리까지 반올림한다.

계산문제에서는 풀이 중간값의 유효숫자(소수점 아래 자릿수)를 몇 개까지 처리하느냐에 따라 결과값이 달라질 수 있습니다. 따라서 소수점 아래 다섯째자리에서 반올림하여 넷째자리까지 계산하면 허용 가능한 오차범위 내의 결과값을 구할 수 있습니다.

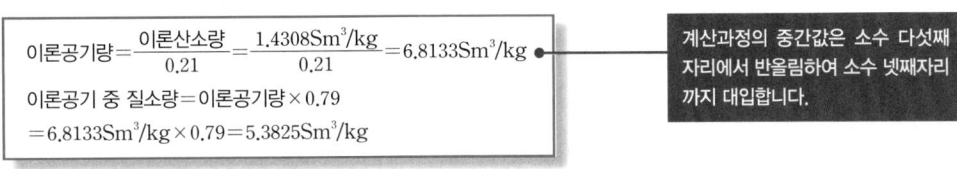

계산과정의 중간값은 소수 다섯째 자리에서 반올림하여 소수 넷째자리까지 대입합니다.

▲ 이론건연소가스량 계산문제의 일부분

03 서술형 문제는 KEYWORD를 포함하여 답안을 작성한다.

필답형 시험에 출제되는 서술형 문제는 정확한 답안이 정해져 있지 않으며, 문제의 조건에 맞는 KEYWORD를 포함하는 경우 정답으로 인정됩니다.

에듀윌 대기환경기사 실기 교재는 모든 서술형 문제에 답안 작성 시 꼭 필요한 KEYWORD를 정리했습니다. 교재에 제시된 KEYWORD를 포함하여 서술형 답안을 작성하면 정답으로 인정되며, 해당 문제의 배점을 모두 받을 수 있습니다.

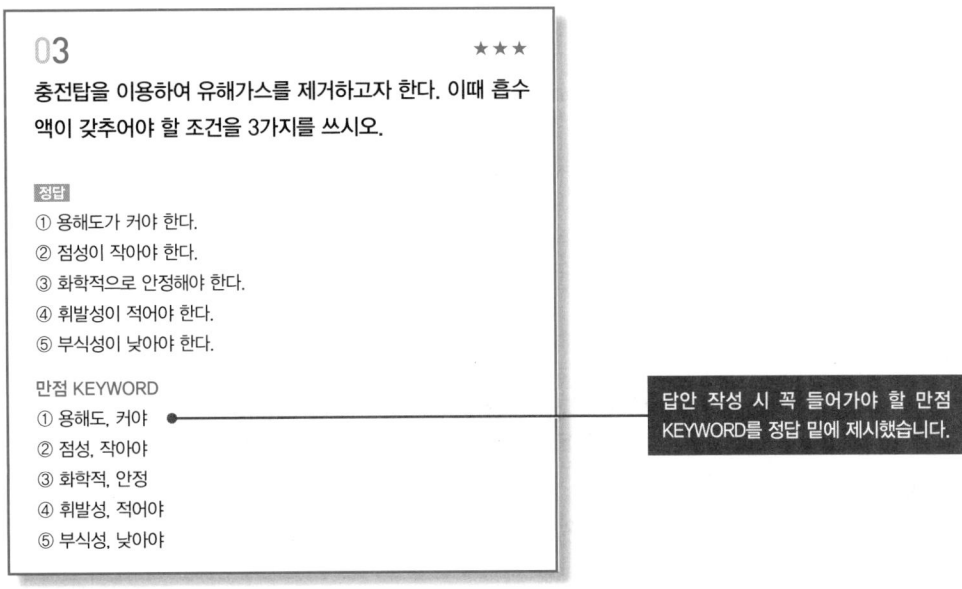

답안 작성 시 꼭 들어가야 할 만점 KEYWORD를 정답 밑에 제시했습니다.

2주 안에 합격이 가능한 교재!

STEP 01　핵심이론과 최빈출 기출문제로 필기 이론 복습

대기환경기사 실기시험에서 다루고 있는 내용은 필기시험에 나온 내용과 거의 유사합니다. 에듀윌 대기환경기사 실기 교재는 15개년 기출문제를 분석하여 기출문제에 자주 나오는 KEYWORD 중심으로 이론을 구성했습니다.

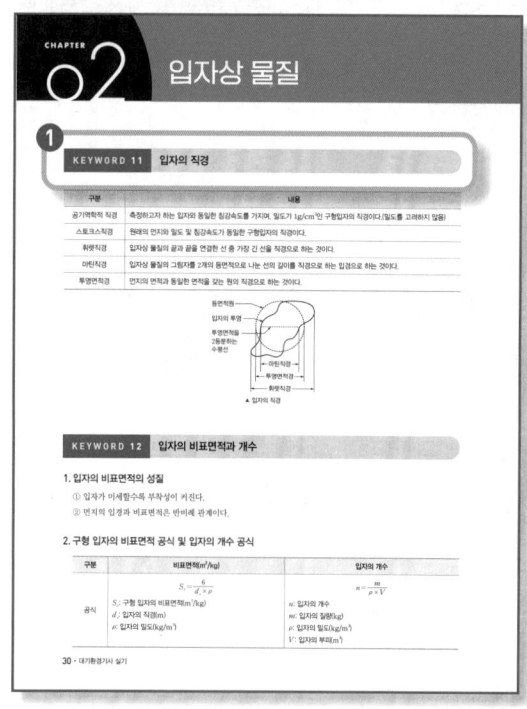

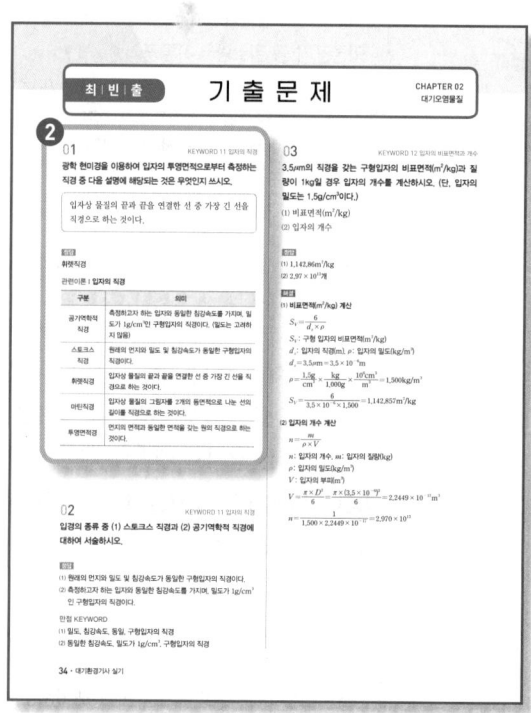

❶ 기출문제의 빈출 KEYWORD 중심으로 이론을 정리했습니다.

❷ 빈출 KEYWORD에 해당되는 기출문제를 수록했습니다.

최빈출 기출문제 + 22년 4회(최저합격률) 해설 강의 무료 제공!

강의 수강경로
에듀윌 도서몰(book.eduwill.net) → 회원가입/로그인 → 동영상강의실 → 대기환경기사 검색

STEP 02   전 문항에 빈출도가 표기된 기출문제로 반복 학습

에듀윌 대기환경기사 실기교재에는 15개년 동안 출제된 모든 문항을 분석한 후 문제에 빈출도를 별(1~3개)로 표기했습니다.
기출문제를 반복적으로 풀어볼 때 별 표시에 따라 학습의 강약을 조절하면 단기간에 합격할 수 있습니다.

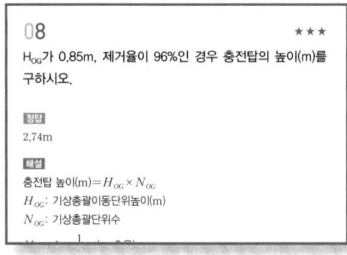
▲ 5회 이상 출제된 문제는 별 3개로 표시

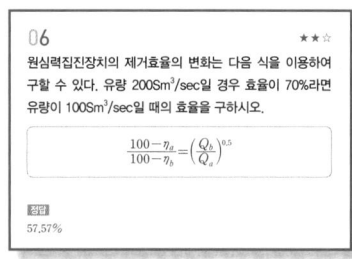
▲ 2회 이상 출제된 문제는 별 2개로 표시

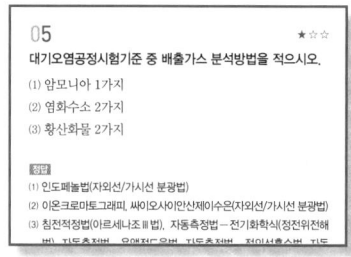
▲ 1회 이상 출제된 문제는 별 1개로 표시

STEP 03   시험 직전, 암기노트로 서술형 문제 암기

에듀윌 대기환경기사 실기 교재에는 15개년 동안 출제된 기출문제 중 서술형 문제를 빈출도에 따라 3단계로 정리한 암기노트를 교재 내에 부록으로 제공합니다.
암기노트를 이용하여 시험 직전 자주 출제되는 서술형 문제를 집중적으로 암기할 수 있습니다.

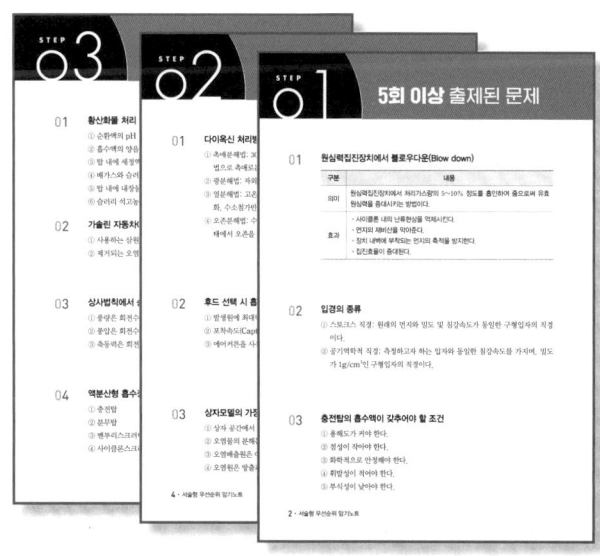

차례 CONTENTS

PART 1 대기오염관리 기초

CHAPTER 01 대기의 일반사항   14
최빈출 기출문제   26

CHAPTER 02 입자상 물질   30
최빈출 기출문제   34

PART 2 대기오염관리 실무

CHAPTER 01 연료와 연소계산   38
최빈출 기출문제   46

CHAPTER 02 연소장치   48
최빈출 기출문제   54

CHAPTER 03 입자상 물질의 처리   56
최빈출 기출문제   68

CHAPTER 04 가스상 물질의 처리   71
최빈출 기출문제   79

CHAPTER 05 환기   81
최빈출 기출문제   86

CHAPTER 06 대기 관련 법령   88
최빈출 기출문제   98

최신 15개년 기출문제

2025년 기출문제	102
2024년 기출문제	124
2023년 기출문제	148
2022년 기출문제	175
2021년 기출문제	200
2020년 기출문제	223
2019년 기출문제	259
2018년 기출문제	274
2017년 기출문제	288
2016년 기출문제	301
2015년 기출문제	314
2014년 기출문제	328
2013년 기출문제	343
2012년 기출문제	355
2011년 기출문제	368

PART 01

대기오염관리 기초

합격 GUIDE

대기환경기사 실기시험은 필기시험과는 다르게 과목의 구분이 없이 약 20문항이 출제됩니다.

이 교재에서는 대기환경기사 실기시험에 출제되는 이론을 대기오염관리 기초, 대기오염관리 실무 두 PART로 구분하여 수록했습니다. 대기오염관리 기초는 필기 기준으로 주로 대기환경관리에 해당되는 내용입니다.

대기오염관리 기초에 나온 내용은 필기에서 다루고 있는 내용과 거의 유사하기 때문에 필기 때부터 충실하게 학습한 수험생은 고득점을 맞을 수 있는 PART입니다.

이 교재에는 15년 동안 실기시험에 출제된 모든 문제를 KEYWORD로 분류하여 시험에 자주 나오는 KEYWORD 위주로 이론을 구성했습니다. 이론에서 CHAPTER가 끝날 때마다 15개년 기출문제 중 자주 출제된 문제만 모아 최빈출 기출문제로 수록했습니다.

출제빈도별 기출 KEYWORD

※ 최근 15개년 기출분석 결과로 분류방법에 따라 수치는 달라질 수 있음

CHAPTER 01 대기의 일반사항

KEYWORD 01　대기 관련 기초화학

1. 산과 염기

(1) 개념

① 산: 수용액에서 수소이온을 내어 놓는 물질이다.
② 염기: 수용액에서 수산화이온을 내어 놓는 물질이다.

구분	산(Acid)	염기(Base)
아레니우스 정의	H^+를 내는 물질	OH^-를 내는 물질
브뢴스테드와 로우리 정의	양성자를 주는 물질	양성자를 받는 물질
루이스 정의	전자쌍을 받는 물질(수용)	전자쌍을 주는 물질(공여)

(2) pH와 pOH

① 수소이온 지수(pH) $= -\log[H^+]$
② 수산화이온 지수(pOH) $= -\log[OH^-]$
③ $pH + pOH = 14$

2. 중화반응

(1) 개념

중화반응은 산과 염기가 만나 염과 물을 형성하는 반응이다.

(2) 완전 중화반응과 불완전 중화반응의 관계식

구분	정의	관계식
완전 중화반응	산의 eq와 염기의 eq가 같을 때의 반응	$N_1 \times V_1 = N_2 \times V_2$
불완전 중화반응	산의 eq(N_1V_1) > 염기의 eq(N_2V_2) → 반응 후 남은 산의 eq{$N_0(V_1+V_2)$} 염기의 eq(N_1V_1) > 산의 eq(N_2V_2) → 반응 후 남은 염기의 eq{$N_0(V_1+V_2)$}	$N_1V_1 - N_2V_2 = N_0(V_1+V_2)$

N: 노르말농도, V: 용액의 부피

3. 화학법칙

① Avogadro의 법칙: 같은 온도와 압력에서 모든 기체는 같은 부피 속에 같은 수의 분자가 존재한다는 법칙이다.

② 이상기체상태방정식

> $$PV = nRT$$
> P: 압력, V: 부피, n: mol 수, R: 기체상수(0.082L · atm/mol · K), T: 절대온도

KEYWORD 02 반응속도식

반응속도식은 0차 반응식, 1차 반응식, 2차 반응식이 있는데 1차 반응식이 가장 많이 출제된다.

구분	0차 반응	1차 반응	2차 반응
정의	반응속도 ∝ 시간	반응속도 ∝ 반응물 농도	반응속도 ∝ (반응물 농도)²
반응식	$C_t - C_o = -k \times t$	$\ln \dfrac{C_t}{C_o} = -k \times t$	$\dfrac{1}{C_t} - \dfrac{1}{C_o} = k \times t$

C_o: 초기농도, C_t: t시간 후 반응물질의 농도, k: 반응속도상수, t: 시간
반감기: 초기농도가 반으로 줄어드는 데 걸리는 시간($C_t = 0.5 \times C_o$)

> **고득점 POINT** 산술평균과 기하평균
>
> - 산술평균: $\dfrac{\Sigma x_n}{n}$
> - 기하평균: $(x_1 \times x_2 \times x_3 \times \cdots x_n)^{\frac{1}{n}}$

KEYWORD 03 주요 대기오염현상

1. 오존층 파괴

(1) 오존층의 개념

① 성층권(지상 10~50km 부근)에 존재하는 오존층(지상 약 25~35km)은 전체 오존량의 90% 이상이 존재하며 평균적으로 약 10ppm의 최대농도를 나타낸다.

② 오존층 파괴로 인해 피부암, 백내장, 결막염 등 질병유발과 인간의 면역기능의 저하를 유발할 수 있다.

③ 오존층의 두께는 적도상공이 약 200돕슨, 극지방이 약 400돕슨 정도인 것으로 알려져 있으나 오존층의 파괴로 극지방의 오존층 두께가 줄어들고 있다.

> **고득점 POINT** 돕슨(dobson)
>
> 100돕슨(dobson) = 1mm로 오존층의 두께를 나타내는 단위이다.

(2) 오존층을 파괴하는 물질
① 염화불화탄소(CFC), 할로겐화탄화수소(Halons), 아산화질소(N_2O), 일산화질소(NO), 염화메틸(CH_3Cl), 사염화탄소(CCl_4), 메틸클로로포름(CH_3CCl_3), 메탄(CH_4) 등이 있으며 ODP(Ozone Depletion Potential)에 따라 오존층에 미치는 영향은 다르다.
② 오존파괴지수(ODP, Ozone Depletion Potential)
㉠ CFC-11(CCl_3F)을 1.0으로 기준으로 오존층 파괴물질의 상대적인 크기를 나타낸 수치로 오존층 파괴물질의 단위중량 당 오존의 소모능력을 나타내는 지수이다.
㉡ 오존파괴지수가 큰 순서: CF_3Br(10) > $C_2F_4Br_2$(6.0) > CF_2BrCl(3.0) > $C_2F_3Cl_3$(0.8) > CH_2BrCl(0.12)

2. 지구온난화 현상

(1) 개요
① 태양의 활동과 온실효과 등으로 인해 지구 평균 기온이 올라가는 현상이다.
② 지구복사에너지(장파)가 외부로 방출되지 못하고 온실가스(대부분 CO_2)에 의해 다시 지구로 재복사 되어 지구의 온도가 올라가게 된다.
③ 지구온난화 원인물질: CO_2, CFC, N_2O, CH_4, H_2O 등

(2) 지구온난화가 환경에 미치는 영향
① 기상조건의 변화는 대기오염의 발생횟수와 오염농도에 영향을 준다.
② 온난화에 의한 해면상승은 전 지구적으로 일정하지 않게 발생한다.
③ 대류권 오존의 생성반응을 촉진시켜 오존의 농도가 증가한다.
④ 기온상승과 토양의 건조화는 생물성장의 남방한계와 북방한계에 영향을 준다.

3. 온실효과

(1) 개요 및 기온상승 원리
① 온실효과는 자동차와 공장에서 뿜어내는 가스가 대기권을 덮어 지구의 기온을 상승시키고 기후의 변화를 초래하는 대기오염 현상이다.
② 온실의 유리처럼 온실기체가 지구에서 방출되는 적외선 영역의 에너지를 흡수하여 다시 지구로 반사시켜 온도를 상승시키는 현상이다.
③ 대기환경보전법상 온실가스 정의: 적외선 복사열 흡수하여 온실효과를 유발하는 대기 중 가스상태 물질로 이산화탄소, 메탄, 아산화질소, 수소불화탄소, 과불화탄소, 육불화황을 말한다.
④ 북반구에서 대기 중의 CO_2 농도는 여름에 감소하고 겨울에 증가하는 경향이 있다.

(2) 교토의정서상 온실효과에 기여하는 6대 물질
이산화탄소(CO_2), 메탄(CH_4), 아산화질소(N_2O), 과불화탄소(PFC), 수소화불화탄소(HFC), 육불화황(SF_6)

4. 런던스모그와 LA스모그

(1) 개요
① 런던스모그(1952년)는 1950년대 산업혁명과 연료의 전환으로 화석연료의 사용량이 증가하여 연소 시 발생하는 황산화물과 먼지, 안개 등에 의해 발생하였으며 새벽에 형성되는 접지역전 상태에서 오염의 부하가 가중되어 많은 피해를 일으켰다.
② LA스모그(1943년)는 자동차의 사용량 증가로 자동차에서 발생되는 질소산화물과 탄화수소 등이 한낮의 자외선과 반응하여 광화학적인 부산물(광화학 스모그)을 발생시켜 한낮에 형성되는 침강성역전 상태에서 오염의 부하가 가중되어 많은 피해를 일으켰다.

(2) 런던스모그와 LA스모그의 비교

항목	런던스모그	LA스모그
기온	4℃ 이하	24~32℃
기간	겨울(12월~1월)	여름(7~9월)
습도	85% 이상	70% 이하
시간	이른 아침	한 낮
역전형태	접지역전(방사성 역전)	공중역전(침강성 역전)
대기의 안정도	기온역전, 무풍상태(매우 안정된 대기)	
오염물질	황산화물, H_2SO_4, 미스트 등	질소산화물, 오존, HC, PAN 등 광화학적 부산물
오염원	공장, 가정난방, 화력발전소 등 화석연료 사용	자동차
반응형태	열적 환원반응	광화학적 산화반응
가시거리	100m 이하	1km 이하
색	짙은 회색	연한 갈색

KEYWORD 04 대기의 구성과 구분

1. 대기의 구성

(1) 구성비
질소(N_2) > 산소(O_2) > 아르곤(Ar) > 이산화탄소(CO_2) > 네온(Ne) > 헬륨(He)

(2) 성분함량
① 용적비 $N_2:O_2 = 0.79:0.21$
② 중량비 $N_2:O_2 = 0.77:0.23$

2. 대기의 분류

(1) 개요
① 대기의 수직온도 분포에 따라 대류권, 성층권, 중간권, 열권으로 구분할 수 있다.
② 대기의 밀도는 기온이 낮을수록 높아지므로 고도에 따른 기온분포로부터 밀도분포가 결정된다.
③ 고도에 따라 지상~88km은 균질층, 88km 이상은 이질층이 형성된다.

(2) 대기의 수직온도 분포에 따른 구분
① 대류권: 지표로부터 약 10km까지의 대기를 대류권이라 하며 고도가 상승함에 따라 기온이 감소하여 공기의 수직이동에 의한 대류현상이 일어나 눈과 비 등의 기상현상이 일어난다.
② 성층권
  ㉠ 지면으로부터 약 10~50km까지의 권역으로 고도가 높아짐에 따라 기온이 올라가 공기의 상승이나 하강 등의 수직이동이 없는 안정된 권역이다.
  ㉡ 성층권 내 지상 20~30km 사이에 오존층이 존재하며 오존이 많이 분포하여 태양광선 중의 자외선을 흡수한다.
③ 중간권: 지면으로부터 50~80km까지의 권역으로 고도가 높아짐에 따라 기온이 감소하나 대류권에서처럼 뚜렷한 대류현상이 일어나지 않는다.
④ 열권: 지상 80km 이상에 위치하고, 인공위성의 궤도로 이용되며 오로라가 발견된다.

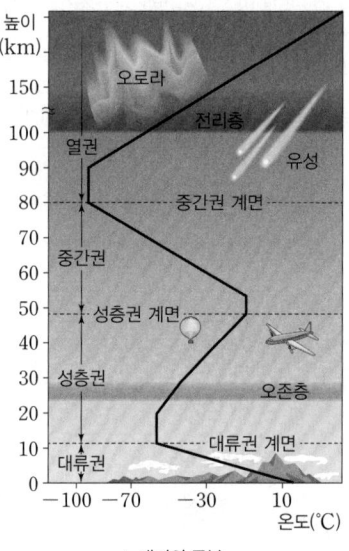

▲ 대기의 구분

KEYWORD 05 대기의 안정도

1. 기온감률

(1) 건조단열감률
① 수분을 포함하지 않는 건조공기를 상승시키면 기압은 낮아지고 부피는 팽창하게 되는데 이 때 고도가 증가함에 따른 온도의 변화율을 건조단열감률이라 한다.
② 100m 상승할 때 0.98℃ 감소하며 $dT/dZ = -0.98℃/100m$로 표현한다.

(2) 습윤단열감률
① 수분을 포함한 습윤공기를 상승시키면 수분이 응결되어 수증기의 응축잠열만큼의 열량이 온도변화에 영향을 주어 건조단열감률 보다는 작은 감률 변화가 생기며 이 때 고도가 증가함에 따른 온도의 변화율을 습윤단열감률이라고 한다.
② 100m 상승할 때 0.5~0.6℃ 감소하며 $dT/dZ = -0.5 \sim -0.6℃/100m$로 표현한다.

(3) 국제표준대기감률
온대지방의 1기압은 해면상의 공기압력 1,013.25hPa, 해면상의 온도 15℃, 기온체감률은 고도 11km까지 −0.65℃/100m인 대기를 국제표준대기라고 하며 이때의 감률인 −0.65℃/100m를 국제표준대기감률이라 한다.

(4) 환경감률

높은 고도의 기상관측기기(라디오존데)를 이용하여 관측된 실제 감률을 환경감률이라 한다.

2. 대기안정도와 기온감률

구분	내용
안정(역전)조건 ($\gamma_d > \gamma$)	• 역전 조건은 환경감률(γ)이 건조단열감률(γ_d)보다 작을 때이다. • 고도가 높아질수록 온도가 높아지며 매우 안정적이어서 대기오염이 심해진다. • 굴뚝연기: 부채형
불안정(과단열)조건 ($\gamma_d \ll \gamma$)	• 과단열적 조건은 환경감률이 건조단열감률보다 클 때이다. • 고도가 높아질수록 온도가 낮아지며 대기안정도는 매우 불안정하다. • 굴뚝연기: 환상형
약한 안정(미단열)조건 ($\gamma_d < \gamma$)	• 미단열적 조건은 환경감률이 건조단열감률보다 약간 작을 때이다. • 굴뚝연기: 원추형
중립조건 ($\gamma_d = \gamma$)	• 중립적 조건은 환경감률과 건조단열감률이 같을 때이다. • 굴뚝연기: 원추형

3. 대기안정도와 리차드슨수(Richardson number)

(1) 개요

① 상부와 하부층의 기온과 풍속, 밀도 등의 차이를 통해 열적 난류를 기계적 난류의 수치로 전환하여 안정도를 평가한 지수이다.
② 무차원수로서 근본적으로 대류난류를 기계적인 난류로 전환시키는 율을 측정한 것이다.

> **고득점 POINT** 기계적 난류와 열적 난류
> • 기계적 난류: 바람이 건물 등을 통과할 때 발생하는 불규칙한 기체의 흐름을 의미하며 마찰이 크고 풍속의 차이가 클수록 큰 값을 나타낸다.
> • 열적 난류: 일부 공기층이 먼저 뜨거워져 상승하며 생기는 난류이다.

(2) 공식

$$R_i = \frac{g}{T_m}\left(\frac{\Delta T/\Delta Z}{(\Delta U/\Delta Z)^2}\right) \text{ 또는 } R_i = \frac{(g/\theta)(d\theta/dz)}{(du/dz)^2}$$

T_m: 상하층의 평균절대온도(K) $= \dfrac{T_1+T_2}{2}$

ΔT: 온도차, ΔU: 풍속차, ΔZ: 고도차

g: 그 지역의 중력가속도

θ: 잠재온도

u: 풍속

z: 고도

(3) 안정도의 판정

① 리차드슨수가 0.25보다 크면 수직혼합은 없어지고 수평상의 소용돌이만 남게 된다.
② 리차드슨수가 0에 접근하면 분산은 줄어들며 결국 기계적 난류만 존재한다.
③ 리차드슨수가 음의 값으로 클수록 분산이 커져 대류혼합이 지배적이고 대기는 불안정한 상태이며 굴뚝의 연기는 수직 및 수평방향으로 빨리 분산한다.

R_i	-1.0 이하	-0.1	-0.01	0	+0.01	+0.1	+1.0 이상
대기운동	자유대류	자유대류 증가		강제대류만 존재		강제대류 감소	대류 없음
안정도		불안정		중립		안정	

- $0 < R_i < 0.25$: 성층에 의해 약화된 기계적 난류가 존재한다.
- $R_i < -0.04$: 대류에 의한 혼합이 기계적 혼합을 지배한다.
- $-0.03 < R_i < 0$: 기계적 난류와 대류가 존재하나 기계적 난류가 혼합을 주로 일으킨다.

KEYWORD 06 유효굴뚝높이

1. 유효굴뚝높이의 개념 및 공식

(1) 개념

① 유효굴뚝높이는 실제 굴뚝높이＋부력 및 운동력에 의한 가스의 상승높이이다.
② 영향인자: 굴뚝의 높이, 풍속, 배출가스의 온도

(2) 공식

$\Delta H(m) = 1.5 \times \left(\dfrac{V_s}{U}\right) \times D$	$\Delta H(m) = 150 \times \left(\dfrac{F}{U^3}\right)$	$\Delta H(m) = 2.3 \times \left(\dfrac{F}{S \cdot U}\right)^{1/3}$

V_s: 배출가스 토출속도(m/sec)
D: 굴뚝의 내경(m)
U: 풍속(m/sec)
S: 안정도 파라미터

F: 부력계수(m⁴/sec³), $\left(F = g \cdot V_s \cdot \left(\dfrac{D}{2}\right)^2 \cdot \left(\dfrac{T_s - T_a}{T_a}\right)\right)$
T_s: 굴뚝배기가스의 절대온도
T_a: 외기의 절대온도

2. 굴뚝의 통풍력

(1) 유효굴뚝높이를 증가시키기 위한 방안

① 배출가스 속도를 증가시킨다.
② 굴뚝의 배출구 직경을 감소시킨다.
③ 배출가스의 온도를 증가시킨다.

(2) 굴뚝의 통풍력 공식

$$\text{통풍력}(\text{mmH}_2\text{O}) = 273 \times H \times \left[\dfrac{\gamma_a}{273 + T_a} - \dfrac{\gamma_g}{273 + T_g}\right]$$

H: 굴뚝높이, T_g: 배기가스 온도, T_a: 외기 온도, γ_g: 배기가스 비중량, γ_a: 공기 비중량

KEYWORD 07 최대혼합고(MMD: Maximum Mixing Depth)

1. 최대혼합고의 개념
① 대기의 수직적인 대류현상(혼합)이 가능한 고도를 혼합고라 하며 이 혼합고의 최대고도를 최대혼합고라 한다.
② 최대혼합고는 지표로부터 환경감률선과 건조단열감률선이 만나는 점까지의 고도로서 결정된다.
③ 혼합고가 높을수록 환경용량의 증가로 대기오염부하는 낮아진다.

2. 최대혼합고 공식

$$C_2 = C_1 \times \left(\frac{MMD_1}{MMD_2}\right)^3 \leftrightarrow \frac{C_2}{C_1} = \left(\frac{MMD_1}{MMD_2}\right)^3$$

C: 농도, MMD: 최대혼합고

KEYWORD 08 바람의 종류 및 풍속

1. 바람의 종류

(1) 지균풍
① 기압경도력 + 전향력에 의해 부는 바람으로 마찰력이 존재하지 않는 고도 1km 이상의 자유대기층에서 등압선과 평행하게 부는 바람으로 이때 기압경도력과 전향력은 힘의 크기는 같고 방향은 서로 반대이다.
② 북반구에서 지균풍은 오른쪽에 고기압, 왼쪽에 저기압을 두고 분다.

(2) 경도풍
① 기압경도력이 원심력 + 전향력과 평형을 이루면서 고기압과 저기압의 중심부에서 발생하는 바람이다.
② 북반구의 경도풍은 저기압에서는 반시계 방향으로 회전하면서 위쪽으로 상승하면서 분다.

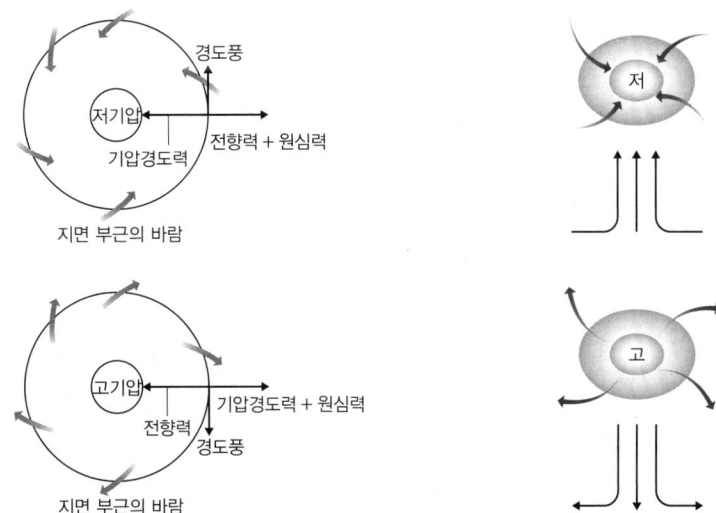

(3) 지상풍

지표 부근에서 기압경도력과 마찰력＋전향력이 평형을 이루면서 발생하는 바람이다.

> **고득점 POINT** 　기압경도력과 전향력
> • 기압경도력: 서로 다른 지점의 기압차로 인해 작용하는 힘으로 고기압에서 저기압으로 작용한다.
> • 전향력: 지구 자전에 의해 운동하는 물체에 작용하는 힘으로 가상적인 겉보기 힘이다.

2. 국지풍

(1) 개념
① 국지풍은 지형적인 영향으로 인해 발생되는 바람이다.
② 국지풍의 종류로는 해륙풍, 산곡풍, 높새바람, 전원풍 등이 있다.

(2) 국지풍의 종류
① 푄풍
　㉠ 수증기를 포함한 공기가 산맥을 넘어가면서 단열팽창되면서 냉각되어 수분의 응축과 함께 비와 구름을 형성하고 산맥을 넘어 하강하면서 공기단이 압축과정을 거치면서 기온이 높고 건조한 바람이 부는 것이다.
　㉡ 우리나라의 태백산맥 부근 동해 쪽에서 부는 바람이 이에 해당한다.
② 전원풍: 도시의 열섬현상으로 인해 상승기류가 형성되어 주변의 차가운 공기가 불어오는 바람이다.
③ 산곡풍
　㉠ 평지와 계곡 및 분지지역의 일사량차로 인하여 생기는 바람이다.
　㉡ 곡풍은 낮에 산의 비탈면을 따라 상승하는 바람이고, 산풍은 밤에 산의 비탈면을 따라 하강하는 바람이다.

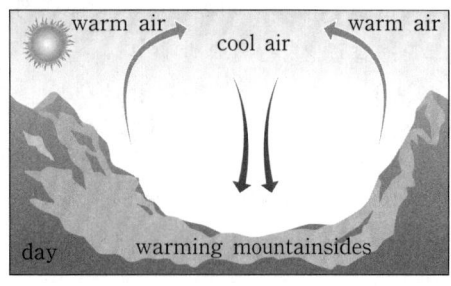
▲ 곡풍

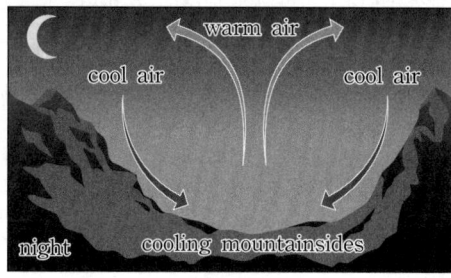
▲ 산풍

(3) 해륙풍
① 해풍: 낮에는 햇빛에 의해 육지가 빨리 따뜻해져 공기가 상승하여 바다에서 육지쪽으로 부는 바람을 해풍이라 하고 내륙쪽으로 8~15km까지 바람이 불어 들어간다.(육지: 저기압, 바다: 고기압)
② 육풍: 밤에는 육지가 빨리 차가워져 공기가 하강하고 바다는 천천히 식어 따뜻한 공기가 형성되어 육지에서 바다로 부는 바람을 육풍이라 하고 바다 쪽으로 5~6km까지 바람이 불어 나간다.(육지: 고기압, 바다: 저기압)

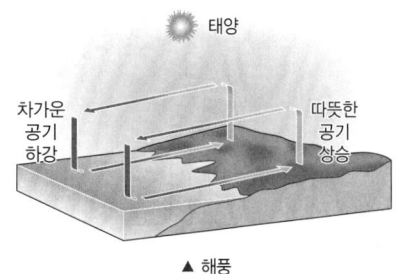
▲ 해풍

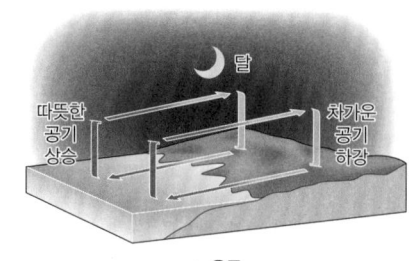
▲ 육풍

3. 풍속과 오염물질 관계식

Deacon식	Sutton식
$U_2 = U_1 \times \left(\dfrac{Z_2}{Z_1}\right)^n$	$U_2 = U_1 \times \left(\dfrac{Z_2}{Z_1}\right)^{\frac{2}{2-n}}$

U: 풍속, Z: 고도, n: 지수

KEYWORD 09 　 대기오염 모델

1. 분산모델

(1) 개요
분산모델은 특정한 오염원의 배출속도와 바람에 의한 분산요인을 입력자료로 하여 수용체 위치에서의 영향을 계산한다.

(2) 장점
① 점, 선, 면 오염원의 영향을 평가할 수 있다.
② 미래의 대기질을 예측할 수 있으며 시나리오를 작성할 수 있다.
③ 2차 오염원의 확인이 가능하다.

(3) 단점
① 지형 및 오염원의 조업조건에 영향을 받는다.
② 먼지의 영향평가는 기상의 불확실성과 오염원이 미확인인 경우에 문제점을 가진다.
③ 단기간 분석 시 문제가 될 수 있고, 새로운 오염원이 지역 내 신설될 때 매번 재평가하여야 한다.
④ 기상과 관련하여 대기 중의 특성을 적절하게 묘사할 수는 없으며 이에 따라 정확한 결과를 도출할 수 없다.

2. 수용모델(Receptor Model)

(1) 개요
수용모델은 수용체에서 오염물질의 특성을 분석한 후 오염원의 기여도를 평가하는 것이다.

(2) 장점
① 지형, 기상학적 정보 없이도 사용할 수 있다.
② 불법배출 오염원을 정량적으로 확인·평가할 수 있다.
③ 입자상 물질, 가스상 물질, 가시도 문제 등 환경과학 전반에 응용할 수 있다.
④ 수용체 입장에서 영향평가가 현실적으로 이루어 질 수 있다.
⑤ 오염원의 조업 및 운영 상태에 대한 정보 없이도 사용 가능하다.
⑥ 새로운 오염원, 불확실한 오염원과 불법 배출 오염원을 정량적으로 확인·평가할 수 있다.

(3) 단점
① 측정자료를 입력자료로 사용하므로 시나리오 작성이 곤란하다.
② 현재나 과거에 일어났던 일을 추정, 미래를 위한 전략은 세울 수 있으나 미래예측이 어렵다.

3. 상자모델(Box Model)

(1) 개요
배출원으로부터 배출되는 오염물질의 확산이 상자 안에서 이루어져 균일하게 혼합되어 확산된 오염물질의 물질수지를 산정하는 모델이다.

(2) 가정조건
① 고려되는 공간의 수직단면에 직각방향으로 부는 바람의 속도가 일정하여 환기량이 일정하다.
② 상자 안에서는 밑면에서 방출되는 오염물질이 상자 높이인 혼합층까지 즉시 균등하게 혼합된다.
③ 상자공간에서 오염물의 농도는 균일하다.
④ 오염물의 분해는 일차반응에 의한다.
⑤ 오염배출원은 이 상자가 차지하고 있는 지면 전역에 균등하게 분포되어 있다.
⑥ 오염원은 방출과 동시에 균등하게 혼합된다.

4. 가우시안 모델(Gaussian model)

(1) 개요
① 대기에서 연기의 확산을 해석하는 모델 중 하나이다.
② 주로 평탄지역에 적용하도록 개발되어 왔으나, 최근 복잡지형에도 적용이 가능하도록 개발되고 있다.
③ 간단한 화학반응을 묘사할 수 있다.
④ 장·단기적인 대기오염도 예측에 사용이 용이하다.

(2) 가정조건
① 점오염원에서는 풍하방향으로 확산되어가는 plume은 정규분포를 이루며 확산된다고 가정하여 유도한다.
② 연기의 확산은 정상상태를 가정하며 바람에 의한 오염물질은 x축 방향으로 이동되며 풍속은 일정하다.
③ 대기안정도와 확산계수는 변하지 않으며 오염물질이 연기 속에서 소멸되거나 생성되지 않으며 굴뚝(점오염원)으로부터 연속적으로 배출된다.
④ 난류확산계수는 일정하다.
⑤ 고도변화에 따른 풍속의 변화는 고려하지 않는다.

(3) 농도계산
① 기본공식

$$C(x,y,z;H_e) = \frac{Q}{2\pi\sigma_y\sigma_z U}\exp\left[-\frac{1}{2}\left(\frac{y}{\sigma_y}\right)^2\right] \times \left[\exp\left\{-\frac{1}{2}\left(\frac{z-H_e}{\sigma_z}\right)^2\right\} + \exp\left\{-\frac{1}{2}\left(\frac{z+H_e}{\sigma_z}\right)^2\right\}\right]$$

Q: 오염물질 배출량(g/sec)
U: 풍속(m/sec)
y: 풍향에 직각인 수평거리(m), z: 지면으로부터 오염물질까지의 높이(m)
H_e: 유효굴뚝높이(m)

② 지표에서의 농도만을 고려한 경우($z=0$)

$$C(x,y,0;H_e)=\frac{Q}{\pi\sigma_y\sigma_z U}\exp\left[-\frac{1}{2}\left\{\left(\frac{y}{\sigma_y}\right)^2+\left(\frac{H_e}{\sigma_z}\right)^2\right\}\right]$$

③ 지표의 중심축상 농도만을 고려한 경우($z=0$, $y=0$)

$$C(x,0,0;H_e)=\frac{Q}{\pi\sigma_y\sigma_z U}\exp\left[-\frac{1}{2}\left(\frac{H_e}{\sigma_z}\right)^2\right]$$

④ 지표의 점배출원에 의한 중심축상 농도만 고려한 경우($H_e=0$, $z=0$, $y=0$)

$$C(x,0,0;0)=\frac{Q}{\pi\sigma_y\sigma_z U}$$

KEYWORD 10   최대 지표농도와 최대 착지거리

1. Sutton의 최대 지표농도와 최대 착지거리 관계식

최대 지표농도	최대 착지거리
$C_{\max}=\dfrac{2\cdot Q}{\pi\cdot e\cdot U\cdot H_e^2}\times\dfrac{K_z}{K_y}$	$X_{\max}=\left(\dfrac{H_e}{K_z}\right)^{\frac{2}{2-n}}$
Q: 오염물질의 배출량, U: 풍속, H_e: 유효굴뚝높이 K_z: 수직확산계수, K_y: 수평확산계수	H_e: 유효굴뚝높이, K_z: 수직확산계수 n: 대기안정도지수

2. Fick의 확산방정식

(1) 개념

정상상태에서 오염물질이 단위면적당 확산되는 조건 하에서 물질의 이동속도는 농도의 기울기에 비례한다.

(2) 가정조건

① 시간에 따른 농도변화가 없는 안정상태이다.
② 오염물질은 점배출원으로부터 연속적으로 배출된다.
③ 바람에 의한 오염물질의 주 이동방향은 x축이다.
④ 풍속은 x, y, z 좌표시스템 내의 어느 점에서든 일정하다.

기출문제

최|빈|출

CHAPTER 01
대기의 일반사항

01
KEYWORD 01 대기 관련 기초화학

불화수소(HF) 농도가 250ppm인 굴뚝에서 배출가스량이 1,000Sm³/hr이다. 10m³의 물로 10시간 순환 세정할 경우, 순환수의 pH를 구하시오. (단, 불화수소는 60%가 전리하고, 불소의 원자량은 19이다.)

정답

2.17

해설

불화수소(HF)는 다음과 같이 전리된다.
$HF \rightleftarrows H^+ + F^-$
HF 1mol이 전리되면 H^+ 1mol이 생성되지만 문제의 조건에서 60%가 전리한다고 하였으므로 H^+ 0.6mol이 생성된다. 이를 이용하여 H^+의 몰농도(mol/L)를 구한다.

$$\frac{\frac{250mL}{Sm^3} \times \frac{1,000Sm^3}{hr} \times 10hr \times \frac{L}{1,000mL} \times \frac{mol}{22.4L}}{10m^3 \times \frac{1,000L}{m^3}} \times \frac{60}{100}$$

$= 6.6964 \times 10^{-3} mol/L$

$pH = -\log[H^+] = -\log[6.6964 \times 10^{-3}] = 2.174$

02
KEYWORD 02 반응속도식

A 물질이 120min 동안 반응한 후 농도가 초기농도의 1/10이 되었다면 A 물질을 99.9% 제거하기 위해 소요되는 시간(min)을 구하시오. (단, 1차 반응이다.)

정답

359.78min

해설

1차 반응속도식을 이용한다.
$\ln \frac{C_t}{C_o} = -k \times t$

C_t: t시간이 지난 후 반응물질의 농도, C_o: 초기농도
k: 반응속도상수, t: 반응시간(min)

(1) k값 계산

k는 반응속도상수로 문제에 주어지는 경우도 있지만 문제에서 주어지지 않으면 문제에 주어진 조건으로 계산해야 한다.
초기농도(C_o)를 100이라고 하면 120min 후의 농도(C_t)는 10이다.
$\ln \frac{10}{100} = -k \times 120min$
$k = 0.0192 min^{-1}$

(2) A 물질을 99.9% 제거하기 위해 소요되는 시간 계산

초기농도(C_o)를 100이라고 하면 t시간이 지난 후 A 물질의 농도(C_t)는 0.1이다.
$\ln \frac{0.1}{100} = -\frac{0.0192}{min} \times t$
$t = 359.779 min$

03
KEYWORD 05 대기의 안정도

다음 표의 조건을 이용하여 리차드손수와 대기안정도를 구하시오.

고도	풍속	온도
3m	3.9m/sec	14.7℃
2m	3.3m/sec	15.4℃

(1) 리차드손수를 구하시오.
(2) 대기안정도를 판별하여 쓰시오.

정답
(1) -0.07
(2) 대류에 의한 혼합이 기계적 혼합을 지배한다.

해설

리차드손수$(R_i) = \dfrac{g}{T_m}\left(\dfrac{\Delta T/\Delta Z}{(\Delta U/\Delta Z)^2}\right)$

g: 그 지역의 중력가속도(9.8m/sec²)
T_m: 상하층의 평균절대온도(K) $= \dfrac{T_1 + T_2}{2}$
ΔZ: 고도차(m) $= Z_2 - Z_1$
ΔT: 온도차(K) $= T_2 - T_1$
ΔU: 풍속차(m/sec) $= U_2 - U_1$

$R_i = \dfrac{9.8}{\frac{287.7+288.4}{2}} \times \left(\dfrac{\frac{288.4-287.7}{2-3}}{\left(\frac{3.3-3.9}{2-3}\right)^2}\right) = -0.066$

관련이론 | 리차드손수(R_i)에 의한 안정도 판별

리차드손수(R_i)	대기안정도
-0.04 ↓	대류에 의한 혼합이 기계적 혼합을 지배한다.
$-0.03 \sim 0$	기계적 난류와 대류가 존재하나 기계적 난류가 혼합을 주로 일으킨다.
0	기계적 난류만 존재한다.
$0 \sim 0.25$	성층에 의해 약화된 기계적 난류가 존재한다.

04
KEYWORD 06 유효굴뚝높이

높이가 35m인 굴뚝에 집진장치를 설치하였더니 압력손실이 10mmH₂O 만큼 발생되었다. 집진장치를 설치하기 이전의 통풍력을 유지하기 위해서는 굴뚝의 높이(m)를 얼마나 높여야 하는지 계산하시오. (단, 조건은 다음 기준을 따른다.)

- 대기의 온도: 27℃
- 가스의 온도: 230℃
- 대기 및 배출가스의 비중량: 1.3kgf/Sm³

정답
20.95m

해설
압력손실에 해당하는 만큼 굴뚝의 높이를 높여야 한다.

통풍력$(\text{mmH}_2\text{O}) = 273 \times H \times \left[\dfrac{\gamma_a}{273+t_a} - \dfrac{\gamma_g}{273+t_g}\right]$

H: 굴뚝의 높이(m)
t_a: 공기의 온도(℃)
t_g: 배기가스의 온도(℃)
γ_a: 공기의 비중량(kgf/Sm³)
γ_g: 배기가스의 비중량(kgf/Sm³)

$10\text{mmH}_2\text{O} = 273 \times H \times \left[\dfrac{1.3}{273+27} - \dfrac{1.3}{273+230}\right]$

$H = 20.945\text{m}$

※ H 값은 공학용계산기의 SOLVE 기능을 이용하여 푸는 것이 편리합니다.

05

KEYWORD 08 바람의 종류 및 풍속

다음 바람에 대하여 서술하시오. (단, 정의, 특성, 밤과 낮일 때 차이를 구분해서 서술한다.)
(1) 해륙풍
(2) 산곡풍
(3) 경도풍

정답

(1) 해륙풍은 해안 근처의 지역에서 바다와 육지의 열용량차에 의해 발달된 바람이다.
  낮에는 햇빛에 의해 육지가 빨리 따뜻해져 공기가 상승하여 바다에서 육지쪽으로 부는 바람을 해풍이라 하고 밤에는 육지가 빨리 차가워져 공기가 하강하고 바다는 천천히 식어 따뜻한 공기가 형성되어 육지에서 바다로 부는 바람을 육풍이라 한다.
(2) 산곡풍은 평지와 계곡 및 분지지역의 일사량차로 인하여 생기는 바람이다.
  곡풍은 낮의 일사량이 평지보다 산이 많아 산의 비탈면을 따라 상승하는 바람이고 산풍은 밤에 산의 냉각으로 산의 비탈면을 따라 하강하는 바람이다.
(3) 경도풍은 기압경도력이 원심력, 전향력과 평형을 이루면서 고기압과 저기압의 중심부에서 발생하는 바람이다.

만점 KEYWORD
(1) 해안, 바다와 육지의 열용량차, 해풍, 육풍
(2) 평지와 계곡, 분지지역, 일사량차, 곡풍, 산풍
(3) 기압경도력, 원심력, 전향력, 평형, 중심부

06

KEYWORD 09 대기오염 모델

다음 대기오염모델의 특징을 2가지씩 쓰시오.
(1) 분산모델
(2) 수용모델

정답

(1) 분산모델
  ① 지형 및 오염원의 조업조건에 영향을 받는다.
  ② 오염물의 단기간 분석 시 문제가 된다.
  ③ 먼지의 영향평가는 기상의 불확실성과 오염원이 미확인인 경우에 문제점을 가진다.
  ④ 미래예측이 가능하다.

(2) 수용모델
  ① 새로운 오염원, 불확실한 오염원과 불법배출 오염원을 정량적으로 확인평가할 수 있다.
  ② 측정자료를 입력자료로 사용하므로 시나리오 작성이 곤란하다.
  ③ 오염원의 조업 및 운영 상태에 대한 정보 없이도 사용 가능하다.

만점 KEYWORD
(1) ① 조업조건, 영향
  ② 단기간 분석, 문제
  ③ 기상의 불확실성, 오염원이 미확인, 문제점
  ④ 미래예측, 가능
(2) ① 오염원, 정량적, 확인·평가
  ② 시나리오 작성, 곤란
  ③ 오염원의 조업, 정보 없이도 사용 가능

07

KEYWORD 09 대기오염 모델

가우시안 모델의 대기오염 확산방정식을 적용할 때 지면에 있는 오염원으로부터 바람부는 방향으로 200m 떨어진 연기의 중심축상 지상오염농도(mg/m³)를 계산하시오. (단, 오염물질의 배출량은 4g/sec, 풍속은 4.5m/sec, σ_y, σ_z는 각각 22m, 12m이다.)

정답

1.07mg/m^3

해설

$$C(x, y, z) = \frac{Q}{2\pi U \sigma_y \sigma_z} \left[\exp\left(-\frac{1}{2}\left(\frac{y}{\sigma_y}\right)^2\right) \right]$$
$$\times \left[\exp\left\{-\frac{1}{2}\left(\frac{z-H_e}{\sigma_z}\right)^2\right\} + \exp\left\{-\frac{1}{2}\left(\frac{z+H_e}{\sigma_z}\right)^2\right\} \right]$$

Q: 오염물질 배출량(mg/sec)

$Q = \frac{4\text{g}}{\text{sec}} \times \frac{1{,}000\text{mg}}{\text{g}} = 4{,}000 \text{mg/sec}$

U: 풍속(m/s)

H_e: 유효굴뚝높이(m)

지면에 있는 오염원이므로 "0"

y: 풍향에 직각인 수평거리(m)

중심축상 오염농도를 구하므로 "0"

z: 지면으로부터 오염물질까지의 높이(m)

지상오염농도를 구하므로 "0"

σ_y: 수평확산계수, σ_z: 수직확산계수

$C(x, 0, 0) = \frac{4{,}000}{2\pi \times 4.5 \times 22 \times 12} [\exp(0)] \times [\exp\{0\} + \exp\{0\}]$

$= 1.072 \text{mg/m}^3$

※ $\exp(0) = 1$

08

KEYWORD 10 최대 지표농도와 최대 착지거리

유효굴뚝높이가 100m인 연돌에서 배출되는 가스량은 10m³/sec, SO₂의 농도가 1,500ppm일 때 Sutton식에 의한 최대 지표농도와 최대 착지거리를 계산하시오. (단, $K_y = K_z = 0.05$, 풍속은 10m/sec, 대기안정도 지수는 0.25, 답은 소수 셋째 자리까지 구한다.)

(1) 최대 지표농도(ppm)

(2) 최대 착지거리(m)

정답

(1) 0.035ppm

(2) 5,923.873m

해설

(1) 최대 지표농도(ppm)

$$C_{\max} = \frac{2Q}{\pi e U H_e^2} \times \left(\frac{K_z}{K_y}\right)$$

$C_{\max}$: 최대 지표농도(ppm)

Q: 오염물질 배출량(ppm·m³/sec)

U: 풍속(m/sec), H_e: 유효굴뚝높이(m)

K_z: 수직방향확산계수, K_y: 수평방향확산계수

$C_{\max} = \frac{2 \times (1{,}500\text{ppm} \times 10\text{m}^3/\text{sec})}{\pi \times e \times 10\text{m/sec} \times (100\text{m})^2} \times \left(\frac{0.05}{0.05}\right) = 0.0351 \text{ppm}$

(2) 최대 착지거리(m)

$$X_{\max} = \left(\frac{H_e}{K_z}\right)^{\frac{2}{2-n}}$$

$X_{\max}$: 최대 착지거리(m), H_e: 유효굴뚝높이(m)

K_z: 수직방향확산계수, n: 대기안정도 지수

$X_{\max} = \left(\frac{100\text{m}}{0.05}\right)^{\frac{2}{2-0.25}} = 5{,}923.8726 \text{m}$

CHAPTER 02 입자상 물질

KEYWORD 11 입자의 직경

구분	내용
공기역학적 직경	측정하고자 하는 입자와 동일한 침강속도를 가지며, 밀도가 1g/cm³인 구형입자의 직경이다.(밀도를 고려하지 않음)
스토크스직경	원래의 먼지와 밀도 및 침강속도가 동일한 구형입자의 직경이다.
휘렛직경	입자상 물질의 끝과 끝을 연결한 선 중 가장 긴 선을 직경으로 하는 것이다.
마틴직경	입자상 물질의 그림자를 2개의 등면적으로 나눈 선의 길이를 직경으로 하는 입경으로 하는 것이다.
투영면적경	먼지의 면적과 동일한 면적을 갖는 원의 직경으로 하는 것이다.

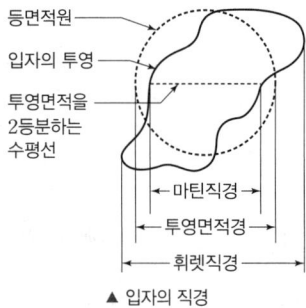

▲ 입자의 직경

KEYWORD 12 입자의 비표면적과 개수

1. 입자의 비표면적의 성질
① 입자가 미세할수록 부착성이 커진다.
② 먼지의 입경과 비표면적은 반비례 관계이다.

2. 구형 입자의 비표면적 공식 및 입자의 개수 공식

구분	비표면적(m²/kg)	입자의 개수
공식	$S_v = \dfrac{6}{d_s \times \rho}$ S_v: 구형 입자의 비표면적(m²/kg) d_s: 입자의 직경(m) ρ: 입자의 밀도(kg/m³)	$n = \dfrac{m}{\rho \times V}$ n: 입자의 개수 m: 전체 입자의 질량(kg) ρ: 입자의 밀도(kg/m³) V: 입자의 부피(m³)

KEYWORD 13 다이옥신

1. 다이옥신의 생성
① 염소가 포함된 유기물질을 연소시키는 과정에서 생성되는 고체상 물질로 토양과 같은 입자상 물질에 축적되어 대기와 토양 오염을 유발하기도 한다.
② 2개의 벤젠고리에 산소와 치환된 염소의 결합으로 이루어진 방향족 화합물로 다이옥신류와 퓨란류가 있다.
③ 산소원자 2개가 포함된 다이옥신류(PCDDs)의 이성질체는 75개, 산소원자 1개 포함된 퓨란류(PCDFs)는 135개의 이성질체를 갖는다. 또한 2,3,7,8-TCDD가 가장 유독하다.
④ 다이옥신은 PCB의 불완전연소에 의해서 발생하고 저온에서 촉매화 반응에 의해 먼지와 결합하여 생성하기도 한다.

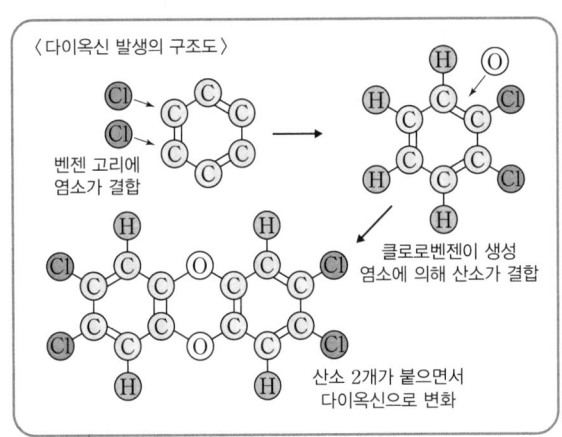

〈다이옥신 발생의 구조도〉

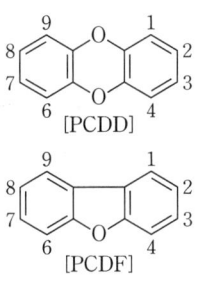

〈다이옥신과 퓨란의 구조〉

2. 다이옥신의 특징
① 다이옥신은 비점이 높은 유기결합 고체상 물질로 열적 안정성이 좋아 고온인 700℃ 이상에서 분해되기 시작하여 온도가 올라갈수록 분해가 잘 이루어지며 300~400℃의 저온에서는 다시 재생되는 특성을 가지고 있어 처리에 유의해야 한다.
② 벤젠 등 유기용제에 잘 녹는 성질을 가지고 있으며 물에는 잘 녹지 않는 성질을 가지고 있다.
③ 다이옥신은 기형아 출산, 발암성 등 인체의 면역에 독성 물질로 작용한다.

3. 소각 후 발생하는 다이옥신류의 처리방법
① 촉매분해법: 300~400℃ 부근에서 촉매를 사용하여 다이옥신을 분해하는 방법으로 촉매로는 금속산화물(V_2O_5, TiO_2 등), 귀금속(Pt, Pd)이 사용된다.
② 광분해법: 자외선 파장(250~340nm)을 이용하여 다이옥신을 분해한다.
③ 열분해법: 고온(850℃ 이상)의 산소가 아주 적은 환원성 분위기에서 탈염소화, 수소첨가반응 등에 의해 분해한다.
④ 오존분해법: 수중에 포함된 다이옥신을 분해하는 방법으로 고온의 염기성 상태에서 오존을 주입하여 분해한다.

KEYWORD 14 　가시거리

1. 시정장애현상의 원인과 특징
① 시정장애현상의 직접적인 원인은 주로 미세먼지로 특히 0.1~1.0μm 크기의 미세먼지들에 의한 빛의 산란 및 흡수 현상 때문이다.
② 대부분 대기 중에서 1차 오염물질들이 서로 반응, 응축, 응집하여 생성, 성장하기 때문에 2차 오염물질이라고 불리며 이들 2차 오염물질의 입경분포, 화학성분, 수분함량 등의 여러 인자들이 시정장애현상에 영향을 미친다.

> **고득점 POINT　산란**
> - 산란은 빛이나 빠른 속도의 입자가 분자, 원자, 미립자 등과 충돌하여 운동방향이 바뀌거나 흩어지는 현상이다.
> - 대기 중에 부유하는 입자는 활발한 브라운 운동을 하여 빛을 산란시킨다.

2. 시정거리의 감소와 가시거리 산정
① 시정거리의 감소는 입자의 산란이 큰 영향을 미치며 입자 산란에 의해서만 빛이 감쇠되고, 입자상 물질은 모두 같은 크기의 구 형태로 분포하고 있다고 가정했을 때 아래의 관계가 성립한다.
② 시정거리는 대기 중 입자의 밀도와 직경에 비례한다.
③ 시정거리는 대기 중 입자의 농도와 산란계수에 반비례한다.

3. 상대습도 70%일 때의 가시거리 공식

$$L_v(\text{km}) = \frac{A \times 10^3}{G}$$

L_v: 가시거리(km), G: 분진농도(μg/m^3), A: 상수(1.2~1.5)

4. 분산면적비를 이용한 가시거리 공식
입자상 물질의 농도는 균일하며 구형이고 상대습도는 70% 이하이고, 빛의 양이 감소하는 소광현상은 분산에 의해서만 일어남을 가정한다.

$$L_v(\text{m}) = \frac{5.2 \times \rho_p \times r}{K \times C}$$

L_v: 가시거리(m), ρ_p: 입자상 물질의 밀도(g/cm^3), C: 입자상 물질의 농도(g/m^3), K: 분산면적비, r: 입자의 반경(μm)

KEYWORD 15 헤이즈계수(Coh: coefficient of haze)

1. 헤이즈계수의 의미 및 공식

① 깨끗한 여과지에 먼지를 모아 빛 전달률의 감소를 측정함으로써 결정되며 광화학적 밀도가 0.01이 되도록 하는 여과지상의 고형물의 양을 의미한다.

② Coh는 광화학적 밀도를 0.01로 나눈 값으로 산정하며 1,000m당 Coh값이 클수록 대기오염의 정도는 심해진다.

③ 1,000m당 Coh값의 산정 공식

$$Coh = \frac{\frac{OD}{0.01}}{L} \times 1,000 = \frac{\frac{\log(1/t)}{0.01}}{L} \times 1,000 = \frac{\frac{\log\left(\frac{1}{I_t/I_o}\right)}{0.01}}{L} \times 1,000$$

OD: 광화학적 밀도, t: 빛전달률(투과율), I_t: 투과광의 세기, I_o: 입사광의 세기, L: 여과지 이동거리

2. 헤이즈계수 값에 따른 대기오염의 정도

Coh/1,000m	대기오염의 정도
0~3.2	약하다.
3.3~6.5	보통이다.
6.6~9.8	심하다.
9.9~13.1	아주 심하다.
13.2 이상	극심하다.

최빈출 기출문제

CHAPTER 02 입자상 물질

01
KEYWORD 11 입자의 직경

광학 현미경을 이용하여 입자의 투영면적으로부터 측정하는 직경 중 다음 설명에 해당되는 것은 무엇인지 쓰시오.

> 입자상 물질의 끝과 끝을 연결한 선 중 가장 긴 선을 직경으로 하는 것이다.

정답

휘렛직경

관련이론 | 입자의 직경

구분	의미
공기역학적 직경	측정하고자 하는 입자와 동일한 침강속도를 가지며, 밀도가 $1g/cm^3$인 구형입자의 직경이다. (밀도는 고려하지 않음)
스토크스 직경	원래의 먼지와 밀도 및 침강속도가 동일한 구형입자의 직경이다.
휘렛직경	입자상 물질의 끝과 끝을 연결한 선 중 가장 긴 선을 직경으로 하는 것이다.
마틴직경	입자상 물질의 그림자를 2개의 등면적으로 나눈 선의 길이를 직경으로 하는 것이다.
투영면적경	먼지의 면적과 동일한 면적을 갖는 원의 직경으로 하는 것이다.

02
KEYWORD 11 입자의 직경

입경의 종류 중 (1) 스토크스 직경과 (2) 공기역학적 직경에 대하여 서술하시오.

정답

(1) 원래의 먼지와 밀도 및 침강속도가 동일한 구형입자의 직경이다.
(2) 측정하고자 하는 입자와 동일한 침강속도를 가지며, 밀도가 $1g/cm^3$인 구형입자의 직경이다.

만점 KEYWORD

(1) 밀도, 침강속도, 동일, 구형입자의 직경
(2) 동일한 침강속도, 밀도가 $1g/cm^3$, 구형입자의 직경

03
KEYWORD 12 입자의 비표면적과 개수

$3.5\mu m$의 직경을 갖는 구형입자의 비표면적(m^2/kg)과 질량이 1kg일 경우 입자의 개수를 계산하시오. (단, 입자의 밀도는 $1.5g/cm^3$이다.)

(1) 비표면적(m^2/kg)
(2) 입자의 개수

정답

(1) $1,142.86 m^2/kg$
(2) 2.97×10^{13}개

해설

(1) **비표면적(m^2/kg) 계산**

$$S_V = \frac{6}{d_s \times \rho}$$

S_V: 구형 입자의 비표면적(m^2/kg)
d_s: 입자의 직경(m), ρ: 입자의 밀도(kg/m^3)
$d_s = 3.5\mu m = 3.5 \times 10^{-6} m$
$\rho = \frac{1.5g}{cm^3} \times \frac{kg}{1,000g} \times \frac{10^6 cm^3}{m^3} = 1,500 kg/m^3$
$S_V = \frac{6}{3.5 \times 10^{-6} \times 1,500} = 1,142.857 m^2/kg$

(2) **입자의 개수 계산**

$$n = \frac{m}{\rho \times V}$$

n: 입자의 개수, m: 전체 입자의 질량(kg)
ρ: 입자의 밀도(kg/m^3)
V: 입자의 부피(m^3)
$V = \frac{\pi \times D^3}{6} = \frac{\pi \times (3.5 \times 10^{-6})^3}{6} = 2.2449 \times 10^{-17} m^3$
$n = \frac{1}{1,500 \times 2.2449 \times 10^{-17}} = 2.970 \times 10^{13}$

04
KEYWORD 13 다이옥신

소각 후 발생하는 다이옥신류를 처리하기 위한 처리방법을 3가지 쓰고, 그 원리를 간단히 서술하시오. (단, 생물학적 분해방법은 제외한다.)

정답
① 촉매분해법: 300~400℃ 부근에서 촉매를 사용하여 다이옥신을 분해하는 방법으로 촉매로는 금속산화물(V_2O_5, TiO_2 등), 귀금속(Pt, Pd)이 사용된다.
② 광분해법: 자외선 파장(250~340nm)을 이용하여 다이옥신을 분해한다.
③ 열분해법: 고온(850℃ 이상)의 산소가 아주 적은 환원성 분위기에서 탈염소화, 수소첨가반응 등에 의해 분해한다.
④ 오존분해법: 수중에 포함된 다이옥신을 분해하는 방법으로 고온의 염기성 상태에서 오존을 주입하여 분해한다.

만점 KEYWORD
① 촉매분해법, 촉매, 금속산화물, 귀금속
② 광분해법, 자외선 파장, 분해
③ 열분해법, 고온, 환원성 분위기, 분해
④ 오존분해법, 수중, 고온의 염기성 상태, 오존을 주입

05
KEYWORD 14 가시거리

상대습도가 70% 이하이고, 파장이 5,240Å인 빛 속에서 밀도가 1,700mg/cm³이고, 직경이 0.4μm인 기름방울의 분산면적비가 4.5이다. 이때 가시거리가 959m이라면 먼지 농도(mg/m³)는 얼마인지 계산하시오.

정답
0.41mg/m³

해설
$$L_v(\text{m}) = \frac{5.2 \times \rho_p \times r}{K \times C}$$

L_v: 가시거리(m), ρ_p: 입자상 물질의 밀도(mg/cm³)
r: 입자의 반경(μm), C: 입자상 물질의 농도(mg/m³)
K: 분산면적비

$$959 = \frac{5.2 \times 1,700 \times 0.2}{4.5 \times C}$$

$C = 0.410$mg/m³

06
KEYWORD 15 헤이즈계수(Coh)

다음 물음에 답하시오.
(1) Coh의 정의를 쓰시오.
(2) Coh 공식을 쓰시오.

정답
(1) 깨끗한 여과지에 먼지를 모아 빛전달률의 감소를 측정함으로써 결정되며 광화학적 밀도가 0.01이 되도록 하는 여과지상의 고형물의 양을 의미한다.

(2) $$\text{Coh} = \frac{\text{OD}}{0.01} = \frac{\log\frac{1}{I_t/I_o}}{0.01} = 100\log\frac{1}{I_t/I_o}$$

OD: 광화학적 밀도로 불투명도의 log 값
I_t: 투과광의 강도
I_o: 입사광의 강도
I_t/I_o: 빛 전달률(투과도)

만점 KEYWORD
(1) 여과지, 빛전달률, 광화학적 밀도가 0.01, 고형물의 양

PART 02

대기오염관리 실무

합격 GUIDE

대기오염관리 실무에 나오는 내용은 필기 기준으로는 연소공학, 대기오염방지기술에 해당하는 내용이 대부분입니다.

필기시험에서는 법령과 관련된 과목이 두 과목이고, 전체 문항의 약 30%를 차지하지만, 실기시험에서는 법령 관련 문제가 매회 1~2문제 정도만 출제될 정도로 출제비중이 낮은 편입니다. 따라서 법령과 관련된 문제는 전체 기준을 암기하기보다는 기존의 기출문제에서 출제되었던 내용 위주로 암기하는 것이 좋습니다.

대기오염관리 실무와 관련된 문제는 계산문제가 많기 때문에 기출문제에 나온 공식은 필수적으로 암기해야 합니다. 또한, 계산과정에서 실수해서 문제를 틀리지 않도록 실제 연습장에 공식과 계산과정, 단위환산 과정 전체를 직접 쓰면서 반복적으로 풀어보아야 합니다.

연소가스량 계산하는 문제는 15개년 기출문제 중 44회 출제될 정도로 거의 매회 출제되므로 연소가스량 계산문제는 확실하게 이해해야 합니다.

출제빈도별 기출 KEYWORD

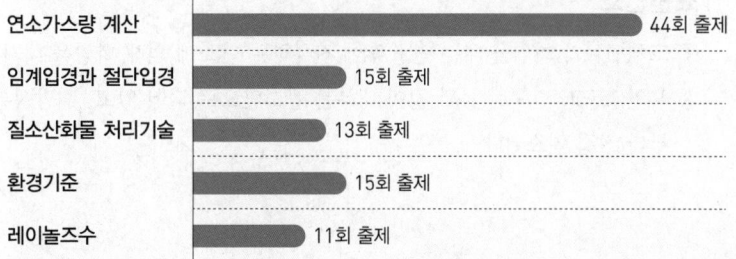

연소가스량 계산	44회 출제
임계입경과 절단입경	15회 출제
질소산화물 처리기술	13회 출제
환경기준	15회 출제
레이놀즈수	11회 출제

※ 최근 15개년 기출분석 결과로 분류방법에 따라 수치는 달라질 수 있음

CHAPTER 01 연료와 연소계산

KEYWORD 01 연료의 발열량

1. 발열량의 의미
① 연료의 단위량(기체연료 $1Sm^3$, 고체 및 액체연료 1kg)이 완전연소할 때 발생하는 열량을 발열량이라고 한다.
② 고위발열량은 총발열량이라고도 하며 연료 중의 수분 및 연소에 의해 생성된 수분의 응축열을 포함한 열량이다.

2. 발열량 계산공식

(1) 기본공식
① 저위발열량(H_l) = 고위발열량(H_h) - 물의 증발잠열
② 액체와 고체연료의 저위발열량 계산식: $H_l = H_h - 600(9H + W)$
    ※ H, W: 수소와 물의 함량
③ 기체연료의 저위발열량 계산식: $H_l = H_h - 480 \times \sum H_2O$

(2) Dulong의 고위발열량 식
① 공식

$$H_h = 8,100C + 34,250\left(H - \frac{O}{8}\right) + 2,250S$$

C, H, O, S: 탄소, 수소, 산소, 황의 함량

② 유효발열수소: $\left(H - \dfrac{O}{8}\right)$로 연료의 발열량에 기여하는 수소로 수소 중 물로 전환되는 비율을 뺀 값이다.

KEYWORD 02 연소의 형태

1. 표면연소
① 고체연료가 화염을 내는 연소 후에 잔류하는 탄소에 의해 화염을 내지 않고 연소하는 형태이다.
② 흑연, 코크스, 목탄 등과 같이 대부분 탄소만으로 되어 있고, 휘발성분이 거의 없는 연소의 형태로 표면의 탄소분부터 직접 연소된다.

2. 분해연소

① 분자량이 큰 연료가 일정온도에 도달하면 열분해되면서 휘발분(가연성 가스)을 방출하는데 이 휘발분이 화염을 발생시키며 연소하는 것을 분해연소라 한다.
② 착화온도에 도달하기 전에 휘발분이 생성되고 그것이 연소되면서 연소가 시작된다.
③ 석탄, 목재, 중유, 타르 등은 연소 초기에 가연성 가스가 생성되고 긴 화염이 발생된다.

3. 증발연소

① 화염으로부터 열을 받으면 가연성 증기가 발생하여 연소하는 형태이다.
② 탄소성분이 많은 중질유 등은 초기에는 증발연소를 하고, 그 열에 의해 연료성분이 분해되면서 연소한다.
③ 휘발유, 등유, 알코올, 벤젠, 경유, 왁스 등의 연료에 해당하는 연소형태이다.

4. 자기연소(내부연소)

① 공기 중의 산소 공급 없이 그 물질의 분자 자체에 함유하고 있는 산소를 이용하여 스스로 연소하는 형태이다.
② 니트로글리세린 등이 있다.

5. 확산연소

① 기체연료를 버너노즐로 분사시켜 외부공기와 혼합하면서 연소하는 방법이다.
② 기체연료의 연소방법으로 주로 탄화수소가 적은 발생로가스, 고로가스에 적용되는 연소방식이고, 천연가스에도 사용될 수 있다.
③ 역화의 위험성이 없고 붉고 긴 화염을 만든다.
④ 연료의 분출속도가 큰 경우에는 그을음이 발생하기 쉽다.

KEYWORD 03 폭굉유도거리

구분	내용
의미	폭굉가스가 존재할 때 최초의 완만한 연소가 격렬한 폭굉으로 발전할 때 까지의 거리이다.
짧아지는 경우	• 관 속에 방해물이 있을 때 • 관내경이 작을 때 • 압력이 높을 때 • 점화원의 에너지가 강할 때 • 정상의 연소속도가 큰 혼합가스인 경우

KEYWORD 04 연료의 종류 및 특성

1. 고체연료의 종류 및 특징

① 석탄, 연탄, 코크스, 숯 등이 고체연료이다.
② 일반적으로 휘발분이나 수분, 회분 등이 많아 완전연소가 어렵고 매연이 많이 발생한다.
③ 발열량이 다른 연료에 비해 적어 연소효율이 낮다.
④ 연소 시 분무시설에 의한 소음이 발생하지 않고 연료의 누설이나 역화로 인한 폭발의 위험이 없다.
⑤ 다른 연료에 비해 연소실의 규모가 크다.
⑥ 보통 산성 성분의 회분이 염기성 성분의 회분보다 융점이 높다.
    ㉠ 산성 성분 회분: SiO_2, Al_2O_3, TiO_2
    ㉡ 염기성 성분 회분: CaO, MgO, K_2O

2. 액체연료의 종류 및 특징

① 휘발유, 경유, 중유 등이 있다.
② 발열량이 높아 대형설비에 적합하며 저장 및 운반, 계량이 용이하고 연료의 품질이 균일한 편이다.
③ 점화, 소화 및 연소의 조절이 비교적 용이하다.
④ 회분은 아주 적지만, 재 속의 금속산화물이 장해원인이 될 수 있다.
⑤ 고체연료에 비하여 화재, 역화 등의 위험이 있어 예열 시 주의가 필요하며 연소온도가 높아 국부적인 과열을 일으키기 쉽다.
⑥ 석유계 액체연료는 고위발열량이 10,000~12,000kcal/kg 정도로 높고 품질이 대체로 일정하며 효율이 높다.
⑦ 메탄올과 같이 산소를 함유한 연료의 경우 발열량은 일반 석유계 액체연료보다 낮아진다.

3. 기체연료의 종류 및 특징

① 기체연료의 종류로는 LPG[프로판(C_3H_8), 부탄(C_4H_{10})], LNG[메탄(CH_4)], 발생로가스 등이 있다.
② 확산연소(기체연료를 버너노즐로 분출시켜 외부공기와 혼합하여 연소시키는 방법)의 형태로 연소되며 부하변동에 대응이 쉽고 연소의 조절 및 예열이 용이하나 취급에 위험성이 있다.
③ 수송과 저장이 불편하고 저장탱크, 배관공사 등 시설비가 많이 든다.
④ 공기와 혼합해서 점화하면 폭발 등의 위험도 있다.
⑤ 연료 중에 황의 함량이 매우 낮으며 배출가스 중에 황산화물이 거의 발생하지 않는다.
⑥ 고체, 액체연료에 비해 완전연소하려면 많은 과잉공기가 필요하지 않다.
⑦ 기체연료는 재가 거의 발생하지 않는다.
⑧ 회분은 아주 적지만, 재 속의 금속산화물이 장해원인이 될 수 있다.
⑨ 화재, 역화 등의 위험이 크며, 연소온도가 높아 국부적인 과열을 일으키기 쉽다.

KEYWORD 05 연소범위(폭발범위)

1. 연소범위(폭발범위)

(1) 개요
① 연소범위와 폭발범위는 구하는 공식이 같고, 거의 같은 의미로 사용된다.
② 혼합기체의 폭발하한과 폭발상한 구하는 공식

폭발하한	폭발상한
$LEL = \dfrac{p_1 + p_2 + \cdots}{\dfrac{p_1}{n_1} + \dfrac{p_2}{n_2} + \cdots}$	$UEL = \dfrac{p_1 + p_2 + \cdots}{\dfrac{p_1}{n_1} + \dfrac{p_2}{n_2} + \cdots}$

n_i: 각 성분 단일의 연소한계(상한 또는 하한), p_i: 각 성분 가스의 부피(%)

③ 연소범위(폭발범위): 폭발하한계~폭발상한계

(2) 가연성 가스의 폭발범위와 위험성
① 하한값은 낮을수록, 상한값은 높을수록 위험하다.
② 폭발범위가 넓을수록 위험하다.
③ 불연성 가스를 첨가하면 폭발범위가 좁아진다.
④ 가스의 온도가 높아지면 폭발범위가 넓어진다.
⑤ 가스압력이 높아졌을 때 폭발하한값은 크게 변하지 않으나 폭발상한값은 높아진다.
⑥ 폭발한계농도 이하에서는 폭발성 혼합가스가 생성되기 어렵다.

2. 위험도

위험도는 폭발상한값과 폭발하한값의 차를 이용하여 산정하며 이 값이 클수록 위험도가 증가한다.

$$H = \dfrac{UEL - LEL}{LEL}$$

H: 위험도
UEL: 폭발상한값(%)
LEL: 폭발하한값(%)

KEYWORD 06　이론공기량 계산

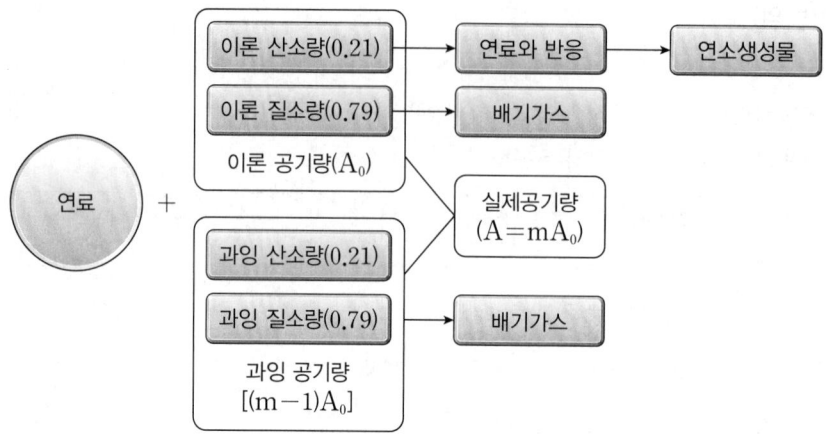

1. 고체, 액체 연료의 이론산소량 계산

(1) 부피기준 이론산소량을 구하는 공식

> 부피기준 이론산소량(Sm^3)=산소량(Sm^3)−연료 중 산소량(Sm^3)
>
> $O_o(Sm^3/연료\ 1kg) = \dfrac{22.4}{12}C + \dfrac{22.4/2}{2}(H - \dfrac{O}{8}) + \dfrac{22.4}{32}S = 1.867C + 5.6H + 0.7S - 0.7O$
>
> C, H, O, S: 탄소, 수소, 산소, 황의 함량

(2) 질량기준 이론산소량을 구하는 공식

> 질량기준 이론산소량 무게(kg)=산소량(kg)−연료 중 산소량(kg)
>
> $O_o(kg/연료\ 1kg) = \dfrac{32}{12}C + 8(H - \dfrac{O}{8}) + S = 2.667C + 8H + S - O$
>
> C, H, O, S: 탄소, 수소, 산소, 황의 함량

2. 고체/액체 연료의 이론공기량 계산

> $A_o(Sm^3/연료\ 1kg) = O_o(Sm^3/연료\ 1kg) \times \dfrac{1}{0.21(산소의\ 부피비)}$
>
> $A_o(kg/연료\ 1kg) = O_o(kg/연료\ 1kg) \times \dfrac{1}{0.232(산소의\ 중량비)}$
>
> ※ 이론산소량, 이론공기량을 구할 때에는 연료 1kg을 기준으로 한다.

3. 고체/액체 연료의 실제공기량

$$m(\text{공기비, 과잉공기비}) = \frac{A(\text{실제공기량})}{A_o(\text{이론공기량})}$$

$A(\text{실제공기량}) = m \times A_o$

과잉공기량 = 실제공기량(A) − 이론공기량$(A_o) = m \times A_o - A_o = (m-1)A_o$

과잉공기율 $= \dfrac{A - A_o}{A_o}$

KEYWORD 07 연소가스량 계산

1. 고체, 액체 연료의 가스량 계산

(1) 이론가스량 구하기

① 연소생성물질은 CO_2, H_2O, 등이며 공기와 함께 투입된 질소(N_2), 과잉공기 중의 산소(O_2)도 연소가스로 배출된다.

② 이론가스량 = 이론공기 중의 질소량 + 연소생성물(CO_2, H_2O 등)

③ 부피 기준 이론가스량

$G_{ow} = 0.79 A_o + (CO_2 + H_2O + \text{기타 연소생성물})$
공기 중의 질소의 부피비 = $1 - 0.21 = 0.79$

④ 무게 기준 이론가스량

$G_{ow} = 0.768 A_o + (CO_2 + H_2O + \text{기타 연소생성물})$
공기 중의 질소의 중량비 = $1 - 0.232 = 0.768$

(2) 이론건연소가스량 구하기

이론건연소가스량(G_{od}) = 이론공기 중 질소량 + 건연소생성물(수분 제외)

(3) 실제가스량 구하기

실제가스량(G) = 이론가스량 + 과잉공기량

(4) 공기비(m) 계산

① 완전연소 시($CO = 0$) 또는 산소의 값만 이용하는 경우

$$m = \frac{21}{21 - O_2}$$

② 불완전연소 시($CO \neq 0$) 또는 질소와 산소의 값을 이용하는 경우

$$m = \frac{N_2}{N_2 - 3.76(O_2 - 0.5 CO)}$$

2. 과잉공기비(m)와 연소특성

(1) 과잉공기비(m)를 너무 크게 하였을 때 연소 특성
① 공연비가 커지고 연소실의 연소온도가 낮아지고 에너지 손실이 커진다.(냉각효과)
② 통풍력이 강하여 배기가스에 의한 열손실이 크다.
③ 배기가스 중 황산화물과 질소산화물의 함량이 많아져 연소장치의 부식이 크다.
④ 연소가스의 희석효과가 높아진다.
⑤ 화염의 크기가 작아지고 연소가스 중 불완전 연소물질(CO, HC 등)의 농도가 감소한다.

(2) 과잉공기비(m)가 너무 낮을 때 연소특성
① 가연성 물질인 CO, HC 등의 농도가 증가하여 폭발의 위험성과 매연 발생량이 증가한다.
② 연소실벽에 미연탄화물 부착이 늘어난다.
③ 가연성분과 산소의 접촉이 원활하게 이루어지지 못한다.
④ 배출가스 중 일산화탄소의 양이 많아진다.
⑤ 불완전 연소로 연소실 내의 열손실이 커져 연소효율이 저하된다.
⑥ 연소효율이 감소하여 배출가스의 온도가 불규칙하게 증가 및 감소를 반복한다.

KEYWORD 08 기체연료의 연소계산

1. 개요
① 대부분의 기체연료는 탄화수소류로 탄화수소의 연소반응식에 의해 산소의 양, 연소생성물의 양을 산정한다.
② 이러한 방식은 고체/액체연료의 내용과 동일하다.

2. 탄화수소(C_mH_n) 연소 반응식

$$C_mH_n + (m + \frac{n}{4})O_2 \rightarrow mCO_2 + \frac{n}{2}H_2O$$

포화탄화수소는 단일결합으로만 구성된 탄화수소로서 메탄(CH_4), 에탄(C_2H_6), 프로판(C_3H_8) 등이 이에 속한다.

3. 이론습연소가스량 계산

이론습연소가스량(G_{ow}) = 이론공기 중 질소량 + 습연소생성물(수분 포함)

※ 이론습연소가스량 계산 시에는 H_2O(수분)의 양도 포함한다.

KEYWORD 09 최대탄산가스율

1. 최대탄산가스율의 의미
최대탄산가스율(%)은 이론건조연소가스량을 기준으로 최대탄산가스량의 용적 백분율이다.

2. 최대탄산가스율 공식

(1) 연료의 구성성분을 이용한 경우

$$(CO_2)_{max}(\%) = \frac{CO_2\ 발생량}{이론건조가스량(G_{od})} \times 100(\%)$$

(2) 배기가스의 구성성분을 이용한 경우

$$(CO_2)_{max}(\%) = \frac{21[(CO_2)+(CO)]}{21-(O_2)+0.395(CO)} \cdots CO \neq 0$$

$$(CO_2)_{max}(\%) = \frac{21(CO_2)}{21-(O_2)} \cdots CO = 0$$

최빈출 기출문제

CHAPTER 01 연료와 연소계산

01
KEYWORD 02 연소의 형태

다음 연소방법을 해당 물질 1가지 이상을 언급하여 의미를 서술하시오.
(1) 증발연소
(2) 분해연소
(3) 표면연소
(4) 확산연소
(5) 내부연소

정답
(1) 증발연소는 휘발유, 등유 등과 같이 화염으로부터 열을 받아 가연성 증기가 발생하여 연소하는 형태이다.
(2) 분해연소는 석탄, 목재와 같이 분자량이 큰 연료가 열분해되면 가연성 가스를 방출하는데 이 가연성 가스가 화염을 발생시키며 연소하는 형태이다.
(3) 표면연소는 목탄, 코크스 등과 같이 고정탄소 성분이 연소하여 화염을 내지 않고 표면이 빨갛게 빛을 내면서 연소하는 형태이다.
(4) 확산연소는 LPG, 프로판 등과 같은 기체연료를 버너노즐로 분사시켜 외부 공기와 혼합하면서 연소하는 방법이다.
(5) 내부연소는 니트로글리세린 등과 같이 공기 중의 산소의 공급이 없어도 그 물질 내부에 포함하고 있는 산소를 이용하여 스스로 연소하는 형태이다.

만점 KEYWORD
(1) 휘발유, 화염, 가연성 증기
(2) 목재, 열분해, 가연성 가스, 화염
(3) 목탄, 고정탄소, 표면이 빨갛게
(4) LPG, 공기, 혼합
(5) 니트로글리세린, 산소, 스스로 연소

02
KEYWORD 05 연소범위(폭발범위)

폭굉에 관한 다음 물음에 답하시오.
(1) 유도거리의 정의를 쓰시오.
(2) 폭굉유도거리가 짧아지는 이유를 3가지 쓰시오.
(3) 다음 표를 기준으로 혼합기체의 하한연소범위(%)를 계산하시오.

성분	조성(%)	하한연소범위(%)
CH_4	80	5.0
C_2H_6	12	3.0
C_3H_8	5	2.0
C_4H_{10}	3	1.5

정답
(1) 유도거리는 폭굉가스가 존재할 때 최초의 완만한 연소가 격렬한 폭굉으로 발전할 때까지의 거리이다.
(2) ① 관 속에 방해물이 있을 때
    ② 관내경이 작을 때
    ③ 압력이 높을 때
(3) 4.08%

만점 KEYWORD
(1) 최초, 완만한 연소, 폭굉, 거리
(2) ① 관 속, 방해물
    ② 관내경, 작을
    ③ 압력, 높을

해설
혼합기체의 하한연소범위(%) 계산하기

$$L = \frac{p_1 + p_2 + \cdots}{\frac{p_1}{n_1} + \frac{p_2}{n_2} + \cdots}$$

n_i: 각 성분 단일의 연소한계(상한 또는 하한)
p_i: 각 성분 가스의 부피(%)

$$L = \frac{80 + 12 + 5 + 3}{\frac{80}{5.0} + \frac{12}{3.0} + \frac{5}{2.0} + \frac{3}{1.5}} = 4.082\%$$

03
KEYWORD 06 이론공기량 계산

중유 2kg을 25.6Sm³의 공기를 이용하여 완전연소할 경우 공기비를 계산하시오. (단, 중유의 조성은 C: 85%, H: 10%, S: 5%이다.)

정답
1.23

해설
이론산소량(Sm³/kg) = $1.867C + 5.6H + 0.7S - 0.7O$
= $(1.867 \times 0.85) + (5.6 \times 0.1) + (0.7 \times 0.05) = 2.1820 \text{Sm}^3/\text{kg}$

이론공기량(Sm³/kg) = $\dfrac{\text{이론산소량}}{0.21} = \dfrac{2.1820}{0.21} = 10.3905 \text{Sm}^3/\text{kg}$

중유 2kg의 이론공기량 = $2\text{kg} \times 10.3905 \text{Sm}^3/\text{kg} = 20.781 \text{Sm}^3$

공기비 = $\dfrac{\text{실제공기량}}{\text{이론공기량}} = \dfrac{25.6}{20.781} = 1.232$

04
KEYWORD 08 기체연료의 연소계산

기체연료(C_mH_n) 1mol을 이론공기량으로 완전연소시켰을 경우 이론습연소가스량(mol)을 계산하시오.

정답
$(4.76m + 1.44n)$ mol

해설
기체연료(C_mH_n)의 연소반응식은 다음과 같이 나타낼 수 있다.

$$C_mH_n + \left(m + \dfrac{n}{4}\right)O_2 \rightarrow mCO_2 + \dfrac{n}{2}H_2O$$

(1) 이론산소량, 이론공기량 계산

이론산소량 = $\left(m + \dfrac{n}{4}\right)$ mol

이론공기량 = $\dfrac{\left(m + \dfrac{n}{4}\right)}{0.21} = 4.7619m + 1.1905n$

(2) 이론습연소가스량 계산

이론공기 중 질소량 = 이론공기량 × 0.79
= $(4.7619m + 1.1905n) \times 0.79 = 3.7619m + 0.9405n$

$CO_2 = m$, $H_2O = 0.5n$

이론습연소가스량 = 이론공기 중 질소량 + 연소생성물($CO_2 + H_2O$)
= $3.7619m + 0.9405n + m + 0.5n$
= $4.7619m + 1.4405n$

05
KEYWORD 09 최대탄산가스율

C: 78(중량%), H: 18(중량%), S: 4(중량%)인 중유의 $(CO_2)_{max}$(%)를 계산하시오.

정답
13.41%

해설
이론산소량 = $1.867C + 5.6H + 0.7S - 0.7O$
= $(1.867 \times 0.78) + (5.6 \times 0.18) + (0.7 \times 0.04) = 2.4923 \text{Sm}^3/\text{kg}$

이론공기량 = $\dfrac{\text{이론산소량}}{0.21} = \dfrac{2.4923}{0.21} = 11.8681 \text{Sm}^3/\text{kg}$

이론공기 중 질소량 = 이론공기량 × 0.79
= $11.8681 \times 0.79 = 9.3758 \text{Sm}^3/\text{kg}$

CO_2 배출량
탄소(C, 원자량 12) 1kmol이 연소하면 이산화탄소(CO_2) 1kmol이 발생한다.
$C + O_2 \rightarrow CO_2$
$12\text{kg} : 22.4\text{Sm}^3 = 0.78\text{kg/kg} : x$
$x = 1.456 \text{Sm}^3/\text{kg}$

SO_2 배출량
황(S, 원자량 32) 1kmol이 연소하면 이산화황(SO_2) 1kmol이 발생한다.
$S + O_2 \rightarrow SO_2$
$32\text{kg} : 22.4\text{Sm}^3 = 0.04\text{kg/kg} : x$
$x = 0.028 \text{Sm}^3/\text{kg}$

이론건연소가스량 = 이론공기 중 질소량 + 건연소생성물($CO_2 + SO_2$)
= $9.3758 + 1.456 + 0.028 = 10.8598 \text{Sm}^3/\text{kg}$

$(CO_2)_{max}(\%) = \dfrac{CO_2 \text{ 배출량}}{\text{이론건연소가스량}} \times 100 = \dfrac{1.456}{10.8598} \times 100$
$= 13.407\%$

CHAPTER 02 연소장치

KEYWORD 10 | 내연기관

1. 공연비(AFR)

(1) 개요

① 공기와 연료의 혼합 비율을 의미하며 부피, 질량, 몰비로 구분할 수 있다.
② 삼원촉매장치를 통한 제어를 위해 가솔린의 효율적인 이론적 공연비는 14.7 정도이다.
③ 14.7 이하에서는 HC와 CO가 많이 발생하고 NO_x는 적게 발생한다.
④ 14.7 이상에서는 HC와 CO가 적게 발생하고 NO_x는 많이 발생한다.
⑤ 18 이상일 때 오염물질의 배출량을 줄일 수 있지만 연료의 소비량이 커 비효율적이게 된다.

(2) 관계식

① 공연비는 부피를 기준으로 하거나 질량을 기준으로 한다.
② 부피비와 몰비는 같다.

$$\text{부피 기준 } AFR = \frac{\text{연소공기의 부피}}{\text{연료의 부피}} = \frac{\text{연소공기의 mol}}{\text{연료의 mol}}$$

$$\text{질량 기준 } AFR = \frac{\text{연소공기의 질량}}{\text{연료의 질량}}$$

2. 당량비(등가비)

(1) 개요

① 이론공연비와 실제 공급되는 공연비에 대한 비로 등가비라고도 한다.
② 등가비와 공기비는 상호 반비례관계가 있다.

(2) 관계식

① 등가비>1: 연료에 비해 공기가 부족, 불완전연소, 일산화탄소 발생량 증가
② 등가비=1: 이상적인 연소 형태
③ 등가비<1: 연료에 비해 공기가 과잉, 질소산화물 증가

$$\text{등가비}(\phi) = \frac{\text{실제 연료량/산화제}}{\text{완전연소를 위한 이상적 연료량/산화제}}$$

KEYWORD 11 자동차의 대기오염물질 배출

1. 자동차의 주행상태에 따른 오염물질 배출

(1) 가솔린자동차

구분	HC	CO	NO_x
많이 배출	감속	공회전	가속
적게 배출	운행	운행	공회전

(2) 디젤자동차

① NO_x, CO, HC 외에 매연, 황산화물, 소음, 악취 등이 문제가 된다.
② 디젤자동차의 운행별 오염물질 배출특성

구분	HC	CO	NO_x
많이 배출	감속	운행, 가속	가속
적게 배출	가속, 운행	감속, 공회전	공회전, 감속

2. 삼원촉매장치

(1) 개요

① 자동차의 배기가스에는 CO, NO_x, 매연, 미세먼지 등이 포함되어 있다.
② 가솔린기관에서 삼원촉매장치를 통해 CO, HC, NO_x 등의 배출가스를 동시에 저감할 수 있다.

(2) 삼원촉매장치의 오염물질 처리방법

① 삼원촉매장치는 촉매(Pt, Rh, Pd)를 이용하여 HC, NO_x, CO를 N_2, CO_2, H_2O로 처리한다.
② 환원촉매[Rh(로듐)]: $NO_x \rightarrow N_2$, O_2
③ 산화촉매[Pt(백금), Pd(팔라듐)]: CO, HC $\rightarrow CO_2$, H_2O

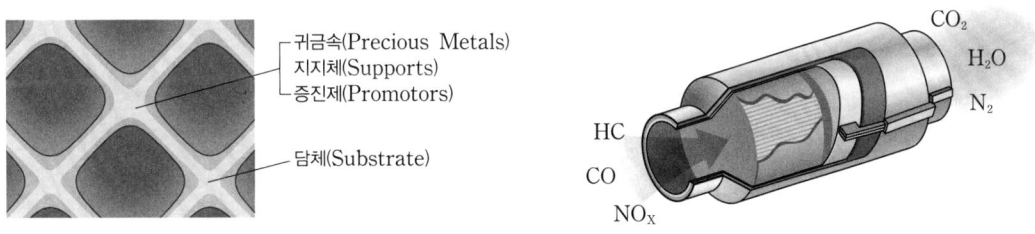

▲ 삼원촉매장치

KEYWORD 12 고체연료의 연소방식

1. 화격자연소(스토커식)

(1) 개요

① 착화온도 이상의 고온의 스토커 상부에 가연성 물질을 투입하여 연소와 함께 화층을 형성하며 연소되는 방식이다.
② 연소효율의 향상을 위해 이동식 스토커와 고정식 스토커가 구동하여 폐기물을 교반 및 이동시켜 완전연소를 가능하게 하며 연속적인 연소와 소각이 가능하다.
③ 연소에 필요한 공기는 스토커 하부에 균등하게 공급되며 소각 후 남은 재는 스토커 하부로 배출된다.

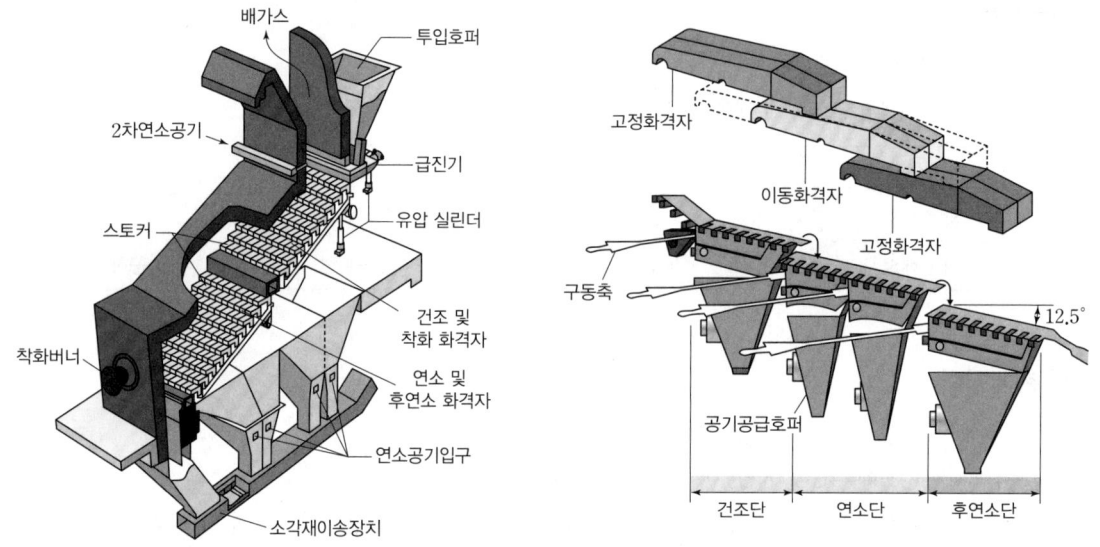

▲ 화격자 연소로의 예시

(2) 장단점

구분	내용
장점	• 유동층연소에 비해 비산분진량이 적고 로 내 제어가 용이하며 내구연한이 길다. • 전처리시설이 필요없다.
단점	• 용융성이 큰 물질이나 수분이 많은 슬러지의 연소에 부적합하다. • 과잉공기비가 1.6~2.5 정도로 높은 편이고 소각처리 시 시간이 길며 배가스량이 많은 편이다. • 가동과 정지 등이 불편하다. • 클링커 장애에 대한 문제가 가장 크다.

2. 유동층연소

(1) 개요

① 소각로 내에 고온의 유동사 등의 유동매체를 넣고 600~800℃의 고온상태에서 소각대상 폐기물을 투입하여 순간적으로 건조·소각한다.

② 소각 후 잔재는 유동사와 함께 하부로 배출하여 소각잔재만 분리배출하고 유동사는 다시 소각로로 투입하며 유동사의 손실을 최소화한다.

③ 높은 열용량을 갖는 균일 온도의 층 내에서는 화염전파는 필요없고, 층의 온도를 유지할 만큼의 발열만 있으면 된다.

④ 유동층을 형성하는 분체와 공기와의 접촉면적이 크며 격심한 입자의 운동으로 층 내가 균일온도로 유지된다.

⑤ 저열량, 높은 함수율, 점착성, 고유황인 연료를 효율적으로 연소시킬 수 있다.

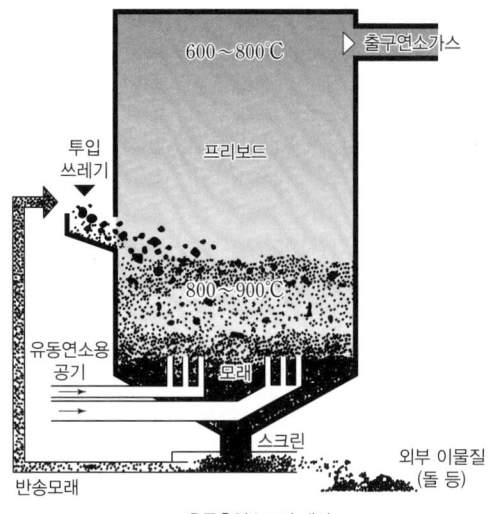

▲ 유동층연소로의 예시

(2) 장점

① 사용연료의 입도범위가 넓기 때문에 연료를 미분쇄 할 필요가 없다.(미분탄장치가 필요 없음)

② 연료의 층 내 체류시간이 길어 저발열량의 석탄도 완전연소가 가능하다.

③ 균일한 연소가 가능하고 연소실 부하가 크며 과잉공기량이 적다.

④ 유동매체에 석회석 등의 탈황제를 사용하여 로 내 탈황도 가능하다.

⑤ 열생성 NO_x의 생성이 억제되어 전열관의 부식이 문제가 되지 않는다.

⑥ 주방쓰레기, 슬러지 등 수분함량이 높은 폐기물을 층 내에서 건조와 연소를 동시에 할 수 있다.

⑦ 화염층을 작게 할 수 있어 장치를 소형으로 할 수 있다.

⑧ 클링커에 의한 장해가 없다.

(3) 단점

① 부하변동에 따른 적응성이 낮은 편이다.

② 석탄연소 시 미연소된 Char가 배출될 수 있으므로 재연소장치에서의 연소가 필요하다.

③ 비산분진의 발생량이 많다.

④ 유동화에 따른 압력손실이 커 동력비가 많이 든다.

⑤ 조대한 연료는 투입 전 전처리과정으로 파쇄공정을 거쳐야 한다.

⑥ 손실되는 유동매체를 보충해야 한다.

3. 미분탄연소

(1) 개요

분탄을 미분쇄 투입하여 석탄 입자의 체류시간을 짧게 유지하며 연소하는 방식이다.

(2) 특징

① 연소제어가 용이하고 점화 및 소화 시 손실이 적다.

② 사용연료의 범위가 넓고 스토커 연소에 적합하지 않는 점결탄과 저발열량탄 등도 사용할 수 있다.
③ 연료의 접촉표면이 크므로 스토커식 연소에 비해 작은 공기비로도 완전연소가 가능하다.
④ 부하변동에 대한 응답성이 좋은 편이어서 대용량의 연소에 적합하다.
⑤ 화격자 연소보다 낮은 공기비로서 높은 연소효율을 얻을 수 있다.
⑥ 로벽 및 전열면에서 재의 퇴적이 많은 편이다.
⑦ 설비비와 유지비가 많이 들고 재의 비산이 많아 집진장치가 필요하다.

KEYWORD 13 액체연료의 연소장치

1. 유압분무식 버너

① 구조가 간단하고 유지보수가 용이하며 연소장치가 큰 대형보일러에 이용되며 고부하의 연소가 가능하다.
② 유압식버너에서 원료유의 분무각도는 압력, 점도 등으로 약간 달라지지만 40~90° 정도이다.
③ 연료의 분사유량은 15~2,000L/h 정도이다.
④ 유압은 5~30kg/cm²로 분무화연소방식 버너 중 가장 크다.
⑤ 유량조절범위가 환류식의 경우는 1:3, 비환류식의 경우는 1:2 정도여서 부하변동에 적응하기 어렵다.
⑥ 연료의 점도가 크거나 유압이 5kg/cm² 이하가 되면 분무화가 불량하다.

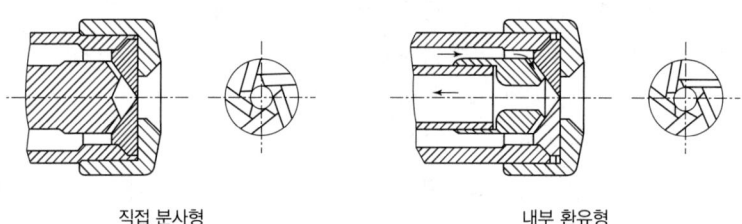

직접 분사형　　　　　　내부 환유형
▲ 유압분무식 버너의 노즐

2. 회전식 버너(로터리버너)

① 분무컵을 고속으로 회전(3,000~10,000rpm)시켜 원심력에 의해 미립화된 액적을 연소시키는 방법이다.
② 회전하는 컵모양의 분무컵에 송입되는 연료유가 원심력으로 비산됨과 동시에 송풍기에서 나오는 1차 공기에 의해 분무되는 형식이다.
③ 입경이 큰 슬러지나 수분이 많은 폐유기용제, 폐유의 소각에 많이 사용되고 연료로서 중유, 경유 등에 많이 사용된다.
④ 연료유의 점도가 작을수록 분무화입경이 작아진다.
⑤ 회전식 버너는 유압식 버너에 비해 분무의 입자는 비교적 크고, 유압은 0.5kg/cm² 전후이다.
⑥ 분무각도는 40°~80° 정도로 크며, 유량조절범위도 1:5 정도로 비교적 큰 편이다.
⑦ 구조가 간단하고 취급이 용이하며 부하변동이 있는 중소형 보일러에 많이 사용된다.
⑧ 회전식 버너는 유압식 버너에 비해 연료유의 입경이 크며, 직결식은 분무컵의 회전수와 전동기의 회전수가 같은 방식이다.
⑨ 연료유는 0.3~0.5kg/cm² 정도로 가압하여 공급하며, 직결식의 분사유량은 1,000L/h이하이다.

KEYWORD 14 기체연료의 연소방식

1. 확산연소

(1) 개요
① 버너의 노즐에서 연료를 분사하고 별도로 공기를 일정하게 분사하여 혼합시켜 연소시키는 방법이다.
② 탄화수소가 적은 고로가스나 발생로가스에 적용할 수 있다.

(2) 특징
① 역화의 위험이 없고 부하의 변동에 대응범위가 넓다.
② 연료분출속도가 느리고 장염(긴 화염)을 만드나 분출속도가 클 경우 그을음이 발생되기 쉽다.
③ 화염의 방사율이 크며 균일하게 가열된다.

(3) 연소방식의 종류

구분	특징
포트형	• 버너가 로 벽과 함께 내화벽돌로 조립되어 로 내부에 개구된 것이며, 가스와 공기를 함께 가열할 수 있는 이점이 있다. • 고발열량 탄화수소를 사용할 경우에는 가스압력을 이용하여 노즐로부터 고속으로 분출하게 하여 그 힘으로 공기를 흡인하는 방식을 취한다. • 밀도가 큰 공기 출구는 상부에, 밀도가 작은 가스 출구는 하부에 배치되도록 한다.
버너형	• 가스와 공기를 가이드베인을 통해 혼합시켜 연소하는 방식이다. • 방사식은 고발열량가스(천연가스), 선회식은 저발열량가스(고로가스)를 연소시키는 데 적합하다.

2. 예혼합연소

(1) 개요
① 연소용 공기와 연료를 미리 혼합하여 버너로 분출시켜 연소하는 방식이다.
② 예혼합연소에 사용되는 버너에는 저압버너, 고압버너, 송풍버너 등이 있다.

(2) 특징
① 예혼합연소는 화염온도가 높고 국부가열의 염려가 없어 균일하게 연소가 되며 연소부하가 큰 경우 사용이 가능하며, 화염의 길이가 짧고 그을음 발생이 적다.
② 연료의 유량조절비가 크며 분출속도가 느릴 경우 역화의 위험이 있다.

기출문제

최|빈|출

CHAPTER 02 연소장치

01
KEYWORD 10 내연기관

가솔린($C_8H_{17.5}$)을 연소시킬 경우 질량기준의 공연비와 부피기준의 공연비를 계산하시오.

(1) 질량기준
(2) 부피기준

정답
(1) 질량기준 공연비 = 15.04
(2) 부피기준 공연비 = 58.93

해설
공연비는 공기/연료의 비이다.
가솔린($C_8H_{17.5}$) 1mol이 연소할 경우 산소(O_2)는 12.375mol이 필요하다.

$C_8H_{17.5} + 12.375O_2 \rightarrow 8CO_2 + 8.75H_2O$

(1) 질량기준 공연비 계산

　연료의 질량 = $(12 \times 8) + 17.5 = 113.5g$
　산소의 질량 = 산소의 mol수 × 산소의 분자량
　　　　　　 = $12.375 mol \times 32 g/mol = 396g$
　공기의 질량 = $\dfrac{산소의\ 질량}{0.232} = \dfrac{396g}{0.232} = 1,706.8966g$

　※ 공기의 부피가 아닌 공기의 질량을 구하기 때문에 0.232로 나누어주어야 한다.

　질량기준 공연비 = $\dfrac{1,706.8966}{113.5} = 15.039$

(2) 부피기준 공연비 계산

　연료의 부피는 $1Sm^3$로 가정한다.
　산소의 부피: $12.375 Sm^3$
　공기의 부피 = $\dfrac{산소의\ 부피}{0.21} = \dfrac{12.375 Sm^3}{0.21} = 58.9286 Sm^3$

　부피기준 공연비 = $\dfrac{58.9286}{1} = 58.929$

02
KEYWORD 11 자동차의 대기오염물질 배출

가솔린 자동차에서 사용하는 삼원촉매장치에 대한 물음에 답하시오.

(1) 사용하는 삼원촉매를 3가지 쓰시오.
(2) 제거되는 오염물질을 3가지 쓰시오.

정답
(1) 백금(Pt), 팔라듐(Pd), 로듐(Rh)
(2) NO_x, HC, CO

관련이론 | 삼원촉매장치
- 삼원촉매장치에서 처리하는 오염물질은 NO_x, CO, HC이다.
- 일반적으로 백금촉매는 CO와 HC를 저감시키는 반응을 촉진시키고 로듐촉매는 NO_x를 저감시키는 반응을 촉진시킨다.
- 로듐(Rh): 환원촉매, N_2로 환원
- 백금(Pt), 팔라듐(Pd): 산화촉매, CO_2와 H_2O로 산화

03
KEYWORD 12 고체연료의 연소방식

고체연료 연소장치 중 하나인 미분탄 연소장치의 장점을 3가지 쓰시오.

정답
① 연소제어가 용이하고 점화 및 소화 시 손실이 적다.
② 사용연료의 범위가 넓다.
③ 연료의 접촉표면이 크므로 스토커식 연소에 비해 작은 공기비로도 완전연소가 가능하다.
④ 부하변동에 대한 응답성이 좋은 편이어서 대용량의 연소에 적합하다.

만점 KEYWORD
① 연소제어, 용이, 손실, 적다.
② 사용연료, 범위, 넓다.
③ 접촉표면이 크므로, 작은 공기비, 완전연소, 가능
④ 부하변동, 응답성이 좋은, 대용량의 연소

04   KEYWORD 12 고체연료의 연소방식

고체연료의 연소장치 중 유동층 연소장치에 대한 물음에 답하시오.

(1) 장점을 2가지 쓰시오.
(2) 단점을 2가지 쓰시오.

정답

(1) ① 사용연료의 입도범위가 넓기 때문에 연료를 미분쇄 할 필요가 없다.(미분탄장치가 필요없음)
② 연료의 층 내 체류시간이 길어 저발열량의 석탄도 완전연소가 가능하다.
③ 균일한 연소가 가능하고 연소실 부하가 크며 과잉공기량이 적다.
④ 유동매체에 석회석 등의 탈황제를 사용하여 로 내 탈황도 가능하다.
⑤ NO_x의 생성량이 적다.

(2) ① 부하변동에 따른 적응성이 낮은 편이다.
② 석탄연소 시 미연소된 char가 배출될 수 있으므로 재연소장치에서의 연소가 필요하다.
③ 비산분진의 발생량이 많다.
④ 유동화에 따른 압력손실이 커 동력비가 많이 든다.
⑤ 조대한 연료는 투입 전 전처리과정으로 파쇄공정을 거쳐야 한다.

만점 KEYWORD

(1) ① 입도범위, 넓기, 미분쇄, 필요가 없다.
② 층 내 체류시간, 길어, 저발열량, 완전연소가 가능
③ 균일한 연소, 과잉공기량, 적다.
④ 석회석, 로 내 탈황, 가능
⑤ NO_x, 적다.

(2) ① 부하변동, 적응성, 낮은 편
② 미연소된 char가 배출, 재연소장치, 필요
③ 비산분진, 많다.
④ 압력손실, 커, 동력비, 많이
⑤ 조대한 연료, 파쇄공정

05   KEYWORD 13 액체연료의 연소장치

액체연료 연소장치 중 유압분무식 버너의 특징을 5가지 쓰시오.

정답

① 구조가 간단하고 유지보수가 용이하다.
② 연소장치가 큰 대형보일러에 이용할 수 있다.
③ 고부하의 연소가 가능하다.
④ 연료의 분사유량은 15~2,000L/h 정도이다.
⑤ 유압은 5~30kg/cm²로 크다.
⑥ 유량조절범위가 환류식의 경우는 1:3, 비환류식의 경우는 1:2 정도로 적어서 부하변동에 적응하기 어렵다.
⑦ 연료의 점도가 크거나 유압이 5kg/cm² 이하가 되면 분무화가 불량하다.

만점 KEYWORD

① 구조, 간단, 유지보수, 용이
② 대형보일러, 이용
③ 고부하, 연소, 가능
④ 분사유량, 15~2,000L/h
⑤ 유압, 5~30kg/cm², 크다.
⑥ 유량조절범위, 적어서, 부하변동, 적응, 어렵다.
⑦ 점도, 크거나, 유압, 5kg/cm² 이하, 분무화, 불량

CHAPTER 03 입자상 물질의 처리

KEYWORD 15 중력침강속도

1. 중력침강속도의 개념
① 중력에 의해 침강하는 입자의 속도이다.
② 중력, 부력, 항력의 평형에 의해 속도가 결정된다.

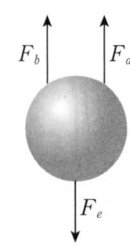

외력(F_e): 중력 또는 원심력
부력(F_b): 외력과 평행하게 작용하는 반대 힘
항력(F_d): 입자와 유체의 상대적 움직임에 의한 힘
　　　　　(이동방향에 평행하게 작용)

2. 스토크스법칙(Stokes' law)
① 중력침강속도는 입경의 제곱, 중력가속도, 입자와 유체와의 밀도차에 비례한다.
② 중력침강속도는 유체의 점도에 반비례한다.

$$V_g = \frac{d_p^2(\rho_p - \rho)g}{18\mu}$$

V_g: 중력침강속도(m/sec)
d_p: 입자의 직경(m)
ρ: 유체의 밀도(kg/m³), ρ_p: 입자의 밀도(kg/m³),
g: 중력가속도(m/sec²)
μ: 점성계수(kg/m·sec)

3. 커닝험(Cunningham) 보정계수(C_f)
① 입경 10μm 이하의 분진에 적용되며 이는 미세입자가 기체 분자와 충돌할 때 미끄러지는 현상이 발생하기 때문에 스토크스 법칙의 값보다 크게 되어 이를 보정하기 위해 사용된다.
② 온도가 높을수록, 직경이 작을수록, 점성저항이 작을수록, 압력이 낮을수록 증가한다.
③ 커닝험계수는 입경 $d > 3\mu$m일 때, $C_f = 1$ 이고 입경이 10μm일 때는 스토크스 값의 2% 정도($C_f = 1.02$)지만, 입경 1μm에서는 15% 이상($C_f = 1.15$)으로 증가하여야 한다.

KEYWORD 16 레이놀즈수(Reynolds Number)

1. 레이놀즈수에 따른 유체의 흐름 구분

① 유체의 흐름을 층류영역, 전이영역, 난류영역으로 구분할 때 사용한다.

② 레이놀즈수에 따른 유체의 흐름 구분
  ㉠ 난류영역: $Re > 4,000$
  ㉡ 전이영역: $2,100 < Re < 4,000$
  ㉢ 층류영역: $Re < 2,100$

2. 레이놀즈수 공식

$$Re = \frac{관성력}{점성력} = \frac{D\rho V}{\mu} = \frac{DV}{\nu}$$

D: 관의 직경(m)
ρ: 유체의 밀도(kg/m³), V: 유체의 속도(m/sec)
μ: 점성계수(kg/m·sec), ν: 동점성계수(m²/sec)

KEYWORD 17 입경 측정방법

1. 간접적 방법

구분	내용
관성충돌법	• 관성충돌을 이용하여 입경을 간접적으로 측정하는 방법이다. • 체를 이용하여 모래를 거르는 방법과 유사하다. • 다단충돌분진포집기를 이용하여 분진을 크기에 따라 분류하는 장치로 공기역학적 직경에 의해 입자의 크기별로 분류할 수 있으며 하부로 내려갈수록 작고 미세한 입자가 포집된다.
액상침강법	• 물이나 공기 등의 유체에서 침강시키며 속도를 구하고 스토크스 법칙에 적용하여 입자의 직경을 구하는 방법이다. • 주로 1㎛ 이상인 먼지의 입경 측정에 이용된다. • 측정장치로는 엔더슨 피펫, 침강천칭, 광투과장치 등이 있다.

2. 직접적 방법

구분	내용
현미경법	측정자가 각각의 입자를 직접 현미경으로 관찰하면서 측정하는 방법이다.
표준체 측정법	다양한 크기의 표준체를 이용하여 입경별로 분리·측정하는 방법이다.

KEYWORD 18 먼지의 입경분포

1. 먼지의 입경분포의 개요
① 먼지의 입경분포를 나타내는 방법 중 적산분포에는 정규분포, 대수정규분포, Rosin Rammler 분포가 있다.
② 빈도분포는 먼지의 입경분포를 적당한 입경간격의 개수 또는 질량의 비율로 나타내는 방법이다.
③ 적산분포(R)는 일정한 입경보다 큰 입자가 전체의 입자에 대하여 몇 % 있는가를 나타내는 것으로 입경분포가 0이면 $R=100\%$이다.
④ 대수정규분포는 미세한 입자의 특성과 잘 일치하지 않는다.

2. Rosin Rammler 분포
① $R(\%)$은 체상누적분포(%)이고 n이 클수록 입경분포 폭은 좁다.
② β가 커지면 임의의 누적분포를 갖는 입경 d_p는 작아져서 미세한 분진이 많다는 것을 의미한다.

$$R(\%) = 100\exp(-\beta d_p^{\,n})$$

KEYWORD 19 중력집진장치

1. 중력집진장치의 개요 및 일반적인 특성

(1) 개요
① 입자상 물질을 중력에 의해 자연침강을 유도하여 기체로부터 분리하는 장치이다.
② 취급입자: 50μm 이상
③ 효율: 40~60%
④ 압력손실: 10~15mmH$_2$O

(2) 일반적인 특성
① 장치의 구조가 간단하고 집진효율이 좋지 않아 고농도 함진가스의 전처리로 이용된다.
② 설치면적은 크나 압력손실이 적고 운전유지 비용이 작다.
③ 배출가스의 유속은 보통 0.3~3m/sec 정도가 되도록 설계한다.
④ 100% 입자가 제거되기 위한 침강실의 설계기준

$$\frac{V_g}{V} = \frac{H}{L}$$

V: 유속(m/sec), V_g: 중력침강속도(m/sec), L: 길이(m), H: 높이(m)

(3) **중력집진장치의 집진효율 향상조건**
① 침강실 내의 처리가스의 속도가 작을수록 미립자가 포집된다.
② 유입부의 유속이 느릴수록 처리 효율이 높다.
③ 침강실의 높이는 낮고 길이는 길수록 집진율이 높아진다.
④ 침강실 내의 배기가스 기류는 균일해야 한다.
⑤ 다단일 경우 단수가 증가될수록 압력손실은 커지나 효율은 증가한다.

$$집진효율(\eta) = \frac{V_g \times L}{V \times H}$$

V: 유속(m/sec), V_g: 중력침강속도(m/sec), L: 길이(m), H: 높이(m)

2. 집진효율과 장치의 설계

(1) **개요**

$$효율 = \frac{입자의 중력침강속도}{100\% \text{ 제거되는 입자의 침강속도}}$$

$$100\% \text{ 제거되는 입자의 침강속도} = \frac{유량}{집진바닥면적} = \frac{WHV}{WL} = \frac{HV}{L} = \frac{H}{체류시간}$$

$$입자의 중력침강속도(V_g) = \frac{d_p^2(\rho_p - \rho)g}{18\mu}$$

$$효율 = \frac{V_g}{\frac{1}{HV}} = \frac{V_g L}{HV} = \frac{\frac{d_p^2(\rho_p - \rho)g}{18\mu}}{\frac{HV}{L}} = \frac{d_p^2(\rho_p - \rho)gL}{18\mu HV}$$

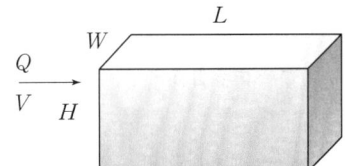

(2) **효율을 1로 가정한 경우**

$$1 = \frac{V_g L}{HV} \rightarrow \frac{V_g}{V} = \frac{H}{L}$$

KEYWORD 20 통과율과 제거율

1. 통과율

$$통과율(\%) = \frac{C_{out}}{C_{in}} \times 100$$

C_{in}: 유입농도, C_{out}: 출구농도

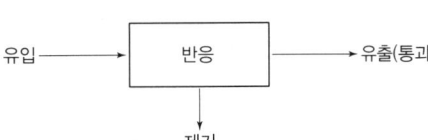

2. 제거율

효율계산(단일 연결)	효율계산(2단 연결)
$\eta = \left(1 - \dfrac{C_{out}}{C_{in}}\right) \times 100$ C_{in}: 유입농도, C_{out}: 출구농도	$\eta_T = 1 - (1-\eta_1)(1-\eta_2)$ η_T: 총효율, η_1: 1단효율, η_2: 2단효율

KEYWORD 21 임계입경과 절단입경

1. 의미

① 임계입경(Critical diameter): 100% 제거되는 입자의 최소 입경이다.

② 절단입경(Cut size diameter): 50% 제거되는 입자의 최소 입경이다.

2. 절단입경 공식

$$d_{p50} = \left[\dfrac{9 \times \mu \times B}{2 \times (\rho_p - \rho) \times \pi \times N_e \times V}\right]^{0.5} \times 10^6$$

d_{p50}: 절단입경(μm)
μ: 가스의 점도(kg/m·sec), B: 유입구의 폭(m)
N_e: 유효회전수, V: 입구의 유속(m/sec), ρ_p: 입자의 밀도(kg/m³), ρ: 가스의 밀도(kg/m³)

3. 분리계수

$$S = \dfrac{V^2}{R \times g}$$

S: 분리계수, V: 유속(m/sec), R: 반경(m), g: 중력가속도(9.8m/sec²)

KEYWORD 22 원심력집진장치(사이클론)

1. 원심력집진장치(사이클론)의 개요 및 특징

(1) 개요

① 입자에 원심력을 작용시켜(선회운동) 입자를 분리해내는 장치이다.

② 취급입자: 3~100μm 이상

③ 효율: 50~80%

④ 압력손실: 50~150mmH$_2$O

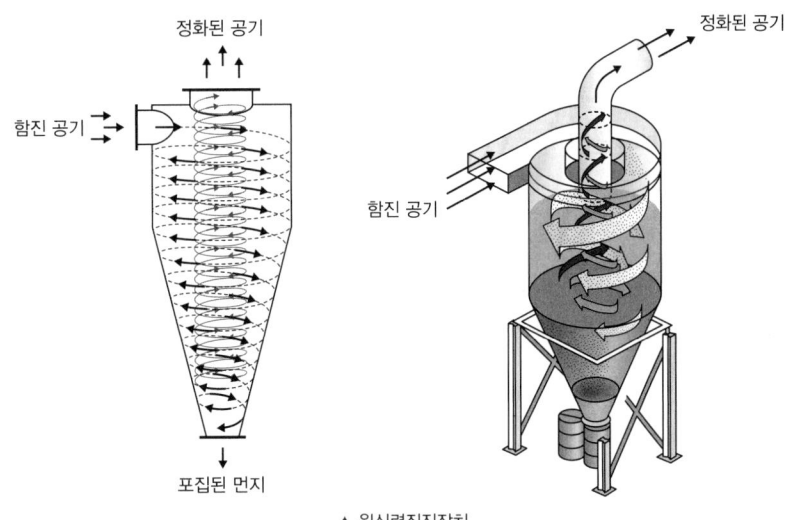

▲ 원심력집진장치

(2) **일반적인 특징**

① 구조가 간단하고 취급이 용이한 편이다.
② 점착성 배출가스 처리는 부적합하며, 딱딱한 입자는 장치의 마모를 일으킨다.
③ 블로다운 효과를 사용하여 집진효율 증대가 가능하다.
④ 저효율 집진장치 중 집진율이 우수하고 경제적인 이유로 전처리 장치로 많이 사용된다.

2. 원심력집진장치에서의 집진율 향상조건

① 블로다운 효과를 이용하여 난류를 억제한다.
② 블로다운 효과(Blow down effect): 원심력집진장치(사이클론)의 집진 효율을 높이는 방법으로 하부의 더스트 박스(Dust box)에서 처리가스량의 5~10%를 처리하여 사이클론 내의 난류현상을 억제시킴으로써 먼지의 재비산을 막아주며, 장치 내벽의 먼지 축적도 방지하는 방법이다.
③ 원심력집진장치(사이클론)의 효율을 높이려면 몸통을 작게 하고 길이를 길게 하여 유속을 빠르게 하고 회전수를 늘려야 한다.
④ 입구유속에는 한계가 있지만, 그 한계 내에서는 입구유속이 빠를수록 효율이 높은 반면에 압력손실도 커진다.
⑤ 적당한 Dust box의 모양과 크기도 효율에 영향을 미친다.
⑥ 배기관경(내관)이 작을수록 입경이 작은 입자를 제거할 수 있다.
⑦ 미세먼지의 재비산 방지를 위해 스키머와 회전깃, 살수설비 등을 설치하여 제거효율을 증대시킨다.
⑧ 고농도일 경우는 병렬연결을 하여 사용하고, 응집성이 강한 먼지는 직렬연결(단수 3단 이내)하여 사용한다.

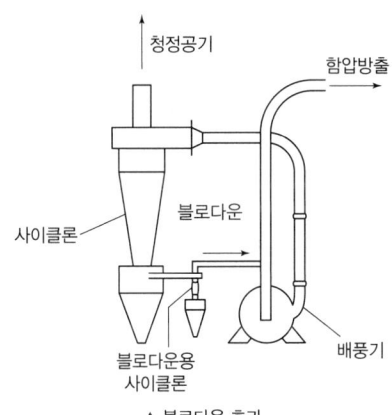

▲ 블로다운 효과

KEYWORD 23 세정집진장치

1. 세정집진장치의 개요 및 처리원리

(1) 개요

① 가스를 기포, 액적, 액막 등으로 세정에 의해 관성충돌, 확산, 증습, 응집, 부착원리를 이용하여 입자상 물질과 가스상 물질을 동시에 제거하는 장치이다.
② 사용하는 액체는 보통 물이지만 특수한 경우에는 표면활성제를 혼합하는 경우도 있다.
③ 효율: 80~95%

(2) 세정집진장치의 처리원리

① 관성충돌, 확산포집, 응집작용, 직접흡수(차단)이다.
② 배기증습에 의하여 입자가 서로 응집한다.
③ 미립자 확산에 의하여 액적과의 접촉이 쉬워진다.
④ 액적에 입자가 충돌하여 부착한다.
⑤ 입자를 핵으로 한 증기의 응결에 따라 응집성이 증가된다.

2. 세정집진장치에서 관성충돌계수가 커지는 경우

① 가스유속이 빠를수록 커진다.
② 먼지입경이 클수록 커진다.
③ 처리가스의 온도가 낮을수록 커진다.
④ 가스의 점도가 낮을수록 커진다.
⑤ 분진의 밀도가 클수록 커진다.
⑥ 물방울의 직경이 작을수록 커진다.

3. 세정집진장치의 세정충돌분리계수

$$\phi = \frac{d_p^2 \times \rho_p \times V}{18 \times \mu \times D_w}$$

ϕ: 세정충돌분리계수, d_p: 입자의 직경(m), ρ_p: 입자의 밀도(kg/m³), V: 상대유속(m/sec)
μ: 가스 점도(kg/m·sec), D_w: 세정수의 물방울 직경(m)

KEYWORD 24 여과집진장치

1. 여과집진장치의 개요 및 집진원리

(1) 개요
① 먼지를 함유하는 가스를 여과재(Bag Filter)를 통과시켜 입자를 분리, 포집하는 장치이다.
② 0.1~20μm의 미세한 입자의 집진이 가능하며 90~99%로 집진효율이 우수하고 압력손실은 100~200mmH$_2$O 정도이다.
③ 여과집진장치의 주된 집진원리는 관성충돌, 직접차단, 확산, 정전기적 인력, 중력이다.

(2) 여과집진장치의 집진원리

① 관성충돌(Inertia Impaction)
　㉠ 함진가스가 필터를 통과할 때 먼지입자는 필터에 충돌하고 부착된다.
　㉡ 가스의 점도는 작을수록, 먼지입자의 크기와 밀도, 여과속도가 클수록 집진이 잘된다.

② 차단(Interception)
　㉠ 가스는 필터를 통과하고 미세한 먼지입자는 필터를 통과하지 못하고 차단되어 집진된다.
　㉡ 0.1~1μm의 입자를 처리하는 데 있어서 가장 중요한 작용이다.

③ 확산(Diffusion)
　㉠ 함진가스의 농도 차에 의해 고농도 영역에서 저농도 영역으로 입자가 이동하려는 성질을 이용한 것으로 0.1μm 이하의 미세한 입자를 처리하는 데 있어서 가장 중요한 작용이다.
　㉡ 농도 차가 발생하지 않더라도 먼지입자는 브라운 운동을 하므로 기류와 각 방향으로 이동하려는 성질이 있으며 이 때문에 필터를 통과하면서 포집된다.
　㉢ 확산작용에 따른 포집은 입자의 크기와 점도가 작을수록 효과가 있다.

④ 중력(Gravity)
　㉠ 함진가스의 유속이 필터를 통과하면서 줄어들어 무겁고 큰 입자는 중력에 의해 분리되어 낙하된다.
　㉡ 중력에 의한 분리는 입자의 크기와 밀도가 클수록, 가스의 밀도와 유속이 작을수록 효과적으로 이루어진다.

▲ 여과집진장치의 원리

2. 여과집진장치의 특성 및 탈진방법

(1) 여과집진장치의 특징
① 폭발성 및 점착성 먼지 제거가 곤란하고 수분에 대한 적응성이 낮으며, 여과재의 교환으로 유지비용이 많이 들고 다른 집진장치에 비해 설치면적이 넓다.
② 여과포의 종류에 따라 제거 가능한 물질의 종류가 다르므로 여과포 선택 시 가스의 성상이 중요하다.
③ 다양한 여과재의 사용으로 인하여 설계 시 융통성이 있다.
④ 여포의 손상과 온도 및 압력은 관계가 있으며 350℃ 이상의 고온의 가스처리에 부적합하다.
⑤ 가스 온도에 따른 여재의 사용이 제한된다.

(2) 여과집진장치의 탈진방법

여과시간과 탈진시간의 비율은 10:1 이상이 되도록 설계해야 한다.

① 간헐식
- ㉠ 집진실을 여러 개의 방으로 구분하고 방 하나씩 처리가스의 흐름을 차단하여 순차적으로 탈진하는 방식이다.
- ㉡ 진동형과 역기류형, 역기류 진동형이 여기에 해당한다.
- ㉢ 간헐식은 먼지의 재비산이 적고, 탈진과 여과를 순차적으로 실시하므로 높은 집진율을 얻을 수 있으며, 여포의 수명이 연속식에 비해 길다.
- ㉣ 연속식에 비하여 먼지의 재비산이 적으나 고농도, 대용량의 처리에는 용이하지 못하다.
- ㉤ 간헐식 중 진동형은 여포의 음파진동, 횡진동, 상하진동에 의해 포집된 먼지층을 털어내는 방식이다.
- ㉥ 간헐식 중 진동형은 점착성 먼지집진에는 사용할 수 없다.
- ㉦ 간헐식 중 역기류형의 적정 여과속도는 0.5~1.5cm/sec이다.

② 연속식
- ㉠ 연속식에는 충격기류식[역제트기류(Reverse jet) 분사형과 충격제트기류(Pulse jet) 분사형], 음파제트형 등이 있다.
- ㉡ 연속식은 포집과 탈진이 동시에 이루어지므로 압력손실이 거의 일정하고 고농도, 대용량의 가스를 처리할 수 있다.
- ㉢ 대량의 가스 처리에 적합하며, 점성있는 조대먼지의 탈진에 효과적이다.
- ㉣ 역제트기류 분사형은 여과자루에 상하로 이동하는 블로워에 몇 개의 슬롯을 설치하고 여기에 고속제트기류를 주입하여 여과자루를 위, 아래로 이동하면서 탈진하는 방식으로 내면여과이다.

(3) 여과집진장치의 효율 향상조건

① 간헐식 털어내기 방식은 높은 집진율을 얻는 경우에 적합하고, 연속식 털어내기 방식은 고농도의 함진가스 처리에 적합하다.
② 필요에 따라 유리섬유의 실리콘 처리 등을 하여 적합한 여포재를 선택하도록 한다.
③ 여포의 파손 및 온도, 압력 등을 상시 파악하여 기능의 손상을 방지한다.
④ 겉보기 여과속도가 작을수록 미세입자를 포집한다.(여과속도가 작을수록 집진효율이 커짐)

KEYWORD 25 전기집진장치

1. 전기집진장치의 개요 및 일반적인 특성

(1) 개요

① 코로나 방전으로 인해 (−)전하로 대전된 분진입자를 (+)전하로 대전되어 있는 집진극과의 정전기적 인력에 의해 입자상 물질을 제거하는 장치이다.

② 0.01~20μm의 입자를 90~99.9%의 효율로 처리할 수 있으며 압력손실은 10~20mmH₂O 정도이다.

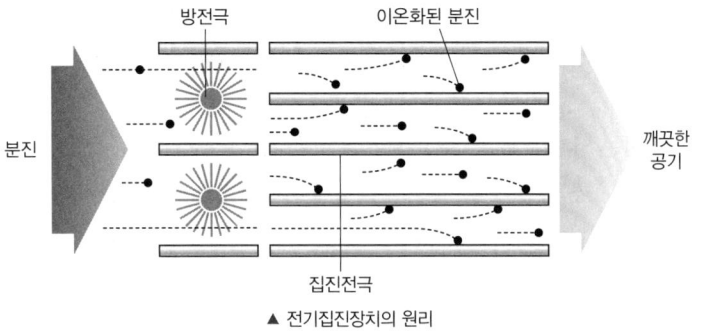

▲ 전기집진장치의 원리

(2) 전기집진장치의 일반적인 특징

① 전기집진장치는 함진가스 중의 먼지에 (−)전하를 부여하여 대전시킨다.(코로나 방전)

② 0.1μm 이하의 미세입자까지 포집이 가능하다.

③ 대량가스 및 고온(500℃ 정도)가스의 처리도 가능하다.

④ 압력손실의 경우 건식은 10mmH₂O, 습식은 20mmH₂O로 낮은 편이다.

⑤ 부식성 가스가 함유된 먼지도 처리가 가능하며 전력소비가 적다.

⑥ 설치면적이 넓고, 설치비용이 많이 드는 편이다.

⑦ 전압 변동과 같은 조건 변동이 용이하지 못하여, 가스처리 용량 변화에 적응하기 어렵다.

⑧ 입자의 하전을 균일하게 하기 위해 장치내부의 처리가스 속도는 보통 건식 1~2m/sec, 습식 2~4m/sec를 유지하도록 한다.

⑨ 집진효율을 높이고, 효율적으로 전력을 사용하기 위해 집진실을 독립된 하전설비를 가진 집진실로 전기적 구획한다.

2. 전기집진장치의 비저항

(1) 개요

비저항은 겉보기 전기저항의 정도를 의미하며 집진된 분진의 전류에 대한 전기적 저항(전류의 흐름에 저항하는 성질)을 의미한다.

(2) 전기저항에 따른 현상

① 낮은 전기저항(저 비저항)

 ㉠ $10^4 \Omega \cdot m$ 이하이면 재비산 현상이 발생한다.

 ㉡ 배연시설에서 연료에 황 함유량이 많은 경우는 먼지의 비저항이 낮아진다.

 ㉢ 비저항이 낮은 경우에는 습식 전기집진장치를 사용하거나, 암모니아 가스를 주입한다.

② 높은 전기저항(고 비저항)

 ㉠ $10^{11} \Omega \cdot cm$ 이상에서는 역전리 또는 역이온화가 발생한다.

 ㉡ 비저항이 높은 경우는 분진층의 전압손실이 일정하더라도 가스상의 전압손실이 감소하게 되므로, 전류는 비저항의 증가에 따라 감소된다.

 ㉢ 처리가스 내 수분은 그 함유량이 증가하면 비저항이 감소하므로, 고비저항의 분진은 수증기를 분사하거나 물을 뿌려 비저항을 낮출 수 있다.

 ㉣ 분진의 비저항이 비정상적으로 높을 때 발생하며, 황 함량이 높은 연료, SO_3, H_2SO_4, NaCl, 트라이에틸아민을 주입시킨다.

③ 정상 전기저항

 ㉠ 분진의 비저항이 $10^4 \sim 10^{11} \Omega \cdot cm$ 정도의 범위이면 입자의 대전과 집진된 분진의 탈진이 정상적으로 진행된다.

 ㉡ 저 비저항과 고 비저항의 비교

구분	기준	발생현상	대책
저 비저항	$10^4 \Omega \cdot cm$ 이하	재비산 현상	NH_3, 온도와 습도 조절
고 비저항	$10^{11} \Omega \cdot cm$ 이상	역전리 현상	황 함량이 높은 연료, SO_3 주입, H_2SO_4, NaCl, 트라이에틸아민 주입

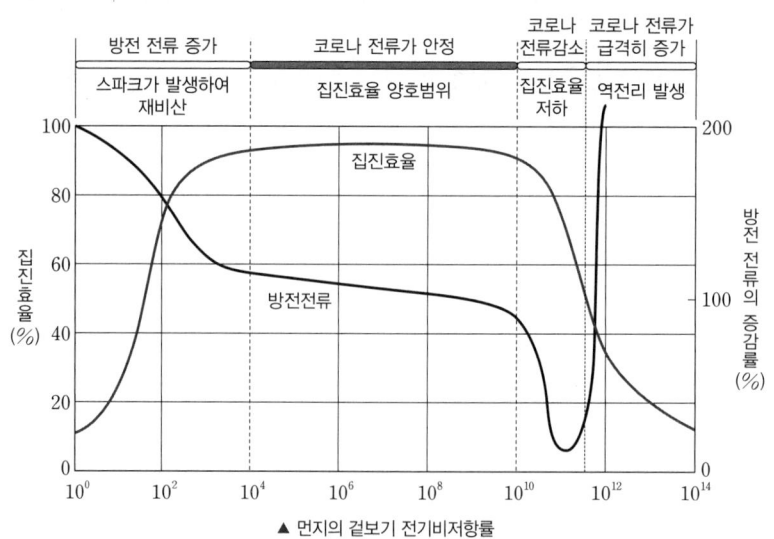

▲ 먼지의 겉보기 전기비저항률

3. 전기집진장치의 각종 장해에 따른 대책

(1) 먼지의 비저항이 비정상적으로 높아 2차전류가 현저히 떨어질 때
① 먼지농도가 높거나 먼지의 겉보기 저항이 이상적으로 높을 경우 발생한다.
② 스파크 횟수를 늘리거나 부착된 먼지를 탈락시킨다.
③ 조습용 스프레이의 수량을 증가시켜 겉보기 저항을 낮춘다.

(2) 2차 전류가 주기적으로 변하거나 불규칙적으로 흐르는 장애현상이 발생할 때
① 집진극에 집진된 먼지의 스파크가 심하거나 방전극과 집진극의 간격이 변형되었을 때 발생한다.
② 분진을 충분하게 탈리시킨다.
③ 방전극과 집진극을 점검한다.
④ 1차 전압을 스파크와 전류의 흐름이 안정될 때까지 낮추어 준다.

(3) 2차 전압에 방전전류가 많이 흐를 때
① 고압절연회로의 절연이 불량하거나 먼지농도가 너무 낮거나 방전극이 가늘 때 발생한다.
② 고압절연회로를 점검하고 방전극을 교체한다.

4. 전기집진장치의 설계

(1) 이론적 집진율

$$\text{이론적 효율} = \frac{A \times W_e}{Q}$$

$$\eta = \frac{2WL \times W_e}{SWV}$$

Q: 처리가스량, A: 집진면적
S: 집진극 사이의 거리(=2×방전극과 집진극 사이의 거리)
W: 집진극의 폭, L: 집진극의 길이
V: 가스의 유속, W_e: 먼지의 겉보기 이동속도

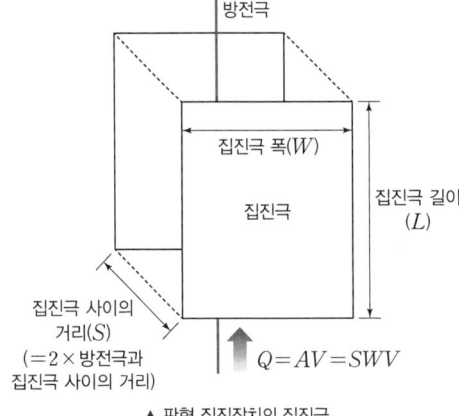

▲ 판형 집진장치의 집진극

(2) 실제 집진율 산정
① Deutsch Anderson식

$$\eta = 1 - e^{-\frac{A \cdot W_e}{Q}}$$

A: 집진면적(m²), W_e: 분진의 겉보기 이동속도(m/sec), Q: 유량(m³/sec)

② 겉보기 이동속도 : (−)로 대전된 분진입자가 집진극을 향하여 이동하는 속도로 효율과 비례한다.

최빈출 기출문제

CHAPTER 03 입자상 물질의 처리

01
KEYWORD 15 중력침강속도

직경이 20μm인 구형입자가 침강할 때 침강속도(m/sec)와 항력(N)을 계산하시오. (단, 문제를 풀기 위한 조건은 다음의 표를 기준으로 한다.)

- 점성계수: 1.5×10^{-5} kg/m · sec
- 입자의 밀도: 2g/cm³
- 공기의 밀도: 1.3kg/m³
- 커닝험 보정계수: 1.0

(1) 침강속도(m/sec)
(2) 항력(N)

정답

(1) 0.03m/sec
(2) 8.20×10^{-11} N

해설

(1) 침강속도(m/sec) 구하기

$$V_g = \frac{d_p^2 \times (\rho_p - \rho)g}{18\mu} \times C_f$$

V_g: 침강속도(m/sec)
d_p: 입자의 직경(m)

$$d_p = 20\mu m \times \frac{m}{10^6 \mu m} = 2 \times 10^{-5} m$$

ρ_p: 입자의 밀도(kg/m³)

$$\rho_p = \frac{2g}{cm^3} \times \frac{10^6 cm^3}{m^3} \times \frac{kg}{1,000g} = 2,000 kg/m^3$$

ρ: 공기의 밀도(kg/m³)
g: 중력가속도(9.8m/sec²)
μ: 점성계수(kg/m · sec)
C_f: 커닝험 보정계수

$$V_g = \frac{(2 \times 10^{-5})^2 \times (2,000 - 1.3) \times 9.8}{18 \times (1.5 \times 10^{-5})} \times 1 = 0.029 m/sec$$

(2) 항력(N) 구하기

항력(F_d) = $3\pi \times \mu \times d_p \times V_g$

위 공식은 입자의 크기가 매우 작거나 유속이 느린 경우에 적용할 수 있다.

$F_d = 3\pi \times (1.5 \times 10^{-5}) \times (2 \times 10^{-5}) \times 0.029$
$= 8.200 \times 10^{-11}$ kg · m/sec² = 8.200×10^{-11} N

※ kg · m/sec² = N

02
KEYWORD 16 레이놀즈수(Reynolds Number)

반경이 15cm인 원통에 공기가 1m/sec로 흐르고 있다. 유체의 밀도가 1.2kg/m³이고, 점도가 0.2cP일 경우 레이놀즈수를 계산하시오.

(1) 계산식
(2) 정답

정답

(1) $Re = \dfrac{0.3 \times 1.2 \times 1}{2 \times 10^{-4}} = 1,800$

(2) 1,800

해설

레이놀즈수(Re) = $\dfrac{D\rho V}{\mu}$

D: 관의 직경(m), ρ: 유체의 밀도(kg/m³)
V: 유체의 속도(m/sec), μ: 점성계수(kg/m · sec)

$\mu = 0.2 cP \times \dfrac{P}{100 cP} \times \dfrac{g/cm \cdot sec}{P} \times \dfrac{kg}{10^3 g} \times \dfrac{100 cm}{m}$
$= 2 \times 10^{-4}$ kg/m · sec

$Re = \dfrac{0.3m \times 1.2 kg/m^3 \times 1 m/sec}{2 \times 10^{-4} kg/m \cdot sec} = 1,800$

※ D는 관의 직경(m)이고, 문제에서는 반경이 주어졌으므로 0.3m를 대입해야 한다.

03

KEYWORD 17 입경 측정방법

입자의 간접측정방법을 2가지 적고 간략하게 설명하시오.

정답
① 관성충돌법: 관성충돌을 이용하여 입경을 간접적으로 측정하는 방법으로 체를 이용하여 모래를 거르는 방법과 유사하다.
② 액상침강법: 입자를 유체에서 침강시키며 침강속도를 구한 뒤 입자의 직경을 산정하는 방법이다.
③ 공기투과법: 입자의 비표면적을 측정하여 입경을 측정하는 방법이다.

만점 KEYWORD
① 관성충돌법, 관성충돌, 간접적으로 측정
② 액상침강법, 유체, 침강, 침강속도
③ 공기투과법, 비표면적 측정

04

KEYWORD 19 중력 집진장치

직경이 55μm인 입자가 1.1m/sec의 유속으로 중력집진장치에 유입되고 있다. 중력집진장치의 높이가 1.55m, 침강속도가 15.5cm/sec인 경우 입자를 100% 제거하기 위한 이론적 집진장치의 길이(m)를 계산하시오. (단, 층류영역이다.)

정답
11m

해설
입자를 100% 제거하기 위한 중력집진장치의 설계공식
$$\frac{V_g}{V} = \frac{H}{L}$$
V_g: 중력침강속도(m/sec), V: 유속(m/sec)
H: 침강실의 높이(m), L: 침강실의 길이(m)
$$\frac{0.155\text{m/sec}}{1.1\text{m/sec}} = \frac{1.55\text{m}}{L}$$
$L = 11\text{m}$

05

KEYWORD 20 통과율과 제거율

처리가스의 먼지농도가 2,000mg/Sm³인 것을 3개의 집진장치를 직렬로 연결하여 처리하고자 한다. 각각의 집진율은 70%, 80%, 99%라 할 때 배출되는 먼지농도(mg/Sm³)를 계산하시오.

정답
1.2mg/Sm³

해설
$\eta_T = 1 - (1-\eta_1)(1-\eta_2)(1-\eta_3)$
η_T: 총효율
η_1: 1단효율, η_2: 2단효율, η_3: 3단효율
$\eta_T = 1 - (1-0.7) \times (1-0.8) \times (1-0.99) = 0.9994$
$2,000\text{mg/Sm}^3 \times (1-0.9994) = 1.2\text{mg/Sm}^3$

06

KEYWORD 21 임계입경과 절단입경

사이클론에서 가스 유입속도를 4배로 증가시키고, 입구폭을 3배로 늘리면 50% 효율로 집진되는 입자의 직경, 즉 Lapple의 절단입경(d_{p50})은 처음에 비해 몇 배가 되는지 계산하시오.

정답
0.87배가 된다.

해설
절단입경 공식을 이용한다.
$$d_{p50} = \left[\frac{9 \times \mu \times B}{2 \times (\rho_p - \rho) \times \pi \times N_e \times V}\right]^{0.5}$$
문제에서 가스의 유입속도(V), 입구의 폭(B) 외의 조건은 언급되지 않았으므로 같다고 보고, 상수 K로 둔다.
$$d_{p50-2} = \left[\frac{3B}{4V}\right]^{0.5} \times K$$
$$\frac{d_{p50-2}}{d_{p50-1}} = \frac{\left[\frac{3B}{4V}\right]^{0.5} \times K}{\left[\frac{B}{V}\right]^{0.5} \times K} = 0.866$$

07
KEYWORD 22 원심력집진장치

원심력집진장치에서 블로우 다운(Blow down)에 대한 물음에 답하시오.

(1) 방법을 간단히 서술하시오.
(2) 효과를 3가지 서술하시오.

정답
(1) 원심력집진장치에서 처리가스량의 5~10% 정도를 흡인하여 줌으로써 유효원심력을 증대시키는 것이다.
(2) 효과
  ① 사이클론 내의 난류현상을 억제시킨다.
  ② 먼지의 재비산을 막아준다.
  ③ 장치 내벽에 부착되는 먼지의 축적을 방지한다.
  ④ 집진효율이 증대된다.

만점 KEYWORD
(1) 5~10%, 흡인, 유효원심력, 증대
(2) ① 난류현상, 억제
  ② 재비산, 막아준다.
  ③ 내벽, 먼지, 축적, 방지
  ④ 집진효율, 증대

08
KEYWORD 23 세정집진장치

세정집진장치에서 관성충돌계수가 커지는 경우를 6가지 쓰시오.

정답
① 가스유속이 빠를수록 커진다.
② 먼지입경이 클수록 커진다.
③ 처리가스의 온도가 낮을수록 커진다.
④ 가스의 점도가 낮을수록 커진다.
⑤ 분진의 밀도가 클수록 커진다.
⑥ 물방울 직경이 작을수록 커진다.

만점 KEYWORD
① 가스유속, 빠를수록
② 먼지입경, 클수록
③ 온도, 낮을수록
④ 점도, 낮을수록
⑤ 분진의 밀도, 클수록
⑥ 직경, 작을수록

09
KEYWORD 25 전기집진장치

가스 500m³/min를 전기집진장치를 이용하여 처리하려고 한다. 반경 20cm, 길이 10m인 집진극 25개가 직렬로 연결되어 있을 때 먼지입자의 겉보기 이동속도(m/sec)를 계산하시오. (단, 유입농도는 10g/m³, 유출농도는 0.1g/m³이다.)

정답
0.12m/sec

해설
$\eta = 1 - e^{-\frac{A \times W_e}{Q}}$

η: 효율

효율(η) $= 1 - \dfrac{\text{유출농도}}{\text{유입농도}} = 1 - \dfrac{0.1}{10} = 0.99$

A: 집진면적(m²), W_e: 먼지의 겉보기 이동속도(m/sec)
Q: 유량(m³/sec)

$Q = \dfrac{500\text{m}^3}{\text{min}} \times \dfrac{\text{min}}{60\text{sec}} = 8.3333\text{m}^3/\text{sec}$

$0.99 = 1 - e^{-\frac{\pi \times 0.4\text{m} \times 10\text{m} \times 25 \times W_e}{8.3333\text{m}^3/\text{sec}}}$

집진면적을 구할 때 집진극의 개수(25)를 곱해야 한다.
문제에서 반경이라고 하였으므로 이는 원의 반지름을 의미한다. 따라서, 집진극의 형태는 원형을 기준으로 하여야 한다.

$W_e = 0.122\text{m/sec}$

※ W_e 값은 공학용계산기의 SOLVE 기능을 이용하여 푸는 것이 편리합니다.

CHAPTER 04 가스상 물질의 처리

KEYWORD 26 흡착법

1. 흡착이론

(1) 개요
① 흡착이란 제거해야 하는 고체, 액체, 기체상 물질들이 흡착제 표면에 부착되는 것이다.
② 흡착제 종류: 활성탄, 실리카겔, 합성제올라이트, 활성알루미나, 보크사이트, 마그네시아 등

(2) 물리적 흡착
① 입자 간의 인력(Van der Waals 힘)이 주된 원동력으로 흡착제에 피흡착 물질이 부착되는 흡착으로 가역적인 흡착반응이 일어난다.
② 일반적으로 기체의 분자량이 크고, 흡착되는 피흡착 물질의 분압이 높을수록 흡착량은 증가하게 된다.
③ 온도가 낮을수록 흡착량은 많아지며 일정온도(임계온도) 이상에서는 흡착되지 않는다.
④ 흡착열이 낮고 다분자 흡착이며 오염가스 회수가 용이하다.

(3) 화학적 흡착
① 화학적인 반응에 의한 화학결합으로 흡착제와 피흡착물질이 반응하며 비가역적인 흡착반응이 일어난다.
② 표면에 단분자막을 형성하며, 발열량이 크다.

(4) 물리적 흡착과 화학적 흡착의 비교

구분	물리적 흡착	화학적 흡착
온도범위	낮은 온도	대체로 높은 온도
흡착층	여러 층이 가능	단일 분자층
가역정도	가역성이 높음	가역성이 낮음
흡착열	낮음	높음

(5) 흡착제의 요구조건
① 흡착제의 재생이 용이하고 흡착물질의 회수가 용이해야 한다.
② 압력손실이 작아야 하고 흡착효율이 좋아야 한다.
③ 일정 강도를 가져야 하며 처리 중 흡착제의 손실이 없어야 한다.
④ 온도와 같은 환경 변화에 대응성이 뛰어나야 한다.

2. 등온 흡착식

① 흡착되는 물질의 양은 일정 온도에서 농도의 함수로 나타내는데 이를 흡착등온선(Adsorption isotherm)이라 한다.

② Freundlich, Langmuir, Brunauer-Emmet-Teller(BET 등온선) 등의 식이 있다.

Freundlich 식	Langmuir 식
$\dfrac{X}{M} = KC^{\frac{1}{n}} \rightarrow \log\left(\dfrac{X}{M}\right) = \dfrac{1}{n}\log C + \log K$ X: 흡착된 용질의 양, M: 흡착제(활성탄)의 양 $S: X/M$, C: 용질의 평형농도, K, n: 상수	$\dfrac{X}{M} = \dfrac{abC}{1+aC} \rightarrow \dfrac{C}{X/M} = \dfrac{1}{ab} + \dfrac{C}{b}$ X: 흡착된 물질의 양, M: 흡착제(활성탄)의 양 $S: X/M$, C: 용질의 평형농도, a, b: 상수
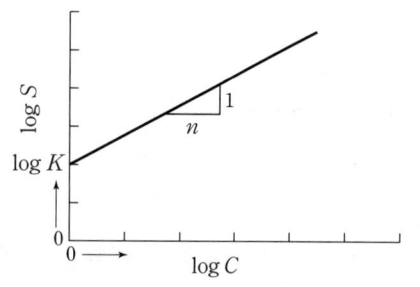	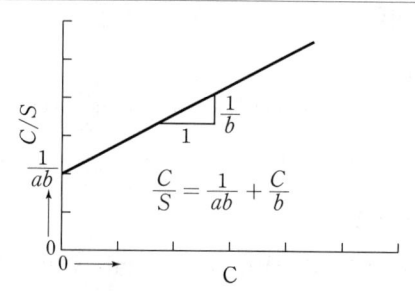

KEYWORD 27 흡수법

1. 흡수법의 개요

① 주로 친수성 가스를 제거하기 위해 널리 사용되는 방법이다.
② 기체상태의 오염물질을 흡수액을 사용하여 흡수시켜 제거하는 방법이다.

2. 흡수이론

(1) 기체의 용해도

① $HCl > HF > NH_3 > SO_2 > Cl_2 > H_2S > CO_2 > O_2 > CO$
② 용해도는 기체의 압력에 비례한다.
③ 용해도가 작은 기체는 헨리상수가 크다.
④ 헨리의 법칙이 잘 적용되는 기체는 용해도가 작은 기체이다.
⑤ 기체의 용해도는 온도가 증가할수록 용해도가 작아진다.

(2) 헨리의 법칙

① 온도가 일정할 때 용해되는 난용성 기체의 양은 압력에 비례한다.
② 온도와 기체의 부피가 일정할 때 기체의 용해도는 용매와 평형을 이루고 있는 기체의 분압에 비례한다.
③ 헨리상수의 값은 온도가 높을수록, 용해도가 작을수록 커진다.
④ 헨리상수의 단위는 $atm \cdot m^3/kmol$ 이다.

⑤ 대표적인 난용성 기체: CO, NO_2, H_2S, N_2, O_2, NO 등
⑥ 대표적인 친수성 기체: HCl, HF, SiF_4, SO_2, Cl_2, HCHO 등

$$P = HC$$
P: 흡수되는 물질의 분압(atm), H: 헨리상수($atm \cdot m^3/kmol$), C: 용해되는 기체의 농도($kmol/m^3$)

(3) 기체의 용해도와 흡수장치
① 기체와 흡수액 간의 용해도가 큰 기체는 상대적으로 헨리상수가 작으며 가스(기체)의 저항이 지배적이므로 액분산형 흡수장치를 사용한다.
② 가스측 저항이 클 경우 유리한 액분산형 흡수장치: 충전탑, 분무탑, 벤투리 스크러버, 사이클론 스크러버 등
③ 기체와 흡수액 간의 용해도가 작은 기체는 상대적으로 헨리상수가 크고 흡수액(액체)의 저항이 지배적이므로 가스분산형 흡수장치를 사용한다.
④ 액측 저항이 클 경우 유리한 가스분산형 흡수장치: 단탑, 포종탑, 다공판탑, 기포탑 등

(4) 흡수제(액)의 구비조건
① 적은 양의 흡수제로 많은 오염물을 제거하기 위해서는 유해가스의 용해도가 큰 흡수제를 선정한다.
② 부식성과 휘발성이 작고 어는점은 낮고 비점이 높아야 하며 화학적으로 안정적이어야 하고 용해도가 커야 한다.
③ 흡수율을 높이고 범람(Flooding)을 줄이기 위해서는 흡수제의 점도가 낮아야 한다.
④ 독성이 없어야 하며 가격이 저렴하고 화학적으로 안정해야 한다.
⑤ 재생가치가 있는 물질이나 흡수제의 재사용은 탈착이나 Stripping을 통해 회수 또는 재생한다.

(5) 충전탑의 높이

$$충전탑의 높이 = H_{OG} \times N_{OG}$$

H_{OG}: 기상총괄이동단위높이(m), N_{OG}: 기상총괄단위수

$N_{OG} = \ln \dfrac{1}{1-\eta}$ (η: 효율)

(6) 충전탑의 공극률

$$공극률(\%) = \left(1 - \dfrac{겉보기밀도}{진밀도}\right) \times 100\%$$

① 진밀도에 비해 겉보기밀도가 작은 경우 재비산이 일어나기 쉽다.
② 공극률이 클수록 재비산이 일어나기 쉽다.

KEYWORD 28 흡수처리장치

1. 벤투리 스크러버(Venturi scrubber)

(1) 개요

① 가스를 Slot에 고속으로 흐르게 하여 소량의 물과 병류 혼합한다.
② 벤투리 스크러버의 압력손실은 300~800mmH$_2$O로 가압수식 중 가장 크기 때문에 가스속도를 매우 높게 운전해야 처리가 가능하다.
③ 소형으로 대용량의 가스처리가 가능하며 액가스비는 0.3~1.5L/m^{3}로 대량의 세정액이 필요하다.
④ 목부의 처리가스 속도는 보통 60~90m/sec 정도이고 Mist의 제거가 가능하다.
⑤ 물방울 입경과 먼지의 입경의 비는 충돌 효율면에서 150:1 전후가 좋다.

(2) 노즐의 개수 계산 공식

$$n \times \left(\frac{d}{D_t}\right)^2 = \frac{V_t \times L}{100\sqrt{P}}$$

n: 노즐의 개수
d: 노즐의 직경(m), D_t: 목부(스롯트부)의 직경(m)
V_t: 유속(m/sec), L: 액가스비(L/m^3), P: 수압(mmH$_2$O)

2. 사이클론 스크러버(Cyclone scrubber)

① 원심력을 이용하여 스크러버 내를 선회하며 상승하는 가스와 분무노즐에서 분사되는 미립자의 세정액을 접촉시켜 처리하는 방식이다.
② 압력손실은 100~300mmH$_2$O, 액가스비는 0.5~5L/m^3 정도로 높은 수압을 필요로 하여 동력의 요구량이 크다.
③ 미스트와 수용성 분진 처리에 효과적이다.
④ 수용성 가스에 효과적이며 대용량 처리가 가능하다.
⑤ 직경을 크게 하면 효율이 떨어질 수 있으며 분무노즐이 막힐 염려가 있다.

3. 분무탑(Spray tower)

① 탑 내에 물을 분무하여 가스를 저속도로 접촉시켜 처리하는 장치로 수용성 기체에 잘 적용되나 다른 장치에 비해 효율이 낮아 전처리 개념의 처리가스 조절과 냉각장치로 사용되고 있다.
② 분무탑은 가스의 흐름이 균일하지 못하고 분무액과 가스의 접촉이 균일하지 못하여 효율이 낮은 편이다.
③ 가스의 압력손실은 작은 반면, 세정액 분무를 위해 상당한 동력이 요구되며, 장치의 압력손실은 2~20mmH$_2$O, 가스 겉보기 속도는 0.2~1m/sec, 액가스비는 0.1~1L/m^3 정도이다.
④ 구조가 간단하고 충전탑에 비해 설치비와 유지관리비용이 저렴한 편이다.
⑤ 균일한 접촉이 어렵고 편류가 발생할 수 있으며 노즐이 막힐 염려가 있다.
⑥ 침전물이 생기는 경우에 효과적으로 처리할 수 있다.

4. 충전탑(Packed tower)

(1) 특징
① 적절한 급수량을 설정하면 효율이 우수한 편이며 부하변동에 적응성이 크다.
② 액분산형 가스에 적용이 잘 되며 가스분산형 가스의 처리 방법에 비해 압력손실이 크지 않고 동력비가 적게 든다.
③ 가스유속이 클 경우 흡수액의 범람하는 현상(Flooding)이 발생한다.
④ 흡수액의 충전층 내 액보유량이 적은 편이다.
⑤ 충진물의 비용이 고가이며 유지비용이 많이 소요된다.
⑥ 포말성 흡수액에도 적응성이 좋으나 흡수액이나 가스에 함유된 고형물에 의해 폐색이 일어날 수 있다.
⑦ 온도변화에 대한 대응이 용이하지 못하다.
⑧ 초기 설치비용은 비싼 편이다.

(2) Hold-up, Loading point, Flooding point
① Hold-up은 흡수액을 통과시키면서 유량속도를 증가할 경우 충전층 내의 액보유량이 증가하게 되는 상태이다.
② Loading point는 일정량의 흡수액을 흘릴 때 유해가스의 압력손실은 가스속도의 대수값에 비례하며, 가스속도 증가 시 나타나는 첫 번째 파과점이다.
③ Flooding point는 가스속도가 커져서 액이 흐르지 않고 넘는 점이다.

5. 다공판탑(단탑)(Plate tower)
① 탱크 안에 다공판을 설치하여 흡수액이 분사되게 한 후 가스와 흡수액을 서로 반대 방향으로 흐르게 하면서 흡수 처리하는 방법이다.
② 가스속도는 0.3~1m/s 정도이고 압력손실이 100~200mmH_2O 정도이며, 판 간격은 보통 40cm이고, 액가스비는 0.3~5L/m^3 정도이다.
③ 비교적 적은 액가스비로 처리할 수 있어 대량의 흡수액이 소요되지 않는다.
④ 가스량의 변동이 심한 경우에는 용이하게 조업할 수 없다.
⑤ 다공판을 다단으로 설치하면 처리 효율이 증대되며 적은 액가스비로 처리할 수 있어 대용량 처리에 적합하다.
⑥ 스케일이 잘 생기지 않고 다공판만 설치하는 경우 충전탑에 비해 부유물질을 함유하는 가스를 효과적으로 처리할 수 있으나 초기 투자비용은 크다.
⑦ 다공판만 설치하는 경우 충전탑에 비해 압력손실과 액보유량이 큰 단점이 있다.
⑧ 판수를 증가시키면 고농도 가스도 일시처리가 가능하다.

> **고득점 POINT** 충전탑(Packed tower)과 단탑(Plate tower)
> - 포말성 흡수액일 경우 충전탑이 유리하다.
> - 흡수액에 부유물이 포함되어 있을 경우 단탑을 사용하는 것이 더 효율적이다.
> - 온도 변화에 따른 팽창과 수축이 우려될 경우에는 충전제 손상이 예상되므로 단탑이 유리하다.
> - 운전 시 용매에 의해 발생되는 용해열을 제거해야 할 경우 냉각오일을 설치하기 쉬운 단탑이 유리하다.

6. 포종탑(Bubble-cap tower)

① 탱크 안에 포종을 설치하여 흡수액이 분사되게 한 후 가스와 흡수액을 서로 반대 방향으로 흐르게 하면서 흡수처리하는 방법이다.
② 충전탑에 비해 흡수액에 부유물질이 많은 경우 유리하며 온도 변화에 대응성이 좋다.
③ 압력손실이 크고 설치비용이 비싼 편이며 액보유량이 큰 단점이 있다.

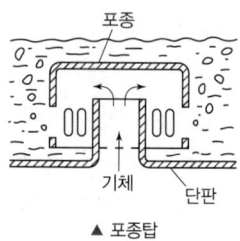

▲ 포종탑

KEYWORD 29 질소산화물 처리기술

1. 선택적 촉매환원기술(SCR: Selective Catalytic Reduction)

(1) 개요

① 선택적 촉매환원법이라고도 한다.
② 200~400℃에서 촉매(TiO_2와 V_2O_5 등)에 NH_3, H_2, CO, H_2S 등의 환원가스를 작용시켜 NO_x를 N_2로 환원시키는 방법이다.

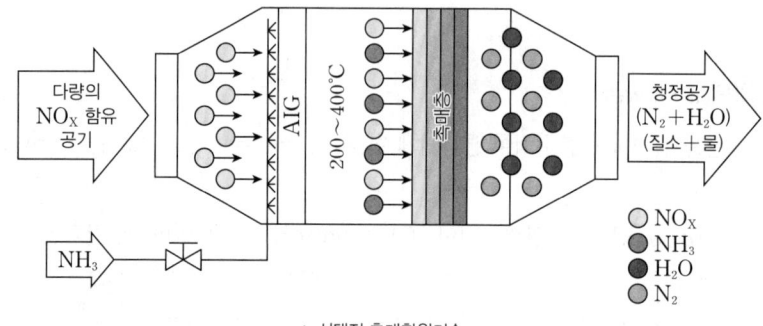

▲ 선택적 촉매환원기술

(2) 반응

$$6NO_2 + 8NH_3 \rightarrow 7N_2 + 12H_2O$$
$$6NO + 4NH_3 \rightarrow 5N_2 + 6H_2O$$
$$4NO + 4NH_3 + O_2 \rightarrow 4N_2 + 6H_2O (산소가 공존하는 상태)$$

(3) 특징

① 산소는 탄화수소, 수소, 일산화탄소가 공존하여도 선택적으로 질소산화물과 반응하며, 암모니아는 산소보다 질소산화물과 우선적으로 반응한다.
② 선택적인 접촉환원법에서 Al_2O_3계의 촉매는 SO_2, SO_3, O_2와 반응하여 황산염이 되기 쉽고, 촉매의 활성이 저하된다.
③ 선택적인 접촉환원법은 첨가된 반응물인 질소산화물을 선택적으로 환원시키며 산소와 무관하다.
④ 탈질효율이 높은 편이나 압력손실이 커서 운전비용이 많이 들고 수명이 짧은 편이다.
⑤ 촉매의 사용으로 비용이 비싸며 먼지나 황산화물의 영향을 받는다.

2. 선택적 비촉매환원기술(SNCR: Selective Non Catalytic Reduction)

(1) 개요
① 선택적 무촉매환원법이라고도 한다.
② 900~1,000℃에서 촉매를 사용하지 않고 환원제를 반응시켜 질소산화물을 N_2로 환원시키는 방법으로 제거효율이 40~70%로 낮은 편이다.
③ 환원제로는 암모니아 또는 요소[$(NH_2)_2CO$]를 사용한다.

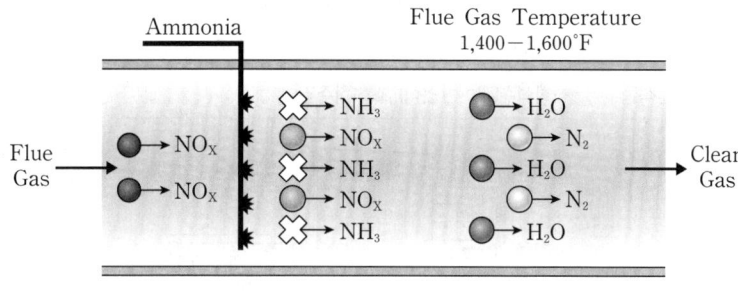

▲ 선택적 비촉매환원기술

(2) 반응

$$4NO + 2(NH_2)_2CO + O_2 \rightarrow 4N_2 + 4H_2O + 2CO_2$$
$$4NO + 4NH_3 + O_2 \rightarrow 4N_2 + 6H_2O$$

(3) 특징
① 장치가 간단하고 운전과 보수가 용이하며 다양한 가스에 적용할 수 있다.
② 운전온도를 잘 조절해야 하며 백연의 발생에 유의해야 한다.

KEYWORD 30 · 황산화물 처리기술

1. 중유탈황법

(1) 개요
① 연료 중 황 함량을 제거하여 배출가스의 황 화합물을 제거하는 방법이다.
② 미생물을 이용한 생물화학적 탈황법, 금속산화물을 이용한 탈황법, 접촉수소화탈황법 등이 있으며 이 중 접촉수소화탈황법이 가장 많이 사용되고 있다.

(2) 접촉수소화탈황법
① 직접탈황법: Co−Ni−Mo을 수소첨가촉매로 하여 250~450℃에서 30~150kg/cm²의 압력을 가하면 S이 H_2S, SO_2 등의 형태로 제거되는 중유탈황법이다.
② 중간탈황법: 감압증류에 의해 분리한 감압잔유에서 아스팔트와 벤젠을 제거하고 감압경유와 혼합시켜 탈황하는 방법으로 촉매독을 어느정도 낮출 수 있으며 간접법에 비해 탈황효과가 뛰어나다.
③ 간접탈황법: 원유를 상압, 감압 증류를 순차적으로 시행하여 분리한 경유를 수소화 정제한 후 감압잔유와 혼합하여 저황중유를 제조하는 방법으로 직접탈황법에 비해 탈황효과는 낮지만 촉매 수명을 길게 할 수 있는 장점이 있다.

2. 배연탈황법

(1) 개요

배출가스 속에 포함된 황산화물을 장치를 통과시키면서 제거하는 방법이다.

(2) 구분

구분		방법
배연탈황법	건식법	석회석주입법, 활성탄흡착법, 활성산화망간법
	습식법	가성소다흡수법, 황산나트륨흡수법, 암모니아흡수법
	반건식법	석회석주입법(반건식), 소석회주입법

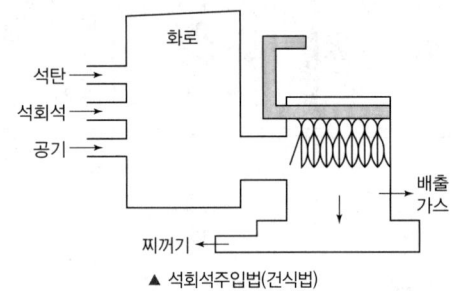

▲ 석회석주입법(건식법)

3. 석회석 세정법으로 황산화물을 처리할 때 Scale 생성 방지대책

① 순환액의 pH 변화가 적도록 유지한다.

② 흡수액의 양을 증가하여 탑 내 또는 배관에서의 Scale 생성을 방지한다.

③ 탑 내에 세정액을 주기적으로 분사한다.

④ 배가스와 슬러지 분배를 적절하게 유지한다.

⑤ 탑 내에 내장물을 가능한 한 설치하지 않는다.

⑥ 슬러리 석고농도를 5% 이상 유지하여 석고의 결정화를 촉진한다.

기출문제

CHAPTER 04 가스상 물질의 처리

01
KEYWORD 26 흡착법

물리적 흡착의 특성을 4가지 쓰시오.

정답
① 입자 간의 인력(Van der Waals 힘)이 주된 원동력이다.
② 흡착제에 피흡착물질이 부착되는 흡착이다.
③ 가역적인 흡착반응이 일어난다.
④ 일반적으로 기체의 분자량이 클수록 흡착량은 증가한다.
⑤ 흡착되는 피흡착물질의 분압이 높을수록 흡착량은 증가하게 된다.
⑥ 온도가 낮을수록 흡착량은 증가한다.
⑦ 오염가스 회수가 용이하다.

만점 KEYWORD
① 입자 간의 인력, 원동력
② 피흡착물질, 부착
③ 가역적, 흡착반응
④ 기체의 분자량, 클수록, 흡착량은 증가
⑤ 분압이 높을수록, 흡착량은 증가
⑥ 낮은 온도, 흡착량은 증가
⑦ 회수, 용이

02
KEYWORD 27 흡수법

유해가스와 물이 일정한 온도에서 평형상태에 있다. 기상의 유해가스의 분압이 40mmHg일 때 수중 유해가스의 농도가 16.5kmol/m³일 경우 헨리상수(atm·m³/kmol)를 계산하시오.
(1) 계산식
(2) 정답

정답
(1) $40 \times \dfrac{1}{760} = H \times 16.5$
$H = 3.190 \times 10^{-3} \text{atm} \cdot \text{m}^3/\text{kmol}$
(2) $3.19 \times 10^{-3} \text{atm} \cdot \text{m}^3/\text{kmol}$

해설
헨리법칙을 이용한다.
$P = HC$
P : 분압(atm)
H : 헨리상수(atm·m³/kmol)
C : 유해가스의 농도(kmol/m³)
문제의 조건 중 유해가스의 분압의 단위는 mmHg이고, 헨리상수의 압력의 단위는 atm이므로 단위를 환산해서 압력의 단위를 통일해야 한다.

$40\text{mmHg} \times \dfrac{1\text{atm}}{760\text{mmHg}} = H \times 16.5\text{kmol/m}^3$

$H = 3.190 \times 10^{-3} \text{atm} \cdot \text{m}^3/\text{kmol}$

03
KEYWORD 27 흡수법

충전탑을 이용하여 유해가스를 제거하고자 한다. 이때 흡수액이 갖추어야 할 조건을 3가지 쓰시오.

정답
① 용해도가 커야 한다.
② 점성이 작아야 한다.
③ 화학적으로 안정해야 한다.
④ 휘발성이 적어야 한다.
⑤ 부식성이 낮아야 한다.

만점 KEYWORD
① 용해도, 커야
② 점성, 작아야
③ 화학적, 안정
④ 휘발성, 적어야
⑤ 부식성, 낮아야

04
KEYWORD 28 흡수처리장치

벤투리 스크러버에서 목부의 직경이 0.22m, 수압이 2atm, 노즐의 개수가 6개, 액가스비가 0.5L/m³, 목부의 가스유속이 60m/sec이다. 이때 노즐의 직경(mm)을 계산하시오. (단, P는 공학기압 10,000mmH₂O를 사용한다.)

정답
4.14mm

해설
$$n \times \left(\frac{d}{D_t}\right)^2 = \frac{V_t \times L}{100\sqrt{P}}$$
d: 노즐의 직경(m), D_t: 목부(스롯트부)의 직경(m)
V_t: 유속(m/sec), L: 액가스비(L/m³), P: 수압(mmH₂O)
$$6 \times \left(\frac{d}{0.22}\right)^2 = \frac{60 \times 0.5}{100\sqrt{2 \times 10,000}}$$
$d = 4.137 \times 10^{-3}$m $= 4.137$mm

05
KEYWORD 28 흡수처리장치

다음 용어의 의미를 간단히 서술하시오.
(1) Hold-up
(2) Loading Point
(3) Flooding Point

정답
(1) Hold-up은 흡수액을 통과시키면서 유량속도를 증가할 경우 충전층 내의 액보유량이 증가하게 되는 상태이다.
(2) 일정량의 흡수액을 흘릴 때 유해가스의 압력손실은 가스속도의 대수값에 비례하며, 가스속도 증가 시 나타나는 첫 번째 파과점이다.
(3) 가스속도가 커져서 액이 흐르지 않고 넘는 점이다.

만점 KEYWORD
(1) 흡수액, 액보유량, 증가
(2) 압력손실, 비례, 파과점
(3) 가스속도, 넘는 점

06
KEYWORD 29 질소산화물 처리기술

NO₂ 44.8ppm, NO 448ppm을 함유한 배기가스 50,000Sm³/hr를 NH₃에 의한 선택적 접촉환원법으로 처리할 경우 NOₓ를 제거하기 위한 NH₃의 이론량(kg/hr)을 계산하시오. (단, 산소는 공존하지 않는다.)

정답
13.6kg/hr

해설
(1) NO₂를 제거하기 위한 NH₃의 양 계산하기
  6mol의 NO₂를 제거하기 위해서는 8mol의 NH₃(분자량 17)가 필요하다.
  $6NO_2 + 8NH_3 \rightarrow 7N_2 + 12H_2O$
  $$\frac{44.8\text{mL}}{\text{Sm}^3} \times \frac{50,000\text{Sm}^3}{\text{hr}} \times \frac{\text{Sm}^3}{10^6\text{mL}} = 2.24\text{Sm}^3/\text{hr}$$
  $6 \times 22.4\text{Sm}^3 : 8 \times 17\text{kg} = 2.24\text{Sm}^3/\text{hr} : x$
  $x = 2.2667$kg/hr

(2) NO를 제거하기 위한 NH₃의 양 계산하기
  6mol의 NO를 제거하기 위해서는 4mol의 NH₃(분자량 17)가 필요하다.
  $6NO + 4NH_3 \rightarrow 5N_2 + 6H_2O$
  $$\frac{448\text{mL}}{\text{Sm}^3} \times \frac{50,000\text{Sm}^3}{\text{hr}} \times \frac{\text{Sm}^3}{10^6\text{mL}} = 22.4\text{Sm}^3/\text{hr}$$
  $6 \times 22.4\text{Sm}^3 : 4 \times 17\text{kg} = 22.4\text{Sm}^3/\text{hr} : x$
  $x = 11.3333$kg/hr

(3) NOₓ를 제거하기 위한 NH₃의 이론량(kg/hr) 계산하기
  $2.2667 + 11.3333 = 13.6$kg/hr

CHAPTER 05 환기

KEYWORD 31　국소환기

1. 국소환기장치의 개요
① 국소배출장치에 의한 환기는 후드, 덕트, 배풍기, 배기구 등으로 구성되며 발생한 오염물질이 사람에게 노출되기 전에 포집, 제거, 배출하는 장치를 말한다.
② 적은 소요동력으로 국소적인 흡인을 가능하게 하며 오염물질의 제어효율이 좋으나 부대시설 비용이 많이 드는 편이다.

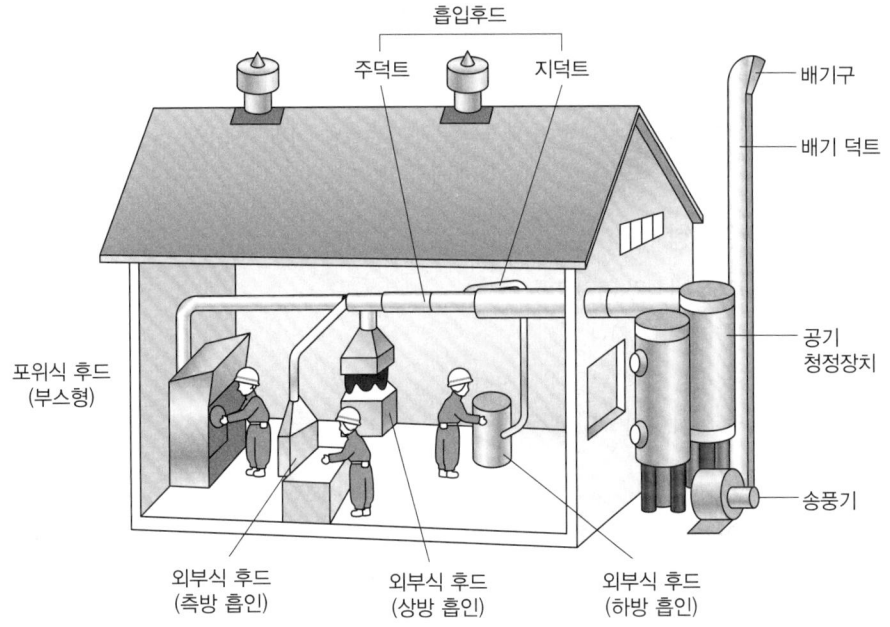

2. 국소환기장치가 전체환기장치보다 좋은 점
① 적은 소요동력으로 국소적인 흡인방식이 가능하여 작업장으로 유해물질의 확산이 적다.
② 오염물질의 제어효율이 좋은 편이다.
③ 필요한 부지의 면적이 적다.
④ 후드를 발생원 가까이 설치하여 방해기류를 적게 받는다.

KEYWORD 32 후드

1. 후드(Hood)의 개요 및 특징

(1) 개요
① 후드(Hood)는 대기오염물질 배출시설에서 배출되는 오염물질이 근처의 공간으로 비산되는 것을 방지하기 위해 비산범위 내의 오염공기를 배출원에서 직접 포집하기 위한 국소배기장치의 입구부이다.
② 후드는 유해물질이 발생하는 곳마다 설치해야 한다.
③ 후드의 형식은 가능하면 포위식 또는 부스식 후드를 설치해야 하며 외부식 또는 리시버식 후드를 설치해야 하는 경우에는 발산원에 가장 가까운 곳에 설치해야 한다.

(2) 특징
① 폭이 넓은 오염원 탱크에서는 주로 '밀고 당기는(Push/Pull)' 방식의 환기공정이 요구된다.
② 후드는 일반적으로 개구면적을 좁게 하여 흡인속도를 크게 하고, 필요시 에어커튼을 이용한다.
③ 폭이 좁고 긴 직사각형의 슬로트후드(Slot hood)는 전기도금공정과 같은 상부개방형 탱크에서 방출되는 유해물질을 포집하는 데 효율적으로 이용된다.
④ 천개형 후드는 포착형(포획형)보다 유입 공기의 속도가 느릴 때 사용되며, 주로 고온의 오염공기를 배출하고 과잉습도를 제거할 때 제한적으로 사용되지만 유해가스를 환기할 때는 적합하지 않다.

2. 후드(Hood)의 설치 관련사항

(1) 환기장치에서 후드(Hood)의 일반적인 흡인요령
① 발생원에 최대한 접근시켜 흡인시킨다.
② 포착속도(Capture velocity)를 충분히 유지시킨다.
③ 흡인속도를 크게 하기 위해 개구면적을 좁게 한다.
④ 에어커튼을 사용한다.

(2) 후드(Hood)의 설계 시 고려사항
① 잉여공기의 흡입을 적게 하고 충분한 포착속도를 가지기 위해 가능한 한 후드를 발생원에 근접시킨다.
② 분진을 발생시키는 부분을 중심으로 국부적으로 처리하는 로컬 후드방식을 취한다.
③ 실내의 기류, 발생원과 후드 사이의 장애물 등에 의한 영향을 고려하여 필요에 따라 에어커튼을 이용한다.
④ 후드 개구면의 중앙부를 닫아 개구면적을 줄이고 포착속도를 최대한으로 크게 유지한다.

(3) 후드(Hood)의 흡인 저하 원인
① 발생원과 후드의 개구부가 멀어지는 경우
② 후드 주변에 난기류가 형성되어 흡인을 방해하는 경우
③ 후드 입구부분에 높은 압력이 형성되는 경우
④ 내부에 분진이 퇴적되는 경우

(4) 후드의 형식 및 설치위치의 결정
① 가능한 한 발생원을 모두 포위할 수 있는 포위식 또는 부스식을 선택한다.
② 작업 또는 공정상 발생원을 포위할 수 없는 경우 외부식을 선택한다.
③ 오염물질의 발생상태를 조사한 결과 오염기류가 공정 또는 작업 자체에 의해 일정 방향으로 발생하고 있을 경우 리시버식을 선택한다.
④ 후드 개구의 바깥 주변에 플랜지를 부착하면 후드 뒤쪽의 공기 흡입을 방지할 수 있고, 그 결과 포착속도를 높일 수 있다.

(5) 후드의 제어속도(Control Velocity)
① 오염물질이 주위로 확산되지 않고 안전하게 후드에 유입되도록 적절한 안전율을 고려한 공기의 유속이며 포착속도(Capture velocity)라고도 한다.
② 확산조건, 오염원의 주변 기류에 영향이 크다.
③ 유해물질의 발생조건이 조용한 대기 중 거의 속도가 없는 상태로 비산하는 경우(가스, 흄 등)의 제어속도 범위는 0.3~0.5m/sec 정도이다.
④ 유해물질의 발생조건이 빠른 공기의 움직임이 있는 곳에서 활발히 비산하는 경우(분쇄기 등)의 제어속도 범위는 1~3m/sec 정도이다.
⑤ 포위형 또는 부스형에서는 포착점을 후드의 개구면에 놓아야 하므로 이때는 포착속도가 개구면속도가 된다.

3. 후드 관련 공식

(1) 흡인풍량 공식(플랜지가 없는 자유공간에 설치된 장방형 후드의 경우)

$$Q = (10X^2 + A) \times V$$

Q: 흡인풍량(m³/sec)
X: 후드개구면에서 포착점까지의 거리(m), A: 후드의 개구면적(m²)
V: 포착속도(m/sec)

(2) 압력손실 공식

$$\Delta P = F \times \frac{\gamma V^2}{2g},\ P_v = \frac{\gamma V^2}{2g},\ F = \frac{1-K^2}{K^2}$$

ΔP: 압력손실(mmH₂O)
K: 유입계수
F: 압력손실계수
P_v: 속도압(mmH₂O)
γ: 공기의 밀도(kg/m³)
V: 유속(m/sec)
g: 중력가속도(m/sec²)

KEYWORD 33 덕트(Duct)

1. 덕트의 개요 및 주요원칙

(1) 개요
① 덕트(Duct)는 오염된 공기를 오염원으로부터 방지시설까지 또는 방지시설로부터 최종 배출구까지 운반하는 도관으로 일반적으로 주관(Main duct)과 분지관(Branch duct)으로 구성된다.
② 후드에 직접 연결되는 Duct가 분지관으로 연결된 방지시설로 오염된 공기를 운반해 준다.
③ 일반적으로 간단한 배기시스템이든 복잡한 배기시스템이든 모든 배기시스템은 공통적으로 후드, 덕트, 피팅류 및 배기팬을 사용하고 있다.

(2) 덕트설치 시 주요원칙
① 공기가 아래로 흐르도록 하향구배를 만든다.
② 구부러짐 전후에는 청소구를 만든다.
③ 밴드는 가능하면 완만하게 구부리며, 90°는 피한다.
④ 덕트는 가능한 한 짧게 배치하도록 한다.

2. 덕트의 압력손실 결정

(1) 개요
① 압력손실은 후드에서 흡입된 배기가스가 방지시설을 통하여 외부로 방출되는 동안에 기류가 가지고 있는 기계적 에너지가 덕트 내벽면의 마찰 또는 덕트 내벽면의 상태와 관의 모양에 의해 발생되는 손실을 총칭한다.
② 방지시설에서 다루는 송풍관 내의 기류는 일반적으로 난류로서 압력손실은 속도의 제곱에 비례한다.

(2) 공식
① 원형 덕트의 압력손실(식에 의한 방법)

$$\Delta P = 4f \times \frac{L}{D} \times \frac{\gamma \times V^2}{2g} = 4f \times \frac{L}{D} \times P_v$$

② 장방형 덕트의 압력손실(식에 의한 방법)

$$\Delta P = f \times \frac{L}{D_0} \times \frac{\gamma \times V^2}{2g}$$

f: 마찰계수, L: 관의 길이(m), D: 관의 직경(m)
g: 중력가속도(m/sec^2), γ: 공기의 밀도(kg/m^3)
V: 유속(m/sec), ΔP: 압력손실(mmH$_2$O)

$$\text{속도압}(P_v) = \frac{\gamma \times V^2}{2g}, \quad D_0(\text{상당직경}) = \frac{2ab}{a+b}$$

a: 높이(m), b: 폭(m)

KEYWORD 34 송풍기

1. 송풍기의 개요 및 유량공식

(1) 송풍기의 계통도

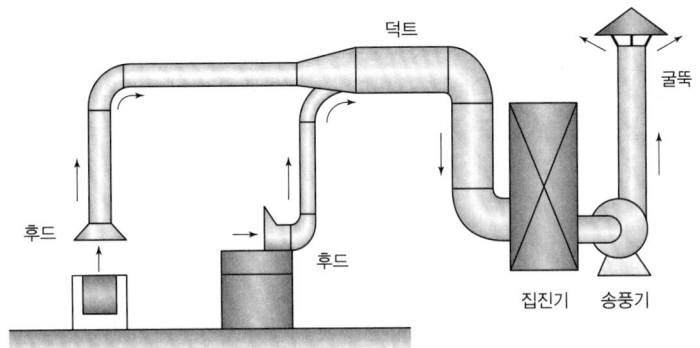

(2) 송풍기의 유량, 소요동력, 비교회전도 공식

유량	동력	비교회전도
$Q = AV$	$P = \dfrac{Q \times \Delta P}{102 \times \eta} \times \alpha$	$N_s = N \times \dfrac{Q^{1/2}}{H^{3/4}}$
$V = C\sqrt{\dfrac{2gh}{\gamma}}$ (m/sec) Q: 유량(m³/sec), A: 단면적(m²) h: 동압, g: 중력가속도 γ: 가스의 비중량, C: 피토우관 계수	P: 동력(kW) ΔP: 압력손실(mmH₂O) Q: 유량(m³/sec) η: 효율 α: 여유율	N_s: 비교회전도 N: 회전수(rpm) Q: 펌프의 토출량(m³/min) H: 전양정(m)

2. 송풍기의 상사법칙

① 송풍기의 풍량은 회전수에 비례한다.
② 송풍기의 풍압은 회전수의 제곱에 비례한다.
③ 송풍기의 축동력은 회전수의 세제곱에 비례한다.

구분	유량	풍압	동력	조건
제1법칙	$\dfrac{Q_1}{N_1} = \dfrac{Q_2}{N_2}$	$\dfrac{\Delta P_1}{N_1^2} = \dfrac{\Delta P_2}{N_2^2}$	$\dfrac{W_1}{N_1^3} = \dfrac{W_2}{N_2^3}$	송풍기 크기와 공기밀도 일정
제2법칙	$\dfrac{Q_1}{D_1^3} = \dfrac{Q_2}{D_2^3}$	$\dfrac{\Delta P_1}{D_1^2} = \dfrac{\Delta P_2}{D_2^2}$	$\dfrac{W_1}{D_1^5} = \dfrac{W_2}{D_2^5}$	회전수와 공기밀도 일정
제3법칙	$\dfrac{Q_1}{N_1 D_1^3} = \dfrac{Q_2}{N_2 D_2^3}$	$\dfrac{\Delta P_1}{N_1^2 D_1^2} = \dfrac{\Delta P_2}{N_2^2 D_2^2}$	$\dfrac{W_1}{N_1^3 D_1^5} = \dfrac{W_2}{N_2^3 D_2^5}$	공기밀도 일정

Q: 풍량, N: 회전수, W: 동력, ΔP: 풍압, D: 송풍기 크기

01

KEYWORD 32 후드

후드 선정 시 모형, 크기 등을 고려하여 선정해야 한다. 후드 선택 시 흡인요령을 3가지 서술하시오. (단, 개구면적을 좁게 하는 것은 제외한다.)

정답
① 발생원에 최대한 접근시켜 흡인시킨다.
② 포착속도(Capture velocity)를 충분히 유지시킨다.
③ 에어커튼을 사용한다.

만점 KEYWORD
① 발생원, 접근, 흡인
② 포착속도, 유지
③ 에어커튼

02

KEYWORD 32 후드

다음 외부식 후드의 흡인풍량 및 압력손실을 계산하시오.

- 개구면적이 $0.5m^2$인 외부식 장방형 후드이다.
- 후드 개구면에서 포착점까지의 거리: 0.4m
- 통제속도: 0.25m/sec
- 유입계수: 0.85
- 반송속도: 10m/sec
- 공기의 밀도: $1.3kg/Sm^3$

(1) 흡인풍량(m^3/sec)
(2) 압력손실(mmH_2O)

정답
(1) $0.53m^3$/sec
(2) $2.55mmH_2O$

해설
(1) 흡인풍량 계산

$$Q = (10X^2 + A) \times V$$

Q: 흡인풍량(m^3/sec)
X: 후드개구면에서 포착점까지의 거리(m)
A: 후드의 개구면적(m^2)
V: 통제속도(m/sec)

$Q = \{10 \times (0.4)^2 + 0.5\} \times 0.25 = 0.525 m^3/sec$

(2) 압력손실 계산

$$\Delta P = F \times P_v = \frac{1-K^2}{K^2} \times \frac{\gamma V^2}{2g}$$

ΔP: 압력손실(mmH_2O)
F: 압력손실계수

$F = \dfrac{1-K^2}{K^2}$ (K: 유입계수)

속도압$(P_v) = \dfrac{\gamma V^2}{2g}$

γ: 밀도(kg/m^3), V: 반송속도(m/sec)
g: 중력가속도($9.8m/sec^2$)

$\Delta P = \dfrac{1-0.85^2}{0.85^2} \times \dfrac{1.3 \times 10^2}{2 \times 9.8} = 2.547 mmH_2O$

03

KEYWORD 33 덕트

원형 굴뚝을 변형시켜 직경이 기존의 1/4로 변하였을 경우에 압력손실은 얼마만큼 변하는지 계산하시오.

정답

1,024배 증가한다.

해설

(1) 직경의 변화에 따른 유속 변화량 산정

$$V = \frac{Q}{A} = \frac{Q}{\left(\frac{\pi}{4}\right) \times D^2}$$

V: 유속, Q: 유량

A(단면적) $= \frac{\pi}{4}D^2$ (D: 직경)

직경이 기존의 1/4로 변하면 유속은 16배 증가한다.

(2) 원형 덕트의 압력손실 구하기

$$\Delta P = 4f \times \frac{L}{D} \times \frac{\gamma \times V^2}{2g} = 4f \times \frac{L}{D} \times P_V$$

ΔP: 압력손실
f: 마찰계수
L: 관의 길이, D: 관의 직경
g: 중력가속도, γ: 공기의 밀도
V: 유속

$$P_V(\text{속도압}) = \frac{\gamma \times V^2}{2g}$$

문제에서는 다른 조건은 언급이 없고, 직경(D)에 따른 속도변화와 압력변화량(ΔP)을 묻고 있으므로 다른 조건은 모두 상수 K로 둔다.

$$\Delta P = K \times \frac{V^2}{D}$$

변경 전(D, V)과 변경 후($\frac{1}{4}D$, $16V$)의 압력손실을 비교한다.

$$\frac{\Delta P_2}{\Delta P_1} = \frac{K \times \frac{(16V)^2}{\frac{1}{4}D}}{\frac{K \times V^2}{D}} = 16^2 \times 4 = 1,024$$

04

KEYWORD 34 송풍기

다음과 같은 조건을 가지는 송풍기의 소요동력(kW)을 계산하시오.

- 처리가스량: 72,000m³/hr
- 압력손실: 150mmH$_2$O
- 효율: 70%

(1) 계산식
(2) 정답

정답

(1) $P = \dfrac{72,000 \times \dfrac{1}{3,600} \times 150}{102 \times 0.7} = 42.017\text{kW}$

(2) 42.02kW

해설

$$P(\text{kW}) = \frac{Q \times \Delta P}{102 \times \eta} \times \alpha$$

Q: 처리가스량(m³/sec)
ΔP: 압력손실(mmH$_2$O)
η: 효율
α: 여유율(주어지지 않으면 1로 간주함)

$$P = \frac{\dfrac{72,000\text{m}^3}{\text{hr}} \times \dfrac{\text{hr}}{3,600\text{sec}} \times 150\text{mmH}_2\text{O}}{102 \times 0.7} = 42.017\text{kW}$$

05

KEYWORD 34 송풍기

상사법칙에서 송풍기 회전수와 (1) 풍량, (2) 풍압, (3) 축동력과의 관계를 설명하시오.

정답

(1) 풍량은 회전수에 비례한다.
(2) 풍압은 회전수의 제곱에 비례한다.
(3) 축동력은 회전수의 세제곱에 비례한다.

만점 KEYWORD

(1) 회전수, 비례
(2) 회전수, 제곱, 비례
(3) 회전수, 세제곱, 비례

CHAPTER 06 대기 관련 법령

KEYWORD 35 대기오염공정시험기준상 용어 정의

1. 용어의 정의

(1) 온도의 표시

① 표준온도는 0℃, 상온은 15~25℃, 실온은 1~35℃로 하고, 찬 곳은 따로 규정이 없는 한 0~15℃의 곳을 뜻한다.
② 냉수는 15℃ 이하, 온수는 60~70℃, 열수는 약 100℃를 말한다.
③ "수욕상 또는 수욕 중에서 가열한다."라 함은 따로 규정이 없는 한 수온 100℃에서 가열함을 뜻하고 약 100℃ 부근의 증기욕을 대응할 수 있다.

(2) 방울수

"방울수"라 함은 20℃에서 정제수 20 방울을 떨어뜨릴 때 그 부피가 약 1mL 되는 것을 뜻한다.

(3) 용기

① "용기"라 함은 시험용액 또는 시험에 관계된 물질을 보존, 운반 또는 조작하기 위하여 넣어두는 것으로 시험에 지장을 주지 않도록 깨끗한 것을 뜻한다.
② "밀폐용기"라 함은 물질을 취급 또는 보관하는 동안에 이물이 들어가거나 내용물이 손실되지 않도록 보호하는 용기를 뜻한다.
③ "기밀용기"라 함은 물질을 취급 또는 보관하는 동안에 외부로부터의 공기 또는 다른 가스가 침입하지 않도록 내용물을 보호하는 용기를 뜻한다.
④ "밀봉용기"라 함은 물질을 취급 또는 보관하는 동안에 기체 또는 미생물이 침입하지 않도록 내용물을 보호하는 용기를 뜻한다.
⑤ "차광용기"라 함은 광선을 투과하지 않은 용기 또는 투과하지 않게 포장을 한 용기로서 취급 또는 보관하는 동안에 내용물의 광화학적 변화를 방지할 수 있는 용기를 뜻한다.

2. 오염물질 농도와 배출가스 유량 보정공식

오염물질 농도 보정	배출가스 유량 보정
$C = C_a \times \dfrac{21-O_s}{21-O_a}$ C: 오염물질농도(mg/Sm³ 또는 ppm) O_s: 표준산소농도(%), O_a: 실측산소농도(%) C_a: 실측오염물질농도(mg/Sm³ 또는 ppm)	$Q = Q_a \div \dfrac{21-O_s}{21-O_a}$ Q: 배출가스유량(Sm³/일) O_s: 표준산소농도(%), O_a: 실측산소농도(%) Q_a: 실측배출가스유량(Sm³/일)

KEYWORD 36   굴뚝연속자동측정기기의 이산화황 측정방법

구분	내용
적용범위	굴뚝 배출가스 중 이산화황을 연속적으로 자동측정하는 방법에 대해 규정한다.
측정방법	측정원리에 따라 용액전도율법, 적외선흡수법, 자외선흡수법, 정전위전해법 및 불꽃광도법 등으로 분류할 수 있다.

KEYWORD 37   비분산적외선분광분석법의 용어 정의

① 비분산은 빛을 프리즘(Prism)이나 회절격자와 같은 분산소자에 의해 분산하지 않는 것이다.
② 비교가스란 시료 셀에서 적외선 흡수를 측정하는 경우 대조가스로 사용하는 것으로 적외선을 흡수하지 않는 가스이다.
③ 제로 드리프트란 측정기의 최저눈금에 대한 지시치의 일정기간 내의 변동이다.
④ 스팬 드리프트는 동일 조건에서 제로가스를 흘려 보내면서 때때로 스팬가스를 도입할 때 제로 드리프트를 뺀 드리프트가 고정형은 24시간, 이동형은 4시간 동안에 전체 눈금 값의 ±2% 이상이 되어서는 안 된다.
⑤ 응답시간은 제로 조정용 가스를 도입하여 안정된 후 유로를 스팬가스로 바꾸어 기준 유량으로 분석기에 도입하여 그 농도를 눈금 범위 내의 어느 일정한 값으로부터 다른 일정한 값으로 갑자기 변화시켰을 때 스텝 응답에 대한 소비시간이 1초 이내이어야 한다. 또 이때 최종 지시 값에 대한 90% 응답을 나타내는 시간은 40초 이내이어야 한다.

KEYWORD 38   원자흡수분광광도법의 용어 정의

1. 용어의 정의

① 역화(Flame back)란 불꽃의 연소속도가 크고 혼합기체의 분출속도가 작을 때 연소현상이 내부로 옮겨지는 것이다.
② 공명선(Resonance Line)이란 원자가 외부로부터 빛을 흡수했다가 다시 먼저 상태로 돌아갈 때 방사하는 스펙트럼선이다.
③ 근접선(Neighbouring Line)이란 목적하는 스펙트럼선에 가까운 파장을 갖는 다른 스펙트럼선이다.
④ 중공음극램프(Hollow Cathode Lamp)란 원자흡광분석의 광원이 되는 것으로 목적원소를 함유하는 중공음극 한 개 또는 그 이상을 저압의 네온과 함께 채운 방전관이다.
⑤ 분무실(Nebulizer-Chamber)이란 분무기와 함께 분무된 시료용액의 미립자를 더욱 미세하게 해주는 한편 큰 입자와 분리시키는 작용을 갖는 장치이다.

2. 원자흡수분광광도법의 측정파장, 정량범위, 방법검출한계

금속	측정파장(nm)	정량범위(mg/Sm³)	방법검출한계(mg/Sm³)
Cd	228.8	0.010 이상	0.003
Pb	217.0/283.3	0.050 이상	0.016
Cr	357.9	0.100 이상	0.031
Cu	324.7	0.100 이상	0.031
Ni	232.0	0.010 이상	0.003
Zn	213.9	0.100 이상	0.031
Be	234.9	0.040 이상	0.013

KEYWORD 39　자외선/가시선 분광법

1. 원리 및 적용범위

① 시료물질이나 시료물질의 용액 또는 여기에 적당한 시약을 넣어 발색시킨 용액의 흡광도를 측정하여 시료 중의 목적성분을 정량하는 방법이다.

② 파장 200~1,200nm에서의 액체의 흡광도를 측정함으로써 대기 중이나 굴뚝 배출가스 중의 오염물질 분석에 적용한다.

2. 램버트 비어(Lambert-Beer)의 법칙

$$A = \log \frac{1}{t} = \log \frac{1}{I_t/I_0} = \log \frac{I_0}{I_t} = \varepsilon C L$$

A: 흡광도, t: 투과도, I_0: 입사광의 강도, I_t: 투사광의 강도
ε: 흡광계수, C: 용액의 농도, L: 빛의 투사길이

$$I_t = I_0 \times 10^{-\varepsilon C L} \text{ 또는 } I = I_0 \times e^{-(a+S+R)L}$$

a: 흡수계수, S: 분산계수, R: 반사계수

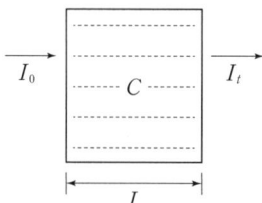

KEYWORD 40 배출가스 중 무기물질 분석방법

1. 물질별 분석방법

구분	분석방법
암모니아	자외선가시선분광법-인도페놀법
염화수소	이온크로마토그래피, 자외선가시선분광법-싸이오사이안산제이수은법
황산화물	• 침전적정법-아르세나조 Ⅲ 법 • 자동측정법-전기화학식(정전위전해법), 용액전도율법, 적외선흡수법, 자외선흡수법, 불꽃광도법
질소산화물	• 자외선가시선분광법-아연환원 나프틸에틸렌다이아민법 • 자동측정법-전기화학식(정전위전해법), 화학발광법, 적외선흡수법, 자외선흡수법
이황화탄소	기체크로마토그래피, 자외선가시선분광법
황화수소	자외선가시선분광법-메틸렌블루법, 기체크로마토그래피
플루오린화합물	자외선가시선분광법-란타넘-알리자린콤플렉손법, 이온크로마토그래피, 이온선택전극법, 연속흐름법

2. 플루오린화합물 분석방법 중 자외선가시선분광법-란타넘-알리자린콤플렉손법

(1) 목적

① 연소, 화학 반응 등에 의하여 굴뚝 등에서 배출되는 배출가스 중 무기 플루오린화합물을 분석하는 방법에 대하여 규정한다.

② 배출가스 중 무기 플루오린화합물을 수산화소듐 용액으로 흡수하고 완충 용액을 첨가하여 pH를 조절한 후 란타넘-알리자린콤플렉손 용액을 첨가하고 플루오린화 이온과 반응하여 생성하는 복합 착화합물의 흡광도를 측정하여 플루오린화합물을 정량한다.

(2) 정량범위

시료채취량이 80L이고 분석용 시료용액의 양이 250mL인 경우, 정량범위는 0.05ppm 이상이며 방법검출한계는 0.02ppm이다.

KEYWORD 41 기체크로마토그래피의 정량방법

1. 보정넓이 백분율법

도입한 시료의 전 성분이 용출되며 또한 용출 전 성분의 상대감도가 구해진 경우는 다음 식에 의하여 정확한 함유율을 구할 수 있다.

$$X_i(\%) = \frac{A_i/f_i}{\sum_{i=1}^{n}(A_i/f_i)} \times 100$$

f_i: i 성분의 상대감도, n: 전 봉우리 수

2. 상대검정곡선법

정량하려는 성분의 순물질(X) 일정량에 내부표준물질(S)의 일정량을 가한 혼합시료의 크로마토그램을 기록하여 봉우리 넓이를 측정한다.

$$X(\%) = \frac{\left(\dfrac{M'_X}{M'_S}\right) \times n}{M} \times 100$$

M'_X: 피검성분량, M'_S: 표준물질량, n: 표준물질의 기지량, M: 시료의 기지량

3. 표준물첨가법

시료의 크로마토그램으로부터 피검성분 A 및 다른 임의의 성분 B의 봉우리 넓이 a_1 및 b_1을 구한다.

$$X(\%) = \frac{\Delta W_A}{\left(\dfrac{a_2}{b_2} \times \dfrac{b_1}{a_1} - 1\right) W} \times 100$$

ΔW_A: 성분 A의 기지량, a_1, a_2: 성분 A의 봉우리 넓이, b_1, b_2: 성분 B의 봉우리 넓이, W: 시료량

KEYWORD 42   배출가스 중 휘발성유기화합물 분석방법

1. 염화바이닐을 기체크로마토그래피로 분석하는 방법

(1) 고체흡착열탈착-기체크로마토그래프
① 흡착제를 충전한 흡착관에 사염화탄소 및 클로로폼 그리고 염화바이닐을 흡착시킨다.
② 탈착을 쉽게 하기 위해 흡착시킨 방향과 반대방향으로 열탈착하여 기체크로마토그래프(Gas chromatograph)를 이용하여 분석한다.

(2) 시료채취 주머니-기체크로마토그래프
① 시료채취 주머니 내의 시료 일정량을 흡입하여 저온농축관($-10°C$ 이하)에 농축한다.
② 저온농축관에 농축된 시료는 열탈착되어 기체크로마토그래프 분석컬럼으로 주입된다.
③ GC컬럼에 주입된 시료는 설정된 온도 조건에서 GC분석이 이루어지게 한다.

2. 브로민화합물 분석방법-자외선/가시선분광법
① 배출가스 중 브로민화합물을 수산화소듐 용액에 흡수시킨 후 일부를 분취해서 산성으로 하여 과망간산포타슘 용액을 사용하여 브로민으로 산화시켜 클로로폼으로 추출한다.
② 클로로폼층에 정제수와 황산제이철암모늄 용액 및 싸이오사이안산제이수은 용액을 가하여 발색한 정제수 층의 흡광도를 측정해서 브로민을 정량하는 방법이다.
③ 흡수파장은 460nm이다.

KEYWORD 43 배출가스 중의 입자상 물질 측정공식

1. 건식 가스미터 사용 시 배출가스 중의 수분 농도(%)

$$X_w = \frac{\frac{22.4}{18}m_a}{V_m \times \frac{273}{273+\theta_m} \times \frac{P_a+P_m}{760} + \frac{22.4}{18}m_a} \times 100$$

X_w: 배출가스 중의 수증기의 부피 백분율(%)
m_a: 흡습 수분의 질량(g)
V_m: 흡입한 건조 가스량(건식가스미터에서 읽은 값)(L)
θ_m: 가스미터에서의 흡입 가스온도(℃)
P_a: 측정공 위치에서의 대기압(mmHg), P_m: 가스미터에서의 가스의 게이지압(mmHg)

2. 배출가스 유속(m/sec)

$$V = C\sqrt{\frac{2gh}{\gamma}}$$

V: 배출가스 평균유속(m/sec)
C: 피토관 계수, h: 피토관에 의한 동압 측정치(mmH$_2$O)
g: 중력 가속도(9.8m/sec^2)
γ: 굴뚝 내의 습한 배출가스 밀도(kg/Sm^3)

3. 배출가스 중 먼지농도(mg/Sm³)

$$C_n = \frac{m_d}{V'_m \times \frac{273}{273+\theta_m} \times \frac{P_a + \Delta H/13.6}{760}}$$

C_n: 먼지농도(mg/Sm^3)
m_d: 채취된 먼지량(mg)
V'_m: 건식가스미터에서 읽은 가스시료 채취량(m^3), θ_m: 건식가스미터에서의 평균온도(℃)
P_a: 측정공 위치에서의 대기압(mmHg)
ΔH: 오리피스압차(mmH$_2$O)

KEYWORD 44 비산먼지 계산공식

1. 고용량공기시료채취법으로 비산먼지의 농도측정

(1) 채취유량 계산

$$흡인공기량 = \frac{Q_s + Q_e}{2} \times t$$

Q_s: 채취개시 직후의 유량(m³/min)
Q_e: 채취종료 직전의 유량(m³/min)
t: 채취시간(min)

(2) 비산먼지의 농도계산

$$먼지\ 농도(mg/Sm^3) = \frac{W_e - W_s}{V}$$

W_e: 채취 후 여과지의 질량(mg), W_s: 채취 전 여과지의 질량(mg)
V: 총 공기흡입량(Sm³)

2. 비산먼지의 농도계산

(1) 공식

각 측정지점의 채취 먼지량과 풍향 풍속의 측정 결과로부터 비산먼지의 농도를 구한다.

$$비산먼지\ 농도(C) = (C_H - C_B) \times W_D \times W_S$$

C_H: 채취 먼지량이 가장 많은 위치에서의 먼지 농도(mg/Sm³)
C_B: 대조위치에서의 먼지 농도(mg/Sm³)
W_D, W_S: 풍향, 풍속 측정 결과로부터 구한 보정계수
단, 대조위치를 선정할 수 없는 경우에는 C_B는 0.15mg/Sm³로 한다.

(2) 풍향, 풍속 보정계수

① 풍향에 대한 보정

풍향변화범위	보정계수
전 시료채취 기간 중 주 풍향이 90° 이상 변할 때	1.5
전 시료채취 기간 중 주 풍향이 45~90° 변할 때	1.2
전 시료채취 기간 중 풍향이 변동이 없을 때(45° 미만)	1.0

② 풍속에 대한 보정

풍속범위	보정계수
풍속이 0.5m/sec 미만 또는 10m/sec 이상되는 시간이 전 채취시간의 50% 미만일 때	1.0
풍속이 0.5m/sec 미만 또는 10m/sec 이상되는 시간이 전 채취시간의 50% 이상일 때	1.2

KEYWORD 45 환경기준

항목	기준	항목	기준
아황산가스(SO_2)	연간 평균치 0.02ppm 이하	일산화탄소(CO)	8시간 평균치 9ppm 이하
	24시간 평균치 0.05ppm 이하		1시간 평균치 25ppm 이하
	1시간 평균치 0.15ppm 이하	미세먼지(PM-10)	연간 평균치 50$\mu g/m^3$ 이하
이산화질소(NO_2)	연간 평균치 0.03ppm 이하		24시간 평균치 100$\mu g/m^3$ 이하
	24시간 평균치 0.06ppm 이하	오존(O_3)	8시간 평균치 0.06ppm 이하
	1시간 평균치 0.10ppm 이하		1시간 평균치 0.1ppm 이하
초미세먼지(PM-2.5)	연간 평균치 15$\mu g/m^3$ 이하	납(Pb)	연간 평균치 0.5$\mu g/m^3$ 이하
	24시간 평균치 35$\mu g/m^3$ 이하	벤젠	연간 평균치 5$\mu g/m^3$ 이하

※ 미세먼지(PM-10)는 입자의 크기가 10μm 이하인 먼지를 말한다.
  초미세먼지(PM-2.5)는 입자의 크기가 2.5μm 이하인 먼지를 말한다.

KEYWORD 46 지정악취물질의 종류

구분	종류	적용시기
암모니아	암모니아	2005년 2월 10일부터
메틸메르캅탄	황화합물	
황화수소	황화합물	
다이메틸설파이드	황화합물	
다이메틸다이설파이드	황화합물	
트라이메틸아민	트리메틸아민	
아세트알데하이드	알데하이드	
스타이렌	휘발성 유기화합물	
프로피온알데하이드	알데하이드	
뷰틸알데하이드	알데하이드	
발레르알데하이드	알데하이드	
i-발레르알데하이드	알데하이드	

구분	종류	적용시기
톨루엔	휘발성 유기화합물	2008년 1월 1일부터
자일렌	휘발성 유기화합물	
메틸에틸케톤	휘발성 유기화합물	
메틸아이소뷰틸케톤	휘발성 유기화합물	
뷰틸아세테이트	휘발성 유기화합물	
프로피온산	지방산	2010년 1월 1일부터
n-뷰틸산	지방산	
n-발레르산	지방산	
i-발레르산	지방산	
i-뷰틸알코올	휘발성 유기화합물	

KEYWORD 47 실내공기질 기준

1. 실내공기질 유지기준

오염물질 항목 다중이용시설	미세먼지 (PM-10) ($\mu g/m^3$)	초미세먼지 (PM-2.5) ($\mu g/m^3$)	이산화탄소 (ppm)	폼알데하이드 ($\mu g/m^3$)	총부유세균 (CFU/m^3)	일산화탄소 (ppm)
지하역사, 지하도상가, 철도역사의 대합실, 여객자동차터미널의 대합실, 항만시설 중 대합실, 공항시설 중 여객터미널, 장례식장, 영화상영관, 전시시설, 인터넷컴퓨터게임시설제공업의 영업시설, 목욕장의 영업시설	100 이하	50 이하	1,000 이하	100 이하	-	10 이하
도서관, 박물관, 미술관, 대규모점포, 학원		40 이하				
의료기관, 산후조리원, 노인요양시설, 어린이집, 실내 어린이놀이시설	75 이하	35 이하		80 이하	800 이하	
실내주차장	200 이하	-		100 이하	-	25 이하
실내 체육시설, 실내 공연장, 업무시설, 둘 이상의 용도에 사용되는 건축물	200 이하	-	-	-	-	-

2. 실내공기질 권고기준

다중이용시설 \ 오염물질 항목	이산화질소 (ppm)	라돈 (Bq/m³)	총휘발성유기화합물 (μg/m³)	곰팡이 (CFU/m³)
지하역사, 지하도상가, 철도역사의 대합실, 여객자동차터미널의 대합실, 항만시설 중 대합실, 공항시설 중 여객터미널, 도서관·박물관 및 미술관, 대규모점포, 장례식장, 영화상영관, 학원, 전시시설, 인터넷컴퓨터게임시설제공업의 영업시설, 목욕장업의 영업시설	0.1 이하	148 이하	500 이하	–
의료기관, 산후조리원, 노인요양시설, 어린이집, 실내어린이놀이시설	0.05 이하		400 이하	500 이하
실내 주차장	0.30 이하		1,000 이하	–

3. 건축자재의 오염물질 방출 기준

구분 \ 오염물질 종류	폼알데하이드	톨루엔	총휘발성 유기화합물
1. 접착제	0.02 이하	0.08 이하	2.0 이하
2. 페인트	0.02 이하	0.08 이하	2.5 이하
3. 실란트	0.02 이하	0.08 이하	1.5 이하
4. 퍼티	0.02 이하	0.08 이하	20.0 이하
5. 벽지	0.02 이하	0.08 이하	4.0 이하
6. 바닥재	0.02 이하	0.08 이하	4.0 이하
7. 표면가공 목질판상 제품	0.05 이하	0.08 이하	0.4 이하

※ 오염물질의 종류별 측정단위는 mg/m² · h로 하며, 실란트는 mg/m · h로 한다.

최빈출 기출문제

CHAPTER 06
대기 관련 법령

01
KEYWORD 36 굴뚝연속자동측정기기의 이산화황 측정방법

대기오염공정시험기준상 굴뚝배출가스 중 이산화황의 연속자동측정방법을 3가지 쓰시오.

정답
① 용액전도율법
② 적외선흡수법
③ 자외선흡수법
④ 정전위전해법
⑤ 불꽃광도법

02
KEYWORD 38 원자흡수분광광도법의 용어 정의

원자흡수분광광도법에서 사용하는 아래 용어의 정의를 각각 쓰시오.

(1) 공명선
(2) 분무실

정답
(1) 공명선은 원자가 외부로부터 빛을 흡수했다가 다시 먼저 상태로 돌아갈 때 방사하는 스펙트럼선이다.
(2) 분무실은 분무기와 함께 분무된 시료용액의 미립자를 더욱 미세하게 해주는 한편 큰 입자와 분리시키는 작용을 갖는 장치이다.

만점 KEYWORD
(1) 빛을 흡수, 먼저 상태, 방사, 스펙트럼선
(2) 분무된 시료용액, 미세하게, 큰 입자와 분리

03
KEYWORD 44 비산먼지 계산공식

고용량공기시료채취기로 비산먼지를 채취하고자 한다. 다음 조건을 기준으로 채취된 비산먼지의 농도(mg/m^3)를 계산하시오.

- 채취시간: 24시간
- 채취개시 직후의 유량: $1.8m^3/min$
- 채취종료 직전의 유량: $1.2m^3/min$
- 채취 후 여과지의 질량: 3.7825g
- 채취 전 여과지의 질량: 3.3121g

정답
$0.22mg/m^3$

해설

(1) 흡인공기량 계산

$$흡인공기량 = \frac{Q_s + Q_e}{2} \times t$$

Q_s: 채취개시 직후의 유량(m^3/min)
Q_e: 채취종료 직전의 유량(m^3/min)
t: 채취시간(min)

$$흡인공기량 = \frac{(1.8+1.2)m^3/min}{2} \times 24hr \times \frac{60min}{hr} = 2,160m^3$$

(2) 채취된 비산먼지의 농도 계산

$$먼지농도(mg/m^3) = \frac{W_e - W_s}{V}$$

W_e: 채취 후 여과지의 질량(mg)
W_s: 채취 전 여과지의 질량(mg)
V: 총 공기흡입량(m^3)

$$먼지농도 = \frac{(3.7825-3.3121)g \times \frac{10^3 mg}{g}}{2,160m^3} = 0.218mg/m^3$$

04
KEYWORD 44 비산먼지 계산공식

연돌을 거치지 않고 외부로 비산되는 먼지를 측정하려고 한다. 다음 조건을 이용하여 비산먼지의 농도(mg/m^3)를 계산하시오.

- 채취 먼지량이 가장 많은 위치에서의 먼지농도: $65mg/m^3$
- 대조위치에서의 먼지농도: $0.23mg/m^3$
- 전 시료채취 기간 중 주 풍향이 90° 이상 변하고 풍속이 0.5m/sec 미만 또는 10m/sec 이상되는 시간이 전 채취시간의 50% 이상이다.

(1) 계산식
(2) 정답

정답

(1) $C = (C_H - C_B) \times W_D \times W_S$
$= (65 - 0.23) \times 1.5 \times 1.2 = 116.586 mg/m^3$
(2) $116.59 mg/m^3$

해설

비산먼지농도(C) = $(C_H - C_B) \times W_D \times W_S$
$= (65 - 0.23) \times 1.5 \times 1.2 = 116.586 mg/m^3$

C_H: 채취 먼지량이 가장 많은 위치에서의 먼지농도(mg/m^3)
C_B: 대조위치에서의 먼지농도(mg/m^3)
W_D, W_S: 풍향, 풍속 측정 결과로부터 구한 보정계수

풍향에 대한 보정

풍향변화 범위	보정계수
전 시료채취 기간 중 주 풍향이 90° 이상 변할 때	1.5
전 시료채취 기간 중 주 풍향이 45°~90° 변할 때	1.2
전 시료채취 기간 중 풍향이 변동이 없을 때(45° 미만)	1.0

풍속에 대한 보정

풍속범위	보정계수
풍속이 0.5m/s 미만 또는 10m/s 이상되는 시간이 전 채취시간의 50% 미만일 때	1.0
풍속이 0.5m/s 미만 또는 10m/s 이상되는 시간이 전 채취시간의 50% 이상일 때	1.2

05
KEYWORD 45 환경기준

다음 환경기준에 대한 알맞은 수치를 적으시오. (단, 환경정책기본법상 기준을 따른다.)

항목	기준
이산화질소 (NO_2)	연간 평균치: (①)ppm 이하
	24시간 평균치: (②)ppm 이하
	1시간 평균치: (③)ppm 이하
오존 (O_3)	8시간 평균치: (④)ppm 이하
	1시간 평균치: (⑤)ppm 이하
일산화탄소 (CO)	8시간 평균치: (⑥)ppm 이하
	1시간 평균치: (⑦)ppm 이하

정답

① 0.03, ② 0.06, ③ 0.10, ④ 0.06, ⑤ 0.1, ⑥ 9, ⑦ 25

06
KEYWORD 47 실내공기질 기준

다음은 다중이용시설 중 실내주차장의 실내공기질 권고기준이다. 빈칸에 알맞은 기준을 쓰시오.

항목	기준
NO_2	(①)ppm 이하
라돈	(②)Bq/m^3 이하
총휘발성유기화합물	(③)$\mu g/m^3$ 이하

정답

① 0.30, ② 148, ③ 1,000

최신 15개년 기출문제

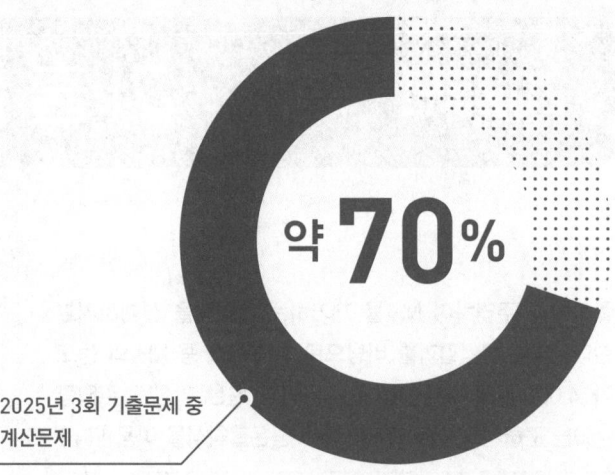

2025년 3회 기출문제 중
계산문제

15개년 출제경향 분석

대기환경기사 실기시험에는 계산문제가 약 70% 이상 출제됩니다. 15개년 동안 출제된 계산문제를 분석해 보면 문제의 조건이나 수치가 조금씩 변형되어 출제되는 경우가 많았습니다. 결국 계산문제를 공부할 때에는 단순히 답만 외우는 것이 아니라 풀이과정을 정확하게 이해하면서 공부해야 합니다.

2025년 3회 대기환경기사 실기시험의 경우 전체 문제의 30%는 기존 기출문제와 동일한 문제, 35%는 기존 기출 문제를 응용한 문제, 35%는 신출 문제가 출제되었습니다. 따라서 대기환경기사 실기시험에 단기간에 합격하기 위해서는 기출문제와 해설을 충분히 이해하고 변형된 문제에 적용할 수 있도록 학습하는 것을 추천 드립니다.

빈출문항 표기

에듀윌 대기환경기사 실기 교재에는 모든 기출문제의 빈출도를 분석하여 별표로 표기했습니다.

★ ★ ★	빈출문제로 반드시 맞혀야 하는 문제
★ ★ ☆	내용을 이해하고, 해설까지 꼼꼼히 공부해야 하는 문제
★ ☆ ☆	간단하게 답만 확인하는 정도로 공부할 문제

2025년 3회 기출문제

01 ★☆☆

활성탄을 주입하여 NH_3를 제거하는 흡착탑을 설계하려고 한다. 다음 실험결과를 바탕으로 배출가스 중 NH_3의 농도가 4,000mg/L에서 40mg/L가 되기 위한 활성탄 주입량(kg)을 구하시오. (단, Freundlich 등온흡착식을 이용한다.)

활성탄 주입량	유입농도	유출농도
10kg	4,000mg/L	1,200mg/L
25kg	4,000mg/L	200mg/L

정답

45.10kg

해설

$$\frac{X}{M} = KC^{\frac{1}{n}}$$

X : 흡착된 용질의 양
M : 흡착제(활성탄)의 양
C : 용질의 평형농도
K, n : 상수

(1) 상수 K, n 구하기

$$\frac{4,000-1,200}{10} = K \times 1,200^{\frac{1}{n}} \rightarrow 280 = K \times 1,200^{\frac{1}{n}}$$

$$\frac{4,000-200}{25} = K \times 200^{\frac{1}{n}} \rightarrow 152 = K \times 200^{\frac{1}{n}}$$

$$\frac{280}{152} = \frac{K \times 1,200^{\frac{1}{n}}}{K \times 200^{\frac{1}{n}}} = 6^{\frac{1}{n}}$$

$n = 2.9329$, $K = 24.9622$

(2) NH_3의 농도가 40mg/L가 되기 위한 활성탄 주입량(kg) 구하기

$$\frac{4,000-40}{M} = 24.9622 \times 40^{\frac{1}{2.9329}}$$

$M = 45.0998$kg

02 ★☆☆

인도페놀법을 이용하여 배출가스 중 암모니아를 분석한 결과가 다음과 같을 때 암모니아의 농도(ppm)를 구하시오.

- 건조가스 시료 채취량: $0.02m^3$
- 분석용 시료용액의 부피: 250mL
- 분석용 시료용액 중 정량에 사용한 부피: 10mL
- 시료용액의 암모니아 부피: $1.75\mu L$
- 바탕시료의 암모니아 부피: $0.21\mu L$
- 시료 채취 지점에서의 온도: 17℃
- 시료 채취 지점에서의 압력: 850mmHg

정답

1.83ppm

해설

$$C = \frac{(a-b) \times 25}{V_s}$$

C : 암모니아 농도(ppm 또는 $\mu mol/mol$)
a : 분석용 시료용액의 암모니아 부피(μL)
b : 현장바탕 시료용액의 암모니아 부피(μL)
V_s : 표준상태 건조가스 시료채취량(L)
25 : 분석용 시료용액의 전체 부피(250mL)/분석용 시료용액 중 정량에 사용한 부피(10mL)

$$V_s = 0.02m^3 \times \frac{1,000L}{m^3} \times \frac{273K}{(273+17)K} \times \frac{850mmHg}{760mmHg} = 21.0572L$$

$$C = \frac{(1.75-0.21) \times 25}{21.0572} = 1.8284ppm$$

03 ★★☆

유해가스와 물이 일정한 온도에서 평형상태에 있다. 기상의 유해가스 분압이 40mmHg일 때 수중 유해가스의 농도가 2.5kmol/m³인 경우 헨리상수(atm·m³/kmol)을 구하시오.

정답

0.02atm·m³/kmol

해설

헨리법칙을 이용한다.

$P = HC$

P: 분압(atm), H: 헨리상수(atm·m³/kmol),
C: 유해가스의 농도(kmol/m³)

$P = 40\text{mmHg} \times \dfrac{1\text{atm}}{760\text{mmHg}} = 0.0526\text{atm}$

$H = \dfrac{P}{C} = \dfrac{0.0526\text{atm}}{2.5\text{kmol/m}^3} = 0.0210\text{atm·m}^3/\text{kmol}$

04 ★★☆

프로판과 부탄을 용적비 3:1로 혼합한 가스 1Sm³가 이론적으로 완전연소할 때 발생하는 CO_2의 양(Sm³)을 계산하시오. (단, 표준상태이다.)

정답

3.25Sm³

해설

프로판(C_3H_8)과 부탄(C_4H_{10})의 용적비가 3:1이므로 혼합가스 1Sm³ 중 프로판은 0.75Sm³, 부탄은 0.25Sm³이다.
프로판(C_3H_8) 1mol이 연소할 때 이산화탄소(CO_2) 3mol이 생성된다.
$C_3H_8 + 5O_2 \rightarrow 3CO_2 + 4H_2O$
CO_2 발생량 $= 0.75 \times 3 = 2.25\text{Sm}^3$
부탄(C_4H_{10}) 1mol이 연소할 때 이산화탄소(CO_2) 4mol이 생성된다.
$C_4H_{10} + 6.5O_2 \rightarrow 4CO_2 + 5H_2O$
CO_2 발생량 $= 0.25 \times 4 = 1.00\text{Sm}^3$
총 CO_2 발생량 $= 2.25 + 1.00 = 3.25\text{Sm}^3$

05 ★★★

바람의 종류 중 지균풍과 경도풍에 대해 서술하시오.

정답

① 지균풍은 기압경도력과 전향력이 평형을 이루어 마찰력이 없는 고도 1km 이상에서 등압선과 평행하게 부는 바람이다.
② 경도풍은 기압경도력과 원심력, 전향력이 평형을 이루면서 부는 바람으로 고기압과 저기압의 중심부에서 발생한다.

만점 KEYWORD

① 기압경도력과 전향력, 평형, 등압선과 평행
② 기압경도력, 원심력, 전향력, 평형, 중심부

06 ★★★

굴뚝의 배출가스 온도가 300℃에서 100℃로 변하는 경우 통풍력은 처음에 비해 몇 %로 감소되는지 계산하시오. (단, 대기온도는 27℃, 공기와 배출가스의 비중량은 1.3kgf/m³이다.)

정답

41.08%

해설

$Z(\text{mmH}_2\text{O}) = 273 \times H \times \left[\dfrac{\gamma_a}{273+t_a} - \dfrac{\gamma_g}{273+t_g}\right]$

H: 굴뚝의 높이(m)
γ_a: 공기의 비중량(kgf/m³), γ_g: 배기가스의 비중량(kgf/m³)
t_a: 공기의 온도(℃), t_g: 배기가스의 온도(℃)

• 300℃에서 통풍력

$Z_1 = 273 \times H \times \left[\dfrac{1.3}{273+27} - \dfrac{1.3}{273+300}\right]$

• 100℃에서 통풍력

$Z_2 = 273 \times H \times \left[\dfrac{1.3}{273+27} - \dfrac{1.3}{273+100}\right]$

• 감소율 계산

$\dfrac{Z_2}{Z_1} = \dfrac{273 \times H \times \left[\dfrac{1.3}{273+27} - \dfrac{1.3}{273+100}\right]}{273 \times H \times \left[\dfrac{1.3}{273+27} - \dfrac{1.3}{273+300}\right]} \times 100\%$

$= 41.0777\%$

07 ★★☆

다음 대기오염모델의 특징을 2가지씩 쓰시오.

(1) 분산모델
(2) 수용모델

정답

(1) **분산모델의 특징**
① 지형 및 오염원의 조업조건에 영향을 받는다.
② 오염물의 단기간 분석 시 문제가 된다.
③ 먼지의 영향평가는 기상의 불확실성과 오염원이 미확인인 경우에 문제점을 가진다.
④ 미래예측이 가능하다.

(2) **수용모델의 특징**
① 새로운 오염원, 불확실한 오염원과 불법배출 오염원을 정량적으로 확인평가할 수 있다.
② 측정자료를 입력자료로 사용하므로 시나리오 작성이 곤란하다.
③ 오염원의 조업 및 운영 상태에 대한 정보 없이도 사용 가능하다.

만점 KEYWORD

(1) ① 조업조건, 영향
    ② 단기간 분석, 문제
    ③ 기상의 불확실성, 오염원이 미확인, 문제점
    ④ 미래예측, 가능
(2) ① 오염원, 정량적, 확인평가
    ② 시나리오 작성, 곤란
    ③ 오염원의 조업, 정보 없이도 사용 가능

08 ★★★

조성이 다음과 같은 중유를 완전연소시켰을 때 이론습연소가스량(Sm^3/kg)을 계산하시오.

C	H	O	S
85%	10%	3%	2%

정답

$10.77 Sm^3/kg$

해설

이론산소량 $= 1.867C + 5.6H + 0.7S - 0.7O$
$= (1.867 \times 0.85) + (5.6 \times 0.10) + (0.7 \times 0.02) - (0.7 \times 0.03)$
$= 2.1400 Sm^3/kg$

이론공기량 $= \dfrac{이론산소량}{0.21} = \dfrac{2.1400}{0.21} = 10.1905 Sm^3/kg$

이론공기 중 질소량 $=$ 이론공기량 $\times 0.79$
$= 10.1905 \times 0.79 = 8.0505 Sm^3/kg$

CO_2 배출량
탄소(C, 원자량 12) 1kmol이 연소하면 이산화탄소(CO_2) 1kmol이 발생한다.
$C + O_2 \rightarrow CO_2$
$12kg : 22.4 Sm^3 = 0.85 kg/kg : x Sm^3/kg$
$x = 1.5867 Sm^3/kg$

H_2O 배출량
수소 분자(H_2, 분자량 2) 2kmol이 연소하면 물(H_2O) 2kmol이 발생한다.
$2H_2 + O_2 \rightarrow 2H_2O$
$2 \times 2kg : 2 \times 22.4 Sm^3 = 0.1 kg/kg : x Sm^3/kg$
$x = 1.12 Sm^3/kg$

SO_2 배출량
황(S, 원자량 32) 1kmol이 연소하면 이산화황(SO_2) 1kmol이 발생한다.
$S + O_2 \rightarrow SO_2$
$32kg : 22.4 Sm^3 = 0.02 kg/kg : x Sm^3/kg$
$x = 0.014 Sm^3/kg$

이론습연소가스량 $=$ 이론공기 중 질소량 $+$ 습연소생성물($CO_2 + H_2O + SO_2$)
$= 8.0505 + 1.5867 + 1.12 + 0.014 = 10.7712 Sm^3/kg$

09 ★★★

벤투리 스크러버에서 목부의 직경이 0.2m, 수압이 20,000mmH₂O, 노즐의 직경이 3.8mm, 액가스비가 0.5L/m³, 목부의 가스유속이 60m/sec일 때, 노즐의 개수를 계산하시오.

정답

6개

해설

$$n \times \left(\frac{d}{D_t}\right)^2 = \frac{V_t \times L}{100\sqrt{P}}$$

n: 노즐개수, d: 노즐의 직경(m)
D_t: 목부(스롯트부)의 직경(m)
V_t: 유속(m/sec), L: 액가스비(L/m³), P: 수압(mmH₂O)

$$n \times \left(\frac{3.8 \times 10^{-3} \text{m}}{0.2 \text{m}}\right)^2 = \frac{60 \text{m/sec} \times 0.5 \text{L/m}^3}{100 \times \sqrt{20,000 \text{mmH}_2\text{O}}}$$

$n = 5.876$

※ 노즐의 개수는 소수로 나올 수 없으므로 답은 6이다.

10 ★☆☆

악취배출사업장에 대한 악취실태조사에 대하여 다음 물음에 답하시오.

(1) 조사 주기
(2) 조사 지점
(3) 지정악취물질(2가지)

정답

(1) 주요 사업장을 대상으로 연 1회 이상 측정
(2) 악취 배출구 또는 부지경계
(3) 암모니아, 메틸메르캅탄, 황화수소, 다이메틸설파이드, 다이메틸다이설파이드, 트라이메틸아민, 아세트알데하이드, 스타이렌, 프로피온알데하이드, 뷰틸알데하이드, n-발레르알데하이드, i-발레르알데하이드, 톨루엔, 자일렌, 메틸에틸케톤, 메틸아이소뷰틸케톤, 뷰틸아세테이트, 프로피온산, n-뷰틸산, n-발레르산, i-발레르산, i-뷰틸알코올

해설

조사주기, 조사지점 및 조사항목 「악취실태조사의 세부 절차 및 방법 등에 관한 고시 별표 2」

1. 조사 주기

(1) 대기질 조사
  ① 반기 1회 이상(민원발생 시기 고려)
  ② 2일 이상 측정, 1일 측정 시 새벽 1회(6~9시), 주간 1회(11~17시), 야간 1회(19~22시) 이상 측정
(2) 악취배출사업장 조사
  주요 사업장을 대상으로 연 1회 이상 측정

2. 조사 지점

(1) 대기질 조사
  ① 악취관리지역 내: 4개 지점 이상
    • 악취관리지역을 4등분(가급적 동·서·남·북 방향)하여 각 구역 별 그 지역의 악취를 대표할 수 있는 지점을 선정
  ② 경계지역: 2개 지점 이상
  ③ 인근 영향(피해)지역: 4개 지점 이상
    • 악취관리지역의 주변지역 4등분(가급적 동·서·남·북 방향)하여 각 구역 별 그 지역의 악취를 대표할 수 있는 지점을 선정
(2) 악취배출사업장 조사
  악취 배출구 또는 부지경계

3. 조사항목

(1) 대기질 조사
  ① 복합악취
  ② 지정악취물질(필요시 전 항목 또는 발생 예상 항목)
  ③ 기상요소 조사(기온, 풍향, 풍속, 기압, 습도, 일사량 등)
  ※ 대기 중 시료채취 시 기온, 풍향, 풍속, 기압, 습도, 일사량 등 조사
(2) 악취배출사업장 조사
  ① 복합악취(부지경계, 배출구)
  ② 지정악취물질(필요시 전 항목 또는 발생 예상 항목)
  ③ 기상요소 조사(부지경계, 기온, 풍향, 풍속, 기압, 습도, 일사량 등)
  ※ 배출구 시료채취 시 유속, 직경, 높이, 온도 등 조사

11 ★☆☆

실내공기질 관리법규상 대중교통차량의 운송사업자가 1년에 1회 측정해야 하는 오염물질이 무엇인지 쓰시오.

[정답]
① 초미세먼지(PM-2.5)
② 이산화탄소

[해설]
대중교통차량의 실내공기질 측정 「실내공기질 관리법 시행규칙 제7조의3」
대중교통차량의 운송사업자는 다음 각 호의 오염물질을 1년에 1회 측정해야 한다.
1. 초미세먼지(PM-2.5)
2. 이산화탄소

12 ★★☆

가로 5m, 세로 8m인 집진판이 평행하게 설치된 전기집진장치가 있다. 유량이 3m³/sec이고, 먼지의 입구농도 10g/m³, 출구농도 0.3g/m³일 때 먼지의 겉보기 이동속도(cm/sec)를 구하시오.

[정답]
13.15cm/sec

[해설]
Deutsch-Anderson 식을 이용한다.
$\eta = 1 - e^{\left(-\frac{A \times W_e}{Q}\right)}$
η: 효율, A: 단면적(m²),
W_e: 먼지의 겉보기 이동속도(m/sec),
Q: 처리가스량(m³/sec)
$\eta = \frac{C_i - C_o}{C_i} = \frac{10 - 0.3}{10} = 1 - e^{\left[-\frac{2 \times (5 \times 8) \times W_e}{3}\right]}$
$W_e = 0.131496$m/sec = 13.1496cm/sec
※ W_e 값은 공학용계산기의 SOLVE 기능을 이용하여 푸는 것이 편리합니다.

13 ★★☆

리차드슨 수 및 대기 안정도(안정, 불안정, 중립)에 대한 다음 물음에 답하시오.
(1) 리차드슨 수의 공식 및 각 인자
(2) 대기 안정도 (안정, 불안정, 중립)
   ① $R_i < -1$
   ② $-0.01 < R_i < 0.01$
   ③ $R_i > 1$

[정답]
(1) 리차드슨 수의 공식 및 각 인자
$R_i = \frac{g}{T_m} \left(\frac{\Delta T / \Delta Z}{(\Delta U / \Delta Z)^2} \right)$
· g: 해당 지역의 중력가속도(=9.8m/sec²)
· T_m: 상하층의 평균절대온도(K) = $\frac{T_1 + T_2}{2}$
· ΔZ: 고도차(m)
· ΔT: 온도차(K)
· ΔU: 풍속차(m/sec)

(2) 대기 안정도 (안정, 불안정, 중립)
① $R_i < -1$: 불안정
② $-0.01 < R_i < 0.01$: 중립
③ $R_i > 1$: 안정

관련이론 | 리차드슨 수(R_i)에 의한 대기운동 및 안정도

R_i	-1.0 이하	-0.1	-0.01	0	+0.01	+0.1	+1.0 이상
대기운동	자유대류	자유대류 증가		강제대류		강제대류 감소	대류없음
안정도	불안정			중립		안정	

14 ★★☆

어느 염소제조실에서 HCl 25vol%, 공기 75vol%이고 50℃, 743mmHg일 때 HCl이 98% 제거되었다고 한다. 30℃, 738mmHg에서 염소가스를 제거한다고 할 때 다음 물음에 답하시오.

(1) 흡인가스량 100m³ 중 배출되는 처리가스의 부피(m³)
(2) 처리가스 중 HCl과 공기의 부피(%)
(3) 처리가스 중 제거되는 HCl의 양(kg)

[정답]

(1) 71.30m³
(2) HCl 0.66%, 공기 99.34%
(3) 32.99kg

[해설]

(1) 흡인가스량 100m³ 중 배출되는 처리가스의 부피(m³)
  흡인가스량 100m³ 중 HCl 25vol%, 공기 75vol%이므로 HCl의 부피는 25m³, 공기의 부피는 75m³이다.
  30℃, 738mmHg에서 염소가스를 제거한 처리가스의 부피를 구하기 위해서는 온도·압력 보정이 필요하다.
  배출되는 처리가스의 부피
  $= [25m^3 \times (1-0.98) + 75m^3] \times \frac{(273+30)K}{(273+50)K} \times \frac{743mmHg}{738mmHg}$
  $= 71.3049m^3$

(2) 처리가스 중 HCl과 공기의 부피(%)
  • 처리가스 중 HCl의 부피를 구하는 방법
   처리가스 중 HCl의 부피
   $= [25m^3 \times (1-0.98)] \times \frac{(273+30)K}{(273+50)K} \times \frac{743mmHg}{738mmHg} = 0.4722m^3$
   처리가스 중 HCl의 부피(%) $= \frac{0.4722m^3}{71.3049m^3} \times 100\% = 0.6622\%$
   처리가스 중 공기의 부피(%) $= 100 - 0.6622 = 99.3378\%$
  • 처리가스 중 HCl과 공기의 부피비를 이용하는 방법
   온도와 압력이 변하여도 부피비는 변하지 않는다는 점을 이용하여 50℃, 743mmHg라고 가정하였을 때 처리가스의 부피를 계산한다.
   처리가스 중 HCl의 부피 $= 25m^3 \times (1-0.98) = 0.5m^3$
   처리가스 중 공기의 부피 $= 75m^3$
   HCl의 부피분율 $= \frac{0.5m^3}{0.5m^3 + 75m^3} \times 100\% = 0.6623\%$
   공기의 부피분율 $= \frac{75m^3}{0.5m^3 + 75m^3} \times 100\% = 99.3377\%$

(3) 처리가스 중 제거되는 HCl의 양(kg)
  50℃, 743mmHg인 흡인가스를 표준상태(0℃, 760mmHg)로 보정한 후 HCl의 부피를 질량으로 변환한다.
  $(25m^3 \times 0.98) \times \frac{273K}{(273+50)K} \times \frac{743mmHg}{760mmHg} \times \frac{36.5kg}{22.4Sm^3}$
  $= 32.9873kg$

15 ★★☆

A 공정에서 NO_2 150ppm이 포함된 처리가스 1,500Sm³/hr가 배출되고 있다. 이를 CH_4로 환원처리한 후 $FeSO_4$로 흡수처리하고자 할 때 필요한 $FeSO_4$의 양(kg/hr)을 화학반응식을 이용하여 계산하시오. (단, $FeSO_4$의 분자량은 151.8이며, 정답은 소수점 셋째자리까지 나타내시오.)

[정답]

1.525kg/hr

[해설]

(1) 환원처리 한 NO의 양 계산
  $4NO_2 + CH_4 \rightarrow 4NO + CO_2 + 2H_2O$
  화학반응식에서 NO_2와 NO의 반응비는 1:1이므로 반응한 NO_2의 양과 생성된 NO의 양이 같다.

(2) 필요한 $FeSO_4$의 양 계산
  NO 1kmol(22.4Sm³)은 $FeSO_4$ 1kmol(151.8kg)과 반응한다.
  $NO + FeSO_4 \rightarrow FeNOSO_4$
  $\frac{150mL}{Sm^3} \times \frac{1,500Sm^3}{hr} \times \frac{Sm^3}{10^6 mL} \times \frac{151.8kg}{22.4Sm^3} = 1.5248kg/hr$

16 ★★★

유효굴뚝높이가 60m인 굴뚝에서 풍속이 6m/sec일 때 500m 떨어진 중심선상의 오염물질의 지표농도가 66μg/m³, y방향 50m 지점에서의 지상농도가 23μg/m³이다. 이 경우 표준편차(σ_y)를 계산하시오. (단, 가우시안방정식을 사용한다.)

정답

34.44m

해설

$$C(x, y, z) = \frac{Q}{2\pi U \sigma_y \sigma_z} \left[\exp\left(-\frac{1}{2}\left(\frac{y}{\sigma_y}\right)^2\right) \right]$$
$$\times \left[\exp\left\{-\frac{1}{2}\left(\frac{z-H_e}{\sigma_z}\right)^2\right\} + \exp\left\{-\frac{1}{2}\left(\frac{z+H_e}{\sigma_z}\right)^2\right\} \right]$$

Q: 오염물질 배출량(μg/sec)
U: 풍속(m/s), H_e: 유효굴뚝높이(m)
y: 풍향에 직각인 수평거리(m)
z: 지면으로부터 오염물질까지의 높이(m)
σ_y, σ_z: 수평, 수직방향 표준편차(m)

(1) 500m 떨어진 중심선상의 오염물질의 지표농도
  y: 중심선상 오염농도를 구하므로 "0"
  z: 지상의 오염농도를 구하므로 "0"
  H_e: 60m

$$66 = \frac{Q}{2\pi \times 6 \times \sigma_y \sigma_z} \left[\exp\left(-\frac{1}{2}\left(\frac{0}{\sigma_y}\right)^2\right) \right]$$
$$\times \left[\exp\left\{-\frac{1}{2}\left(\frac{0-60}{\sigma_z}\right)^2\right\} + \exp\left\{-\frac{1}{2}\left(\frac{0+60}{\sigma_z}\right)^2\right\} \right]$$
$$66 = \frac{Q}{2\pi \times 6 \times \sigma_y \sigma_z} \times 1 \times 2 \left[\exp\left\{-\frac{1}{2}\left(\frac{60}{\sigma_z}\right)^2\right\} \right]$$

(2) y방향 50m 지점의 지상농도
  y: y방향으로 50m이므로 "50"
  z: 지상오염농도를 구하므로 "0"
  H_e: 60m

$$23 = \frac{Q}{2\pi \times 6 \times \sigma_y \sigma_z} \left[\exp\left(-\frac{1}{2}\left(\frac{50}{\sigma_y}\right)^2\right) \right]$$
$$\times \left[\exp\left\{-\frac{1}{2}\left(\frac{0-60}{\sigma_z}\right)^2\right\} + \exp\left\{-\frac{1}{2}\left(\frac{0+60}{\sigma_z}\right)^2\right\} \right]$$
$$23 = \frac{Q}{2\pi \times 6 \times \sigma_y \sigma_z} \left[\exp\left(-\frac{1}{2}\left(\frac{50}{\sigma_y}\right)^2\right) \right] \times 2 \left[\exp\left(-\frac{1}{2}\left(\frac{60}{\sigma_z}\right)^2\right) \right]$$

(3) (1)번 식을 (2)번 식에 대입하여 σ_y 계산

$$23 = 66 \times \left[\exp\left\{-\frac{1}{2}\left(\frac{50}{\sigma_y}\right)^2\right\} \right]$$

$\sigma_y = 34.435$m

※ σ_y 값은 공학용계산기의 SOLVE 기능을 이용하여 푸는 것이 편리합니다.

17 ★☆☆

직경 1μm, 진비중 4.0g/cm³인 구형 입자 분진을 한 변의 길이가 1cm인 정육면체 분진으로 만들었을 때 겉보기비중(g/cm³)을 구하시오.

정답

2.09g/cm³

해설

입자 1개의 부피 $= V = \frac{\pi}{6} d_p^3 = \frac{\pi}{6} \times \left(1\mu m \times \frac{1cm}{10^4 \mu m}\right)^3$
$= 5.2360 \times 10^{-13} cm^3$

입자 1개의 질량 $= V \times \rho = (5.2360 \times 10^{-13}) cm^3 \times \frac{4.0g}{cm^3}$
$= 2.0944 \times 10^{-12} g$

한 변의 길이가 1cm인 정육면체에 들어있는 직경 1μm인 구형 입자의 수 $= 10^4 \times 10^4 \times 10^4 = 10^{12}$개이므로

겉보기비중 $= \frac{\text{입자의 총 질량}}{\text{정육면체의 부피}} = \frac{(2.0944 \times 10^{-12})g \times 10^{12}}{1cm^3}$
$= 2.0944 g/cm^3$

18 ★★☆

여과집진장치를 이용하여 배출가스 중 먼지를 처리하려고 한다. 배출가스의 유입농도는 10g/m³, 유출농도는 1mg/m³, 공기여재비는 0.1m/sec이고, 이 여과집진장치가 24시간 동안 22회 탈진한다고 할 때 먼지부하량(mg/cm²)을 구하시오.

정답

392.69mg/cm²

해설

먼지부하량 $=$ 제거된 먼지양(농도) $\times$ 공기여재비(여과속도) $\times$ 탈진주기

$= \frac{(10,000-1)mg}{m^3} \times \frac{0.1m}{sec} \times \frac{24hr}{22} \times \frac{3,600sec}{hr} \times \frac{1m^2}{10^4 cm^2}$

$= 392.688 mg/cm^2$

19

다음은 광화학 사이클에 대한 내용이다. ㉠~㉢에 알맞은 말을 쓰시오.

> 오전 시간 중 자동차 등에서 발생한 NO_2가 자외선에 의해 NO와 (㉠)로 분해되며, O_2와 (㉡)가 반응하여 O_3이 생성된다. 이때 NO는 생성된 O_3와 반응하여 NO_2로 (㉢)하여 대기 중 O_3의 농도가 유지된다.

정답

㉠ O
㉡ O
㉢ 산화

관련이론 | 질소산화물의 광화학적 반응

- 오존+질소산화물+VOCs와 자외선이 반응(광화학적 반응)하여 2차 오염물질이 생성된다.
- NO 광산화율이란 탄화수소에 의하여 NO가 NO_2로 산화되는 비율이다.
- 휘발성유기화합물이 존재하지 않는 경우 → 오존은 증가하지 않고 일정함
  - 대기 중에서 NO → NO_2로 산화
  - NO_2는 햇빛에 의해 O와 NO로 광분해
  - 분해된 산소원자(O)+대기 중의 산소분자 → 오존 생성
  - 이 오존은 다시 NO를 NO_2로 산화시키고 산소원자와 산소분자로 분해
- 휘발성유기화합물이 존재할 경우 → 대기 중의 오존농도는 증가
  - 산소원자+휘발성유기화합물 → 과산화기(RO_2) 생성
  - 과산화기에 의해 NO → NO_2로 산화시키는 반응이 추가
  - NO → NO_2로 산화시키는 오존의 소모는 감소되어 대기 중의 오존농도는 증가

20

중력집진장치를 이용하여 직경 50μm, 밀도 1,500kg/m³, 가스의 점도는 3.0×10^{-5}kg/m·sec, 유량 70,000L/min인 분진을 처리하려고 한다. 중력집진장치 침강실의 폭은 3m, 높이는 4m, 길이는 5m일 때 (1) 입자의 침강속도(cm/sec)와 (2) 중력집진장치의 효율(%)을 구하시오. (단, 층류라고 가정한다.)

(1) 입자의 침강속도(cm/sec)
(2) 집진효율(%)

정답

(1) 6.80cm/sec
(2) 87.42%

해설

(1) 입자의 침강속도(cm/sec)

$$V_g = \frac{d_p^2(\rho_p - \rho)g}{18\mu}$$

V_g: 침강속도(m/sec), d_p: 입자의 직경(m),
ρ_p: 입자의 밀도(kg/m³), ρ: 공기의 밀도(1.3kg/m³),
g: 중력가속도(9.8m/sec²)
μ: 점성계수(kg/m·sec)

$$V_g = \frac{(50 \times 10^{-6} \text{m})^2 \times (1,500-1.3)\text{kg/m}^3 \times 9.8\text{m/sec}^2}{18 \times (3.0 \times 10^{-5})\text{kg/m·sec}} \times \frac{100\text{cm}}{1\text{m}}$$

$= 6.7997$cm/sec

(2) 집진효율(%)

$$\eta = \frac{V_g \times L}{V \times H} \times 100\%$$

η: 집진효율(%)
V_g: 침강속도(m/sec), V: 유속(m/sec),
L: 침강실의 길이(m), H: 침강실의 높이(m)

$$V = \frac{Q}{A} = \frac{Q}{W \times H} = \frac{\frac{70,000\text{L}}{\text{min}} \times \frac{1\text{m}^3}{1,000\text{L}} \times \frac{\text{min}}{60\text{sec}}}{3\text{m} \times 4\text{m}} \times \frac{100\text{cm}}{1\text{m}}$$

$= 9.7222$cm/sec

$$\eta = \frac{6.7997 \times 5}{9.7222 \times 4} \times 100 = 87.4249\%$$

2025년 | 2회 기출문제

01 ★☆☆

높새바람의 (1) 정의와 (2) 기온 변화에 따른 발생 원리에 대하여 서술하시오.

(1) 정의
(2) 기온 변화에 따른 발생 원리

정답

(1) 수증기를 포함한 공기가 산맥을 넘어가며 단열팽창하며 냉각되어 수분이 응축됨과 함께 비와 구름을 형성하고, 산맥을 넘어 하강하면서 공기단이 압축과정을 거치면서 부는 온도가 높고 건조한 바람을 의미한다.
(2) 높새바람이 불면 기온이 상승하고 대기가 건조해진다.

만점 KEYWORD

(1) 수증기를 포함, 단열팽창, 냉각, 하강, 압축과정, 온도가 높고 건조
(2) 기온이 상승, 대기가 건조

02 ★★☆

오염가스가 2,000m³/hr로 배출되고 있다. 오염가스 중 HF의 농도는 500ppm이며 이를 수산화칼슘 용액으로 침전제거하려고 할 때, 하루 동안 사용한 수산화칼슘의 양(kg/day)을 구하시오. (단, 수산화칼슘의 순도는 0.70, 하루 8시간 운전하며, 표준상태로 가정한다.)

정답

18.88kg/day

해설

HF 2mmol을 침전제거하기 위해서는 수산화칼슘(Ca(OH)$_2$, 분자량 74) 1mmol이 필요하다.

$2HF + Ca(OH)_2 \rightarrow CaF_2 + 2H_2O$

$\dfrac{500\text{mL}}{\text{Sm}^3} \times \dfrac{2,000\text{Sm}^3}{\text{hr}} \times \dfrac{74\text{mg}}{2 \times 22.4\text{mL}} \times \dfrac{100}{70} \times \dfrac{\text{kg}}{10^6\text{mg}} \times \dfrac{8\text{hr}}{\text{day}}$

$= 18.8776 \text{kg/day}$

03 ★★★

어느 충전탑의 H_{OG}가 0.85m이고, 제거율이 90%에서 95%로 변했을 때 충전층의 높이는 몇 배가 되어야 하는지 구하시오.

정답

1.30배

해설

$H = H_{OG} \times N_{OG}$
H : 흡수탑의 충전층 높이(m)
H_{OG} : 기상총괄이동단위높이(m)
N_{OG} : 기상총괄단위수
$N_{OG} = \ln \dfrac{1}{1-\eta}$ (η : 효율)

(1) 제거율이 90%일 때 충전층의 높이

$H_{90} = 0.85 \times \ln \dfrac{1}{1-0.9} = 1.9572\text{m}$

(2) 제거율이 95%일 때 충전층의 높이

$H_{95} = 0.85 \times \ln \dfrac{1}{1-0.95} = 2.5464\text{m}$

(3) 제거율이 90%에서 95%로 변했을 때 충전층의 높이 변화

$\dfrac{H_{95}}{H_{90}} = \dfrac{2.5464\text{m}}{1.9572\text{m}} = 1.3010$

04 ★★☆

입경의 종류 중 (1) Martin 직경과 (2) Feret 직경에 대하여 서술하시오.

(1) Martin 직경
(2) Feret 직경

정답

(1) Martin 직경: 입자상 물질의 그림자를 2개의 등면적으로 나눈 선의 길이를 직경으로 하는 것을 말한다.
(2) Feret 직경: 입자상 물질의 끝과 끝을 연결한 선 중 가장 긴 선을 직경으로 하는 것을 말한다.

만점 KEYWORD

(1) 그림자, 2개의 등면적으로 나눈 선
(2) 끝과 끝을 연결한 선, 가장 긴 선

관련이론 | 입자의 직경

구분	의미
공기역학적 직경	측정하고자 하는 입자와 동일한 침강속도를 가지며, 밀도가 $1g/cm^3$인 구형입자의 직경이다. (밀도는 고려하지 않음)
스토크스 직경	원래의 먼지와 밀도 및 침강속도가 동일한 구형입자의 직경이다.
휘렛직경	입자상 물질의 끝과 끝을 연결한 선 중 가장 긴 선을 직경으로 하는 것이다.
마틴직경	입자상 물질의 그림자를 2개의 등면적으로 나눈 선의 길이를 직경으로 하는 것이다.
투영면적경	먼지의 면적과 동일한 면적을 갖는 원의 직경으로 하는 것이다.

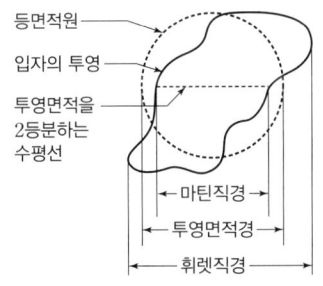

05 ★★☆

공기 중 질소와 산소의 비가 79:21일 때 (1) 질소를 포함하는 상태에서 에탄올의 완전연소반응식과 (2) 실제 공연비를 계산하시오. (단, 이론공연비는 실제 공연비의 90%이며, 질량 기준으로 한다.)

(1) 완전연소반응식
(2) 실제 공연비

정답

(1) $C_2H_5OH + 3O_2 + 11.28N_2 \rightarrow 2CO_2 + 3H_2O + 11.28N_2$
(2) 10.01

해설

(1) 에탄올의 완전연소반응식

$C_2H_5OH + 3O_2 \rightarrow 2CO_2 + 3H_2O$

이론공기 중 질소량 $= 3mol \times \dfrac{79}{21} = 11.2857mol$

질소를 포함하여 에탄올의 완전연소반응식을 완성하면
$C_2H_5OH + 3O_2 + 11.28N_2 \rightarrow 2CO_2 + 3H_2O + 11.28N_2$

(2) 실제 공연비

$AFR_m = \dfrac{M_A \times m_a}{M_F \times m_f}$

AFR_m: 질량기준 이론공연비
M_A: 공기의 분자량(g/mol)
m_a: 연소에 사용하는 공기량(mol)
M_F: 연료의 분자량(g/mol)
m_f: 연소에 사용하는 연료량(mol)

$AFR_m = \dfrac{29g/mol \times \dfrac{3mol}{0.21}}{46g/mol \times 1mol} = 9.0062$

이론공연비 $= 0.9 \times$ 실제 공연비

실제 공연비 $= \dfrac{9.0062}{0.9} = 10.0069$

06 ★★☆

어떤 액체연료의 조성이 다음과 같을 때, 이 연료를 연소시킨 후의 배출가스 분석결과가 (CO_2+SO_2) 13%, O_2 3%, CO 0%이다. 이때 건조배출가스 중 황산화물의 농도(ppm)를 구하시오. (단, 표준상태 기준이며, 연료 중 N은 반응하지 않고 배출가스로 배출된다.)

성분	C	H	S	O	N
%	82	13	2	2	1

정답
1,194.65ppm

해설
(1) 이론공기량, 과잉공기량 계산

이론산소량 $= 1.867C + 5.6H + 0.7S - 0.7O$
$= (1.867 \times 0.82) + (5.6 \times 0.13) + (0.7 \times 0.02) - (0.7 \times 0.02)$
$= 2.2589 Sm^3/kg$

이론공기량 $= \dfrac{이론산소량}{0.21} = \dfrac{2.2589 Sm^3/kg}{0.21} = 10.7567 Sm^3/kg$

이론공기 중 질소량 $=$ 이론공기량 $\times 0.79$
$= 10.7567 Sm^3/kg \times 0.79 = 8.4978 Sm^3/kg$

공기비 $m = \dfrac{N_2}{N_2 - 3.76(O_2 - 0.5CO)}$
$= \dfrac{84}{84 - 3.76(3 - 0.5 \times 0)} = 1.1551$

$N_2 = 100 - (CO_2 + SO_2) - O_2 - CO = 100 - 13 - 3 = 84\%$

과잉공기량 $=$ 실제공기량 $-$ 이론공기량 $=$ 이론공기량 $\times (m-1)$
$= 10.7567 \times (1.1551 - 1) = 1.6684 Sm^3/kg$

(2) 실제 건조연소가스량 계산

CO_2 배출량
탄소(C, 원자량 12) 1kmol이 연소하면 이산화탄소(CO_2) 1kmol이 발생한다.
$C + O_2 \to CO_2$
$12kg : 22.4Sm^3 = 0.82kg/kg : x Sm^3/kg$
$x = 1.5307 Sm^3/kg$

SO_2 배출량
황(S, 원자량 32) 1kmol이 연소하면 이산화황(SO_2) 1kmol이 발생한다.
$S + O_2 \to SO_2$
$32kg : 22.4Sm^3 = 0.02kg/kg : x Sm^3/kg$
$x = 0.014 Sm^3/kg$

N_2 배출량
질소(N, 원자량 14) 1kmol은 0.5kmol의 질소 기체(N_2)로 전환된다.
$N \to 0.5N_2$
$14kg : 0.5 \times 22.4Sm^3 = 0.01kg/kg : x Sm^3/kg$
$x = 0.008 Sm^3/kg$

실제 건조연소가스량 $=$ 이론공기 중 질소량 $+$ 과잉공기량 $+$ 건연소생성물($CO_2 + SO_2 + N_2$)
$= 8.4978 + 1.6684 + 1.5307 + 0.014 + 0.008 = 11.7189 Sm^3/kg$

(3) 건조배출가스 중 황산화물의 농도 계산

$\dfrac{0.014 Sm^3/kg}{11.7189 Sm^3/kg} \times 10^6 = 1,194.6514 ppm$

07 ★★★

원심력 집진장치에서 가스(1atm, 350K)를 처리하고자 한다. 이때 처리되는 입자의 밀도는 $1.6g/cm^3$, 점도는 $0.0748 kg/m \cdot hr$라고 할 때 절단입경(μm)을 구하시오. (단, 유입속도는 14.07m/sec, 유입구의 폭은 15cm, 유효회전수는 5, 공기의 밀도는 $1.3kg/m^3$이다.)

정답
$6.30\mu m$

해설

$d_{p50}(\mu m) = \left[\dfrac{9 \times \mu \times B}{2 \times (\rho_p - \rho) \times \pi \times N_e \times V} \right]^{0.5} \times 10^6$

μ: 가스의 점도(kg/m · sec)
$\mu = \dfrac{0.0748 kg}{m \cdot hr} \times \dfrac{hr}{3,600 sec} = 2.0778 \times 10^{-5} kg/m \cdot sec$

B: 유입구의 폭(m)
N_e: 유효회전수
V: 입구의 유속(m/sec)
ρ_p: 입자의 밀도(kg/m^3)
$\rho_p = \dfrac{1.6g}{cm^3} \times \dfrac{kg}{10^3 g} \times \dfrac{10^6 cm^3}{m^3} = 1,600 kg/m^3$

ρ: 공기의 밀도(kg/m^3)

$d_{p50} = \left[\dfrac{9 \times (2.0778 \times 10^{-5}) \times 0.15}{2 \times (1,600 - 1.3) \times \pi \times 5 \times 14.07} \right]^{0.5} \times 10^6$
$= 6.3003 \mu m$

08 ★★☆

유효굴뚝높이가 80m인 연돌에서 배출되는 가스량은 300,000m³/hr, SO_2의 농도는 1,000ppm일 때 Sutton 식에 의한 (1) 최대 지표농도(ppm)와 (2) 최대 착지거리(m)를 구하시오. (단, $K_y=K_z=0.07$, 풍속은 6m/sec, 대기안정도 지수는 0.25이다.)

(1) 최대 지표농도(ppm)
(2) 최대 착지거리(m)

정답

(1) 0.51ppm
(2) 3,124.99m

해설

(1) 최대 지표농도(ppm)

$$C_{\max}=\frac{2Q}{\pi e U H_e^2}\times\left(\frac{K_z}{K_y}\right)$$

$C_{\max}$: 최대 지표농도(최대 착지농도)(ppm)
Q: 오염물질 배출량(ppm·m³/sec)
U: 풍속(m/sec), H_e: 유효굴뚝높이(m)
K_z: 수직방향확산계수, K_y: 수평방향확산계수

$$C_{\max}=\frac{2\times\left(1,000\text{ppm}\times\frac{300,000\text{m}^3}{\text{hr}}\times\frac{\text{hr}}{3,600\text{sec}}\right)}{\pi\times e\times\frac{6\text{m}}{\text{sec}}\times(80\text{m})^2}\times\frac{0.07}{0.07}$$

$=0.5082$ppm

(2) 최대 착지거리(m)

$$X_{\max}=\left(\frac{H_e}{K_z}\right)^{\frac{2}{2-n}}$$

$X_{\max}$: 최대 착지거리(m), H_e: 유효굴뚝높이(m)
K_z: 수직방향확산계수, n: 대기안정도 지수

$$X_{\max}=\left(\frac{80}{0.07}\right)^{\frac{2}{2-0.25}}=3,124.9850\text{m}$$

09 ★☆☆

선박의 디젤기관에서 배출되는 대기오염물질 중 대통령령으로 정하는 대기오염물질은 무엇인지 쓰시오.

정답

질소산화물

해설

선박 대기오염물질의 종류「대기환경보전법 시행령 제60조」
법 제76조제1항에서 "대통령령으로 정하는 대기오염물질"이란 질소산화물을 말한다.

10 ★★☆

온도가 20℃일 때, H_2S의 몰분율은 0.05이고, 헨리상수는 0.0483×10^4 atm·m³/kmol이다. 이때 H_2S의 농도(mg/L)를 구하시오. (단, 전압은 1atm이다.)

정답

3.52mg/L

해설

헨리법칙을 이용한다.
$P=HC$
P: 분압(atm), H: 헨리상수(atm·m³/kmol)
C: 유해가스의 농도(kmol/m³)
혼합 기체에서 각 성분의 분압은 전압과 해당 성분의 몰분율을 곱한 것과 같다.

$$0.05\times1\text{atm}=\frac{0.0483\times10^4\text{atm}\cdot\text{m}^3}{\text{kmol}}\times\frac{x\text{kmol}}{\text{m}^3}$$

∴ $x=1.0352\times10^{-4}$ kmol/m³

H_2S의 농도를 문제의 조건을 반영하여 mg/L로 단위를 환산한다.

$$\frac{(1.0352\times10^{-4})\text{kmol}\times\frac{10^3\text{mol}}{\text{kmol}}\times\frac{34\text{g}}{1\text{mol}}\times\frac{10^3\text{mg}}{\text{g}}}{\text{m}^3\times\frac{10^3\text{L}}{\text{m}^3}}$$

$=3.5197$mg/L

11
★★☆

아황산가스의 굴뚝자동연속측정방법을 3가지 서술하시오.

정답

정전위전해법, 용액 전도율법, 적외선 흡수법, 자외선 흡수법, 불꽃 광도법

관련이론 | 아황산가스의 굴뚝자동연속측정방법의 종류와 특성

- 자동측정법-전기화학식(정전위전해법): 정전위전해분석계를 사용하여 시료를 가스투과성격막을 통하여 전해조에 도입시켜 전해액 중에 확산 흡수되는 이산화황을 규정된 산화전위로 정전위전해하여 전해전류를 측정하는 방법이다.
- 자동측정법-용액 전도율법: 시료를 과산화수소에 흡수시켜 용액의 전기전도율(electro conductivity)의 변화를 용액전도율분석계로 측정하는 방법이다.
- 자동측정법-적외선 흡수법: 시료가스를 셀에 취하여 7,300nm 부근에서 적외선가스분석계를 사용하여 이산화황의 광흡수를 측정하는 방법이다.
- 자동측정법-자외선 흡수법: 자외선흡수분석계를 사용하여 280~320nm에서 시료 중 이산화황의 광흡수를 측정하는 방법이다.
- 자동측정법-불꽃 광도법: 불꽃광도검출분석계를 사용하여 시료를 공기 또는 질소로 묽힌 다음 수소불꽃 중에 도입한 때에 394nm 부근에서 관측되는 발광광도를 측정하는 방법이다.

12
★★☆

연소효율이 80%인 공정을 이용하여 농도 $3g/m^3$, 유량 $1,000m^3/hr$인 오염물질을 처리하고자 한다. 세정액량이 $2m^3$이고 세정액의 농도가 $15g/L$일 경우 방류할 때 방류시간 간격(hr)을 계산하시오.

정답

12.5hr

해설

연소과정에서 발생하는 오염물질의 총량=세정액 속의 오염물질 총량일 때 방류한다.

$$\frac{3g}{m^3} \times \frac{1,000m^3}{hr} \times \frac{80}{100} \times xhr = \frac{15g}{L} \times 2m^3 \times \frac{1,000L}{m^3}$$

$x = 12.5hr$

13
★★☆

어떤 대기를 고용량 시료채취기로 채취하였을 때 먼지농도가 $50\mu g/m^3$이었다. 입경의 분포가 다음과 같을 때, 이 대기를 PM-10 측정기로 측정하였을 경우 먼지농도($\mu g/m^3$)를 계산하시오.

입경 (μm)	0 초과 4 이하	4 초과 7 이하	7 초과 10 이하	10 초과 20 이하	20 초과 30 이하	30 초과
질량 (mg)	15	20	45	40	20	10

정답

$26.67\mu g/m^3$

해설

PM-10 측정기는 직경이 $10\mu m$ 이하인 입자의 질량을 측정하며, 먼지의 농도는 고용량 시료채취기로 측정한 먼지농도 중 $10\mu m$ 이하의 입자가 차지하는 중량백분율로 산정한다.

$$50\mu g/m^3 \times \frac{15+20+45}{15+20+45+40+20+10} = 26.6667\mu g/m^3$$

14
★☆☆

유해물질이 국소 배기장치(Local exhaust ventilation)에 의해 흡인될 때 초기 운동에너지를 잃고 비산 속도가 0이 되는 지점이 무엇인지 쓰시오.

정답

무효점(Null point)

해설

무효점(Null point)은 국소 배기장치(Local Exhaust Ventilation, LEV)에서 유해물질이 흡인되어 이동하는 중 초기 운동에너지를 잃어 더 이상 배기구 쪽으로 이동하지 않고 정지(또는 주변으로 확산)하는 지점을 말한다. 이는 배기장치의 흡인력이 더 이상 유해물질을 끌어들이지 못하는 경계점에 해당한다.

15

암모니아 냄새를 제거하기 위하여 흡착제로 활성탄을 사용하였다. NH_3 농도가 70ppm인 배기가스에 활성탄을 25mg/L 주입했을 때 NH_3 농도가 20ppm이 되었고, 활성탄을 65mg/L 주입했을 때 NH_3 농도가 5ppm이 되었다. 이때 NH_3 농도가 9ppm이 되기 위하여 필요한 활성탄의 양(mg/L)을 계산하시오. (단, Freundlich의 등온흡착식을 이용한다.)

정답

45.47mg/L

해설

Freundlich 등온흡착식을 이용한다.

$$\frac{X}{M} = KC^{\frac{1}{n}}$$

X: 흡착된 용질의 양
M: 흡착제(활성탄)의 양
C: 용질의 평형농도
K, n: 상수

(1) 상수 K, n 구하기

$$\frac{70-20}{25} = K \times 20^{\frac{1}{n}} \rightarrow 2 = K \times 20^{\frac{1}{n}}$$

$$\frac{70-5}{65} = K \times 5^{\frac{1}{n}} \rightarrow 1 = K \times 5^{\frac{1}{n}}$$

$$\frac{2}{1} = \frac{K \times 20^{\frac{1}{n}}}{K \times 5^{\frac{1}{n}}} = 4^{\frac{1}{n}}$$

$n = 2, K = 0.4472$

(2) NH_3의 농도가 9ppm이 되기 위한 활성탄 주입량(mg/L) 구하기

$$\frac{70-9}{M} = 0.4472 \times 9^{\frac{1}{2}}$$

$M = 45.4681$mg/L

16

여과집진장치의 여과 유량이 $4.72 \times 10^6 cm^3/sec$, 여재비가 4cm/sec일 때 여과재의 면적(m^2)을 구하시오.

정답

$118m^2$

해설

$Q = AV$
Q: 유량(cm^3/sec), A: 여과재의 면적(cm^2),
V: 처리가스의 겉보기 여과속도(cm/sec)
※ 처리가스의 겉보기 여과속도를 여재비라고도 한다.

$$A = \frac{Q}{V} = \frac{4.72 \times 10^6 cm^3}{sec} \times \frac{sec}{4m} \times \frac{m^2}{(100cm)^2} = 118m^2$$

17

환경대기 중 가스상 물질의 시료채취방법을 3가지 쓰시오.

정답

직접채취법, 용기채취법, 용매채취법, 고체흡착법, 저온농축법, 채취용 여과지에 의한 방법

관련이론 | 환경대기 중 가스상 물질의 시료채취방법

- 직접채취법: 시료를 측정기에 직접 도입하여 분석하는 방법으로 채취관 – 분석장치 – 흡입펌프로 구성된다.
- 용기채취법: 시료를 일단 일정한 용기에 채취한 다음 분석에 이용하는 방법으로 채취관 – 용기, 또는 채취관 – 유량조절기 – 흡입펌프 – 용기로 구성된다.
- 용매채취법: 측정대상 기체와 선택적으로 흡수 또는 반응하는 용매에 시료가스를 일정 유량으로 통과시켜 채취하는 방법으로 채취관 – 여과재 – 채취부 – 흡입펌프 – 유량계(가스미터)로 구성된다.
- 고체흡착법: 고체분말표면에 기체가 흡착되는 것을 이용하는 방법으로 시료채취장치는 흡착관, 유량계 및 흡입펌프로 구성된다.
- 저온농축법: 탄화수소와 같은 기체성분을 냉각제로 냉각 응축시켜 공기로부터 분리 채취하는 방법으로 주로 GC나 GC/MS 분석기에 이용한다.
- 채취용 여과지에 의한 방법: 여과지를 적당한 시약에 담갔다가 건조시키고 시료를 통과시켜 목적하는 기체성분을 채취하는 방법으로 주로 불소화합물, 암모니아, 트리메틸아민 등의 기체를 채취하는 데 이용한다.

18 ★★☆

한 달 동안 지면의 온도를 측정하였을 때 최고지표온도는 32℃였다. 어느 날 지면의 온도는 21℃, 고도 600m에서의 온도는 18℃였다면, 최대혼합높이(m)를 계산하시오. (단, 건조단열감률은 −0.98℃/100m이다.)

정답

2,291.67m

해설

(1) 환경감률 구하기

$$\frac{\Delta t}{\Delta Z} = \frac{(18-21)℃}{600m} = -0.5℃/100m$$

(2) 최대지표온도가 32℃일 때 최대혼합고도(m) 구하기

최대혼합고도는 환경감률과 건조단열감률이 만나는 지점이다.

$$\frac{\Delta t}{\Delta Z} \times MMD + t(℃) = \gamma_d \times MMD + t_{max}(℃)$$

$$\frac{-0.5℃}{100m} \times MMD + 21℃ = \frac{-0.98℃}{100m} \times MMD + 32℃$$

$$MMD = 2,291.6667m$$

19 ★★☆

황 함량이 2.0wt%인 중유를 시간당 900kg을 완전연소하였을 때 SO_2 배출량(Sm^3/hr)을 계산하시오.

정답

12.6Sm^3/hr

해설

황(S, 원자량 32) 1kmol이 연소하면 이산화황(SO_2, 분자량 64) 1kmol이 발생한다.

$S + O_2 \rightarrow SO_2$

$$\frac{900kg}{hr} \times \frac{2kg\ S}{100kg} \times \frac{64kg\ SO_2}{32kg\ S} \times \frac{22.4Sm^3}{64kg\ SO_2} = 12.6Sm^3/hr$$

20 ★☆☆

겉보기밀도가 0.03, 공극률이 98.4%일 때 (1) 공극률, 진밀도, 겉보기밀도 사이의 관계식과 (2) 재비산 여부를 서술하시오.

(1) 관계식
(2) 재비산 여부

정답

(1) 공극률(%) = $\left(1 - \frac{겉보기밀도}{진밀도}\right) \times 100\%$

(2) 재비산이 쉽다.

해설

공극률(%) = $\left(1 - \frac{겉보기밀도}{진밀도}\right) \times 100\%$

$98.4 = \left(1 - \frac{0.03}{진밀도}\right) \times 100$

진밀도 = 1.875

진밀도가 겉보기밀도보다 크므로 재비산이 쉽다.

2025년 1회 기출문제

01 ★★★

석탄의 조성이 다음과 같을 때, 완전연소 후 생성된 배출가스 분석치 중 O_2가 3%이다. 이때 건조가스 중 SO_2의 농도 (ppm)를 계산하시오. (단, 연료 중 질소는 반응하지 않는다.)

C	H	O	N	S	회분
72.8%	5.8%	14.9%	1.3%	0.5%	4.7%

정답

407.67ppm

해설

이론산소량 $= 1.867C + 5.6H + 0.7S - 0.7O$
$= (1.867 \times 0.728) + (5.6 \times 0.058) + (0.7 \times 0.005) - (0.7 \times 0.149)$
$= 1.5832 Sm^3/kg$

이론공기량 $= \dfrac{이론산소량}{0.21} = \dfrac{1.5832}{0.21} = 7.5390 Sm^3/kg$

이론공기 중 질소량 $=$ 이론공기량 $\times 0.79$
$= 7.5390 \times 0.79 = 5.9558 Sm^3/kg$

공기비$(m) = \dfrac{21}{21-O_2} = \dfrac{21}{21-3} = 1.1667$

과잉공기량 $= (m-1) \times$ 이론공기량
$= (1.1667 - 1) \times 7.5390 = 1.2568 Sm^3/kg$

CO_2 배출량
탄소(C, 원자량 12) 1kmol이 연소하면 이산화탄소(CO_2) 1kmol이 발생한다.
$C + O_2 \rightarrow CO_2$
$12kg : 22.4Sm^3 = 0.728 kg/kg : x Sm^3/kg$
$x = 1.3589 Sm^3/kg$

SO_2 배출량
황(S, 원자량 32) 1kmol이 연소하면 이산화황(SO_2) 1kmol이 발생한다.
$S + O_2 \rightarrow SO_2$
$32kg : 22.4Sm^3 = 0.005 kg/kg : x Sm^3/kg$
$x = 0.0035 Sm^3/kg$

N_2 발생량
질소(N, 원자량 14) 1kmol이 연소하면 질소 분자(N_2) 0.5kmol이 발생한다.
$N \rightarrow 0.5N_2$
$14kg : 0.5 \times 22.4Sm^3 = 0.013 kg/kg : x Sm^3/kg$
$x = 0.0104 Sm^3/kg$

실제건조연소가스량
$=$ 이론공기 중 질소량 $+$ 과잉공기량 $+$ 건조연소생성물($CO_2 + SO_2 + N_2$)
$= 5.9558 + 1.2568 + 1.3589 + 0.0035 + 0.0104$
$= 8.5854 Sm^3/kg$

$SO_2(ppm) = \dfrac{0.0035}{8.5854} \times 10^6 = 407.6688 ppm$

02 ★★★

반경 100mm, 유효높이 12m인 원통형 Bag Filter로 유량이 $22m^3/sec$인 함진가스를 처리하고자 한다. 겉보기 여과속도가 1.2cm/sec일 때 필요한 Bag Filter의 개수를 구하시오.

정답

244개

해설

Bag Filter의 수$(n) = \dfrac{Q_T}{\pi DL \times V_f}$

Q_T: 처리유량(m^3/sec), V_f: 여과속도(m/sec),
D: 직경(m), L: 길이(m)

$n = \dfrac{22m^3/sec}{\pi \times 0.2m \times 12m \times \dfrac{1.2cm}{sec} \times \dfrac{m}{100cm}} = 243.1534$

※ n은 Bag Filter의 소요개수로 소수가 나올 수 없으므로 답은 244개이다.

03 ★☆☆

A 물질의 배출가스농도는 200℃, 1atm에서 400mg/m³이다. 배출허용기준이 60mg/Sm³라면 배출허용기준을 만족하는 최소 집진효율(%)을 계산하시오. (단, 표준산소농도는 4%, 실측산소농도는 11%, $C_s = C_a \times (21-O_s)/(21-O_a)$이다.)

정답

94.91%

해설

(1) 배출가스농도를 표준상태로 환산

$$\frac{400\text{mg}}{\text{m}^3 \times \frac{273\text{K}}{(273+200)\text{K}}} = 693.0403\text{mg/Sm}^3$$

(2) 산소농도 보정

$$C_s = C_a \times \frac{21-O_s}{21-O_a}$$

C_s: 오염물질농도
O_s: 표준 산소농도(%), O_a: 실측산소농도(%)
C_a: 실측오염물질농도

$$C_s = 693.0403 \times \frac{21-4}{21-11} = 1,178.1685\text{mg/Sm}^3$$

(3) 최소 집진효율(%) 계산

$$\frac{1,178.1685-60}{1,178.1685} \times 100 = 94.9073\%$$

04 ★★☆

실내공기질 관리법규상 건축자재의 오염물질 방출기준을 작성하시오.

구분	폼 알데하이드	톨루엔	총휘발성 유기화합물
접착제	(①) mg/m²·h 이하	(②) mg/m²·h 이하	(③) mg/m²·h 이하
벽지 및 바닥재	(④) mg/m²·h 이하	(⑤) mg/m²·h 이하	(⑥) mg/m²·h 이하

정답

① 0.02, ② 0.08, ③ 2.0, ④ 0.02, ⑤ 0.08, ⑥ 4.0

해설

건축자재의 오염물질 방출 기준 「실내공기질 관리법 시행규칙 별표 5」

구분 \ 오염물질 종류	폼알데하이드	톨루엔	총휘발성 유기화합물
1. 접착제	0.02 이하	0.08 이하	2.0 이하
2. 페인트	0.02 이하	0.08 이하	2.5 이하
3. 실란트	0.02 이하	0.08 이하	1.5 이하
4. 퍼티	0.02 이하	0.08 이하	20.0 이하
5. 벽지	0.02 이하	0.08 이하	4.0 이하
6. 바닥재	0.02 이하	0.08 이하	4.0 이하
7. 표면가공 목질판상 제품	0.05 이하	0.08 이하	0.4 이하

※ 오염물질의 종류별 측정단위는 mg/m²·h로 한다. 다만, 실란트의 측정단위는 mg/m·h로 한다.

05 ★★☆

유량은 10m³/sec, 먼지농도는 155g/m³, 밀도는 800kg/m³, 제거효율은 85%인 중력침강실에서 침전된 먼지의 부피가 0.55m³이다. 이 경우 청소시간 간격(min)을 계산하시오.

정답

5.57min

해설

(1) 제거해야 할 먼지량(kg/sec) 계산

$$\frac{155g}{m^3} \times \frac{10m^3}{sec} \times \frac{85}{100} \times \frac{kg}{1,000g} = 1.3175 kg/sec$$

(2) 청소시간 간격(min) 계산

$$청소시간 \ 간격 = \frac{먼지밀도 \times 침전된 \ 먼지의 \ 부피}{제거해야 \ 할 \ 먼지량}$$

$$= \frac{\frac{800kg}{m^3} \times 0.55m^3}{\frac{1.3175kg}{sec} \times \frac{60sec}{min}} = 5.5661 min$$

06 ★★★

옥테인(C_8H_{18})의 부피기준 이론공연비(AFR)를 계산하시오.

정답

59.52

해설

옥테인(C_8H_{18})의 완전연소반응식은 다음과 같다.

$C_8H_{18} + 12.5O_2 \rightarrow 8CO_2 + 9H_2O$

$$부피기준 \ 이론공연비 = \frac{공기의 \ 부피}{연료의 \ 부피} = \frac{공기의 \ mol}{연료의 \ mol}$$

연료 1mol당 필요한 공기량 = $\frac{12.5mol}{0.21} = 59.5238 mol$

$AFR = \frac{59.5238}{1} = 59.5238$

07 ★☆☆

다음 금속화합물의 원자흡수분광광도법 측정파장(nm)을 작성하시오.

(1) Cd
(2) Cr
(3) Cu
(4) Ni

정답

(1) 228.8, (2) 357.9, (3) 324.7, (4) 232.0

관련이론 | 원자흡수분광광도법의 측정파장, 정량범위, 방법검출한계

금속	측정파장 (nm)	정량범위 (mg/Sm³)	방법검출한계 (mg/Sm³)
Cd	228.8	0.010 이상	0.003
Pb	217.0/283.3	0.050 이상	0.016
Cr	357.9	0.100 이상	0.031
Cu	324.7	0.100 이상	0.031
Ni	232.0	0.010 이상	0.003
Zn	213.9	0.100 이상	0.031
Be	234.9	0.040 이상	0.013

08 ★☆☆

고체연료 연소장치 중 하나인 미분탄 연소장치의 장점을 4가지 쓰시오.

정답
① 연소제어가 용이하고 점화 및 소화 시 손실이 적다.
② 사용연료의 범위가 넓다.
③ 연료의 접촉표면이 크므로 스토커식 연소에 비해 작은 공기비로도 완전연소가 가능하다.
④ 부하변동에 대한 응답성이 좋은 편이므로 대용량의 연소에 적합하다.

만점 KEYWORD
① 연소제어, 용이, 손실, 적다.
② 사용연료, 범위, 넓다.
③ 접촉표면이 크므로, 작은 공기비, 완전연소, 가능
④ 부하변동, 응답성이 좋은, 대용량의 연소

09 ★★☆

흡수탑에서 배출가스 중 아황산가스를 깨끗한 물로 흡수하고자 한다. 배출가스의 유량은 100m³/min, 온도는 200℃이고 유입지점의 아황산가스의 농도는 1,000ppm이다. 액기비(L/G ratio)를 8L/m³, 아황산가스의 처리효율을 80%로 했을 때, 처리수 중 SO_2의 농도(ppm)를 계산하시오.

정답
164.90ppm

해설
(1) 제거되는 아황산가스의 양

$$\frac{100m^3}{min} \times \frac{1,000}{10^6} \times \frac{80}{100} \times \frac{273K}{(273+200)K} \times \frac{64kg}{22.4m^3} \times \frac{10^6 mg}{kg}$$
$$= 131,923.8901 mg/min$$

(2) 처리수의 양
$$\frac{100m^3}{min} \times \frac{8L}{m^3} = 800 L/min$$

(3) 처리수 중 아황산가스 농도(ppm)
$$\frac{131,923.8901 mg/min}{800 L/min} = 164.9049 mg/L = 164.90 ppm$$

10 ★☆☆

검사기관에 오염도검사를 의뢰하지 아니하고 현장에서 배출허용기준 초과 여부를 판정할 수 있는 대기오염물질의 종류 4가지를 쓰시오. (단, 굴뚝 자동측정기기로 측정하고 있는 항목은 제외한다.)

정답
① 매연
② 일산화탄소
③ 황산화물
④ 질소산화물
⑤ 탄화수소

관련이론 | 현장에서 배출허용기준 초과 여부를 판정할 수 있는 대기오염물질 「대기환경보전법 시행규칙 제133조」
검사기관에 오염도검사를 의뢰하지 아니하고 현장에서 배출허용기준 초과 여부를 판정할 수 있는 대기오염물질의 종류는 다음과 같다.
1. 매연
2. 일산화탄소
3. 굴뚝 자동측정기기로 측정하고 있는 대기오염물질
4. 황산화물
5. 질소산화물
6. 탄화수소

11 ★★★

열섬효과에 영향을 주는 대표적인 인자를 3가지 쓰시오.

정답
① 도시지역에서 발생하는 인공열의 증가
② 도시지역 표면의 열적 성질의 차이
③ 지표면에서의 증발잠열의 차이
④ 건물 등에 의한 거칠기 변화

만점 KEYWORD
① 도시지역, 인공열
② 표면, 열적 성질
③ 지표면, 증발잠열
④ 건물, 거칠기

12 ★☆☆

아래 주어진 식과 조건을 이용하여 유효굴뚝높이(m)를 계산하시오.

- U : 6m/sec
- $\Delta\theta/\Delta Z$: 0.5℃/100m
- 유속: 12m/sec
- 굴뚝의 높이: 100m
- 굴뚝 내경: 3m
- 외기온도: 20℃
- 가스 온도: 120℃
- (연기의 상승높이) $= \dfrac{173 \times F^{\frac{1}{3}}}{U \times \exp(0.64 \times \Delta\theta/\Delta Z)}$

정답

228.95m

해설

$$F = g \times V_s \times \left(\dfrac{D}{2}\right)^2 \times \dfrac{(T_s - T_a)}{T_a}$$

F : 부력계수(m^4/sec^3)
g : 중력가속도(9.8m/sec^2)
V_s : 유속(m/sec)
D : 굴뚝 내경(m)
T_s : 굴뚝 배기가스의 온도(K)
T_a : 외기 온도(K)

$$F = 9.8 \times 12 \times \left(\dfrac{3}{2}\right)^2 \times \dfrac{(393-293)}{293} = 90.3072 \text{m}^4/\text{sec}^3$$

$$\Delta H = \dfrac{173 \times 90.3072^{\frac{1}{3}}}{6 \times \exp\left(0.64 \times \dfrac{0.5}{100}\right)} = 128.9474\text{m}$$

유효굴뚝높이 = 실제 굴뚝높이 + 연기의 상승높이
= 100m + 128.9474m = 228.9474m

13 ★★☆

단면 모양이 정방형인 굴뚝을 4개의 등면적으로 구분하여 각 측정점에서의 유속과 분진농도를 측정한 결과가 다음과 같을 때, 전체 평균 분진농도(g/m^3)를 계산하시오.

측정점	A	B
유속	4.8m/sec	5.0m/sec
분진농도	0.48g/m^3	0.5g/m^3
측정점	C	D
유속	5.2m/sec	4.5m/sec
분진농도	0.52g/m^3	0.55g/m^3

정답

0.51g/m^3

해설

정방형의 굴뚝을 4개의 등면적으로 구분하였으므로 굴뚝 전체의 면적이 Am^{2}일 때 한 측정점에서의 면적은 $0.25A$m^{2}이다.

(1) 굴뚝에서 배출되는 분진의 양(g/sec)

분진의 양(g/sec) = Σ(분진농도 × 유속 × 굴뚝면적)
= (0.48g/m^3 × 4.8m/sec × 0.25Am^2)
+ (0.5g/m^3 × 5.0m/sec × 0.25Am^2)
+ (0.52g/m^3 × 5.2m/sec × 0.25Am^2)
+ (0.55g/m^3 × 4.5m/sec × 0.25Am^2)
= 2.4958Ag/sec

(2) 전체 유량(m^3/sec)

전체 유량(m^3/sec) = Σ(유속 × 굴뚝면적)
= (4.8m/sec × 0.25Am^2) + (5.0m/sec × 0.25Am^2)
+ (5.2m/sec × 0.25Am^2) + (4.5m/sec × 0.25Am^2)
= 4.875Am^3/sec

(3) 전체 평균 분진농도(g/m^3)

$$\dfrac{2.4958A\text{g/sec}}{4.875A\text{m}^3/\text{sec}} = 0.5120\text{g/m}^3$$

14 ★★★

반경 100mm인 원형 관 속을 흐르는 밀도 1.3kg/Sm³, 유속 7.5m/sec, 점성도가 1.5cpoise인 유체에 대하여 (1) 레이놀즈 수를 계산하고, (2) 다음 중 어디에 해당하는지 고르시오.

(1) 레이놀즈 수
(2) 층류 / 전이영역 / 난류

정답
(1) 1,300
(2) 층류

해설
$$Re = \frac{D\rho V}{\mu}$$
D: 직경(m), ρ: 밀도(kg/Sm³),
V: 유속(m/sec), μ: 점성도(kg/m·sec)
$$Re = \frac{0.2\text{m} \times 1.3\text{kg/Sm}^3 \times 7.5\text{m/sec}}{\frac{1.5 \times 10^{-2}\text{g}}{\text{cm} \times \text{sec}} \times \frac{\text{kg}}{10^3\text{g}} \times \frac{100\text{cm}}{\text{m}}} = 1,300$$
레이놀즈 수가 2,100보다 작으므로 층류에 해당한다.

관련이론 | 레이놀즈 수에 따른 층류와 난류의 구분
- $Re > 4,000$: 난류
- $2,100 < Re < 4,000$: 전이영역
- $Re < 2,100$: 층류

15 ★☆☆

유입 농도가 15g/Sm³인 가스를 집진효율이 97%인 여과지를 이용하여 처리하고자 한다. 여과지가 찢어져 전체 가스량의 20%가 통과했을 때 출구 농도(g/Sm³)를 계산하시오.

정답
3.36g/Sm³

해설
전체 가스량의 20%는 유입 농도 그대로, 80%는 집진효율이 97%이므로 3%만큼 통과한다.
$(15 \times 0.2) + [15 \times 0.8 \times (1-0.97)] = 3.36\text{g/Sm}^3$

16 ★★★

전기집진장치의 집진효율을 증가시키는 방법을 6가지 쓰시오.

정답
① 집진장치 내의 전류밀도를 안정적으로 유지한다.
② 처리가스의 유속을 낮춘다.
③ 역전리 현상을 방지한다.
④ 재비산 현상을 방지한다.
⑤ 집진면적을 증가시킨다.
⑥ 집진극의 길이를 길게 한다.
⑦ 강한 전계강도를 유지한다.
⑧ 집진극에 오염물질이 없도록 한다.
⑨ 분진의 전기비저항값을 적절하게 유지한다.

만점 KEYWORD
① 전류밀도, 유지   ② 유속, 낮춘다
③ 역전리 현상, 방지   ④ 재비산 현상, 방지
⑤ 집진면적, 증가   ⑥ 집진극의 길이, 길게
⑦ 전계강도, 유지   ⑧ 오염물질, 없도록
⑨ 전기비저항값, 유지

17 ★★☆

직경 25cm, 후드 개구면에서 포착점까지의 거리 20cm, 제어속도 1m/sec인 원형 후드의 흡인풍량(m³/sec)을 계산하시오.

정답
0.45m³/sec

해설
$Q = (10X^2 + A) \times V$
Q: 흡인풍량(m³/sec)
X: 후드 개구면에서 포착점까지의 거리(m)
A: 후드의 개구면적(m²)
V: 제어속도(m/sec)
$Q = \left(10 \times 0.2^2 + \frac{\pi}{4} \times 0.25^2\right) \times 1 = 0.4491\text{m}^3/\text{sec}$

18 ★★☆

배출가스량 50,000Sm³/hr, 농도 500ppm인 염소가스를 수산화칼슘을 이용하여 제거하려고 할 때 일어나는 (1) 반응식(단, 차아염소산칼슘을 생성한다.)을 쓰고, (2) 필요한 수산화칼슘의 양(kg/hr)을 계산하시오.

(1) 반응식
(2) 필요한 수산화칼슘의 양(kg/hr)

정답

(1) $2Cl_2 + 2Ca(OH)_2 \rightarrow CaCl_2 + Ca(OCl)_2 + 2H_2O$
(2) 82.59kg/hr

해설

(1) 차아염소산칼슘 생성 반응식
$2Cl_2 + 2Ca(OH)_2 \rightarrow CaCl_2 + Ca(OCl)_2 + 2H_2O$

(2) 필요한 수산화칼슘의 양
염소가스(Cl_2)의 분자량은 71, 수산화칼슘($Ca(OH)_2$)의 화학식량은 74이다.
유입되는 염소가스의 양
$= \dfrac{50,000Sm^3}{hr} \times \dfrac{500mL}{Sm^3} \times \dfrac{71mg}{22.4mL} \times \dfrac{kg}{10^6 mg}$
$= 79.2411 kg/hr$

(1)의 화학반응식을 이용하여 유입되는 염소가스의 양에 대한 수산화칼슘의 양을 계산한다.
$2Cl_2 : 2Ca(OH)_2 = 71kg : 74kg = 79.2411kg/hr : x kg/hr$
$x = 82.5893 kg/hr$

19 ★☆☆

흡착제를 이용하여 오염물질을 처리하고자 한다. 흡착제 선택 시 고려해야 할 사항을 5가지 쓰시오. (단, 비용에 대한 사항은 제외한다.)

정답

① 가스의 온도를 적절히 고려해야 한다.
② 질량당 표면적이 커야 한다.
③ 압력손실이 작아야 한다.
④ 흡착률이 우수해야 한다.
⑤ 흡착된 물질의 회수가 용이해야 한다.
⑥ 흡착제의 재생이 쉬워야 한다.
⑦ 흡착제의 강도가 커야 한다.

만점 KEYWORD

① 온도, 고려
② 표면적, 커야
③ 압력손실, 작아야
④ 흡착률, 우수
⑤ 물질, 회수, 용이
⑥ 재생, 쉬워야
⑦ 강도, 커야

20 ★★☆

어느 밀폐된 방의 용적이 100m³일 때, 황이 0.1% 들어있는 등유 200g을 연소하였다. 20℃, 1atm일 때 방 안의 SO_2의 농도(ppm)를 계산하시오.

정답

1.50ppm

해설

(1) 20℃, 1atm에서 SO_2 발생량(mL)
황(S, 원자량 32) 1mol이 연소하면 이산화황(SO_2) 1mol이 생성된다.
$S + O_2 \rightarrow SO_2$

SO_2 발생량 $= 200g \times \dfrac{0.1}{100} \times \dfrac{22.4L}{32g} \times \dfrac{(273+20)K}{273K} \times \dfrac{1,000mL}{1L}$
$= 150.2564 mL$

(2) 방 안의 SO_2의 농도(ppm)
$\dfrac{150.2564mL}{100m^3} = 1.5026 ppm$

2024년 3회 기출문제

01 ★★★

가우시안 모델의 대기오염 확산방정식을 적용하는 경우에 지면에 있는 오염원으로부터 바람부는 방향으로 300m 떨어진 연기의 중심축상 지상오염농도(mg/m³)를 계산하시오. (단, 오염물질의 배출량은 4.4g/sec, 풍속은 5m/sec, σ_y, σ_z는 각각 22.5m, 12m이다.)

정답
1.04mg/m³

해설

$$C(x, y, z) = \frac{Q}{2\pi U \sigma_y \sigma_z} \left[\exp\left\{-\frac{1}{2}\left(\frac{y}{\sigma_y}\right)^2\right\} \right]$$
$$\times \left[\exp\left\{-\frac{1}{2}\left(\frac{z-H_e}{\sigma_z}\right)^2\right\} + \exp\left\{-\frac{1}{2}\left(\frac{z+H_e}{\sigma_z}\right)^2\right\} \right]$$

Q : 오염물질 배출량(mg/sec)

$Q = \frac{4.4g}{sec} \times \frac{1,000mg}{g} = 4,400mg/sec$

U : 풍속(m/sec)

H_e : 유효굴뚝높이(m)
지면에 있는 오염원이므로 "0"

y : 풍향에 직각인 수평거리(m)
중심축상 오염농도를 구하므로 "0"

z : 지면으로부터 오염물질까지의 높이(m)
지상오염농도를 구하므로 "0"

σ_y : 수평확산계수, σ_z : 수직확산계수

$C(x, 0, 0) = \frac{4,400}{2\pi \times 5 \times 22.5 \times 12}[\exp\{0\}] \times [\exp\{0\} + \exp\{0\}]$
$= 1.0375mg/m^3$

02 ★★☆

직경이 2m이고 배출되는 가스의 유량은 1000m³/min인 굴뚝이 있다. 용량이 35L/min의 흡입펌프를 이용하여 굴뚝 시료를 채취하려고 할 때 흡입관 노즐의 직경(mm)을 구하시오. (단, 등속흡입 조건이다.)

정답
11.83mm

해설

$Q = AV \rightarrow V = \frac{Q}{A}$

배출가스의 유속=흡입되는 가스의 유속

$$\frac{\frac{1,000m^3}{min}}{\frac{\pi}{4} \times (2m)^2} = \frac{\frac{35L}{min} \times \frac{m^3}{1,000L}}{\frac{\pi}{4} \times (xm)^2}$$

$x = 0.0118322m = 11.8322mm$

03 ★★☆

N_2 75%, O_2 15%, CO_2 10%의 질량비로 조성된 기체 혼합물의 평균분자량(g/mol)을 계산하시오.

정답
29.63g/mol

해설

전체 질량을 100g이라고 하면 N_2 75g, O_2 15g, CO_2 10g이다.

$$\frac{100g}{75g \times \frac{mol}{28g} + 15g \times \frac{mol}{32g} + 10g \times \frac{mol}{44g}} = 29.6332g/mol$$

04 ★☆☆

CH_4의 완전연소반응식을 완성하고 수증기의 분압(mmHg)을 계산하시오. (단, 과잉공기는 10%이고 처리가스의 전체 압력은 1기압이다.)

(1) 반응식 계수를 쓰시오.
$$CH_4 + a(O_2 + bN_2) \rightarrow cCO_2 + dH_2O + eO_2 + fN_2$$

(2) 수증기 분압(mmHg)

정답

(1) a: 2.2, b: 3.76, c: 1, d: 2, e: 0.2, f: 8.28
(2) 132.45mmHg

해설

(1) 반응식 계수 구하기

CH_4 1kmol이 연소하면 산소(O_2) 2kmol이 필요하고, 이산화탄소(CO_2) 1kmol, 물(H_2O) 2kmol이 생성된다.

$CH_4 + 2O_2 \rightarrow CO_2 + 2H_2O$

이론산소량 = 2mol

이론공기량 = $\frac{이론산소량}{0.21} = \frac{2}{0.21} = 9.5238$ mol

이론공기 중 질소량 = 이론공기량 × 0.79 = 9.5238 × 0.79
= 7.5238mol

과잉공기량 = 이론공기량 × 과잉공기비율 = 9.5238 × 0.1
= 0.9524mol

과잉공기 중 산소량 = 과잉공기량 × 0.21
= 0.9524 × 0.21 = 0.2mol

과잉공기 중 질소량 = 과잉공기량 × 0.79
= 0.9524 × 0.79 = 0.7524mol

반응물의 산소량 = 이론산소량 + 과잉공기 중 산소량
= 2 + 0.2 = 2.2mol

생성물의 산소량 = 과잉공기 중 산소량 = 0.2mol

N_2 = 7.5238 + 0.7524 = 8.2762mol

생성물의 CO_2 = 1mol

생성물의 H_2O = 2mol

$CH_4 + 2.2O_2 + 8.2762N_2 \rightarrow CO_2 + 2H_2O + 0.2O_2 + 8.2762N_2$

$CH_4 + 2.2(O_2 + 3.7619N_2) \rightarrow CO_2 + 2H_2O + 0.2O_2 + 8.2762N_2$

(2) 수증기 분압(mmHg) 구하기

처리가스 전체의 몰 수 = 1 + 2 + 0.2 + 8.2762 = 11.4762mol

수증기 분압 = $\frac{2mol}{11.4762mol} \times 760$ mmHg = 132.4480mmHg

05 ★☆☆

장방형 덕트의 장변이 0.25m, 단변이 0.15m일 때 이 덕트의 15m당 압력손실(mmH₂O)을 계산하시오. (단, 마찰계수 f는 0.004, 속도압은 14mmH₂O이다.)

정답

4.48mmH₂O

해설

(1) 상당직경(D_o) 계산

$D_o = \frac{2ab}{a+b}$ (a: 가로길이, b: 세로길이)

$D_o = \frac{2 \times 0.25 \times 0.15}{0.25 + 0.15} = 0.1875$m

(2) 압력손실 계산

장방형 덕트의 압력손실 식을 이용한다.

$\Delta P = f \times \frac{L}{D} \times \frac{\gamma \times V^2}{2g} = f \times \frac{L}{D} \times P_v$

ΔP: 압력손실(mmH₂O)
f: 마찰계수
L: 관의 길이(m), D: 관의 직경(m)
g: 중력가속도(m/sec²)
γ: 공기의 밀도(kg/m³), V: 유속(m/sec)
P_v: 속도압(mmH₂O)

$\Delta P = 0.004 \times \frac{15}{0.1875} \times 14 = 4.48$ mmH₂O

06 ★★★

20℃, 1기압에서 공기의 동점성계수는 1.5×10^{-5} m²/sec이다. 관의 지름이 50mm일 때, 그 관을 흐르는 공기의 속도(m/sec)를 계산하시오. (단, $Re = 3 \times 10^4$이다.)

정답

9m/sec

해설

$Re = \frac{D\rho V}{\mu} = \frac{DV}{\nu}$

D: 관의 직경(m), V: 속도(m/sec)
ν: 동점성계수(m²/sec)

$3 \times 10^4 = \frac{0.05 \times V}{1.5 \times 10^{-5}}$

$V = 9$m/sec

07 ★★★

분진농도가 850g/m³인 배출가스를 2개의 집진장치를 직렬로 연결하여 4,500g/hr로 처리하려고 한다. 1차 집진장치의 집진율이 80%이고 유량이 30m³/min일 때, 2차 집진기의 집진율(%)을 계산하시오.

정답

98.53%

해설-1

(1) 1차 집진장치

유입: 850g/m³

유출: 850g/m³ × (1−0.8) = 170g/m³

(2) 2차 집진장치

유입: 170g/m³

유출: $\dfrac{4{,}500g}{hr} \times \dfrac{min}{30m^3} \times \dfrac{hr}{60min} = 2.5g/m^3$

170g/m³ × (1−x) = 2.5g/m³

x = 0.9853 = 98.53%

해설-2

$\eta_T = 1-(1-\eta_1)(1-\eta_2)$

η_T: 총효율, η_1: 1단효율, η_2: 2단효율

$\eta_T = 1-(1-0.8)(1-\eta_2) = 1 - \dfrac{2.5}{850} = 0.9971$

$\eta_2 = 0.98529 = 98.53\%$

08 ★★☆

면적이 1.5m²인 여과집진장치로 먼지농도가 1.5g/m³인 배기가스가 100m³/min으로 통과하고 있다. 먼지가 모두 여과포에서 제거되었으며, 집진된 먼지층의 밀도가 1g/cm³라면 1시간 후 여과된 먼지층의 두께(mm)를 계산하시오.

정답

6mm

해설

제거된 먼지의 양을 부피로 환산한 후 면적으로 나누어 먼지층의 두께를 구한다.

$\dfrac{\dfrac{1.5g}{m^3} \times \dfrac{100m^3}{min} \times 60min \times \dfrac{cm^3}{1g} \times \dfrac{m^3}{10^6 cm^3}}{1.5m^2}$

= 0.006m = 6mm

09 ★★★

C: 87(wt%), H: 10(wt%), S: 3(wt%)인 중유의 $(CO_2)_{max}(\%)$를 계산하시오.

정답

16.34%

해설

이론산소량 = 1.867C + 5.6H + 0.7S − 0.7O
= (1.867 × 0.87) + (5.6 × 0.10) + (0.7 × 0.03) = 2.2053Sm³/kg

이론공기량 = $\dfrac{이론산소량}{0.21} = \dfrac{2.2053}{0.21} = 10.5014Sm^3/kg$

이론공기량 중 질소량 = 이론공기량 × 0.79
= 10.5014 × 0.79 = 8.2961Sm³/kg

CO_2 배출량

탄소(C, 원자량 12) 1kmol이 연소하면 이산화탄소(CO_2) 1kmol이 발생한다.

$C + O_2 \rightarrow CO_2$

12kg : 22.4Sm³ = 0.87kg/kg : x

x = 1.624Sm³/kg

SO_2 배출량

황(S, 원자량 32) 1kmol이 연소하면 이산화황(SO_2) 1kmol이 발생한다.

$S + O_2 \rightarrow SO_2$

32kg : 22.4Sm³ = 0.03kg/kg : x

x = 0.021Sm³/kg

이론건연소가스량 = 이론공기량 중 질소량 + 건연소생성물($CO_2 + SO_2$)
= 8.2961 + 1.624 + 0.021 = 9.9411Sm³/kg

$(CO_2)_{max}(\%) = \dfrac{CO_2 \text{ 배출량}}{\text{이론건연소가스량}} \times 100 = \dfrac{1.624}{9.9411} \times 100$

= 16.3362%

10 ★☆☆

악취방지법에서 정한 지정악취물질 중 휘발성유기화합물 5가지를 쓰시오.

정답
톨루엔, 자일렌, 스타이렌, 메틸에틸케톤, 메틸아이소뷰틸케톤, 뷰틸아세테이트, i-뷰틸알코올

관련이론 | 지정악취물질「악취방지법 시행규칙 별표1」

구분	종류	적용시기
암모니아	암모니아	
메틸메르캅탄	황화합물	
황화수소	황화합물	
다이메틸설파이드	황화합물	
다이메틸다이설파이드	황화합물	
트라이메틸아민	트리메틸아민	2005년 2월 10일부터
아세트알데하이드	알데하이드	
스타이렌	휘발성유기화합물	
프로피온알데하이드	알데하이드	
뷰틸알데하이드	알데하이드	
n-발레르알데하이드	알데하이드	
i-발레르알데하이드	알데하이드	
톨루엔	휘발성유기화합물	
자일렌	휘발성유기화합물	2008년 1월 1일부터
메틸에틸케톤	휘발성유기화합물	
메틸아이소뷰틸케톤	휘발성유기화합물	
뷰틸아세테이트	휘발성유기화합물	
프로피온산	지방산	
n-뷰틸산	지방산	2010년 1월 1일부터
n-발레르산	지방산	
i-발레르산	지방산	
i-뷰틸알코올	휘발성유기화합물	

11 ★★☆

굴뚝의 배출가스량은 $60,000Sm^3/hr$이고, 이 배출가스 중 HF의 농도는 $100mL/Sm^3$이다. 이 배출가스를 효율이 90%인 Spray tower를 이용하여 2시간 동안 물로 세척할 때 (1) 순환수의 pH와 이 폐수를 완전 중화시키기 위해 필요한 (2) NaOH의 양(kg)을 구하시오. (단, HF는 완전히 해리되고, 순환수의 부피는 $10m^3$이다.)

(1) pH
(2) NaOH의 양(kg)

정답
(1) 1.32
(2) 19.29kg

해설

(1) HF의 pH 구하기

HF 농도(mL/Sm^3)를 주어진 조건을 이용하여 몰농도의 단위(mol/L)로 환산한다.

$$\frac{\frac{60,000Sm^3}{hr} \times \frac{100mL}{Sm^3} \times \frac{L}{10^3 mL} \times \frac{1mol}{22.4L} \times 2hr \times 0.9}{10m^3 \times \frac{1,000L}{m^3}}$$

$= 0.0482 mol/L$

HF은 물에서 다음과 같이 해리되므로 위에서 구한 값이 순환수에서의 수소이온 농도이다.

$HF \rightleftarrows H^+ + F^-$

$pH = -\log[H^+] = -\log(0.0482) = 1.3170 ≒ 1.32$

(2) 완전 중화시키기 위해 필요한 NaOH의 양 구하기

$HF + NaOH \rightarrow NaF + H_2O$

불화수소(HF) $1kmol(22.4Sm^3)$을 처리하기 위해서는 NaOH 1kmol이 필요하다.

제거되는 HF의 양

$= \frac{60,000Sm^3}{hr} \times 2hr \times 0.9 \times \frac{100mL}{Sm^3} \times \frac{1L}{10^3 mL} \times \frac{1m^3}{10^3 L}$

$= 10.8 m^3$

$22.4Sm^3 : 40kg = 10.8m^3 : x$

$x = 19.2857 kg$

12 ★☆☆

대기환경보전법상 대기오염물질 배출허용기준을 완성하시오. (단, 2020년 1월 1일 이후 기준 적용)

대기오염물질	배출시설	배출허용기준
암모니아(ppm)	비료 및 질소화합물 제조시설	(①) 이하
이황화탄소(ppm)	모든 배출시설	(②) 이하
포름알데히드(ppm)	모든 배출시설	(③) 이하
페놀화합물(ppm)	모든 배출시설	(④) 이하
구리화합물(Cu로서)(mg/Sm³)	모든 배출시설	(⑤) 이하
비산먼지(mg/Sm³)	시멘트 제조시설	(⑥) 이하

정답

① 12, ② 10, ③ 8, ④ 4, ⑤ 4, ⑥ 0.3

13 ★★★

충전탑을 이용하여 유해가스를 제거하려고 한다. 흡수액이 갖추어야 할 조건을 4가지 쓰시오.

정답

① 용해도가 커야 한다.
② 점성이 작아야 한다.
③ 화학적으로 안정해야 한다.
④ 휘발성이 적어야 한다.
⑤ 부식성이 낮아야 한다.

만점 KEYWORD

① 용해도, 커야
② 점성, 작아야
③ 화학적, 안정
④ 휘발성, 적어야
⑤ 부식성, 낮아야

14 ★★☆

직경이 $45\mu m$인 구형입자가 침강할 때 침강속도(mm/sec)와 항력(N)을 계산하시오. (단, 문제를 풀기 위한 조건은 다음의 표를 기준으로 한다.)

- 점성계수: 1.5×10^{-4} poise
- 입자의 밀도: $1,900 kg/m^3$
- 공기의 밀도: $1.29 kg/m^3$
- 커닝험 보정계수: 1.0

(1) 침강속도(mm/sec)
(2) 항력(N)

정답

(1) $139.56 mm/sec$
(2) $8.88 \times 10^{-10} N$

해설

(1) **침강속도(mm/sec) 구하기**

$$V_g = \frac{d_p^2 \times (\rho_p - \rho)g}{18\mu} \times C_f$$

V_g: 침강속도(m/sec)
d_p: 입자의 직경(m)
$d_p = 45\mu m \times \frac{m}{10^6 \mu m} = 4.5 \times 10^{-5} m$
ρ_p: 입자의 밀도(kg/m^3)
ρ: 공기의 밀도(kg/m^3)
g: 중력가속도($9.8 m/sec^2$)
μ: 점성계수($kg/m \cdot sec$)
$\mu = \frac{1.5 \times 10^{-4} g}{cm \cdot sec} \times \frac{100 cm}{m} \times \frac{kg}{10^3 g} = 1.5 \times 10^{-5} kg/m \cdot sec$
C_f: 커닝험 보정계수

$$V_g = \frac{(4.5 \times 10^{-5})^2 \times (1,900 - 1.29) \times 9.8}{18 \times (1.5 \times 10^{-5})} \times 1 = 0.139555 m/sec$$
$$= 139.56 mm/sec$$

(2) **항력 구하기**

항력(F_d) = $3\pi \times \mu \times d_p \times V_g$

위 공식은 입자의 크기가 매우 작거나 유속이 느린 경우에 적용할 수 있다.

$$F_d = 3\pi \times (1.5 \times 10^{-4} g/cm \cdot sec) \times \frac{100 cm}{m} \times (4.5 \times 10^{-5} m)$$
$$\times 0.13956 m/sec \times \frac{kg}{1,000 g}$$
$$= 8.8784 \times 10^{-10} kg \cdot m/sec^2 = 8.88 \times 10^{-10} N$$

※ $kg \cdot m/sec^2 = N$

15 ★★☆

SO_2를 1,000ppm 함유한 가스(1기압, 25°C)가 유동층 연소로에서 10,000m³/hr로 배출되고 있다. 이를 석회석으로 100% 처리하고자 할 때 소요되는 $CaCO_3$의 양(kg/hr)을 계산하시오. (단, Ca/S비가 4일 경우 SO_2는 100% 처리된다.)

정답
163.59kg/hr

해설
(1) SO_2 1,000ppm을 m³/hr로 단위환산하기
표준상태에서 SO_2 1kmol=22.4m³를 이용하여 소요되는 $CaCO_3$의 양을 구할 수 있기 때문에 273K로 보정한다.

$$\frac{1,000\text{mL}}{\text{m}^3} \times \frac{10,000\text{m}^3}{\text{hr}} \times \frac{273\text{K}}{(273+25)\text{K}} \times \frac{\text{m}^3}{10^6\text{mL}}$$
$$=9.1611\text{Sm}^3/\text{hr}$$

(2) 비례식을 이용하여 탄산칼슘($CaCO_3$)의 양 계산
$CaCO_3$의 분자량 = 40+12+(16×3) = 100
문제의 조건에서 Ca/S의 비가 4일 경우 SO_2가 100% 처리된다고 했으므로 SO_2 1kmol(22.4m³)을 100% 처리하기 위해서는 $CaCO_3$ 4kmol(4×100kg)이 필요하다. 이 관계를 이용하여 비례식을 세우면 다음과 같다.
22.4m³ : 4×100kg = 9.1611m³/hr : x
x = 163.5911kg/hr

16 ★☆☆

직경이 2m인 사이클론에서 외부선회류의 내측반경이 0.5m, 외측반경이 0.7m이다. 이 경우 장치의 중심에서 반경 0.6m인 곳으로 유입된 입자의 속도(m/sec)를 계산하시오. (단, 함진가스량은 1.5m³/sec이다.)

정답
37.15m/sec

해설
$$V = \frac{Q}{R \times W \times \ln\left(\frac{r_2}{r_1}\right)}$$

Q: 유량(m³/sec), R: 중심반경(m)
W: r_2-r_1
r_1: 내측반경(m), r_2: 외측반경(m)

$$V = \frac{1.5}{0.6 \times (0.7-0.5) \times \ln\left(\frac{0.7}{0.5}\right)} = 37.150\text{m/sec}$$

17 ★☆☆

대기오염공정시험기준상 환경대기 중 유해 휘발성유기화합물(VOCs) 시험방법 중의 고체흡착법에서 설명하는 정의를 보고 알맞은 용어를 쓰시오.

(1) VOCs가 포화되기 시작하고 전체 VOCs양의 5%가 흡착관을 통과하게 되는데, 이 시점에서 흡착관 내부로 흘러간 총 부피

(2) 짧은 길이로 흡착제가 충전된 흡착관을 통과하면서 분석물질의 증기띠를 이동시키는데 필요한 운반기체의 부피

정답
(1) 파과부피
(2) 머무름부피

관련이론 | 파과부피와 머무름부피

(1) 파과부피(BV, Breakthrough Volume)
일정 농도의 VOCs가 흡착관에 흡착되는 초기 시점부터 일정 시간이 흐르게 되면 흡착관 내부에 상당량의 VOCs가 포화되기 시작하고 전체 VOCs양의 5%가 흡착관을 통과하게 되는데, 이 시점에서 흡착관 내부로 흘러간 총 부피를 말한다.

(2) 머무름부피(RV, Retention Volume)
짧은 길이로 흡착제가 충전된 흡착관을 통과하면서 분석물질의 증기띠를 이동시키는데 필요한 운반기체의 부피, 즉, 분석물질의 증기띠가 흡착관을 통과하면서 탈착하는데 요구되는 양만큼의 부피를 측정하여 알 수 있다. 보통 그 증기띠가 흡착관을 이동하여 돌파(파과)가 나타난 시점에서 측정된다. 튜브 내의 불감부피(dead volume)를 고려하기 위하여 메탄(methane)의 머무름부피를 차감한다.

18 ★★☆

대기오염물질의 농도를 추정하기 위한 상자모델 이론을 적용하기 위한 가정조건을 4가지 쓰시오.

정답
① 상자 공간에서 오염물의 농도는 균일하다.
② 오염물의 분해는 일차반응에 의한다.
③ 오염배출원은 이 상자가 차지하고 있는 지면 전역에 균등하게 분포되어 있다.
④ 오염원은 방출과 동시에 균등하게 혼합된다.

만점 KEYWORD
① 농도, 균일
② 분해, 일차반응
③ 배출원, 균등, 분포
④ 방출, 동시, 균등, 혼합

19 ★★☆

직경이 12cm, 길이 2m인 원통형 전기집진장치가 있다. 유속이 1m/s이고 먼지입자의 겉보기 이동속도가 10cm/s일 때 장치의 집진효율(%)을 계산하시오.

정답
99.87%

해설
$\eta = 1 - e^{\left(-\frac{A \times W_e}{Q}\right)}$
η: 효율, A: 집진면적(m^2)
$A = 2\pi RL$
R: 반경(m), L: 길이(m)
W_e: 먼지의 겉보기 이동속도(m/s)
$W_e = \frac{10cm}{s} \times \frac{m}{100cm} = 0.1 m/s$
Q: 처리가스 유량(m^3/s)
$Q = \pi R^2 V$
$\eta = 1 - e^{\left(-\frac{A \times W_e}{Q}\right)} = 1 - e^{\left(-\frac{2\pi RL \times W_e}{\pi R^2 V}\right)} = 1 - e^{\left(-\frac{2L \times W_e}{RV}\right)}$
$= 1 - e^{\left(-\frac{2 \times 2 \times 0.1}{0.06 \times 1}\right)} = 0.99873 = 99.87\%$

20 ★★☆

S 함량 4%의 B-C유 100kL를 사용하는 보일러에 S 함량 1.5%인 B-C유를 2 : 3 비율로 섞어서 110kL를 사용하면 SO_2의 배출량은 몇 % 감소하는지 구하시오. (단, 기타 연소조건은 동일하며, S는 연소 시 전량 SO_2로 변환되고, B-C유 비중은 0.95(S 함량과 무관)이다.)

정답
31.25%

해설
황(S, 원자량 32) 1kmol이 연소하면 이산화황(SO_2) 1kmol이 생성된다.
$S + O_2 \rightarrow SO_2$

(1) 전량을 황 함량 4% 사용시 SO_2의 배출량 계산
$\frac{0.95kg}{L} \times 100,000L \times \frac{4}{100} \times \frac{22.4Sm^3}{32kg} = 2,660 Sm^3$

(2) 기존 연료와 황함량 1.5%인 B-C유를 2 : 3 비율로 섞었을 때 SO_2의 배출량 계산
$\left(\frac{0.95kg}{L} \times 110,000L \times \frac{4}{100} \times \frac{22.4Sm^3}{32kg} \times 0.4\right) + \left(\frac{0.95kg}{L} \times 110,000L \times \frac{1.5}{100} \times \frac{22.4Sm^3}{32kg} \times 0.6\right)$
$= 1,828.75 Sm^3$

(3) 저감률 계산
$\frac{(2,660 - 1,828.75)}{2,660} \times 100 = 31.25\%$

2024년 | 2회 기출문제

01 ★★☆

유효굴뚝높이가 200m인 연돌에서 배출되는 가스량은 40,000m³/hr, SO_2의 농도가 1,000ppm일 때 Sutton식에 의한 최대 지표농도와 최대 착지거리를 계산하시오. (단, $K_y=K_z=0.07$, 풍속은 5m/sec, 대기안정도 지수는 0.25, 답은 소수 셋째 자리까지 구한다.)

(1) 최대 지표농도(ppm)
(2) 최대 착지거리(m)

정답

(1) 0.013ppm
(2) 8,905.053m

해설

(1) 최대 지표농도(ppm)

$$C_{\max}=\frac{2Q}{\pi e U H_e^2}\times\left(\frac{K_z}{K_y}\right)$$

$C_{\max}$: 최대 지표농도(ppm)
Q : 오염물질 배출량(ppm · m³/sec)
U : 풍속(m/sec), H_e : 유효굴뚝높이(m)
K_z : 수직방향확산계수, K_y : 수평방향확산계수

$$C_{\max}=\frac{2\times\left(1,000\text{ppm}\times\frac{40,000\text{m}^3}{\text{hr}}\times\frac{\text{hr}}{3,600\text{sec}}\right)}{\pi\times e\times 5\text{m/sec}\times(200\text{m})^2}\times\left(\frac{0.07}{0.07}\right)$$

$=0.0130$ppm

(2) 최대 착지거리(m)

$$X_{\max}=\left(\frac{H_e}{K_z}\right)^{\frac{2}{2-n}}$$

$X_{\max}$: 최대 착지거리(m), H_e : 유효굴뚝높이(m)
K_z : 수직방향확산계수, n : 대기안정도 지수

$$X_{\max}=\left(\frac{200\text{m}}{0.07}\right)^{\frac{2}{2-0.25}}=8,905.0532\text{m}$$

02 ★★☆

처리가스량이 10,000Sm³/hr, 압력손실이 800mmH₂O이고, 1일 16시간 운전하는 집진장치의 연간 동력비는 1,160만 원이다. 처리가스량이 70,000Sm³/hr, 압력손실이 400mmH₂O일 때 이 장치의 연간 동력비(원)를 계산하시오.

정답

4,060만 원

해설

$$kW=\frac{\Delta P\times Q}{102\times\eta}$$

P : 소요동력(kW), Q : 처리가스량(m³/sec)
ΔP : 압력손실(mmH₂O)
η : 효율, α : 여유율(문제에서 주어지지 않으면 1로 간주)
문제에서 처리가스량(Q), 압력손실(ΔP) 외의 조건은 주어지지 않고 연간 동력비의 변화만 계산하도록 요구하였다.
효율(η), 여유율(α)은 고려하지 않고 처리가스량(Q)과 압력손실(ΔP)의 곱과 정비례 관계임을 고려하여 동력비를 산정한다.
$10,000\times 800 : 1,160$만 원$=70,000\times 400 : x$
$x=4,060$만 원

03 ★☆☆

원심력집진장치의 유속이 12m/sec이고 직경은 140cm일 때 분리계수를 구하시오.

정답

20.99

해설

$$S=\frac{V^2}{R\times g}$$

S : 분리계수, V : 유속(m/sec)
R : 반경(m), g : 중력가속도(9.8m/sec²)

$$S=\frac{(12\text{m/sec})^2}{0.7\text{m}\times 9.8\text{m/sec}^2}=20.9913$$

04 ★★☆

다음 표의 조건을 이용하여 집진장치의 총 집진효율(%)을 계산하시오.

입경(μm)	0~5	5~10	10~15	15~20	20~25	25~30
분진 질량 분포(%)	5	25	30	20	15	5
부분 집진 효율(%)	92	94	96	98	99	99

정답

96.3%

해설

$\sum$(중량분포 × 효율)
$= (5 \times 0.92) + (25 \times 0.94) + (30 \times 0.96) + (20 \times 0.98) + (15 \times 0.99) + (5 \times 0.99) = 96.3\%$

05 ★★☆

다음은 굴뚝배출가스 중의 브로민화합물의 분석방법이다. ( ) 안에 알맞은 말을 쓰시오.

> 자외선/가시선분광법은 배출가스 중 브로민화합물을 수산화소듐 용액에 흡수시킨 후 일부를 분취해서 산성으로 하여 (①)을 사용하여 브로민으로 산화시켜 (②)로/으로 추출한다. 흡수파장은 (③)nm이다.

정답

① 과망간산포타슘 용액
② 클로로폼
③ 460

관련이론 | 배출가스 중 브로민화합물 – 자외선/가시선분광법

배출가스 중 브로민화합물을 수산화소듐 용액에 흡수시킨 후 일부를 분취해서 산성으로 하여 과망간산포타슘 용액을 사용하여 브로민으로 산화시켜 클로로폼으로 추출한다.
클로로폼층에 정제수와 황산제이철암모늄 용액 및 싸이오사이안산제이수은 용액을 가하여 발색한 정제수 층의 흡광도를 측정해서 브로민을 정량하는 방법이다. 흡수파장은 460nm이다.

06 ★★★

NO 300ppm, NO_2 60ppm을 함유한 배기가스 10,000Sm^3/hr를 NH_3에 의한 선택적 접촉환원법으로 처리할 경우 NO_x를 제거하기 위한 NH_3의 이론량(kg/hr)을 계산하시오. (단, 산소는 공존하지 않는다.)

정답

2.13kg/hr

해설

(1) NO를 처리할 경우 필요한 NH_3의 양 계산

NO의 발생량을 Sm^3/hr 단위로 환산한다.

$\dfrac{300mL}{Sm^3} \times \dfrac{10,000Sm^3}{hr} \times \dfrac{Sm^3}{10^6 mL} = 3Sm^3/hr$

NO 6kmol을 처리하기 위해서는 NH_3(분자량 17) 4kmol이 필요하다.

$6NO + 4NH_3 \rightarrow 5N_2 + 6H_2O$
$6 \times 22.4Sm^3 : 4 \times 17kg = 3Sm^3/hr : x$
$x = 1.5179kg/hr$

(2) NO_2를 처리할 경우 필요한 NH_3의 양 계산

NO_2의 발생량을 Sm^3/hr 단위로 환산한다.

$\dfrac{60mL}{Sm^3} \times \dfrac{10,000Sm^3}{hr} \times \dfrac{Sm^3}{10^6 mL} = 0.6Sm^3/hr$

NO_2 6kmol을 처리하기 위해서는 NH_3(분자량 17) 8kmol이 필요하다.

$6NO_2 + 8NH_3 \rightarrow 7N_2 + 12H_2O$
$6 \times 22.4Sm^3 : 8 \times 17kg = 0.6Sm^3/hr : x$
$x = 0.6071kg/hr$

(3) NO_x를 제거하기 위한 NH_3의 이론량(kg/hr) 계산

$1.5179 + 0.6071 = 2.125kg/hr$

관련이론 | 선택적 촉매환원기술(SCR)

- 선택적 촉매환원법이라고도 하며 200~400℃에서 촉매(TiO_2, V_2O_5 등)에 NH_3, H_2, CO, H_2S 등의 환원가스를 작용시켜 NO_x를 N_2로 환원시키는 방법이다.
- $6NO_2 + 8NH_3 \rightarrow 7N_2 + 12H_2O$
- $6NO + 4NH_3 \rightarrow 5N_2 + 6H_2O$
- $4NO + 4NH_3 + O_2 \rightarrow 4N_2 + 6H_2O$(산소가 공존하는 상태)
- 촉매: 백금, 산화알루미늄계, 산화철계, 산화타이타늄계 등
- 환원가스: NH_3, CO, H_2S, H_2 등

07 ★★☆

입구농도가 12g/m³이고 배출가스 유량이 300m³/min인 함진가스를 여재비 3(m³/min)/m²으로 처리하고 있다. 집진율은 98%, 압력손실이 220mmH₂O에서 탈진이 이루어질 때 탈진주기(min)를 구하시오. (단, $\Delta P = K_1 V_f + K_2 C \eta V_f^2 t$, $K_1 = 59.8$mmH₂O/(m/min) 이고 $K_2 = 127$mmH₂O/(kg/(m·min))이다.)

정답
3.02min

해설
$\Delta P = K_1 V_f + K_2 C \eta V_f^2 t$
ΔP: 압력손실(mmH₂O)
V_f: 여재비(m/min)
C: 입구 분진 농도(kg/m³)
η: 효율
t: 탈진주기(min)

$220 \text{mmH}_2\text{O} = \dfrac{59.8 \text{mmH}_2\text{O} \cdot \text{min}}{\text{m}} \times \dfrac{3\text{m}^3}{\text{min} \cdot \text{m}^2}$
$+ \dfrac{127 \text{mmH}_2\text{O}(\text{m} \cdot \text{min})}{\text{kg}} \times \dfrac{1\text{kg}}{1,000\text{g}} \times \dfrac{12\text{g}}{\text{m}^3} \times 0.98 \times \left(\dfrac{3\text{m}}{\text{min}}\right)^2 \times t$

$t = 3.0205$min

08 ★★★

표준상태에서 원형 후드를 통해 프로판(C₃H₈) 가스가 22kg/hr로 배출되고 있다. 이때, 배출가스의 유속(cm/sec)을 구하시오. (단, 원형 후드의 단면적은 70cm²이다.)

정답
44.44cm/sec

해설
$Q = AV \rightarrow V = \dfrac{Q}{A}$

$V = \dfrac{\dfrac{22\text{kg}}{\text{hr}} \times \dfrac{22.4\text{Sm}^3}{44\text{kg}} \times \dfrac{10^6\text{cm}^3}{\text{m}^3} \times \dfrac{1\text{hr}}{3,600\text{sec}}}{70\text{cm}^2} = 44.4444$cm/sec

09 ★★★

집진장치 통풍력을 60mmH₂O 유지하기 위한 굴뚝의 높이(m)를 구하시오. (단, 조건은 다음 기준을 따른다.)

- 대기의 온도: 25℃
- 가스의 온도: 330℃
- 대기 및 배출가스의 비중량: 1.3kgf/Sm³

정답
99.60m

해설
압력손실에 해당하는 만큼 굴뚝의 높이를 높여야 한다.

통풍력(mmH₂O) $= 273 \times H \times \left[\dfrac{\gamma_a}{273 + t_a} - \dfrac{\gamma_g}{273 + t_g} \right]$

H: 굴뚝의 높이(m)
t_a: 대기의 온도(℃), t_g: 가스의 온도(℃)
γ_a: 공기의 비중(kgf/Sm³), γ_g: 가스의 비중(kgf/Sm³)

$60 \text{mmH}_2\text{O} = 273 \times H \times \left[\dfrac{1.3}{273 + 25} - \dfrac{1.3}{273 + 330} \right]$

$H = 99.6045$m

10 ★☆☆

물리적 흡착과 비교한 화학적 흡착에 대한 설명으로 올바른 것을 고르시오.

(1) 반응은 (가역적 / 비가역적) 이다.
(2) 흡착제의 재생이 (가능 / 불가능) 하다.
(3) 흡착열이 물리적 흡착보다 (큰 / 작은) 편이다.

정답
(1) 비가역적
(2) 불가능
(3) 큰

관련이론 | 물리적 흡착과 화학적 흡착

구분	물리적 흡착	화학적 흡착
온도범위	낮은 온도	대체로 높은 온도
흡착층	여러 층이 가능	단일 분자층
가역정도	가역성이 높음	가역성이 낮음
흡착열	낮음	높음
흡착제의 재생	가능	불가능

11

다음의 환경정책기본법상 환경기준에 대한 알맞은 기준을 쓰시오.

항목	기준
아황산가스(SO_2)	연간 평균치 (①)ppm 이하
	24시간 평균치 0.05ppm 이하
이산화질소(NO_2)	연간 평균치 0.03ppm 이하
	1시간 평균치 (②)ppm 이하
오존(O_3)	8시간 평균치 (③)ppm 이하
	1시간 평균치 0.1ppm 이하
납(Pb)	연간 평균치 (④)$\mu m/m^3$ 이하
벤젠	연간 평균치 (⑤)$\mu m/m^3$ 이하

정답

① 0.02, ② 0.10, ③ 0.06, ④ 0.5, ⑤ 5

관련이론 | 환경기준 「환경정책기본법 시행령 별표1」

항목	기준
아황산가스 (SO_2)	연간 평균치 0.02ppm 이하
	24시간 평균치 0.05ppm 이하
	1시간 평균치 0.15ppm 이하
일산화탄소 (CO)	8시간 평균치 9ppm 이하
	1시간 평균치 25ppm 이하
이산화질소 (NO_2)	연간 평균치 0.03ppm 이하
	24시간 평균치 0.06ppm 이하
	1시간 평균치 0.10ppm 이하
미세먼지 (PM-10)	연간 평균치 50$\mu g/m^3$ 이하
	24시간 평균치 100$\mu g/m^3$ 이하
초미세먼지 (PM-2.5)	연간 평균치 15$\mu g/m^3$ 이하
	24시간 평균치 35$\mu g/m^3$ 이하
오존(O_3)	8시간 평균치 0.06ppm 이하
	1시간 평균치 0.1ppm 이하
납(Pb)	연간 평균치 0.5$\mu g/m^3$ 이하
벤젠	연간 평균치 5$\mu g/m^3$ 이하

12

보일러에서 저위발열량이 10,000kcal/kg인 중유를 10kg/hr로 연소시키고 있다. 공기 중 필요한 연소공기량은 13.5Sm^3/kg이고 연료와 공기는 20℃에서 80℃로 예열하여 연소하며, 보일러의 효율은 90%이며 연료의 비열은 0.5kcal/kg·℃, 공기의 비열은 0.3kcal/Sm^3·℃이다. 이때 보일러에서 발생되는 열발생률(kcal/m^3·hr)을 구하시오. (단, 보일러 연소실의 부피는 5m^3이고 보일러 연소실의 벽에서 100kcal/hr의 열손실이 발생한다.)

정답

18,526kcal/m^3·hr

해설

중유의 연소로 인해 발생되는 열량

$$= \frac{10,000\text{kcal}}{\text{kg}} \times \frac{10\text{kg}}{\text{hr}} \times 0.9 = 90,000\text{kcal/hr}$$

연료의 현열

$$= \frac{0.5\text{kcal}}{\text{kg}\cdot\text{℃}} \times \frac{10\text{kg}}{\text{hr}} \times (80-20)\text{℃} = 300\text{kcal/hr}$$

공기의 현열

$$= \frac{0.3\text{kcal}}{Sm^3\cdot\text{℃}} \times \frac{13.5Sm^3}{\text{kg}} \times \frac{10\text{kg}}{\text{hr}} \times (80-20)\text{℃} = 2,430\text{kcal/hr}$$

열발생률

$$= \frac{\text{열발생량(연소에 의한 열량+연료의 현열+공기의 현열)}-\text{열손실량}}{\text{연소실의 부피}}$$

$$= \frac{(90,000+300+2,430-100)\text{kcal/hr}}{5m^3} = 18,526\text{kcal}/m^3\cdot\text{hr}$$

13 ★★☆

조성이 다음과 같은 중유 1kg을 연소시키려고 한다. 물음에 답하시오.

> 탄소: 86.6%, 수소: 4%, 황: 1.4%, 산소: 8%

(1) 이론산소량(Sm^3/kg)을 계산하시오.
(2) 이론 습연소가스량(Sm^3/kg)을 계산하시오.

정답

(1) $1.79 Sm^3/kg$
(2) $8.83 Sm^3/kg$

해설

(1) 이론산소량(Sm^3/kg) 계산

이론산소량 $= 1.867C + 5.6H + 0.7S - 0.7O$
$= (1.867 \times 0.866) + (5.6 \times 0.04) + (0.7 \times 0.014) - (0.7 \times 0.08)$
$= 1.7946 Sm^3/kg$

(2) 이론 습연소가스량(Sm^3/kg) 계산

이론공기량 $= \dfrac{\text{이론산소량}}{0.21} = \dfrac{1.7946}{0.21} = 8.5457 Sm^3/kg$

이론공기 중 질소량 = 이론공기량 × 0.79
$= 8.5457 \times 0.79 = 6.7511 Sm^3/kg$

CO_2 배출량
탄소(C, 원자량 12) 1kmol이 연소하면 이산화탄소(CO_2) 1kmol이 발생한다.
$C + O_2 \rightarrow CO_2$
$12kg : 22.4 Sm^3 = 0.866 kg/kg : x$
$x = 1.6165 Sm^3/kg$

H_2O 배출량
수소 기체(H_2, 분자량 2) 2kmol이 연소하면 물(H_2O) 2kmol이 발생한다.
$2H_2 + O_2 \rightarrow 2H_2O$
$2 \times 2kg : 2 \times 22.4 Sm^3 = 0.04 kg/kg : x$
$x = 0.448 Sm^3/kg$

SO_2 배출량
황(S, 원자량 32) 1kmol이 연소하면 이산화황(SO_2) 1kmol이 발생한다.
$S + O_2 \rightarrow SO_2$
$32kg : 22.4 Sm^3 = 0.014 kg/kg : x$
$x = 0.0098 Sm^3/kg$

이론 습연소가스량
= 이론공기 중 질소량 + 습연소생성물($CO_2 + H_2O + SO_2$)
$= 6.7511 + 1.6165 + 0.448 + 0.0098 = 8.825 Sm^3/kg$

14 ★☆☆

습식 석회세정법으로 유량 $10,000 m^3/hr$, 농도 500ppm SO_2 가스를 처리하여 $CaSO_4 \cdot 2H_2O$가 생성된다. 가스의 입구 온도가 150℃이고 배기가스 중 수분함량은 5vol% 이다. 출구온도가 70℃로 배출된다고 할 때 충전탑 내의 액보유량을 일정하게 유지하기 위해 첨가해야 할 수분의 양(kg/hr)을 구하시오. (단, 굴뚝 내 상대습도는 100%이며, 절대습도 70℃에서 $0.3 kg_{-H_2O}/kg_{-drygas}$이고 건조가스의 밀도는 $1.1 kg/m^3$이다.)

정답

2,274.83 kg/hr

해설

(1) 충전탑으로 유입되는 가스 중 수분량(함량 5%) 계산

$\dfrac{10,000 m^3}{hr} \times \dfrac{5}{100} \times \dfrac{273K}{(273+150)K} \times \dfrac{18kg}{22.4 Sm^3}$
$= 259.3085 kg/hr$

(2) $CaSO_4 \cdot 2H_2O$로 배출되는 수분량 계산

SO_2과 H_2O은 1 : 2 반응이므로

$\dfrac{10,000 m^3}{hr} \times \dfrac{500 mL}{m^3} \times \dfrac{273K}{(273+150)K} \times \dfrac{64 mg}{22.4 mL} \times \dfrac{kg}{10^6 mg}$
$\times \dfrac{2 \times 18 kg}{64 kg} = 5.1862 kg/hr$

(3) 충전탑에서 배출되는 가스 중 수분량 계산

① 충전탑에서 배출되는 건조 가스량
= 유입 건조가스량 − 유입 SO_2량
$= 8,473.6407 − 9.2199 = 8,464.4208 kg/hr$

유입 건조가스량 $= \dfrac{10,000 m^3}{hr} \times \dfrac{95}{100} \times \dfrac{(273+70)}{(273+150)K} \times \dfrac{1.1kg}{m^3}$
$= 8,473.6407 kg/hr$

유입 SO_2량 $= \dfrac{10,000 m^3}{hr} \times \dfrac{500 mL}{m^3} \times \dfrac{273K}{(273+150)K}$
$\times \dfrac{64 mg}{22.4 mL} \times \dfrac{kg}{10^6 mg} = 9.2199 kg/hr$

② 충전탑에서 배출되는 가스 중 수분량

$\dfrac{8,464.4208 kg}{hr} \times \dfrac{0.3 kg_{-H_2O}}{kg_{-drygas}} = 2,539.3262 kg/hr$

(4) 보충해야 할 수분량 계산

충전탑에서 배출되는 가스 중 수분량−(충전탑으로 유입되는 가스 중 수분량(함량 5%)+$CaSO_4 \cdot 2H_2O$로 배출되는 수분량)
$= 2,539.3262 − (259.3085 + 5.1862) = 2,274.8315 kg/hr$

15 ★★☆

가솔린($C_8H_{17.5}$)을 연소시킬 경우 질량기준의 공연비와 부피기준의 공연비를 계산하시오.

(1) 질량기준 공연비
(2) 부피기준 공연비

정답
(1) 질량기준 공연비 = 15.04
(2) 부피기준 공연비 = 58.93

해설
공연비는 공기/연료의 비이다.
가솔린($C_8H_{17.5}$) 1mol이 연소할 경우 산소(O_2)는 12.375mol이 필요하다.
$C_8H_{17.5} + 12.375O_2 \rightarrow 8CO_2 + 8.75H_2O$

(1) **질량기준 공연비 계산**
  연료의 질량 = $(12 \times 8) + 17.5 = 113.5g$
  산소의 질량 = 산소의 mol수 × 산소의 분자량
  $= 12.375mol \times 32g/mol = 396g$
  공기의 질량 = $\dfrac{산소의 질량}{0.232} = \dfrac{396g}{0.232} = 1,706.8966g$
  ※ 공기의 부피가 아닌 공기의 질량을 구하기 때문에 0.232로 나누어주어야 한다.
  질량기준 공연비 = $\dfrac{1,706.8966}{113.5} = 15.039$

(2) **부피기준 공연비 계산**
  연료의 부피는 $1Sm^3$로 가정한다.
  산소의 부피: $12.375Sm^3$
  공기의 부피 = $\dfrac{산소의 부피}{0.21} = \dfrac{12.375Sm^3}{0.21} = 58.9286Sm^3$
  부피기준 공연비 = $\dfrac{58.9286Sm^3}{1Sm^3} = 58.929$

16 ★☆☆

전기집진장치 중 건식과 비교한 습식 전기집진장치의 장단점을 각각 2가지씩 서술하시오.

(1) 장점(2가지)
(2) 단점(2가지)

정답
(1) ① 낮은 전기저항으로 인한 재비산을 방지할 수 있다.
    ② 집진극면이 청결하게 유지되며 강전계를 얻을 수 있다.
    ③ 역전리가 잘 발생하지 않고 대응에 용이하다.
    ④ 건식에 비해 집진효율이 높고 장치의 규모가 작다.
(2) ① 건식에 비해 압력손실이 크다.
    ② 폐수 및 슬러지가 발생한다.
    ③ 배기가스가 응축되어 부식이 생길 수 있다.

만점 KEYWORD
(1) ① 낮은, 전기저항, 재비산, 방지
    ② 집진극면, 청결, 유지, 강전계
    ③ 역전리, 발생하지 않음, 대응
    ④ 집진효율, 높음, 규모, 작음
(2) ① 압력손실, 큼
    ② 폐수 및 슬러지, 발생
    ③ 배기가스, 응축, 부식

17 ★★☆

석유 1kg의 조성이 다음과 같다. 이 석탄이 완전연소되었을 때 실제습연소가스량(Sm³/kg)을 계산하시오. (단, 배출가스 중 산소의 농도는 5%이다.)

성분	C	H	O	S	N
%	75	15	5	3	2

정답

14.81Sm³/kg

해설

이론산소량 = $1.867C + 5.6H + 0.7S - 0.7O$
$= (1.867 \times 0.75) + (5.6 \times 0.15) + (0.7 \times 0.03) - (0.7 \times 0.05) = 2.2263$ Sm³/kg

이론공기량 = $\dfrac{\text{이론산소량}}{0.21} = \dfrac{2.2263}{0.21} = 10.6014$ Sm³/kg

이론공기 중 질소량 = 이론공기량 × 0.79
$= 10.6014 \times 0.79 = 8.3751$ Sm³/kg

과잉공기비 = $\dfrac{21}{21 - O_2} = \dfrac{21}{21-5} = 1.3125$

과잉공기량 = $(m-1) \times$ 이론공기량 (m: 공기비)
$(1.3125 - 1) \times 10.6014 = 3.3129$ Sm³/kg

CO_2 배출량
탄소(C, 원자량 12) 1kmol이 연소하면 이산화탄소(CO_2) 1kmol이 생성된다.
$C + O_2 \rightarrow CO_2$
12kg : 22.4Sm³ = 0.75kg/kg : x
$x = 1.4$ Sm³/kg

H_2O 배출량
수소 기체(H_2, 분자량 2) 2kmol이 연소하면 물(H_2O) 2kmol이 생성된다.
$2H_2 + O_2 \rightarrow 2H_2O$
2×2kg : 2×22.4Sm³ = 0.15kg/kg : x
$x = 1.68$ Sm³/kg

SO_2 배출량
황(S, 원자량 32) 1kmol이 연소하면 이산화황(SO_2) 1kmol이 생성된다.
$S + O_2 \rightarrow SO_2$
32kg : 22.4Sm³ = 0.03kg/kg : x
$x = 0.021$ Sm³/kg

N_2 발생량
질소(N, 원자량 14) 1kmol은 질소 기체(N_2) 0.5kmol이 된다.
$N \rightarrow 0.5N_2$
14kg : 0.5×22.4Sm³ = 0.02kg/kg : x
$x = 0.016$ Sm³/kg

실제습연소가스량 = 이론공기 중 질소량 + 과잉공기량 + 습연소생성물 ($CO_2 + H_2O + SO_2 + N_2$)
$= 8.3751 + 3.3129 + 1.4 + 1.68 + 0.021 + 0.016 = 14.805$ Sm³/kg

18 ★☆☆

세정집진장치에서 세정 충돌 수의 (1) 관계식과 (2) 충돌 수가 커지는 경우 6가지를 쓰시오.

(1) 관계식
(2) 충돌 수가 커지는 경우(6가지)

정답

(1) $\phi = \dfrac{d_p^2 \times \rho_p \times V}{18 \times \mu \times D_w}$

ϕ: 충돌 수
d_p: 입자의 직경(m)
ρ_p: 입자의 밀도(kg/m³)
V: 상대유속(m/sec)
μ: 가스점도(kg/m·sec)
D_w: 세정수의 물방울 직경(m)

(2) ① 가스유속이 빠를수록 커진다.
② 먼지입경이 클수록 커진다.
③ 처리가스의 온도가 낮을수록 커진다.
④ 가스의 점도가 낮을수록 커진다.
⑤ 분진의 밀도가 클수록 커진다.
⑥ 물방울 직경이 작을수록 커진다.

만점 KEYWORD

① 가스유속, 빠를수록
② 먼지입경, 클수록
③ 온도, 낮을수록
④ 점도, 낮을수록
⑤ 분진의 밀도, 클수록
⑥ 직경, 작을수록

19 ★☆☆

다음은 대기환경보전법상 저공해자동차 등의 배출허용기준이다. 빈칸을 알맞은 기준을 쓰시오. (단, 2020년 4월 3일 이후이며 3종 배출차량이며 대형 승용·화물, 초대형 승용·화물에 해당한다.)

항목	배출허용기준
일산화탄소	(①)g/kWh 이하
질소산화물	(②)g/kWh 이하
탄화수소(배기관가스)	(③)g/kWh 이하

정답

① 4.0, ② 0.35, ③ 0.10

관련이론 | 저공해자동차 등의 배출허용기준「시행규칙 별표 6의2」

① 저공해자동차 종류는 제3종이며, 차종은 경자동차, 소형 승용·화물, 중형 승용·화물 기준이다.

일산화탄소	질소산화물	탄화수소 (배기관가스)	블로바이가스
0.625g/km 이하	0.019g/km 이하		0g/1주행
증발가스	입자상물질	암모니아	메탄
0.35g/테스트 이하	0.002g/km 이하	—	—

② 저공해자동차 종류는 제3종이며, 차종은 대형 승용·화물, 초대형 승용·화물 기준이다.

일산화탄소	질소산화물	탄화수소 (배기관가스)	블로바이가스
4.0g/kWh 이하	0.35g/kWh 이하	0.10g/kWh 이하	0g/1주행
증발가스	입자상물질	암모니아	메탄
—	0.01g/kWh	10ppm 이하	0.5g/kWh 이하

20 ★☆☆

다음 설명에서 정의하는 용어를 쓰시오.

- 깨끗한 여과지에 먼지를 모아 빛전달률의 감소를 측정함으로써 결정된다.
- 값이 클수록 대기오염의 정도는 심해진다.

정답

Coh(빛전달계수, 헤이즈계수)

관련이론 | 헤이즈계수(Coh: Coefficient of haze)

- 깨끗한 여과지에 먼지를 모아 빛전달률의 감소를 측정함으로써 결정되며 광화학적 밀도가 0.01이 되도록 하는 여과지상의 고형물의 양을 의미한다.
- Coh는 광화학적 밀도를 0.01로 나눈 값으로 산정하며 1,000m 당 Coh값이 클수록 대기오염의 정도는 심해진다.
- Coh 공식

$$Coh = \frac{\frac{OD}{0.01}}{L} \times 1,000 = \frac{\frac{\log\left(\frac{1}{I_t/I_o}\right)}{0.01}}{L} \times 1,000$$

$$= 100 \log \frac{1}{I_t/I_o}$$

OD : 광화학적 밀도로 불투명도의 log 값
I_t : 투과광의 세기, I_o : 입사광의 세기, L : 여과지 이동거리

Coh	대기오염의 정도
0~3	약하다.
3.1~6.5	보통이다.
6.6~9.8	심하다.
9.9~13.1	아주 심하다.
13.2~	극심하다.

2024년 1회 기출문제

01 ★★☆

유효굴뚝높이 70m에서 유해가스는 25μg/m³의 농도를 가진다. 이때 유효굴뚝높이 125m에서의 최대지표농도(μg/m³)를 구하시오. (단, Sutton식을 적용하고, 다른 조건은 동일하다.)

정답

$7.84\mu g/m^3$

해설

최대지표농도는 유효굴뚝높이와 $C_{max} \propto \dfrac{1}{H_e^2}$의 관계가 있다.

$$\dfrac{C_{max}=K\dfrac{1}{125^2}}{25=K\dfrac{1}{70^2}}$$

$C_{max} = 7.84\mu g/m^3$

02 ★☆☆

세정 집진장치에 대한 물음에 답하시오.

(1) 기본원리를 서술하시오.
(2) 포집원리를 3가지 쓰시오.

정답

(1) 가스를 기포, 액적, 액막 등으로 세정한 후 관성충돌, 확산, 응집, 부착원리를 이용하여 입자상 물질과 가스상 물질을 동시에 제거하는 장치이다.
(2) 관성충돌, 확산, 응집, 차단

만점 KEYWORD

(1) 세정, 관성충돌, 확산, 응집, 입자상 물질과 가스상 물질, 제거

03 ★★☆

다음과 같은 중력 침강실에서 분진을 완전히 제거할 수 있는 먼지입자의 최소입경(μm)을 계산하시오.

- 침강실의 길이: 11m
- 침강실의 높이: 2m
- 분진가스의 유속: 1.5m/sec
- 입자의 밀도: 2,000kg/m³
- 공기의 밀도: 1.2kg/m³
- 분진가스의 점도: 2.0×10^{-5} kg/m·sec
- 가스의 흐름: 층류

정답

$70.80\mu m$

해설

입자를 100% 제거하기 위한 중력집진장치의 설계공식

$$\dfrac{V_g}{V} = \dfrac{H}{L}$$

V_g: 중력침강속도(m/sec), V: 유속(m/sec)
H: 침강실의 높이(m), L: 침강실의 길이(m)

중력침강속도 공식

$$V_g = \dfrac{d_p^2(\rho_p - \rho)g}{18\mu}$$

V_g: 중력침강속도(m/sec), d_p: 입자의 직경(m)
ρ_p: 입자의 밀도(kg/m³), ρ: 공기의 밀도(kg/m³)
g: 중력가속도(9.8m/sec²)
μ: 점성계수(kg/m·sec)

중력침강속도 공식을 입자를 100% 제거하기 위한 중력집진장치의 설계공식에 대입하면 다음과 같다.

$$\dfrac{\dfrac{d_p^2(\rho_p - \rho)g}{18\mu}}{V} = \dfrac{H}{L}$$

$$\dfrac{d_p^2(\rho_p - \rho)g}{18\mu} = \dfrac{H}{L} \times V$$

문제의 조건을 대입하여 최소입경(d_p)을 구한다.

$$\dfrac{d_p^2 \left(\dfrac{2,000kg}{m^3} - \dfrac{1.2kg}{m^3}\right) \times \dfrac{9.8m}{sec^2}}{18 \times \dfrac{2.0 \times 10^{-5} kg}{m \cdot sec}} = \dfrac{2m}{11m} \times \dfrac{1.5m}{sec}$$

$d_p = 7.0797 \times 10^{-5} m = 70.797\mu m$

04 ★☆☆

1,000℃, 150m³/min의 유량으로 가스가 흐르고 있다. 100℃로 냉각 후 배출할 때 다음 조건을 보고 물음에 답하시오.

- 1,000℃에서의 엔탈피: 280kcal/kg
- 100℃에서의 엔탈피: 20kcal/kg
- 물 1kg당 흡수열량: 600kcal/kg
- 배출가스의 밀도: 1.3kg/m³

(1) 냉각시키기 위해 필요한 물의 양(kg/min)
(2) 냉각 후 혼합가스 유량(m³/min)

정답
(1) 84.5kg/min
(2) 187.63m³/min

해설
(1) 냉각시키기 위해 필요한 물의 양(kg/min) 계산
   냉각에 필요한 물의 양은 냉각으로 인해 변화한 엔탈피의 양과 물의 흡수열량의 비로 산정한다.

$$\frac{\frac{150m^3}{min} \times \frac{1.3kg}{m^3} \times \left(\frac{(280-20)kcal}{kg}\right)}{\frac{600kcal}{kg}} = 84.5kg/min$$

(2) 냉각 후 혼합가스 유량(m³/min) 계산
   혼합가스 유량 = 가스량 + 냉각시키기 위해 필요한 물의 양
   냉각 후 가스의 온도인 100℃를 기준으로 한다.

$$\frac{150m^3 \times \frac{(100+273)K}{(1,000+273)K}}{min} + \frac{84.5kg \times \frac{22.4Sm^3}{18kg} \times \frac{(100+273)K}{273K}}{min}$$

$$= 187.6254 m^3/min$$

05 ★★☆

전기집진장치는 비저항 값에 영향을 많이 받는다. 정상상태로 운영하기 위해서는 비저항값을 $10^4 Ω \cdot cm \sim 10^{11} Ω \cdot cm$을 유지해야 하는데 $10^4 Ω \cdot cm$ 이하일 경우와 $10^{11} Ω \cdot cm$ 이상인 경우 발생되는 현상을 쓰고 방지대책을 1가지씩 각각 쓰시오.

(1) 비저항값이 $10^4 Ω \cdot cm$ 이하일 경우
(2) 비저항값이 $10^{11} Ω \cdot cm$ 이상인 경우

정답
(1) 재비산 현상이 발생하고 방지대책은 다음과 같다.
   ① NH_3를 주입한다.
   ② 처리가스의 속도를 낮춘다.
   ③ 온도와 습도를 적절히 조절한다.
(2) 역전리 현상이 발생하고 방지대책은 다음과 같다.
   ① 황함량이 높은 연료를 주입한다.
   ② SO_3, 트리에틸아민 등을 주입한다.
   ③ 온도와 습도를 적절히 조절한다.

만점 KEYWORD
(1) ① NH_3, 주입
   ② 속도, 낮춘다.
   ③ 온도, 습도, 조절
(2) ① 황함량, 높은
   ② SO_3, 트리에틸아민, 주입
   ③ 온도, 습도, 조절

06 ★☆☆

SO_2 등으로 인한 산성비의 빗방울 반경이 0.1cm이며, 빗물의 비중은 1g/cm³이다. SO_2 0.1μg이 빗방울에 흡수되었을 때 빗방울의 pH를 구하시오. (단, 빗방울은 구형 입자이며, 다른 영향은 없다. SO_2는 모두 HSO_3^-를 생성하고, HSO_3^-은 더이상 해리되지 않는다.)

정답
3.43

해설
$SO_2 + H_2O \rightarrow H^+ + HSO_3^-$
이산화황(SO_2) 1kmol이 반응하면 수소이온(H^+) 1kmol이 발생한다.

(1) 흡수되는 SO_2에 의해 해리되는 H^+의 mol 구하기

$$0.1\mu g \times \frac{1g}{10^6 \mu g} \times \frac{mol_{-SO_2}}{64g_{-SO_2}} \times \frac{1mol_{-H^+}}{1mol_{-SO_2}} = 1.5625 \times 10^{-9} mol$$

(2) 빗방울의 부피(m³) 구하기

구의 부피 $= \frac{\pi}{6} d_p^3$

$\frac{\pi}{6} \times (2 \times 0.1cm)^3 = 4.1888 \times 10^{-3} cm^3 = 4.1888 \times 10^{-6} L$

(3) 빗방울의 pH 구하기

수소이온농도 $= \frac{1.5625 \times 10^{-9} mol}{4.1888 \times 10^{-6} L} = 3.7302 \times 10^{-4} mol/L$

$pH = -\log[H^+] = -\log(3.7302 \times 10^{-4}) = 3.4283$

07 ★☆☆

다음은 배출가스 황화수소를 분석하는 방법이다. 빈칸을 채우시오.

> 배출가스 중 황화수소를 (①) 용액에 흡수시켜 (②) 용액과 (③) 용액을 가하여, 생성되는 메틸렌블루의 흡광도 파장 (④)nm 부근을 측정하여 황화수소를 정량한다.

정답
① 아연아민착염
② p-아미노다이메틸아닐린
③ 염화철(Ⅲ)
④ 670

관련이론 | 배출가스 중 황화수소-자외선/가시선분광법-메틸렌블루법
배출가스 중 황화수소를 아연아민착염 용액으로 흡수하여 p-아미노다이메틸아닐린 용액과 염화철(Ⅲ) 용액을 첨가하고 황화이온과 반응하여 생성하는 메틸렌블루의 흡광도(670nm 부근)를 측정하여 황화수소를 정량한다.

08 ★★★

80vol% 메탄과 20vol% 수소가 혼합된 가스의 $(CO_2)_{max}(\%)$를 구하시오.

정답

11.12%

해설

전체 가스량을 $1Sm^3$ 라고 가정한다.
메탄(CH_4)의 부피 = $0.8Sm^3$
수소(H_2)의 부피 = $0.2Sm^3$

(1) 메탄(CH_4) 연소 시 발생하는 이론산소량 계산하기

메탄(CH_4) 1kmol이 연소하기 위해서는 산소(O_2) 2kmol이 필요하다.

$CH_4 + 2O_2 \rightarrow CO_2 + 2H_2O$

이론산소량 $= 0.8 \times 2 = 1.6 Sm^3$

(2) 수소(H_2) 연소 시 발생하는 이론산소량 계산하기

수소(H_2) 1kmol이 연소하기 위해서는 산소(O_2) 0.5kmol이 필요하다.

$H_2 + 0.5O_2 \rightarrow H_2O$

이론산소량 $= 0.2 \times 0.5 = 0.1 Sm^3$

(3) 혼합연료의 $(CO_2)_{max}(\%)$ 계산하기

이론공기량 $= \dfrac{이론산소량}{0.21} = \dfrac{(1.6+0.1)}{0.21} = 8.0952 Sm^3$

이론공기 중 질소량 = 이론공기량 × 0.79
 $= 8.0952 \times 0.79 = 6.3952 Sm^3$

건조연소생성물(CO_2) $= 0.8 \times 1 = 0.8 Sm^3$

이론건조연소가스량 = 이론공기 중 질소량 + 건조연소생성물
$= 6.3952 + 0.8 = 7.1952 Sm^3$

$(CO_2)_{max}(\%) = \dfrac{CO_2 배출량}{이론건조연소가스량} \times 100 = \dfrac{0.8}{7.1952} \times 100$

$= 11.1185\%$

09 ★☆☆

먼지농도가 $3g/Sm^3$인 입자를 액가스비 $1L/Sm^3$인 세정집진장치로 처리하고자 한다. 먼지의 직경은 $5\mu m$이고 물방울의 직경은 $300\mu m$일 때, 먼지 입자의 개수는 물방울 입자의 개수의 몇 배인지 구하시오. (단, 먼지는 구형입자이고 비중은 2이다.)

정답

324배

해설

먼지 입자의 개수 = $\dfrac{물\ 1L당\ 먼지의\ 질량}{먼지\ 입자\ 1개의\ 질량}$

$= \dfrac{\dfrac{3g}{Sm^3} \times \dfrac{Sm^3}{1L}}{\dfrac{\pi}{6} \times \left(5\mu m \times \dfrac{1m}{10^6 \mu m}\right)^3 \times \dfrac{2,000kg}{m^3} \times \dfrac{1,000g}{kg}}$

$= 2.2918 \times 10^{10}$ 개/L

물방울 입자의 개수 = $\dfrac{물\ 1L당\ 물의\ 단위\ 질량}{물\ 입자\ 1개의\ 질량}$

$= \dfrac{1kg/L}{\dfrac{\pi}{6} \times \left(300\mu m \times \dfrac{1m}{10^6 \mu m}\right)^3 \times \dfrac{1,000kg}{m^3}}$

$= 7.0736 \times 10^7$ 개/L

$\dfrac{먼지\ 입자의\ 개수}{물방울\ 입자의\ 개수} = \dfrac{2.2918 \times 10^{10}}{7.0736 \times 10^7} = 323.9934$

10 ★☆☆

지면에서의 온도는 15℃, 고도 1,000m에서의 온도는 10℃이다. 최대지표온도는 20℃일 때 다음 물음에 답하시오. (단, 건조단열감율은 −0.98℃/100m이다.)

(1) 환경감률을 구하시오.
(2) 대기안정도를 판별하시오. (안정/약한 안정/불안정)
(3) 연기 모양을 쓰시오.
(4) 최대혼합고도(m)를 구하시오.

정답

(1) −0.5℃/100m
(2) 약한 안정
(3) 원추형
(4) 1,041.67m

해설

(1) 환경감률 구하기

$$\frac{\Delta t}{\Delta Z} = \frac{(10-15)℃}{1,000m} = -0.5℃/100m$$

(2) 최대지표온도가 20℃일 때 최대혼합고도(m) 구하기

$$\frac{\Delta t}{\Delta Z} \times MMD + t(℃) = \gamma_d \times MMD + t_{max}(℃)$$

$$\frac{-0.5℃}{100m} \times MMD + 15℃ = \frac{-0.98℃}{100m} \times MMD + 20℃$$

$$MMD = 1,041.6667m$$

11 ★★☆

연소가스 중 NO를 다음 화합물과 반응시켜 N_2로 환원시키는 접촉환원법에 대한 반응식을 각각 쓰시오.

(1) H_2
(2) CO
(3) NH_3
(4) H_2S

정답

(1) $2NO + 2H_2 \rightarrow N_2 + 2H_2O$
(2) $2NO + 2CO \rightarrow N_2 + 2CO_2$
(3) $6NO + 4NH_3 \rightarrow 5N_2 + 6H_2O$
(4) $2NO + 2H_2S \rightarrow N_2 + 2H_2O + 2S$

12 ★★☆

A 공장에서 6,000kcal/kg의 발열량을 갖는 석탄을 연소하고 있다. SO_2의 규제 기준이 2.5mg SO_2/kcal라면 기준에 맞는 석탄의 황 함유량(%)을 계산하시오.

정답

0.75%

해설

황(S, 원자량 32) 1mol이 연소하면 이산화황(SO_2, 분자량 64) 1mol이 생성된다.

$S + O_2 \rightarrow SO_2$

$$\frac{kg}{6,000kcal} \times x \times \frac{10^6 mg}{kg} \times \frac{64_{-SO_2}}{32_{-S}} = \frac{2.5mg_{-SO_2}}{kcal}$$

$x = 0.0075 = 0.75\%$

13 ★★☆

고용량공기시료채취기로 비산먼지를 채취하고자 한다. 채취 개시 직후의 유량이 1.6m³/min, 채취종료 직전의 유량이 1.4m³/min일 때 흡인공기량(m³)을 계산하시오. (단, 포집 시간은 25시간이다.)

정답

2,250m³

해설

고용량공기시료채취기로 비산먼지를 채취할 때 사용하는 흡인공기량 공식을 이용한다.

흡인 공기량 $= \dfrac{Q_s + Q_e}{2} \times t$

Q_s: 채취개시 직후의 유량(m³/min)
Q_e: 채취종료 직전의 유량(m³/min)
t: 채취시간(min)

흡인 공기량 $= \dfrac{(1.6+1.4)\text{m}^3/\text{min}}{2} \times 25\text{hr} \times \dfrac{60\text{min}}{\text{hr}} = 2,250\text{m}^3$

관련이론 | 비산먼지-고용량공기시료채취법

시멘트 공장, 전기아크로를 사용하는 철강공장, 연탄공장, 석탄야적장, 도정공장, 골재공장 등 특정 발생원에서 일정한 굴뚝을 거치지 않고 외부로 비산되거나 물질의 파쇄, 선별, 기타 기계적 처리에 의하여 비산배출되는 먼지의 농도를 측정하기 위한 시험방법이다.

(1) **시료채취**

시료채취는 1회 1시간 이상 연속 채취한다. 다음과 같은 경우에는 원칙적으로 시료채취를 하지 않는다.
- 대상발생원의 조업이 중단되었을 때
- 비나 눈이 올 때
- 바람이 거의 없을 때(풍속이 0.5m/s 미만일 때)
- 바람이 너무 강하게 불 때(풍속이 10m/s 이상일 때)

(2) **채취유량의 계산**

흡인 공기량 $= \dfrac{Q_s + Q_e}{2} \times t$

Q_s: 채취개시 직후의 유량(m³/min)
Q_e: 채취종료 직전의 유량(m³/min)
t: 채취시간(min)

14 ★★☆

Freundlich 등온흡착식 $\dfrac{X}{M} = k \cdot C^{\frac{1}{n}}$ 에서 상수 k와 n을 구하는 방법을 서술하시오.

정답

$\dfrac{X}{M} = k \cdot C^{\frac{1}{n}}$ 에서 양변에 log를 취한다.

$y = ax + b$의 그래프에서 a는 기울기, b는 절편이다.

$\log \dfrac{X}{M} = \log k + \dfrac{1}{n} \log C$에서 기울기는 $1/n$, 절편은 $\log k$가 된다. 그래프를 이용하여 n과 k를 구할 수 있다.

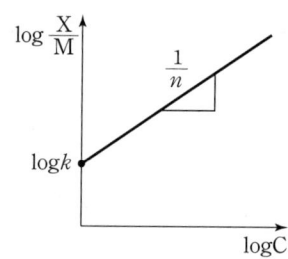

15 ★★☆

A공장의 대기환경기술인이 작성한 자가측정기록을 바탕으로 다음의 물음에 답하시오.

[대기자가측정기록부]
- 시료채취 흡인가스량(습식가스미터): 1,200L
- 배출가스의 밀도: 1.3kg/m³
- 포집 전 여과지의 무게: 0.805g
- 포집 후 여과지의 무게: 0.95g
- 가스미터 흡인가스차압: 0mmHg
- 가스미터 흡인가스온도: 17℃
- 측정 대기압: 760mmHg
- 피토우관 계수: 0.8614
- 경사마노미터(경사각 30°)에서 차압 눈금 값: 25cm
- 연도직경: 4m
- 17℃에서의 포화수증기압: 14.5mmHg

(1) 배출가스 유량(m³/sec)
(2) 배출가스 중 먼지농도(mg/Sm³)

정답

(1) 469.92m³/sec
(2) 130.85mg/Sm³

해설

(1) **배출가스 유속(V) 구하기**

$$V = C\sqrt{\frac{2gh}{\gamma}}$$

V: 유속(m/sec), C: 피토우관 계수
g: 중력가속도(m/sec²)
h: 피토관에 의한 동압 측정치(mmH₂O)
γ: 굴뚝 내의 배출가스 밀도(kg/m³)

$$V = 0.8614 \times \sqrt{\frac{2 \times 9.8 \times 250 \times \sin30°}{1.3}} = 37.3952 \text{m/sec}$$

$$Q = AV = \left(\frac{\pi}{4} \times (4\text{m})^2\right) \times 37.3952\text{m/sec} = 469.9219\text{m}^3/\text{sec}$$

(2) **배출가스 중 먼지농도(C_a) 구하기**

$$C_a = \frac{m_d}{V_m' \times \frac{273}{273+\theta_m} \times \frac{P_a + P_m - P_v}{760}}$$

m_d: 포집된 먼지의 양(mg)
V_m': 습식가스미터에서 읽은 가스시료 채취량(m³)
θ_m: 습식가스미터에서의 평균온도(℃)
P_a: 측정공 위치의 대기압(mmHg)
P_m: 습식가스미터의 게이지압(mmHg)
P_v: 습식가스미터의 온도에 해당하는 포화수증기압(mmHg)

$$C_a = \frac{(0.95 - 0.805)\text{g} \times \frac{1,000\text{mg}}{\text{g}}}{1,200\text{L} \times \frac{\text{m}^3}{1,000\text{L}} \times \frac{273}{273+17} \times \frac{(760+0-14.5)}{760}}$$

$$= 130.8543 \text{mg/Sm}^3$$

16 ★★☆

다음과 같은 조건을 가지는 송풍기의 소요동력(kW)을 계산하시오. (단, 여유율은 1.20이다.)

- 처리가스량: 250m³/min
- 압력손실: 200mmH₂O
- 효율: 80%

정답

12.25kW

해설

$$P(\text{kW}) = \frac{Q \times \Delta H}{102 \times \eta} \times \alpha$$

Q: 처리가스량(m³/sec), ΔH: 압력손실(mmH₂O)
η: 효율, α: 여유율(주어지지 않으면 1로 간주함)

$$P = \frac{\frac{250\text{m}^3}{\text{min}} \times \frac{1\text{min}}{60\text{sec}} \times 200\text{mmH}_2\text{O}}{102 \times 0.8} \times 1.2 = 12.2549\text{kW}$$

17 ★★☆

다음 조건에서 CH_4을 연소시킬 때 이론연소온도(°C)를 계산하시오.

- CH_4의 저위발열량: 8,600kcal/Sm³
- 0~2,200°C에서 CO_2, H_2O, N_2의 정압비열은 각각 13.1, 10.5, 8.0kcal/kmol·°C
- 기준온도: 18°C

정답

2,061.05°C

해설

(1) CH_4의 정압비열 산정

CH_4 1kmol이 연소하면 산소(O_2) 2kmol이 필요하고, 이산화탄소(CO_2) 1kmol, 물(H_2O) 2kmol이 생성된다.

$CH_4 + 2O_2 \rightarrow CO_2 + 2H_2O$

CO_2: $13.1 \times 1 = 13.1$ kcal/kmol·°C

H_2O: $10.5 \times 2 = 21$ kcal/kmol·°C

질소(N_2)는 반응식상 산소(O_2)가 2kmol 필요하기 때문에 연소하는 데 필요한 이론공기량에 해당되는 질소의 양으로 정압비열을 산정한다.

N_2: $8.0 \times \dfrac{2}{0.21} \times 0.79 = 60.1905$ kcal/kmol·°C

합계 = $13.1 + 21 + 60.1905 = 94.2905$ kcal/kmol·°C

(2) 정압비열의 단위 환산

$\dfrac{94.2905 \text{kcal}}{\text{kmol} \cdot \text{°C}} \times \dfrac{\text{kmol}}{22.4 \text{Sm}^3} = 4.2094$ kcal/Sm³·°C

(3) 이론연소온도 계산

이론연소온도 $= \dfrac{\text{저위발열량}}{\text{총 정압비열}} + \text{기준온도}$

$= \dfrac{8,600 \text{kcal/Sm}^3}{4.2094 \text{kcal/Sm}^3 \cdot \text{°C}} + 18\text{°C} = 2,061.047\text{°C}$

18 ★★★

염소가스 7,000ppm을 2개의 집진장치를 직렬로 연결하여 처리하려고 한다. 각각의 집진장치의 집진율은 78%, 99.5%일 때 염소가스의 처리 후 농도(ppm)를 구하시오.

정답

7.7ppm

해설

$\eta_T = 1 - (1 - \eta_1)(1 - \eta_2)$

η_T: 총효율, η_1: 1단효율, η_2: 2단효율

$\eta_T = 1 - (1 - 0.78)(1 - 0.995) = 0.9989$

$7,000 \times (1 - 0.9989) = 7.7$ ppm

19 ★★★

액체연료를 완전연소했을 때 발생되는 습연소가스량이 16.5Sm³/kg이었다. 이때 공기비(m)를 계산하시오. (단, 연료의 A_O=11.5Sm³/kg, G_{OW}=12.3Sm³/kg이다.)

정답

1.37

해설

습연소가스량 = 이론공기 중 질소량 + 습연소생성물 + 과잉공기량
= 이론습연소가스량(G_{ow}) + 과잉공기량

과잉공기량 = 이론공기량(A_o) × (m−1) (m: 공기비)

$16.5 = 12.3 + 11.5 \times (m - 1)$

$m = 1.365$

20 ★★☆

1m의 직경을 갖는 원심력집진장치에서 150m³/min의 가스를 처리하고자 한다. 다음 조건을 기준으로 물음에 답하시오. (단, 밀도는 온도의 영향을 받고 공기의 밀도는 무시한다.)

- 처리가스의 점도: 0.075kg/m·hr
- 처리가스의 밀도: 1,600kg/Sm³
- 입구의 직경(D_o): 1m
- 입구의 폭: 0.25D_o
- 입구의 높이: 0.5D_o
- 원통부 길이: 1.5D_o
- 원추부 길이: 2.5D_o
- 출구 직경: 0.5D_o
- 1atm, 350K

(1) 배출가스의 유속(m/s)을 구하시오.
(2) 유효회전수를 구하시오. (단, 소수점 첫째 자리에서 반올림하시오.)
(3) Lapple 절단입경(μm)을 구하시오.

정답

(1) 20m/sec
(2) 6회
(3) 7.06μm

해설

(1) 배출가스의 유속(m/sec) 계산

$Q = AV$

Q: 유량(m³/sec), A: 단면적(m²), V: 속도(m/sec)

$$V = \frac{\frac{150\text{m}^3}{\text{min}} \times \frac{1\text{min}}{60\text{sec}}}{(0.25\text{m} \times 0.5\text{m})} = 20\text{m/sec}$$

(2) 유효회전수 계산

$$N_e = \frac{(H_b + 0.5H_c)}{h}$$

N_e: 유효회전수, H_b: 원통부 높이(m), H_c: 원추부 높이(m), h: 유입구 높이(m)

$$N_e = \frac{(1.5 + 0.5 \times 2.5)}{0.5} = 5.5 \to 6회$$

(3) Lapple 절단입경(μm) 계산

$$d_{p50}(\mu\text{m}) = \left[\frac{9 \times \mu \times B}{2 \times (\rho_p - \rho) \times \pi \times N_e \times V}\right]^{0.5} \times 10^6$$

μ: 가스의 점도(kg/m·sec), B: 유입구 폭(m), N_e: 유효회전수, V: 입구의 유속(m/sec), ρ_p: 입자의 밀도(kg/m³)

$$d_{p50}(\mu\text{m}) = \left[\frac{9 \times \frac{0.075\text{kg}}{\text{m}\cdot\text{hr}} \times \frac{\text{hr}}{3,600\text{sec}} \times 0.25\text{m}}{2 \times \frac{1,600\text{kg}}{\text{Sm}^3} \times \frac{273\text{K}}{350\text{K}} \times \pi \times 6 \times 20\text{m/sec}}\right]^{0.5} \times 10^6$$

$= 7.0580\mu\text{m}$

2023년 4회 기출문제

01 ★★☆

한 공장의 유효굴뚝높이가 50m이다. 연돌을 높여 최대지표농도를 1/4로 감소시키려면 유효굴뚝높이(m)를 얼마나 높여야 하는지 계산하시오. (단, 유효굴뚝높이 외의 다른 조건은 모두 동일하다.)

정답

50m

해설

최대지표농도(C_{max}) = $\dfrac{2Q}{\pi e U H_e^2}\left(\dfrac{K_z}{K_y}\right)$

Q : 오염물질 배출량(ppm·m³/sec)
U : 풍속(m/sec), H_e : 유효굴뚝높이(m)
K_z : 수직방향확산계수, K_y : 수평방향확산계수

문제에서 유효굴뚝높이 외의 다른 조건은 동일하다고 했으므로 유효굴뚝높이 외의 조건은 상수 K로 둘 수 있다.

$C_{max} = K \dfrac{1}{H_e^2}$

$\dfrac{C_{max-2} = K \dfrac{1}{H_e^2}}{C_{max-1} = K \dfrac{1}{50^2}} = \dfrac{1}{4}$

$\dfrac{\dfrac{1}{H_e^2}}{\dfrac{1}{50^2}} = \dfrac{1}{4}$

$H_e = 100$m

높여야 할 유효굴뚝높이(m) = 100 − 50 = 50m

02 ★☆☆

1ton 중유의 황(S) 함유량이 4%이며, 여기에 수소를 첨가하여 H_2S로 환원시키려고 한다. 이 때 발생되는 H_2S의 부피(Sm³)를 구하시오. (단, 중유 속의 황은 100% SO_2로 반응한다.)

정답

28Sm³

해설

중유 속의 황 성분은 산화되어 이산화황(SO_2)이 되고 수소(H_2)와 반응하여 황화수소(H_2S)를 발생시킨다.

$S + O_2 \rightarrow SO_2$
$SO_2 + 3H_2 \rightarrow H_2S + 2H_2O$

황(S, 원자량 32) 1kmol이 연소하면 이산화황(SO_2, 분자량 64)이 1kmol 생성되며, 이산화황(SO_2) 1kmol이 수소(H_2, 분자량 2) 3kmol과 반응하면 황화수소(H_2S, 분자량 34) 1kmol이 생성된다. 따라서, 황 1kmol이 연소하면 황화수소 1kmol이 생성되기 때문에 중유 속의 황의 몰수와 발생되는 H_2S의 몰수는 같다. (몰비=부피비)

$1,000\text{kg} \times \dfrac{4}{100} \times \dfrac{22.4\text{Sm}^3}{32\text{kg}} = 28\text{Sm}^3$

03 ★★★

입경의 종류 중 (1) 스토크스 직경과 (2) 공기역학적 직경에 대하여 서술하시오.

정답

(1) 원래의 먼지와 밀도 및 침강속도가 동일한 구형입자의 직경이다.
(2) 측정하고자 하는 입자와 동일한 침강속도를 가지며, 밀도가 1g/cm³ 인 구형입자의 직경이다.

만점 KEYWORD

(1) 밀도, 침강속도, 동일, 구형입자의 직경
(2) 동일한 침강속도, 밀도가 1g/cm³, 구형입자의 직경

04 ★★★

탄소 85%, 수소 15%로 된 경유(1kg)를 공기과잉계수 1.1로 연소시켰을 때 탄소의 1%가 검댕(그을음)으로 된다. 건조배기가스 1Sm³ 중 검댕의 농도(g/Sm³)를 계산하시오.

정답

0.72g/Sm³

해설

검댕의 양 = 850g × 0.01 = 8.5g
이론산소량 = 1.867C + 5.6H + 0.7S − 0.7O
= (1.867 × 0.85) + (5.6 × 0.15) = 2.4270Sm³
검댕을 고려한 이론산소량
= (1.867 × 0.85 × 0.99) + (5.6 × 0.15) = 2.4111Sm³
이론공기량 = $\frac{이론산소량}{0.21}$ = $\frac{2.4270}{0.21}$ = 11.5571Sm³

※ 실제건연소가스량 산정 시 검댕으로 반응하지 않은 이론산소량을 보정하기 때문에 연료의 성분에 따른 이론공기량을 구한다.

이론공기 중 질소량 = 이론공기량 × 0.79
= 11.5571 × 0.79 = 9.1301Sm³
과잉공기량 = (m − 1) × 이론공기량 (m: 공기과잉계수)
과잉공기량 = (1.1 − 1) × 11.5571 = 1.1557Sm³
CO_2 배출량
탄소(C, 원자량 12) 1kmol이 연소하면 이산화탄소(CO_2) 1kmol이 발생한다.
$C + O_2 \rightarrow CO_2$
12kg : 22.4Sm³ = 0.85kg × 0.99 : x
x = 1.5708Sm³
실제건연소가스량 = 이론공기 중 질소량 + 검댕으로 반응하지 않은 이론산소량 + 과잉공기량 + 건연소생성물(CO_2)
= 9.1301 + (2.4270 − 2.4111) + 1.1557 + 1.5708 = 11.8725Sm³
검댕의 농도 = $\frac{검댕의 양}{실제건연소가스량}$ = $\frac{8.5g}{11.8725Sm^3}$ = 0.716g/Sm³

05 ★★☆

A공장에서 입자상 물질인 먼지를 제거하기 위하여 길이 4.2m, 높이 4.8m인 두 집진판을 평행하게 설치하였다. 두 판 사이 간격은 23cm이며 평행판 사이로 농도가 11.4g/m³인 배출가스가 60m³/min로 통과하고, 입자의 이동속도가 0.058m/sec일 때 다음 물음에 답하시오. (단, 24시간 가동, Deutsch Anderson 식을 적용하여 계산하고, 모두 외부 집진판이며 외부 집진판은 각각 하나의 집진면을 갖는다.)

(1) 전기집진장치의 효율(%)
(2) 하루에 처리되는 먼지 집진량(kg/day)

정답

(1) 90.35%
(2) 889.91kg/day

해설

(1) 전기집진장치의 효율 계산하기

$\eta = 1 - e^{\left(-\frac{A \times W_e}{Q}\right)}$

η: 효율, A: 단면적(m²)
W_e: 먼지의 겉보기 이동속도(m/min)
$W_e = \frac{0.058m}{sec} \times \frac{60sec}{1min} = 3.48m/min$
Q: 처리가스량(m³/min)
$\eta = 1 - e^{\left(-\frac{4.2m \times 4.8m \times 2 \times 3.48m/min}{60m^3/min}\right)} = 0.9035 = 90.35\%$

(2) 하루에 처리되는 먼지 집진량 계산하기

$\frac{60m^3}{min} \times \frac{11.4g}{m^3} \times \frac{1kg}{1,000g} \times 0.9035 \times \frac{60min}{hr} \times \frac{24hr}{day}$
= 889.91136kg/day

06 ★★☆

탄소를 85% 함유하고 그 외에 수소, 황으로 구성된 중유를 공기비 1.3에서 완전연소한 결과 실제습연소가스 중 SO_2가 0.25%였다. 이 중유 속에 포함된 황은 몇 %인지 계산하시오. (단, 중유 속의 황은 모두 SO_2로 된다.)

정답

5.02%

해설

(1) 탄소의 연소

탄소(C, 원자량 12) 1kmol이 연소하기 위해서는 산소(O_2) 1kmol이 필요하고, 이산화탄소(CO_2) 1kmol이 생성된다.

$C + O_2 \rightarrow CO_2$

$12kg : 22.4Sm^3 = 0.85kg/kg : x$

$x = 1.5867 Sm^3/kg$

x값은 필요한 산소의 양과 발생한 이산화탄소의 양이다.

(2) 황의 연소

황(S, 원자량 32) 1kmol이 연소하기 위해서는 산소(O_2) 1kmol이 필요하고, 이산화황(SO_2) 1kmol이 생성된다.

$S + O_2 \rightarrow SO_2$

중유 속의 황 함유량을 a%라고 하고 비례식을 세운다.

$32kg : 22.4Sm^3 = 0.01 \times a\, kg/kg : x$

※ 0.01은 a가 %단위이기 때문에 정확한 계산을 위해 곱해 준 것 입니다.

$x = 0.007a\, Sm^3/kg$

x값은 필요한 산소의 양과 발생한 이산화황의 양이다.

(3) 수소의 연소

수소 기체(H_2, 분자량 2) 1kmol이 연소하기 위해서는 산소(O_2) 0.5kmol이 필요하고 물(H_2O) 1kmol이 발생한다.

$H_2 + 0.5 O_2 \rightarrow H_2O$

중유 속의 수소 함유량을 $(15-a)$%라고 하고 비례식을 세운다.

$2kg : 0.5 \times 22.4 Sm^3 = 0.01 \times (15-a)\, kg/kg : x$

$x = 0.056 \times (15-a)\, Sm^3/kg$

x값은 필요한 산소의 양이고, 이 값에 2를 곱하면 발생한 물(H_2O)의 양이다.

(4) 이론공기량, 이론공기 중 질소량, 과잉공기량 계산

이론공기량 = $\dfrac{\text{이론산소량}}{0.21}$

$= \dfrac{1.5867 + 0.007a + \{0.056 \times (15-a)\}}{0.21}$

$= \dfrac{2.4267 - 0.049a}{0.21} = (11.5557 - 0.2333a)\, Sm^3/kg$

이론공기 중 질소량 = 이론공기량 × 0.79

$= (11.5557 - 0.2333a) \times 0.79$

과잉공기량 = 이론공기량 × (공기비 − 1)

$= (11.5557 - 0.2333a) \times 0.3$

(5) 실제습연소가스량 계산

실제습연소가스량 = 이론공기 중 질소량 + 과잉공기량 + 습연소생성물($CO_2 + SO_2 + H_2O$)

$= \{(11.5557 - 0.2333a) \times 0.79\}$
$+ \{(11.5557 - 0.2333a) \times 0.3\}$
$+ 1.5867 + 0.007a + \{0.112 \times (15-a)\}$
$= 12.5957 - 0.2543a + 1.5867 + 0.007a + 1.68 - 0.112a$
$= 15.8624 - 0.3593a$

(6) SO_2 농도로 황의 함량(%) 계산

SO_2 농도(%) = $\dfrac{SO_2 \text{ 배출량}}{\text{실제습연소가스량}} \times 100 = 0.25\%$

$\dfrac{0.007a}{15.8624 - 0.3593a} \times 100 = 0.25$

$a = 5.021\%$

07 ★☆☆

충전탑으로 오염물질을 처리하는 경우에 대한 물음에 답하시오.

(1) 편류현상의 정의를 쓰시오.
(2) 편류현상의 방지대책을 3가지 쓰시오.

정답

(1) 편류현상은 흡수액이 균일하게 충전물에 분산되지 않고 한쪽으로 치우쳐 흐르는 현상이다.

(2) ① 충전탑의 직경(D)과 충전제 직경(d)의 비 D/d가 8~10일 때 편류현상이 최소가 된다.
② 충전물의 공극률이 커야 한다.
③ 정류판을 설치한다.
④ 충전물로 인한 압력손실이 작아야 한다.

만점 KEYWORD

(1) 분산되지 않고, 치우쳐 흐르는 현상

(2) ① D/d가, 8~10
② 공극률, 커야
③ 정류판, 설치
④ 압력손실, 작아야

08 ★★☆

구형입자의 밀도가 1.5g/cm³, 비표면적이 5,000m²/kg이다. 이 구형입자가 직경이 2배가 될 경우 입자의 비표면적(m²/kg)을 계산하시오.

정답

2,500m²/kg

해설

비표면적은 입자의 직경과 반비례하므로 직경이 2배가 되면 비표면적은 1/2이 된다.

비표면적 $= \dfrac{5,000}{2} = 2,500$m²/kg

관련이론 | 입자의 비표면적

- 입자의 직경과 비표면적은 반비례 관계이다.(입경이 작을수록 비표면적이 큼)
- 원심력집진장치의 경우에 비표면적이 크면 장치의 벽면을 폐색시킨다.
- 비표면적 $= \dfrac{\text{구의 표면적}}{\text{구의 부피}} = \dfrac{\pi d_p^2}{\frac{1}{6}\pi d_p^3} = \dfrac{6}{d_p}$

09 ★★☆

배출가스 중의 가스상 물질의 시료를 채취할 때 채취관을 보온 또는 가열해야 하는 경우를 3가지 쓰시오.

정답

① 채취관이 부식될 염려가 있는 경우
② 여과재가 막힐 염려가 있는 경우
③ 분석물질이 응축수에 용해해서 오차가 생길 염려가 있는 경우

만점 KEYWORD

① 채취관, 부식
② 여과재, 막힐
③ 응축수, 용해, 오차

10 ★★★

다음의 조건에서 레이놀즈수를 구하고 흐름상태를 판단하시오. (단, 20℃, 1atm 조건이다.)

- 공기의 질량: 29g/mol
- 관의 직경: 20mm
- 유량: 25m³/hr
- 점도: 1.85×10^{-2} cps

정답

28,827.18, 난류

해설

(1) 유속(V) 계산

$$V = \dfrac{Q}{A}$$

Q: 유량(m³/sec), A: 단면적(m²)

$$V = \dfrac{\dfrac{25\text{m}^3}{\text{hr}} \times \dfrac{\text{hr}}{3,600\text{sec}}}{\dfrac{\pi}{4} \times (0.02\text{m})^2} = 22.1049\text{m/sec}$$

(2) 20℃, 1atm에서의 밀도 계산

조건에서 질량은 29g/mol이고 1mol=22.4L=29g이므로 1kmol=22.4Sm³=29kg이 된다.

밀도=질량/부피

$$\dfrac{29\text{kg}}{22.4\text{Sm}^3 \times \dfrac{(273+20)\text{K}}{273\text{K}}} = 1.2063\text{kg/m}^3$$

(3) 레이놀즈수(R_e) 계산

$$R_e = \dfrac{D \times \rho \times V}{\mu} = \dfrac{D \times V}{\nu}$$

D: 관의 직경(m)
ρ: 유체의 밀도(kg/m³), V: 유체의 속도(m/sec)
μ: 점성계수(kg/m·sec), ν: 동점성계수(m²/sec)

$$R_e = \dfrac{D \times \rho \times V}{\mu} = \dfrac{0.02\text{m} \times 1.2063\text{kg/m}^3 \times 22.1049\text{m/sec}}{\dfrac{1.85 \times 10^{-4}\text{g}}{\text{cm} \cdot \text{sec}} \times \dfrac{\text{kg}}{10^3 \text{g}} \times \dfrac{100\text{cm}}{1\text{m}}}$$

$= 28,827.1793$

레이놀즈수(R_e)가 4,000보다 크므로 난류이다.

관련이론 | 레이놀즈수에 따른 층류와 난류의 구분

- $R_e > 4,000$: 난류
- $2,100 < R_e < 4,000$: 전이영역
- $R_e < 2,100$: 층류

11 ★☆☆

25℃, 1atm에서 농도가 30,000ppm인 페놀이 250m³/min으로 배출되고 있다. 활성탄으로 제거하려고 할 때 페놀을 100% 제거하기 위해 필요한 처리시간(min)을 구하시오. (단, 활성탄 1kg 당 0.2kg의 페놀을 처리할 수 있으며, 총 1,000kg의 활성탄이 충전되어 있다.)

정답

6.94min

해설

$$\text{소요시간} = \frac{\text{충전된 활성탄(kg)}}{\text{시간당 필요한 활성탄의 양(kg/min)}}$$

(1) 시간당 필요한 활성탄의 양 계산

페놀(C_6H_5OH)의 분자량 = 94kg/kmol

$$\frac{30,000\text{mL} \times \frac{94\text{mg}}{22.4\text{mL}} \times \frac{\text{kg}}{10^6\text{mg}}}{\text{Sm}^3 \times \frac{(273+25)\text{K}}{273\text{K}}} \times \frac{250\text{m}^3}{\text{min}} \times \frac{1\text{kg}}{0.2\text{kg}}$$

$= 144.1642$ kg/min

(2) 소요시간 계산

소요시간(min)

$$= \frac{\text{충전된 활성탄(kg)}}{\text{시간당 필요한 활성탄의 양(kg/min)}}$$

$$= \frac{1,000\text{kg}}{144.1642\text{kg/min}} = 6.9365\text{min}$$

※ ppm = mL/Sm³

12 ★★★

NO_2 10ppm, NO 100ppm을 함유한 배기가스 1,100Sm³/hr를 NH_3에 의한 선택적 접촉환원법으로 처리할 경우 NO_x를 제거하기 위한 NH_3의 이론량(kg/hr)을 계산하시오. (단, 산소는 공존하지 않는다.)

정답

0.07kg/hr

해설

(1) NO_2를 제거하기 위한 NH_3의 양 계산하기

6kmol의 NO_2를 제거하기 위해서는 8kmol의 NH_3(분자량 17)가 필요하다.

$6NO_2 + 8NH_3 \rightarrow 7N_2 + 12H_2O$

$$\frac{10\text{mL}}{\text{Sm}^3} \times \frac{1,100\text{Sm}^3}{\text{hr}} \times \frac{\text{Sm}^3}{10^6\text{mL}} = 0.011\text{Sm}^3/\text{hr}$$

$6 \times 22.4\text{Sm}^3 : 8 \times 17\text{kg} = 0.011\text{Sm}^3/\text{hr} : x$

$x = 0.0111$kg/hr

(2) NO를 제거하기 위한 NH_3의 양 계산하기

6kmol의 NO를 제거하기 위해서는 4kmol의 NH_3(분자량 17)가 필요하다.

$6NO + 4NH_3 \rightarrow 5N_2 + 6H_2O$

$$\frac{100\text{mL}}{\text{Sm}^3} \times \frac{1,100\text{Sm}^3}{\text{hr}} \times \frac{\text{Sm}^3}{10^6\text{mL}} = 0.11\text{Sm}^3/\text{hr}$$

$6 \times 22.4\text{Sm}^3 : 4 \times 17\text{kg} = 0.11\text{Sm}^3/\text{hr} : x$

$x = 0.0557$kg/hr

(3) NO_x를 제거하기 위한 NH_3의 이론량(kg/hr) 계산하기

$0.0111 + 0.0557 = 0.0668$kg/hr

관련이론 | 선택적 촉매환원기술(SCR: Selective Catalytic Reduction)

- 선택적 촉매환원법이라고도 한다.
- 200~400℃에서 촉매(TiO_2와 V_2O_5 등)에 NH_3, H_2, CO, H_2S 등의 환원가스를 작용시켜 NO_x를 N_2로 환원시키는 방법이다.
- $6NO_2 + 8NH_3 \rightarrow 7N_2 + 12H_2O$
- $6NO + 4NH_3 \rightarrow 5N_2 + 6H_2O$
- $4NO + 4NH_3 + O_2 \rightarrow 4N_2 + 6H_2O$(산소가 공존하는 상태)

13 ★★☆

다음 연소방법을 해당 물질 1가지 이상을 언급하여 의미를 서술하시오.

(1) 증발연소
(2) 분해연소
(3) 표면연소
(4) 내부연소

정답

(1) 증발연소는 휘발유, 등유 등과 같이 화염으로부터 열을 받아 가연성 증기가 발생하여 연소하는 형태이다.
(2) 분해연소는 석탄, 목재와 같이 분자량이 큰 연료가 열분해되면 가연성 가스를 방출하는데 이 가연성 가스가 화염을 발생시키며 연소하는 형태이다.
(3) 표면연소는 목탄, 코크스 등과 같이 고정탄소 성분이 연소하여 화염을 내지 않고 표면이 빨갛게 빛을 내면서 연소하는 형태이다.
(4) 내부연소는 니트로글리세린 등과 같이 공기 중의 산소의 공급이 없어도 그 물질 내부에 포함하고 있는 산소를 이용하여 스스로 연소하는 형태이다.

만점 KEYWORD
(1) 휘발유, 화염, 가연성 증기
(2) 목재, 열분해, 가연성 가스, 화염
(3) 목탄, 고정탄소, 표면이 빨갛게
(4) 니트로글리세린, 산소, 스스로 연소

14 ★☆☆

화력발전소에서 석탄을 이용하여 전기를 1,000MW 생산하고 있다. 발열량 26,700kJ/kg이고, 회분 함량 12%인 석탄을 이용하며 발생된 회분 중 50%는 배기가스 내 분진으로 배출되어 방지시설로 유입된다. 방지시설에서 분진 입경에 따른 부분집진효율이 아래와 같을 때 방지시설을 통과한 배출가스 내의 분진의 양(kg/sec)을 구하시오. (단, 연소실 열효율은 40%이다.)

입경(μm)	0~5	5~10	10~20	20~40	40 이상
부분집진 효율(%)	70	92.5	96	99	100
질량분포 (%)	12	16	22	27	23

정답

0.33kg/sec

해설

1Watt=1J/sec이므로
석탄 사용량(kg/sec)
$= \dfrac{1,000 \times 10^6 \text{J}}{\text{sec}} \times \dfrac{\text{kg}}{26,700 \times 10^3 \text{J}} \times \dfrac{1}{0.4} = 93.6330 \text{kg/sec}$

표의 조건을 이용하여 총 집진효율을 구한다.
총 집진효율=Σ(질량분포×효율)
$=(0.12 \times 70)+(0.16 \times 92.5)+(0.22 \times 96)+(0.27 \times 99)+(0.23 \times 100)$
$= 94.05\%$

따라서, 배출가스 내 분진의 양은 다음과 같다.
$\dfrac{93.6330 \text{kg}}{\text{sec}} \times \dfrac{12}{100} \times \dfrac{50}{100} \times \dfrac{(100-94.05)}{100} = 0.3343 \text{kg/sec}$

15 ★★☆

다음과 같은 중력 침강실에서 분진을 완전히 제거할 수 있는 먼지입자의 최소입경(μm)을 계산하시오. (단, 공기의 밀도는 무시한다.)

- 침강실의 길이: 4m, 높이: 1.5m
- 침강실은 바닥을 제외하고 8개의 평행판으로 이루어져 있다.
- 침강실에 유입되는 분진가스의 유속: 0.3m/sec
- 입자의 밀도: $2,000 kg/m^3$
- 분진가스의 점도: $0.0748 kg/m \cdot hr$
- 가스의 흐름: 층류

정답

$15.44 \mu m$

해설

입자를 100% 제거하기 위한 중력집진장치의 설계공식

$$\frac{V_g}{V} = \frac{H}{L}$$

V_g: 중력침강속도(m/sec), V: 유속(m/sec)
H: 침강실의 높이(m), L: 침강실의 길이(m)

$$V_g = \frac{d_p^2(\rho_p - \rho)g}{18\mu}$$

d_p: 입자의 직경(m)
ρ_p: 입자의 밀도(kg/m^3), ρ: 공기의 밀도(kg/m^3)
g: 중력가속도($9.8 m/sec^2$)
μ: 점성계수($kg/m \cdot sec$)

$$\mu = \frac{0.0748 kg}{m \cdot hr} \times \frac{1hr}{3,600sec} = 2.0778 \times 10^{-5} kg/m \cdot sec$$

중력침강속도 공식을 입자를 100% 제거하기 위한 중력집진장치의 설계공식에 대입하면 다음과 같다.

$$\frac{\frac{d_p^2(\rho_p - \rho)g}{18\mu}}{V} = \frac{H}{L}$$

문제의 조건을 대입하여 최소입경(d_p)을 구한다.

$$\frac{\frac{d_p^2 \times (2,000 - 0) \times 9.8}{18 \times (2.0778 \times 10^{-5})}}{0.3} = \frac{1.5 \div 9}{4}$$

$$d_p = \sqrt{\frac{1.5 \div 9 \times 0.3 \times 18 \times (2.0778 \times 10^{-5})}{4 \times (2,000 - 0) \times 9.8}}$$

$= 1.544 \times 10^{-5} m = 15.44 \mu m$

문제의 조건에 바닥을 제외하여 평행판이 8개 있다고 했으므로 H는 바닥면을 합한 9로 나누어서 식에 적용한다.

16 ★☆☆

A도시의 환경대기 중 오염물질의 농도를 측정하기 위해 측정점수를 산정하려고 한다. 면적 $965km^2$, 인구 254만 명이고 A시의 면적 중 가주지 면적은 10%이다. 전국 평균인구밀도는 480명/km^2 이라면 이 도시의 시료채취지점수를 구하시오.

정답

22지점

해설

$$측정점수 = \frac{그 지역 가주지면적(km^2)}{25km^2} \times \frac{그 지역 인구밀도}{전국 평균인구밀도}$$

$$= \frac{965km^2 \times 0.1}{25km^2} \times \frac{\frac{2,540,000명}{965km^2}}{480명/km^2} = 21.1667$$

시료채취지점수는 정수이므로 22지점이다.

관련이론 | 시료채취지점수의 결정-인구비례에 의한 방법

측정하려고 하는 대상지역의 인구분포 및 인구밀도를 고려하여 인구밀도가 5,000명/km^2 이하일 때는 그 지역의 가주지면적(그 지역 총면적에서 전답, 임야, 호수, 하천 등의 면적을 뺀 면적)으로부터 다음 식에 의하여 측정점의 수를 결정한다.

$$측정점수 = \frac{그 지역 가주지면적(km^2)}{25km^2} \times \frac{그 지역 인구밀도}{전국 평균인구밀도}$$

17

먼지농도 0.5g/m³, 가스량 150m³/min인 오염물질을 50개의 bag로 채운 여과집진장치에서 처리하려고 한다. 입구농도 초기 집진율이 98.5%이며, 이 중 2개가 파손되어 출구의 먼지 농도가 200mg/m³가 되었다. 파손된 여과포 1개당 유출된 가스량(m³/min)을 구하시오. (단, 파손된 2개의 여과포를 통과하는 유량은 동일하다.)

정답

$29.31 m^3/min$

해설

파손된 여과포를 통과하는 먼지의 농도+정상 여과포를 통과하는 먼지의 농도=0.2g/m³

파손된 여과포에서 유출되는 가스량을 x라고 하면 다음 식이 성립한다.

$$\frac{\frac{0.5g}{m^3} \times x + \left(\frac{0.5g}{m^3} \times \left(\frac{150m^3}{min} - x\right) \times (1-0.985)\right)}{150m^3/min} = 0.2 g/m^3$$

$x = 58.6294 m^3/min$

문제에서 2개가 파손되었다고 했으므로 2로 나누어 1개의 여과포에서 유출되는 가스량을 구한다.

$\frac{58.6294}{2} = 29.3147 m^3/min$

18

250ppm의 농도와 2,000m³/min의 유량으로 에탄올이 배출되고 있다. 배출허용총량이 100kg/day일 때 유지되어야 하는 방지시설의 효율(%)을 구하시오. (단, 25℃, 1atm이며 24시간 운영된다.)

정답

92.62%

해설

(1) 배출되는 에탄올의 양(kg/day) 계산

에탄올(C_2H_5OH) = 46g/mol

총량 = 농도 × 유량

$$\frac{250mL \times \frac{46mg}{22.4mL} \times \frac{kg}{10^6 mg}}{Sm^3} \times \frac{2,000m^3 \times \frac{273K}{(273+25)K}}{min}$$

$$\times \frac{1,440min}{day} = 1,354.5302 kg/day$$

(2) 유지되어야하는 방지시설의 효율(%) 계산

$\eta = \left(1 - \frac{C_{out}}{C_{in}}\right) \times 100$

C_{in}: 유입농도
C_{out}: 출구농도

$\eta = \left(1 - \frac{100}{1,354.5302}\right) \times 100 = 92.6174\%$

※ 당시 시험에서 "알코올"로만 문제가 출제되어 문제 오류로 판단되며 "에탄올"로 문제를 수정하여 풀이하였습니다.

19 ★★☆

A발전소에서 석탄을 이용하여 전기를 생산하고 있다. 석탄의 발열량은 7,000kcal/kg이고, 탄소 62%, 수소 14%, 황 2%, 회분 22%로 구성되어 있다. 500MW의 전기를 생산하고 열효율은 34%일 때 배출되는 건조가스량(Sm³/sec)을 구하시오. (단, 공기비는 1.5이다.)

정답

659.45Sm³/sec

해설

(1) 이론공기량, 과잉공기량 계산

이론산소량 $= 1.867C + 5.6H + 0.7S - 0.7O$
$= (1.867 \times 0.62) + (5.6 \times 0.14) + (0.7 \times 0.02)$
$= 1.9555Sm^3$

이론공기량 $= \dfrac{\text{이론산소량}}{0.21} = \dfrac{1.9555}{0.21} = 9.3119Sm^3/kg$

이론공기중 질소량 = 이론공기량 × 0.79
$= 9.3119 \times 0.79 = 7.3564Sm^3/kg$

과잉공기량 = 이론공기량 × (공기비 − 1) = 9.3119 × (1.5 − 1)
$= 4.6560Sm^3/kg$

(2) 실제건조연소가스량 계산

CO_2 배출량

C(탄소, 원자량 12) 1kmol이 연소하면 이산화탄소(CO_2) 1kmol이 발생한다.

$C + O_2 \rightarrow CO_2$

12kg : 22.4Sm³ = 0.62kg/kg : x

$x = 1.1573Sm^3/kg$

SO_2 배출량

S(황, 원자량 32) 1kmol이 연소하면 이산화황(SO_2) 1kmol이 발생한다.

$S + O_2 \rightarrow SO_2$

32kg : 22.4Sm³ = 0.02kg/kg : x

$x = 0.014Sm^3/kg$

실제건조연소가스량 = 이론공기중 질소량 + 과잉공기량 + 건조연소 생성물($CO_2 + SO_2$)

$7.3564 + 4.6560 + 1.1573 + 0.014 = 13.1837Sm^3/kg$

(3) 석탄 사용량에 따른 건조가스량 계산

1Watt = 1J/sec

석탄 사용량
$= \dfrac{500 \times 10^6 J}{sec} \times \dfrac{kg}{7,000 \times 10^3 cal} \times \dfrac{1cal}{4.2J} \times \dfrac{1}{0.34}$
$= 50.020 kg/sec$

건조가스량 = 50.020kg/sec × 13.1837Sm³/kg
$= 659.4487Sm^3/sec$

20 ★☆☆

액분산형 흡수장치 중 분무탑의 장점과 단점을 3가지씩 쓰시오.

(1) 장점
(2) 단점

정답

(1) ① 구조가 간단하다.
② 충전탑에 비해 설치비와 유지관리비용이 저렴하다.
③ 침전물이 생기는 경우에 효과적으로 처리할 수 있다.
④ 압력손실이 적다.

(2) ① 가스의 흐름이 균일하지 못하다.
② 분무액과 가스의 접촉이 균일하지 못하여 효율이 낮다.
③ 편류가 발생할 수 있다.
④ 노즐이 막힐 염려가 있다.

만점 KEYWORD

(1) ① 구조, 간단
② 설치비, 유지관리비용, 저렴
③ 침전물, 효과적으로 처리
④ 압력손실, 적다.

(2) ① 흐름, 균일하지 못하다.
② 접촉, 균일하지 못하여, 효율 낮다.
③ 편류, 발생
④ 노즐, 막힐 염려

2023년 2회 기출문제

01 ★★☆

A지점의 미세먼지(PM-10) 측정농도가 48, 53, 46, 62, 57μg/m³일 때 물음에 답하시오. (단, 반드시 계산과정 및 환경정책기본법령상 미세먼지(PM-10)의 환경기준의 연간 평균치를 제시하고, 그 판단여부도 기재)

(1) 기하평균을 계산한 후 평균치가 미세먼지(PM-10)의 연간평균치를 상회하는지의 여부를 판단하시오.
(2) 산술평균을 계산한 후 평균치가 미세먼지(PM-10)의 연간평균치를 상회하는지의 여부를 판단하시오.

정답

(1) 기하평균 $= (48 \times 53 \times 46 \times 62 \times 57)^{\frac{1}{5}} = 52.882 \mu g/m^3$
   $52.88 \mu g/m^3$이므로 연간평균치인 $50 \mu g/m^3$를 초과한다.

(2) 산술평균 $= \dfrac{48+53+46+62+57}{5} = 53.2 \mu g/m^3$
   $53.2 \mu g/m^3$이므로 연간평균치인 $50 \mu g/m^3$를 초과한다.

관련이론 | 환경기준

항목	기준
아황산가스 (SO_2)	연간 평균치 0.02ppm 이하
	24시간 평균치 0.05ppm 이하
	1시간 평균치 0.15ppm 이하
일산화탄소 (CO)	8시간 평균치 9ppm 이하
	1시간 평균치 25ppm 이하
이산화질소 (NO_2)	연간 평균치 0.03ppm 이하
	24시간 평균치 0.06ppm 이하
	1시간 평균치 0.10ppm 이하
미세먼지 (PM-10)	연간 평균치 $50 \mu g/m^3$ 이하
	24시간 평균치 $100 \mu g/m^3$ 이하
초미세먼지 (PM-2.5)	연간 평균치 $15 \mu g/m^3$ 이하
	24시간 평균치 $35 \mu g/m^3$ 이하
오존(O_3)	8시간 평균치 0.06ppm 이하
	1시간 평균치 0.1ppm 이하
납(Pb)	연간 평균치 $0.5 \mu g/m^3$ 이하
벤젠	연간 평균치 $5 \mu g/m^3$ 이하

02 ★☆☆

전기집진장치에서 전기적 구획화(Electrical sectionalization)를 하는 이유를 서술하시오.

정답

전기집진장치에서는 유입되는 분진의 농도가 높고 출구 부분의 분진의 농도는 낮아 전류의 불균형으로 효율이 감소한다. 따라서 집진실을 구획화하여 전류의 흐름을 균일하게 하여 효율을 증가시키기 위해서 전기적 구획화를 한다.

만점 KEYWORD

전류의 불균형, 효율이 감소, 전류의 흐름을 균일하게, 효율을 증가

03 ★☆☆

커닝험 보정계수에 대해 아래 내용에 답하시오.

(1) 커닝험 보정계수의 정의를 쓰시오.
(2) ① 커닝험 보정계수는 가스 온도가 (높을/낮을)수록 크다.
    ② 커닝험 보정계수는 입자의 크기가 (클/작을)수록 크다.
    ③ 커닝험 보정계수는 압력이 (높을/낮을)수록 크다.

정답

(1) 입자가 미세하면 기체분자가 입자에 충돌할 때 입자표면에서 미끄러지는 현상이 발생하여 실제입자에 작용하는 항력이 작아지게 된다. 이에 대한 보정계수를 커닝험 보정계수라고 한다.

(2) ① 높을
    ② 작을
    ③ 낮을

관련이론 | 커닝험(Cunningham) 보정계수(C_f)

- 입경 $10 \mu m$ 이하의 분진에 적용되며 이는 분자의 평균 자유 행정에 따라 이동하기 때문에 스토크스 법칙의 값보다 크게 된다. 이를 보정하기 위해 사용된다.
- 온도가 높을수록, 직경이 작을수록, 점성저항이 작을수록, 압력이 낮을수록 증가한다.
- 커닝험 보정계수는 입경 $d > 3 \mu m$일 때, $C_f = 1$이고 입경이 $10 \mu m$일 때는 스토크스 값의 2% 정도이지만, 입경 $1 \mu m$에서는 15% 이상으로 증가하여야 한다.

04 ★★☆

비중이 0.8인 에탄올 1.5L를 완전연소시키기 위한 이론공기량(Sm^3)을 구하시오.

정답

$8.35Sm^3$

해설

에탄올의 완전연소반응식은 다음과 같다.
$C_2H_5OH + 3O_2 \rightarrow 2CO_2 + 3H_2O$
문제의 조건에서 에탄올의 비중이 0.8라고 했으므로

에탄올 1.5L의 질량 $= \dfrac{0.8kg}{L} \times 1.5L \times \dfrac{10^3g}{kg} = 1,200g$

에탄올(C_2H_5OH, 분자량 46)과 산소의 반응비를 이용하여 이론산소량을 계산한다.

$46g : 3 \times 22.4L = 1,200g : xL$
$x = 1,753.0435L$

이론공기량 $= \dfrac{\text{이론산소량}}{0.21} = \dfrac{1,753.0435}{0.21}$
$= 8,347.8262L = 8.3478Sm^3$

05 ★★☆

원심력집진장치를 이용하여 분진을 처리하고자 한다. 아래 조건을 기준으로 Lapple식을 적용하여 총 집진효율(%)을 계산하시오.

- 유입구 폭: 0.25m
- 가스 밀도: $1.2kg/m^3$
- 가스 점도: $1.85 \times 10^{-2} cp$
- 유효 회전수: 8회
- 분진 밀도: $1.8g/cm^3$
- 유입 속도: 6m/sec

입경(μm)	10	30	60	80
중량분포(%)	10	20	50	20

- $d_{p50}(\mu m) = \left[\dfrac{9 \times \mu \times B}{2 \times (\rho_p - \rho) \times \pi \times N_e \times V}\right]^{0.5} \times 10^6$

- $\eta = \dfrac{1}{1 + \left(\dfrac{d_{p50}}{d_p}\right)^2}$

정답

92.80%

해설

절단입경 산정 공식을 이용한다.

$d_{p50}(\mu m) = \left[\dfrac{9 \times \mu \times B}{2 \times (\rho_p - \rho) \times \pi \times N_e \times V}\right]^{0.5} \times 10^6$

μ: 가스의 점도(kg/m·sec)

$\mu = \dfrac{1.85 \times 10^{-4}g}{cm \cdot sec} \times \dfrac{kg}{10^3 g} \times \dfrac{100cm}{1m}$
$= 1.85 \times 10^{-5} kg/m \cdot sec$

B: 유입구의 폭(m), N_e: 유효회전수, V: 입구의 유속(m/sec),
ρ_p: 입자의 밀도(kg/m^3)

$\rho_p = \dfrac{1.8g}{cm^3} \times \dfrac{kg}{10^3 g} \times \dfrac{10^6 cm^3}{m^3} = 1,800 kg/m^3$

ρ: 가스의 밀도(kg/m^3)

(1) 절단입경(μm) 계산

$d_{p50}(\mu m) = \left[\dfrac{9 \times 1.85 \times 10^{-5} \times 0.25}{2 \times (1,800 - 1.2) \times \pi \times 8 \times 6}\right]^{0.5} \times 10^6$
$= 8.7594 \mu m$

(2) 입경별 부분집진율 계산

$\eta = \dfrac{1}{1 + \left(\dfrac{d_{p50}}{d_p}\right)^2}$

- $10\mu m$의 부분집진율 $= \dfrac{1}{1 + \left(\dfrac{8.7594}{10}\right)^2} = 0.5658$

- $30\mu m$의 부분집진율 $= \dfrac{1}{1 + \left(\dfrac{8.7594}{30}\right)^2} = 0.9214$

- $60\mu m$의 부분집진율 $= \dfrac{1}{1 + \left(\dfrac{8.7594}{60}\right)^2} = 0.9791$

- $80\mu m$의 부분집진율 $= \dfrac{1}{1 + \left(\dfrac{8.7594}{80}\right)^2} = 0.9881$

(3) 총 집진효율(η_T) 계산

(2)에서 구한 부분집진율과 문제에서 제시된 중량분포를 이용하여 총 집진효율을 계산한다.

$\eta_T = \{(0.5658 \times 0.1) + (0.9214 \times 0.2) + (0.9791 \times 0.5) + (0.9881 \times 0.2)\} \times 100$
$= 92.803\%$

06 ★☆☆

빛의 소멸계수(σ_{ext}) 0.45km^{-1}인 대기에서, 시정거리의 한계를 빛의 강도가 초기 강도의 95%가 감소했을 때의 거리라고 정의할 때, 시정거리 한계(m)를 계산하시오. (단, 광도는 Lambert-Beer 법칙을 따르며, 자연대수로 적용한다.)

[정답]

6,657.18m

[해설]

Lambert-Beer 법칙

$I = I_O \times e^{-(a+S+R)L} = I_O \times e^{-\sigma_{ext} \times L}$

I: 통과거리 L에서 빛의 강도
I_O: 초기 빛의 강도
R: 반사계수, a: 흡수계수, S: 분산계수
σ_{ext}: 빛의 소멸계수
L: 시정거리 한계

초기 빛의 강도(I_O)를 1이라고 하면 통과거리 L에서의 빛의 강도(I)는 0.05이다.

$0.05 = e^{-0.45 \times L}$

$L = 6.65718$km $= 6,657.18$m

※ L값은 공학용계산기의 SOLVE 기능을 이용하여 푸는 것이 편리합니다.

07 ★★☆

현미경으로 집진장치의 입구 측과 출구 측에서 분진 수를 측정한 결과가 아래와 같다. 분진의 개수기준 제거율과 질량기준 제거율을 각각 구하시오. (단, 분진은 완전 구형이며 밀도는 1g/cm^{3}으로 동일하다.)

입경	입구	출구
1μm	100개	80개
5μm	100개	50개
10μm	100개	10개

(1) 개수기준 제거율(%)

(2) 질량기준 제거율(%)

[정답]

(1) 53.33%

(2) 85.50%

[해설]

(1) 개수기준 제거율(%) 구하기

$\eta = \left(1 - \dfrac{C_{out}}{C_{in}}\right) \times 100$

입구의 분진 수 $C_{in} = 100 + 100 + 100 = 300$개
출구의 분진 수 $C_{out} = 80 + 50 + 10 = 140$개

$\eta = \left(1 - \dfrac{140}{300}\right) \times 100 = 53.3333\%$

(2) 질량기준 제거율(%) 구하기

분진의 전체질량(g) = 부피(cm^3) × 밀도(g/cm^3) × 분진 수

입구 질량(g) $= \dfrac{\pi}{6} \times \dfrac{1g}{cm^3} \times [(1\mu m)^3 \times 100$개 $+ (5\mu m)^3 \times 100$개 $+ (10\mu m)^3 \times 100$개$]$

$= \dfrac{\pi}{6} \times \dfrac{1g}{cm^3} \times [112,600 \mu m^3 \cdot 개]$

출구 질량(g) $= \dfrac{\pi}{6} \times \dfrac{1g}{cm^3} \times [(1\mu m)^3 \times 80$개 $+ (5\mu m)^3 \times 50$개 $+ (10\mu m)^3 \times 10$개$]$

$= \dfrac{\pi}{6} \times \dfrac{1g}{cm^3} \times [16,330 \mu m^3 \cdot 개]$

$\eta = \left(1 - \dfrac{C_{out}}{C_{in}}\right) \times 100$

$= \left(1 - \dfrac{\dfrac{\pi}{6} \times \dfrac{1g}{cm^3} \times 16,330 \mu m^3 \cdot 개}{\dfrac{\pi}{6} \times \dfrac{1g}{cm^3} \times 112,600 \mu m^3 \cdot 개}\right) \times 100 = 85.4973\%$

08 ★☆☆

정압, 동압, 피토우관과 관련하여 다음 물음에 답하시오.

(1) 정압의 정의를 쓰시오.
(2) 동압의 정의를 쓰시오.
(3) 피토우관 유속을 구하는 원리를 쓰시오.

정답

(1) 관 내의 유체가 흐를 때 흐름의 수직방향으로 작용하는 압력이다.
(2) 일정한 체적을 가진 유체가 흐를 때 유동방향으로 작용하는 운동에너지를 말하며 밀도와 유속을 변수로 하여 유체의 흐름에 의한 압력이다.
(3) 전압과 정압의 차이를 통해 동압을 산정한 후 유속을 측정한다.

만점 KEYWORD

(1) 흐름, 수직방향, 압력
(2) 유동방향, 운동에너지, 밀도, 유속, 변수, 압력
(3) 전압과 정압의 차이, 동압 산정, 유속 측정

관련이론 | 피토우관에서의 유속

$$V = C\sqrt{\frac{2gP_v}{\gamma}}$$

V : 유속(m/sec)
C : 피토우관 계수
g : 중력가속도(9.8m/s²)
P_v : 속도압(동압)(mmH$_2$O)
γ : 실측상태의 밀도(kg/m³)

09 ★☆☆

활성탄을 주입하여 NH$_3$ 56mg/L를 제거하는 흡착탑을 설계하려고 한다. 다음과 같은 실험결과를 바탕으로 배출가스 중 NH$_3$의 농도를 5mg/L로 하기 위한 활성탄 주입량(mg/L)을 구하시오. (단, Freundlich 등온흡착식을 이용한다.)

활성탄 주입량	유입농도	유출농도
20mg/L	56mg/L	16mg/L
52mg/L	56mg/L	4mg/L

정답

45.62mg/L

해설

Freundlich 등온흡착식을 이용한다.

$$\frac{X}{M} = KC^{\frac{1}{n}}$$

X : 흡착된 용질의 양
M : 흡착제(활성탄)의 양
C : 용질의 평형농도, K, n : 상수

(1) 상수 K, n 구하기

$$\frac{56-16}{20} = K \times 16^{\frac{1}{n}} \to 2 = K \times 4^{\frac{2}{n}} \quad \cdots\cdots\cdots ①$$

$$\frac{56-4}{52} = K \times 4^{\frac{1}{n}} \to 1 = K \times 4^{\frac{1}{n}} \quad \cdots\cdots\cdots ②$$

①과 ② 식을 이용하여 상수 K, n을 구한다.

$$\frac{2}{1} = \frac{K \times 4^{\frac{2}{n}}}{K \times 4^{\frac{1}{n}}}$$

$$2 = 4^{\frac{1}{n}}$$

$$n = 2, K = 0.5$$

(2) NH$_3$의 농도를 5mg/L로 하기 위한 활성탄 주입량(mg/L) 구하기

$$\frac{56-5}{M} = 0.5 \times 5^{\frac{1}{2}}$$

$$M = 45.6158 \text{mg/L}$$

10 ★★★

A 물질이 550sec 동안 반응한 후 농도가 초기농도의 1/2이 되었다면 A 물질이 1/5이 남을 때까지 소요되는 시간(sec)을 구하시오. (단, 1차 반응이다.)

정답
1,277.03sec

해설
1차 반응속도식을 이용한다.
$$\ln\frac{C_t}{C_o} = -kt$$
C_t: t시간이 지난 후 반응물질의 농도, C_o: 초기농도
k: 반응속도상수, t: 반응시간(sec)

(1) k값 계산하기

k는 반응속도상수로 문제에 주어지는 경우도 있지만 문제에서 주어지지 않으면 문제에 주어진 조건으로 계산해야 한다.
초기농도(C_o)를 100이라고 하면 550sec 후의 농도(C_t)는 50이다.
$$\ln\frac{50}{100} = -k \times 550\text{sec}$$
$$k = 1.2603 \times 10^{-3}\text{sec}^{-1}$$

(2) A 물질이 1/5이 남을 때까지 소요되는 시간 계산

초기농도(C_o)를 100이라고 하면 t시간이 지난 후 A 물질의 농도(C_t)는 20이다.
$$\ln\frac{20}{100} = -\frac{1.2603 \times 10^{-3}}{\text{sec}} \times t$$
$$t = 1,277.028\text{sec}$$

11 ★★☆

20℃, 760mmHg에서 H_2S의 헨리상수($atm \cdot m^3/kmol$)를 구하시오. (단, 20℃, 760mmHg에서 H_2S의 용해도는 2.586mL/mL 이다.)

정답
9.30atm · m³/kmol

해설
헨리법칙을 이용한다.
$$P = HC$$
P: 분압(atm)
H: 헨리상수(atm · m³/kmol)
C: 유해가스의 농도(kmol/m³)

$$C = \frac{2.586\text{mL} \times \frac{1\text{mmol}}{22.4\text{mL}} \times \frac{273\text{K}}{(273+20)\text{K}} \times \frac{1\text{kmol}}{10^6\text{mmol}}}{1\text{mL} \times \frac{\text{m}^3}{10^6\text{mL}}}$$

$= 0.1075\text{kmol/m}^3$

$1\text{atm} = H \times 0.1075\text{kmol/m}^3$
$H = 9.3023\text{atm} \cdot \text{m}^3/\text{kmol}$

12 ★☆☆

연소실에서 C_8H_{18}이 60g/hr로 연소되고 있다. 연소장치의 고장으로 불완전연소되어 CO가 발생한다면 연소실의 CO 농도가 100ppm이 될 때까지 걸리는 시간(분)을 구하시오. (단, 연소실의 온도는 15℃, 연소실의 가로는 5m, 세로는 3m, 폭은 3m이다.)

정답
2.71min

해설
CO 농도가 100ppm 일 때 연소실 내 CO 총 부피
$$= \frac{100\text{mL}}{\text{m}^3} \times (5\text{m} \times 3\text{m} \times 3\text{m}) \times \frac{\text{L}}{10^3\text{mL}} = 4.5\text{L}$$

$C_8H_{18} + 8.5O_2 \rightarrow 8CO + 9H_2O$

C_8H_{18}(분자량 114)과 CO는 1:8 반응이 이루어지므로,

$$114\text{g} : 8 \times 22.4\text{L} = \frac{60\text{g}}{\text{hr}} \times \frac{\text{hr}}{60\text{min}} \times t\text{min} : 4.5\text{L} \times \frac{273\text{K}}{(273+15)\text{K}}$$

$t = 2.7136\text{min}$

13 ★★☆

전기집진장치를 이용하여 먼지 농도가 10g/m³의 함진가스를 효율 95%로 처리하고 있다. 집진판의 면적은 5m×4m이며 수량은 19개이다. 처리 효율을 99.8%로 조절하기 위해 추가로 필요한 집진판의 개수를 구하시오. (단, Deutsch Anderson 식을 이용하여 계산하고, 모든 내부 집진판은 양면이며, 두 개의 외부 집진판은 각각 하나의 집진면을 갖는다.)

정답
20개

해설

$$\eta = 1 - e^{\left(-\frac{A \times W_e}{Q}\right)}$$

η: 효율, A: 단면적(m^2)
W_e: 먼지의 겉보기 이동속도(m/hr)

(1) 95%에서의 유효집진면적 계산하기

$(5 \times 4 \times 17 \times 2) + (5 \times 4 \times 2) = 720m^2$

※ 외부 집진판은 한면만 작용하고 내부 집진판은 양면이 작용하므로 외부 집진판 2개, 내부 집진판 17개로 나누어 유효집진면적을 구한다.

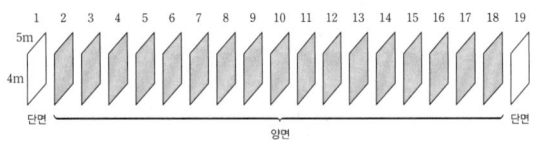

① 내부(양면) 집진 면적: $5m \times 4m \times 17개 \times 2(양면) = 680m^2$
② 외부(단면) 집진 면적: $5m \times 4m \times 2개 = 40m^2$
③ 총 집진 면적: $680m^2 + 40m^2 = 720m^2$

$$\eta = 1 - e^{\left(-\frac{A \times W_e}{Q}\right)}$$

여기서 $\frac{W_e}{Q}$를 상수 K로 하고 구한다.

$0.95 = 1 - e^{(-720 \times K)}$

$K = \frac{W_e}{Q} = 4.1607 \times 10^{-3}$

(2) 99.8%에서 필요한 집진면적 계산하기

$\eta = 1 - e^{(-A \times K)}$

$0.998 = 1 - e^{(-A \times 4.1607 \times 10^{-3})}$

$A = 1,493.6448m^2$

(3) 집진판의 개수 계산하기

집진판의 개수 $= \frac{(1,493.6448)m^2}{(5 \times 4 \times 2)m^2/개} = 37.3411개 \rightarrow 38개$

집진판을 내부 집진판으로만 구성했을 때 38개로 구성할 수 있다. 하지만 문제의 조건에 따라 두 개의 외부 집진판을 가지므로, 집진면 2면의 내부 집진판 1개를 집진면 1면의 외부 집진판 2개로 치환해야 한다. 따라서 내부 집진판은 37개가 되고, 외부 집진판은 2개가 되어 총 집진판은 39개가 된다. 따라서 추가로 필요한 집진판의 개수는 39−19=20개이다.

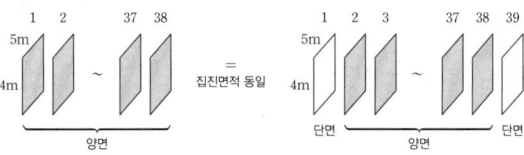

14 ★☆☆

연소시 발생되는 질소산화물(NO$_x$)이 화염온도에 민감한 이유를 설명하시오.

정답

연소시 공급되는 공기 속에 포함된 질소와 고온에서 산소가 반응하여 NO$_x$를 생성하며 온도가 높을 경우 발생량은 증가한다.

만점 KEYWORD
질소, 산소, NO$_x$ 생성, 높은 온도, 발생량, 증가

관련이론 | 질소산화물의 생성

연소시 발생하는 질소산화물의 대부분은 NO와 NO$_2$이며 산소와 질소가 결합하여 NO가 생성되는 반응은 흡열반응이다. 연소온도가 증가함에 따라 NO 생성량이 증가하며 발생원 근처에서는 NO/NO$_2$의 비가 크지만 발생원으로부터 멀어지면서 그 비가 감소한다.

- Fuel NO$_x$(연료 NO$_x$): 연료 속에 포함된 질소(N)가 산소와 반응하는 연소과정을 통해 NO$_x$가 생성되는 것이다. 연료 중 NO$_x$은 일반적으로 석탄에 많고 중유, 경유 순으로 적어진다.
- Thermal NO$_x$(고온 NO$_x$): 연소 시 공급되는 공기 속에 포함된 질소와 고온에서 산소가 반응하여 생성되는 것이다.
- Prompt NO$_x$(급속 NO$_x$): 연소반응 중 연료의 탄화수소와 질소가 화염의 고온영역에 반응하여 생성되는 것이다.

15 ★☆☆

어느 공장에서 배출되는 가스 중 SO_2와 NO가 아래의 조건과 같이 배출되고 있다. H_2S를 이용한 선택적환원법으로 SO_2와 NO를 동시에 100% 제거하려고 할 때 필요한 H_2S의 양(Sm^3/월)과 회수되는 황(S)의 양(ton/월)을 각각 계산하시오.

- 배출가스 유량: 2,000Sm^3/min
- SO_2: 800ppm
- NO: 400ppm
- 가동시간: 8시간/일, 25일/월

(1) 필요한 H_2S의 양(Sm^3/월)
(2) 회수되는 황(S)의 양(ton/월)

정답

(1) 48,000Sm^3/월
(2) 96ton/월

해설

$SO_2 + 2H_2S \rightarrow 3S + 2H_2O$

SO_2 발생량=

$$\frac{800mL}{Sm^3} \times \frac{Sm^3}{10^6 mL} \times \frac{2,000Sm^3}{min} \times \frac{60min}{hr} \times \frac{8hr}{day} \times \frac{25day}{월}$$

$= 19,200Sm^3$/월

$NO + H_2S \rightarrow S + 0.5N_2 + H_2O$

NO 발생량=

$$\frac{400mL}{Sm^3} \times \frac{Sm^3}{10^6 mL} \times \frac{2,000Sm^3}{min} \times \frac{60min}{hr} \times \frac{8hr}{day} \times \frac{25day}{월}$$

$= 9,600Sm^3$/월

(1) 100% 제거시 필요한 H_2S의 양 구하기

SO_2의 반응식에서 SO_2와 H_2S의 반응비는 1:2이므로
SO_2 제거에 필요한 H_2S의 양 $= 19,200 \times 2 = 38,400Sm^3$/월
NO의 반응식에서 NO와 H_2S의 반응비는 1:1이므로
NO 제거에 필요한 H_2S의 양 $= 9,600Sm^3$/월
따라서,
필요한 H_2S의 양 $= 38,400 + 9,600 = 48,000Sm^3$/월

(2) 회수되는 황(S)의 양 구하기

SO_2의 반응식에서 SO_2와 S의 반응비는 1:3이므로
SO_2 제거 후 회수되는 S의 양=

$$\frac{19,200Sm^3}{월} \times \frac{3 \times 32kg}{22.4Sm^3} \times \frac{ton}{10^3 kg} = 82.2857 ton/월$$

NO의 반응식에서 NO와 S의 반응비는 1:1이므로
NO 제거 후 회수되는 S의 양=

$$\frac{9,600Sm^3}{월} \times \frac{1 \times 32kg}{22.4Sm^3} \times \frac{ton}{10^3 kg} = 13.7143 ton/월$$

따라서,
회수되는 S의 양 $= 82.2875 + 13.7143 = 96.0018 ton/월$

16 ★★☆

입구농도가 0.5g/m^3이고 집진율은 90%인 여과집진장치가 있다. 여과포의 수는 424개이며 한 개의 여과포는 직경 3m, 높이는 2m이다. 여과포에 대한 먼지의 부하량이 0.8kg/m^2이고 여과속도가 0.02m/sec, 압력손실이 100mmH_2O에서 탈진이 이루어질 때 탈진주기(hr)를 구하시오. (단, 여과된 먼지에만 압력손실이 작용한다.)

정답

24.69hr

해설

$$t = \frac{L_d}{C_i \times V_f \times \eta}$$

t: 탈진주기(sec)
L_d: 먼지부하(g/m^2), C_i: 입구 먼지농도(g/m^3)
V_f: 여과속도(m/sec), η: 집진효율

$$t = \frac{0.8kg/m^2 \times 10^3 g/kg}{0.5g/m^3 \times 0.02m/sec \times 0.9} = 88,888.8889 sec$$

$$88,888.8889 sec \times \frac{hr}{3,600sec} = 24.691 hr$$

17

다음 조건은 각 물질별 생성열이다. $CH_4(g)$와 $C_{12}H_{26}(l)$이 연소할 때 발열량당 발생량의 절댓값이 낮은 물질을 쓰시오. (단, 완전연소하며 반응 생성물은 $CO_2(g)$와 $H_2O(g)$ 이다.)

	$\triangle H_f$(kcal/kmol) at 293K
$CH_4(g)$	-17.89
$C_{12}H_{26}(l)$	-83
$CO_2(g)$	-94.05
$H_2O(g)$	-57.80
$O_2(g)$	0

정답

CH_4가 더 적다.

해설

$\triangle H$ = 생성물질의 엔탈피 − 반응물의 엔탈피

(1) CH_4의 발열량당 발생량 구하기

$CH_4 + 2O_2 \rightarrow CO_2 + 2H_2O$

$\triangle H = [(-94.05) + (2 \times -57.80)] - (-17.89)$
$= -191.76 \, kcal/kmol$

CO_2 발생량 = 1kmol/kmol

발열량당 발생량 $= \dfrac{CO_2 의 발생량}{\triangle H} = \dfrac{1 kmol/kmol}{191.76 kcal/kmol}$
$= 5.2148 \times 10^{-3} \, kmol/kcal$

(2) $C_{12}H_{26}$의 발열량당 발생량 구하기

$C_{12}H_{26} + 18.5O_2 \rightarrow 12CO_2 + 13H_2O$

$\triangle H = [(12 \times -94.05) + (13 \times -57.80)] - (-83)$
$= -1,797 \, kcal/kmol$

CO_2 발생량 = 12kmol/kmol

발열량당 발생량 $= \dfrac{CO_2 의 발생량}{\triangle H} = \dfrac{12 kmol/kmol}{1,797 kcal/kmol}$
$= 6.6778 \times 10^{-3} \, kmol/kcal$

18

다음의 진비중과 겉보기 비중을 비교한 표에서 (1) 가장 재비산이 일어나기 쉬운 물질을 쓰고 (2) 그 물질의 공극률(%)을 구하시오.

	진비중	겉보기 비중
시멘트킬른	3.00	0.60
미분탄보일러	2.10	0.52
황동용전기로	5.40	0.36
카본블랙	1.90	0.03
산소제강로	4.74	0.65

(1) 가장 재비산이 일어나기 쉬운 물질
(2) 해당 물질의 공극률

정답

(1) 카본블랙
(2) 98.42%

해설

공극률 $= \left(1 - \dfrac{겉보기 밀도}{진밀도}\right) \times 100$

- 시멘트킬른: $\left(1 - \dfrac{0.60}{3.00}\right) \times 100 = 80\%$
- 미분탄보일러: $\left(1 - \dfrac{0.52}{2.10}\right) \times 100 = 75.238\%$
- 황동용전기로: $\left(1 - \dfrac{0.36}{5.40}\right) \times 100 = 93.333\%$
- 카본블랙: $\left(1 - \dfrac{0.03}{1.90}\right) \times 100 = 98.421\%$
- 산소제강로: $\left(1 - \dfrac{0.65}{4.74}\right) \times 100 = 86.287\%$

공극률이 클수록 재비산이 일어나기 쉽다.

19 ★★★

석탄 1kg에 대한 연료의 조성이 다음과 같을 때 습연소가스량에 대한 SO_2(ppm)의 양을 구하시오. (단, 공기비는 1.0이며 연료 중 질소는 연소에 참여하지 않는다.)

성분	C	H	N	O	S
%	77.2	5.2	9.1	6.0	2.5

정답

2,049.40ppm

해설

이론산소량 $= 1.867C + 5.6H + 0.7S - 0.7O$
$= (1.867 \times 0.772) + (5.6 \times 0.052) + (0.7 \times 0.025) - (0.7 \times 0.06)$
$= 1.7080 Sm^3/kg$

이론공기량 $= \dfrac{이론산소량}{0.21} = \dfrac{1.7080 Sm^3/kg}{0.21} = 8.1333 Sm^3/kg$

이론공기 중 질소량 $=$ 이론공기량 $\times 0.79$
$8.1333 \times 0.79 = 6.4253 Sm^3/kg$

과잉공기량은 공기비가 1이므로 없다.

CO_2 배출량
탄소(C, 원자량 12) 1kmol이 연소하면 이산화탄소(CO_2) 1kmol이 생성된다.
$C + O_2 \rightarrow CO_2$
$12kg : 22.4Sm^3 = 0.772kg/kg : x$
$x = 1.4411 Sm^3/kg$

SO_2 배출량
황(S, 원자량 32) 1kmol이 연소하면 이산화황(SO_2) 1kmol이 생성된다.
$S + O_2 \rightarrow SO_2$
$32kg : 22.4Sm^3 = 0.025kg/kg : x$
$x = 0.0175 Sm^3/kg$

H_2O 배출량
수소 기체(H_2, 분자량 2) 2kmol이 연소하면 물(H_2O) 1kmol이 생성된다.
$2H_2 + O_2 \rightarrow 2H_2O$
$2kg : 22.4Sm^3 = 0.052kg/kg : x$
$x = 0.5824 Sm^3/kg$

N_2 발생량
질소(N, 원자량 14) 1kmol은 질소 기체(N_2) 0.5kmol이 된다.
$N \rightarrow 0.5N_2$
$14kg : 0.5 \times 22.4Sm^3 = 0.091kg/kg : x$
$x = 0.0728 Sm^3/kg$

실제습연소가스량 = 이론공기 중 질소량 + 과잉공기량 + 습연소생성물($CO_2 + H_2O + SO_2 + N_2$)
$= 6.4253 + 1.4411 + 0.0175 + 0.5824 + 0.0728 = 8.5391 Sm^3/kg$

SO_2 ppm = SO_2 발생량 / 실제습연소가스량
$= \dfrac{0.0175 Sm^3/kg}{8.5391 Sm^3/kg} \times 10^6 = 2,049.3963 ppm$

※ 실제 시험에서는 석탄 $1m^3$로 출제되었으나 석탄은 체적으로 나올 수 없으므로 문제 오류로 판단되어 석탄 1kg으로 수정하여 풀이하였습니다.

20 ★☆☆

1기압, 20℃의 조건에서 암모니아를 함유한 공기 $280m^3$이 세정 처리되고 있다. 상부에서 물이 주입되는 향류조작으로 암모니아를 90% 회수하기 위해 필요한 물의 양(kg)을 구하시오. (단, 공기 중 암모니아는 3%의 비율로 존재하며 공기의 분자량은 29g/mol, 밀도는 온도와 압력에 의해 변한다.)

〈1기압 20℃에서의 암모니아 용해도〉

암모니아 부분압력 (mmHg)	12	18.2	22.8	31.7	50
용해도 [암모니아 g/물 100g]	2	3	3.6	5	7.5

정답

148.50kg

해설

문제의 조건에서 1기압, 공기 중 암모니아 비율이 3%이므로
암모니아(NH_3)의 부분압력 $= 760mmHg \times 0.03 = 22.8mmHg$이다.
이에 해당하는 용해도를 표에서 찾으면 3.6g/100g이다.
따라서
공기 중 암모니아(NH_3)를 회수하기 위한 물의 양
$= 280m^3 \times \dfrac{3}{100} \times 0.9 \times \dfrac{273K}{(273+20)K} \times \dfrac{17kg}{22.4Sm^3} \times \dfrac{100g}{3.6g}$
$= 148.4962 kg$

2023년 1회 기출문제

01 ★☆☆

벤투리 스크러버를 통과한 가스의 온도는 450℃, 가스유량은 $5 \times 10^4 \text{m}^3/\text{hr}$이다. 조건이 다음과 같을 때, 배출되는 가스의 온도(℃)를 구하시오.

- 흡수액의 온도: 20℃
- 액가스비: 1.5L/m^3
- 먼지의 농도: 30g/m^3
- 가스의 밀도: 1.2kg/m^3
- 흡수액의 밀도: 1kg/L
- 가스 정압비열: $0.31\text{kcal/kg}\cdot\text{℃}$
- 흡수액 정압비열: $1\text{kcal/kg}\cdot\text{℃}$

정답

105.45℃

해설

가스가 잃은 열량=흡수액이 얻은 열량
열량(Q)을 구하는 식은 다음과 같다.
$Q = G \cdot C_p \cdot \Delta t$
Q: 열량(kcal), G: 질량(g), C_p: 정압비열(kcal/kg·℃),
Δt: 온도차

$$\frac{5 \times 10^4 \text{m}^3}{\text{hr}} \times \frac{1.2\text{kg}}{\text{m}^3} \times \frac{0.31\text{kcal}}{\text{kg}\cdot\text{℃}} \times (450-x)\text{℃}$$
$$= \frac{5 \times 10^4 \text{m}^3}{\text{hr}} \times \frac{1.5\text{L}}{\text{m}^3} \times \frac{1\text{kg}}{\text{L}} \times \frac{1\text{kcal}}{\text{kg}\cdot\text{℃}} \times (x-20)\text{℃}$$

$x = 105.4487$℃

02 ★★☆

전기집진장치로 분진을 집진할 경우 작용하는 집진원리를 4가지 쓰시오.

정답

① 입자 간의 흡인력
② 전계강도의 힘
③ 전기풍에 의한 힘
④ 대전 입자의 하전에 의한 쿨롱력

03 ★★☆

기체연료(C_xH_y) 1mol을 이론공기량으로 완전연소시켰을 경우 이론습연소가스량(g)을 계산하시오.

정답

$(149.93x + 35.48y)$g

해설

$$C_xH_y + \left(x + \frac{y}{4}\right)O_2 \rightarrow xCO_2 + \frac{y}{2}H_2O$$

이론산소량 $= \left(x + \frac{y}{4}\right)\text{mol} \times \frac{32\text{g}}{\text{mol}} = (32x + 8y)\text{g}$

이론공기량 $= \dfrac{\text{이론산소량}}{0.232} = \dfrac{(32x+8y)\text{g}}{0.232} = 137.9310x + 34.4828y$

이론공기 중 질소 = 이론공기량 × 0.768
$\quad\quad\quad\quad\quad\quad\quad = (137.9310x + 34.4828y) \times 0.768$
$\quad\quad\quad\quad\quad\quad\quad = 105.9310x + 26.4828y$

이론습연소가스량 = 이론공기중 질소 + 연소생성물($CO_2 + H_2O$)
$CO_2 + H_2O = 44x + 18 \times 0.5y = 44x + 9y$
∴ 이론습연소가스량 $= 105.9310x + 26.4828y + 44x + 9y$
$\quad\quad\quad\quad\quad\quad\quad\quad = 149.931x + 35.4828y$

04 ★★☆

유효굴뚝높이가 180m인 연돌에서 배출되는 가스량이 36,000m³/hr, 오염물질의 농도가 350ppm일 때 Sutton식에 의한 최대 지표농도를 절반으로 줄이기 위해 올려야 하는 유효굴뚝높이와 최대 착지거리를 계산하시오. (단, K_y=0.07, K_z=0.09, 유속은 10m/sec, 대기 안정도 지수 0.25)

(1) 높여야 하는 유효굴뚝높이(m)
(2) 최대 착지 거리(m)

정답

(1) 74.56m
(2) 5,923.87m

해설

(1) **높여야 하는 유효굴뚝높이(m) 구하기**

최대지표농도(C_{max})와 유효굴뚝높이(H_e)의 관계는 다음과 같다.

$$C_{max} \propto \frac{1}{H_e^2}$$

$$\frac{C_{max-나중}}{C_{max-처음}} = \frac{K\frac{1}{H_e^2}}{K\frac{1}{180^2}} = \frac{1}{2}$$

∴ H_e = 254.5584m

높여야 할 유효굴뚝높이 = 254.5584 − 180 = 74.5584m

(2) **최대 착지 거리(m) 구하기**

$$X_{max} = \left(\frac{H_e}{K_z}\right)^{\frac{2}{2-n}}$$

X_{max} : 최대 착지거리(m), H_e : 유효굴뚝높이(m)
K_z : 수직방향확산계수, n : 대기안정도 지수

$$X_{max} = \left(\frac{180}{0.09}\right)^{\frac{2}{2-0.25}} = 5,923.8726\text{m}$$

05 ★★☆

A 굴뚝에서 가스가 22,400Sm³/hr씩 방출되고 있다. 가스는 HF 3,000ppm, SiF_4 1,500ppm을 함유하며 100% 흡수율로 처리하고자 한다. 이때 생성되는 규불산의 양(kg/hr)을 계산하시오.

정답

216kg/hr

해설

$2HF + SiF_4 \rightarrow H_2SiF_6$

HF 2kmol(2×22.4Sm³)이 SiF_4와 반응하면 규불산(H_2SiF_6) 1kmol이 생성된다.

HF 발생량 = $\frac{3,000\text{mL}}{\text{m}^3} \times \frac{22,400\text{Sm}^3}{\text{hr}} \times \frac{\text{Sm}^3}{10^6\text{mL}} = 67.2\text{Sm}^3/\text{hr}$

$2 \times 22.4\text{Sm}^3 : 144\text{kg} = 67.2\text{Sm}^3/\text{hr} : x$

x = 216kg/hr

※ H_2SiF_6의 분자량 = (1×2) + 28 + (19×6) = 144

06 ★★☆

도시가스 $1Sm^3$에 대한 함량이 아래 표와 같을 때 도시가스 $1Sm^3$의 완전연소에 필요한 이론공기량(Sm^3)을 계산하시오. (단, 연소생성물은 CO_2와 H_2O이며, N_2는 전부 NO로 산화한다고 가정한다.)

성분	함유량
CH_4	0.55
N_2	0.16
C_3H_6	0.03
C_2H_4	0.05
CO_2	0.1
O_2	0.01
CO	0.1

정답

$7.55Sm^3$

해설

(1) 전체 이론산소량(Sm^3) 계산

① CH_4의 이론산소량
   $CH_4 + 2O_2 \rightarrow CO_2 + 2H_2O$
   이론산소량 $= 0.55Sm^3 \times 2 = 1.1Sm^3$

② N_2의 이론산소량
   $N_2 + O_2 \rightarrow 2NO$
   이론산소량 $= 0.16Sm^3 \times 1 = 0.16Sm^3$

③ C_3H_6의 이론산소량
   $C_3H_6 + 4.5O_2 \rightarrow 3CO_2 + 3H_2O$
   이론산소량 $= 0.03Sm^3 \times 4.5 = 0.135Sm^3$

④ C_2H_4의 이론산소량
   $C_2H_4 + 3O_2 \rightarrow 2CO_2 + 2H_2O$
   이론산소량 $= 0.05Sm^3 \times 3 = 0.15Sm^3$

⑤ CO의 이론산소량
   $CO + 0.5O_2 \rightarrow CO_2$
   이론산소량 $= 0.1Sm^3 \times 0.5 = 0.05Sm^3$

CO_2는 연소생성물로 산소를 소비하지 않는다.

⑥ 전체 이론산소량
   = 가연물의 이론산소량 − 연료중 산소량
   $= (1.1 + 0.16 + 0.135 + 0.15 + 0.05) - 0.01 = 1.585Sm^3$

(2) 완전연소에 필요한 이론공기량(Sm^3) 계산
   이론산소량$/0.21 = 1.585/0.21 = 7.5476Sm^3$

07 ★☆☆

2,3,7,8−TCDD, 2,3,7,8−TCDF, PCB(다염소화비페닐)의 구조식을 그리시오.

정답

2,3,7,8−TCDD

2,3,7,8−TCDF

PCB

관련이론 | 2,3,7,8−TCDD, 2,3,7,8−TCDF, PCB

- 2,3,7,8−TCDD: 다이옥신류로 산소 2개가 벤젠고리 사이에 존재한다.
- 2,3,7,8−TCDF: 퓨란류로 산소 1개가 벤젠고리 사이에 존재한다.
- PCB: 폴리염화비페닐이라고도 하며 비페닐기(C_6H_5−C_6H_5)에 2개 ~10개의 염소가 치환되어 생성된 물질로 많은 이성질체가 존재한다.

08 ★★☆

다음 보기 중 오존파괴지수(ODP)가 큰 순서대로 나열하시오.

① CH_2BrCl ② $C_2F_4Br_2$ ③ $C_2F_3Cl_3$
④ CF_3Br ⑤ CF_2BrCl

정답

④ > ② > ⑤ > ③ > ①

해설

① CH_2BrCl (0.12)   ② $C_2F_4Br_2$ (6.0)
③ $C_2F_3Cl_3$ (0.8)   ④ CF_3Br (10)
⑤ CF_2BrCl (3.0)

09 ★☆☆

기체크로마토그래피의 검출기 중 전자포획검출기(Electron Capture Detector, ECD)의 원리를 서술하시오.

정답

전자포획검출기(Electron Capture Detector, ECD)는 방사성 물질인 Ni-63 혹은 삼중수소로부터 방출되는 β선이 운반기체를 전리하여 이로 인해 전자포획검출기 셀(cell)에 전자구름이 생성되어 일정 전류가 흐르게 된다. 이러한 전자포획검출기 셀에 전자친화력이 큰 화합물이 들어오면 셀에 있던 전자가 포획되어 이로 인해 전류가 감소하는 것을 이용하는 방법으로 유기 할로겐 화합물, 나이트로 화합물 및 유기 금속 화합물 등 전자친화력이 큰 원소가 포함된 화합물을 수 ppt의 매우 낮은 농도까지 선택적으로 검출할 수 있다.

만점 KEYWORD

β선, 운반기체 전리, 전자구름 생성, 전류, 전자친화력이 큰 화합물, 전자 포획, 전류 감소, 전자친화력이 큰 원소가 포함된 화합물, 매우 낮은 농도까지, 선택적, 검출

10 ★☆☆

다음 조건을 보고 물음에 답하시오.

- 유효굴뚝의 높이 : 70m
- H_2S 가스가 80g/sec의 속도로 배출된다.
- 풍속 : 10m/sec
- 가우시안확산식 $C = \dfrac{Q}{\pi \sigma_y \sigma_z U} \left[\exp\left(-\dfrac{1}{2}\left(\dfrac{H_e}{\sigma_z}\right)^2\right) \right]$
- $\sigma_y = 36m$, $\sigma_z = 18.5m$

(1) 지면에 있는 오염원으로부터 바람이 부는 방향으로 500m 떨어진 연기의 중심선상 지표면에서의 H_2S 농도($\mu g/m^3$)를 계산하시오.

(2) H_2S의 대기 중 냄새한계농도를 0.47ppb라 할 때 냄새가 감지되는지의 여부를 판단하시오.

정답

(1) $2.98\mu g/m^3$

(2) 1.96ppb 이므로 감지된다.

해설

(1) H_2S 농도($\mu g/m^3$) 계산

$$C = \dfrac{Q}{\pi \sigma_y \sigma_z U} \left[\exp\left(-\dfrac{1}{2}\left(\dfrac{H_e}{\sigma_z}\right)^2\right) \right]$$

Q : 오염물질 배출량($\mu g/sec$)

$Q = \dfrac{80g}{sec} \times \dfrac{10^6 \mu g}{g} = 80 \times 10^6 \mu g/sec$

U : 풍속(m/sec)

H_e : 유효굴뚝높이(m)

$C = \dfrac{80 \times 10^6}{\pi \times 36 \times 18.5 \times 10} \left[\exp\left(-\dfrac{1}{2}\left(\dfrac{70}{18.5}\right)^2\right) \right] = 2.9755 \mu g/m^3$

(2) H_2S 농도($\mu g/m^3$)를 ppb 단위로 환산하여 냄새가 감지되는지 여부 판단

H_2S의 분자량 = $(1 \times 2) + 32 = 34$

$\dfrac{2.9755 \mu g \times \dfrac{22.4 \mu L}{34 \mu g}}{m^3} = 1.9603 \mu L/m^3 = 1.9603 ppb$

문제에서 주어진 H_2S의 대기 중 냄새한계 농도가 0.47ppb이기 때문에 약 1.96ppb의 H_2S는 냄새가 감지된다.

11 ★★★

유량 50,000m³/hr, 유입농도 2g/m³인 함진가스를 집진처리하여 60kg/day로 배출하기 위한 집진장치의 효율(%)을 구하시오.

[정답]

97.5%

[해설]

(1) 유출농도(g/m³) 계산

$$\frac{60\text{kg}}{\text{day}} \times \frac{\text{hr}}{50,000\text{m}^3} \times \frac{10^3\text{g}}{1\text{kg}} \times \frac{1\text{day}}{24\text{hr}} = 0.05\text{g/m}^3$$

(2) 집진장치의 효율(%) 계산

$$\eta = \left(1 - \frac{C_{\text{out}}}{C_{\text{in}}}\right) \times 100$$

C_{in}: 유입농도, C_{out}: 출구농도

$$\eta = \left(1 - \frac{0.05\text{g/m}^3}{2\text{g/m}^3}\right) \times 100 = 97.5\%$$

12 ★★☆

10개의 bag을 사용한 여과집진장치에서 집진율이 90%, 입구의 먼지 농도는 150℃에서 10g/Sm³이었다. 가동 중에 1개의 bag에 구멍이 열려 전체 처리가스량의 1/10이 그대로 통과하였다. 이때, 출구의 먼지농도(g/Sm³)를 계산하시오.

[정답]

1.9g/Sm³

[해설]

처리가스량의 1/10은 그대로 통과하였고, 나머지 9/10은 집진율 90%로 계산한다.

$$10 \times \frac{1}{10} + 10 \times \frac{9}{10} \times (1 - 0.9) = 1.9\text{g/Sm}^3$$

13 ★★★

NO 250ppm, NO_2 22.5ppm을 함유한 배기가스 10,000Sm³/hr를 NH_3에 의한 선택적 접촉환원법으로 처리할 경우 NO_x를 제거하기 위한 NH_3의 이론량(kg/hr)을 계산하시오. (단, 산소는 공존하지 않는다.)

[정답]

1.49kg/hr

[해설]

(1) NO를 처리할 경우 필요한 NH_3의 양 계산

NO의 발생량을 Sm³/hr 단위로 환산한다.

$$\frac{250\text{mL}}{\text{Sm}^3} \times \frac{10,000\text{Sm}^3}{\text{hr}} \times \frac{\text{Sm}^3}{10^6\text{mL}} = 2.5\text{Sm}^3/\text{hr}$$

NO 6kmol을 처리하기 위해서는 NH_3(분자량 17) 4kmol이 필요하다.

$6NO + 4NH_3 \rightarrow 5N_2 + 6H_2O$

$6 \times 22.4\text{Sm}^3 : 4 \times 17\text{kg} = 2.5\text{Sm}^3/\text{hr} : x$

$x = 1.2649\text{kg/hr}$

(2) NO_2를 처리할 경우 필요한 NH_3의 양 계산

NO_2의 발생량을 Sm³/hr 단위로 환산한다.

$$\frac{22.5\text{mL}}{\text{Sm}^3} \times \frac{10,000\text{Sm}^3}{\text{hr}} \times \frac{\text{Sm}^3}{10^6\text{mL}} = 0.225\text{Sm}^3/\text{hr}$$

NO_2 6kmol을 처리하기 위해서는 NH_3(분자량 17) 8kmol이 필요하다.

$6NO_2 + 8NH_3 \rightarrow 7N_2 + 12H_2O$

$6 \times 22.4\text{Sm}^3 : 8 \times 17\text{kg} = 0.225\text{Sm}^3/\text{hr} : x$

$x = 0.2277\text{kg/hr}$

(3) NO_x를 제거하기 위한 NH_3의 이론량(kg/hr) 계산

$1.2649 + 0.2277 = 1.4926\text{kg/hr}$

관련이론 | 선택적 촉매환원기술(SCR)

- 선택적 촉매환원법이라고도 하며 200~400℃에서 촉매(TiO_2와 V_2O_5 등)에 NH_3, H_2, CO, H_2S 등의 환원가스를 작용시켜 NO_x를 N_2로 환원시키는 방법이다.
- $6NO_2 + 8NH_3 \rightarrow 7N_2 + 12H_2O$
- $6NO + 4NH_3 \rightarrow 5N_2 + 6H_2O$
- $4NO + 4NH_3 + O_2 \rightarrow 4N_2 + 6H_2O$(산소가 공존하는 상태)
- 촉매: 백금, 산화알루미늄계, 산화철계, 산화티타늄계 등
- 환원가스: NH_3, CO, H_2S, H_2 등

14 ★☆☆

기상의 오염물질 A를 제거하는 흡수장치에서 다음과 같은 측정값을 얻었을 때의 흡수속도(kmol/m²·hr)를 계산하시오. (단, 소수 넷째자리에서 반올림하여 소수 셋째자리까지 나타내시오.)

- 헨리상수(H): 2.0 kmol/m³·atm
- 기상물질계수(k_g): 3.2 kmol/m²·hr·atm
- 액상물질계수(k_L): 0.7 m/hr
- 기상 A 성분의 분압(P_A): 0.15 atm
- 액상 A 성분의 농도(C_A): 0.1 kmol/m³

정답

0.097 kmol/m²·hr

해설

일반적으로 사용하는 헨리상수(H)의 단위는 atm·m³/kmol이지만 문제에서 주어진 헨리상수의 단위는 kmol/m³·atm이다.
문제에서 주어진 조건을 기준으로 헨리상수는 다음 식을 적용해야 한다.

$$H = \frac{C}{P} \ (H\text{의 단위: kmol/m}^3 \cdot \text{atm})$$

이중경막설에 따르면 경막 내 계면에서의 물질전달은 다음 식과 같다.

$$N = k_g(P_A - P_i) = k_L(C_i - C_A)$$

N: 흡수속도
P_i: 기액경계면에서 기체 및 액체의 분압 및 압력
C_i: 기액경계면에서의 농도

$$P_i = \frac{C_i}{H}$$

$$N = k_g\left(P_A - \frac{C_i}{H}\right) = k_L(C_i - C_A)$$

위의 식을 이용하여 기액경계면에서의 농도(C_i)를 계산한다.

$$k_g\left(P_A - \frac{C_i}{H}\right) = k_L(C_i - C_A)$$

$$(k_g \times P_A) - \left(k_g \times \frac{C_i}{H}\right) = (k_L \times C_i) - (k_L \times C_A)$$

$$(k_L \times C_i) + \left(k_g \times \frac{C_i}{H}\right) = (k_g \times P_A) + (k_L \times C_A)$$

$$C_i = \frac{(k_g \times P_A) + (k_L \times C_A)}{k_L + \frac{k_g}{H}} = \frac{(3.2 \times 0.15) + (0.7 \times 0.1)}{0.7 + \frac{3.2}{2.0}}$$

$$= 0.2391 \ \text{kmol/m}^3$$

따라서, 흡수속도(N)를 구하면

$$N = k_g\left(P_A - \frac{C_i}{H}\right) = k_L(C_i - C_A)$$

$$= 3.2 \times \left(0.15 - \frac{0.2391}{2}\right) = 0.7 \times (0.2391 - 0.1)$$

$$= 0.097 \ \text{kmol/m}^2 \cdot \text{hr}$$

15 ★★★

굴뚝의 배출가스 온도가 227℃에서 127℃로 변하면 통풍력은 처음에 비해 몇 %로 감소되는지 계산하시오. (단, 대기 온도는 27℃이고, 공기와 배출가스의 비중량은 1.3 kgf/Sm³이다.)

정답

62.5%

해설

$$Z(\text{mmH}_2\text{O}) = 273 \times H \times \left[\frac{\gamma_a}{273 + t_a} - \frac{\gamma_g}{273 + t_g}\right]$$

H: 굴뚝의 높이(m)
γ_a: 공기의 비중량(kgf/m³), γ_g: 배기가스의 비중량(kgf/m³)
t_a: 공기의 온도(℃), t_g: 배기가스의 온도(℃)

(1) 227℃에서 통풍력

$$Z_1 = 273 \times H \times \left[\frac{1.3}{273 + 27} - \frac{1.3}{273 + 227}\right]$$

(2) 127℃로 변했을 때의 통풍력

$$Z_2 = 273 \times H \times \left[\frac{1.3}{273 + 27} - \frac{1.3}{273 + 127}\right]$$

(3) 감소율 계산

$$\frac{Z_2}{Z_1} \times 100 = \frac{273 \times H \times \left[\frac{1.3}{273 + 27} - \frac{1.3}{273 + 127}\right]}{273 \times H \times \left[\frac{1.3}{273 + 27} - \frac{1.3}{273 + 227}\right]} \times 100$$

$$= 62.5\%$$

16 ★★☆

탄소 85kg, 수소 5kg, 황 2kg, 산소 6kg, 회분 2kg으로 구성된 100kg의 석탄을 연소시켰을 때 건조연소가스 중의 SO_2 농도(ppm)를 계산하고 시간당 500kg의 석탄을 연소하였을 때 하루 동안 사용되는 이론공기량(ton)을 구하시오. (단, 표준상태 기준이며, 공기비는 1.3이고 24시간 운전된다.)

(1) SO_2 농도(ppm)
(2) 소비되는 이론공기량(ton)

정답
(1) 1,256.07ppm
(2) 135.88ton

해설
(1) SO_2 농도(ppm) 구하기

이론산소량 $= 1.867C + 5.6H + 0.7S - 0.7O$
$= (1.867 \times 0.85) + (5.6 \times 0.05) + (0.7 \times 0.02) - (0.7 \times 0.06)$
$= 1.8390 Sm^3/kg$

이론공기량 $= \dfrac{이론산소량}{0.21} = \dfrac{1.8390}{0.21} = 8.7571$

이론공기 중 질소 $=$ 이론공기량 $\times 0.79$
$= 8.7571 \times 0.79 = 6.9181 Sm^3/kg$

과잉공기량 $=$ 이론공기량 $\times (m-1)$
$= 8.7571 \times (1.3 - 1) = 2.6271 Sm^3/kg$

CO_2 배출량
탄소(C, 원자량 12) 1kmol이 연소하면 이산화탄소(CO_2) 1kmol이 발생한다.
$C + O_2 \rightarrow CO_2$
$12kg : 22.4Sm^3 = 0.85kg/kg : x$
$x = 1.5867 Sm^3/kg$

SO_2 배출량
황(S, 원자량 32) 1kmol이 연소하면 이산화황(SO_2) 1kmol이 발생한다.
$S + O_2 \rightarrow SO_2$
$32kg : 22.4Sm^3 = 0.02kg/kg : x$
$x = 0.014 Sm^3/kg$

실제건조연소가스량 = 이론공기 중 질소량 + 과잉공기량 + 건조연소생성물($CO_2 + SO_2$)
$6.9181 + 2.6271 + 1.5867 + 0.014 = 11.1459 Sm^3/kg$

∴ SO_2 농도(ppm) $= \dfrac{0.014}{11.1459} \times 10^6 = 1,256.0673 ppm$

(2) 소비되는 이론공기량(ton) 구하기

해설-1
이론산소량(kg/kg) $= 2.667C + 8H + S - O$
$= 2.667 \times 0.85 + 8 \times 0.05 + 0.02 - 0.06 = 2.6270 kg/kg$

이론공기량(kg/kg) $= \dfrac{이론산소량}{0.232} = \dfrac{2.6270}{0.232} = 11.3233 kg/kg$

연료의 사용량을 적용하면,
$\dfrac{11.3233kg}{kg} \times \dfrac{500kg}{hr} \times 24hr \times \dfrac{1ton}{10^3 kg} = 135.8796 ton$

해설-2
이론공기량과 공기의 밀도를 이용하여 계산한다.

이론공기량 $= \dfrac{이론산소량}{0.21} = \dfrac{1.8390}{0.21} = 8.7571 Sm^3/kg$

공기의 밀도를 $1.293 kg/Sm^3$로 적용하면
$\dfrac{8.7571 Sm^3}{kg} \times \dfrac{1.293 kg}{Sm^3} \times \dfrac{500kg}{hr} \times 24hr \times \dfrac{ton}{1,000kg}$
$= 135.8752 ton$

17 ★☆☆

에탄 1mol이 연소할 경우 저위발열량을 구하고 에탄의 생성반응에서 주위의 온도를 올려 열을 가하는 경우 르샤틀리에 원리를 적용하여 판단한 에탄의 농도를 증가 또는 감소로 답하시오. (단, 다음의 표준생성엔탈피를 참고하고 연소생성물은 CO_2와 H_2O이다.)

- 에탄: -20.24 kcal/mol
- CO_2: -94.05 kcal/mol
- H_2O: -57.80 kcal/mol

(1) 에탄 1mol의 저위발열량
(2) 에탄의 변화 (증가 / 감소 / 변화없다.)

정답
(1) 341.26kcal/mol
(2) 감소

해설
(1) 에탄 1mol의 저위발열량 구하기

$3H_2(g) + 1.5O_2(g) \rightleftharpoons 3H_2O(l)$, $\triangle H_1 = -3 \times 57.80$ kcal/mol
$2C(s) + 2O_2(g) \rightleftharpoons 2CO_2(g)$, $\triangle H_2 = -2 \times 94.05$ kcal/mol
$C_2H_6(g) \rightleftharpoons 2C(s) + 3H_2(g)$, $\triangle H_3 = +20.24$ kcal/mol

위 반응식을 합하면
$C_2H_6(g) + 3.5O_2(g) \rightarrow 2CO_2(g) + 3H_2O(l)$,
$\triangle H = -341.26$ kcal/mol

발열량(Q)은 엔탈피와 크기는 같고 부호는 반대이므로 341.26kcal/mol이다.

(2) 에탄의 변화 구하기

$2C(s) + 3H_2(g) \rightleftharpoons C_2H_6(g)$, $\triangle H = -20.24$ kcal/mol

에탄의 생성반응은 발열반응으로 온도를 증가시키면 온도를 낮추는 방향으로 평형이 이동한다. 즉, 흡열반응인 역반응이 우세하게 일어나며 이에 따라 에탄의 양은 감소하게 된다.

관련이론 | 표준생성열과 르샤틀리에 원리
- 표준생성열이란 25℃, 1기압에서 성분 원소로부터 물질 1몰이 생성될 때의 엔탈피 변화를 말하며, 표준생성엔탈피라고도 한다.
- 르샤틀리에 원리는 가역 반응이 평형 상태에 있을 때 농도, 압력, 온도와 같은 조건을 변화시키면 그 변화를 감소시키는 방향으로 이동하여 새로운 평형에 도달한다는 원리이다.

18 ★☆☆

파장이 5,520Å인 빛 속에서 밀도가 0.95g/cm³이고, 직경이 0.6μm인 기름방울의 분산면적비(K)가 4.1이다. 이때 먼지의 농도가 0.4mg/m³이라면 가시거리(m)를 계산하시오.

정답
903.66m

해설

$$L_v(\text{m}) = \frac{5.2 \times \rho \times r}{K \times C}$$

L_v: 가시거리(m), ρ: 밀도(mg/cm³)
r: 입자의 반경(μm), C: 먼지농도(mg/m³)
K: 분산면적비

$$L_v = \frac{5.2 \times 950 \times 0.3}{4.1 \times 0.4}$$

$L_v = 903.6585$ m

19 ★★☆

A공장의 대기환경기술인이 작성한 자가측정기록을 바탕으로 다음의 물음에 답하시오.

[대기자가측정기록부]
- 시료채취 흡인가스량(습식가스미터): 1,200L
- 배출가스의 밀도: $1.3kg/m^3$
- 포집 전 여과지의 무게: 0.801g
- 포집 후 여과지의 무게: 0.921g
- 가스미터 흡인가스차압: 0mmHg
- 가스미터 흡인가스온도: 17℃
- 측정 대기압: 760mmHg
- 피토우관 계수: 0.8614
- 경사마노미터(경사각 30°)에서 차압 눈금 값: 20cm
- 연도직경: 3m
- 17℃에서의 포화수증기압: 14.5mmHg

(1) 배출가스 유속(m/sec)
(2) 배출가스 중 먼지농도(mg/Sm^3)

정답
(1) 33.45m/sec
(2) $108.29mg/Sm^3$

해설
(1) 배출가스 유속(V) 구하기

$$V = C\sqrt{\frac{2gh}{\gamma}}$$

V: 유속(m/sec), C: 피토우관 계수
g: 중력가속도(m/sec^2)
h: 피토관에 의한 동압 측정치(mmH_2O)
γ: 굴뚝 내의 배출가스 밀도(kg/m^3)

$$V = 0.8614 \times \sqrt{\frac{2 \times 9.8 \times 200 \times \sin 30°}{1.3}} = 33.4473 m/sec$$

(2) 배출가스 중 먼지농도(C_a) 구하기

$$C_a = \frac{m_d}{V_m' \times \frac{273}{273+\theta_m} \times \frac{P_a+P_m-P_v}{760}}$$

m_d: 포집된 먼지의 양(mg)
V_m': 습식가스미터에서 읽은 가스시료 채취량(m^3)
θ_m: 습식가스미터에서의 평균온도(℃)
P_a: 측정공 위치의 대기압(mmHg)
P_m: 습식가스미터의 게이지압(mmHg)
P_v: 습식가스미터의 온도에 해당하는 포화수증기압(mmHg)

$$C_a = \frac{(0.921-0.801)g \times \frac{1,000mg}{g}}{1,200L \times \frac{m^3}{1,000L} \times \frac{273}{273+17} \times \frac{(760+0-14.5)}{760}}$$
$$= 108.2932 mg/Sm^3$$

20 ★☆☆

다음 그림과 같이 집진장치를 직렬로 연결하는 경우 총 효율을 N을 이용한 식으로 나타내시오. (단, C: 농도, N: 효율, 반드시 계산과정을 쓰시오.)

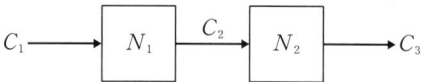

정답

$C_2 = C_1 \times (1-N_1) \rightarrow \frac{C_2}{C_1} = (1-N_1)$

$C_3 = C_2 \times (1-N_2) \rightarrow \frac{C_3}{C_2} = (1-N_2)$

총 효율(N_T) $= \left(1-\frac{C_3}{C_1}\right) = \left(1-\frac{C_2}{C_1} \times \frac{C_3}{C_2}\right)$
$= 1-(1-N_1)(1-N_2)$

2022년 4회 기출문제

01 ★★☆

온도가 20℃일 때, H_2S의 몰분율은 0.05이고, 헨리상수는 $0.0483 \times 10^4 \text{atm} \cdot \text{m}^3/\text{kmol}$이다. 이때 H_2S의 농도(mg/L)를 구하시오. (단, 전압은 1atm이다.)

정답

3.52mg/L

해설

헨리법칙을 이용한다.
$P = HC$
P: 분압(atm), H: 헨리상수($\text{atm} \cdot \text{m}^3/\text{kmol}$)
C: 유해가스의 농도(kmol/m^3)
혼합 기체에서 각 성분의 분압은 전압과 해당 성분의 몰분율을 곱한 것과 같다.

$$0.05 \times 1\text{atm} = \frac{0.0483 \times 10^4 \text{atm} \cdot \text{m}^3}{\text{kmol}} \times x\,\text{kmol}/\text{m}^3$$

$\therefore x = 1.0352 \times 10^{-4} \text{kmol}/\text{m}^3$

H_2S의 농도를 문제의 조건을 반영하여 mg/L로 단위를 환산한다.

$$\frac{(1.0352 \times 10^{-4})\text{kmol} \times \frac{10^3 \text{mol}}{\text{kmol}} \times \frac{34\text{g}}{1\text{mol}} \times \frac{10^3 \text{mg}}{\text{g}}}{\text{m}^3 \times \frac{10^3 \text{L}}{\text{m}^3}}$$

$= 3.5197 \text{mg/L}$

02 ★☆☆

광화학 스모그로 인한 2차 대기오염물질에 대한 다음 물음에 답하시오.

(1) 광화학 스모그로 인한 2차 오염물질 5가지를 쓰시오. (단, 오답 작성 시 0점)
(2) 광화학 스모그 현상은 (바람이 많은 날 / 바람이 없는 날), (여름 / 겨울), (낮 / 밤)에 발생되기 쉽다.

정답

(1) O_3, H_2O_2, PAN, PBN, NOCl, 아크로레인(CH_2CHCHO)
(2) 바람이 없는 날, 여름, 낮

관련이론 | 광화학 스모그

- 광화학 스모그는 자동차나 공장의 배출가스 중에 포함된 질소산화물(NO_x)과 탄화수소(HC)가 태양광을 받아 유독물질인 PAN, 광화학 옥시던트(산소계 분자)를 형성하는 것이다.
- LA형 스모그가 대표적인 광화학 스모그 현상이다.
- 광화학 스모그의 생성물질인 PAN은 공기 중에 떠다니면서 수증기와 만나 짙은 안개를 형성한다.
- 광화학 스모그 현상은 주로 기온이 높고 바람이 없는 날 한낮에 형성되는 침강성 역전일 때 나타난다.

03 ★★☆

리차드슨수 및 대기 안정도(안정, 불안정, 중립)에 대한 다음 물음에 답하시오.

(1) 리차드슨수의 공식 및 각 인자
(2) 대기 안정도 (안정, 불안정, 중립)
   ① $R_i < -1$
   ② $-0.01 < R_i < 0.01$
   ③ $R_i > 1$

정답

(1) 리차드슨수의 공식 및 각 인자

$$R_i = \frac{g}{T_m}\left(\frac{\Delta T/\Delta Z}{(\Delta U/\Delta Z)^2}\right)$$

- g : 해당 지역의 중력가속도($=9.8\text{m/sec}^2$)
- T_m : 상하층의 평균절대온도(K) $= \dfrac{T_1+T_2}{2}$
- ΔZ : 고도차(m)
- ΔT : 온도차(K)
- ΔU : 풍속차(m/s)

(2) 대기 안정도 (안정, 불안정, 중립)
   ① $R_i < -1$: 불안정
   ② $-0.01 < R_i < 0.01$: 중립
   ③ $R_i > 1$: 안정

관련이론 | 리차드슨수(R_i)에 의한 대기운동 및 안정도

R_i	-1.0 이하	-0.1	-0.01	0	+0.01	+0.1	+1.0 이상
대기 운동	자유 대류	자유대류 증가		강제대류		강제대류 감소	대류 없음
안정도	불안정	불안정	불안정	중립	안정	안정	안정

04 ★★☆

프로판 1Sm^3을 완전연소할 때 실제습연소가스량 중 산소의 백분율(%)을 구하시오. (단, 부피비 기준, 과잉공기비율은 6%이다.)

정답

1.10%

해설

$C_3H_8 + 5O_2 \rightarrow 3CO_2 + 4H_2O$

프로판(C_3H_8) 1Sm^3이 연소할 때 산소(O_2)는 5Sm^3이 필요하고, 이산화탄소(CO_2)는 3Sm^3이 생성되고, 물(H_2O)은 4Sm^3이 생성된다.

이론산소량 $=5\text{Sm}^3$

이론공기량 $= \dfrac{\text{이론산소량}}{0.21} = 23.8095\text{Sm}^3$

이론공기 중 질소량
$=$ 이론공기량 $\times 0.79 = 23.8095 \times 0.79 = 18.8095\text{Sm}^3$

과잉공기량 $= (m-1) \times$ 이론공기량 (m : 공기비)
$\qquad\quad = (1.06-1) \times 23.8095 = 1.4286\text{Sm}^3$

과잉공기 중 산소량
$=$ 과잉공기량 $\times 0.21 = 1.4286 \times 0.21 = 0.3\text{Sm}^3$

건조연소생성물(CO_2) $= 3\text{Sm}^3$

습연소생성물($CO_2 + H_2O$) $= 3+4 = 7\text{Sm}^3$

실제습연소가스량
$=$ 이론공기 중 질소량 + 과잉공기량 + 습연소생성물($CO_2 + H_2O$)
$= 18.8095 + 1.4286 + 7 = 27.2381\text{Sm}^3$

실제습연소가스량 중 산소의 백분율
$= \dfrac{\text{실제습연소가스량 중 산소}(O_2)}{\text{실제습연소가스량}} \times 100$

실제습연소가스량 중 산소의 양은 과잉공기 중 산소의 양이므로,

$\dfrac{0.3}{27.2381} \times 100 = 1.1014 ≒ 1.10\%$

05 ★☆☆

오존의 농도가 5ppb, 24ppb, 32ppb, 65ppb, 75ppb, 71ppb, 50ppb, 7ppb, 18ppb 일 때 기하평균농도(mg/Sm³)를 구하시오.

정답

0.06mg/Sm³

해설

$(5 \times 24 \times 32 \times 65 \times 75 \times 71 \times 50 \times 7 \times 18)^{\frac{1}{9}}$
$= 27.2821$ ppb

주어진 조건에 맞게 단위를 환산한다.

$\dfrac{27.2821 \mu L}{Sm^3} \times \dfrac{L}{10^6 \mu L} \times \dfrac{48g}{22.4L} \times \dfrac{10^3 mg}{g} = 0.0585 mg/Sm^3$

06 ★★☆

태양복사에너지와 관련된 다음의 물음에 답하시오.

(1) 흑체의 정의를 쓰시오.
(2) 스테판 볼츠만의 법칙에 대해 서술하시오. (단, 공식을 쓰고 공식에 있는 인자의 의미도 쓰시오.)
(3) 키르히호프의 법칙에 대해 서술하시오.

정답

(1) 흑체는 입사되는 모든 파장대의 복사에너지를 완전히 흡수하는 이상적인 물체이다.
(2) 스테판 볼츠만 법칙은 흑체가 방출하는 열복사에너지와 절대온도와의 관계를 나타내는 법칙으로 열복사에너지는 절대온도의 4제곱에 비례한다.

$E = \sigma \cdot T^4$

E : 흑체의 단위 면적당 방출하는 에너지 세기
σ : 비례상수[$= 5.67 \times 10^{-8}$ W/(m²·K⁴)]
T : 흑체의 절대온도(K)

(3) 키르히호프의 법칙은 열역학적 평형이 이루어졌을 때 특정 온도에서 매질의 흡수계수와 방출계수의 비는 매질의 종류와는 무관하며 온도에 의해서만 결정된다는 법칙이다.

만점 KEYWORD

(1) 모든 파장대, 복사에너지, 완전히 흡수
(2) 열복사에너지와 절대온도의 관계, 절대온도의 4제곱에 비례
(3) 열역학적 평형, 매질의 흡수계수와 방출계수의 비, 온도에 의해서만 결정

07 ★★☆

굴뚝의 배출가스량은 500Sm³/hr이고, 이 배출가스 중 HCl의 농도는 800mL/Sm³이다. 이 배출가스를 효율이 85%인 Spray tower를 이용하여 8시간 동안 조업했을 때 순환수의 pH를 계산하시오. (단, HCl는 완전히 해리되고, 순환수의 부피는 5m³이다.)

정답

1.61

해설

HCl 농도(mL/Sm³)를 주어진 조건을 이용하여 몰농도의 단위(mol/L)로 환산한다.

$$\frac{\dfrac{800\text{mL}}{\text{Sm}^3} \times \dfrac{1\text{L}}{10^3\text{mL}} \times \dfrac{1\text{mol}}{22.4\text{L}} \times \dfrac{500\text{Sm}^3}{\text{hr}} \times 8\text{hr} \times 0.85}{5\text{m}^3 \times \dfrac{1,000\text{L}}{\text{m}^3}}$$

$= 0.0243$ mol/L

HCl은 물에서 다음과 같이 해리되므로 위에서 구한 값이 순환수에서의 수소이온 농도이다.

$HCl \rightleftarrows H^+ + Cl^-$

$pH = -\log[H^+] = -\log[0.0243] = 1.6144 ≒ 1.61$

08 ★★☆

유해가스를 흡수하여 처리하는 흡수장치를 기체의 용해도에 따라 분류하여 쓰시오.

(1) 용해도가 큰 기체 (3가지)
(2) 용해도가 작은 기체 (3가지)

정답

(1) 충전탑, 분무탑, 벤투리 스크러버, 사이클론 스크러버
(2) 단탑, 포종탑, 다공판탑, 기포탑

관련이론 | 흡수장치의 종류

- 용해도가 클 때: 헨리상수↓, 가스측 저항이 지배적, 액분산형 흡수장치
  ex) 충전탑, 분무탑, 벤투리 스크러버 등
- 용해도가 작을 때: 헨리상수↑, 액측 저항이 지배적, 가스분산형 흡수장치
  ex) 포종탑, 다공판탑, 단탑, 기포탑 등

09 ★☆☆

탄수소비(C/H비)에 대한 다음 물음에 답하시오.

(1) 액체연료(휘발유, 경유, 중유, 등유)의 C/H비를 큰 순서부터 쓰시오.
(2) C/H비가 클수록 이론공연비는 (증가, 감소)한다.
(3) C/H비가 클수록 휘도는 (증가, 감소)한다.
(4) C/H비가 클수록 방사율은 (증가, 감소)한다.

정답

(1) 중유 > 경유 > 등유 > 휘발유
(2) 감소
(3) 증가
(4) 증가

10 ★☆☆

회분 8%, 수분 39%인 고체연료에서 회분과 수분을 제거하니 고정탄소 54%, 휘발분 46%이 되었다. 회분과 수분을 제거하기 전의 고체연료 속의 고정탄소(%)와 휘발분(%)을 구하시오.

정답

고정탄소: 28.62%
휘발분: 24.38%

해설

고정탄소=100-(휘발분+수분+회분)
수분과 회분을 제거하기 전의 고정탄소=100-(휘발분+39+8)
고정탄소+휘발분=53%
수분과 회분을 제거한 후 고체연료는 고정탄소와 휘발분만 존재하며 고정탄소는 54%이고 휘발분은 46% 이므로 수분과 회분을 제거하기 전의 고정탄소+휘발분에도 이 비율을 적용하여 구한다.

고정탄소=$53 \times \frac{54}{100} = 28.62\%$

휘발분=$53 \times \frac{46}{100} = 24.38\%$

11 ★★★

길이 10m, 높이 5m인 중력침강으로 분진을 처리하고자 한다. 침강실에 유입되는 분진가스의 유속이 1.4m/sec일 때 분진을 완전히 제거할 수 있는 최소 입경(μm)을 구하시오. (단, 입자의 밀도는 1g/cm³, 공기의 밀도는 1.3kg/m³, 분진가스의 점도는 2.0×10⁻⁴g/cm·sec, 가스의 흐름은 층류로 가정한다.)

정답

$160.46\mu m$

해설

입자를 100% 제거하기 위한 중력집진장치의 설계공식

$$\frac{V_g}{V} = \frac{H}{L}$$

V_g: 중력침강속도(m/sec), V: 유속(m/sec)
H: 침강실의 높이(m), L: 침강실의 길이(m)

중력침강속도 공식

$$V_g = \frac{d_p^2(\rho_p - \rho)g}{18\mu}$$

V_g: 침강속도(m/sec), d_p: 입자의 직경(m)
ρ_p: 입자의 밀도(kg/m³), ρ: 공기의 밀도(kg/m³)
g: 중력가속도(9.8m/sec²)
μ: 점성계수(kg/m·sec)

중력침강속도 공식을 입자를 100% 제거하기 위한 중력집진장치의 설계공식에 대입하면 다음과 같다.

$$\frac{\frac{d_p^2(\rho_p - \rho)g}{18\mu}}{V} = \frac{H}{L}$$

$$\frac{d_p^2(\rho_p - \rho)g}{18\mu} = \frac{H}{L} \times V$$

문제의 조건을 대입하여 최소입경(d_p)을 구한다.

$$\frac{d_p^2 \times \left(\frac{1,000kg}{m^3} - \frac{1.3kg}{m^3}\right) \times \frac{9.8m}{sec^2}}{18 \times \frac{2.0 \times 10^{-4}g}{cm \cdot sec} \times \frac{kg}{1,000g} \times \frac{100cm}{1m}} = \frac{5m}{10m} \times \frac{1.4m}{sec}$$

$d_p = 1.6046 \times 10^{-4} m = 160.46\mu m$

※ d_p 값은 공학용계산기의 SOLVE 기능을 이용하여 푸는 것이 편리합니다.

12 ★★☆

80% 효율로 운전되는 전기집진장치에서 유량을 2배로 늘리면 배출되는 출구농도(먼지량)는 몇 배가 되는지 구하시오.

정답

2.24배

해설

$\eta = 1 - e^{\left(-\frac{A \times W_e}{Q}\right)}$

η: 효율
A: 집진면적(m²), W_e: 먼지의 겉보기 이동속도(m/sec)
Q: 유량(m³/sec)
입구농도를 1이라고 가정하면 출구농도는 $1-\eta$로 나타낼 수 있다.

(1) 유량 Q 일 때 집진효율

$\eta_1 = 0.8 = 1 - e^{\left(-\frac{A \times W_e}{Q}\right)}$

$0.2 = e^{\left(-\frac{A \times W_e}{Q}\right)}$

양변에 ln을 취하면

$\ln(0.2) = -\frac{A \times W_e}{Q}$ 식이 성립된다.

② 유량을 2배로 늘려 $2Q$ 일 때 집진 효율

$\eta_2 = 1 - e^{\left(-\frac{A \times W_e}{2Q}\right)}$

$= 1 - e^{\left(-\frac{A \times W_e}{Q}\right) \times \frac{1}{2}}$

앞서 구한 $-\frac{A \times W_e}{Q}$를 $\ln(0.2)$로 대입한다.

$\eta_2 = 1 - e^{\ln(0.2) \times \frac{1}{2}} = 0.5528$

출구농도 변화

$= \frac{1-\eta_2}{1-\eta_1} = \frac{1-0.5528}{1-0.8} = \frac{0.4472}{0.2} = 2.236 ≒ 2.24$배

13 ★★★

다음 환경기준에 대한 알맞은 수치를 적으시오. (단, 환경정책기본법상 기준을 따른다.)

항목	기준
이산화질소 (NO₂)	연간 평균치: (①)ppm 이하
	24시간 평균치: (②)ppm 이하
	1시간 평균치: (③)ppm 이하
오존 (O₃)	8시간 평균치: (④)ppm 이하
	1시간 평균치: (⑤)ppm 이하
일산화탄소 (CO)	8시간 평균치: (⑥)ppm 이하
	1시간 평균치: (⑦)ppm 이하

정답

① 0.03, ② 0.06, ③ 0.10, ④ 0.06, ⑤ 0.1, ⑥ 9, ⑦ 25

관련이론 | 환경기준

항목	기준
아황산가스 (SO₂)	연간 평균치 0.02ppm 이하
	24시간 평균치 0.05ppm 이하
	1시간 평균치 0.15ppm 이하
일산화탄소 (CO)	8시간 평균치 9ppm 이하
	1시간 평균치 25ppm 이하
이산화질소 (NO₂)	연간 평균치 0.03ppm 이하
	24시간 평균치 0.06ppm 이하
	1시간 평균치 0.10ppm 이하
미세먼지 (PM-10)	연간 평균치 50μg/m³ 이하
	24시간 평균치 100μg/m³ 이하
초미세먼지 (PM-2.5)	연간 평균치 15μg/m³ 이하
	24시간 평균치 35μg/m³ 이하
오존(O₃)	8시간 평균치 0.06ppm 이하
	1시간 평균치 0.1ppm 이하
납(Pb)	연간 평균치 0.5μg/m³ 이하
벤젠	연간 평균치 5μg/m³ 이하

14 ★☆☆

순수한 빙정석을 사용하여 알루미늄 200kg/day를 생산하는 공장이 있다. 배기가스의 유량은 1,500m³/min, 가스온도 50℃, 압력 760mmHg이다. 불소(F)의 배출허용기준이 10ppm이라면 이 기준에 맞게 운영하기 위한 처리시설의 최소효율(%)을 구하시오. (단, 빙정석의 Al은 전량 알루미늄금속, F는 전량 배가스 중에 함유된다.)

정답
98.17%

해설
빙정석(Na_3AlF_6)은 1개의 Al(알루미늄), 6개의 F(불소)가 있다. (Al: 27, F: 19)
알루미늄 생산 시 발생하는 불소의 농도(ppm)를 구한다.

$$\frac{\frac{200\text{kg}_{-Al}}{\text{day}} \times \frac{(6 \times 19)\text{kg}_{-F}}{(1 \times 27)\text{kg}_{-Al}} \times \frac{22.4\text{Sm}^3}{19\text{kg}} \times \frac{10^6\text{mL}}{\text{Sm}^3}}{\frac{1,500\text{m}^3}{\text{min}} \times \frac{273\text{K}}{(273+50)\text{K}} \times \frac{1,440\text{min}}{\text{day}}}$$

$= 545.3202\text{mL/Sm}^3(\text{ppm})$

※ 배출허용기준 농도는 표준상태(0℃, 1atm)가 기준이다.
10ppm으로 배출하기 위한 처리효율(η)을 구한다.

$\eta = \left(1 - \frac{C_{out}}{C_{in}}\right) \times 100$

C_{in}: 유입농도, C_{out}: 출구농도

$\eta = \left(1 - \frac{10}{545.3202}\right) \times 100 = 98.1662 ≒ 98.17\%$

15 ★★★

유효굴뚝높이가 60m인 굴뚝에서 풍속이 6m/sec일 때 500m 떨어진 중심선상의 오염물질의 지표농도가 $66\mu g/m^3$, y방향 50m 지점에서의 지상농도가 $23\mu g/m^3$이다. 이 경우 표준편차(σ_y)를 계산하시오. (단, 가우시안방정식을 사용한다.)

정답
34.44m

해설

$$C(x, y, z) = \frac{Q}{2\pi U \sigma_y \sigma_z} \left[\exp\left(-\frac{1}{2}\left(\frac{y}{\sigma_y}\right)^2\right)\right]$$
$$\times \left[\exp\left\{-\frac{1}{2}\left(\frac{z-H_e}{\sigma_z}\right)^2\right\} + \exp\left\{-\frac{1}{2}\left(\frac{z+H_e}{\sigma_z}\right)^2\right\}\right]$$

Q: 오염물질 배출량(μg/sec)
U: 풍속(m/s), H_e: 유효굴뚝높이(m)
y: 풍향에 직각인 수평거리(m)
z: 지면으로부터 오염물질까지의 높이(m)
σ_y, σ_z: 수평, 수직방향 표준편차(m)

(1) 500m 떨어진 중심선상의 오염물질의 지표농도
   y: 중심선상 오염농도를 구하므로 "0"
   z: 지상의 오염농도를 구하므로 "0"
   H_e: 60m

$$66 = \frac{Q}{2\pi \times 6 \times \sigma_y \sigma_z}\left[\exp\left(-\frac{1}{2}\left(\frac{0}{\sigma_y}\right)^2\right)\right]$$
$$\times \left[\exp\left\{-\frac{1}{2}\left(\frac{0-60}{\sigma_z}\right)^2\right\} + \exp\left\{-\frac{1}{2}\left(\frac{0+60}{\sigma_z}\right)^2\right\}\right]$$

$$66 = \frac{Q}{2\pi \times 6 \times \sigma_y \sigma_z} \times 1 \times 2\left[\exp\left\{-\frac{1}{2}\left(\frac{60}{\sigma_z}\right)^2\right\}\right]$$

(2) y방향 50m 지점의 지상농도
   y: y방향으로 50m이므로 "50"
   z: 지상오염농도를 구하므로 "0"
   H_e: 60m

$$23 = \frac{Q}{2\pi \times 6 \times \sigma_y \sigma_z}\left[\exp\left(-\frac{1}{2}\left(\frac{50}{\sigma_y}\right)^2\right)\right]$$
$$\times \left[\exp\left\{-\frac{1}{2}\left(\frac{0-60}{\sigma_z}\right)^2\right\} + \exp\left\{-\frac{1}{2}\left(\frac{0+60}{\sigma_z}\right)^2\right\}\right]$$

$$23 = \frac{Q}{2\pi \times 6 \times \sigma_y \sigma_z}\left[\exp\left(-\frac{1}{2}\left(\frac{50}{\sigma_y}\right)^2\right)\right] \times 2\left[\exp\left\{-\frac{1}{2}\left(\frac{60}{\sigma_z}\right)^2\right\}\right]$$

(3) (1)번 식을 (2)번 식에 대입하여 σ_y 계산

$$23 = 66 \times \left[\exp\left\{-\frac{1}{2}\left(\frac{50}{\sigma_y}\right)^2\right\}\right]$$

$\sigma_y = 34.435\text{m}$

※ σ_y 값은 공학용계산기의 SOLVE 기능을 이용하여 푸는 것이 편리합니다.

16 ★★☆

이온크로마토그래피에 대한 다음의 내용에 답하시오.

(1) 측정원리를 쓰시오.
(2) 장치구성을 나열하시오. (펌프, 분리관, 용리액조, 검출기, 써프렛서, 시료주입장치, 기록계)

정답

(1) 이온크로마토그래피는 이동상으로는 액체, 그리고 고정상으로는 이온교환수지를 사용하여 이동상에 녹는 혼합물을 고분리능 고정상이 충전된 분리관 내로 통과시켜 시료성분의 용출상태를 전도도 검출기 또는 광학 검출기로 검출하여 그 농도를 정량하는 방법이다.
(2) 용리액조 – 펌프 – 시료주입장치 – 분리관 – 써프렛서 – 검출기 – 기록계

만점 KEYWORD

(1) 이동상으로는 액체, 고정상으로는 이온교환수지, 시료성분의 용출상태, 검출, 농도를 정량

17 ★☆☆

커닝험 보정계수에 대해 아래 내용에 답하시오.

(1) 정의를 쓰시오.
(2) ① 가스의 압력이 낮을수록 (커진다./작아진다.)
② 가스의 온도가 낮을수록 (커진다./작아진다.)
③ 입자가 작을수록 커닝험 보정계수는 (커진다./작아진다.)

정답

(1) 입자가 미세하면 기체분자가 입자에 충돌할 때 입자표면에서 미끄러지는 현상이 발생하여 실제입자에 작용하는 항력이 작아지게 된다. 이에 대한 보정계수를 커닝험 보정계수라고 하며 항상 1보다 크다.
(2) ① 커진다.
② 작아진다.
③ 커진다.

만점 KEYWORD

(1) 미세, 입자표면, 미끄러지는 현상, 항력이 작아지게, 1보다 크다.

18 ★★☆

NO_2 50ppm을 함유한 배기가스 500Sm³/hr를 CO에 의한 선택적 접촉환원법으로 처리할 경우 NO_2를 제거하기 위한 CO의 이론량(m³/hr)을 구하시오. (단, 100℃, 1atm 기준)

정답

0.07m³/hr

해설

2kmol의 NO_2(2×22.4Sm³)를 제거하기 위해서는 4kmol의 CO (4×22.4Sm³)가 필요하다.

$2NO_2 + 4CO \rightarrow N_2 + 4CO_2$

제거할 NO_2의 양

$= \dfrac{50mL}{Sm^3} \times \dfrac{500Sm^3}{hr} \times \dfrac{Sm^3}{10^6 mL} = 0.025 Sm^3/hr$

필요한 CO의 이론량을 x로 놓으면 다음과 같이 비례식을 세울 수 있다.

$2 \times 22.4 Sm^3 : 4 \times 22.4 Sm^3 = 0.025 Sm^3/hr : x$

$x = 0.05 Sm^3/hr$

문제의 조건에 있는 100℃ 기준으로 온도 보정을 해주어야 한다.

$\dfrac{0.05 Sm^3 \times \dfrac{(273+100)K}{273K}}{hr} = 0.0683 ≒ 0.07 m^3/hr$

관련이론 | 선택적 촉매환원기술(SCR: Selective Catalytic Reduction)

- 선택적 촉매환원법이라고도 한다.
- 200~400℃에서 촉매(TiO_2와 V_2O_5 등)에 NH_3, H_2, CO, H_2S 등의 환원가스를 작용시켜 NO_X를 N_2로 환원시키는 방법이다.
- $6NO_2 + 8NH_3 \rightarrow 7N_2 + 12H_2O$
- $6NO + 4NH_3 \rightarrow 5N_2 + 6H_2O$
- $4NO + 4NH_3 + O_2 \rightarrow 4N_2 + 6H_2O$(산소가 공존하는 상태)

19 ★★☆

입자의 입경을 Rosin-Rammler 분포에 의해 R(%)=100× exp(−β · d_p^n)로 나타낼 수 있다. 이 때, 15μm 이하인 입자의 비율(%)을 구하시오. (단, β=0.058, n=1이다.)

정답

58.10%

해설

$R(\%) = 100 \times \exp(-\beta d_p^n)$
$= 100 \times e^{(-0.058 \times 15^1)} = 41.8951\%$

15μm 이상인 입자의 비율이 41.8951% 이므로
15μm 이하인 입자의 비율을 구하면,
100 − 41.8951 = 58.1049 ≒ 58.10%

관련이론 | Rosin-Rammler 분포

- R(%)은 체상누적분포(%)이고 n이 클수록 입경분포의 폭은 좁다.
- β가 커지면 임의의 누적분포를 갖는 입경 d_p는 작아져서 미세한 분진이 많다는 것을 의미한다.
- $R(\%) = 100 \times \exp(-\beta d_p^n)$

20 ★☆☆

원심력집진장치의 운영에서 처리가스의 온도가 증가하게 되면 미치는 효율의 영향을 서술하시오.

(1) 효율 변화 (증가 / 감소)

(2) 변화 이유

정답

(1) 효율은 감소한다.

(2) 처리가스의 온도가 증가하게 되면 가스의 점도가 커져 효율이 감소하게 된다.

2022년 2회 기출문제

01

시골에서 먼지농도를 측정하기 위하여 공기를 0.3m/sec의 속도로 6시간 동안 여과지에 여과시켰을 때, 사용된 여과지의 빛 전달률이 깨끗한 여과지의 75%로 감소했다. 다음 표의 조건을 기준으로 물음에 답하시오.

(1) 1,000m당 Coh는 얼마인지 계산하시오.
(2) 대기오염정도를 판별하시오.

Coh/1,000m	대기오염의 정도
0~3.2	약하다.
3.3~6.5	보통이다.
6.6~9.8	심하다.
9.9~13.1	아주 심하다.
13.2~	극심하다.

정답

(1) 1.93
(2) 대기오염의 정도는 약하다.

해설

$$1,000\text{m당 Coh} = \frac{\frac{\log(1/t)}{0.01}}{L} \times 1,000$$

t: 빛 전달률
L: 여과지 이동거리(m)

$$L = \frac{0.3\text{m}}{\text{sec}} \times 6\text{hr} \times \frac{3,600\text{sec}}{\text{hr}} = 6,480\text{m}$$

$$\text{Coh} = \frac{\frac{\log(1/0.75)}{0.01}}{6,480} \times 1,000 = 1.928$$

02

C: 87(중량%), H: 11(중량%), S: 2(중량%)인 중유의 $(CO_2)_{max}$(%)를 계산하시오.

정답

16.05%

해설

이론산소량 $= 1.867C + 5.6H + 0.7S - 0.7O$
$= (1.867 \times 0.87) + (5.6 \times 0.11) + (0.7 \times 0.02) = 2.2543\text{Sm}^3/\text{kg}$

이론공기량 $= \dfrac{\text{이론산소량}}{0.21} = \dfrac{2.2543}{0.21} = 10.7348\text{Sm}^3/\text{kg}$

이론공기 중 질소량 = 이론공기량 × 0.79
$= 10.7348 \times 0.79 = 8.4805\text{Sm}^3/\text{kg}$

CO_2 배출량
탄소(C, 원자량 12) 1kmol이 연소하면 이산화탄소(CO_2) 1kmol이 발생한다.
$C + O_2 \rightarrow CO_2$
$12\text{kg} : 22.4\text{Sm}^3 = 0.87\text{kg/kg} : x$
$x = 1.624\text{Sm}^3/\text{kg}$

SO_2 배출량
황(S, 원자량 32) 1kmol이 연소하면 이산화황(SO_2) 1kmol이 발생한다.
$S + O_2 \rightarrow SO_2$
$32\text{kg} : 22.4\text{Sm}^3 = 0.02\text{kg/kg} : x$
$x = 0.014\text{Sm}^3/\text{kg}$

이론건연소가스량 = 이론공기 중 질소량 + 건연소생성물($CO_2 + SO_2$)
$= 8.4805 + 1.624 + 0.014 = 10.1185\text{Sm}^3/\text{kg}$

$(CO_2)_{max}(\%) = \dfrac{CO_2 \text{ 배출량}}{\text{이론건연소가스량}} \times 100 = \dfrac{1.624}{10.1185} \times 100$
$= 16.050\%$

03 ★★★

유효굴뚝높이가 60m인 굴뚝에서 오염물질이 45g/sec로 배출되고 있고 지상 5m에서의 풍속이 4.06m/sec이다. 이때 500m 하류에 위치하는 중심선상의 오염물질의 지표농도($\mu g/m^3$)를 계산하시오.

- P : 0.25
- $\sigma_y=40m$, $\sigma_z=18m$
- Deacon의 식, 가우시안확산식을 이용하여 계산한다.

정답

$10.18\mu g/m^3$

해설

(1) Deacon 식을 이용하여 풍속 계산

$$\frac{U_2}{U_1}=\left(\frac{Z_2}{Z_1}\right)^P$$

U_1 : 기준높이에서의 풍속(m/sec), Z_1 : 기준높이(m)
U_2 : 임의고도에서의 풍속(m/sec), Z_2 : 임의높이(m)
P : 풍속지수

$$\frac{U_2}{4.06m/sec}=\left(\frac{60m}{5m}\right)^{0.25}$$

$U_2=7.5565m/sec$

(2) 가우시안확산식을 이용하여 중심선상의 오염물질 농도 계산

$$C(x, y, z)=\frac{Q}{2\pi U\sigma_y\sigma_z}\left[\exp\left(-\frac{1}{2}\left(\frac{y}{\sigma_y}\right)^2\right)\right]$$
$$\times\left[\exp\left\{-\frac{1}{2}\left(\frac{z-H_e}{\sigma_z}\right)^2\right\}+\exp\left\{-\frac{1}{2}\left(\frac{z+H_e}{\sigma_z}\right)^2\right\}\right]$$

Q : 오염물질 배출량(μg/sec)

$Q=\frac{45g}{sec}\times\frac{10^6\mu g}{g}=45\times 10^6\mu g/sec$

U : 풍속(m/s), H_e : 유효굴뚝높이(m)
y : 풍향에 직각인 수평거리(m)
중심선상 오염농도를 구하므로 "0"
z : 지면으로부터 오염물질까지의 높이(m)
지표면의 농도를 구하므로 "0"
σ_y : 수평확산계수, σ_z : 수직확산계수

$$C(x, 0, 0)=\frac{45\times 10^6}{2\pi\times 7.5565\times 40\times 18}\left[\exp\left(-\frac{1}{2}\left(\frac{0}{40}\right)^2\right)\right]$$
$$\times\left[\exp\left\{-\frac{1}{2}\left(\frac{0-60}{18}\right)^2\right\}+\exp\left\{-\frac{1}{2}\left(\frac{0+60}{18}\right)^2\right\}\right]$$
$$=\frac{45\times 10^6}{2\pi\times 7.5565\times 40\times 18}\times[\exp(0)]\times\left[2\times\exp\left\{-\frac{1}{2}\left(\frac{60}{18}\right)^2\right\}\right]$$
$$=10.178\mu g/m^3$$

04 ★☆☆

가우시안모델(Gaussian model)의 가정조건 5가지를 쓰시오.

정답

① 점오염원에서 풍하방향으로 확산되어가는 Plume은 정규분포를 이루며 확산된다.
② 연기의 확산은 정상상태이다.
③ 바람에 의한 오염물질은 x축 방향으로 이동된다.
④ 대기안정도와 확산계수는 변하지 않는다.
⑤ 오염물질이 연기 속에서 소멸되거나 생성되지 않는다.
⑥ 굴뚝(점오염원)으로부터 연속적으로 배출된다.
⑦ 난류확산계수는 일정하다.
⑧ 고도변화에 따른 풍속의 변화는 고려하지 않는다.

만점 KEYWORD

① 점오염원, 풍하방향, 확산, Plume, 정규분포
② 연기, 확산, 정상상태
③ 바람, 오염물질, x축 방향, 이동
④ 대기안정도, 확산계수, 변하지 않는다.
⑤ 오염물질, 연기 속, 소멸, 생성, 않는다.
⑥ 굴뚝(점오염원), 연속, 배출
⑦ 난류확산계수, 일정
⑧ 고도변화, 풍속의 변화, 고려하지 않는다.

05 ★☆☆

기체크로마토그래피법으로 혼합기체를 분석한 결과 피크 넓이가 아래와 같다. 피크 넓이와 부피비는 동일할 때 CO, CO_2, CH_4의 몰분율(%)과 질량분율(%)을 각각 구하시오.

> CO: 40, CO_2: 80, CH_4: 25

(1) 몰분율
(2) 질량분율

정답

(1) CO: 27.59%, CO_2: 55.17%, CH_4: 17.24%
(2) CO: 22.23%, CO_2: 69.84%, CH_4: 7.94%

해설

문제의 조건에서 피크 넓이와 부피비는 동일하다고 했고, 부피비와 몰비는 같으므로 해당 수치를 mol수로 적용하여 풀 수 있다.

(1) 몰분율(%) 계산

$$CO의\ 몰분율 = \frac{CO의\ mol수}{전체\ mol수} \times 100 = \frac{40}{40+80+25} \times 100$$
$$= 27.586\%$$

$$CO_2의\ 몰분율 = \frac{CO_2의\ mol수}{전체\ mol수} \times 100 = \frac{80}{40+80+25} \times 100$$
$$= 55.172\%$$

$$CH_4의\ 몰분율 = \frac{CH_4의\ mol수}{전체\ mol수} \times 100 = \frac{25}{40+80+25} \times 100$$
$$= 17.241\%$$

(2) 질량분율(%) 계산

각 기체의 분자량에 몰분율을 곱해서 혼합기체의 분자량을 계산한다.
$(28 \times 0.2759) + (44 \times 0.5517) + (16 \times 0.1724) = 34.7584 \text{g/mol}$

$$CO의\ 질량분율 = \frac{CO의\ 분자량 \times 몰분율}{혼합기체의\ 분자량} \times 100$$
$$= \frac{28 \times 0.2759}{34.7584} \times 100 = 22.225\%$$

$$CO_2의\ 질량분율 = \frac{CO_2의\ 분자량 \times 몰분율}{혼합기체의\ 분자량} \times 100$$
$$= \frac{44 \times 0.5517}{34.7584} \times 100 = 69.839\%$$

$$CH_4의\ 질량분율 = \frac{CH_4의\ 분자량 \times 몰분율}{혼합기체의\ 분자량} \times 100$$
$$= \frac{16 \times 0.1724}{34.7584} \times 100 = 7.936\%$$

06 ★★☆

다음 조건에서 CH_4을 연소시킬 때 이론연소온도(°C)를 계산하시오.

> - CH_4의 저위발열량: 8,600kcal/Sm³
> - 0~2,200°C에서 CO_2, H_2O, N_2의 정압비열은 각각 13.1, 10.5, 8.0kcal/kmol·°C
> - 기준온도: 18°C

정답

2,061.05°C

해설

(1) CH_4의 정압비열 산정

CH_4 1kmol이 연소하면 산소(O_2) 2kmol이 필요하고, 이산화탄소(CO_2) 1kmol, 물(H_2O) 2kmol이 생성된다.
$CH_4 + 2O_2 \rightarrow CO_2 + 2H_2O$
CO_2: $13.1 \times 1 = 13.1$ kcal/kmol·°C
H_2O: $10.5 \times 2 = 21$ kcal/kmol·°C
질소(N_2)는 반응식상 산소(O_2)가 2kmol 필요하기 때문에 연소하는 데 필요한 이론공기량에 해당되는 질소의 양으로 정압비열을 산정한다.
N_2: $8.0 \times \frac{2}{0.21} \times 0.79 = 60.1905$ kcal/kmol·°C
합계 = $13.1 + 21 + 60.1905 = 94.2905$ kcal/kmol·°C

(2) 정압비열의 단위 환산

$$\frac{94.2905\text{kcal}}{\text{kmol}\cdot°C} \times \frac{\text{kmol}}{22.4\text{Sm}^3} = 4.2094 \text{kcal/Sm}^3\cdot°C$$

(3) 이론연소온도 계산

$$이론연소온도 = \frac{저위발열량}{총\ 정압비열} + 기준온도$$
$$= \frac{8,600\text{kcal/Sm}^3}{4.2094\text{kcal/Sm}^3\cdot°C} + 18°C = 2,061.047°C$$

07

20℃, 1atm에서 아황산가스의 헨리상수(L·atm/g)를 계산하시오. (단, 아황산가스의 물 속 용해도(mL/mL)는 다음 표를 기준으로 한다.)

구분	SO$_2$
0℃	80
20℃	40
40℃	20

정답

9.39×10^{-3} L·atm/g

해설

헨리법칙을 이용한다.

$P = HC$

P: 분압, H: 헨리상수, C: 유해가스의 농도

헨리의 법칙은 일정한 온도에서 일정한 부피의 액체 용매에 녹는 기체의 용해도는 용매와 평형을 이루고 있는 그 기체의 부분압력과 비례한다는 법칙이다.

일반적으로 사용하는 헨리상수의 단위는 atm·m^3/kmol이지만 문제에서는 헨리상수의 단위를 L·atm/g으로 주어졌으므로 주어진 단위에 맞게 계산해야 한다.

$H = \dfrac{P}{C}$

$C = \dfrac{40\text{mL} - SO_2 \times \dfrac{273}{273+20} \times \dfrac{64\text{mg}}{22.4\text{mL}} \times \dfrac{1\text{g}}{1,000\text{mg}}}{1\text{mL} \times \dfrac{L}{1,000\text{mL}}}$

$= 106.4846 \text{g/L}$

$H = \dfrac{1\text{atm}}{\dfrac{106.4846\text{g}}{L}} = 9.3910 \times 10^{-3}$ L·atm/g

※ SO$_2$의 분자량 = $32 + (16 \times 2) = 64$

08

흡착에 의한 처리방법에 대한 물음에 답하시오.

(1) 흡착제 선택 시 고려해야 할 사항을 3가지 쓰시오.
(2) 보전력(Retentivity)의 정의를 쓰시오.
(3) 파과점(Break point)의 정의를 쓰시오.

정답

(1) ① 가스의 온도를 적절히 고려해야 한다.
② 질량당 표면적이 커야 한다.
③ 압력손실이 작아야 한다.
④ 흡착률이 우수해야 한다.
⑤ 흡착된 물질의 회수가 용이해야 한다.
⑥ 흡착제의 재생이 쉬워야 한다.
⑦ 흡착제의 강도가 커야 한다.

(2) 보전력은 포화된 흡착제층에 순수한 공기를 통과시켜 오염물질을 탈착시킬 때 탈착되지 않고 남아 있는 흡착질의 양을 의미한다.

(3) 흡착제층 전체가 포화되어 배출가스 중에 오염가스 일부가 남게 되는 점을 파과점(Break point)이라 하고, 이 점 이후부터는 오염가스의 농도가 급격히 증가한다.

만점 KEYWORD

(1) ① 가스의 온도, 고려
② 질량당 표면적, 커야
③ 압력손실, 작아야
④ 흡착률, 우수
⑤ 흡착된 물질, 회수, 용이
⑥ 흡착제, 재생, 쉬워야
⑦ 흡착제, 강도, 커야

(2) 보전력, 포화된 흡착제층, 순수한 공기, 통과, 오염물질, 탈착, 남아 있는, 흡착질의 양

(3) 흡착제층 전체, 포화, 배출가스 중, 오염가스 일부, 남게 되는 점, 파과점

09 ★★☆

원심력집진장치의 집진효율 향상 조건을 4가지 쓰시오 (단, Blow Down 효과는 제외한다.)

정답
① 원통의 직경이 작을수록 집진효율이 증가한다.
② 입자의 밀도가 클수록 집진효율이 증가한다.
③ 가스의 유입속도가 클수록 집진효율이 증가한다.
④ 입자의 직경이 클수록 집진효율이 증가한다.
⑤ 적당한 Dust Box의 모양과 크기로 설치한다.
⑥ 미세먼지의 재비산 방지를 위해 스키머와 회전깃, 살수설비 등을 설치하여 제거효율을 증대시킨다.

만점 KEYWORD
① 원통, 직경, 작을수록
② 밀도, 클수록
③ 유입속도, 클수록
④ 입자, 직경, 클수록
⑤ 적당한, Dust Box, 모양, 크기
⑥ 재비산 방지, 스키머와 회전깃, 살수설비, 설치

10 ★★☆

면적이 1.5m²인 여과집진장치로 먼지농도가 1.5g/m³인 배기가스가 100m³/min으로 통과하고 있다. 먼지가 모두 여과포에서 제거되었으며, 집진된 먼지층의 밀도가 1g/cm³라면 1시간 후 여과된 먼지층의 두께(mm)를 계산하시오.

정답
6mm

해설
제거된 먼지의 양을 부피로 환산한 후 면적으로 나누어 먼지층의 두께를 구한다.

$$\frac{\frac{1.5\text{g}}{\text{m}^3} \times \frac{100\text{m}^3}{\text{min}} \times 60\text{min} \times \frac{\text{cm}^3}{1\text{g}} \times \frac{\text{m}^3}{10^6 \text{cm}^3}}{1.5\text{m}^2}$$

$= 0.006\text{m} = 6\text{mm}$

11 ★★★

열섬효과에 대한 물음에 답하시오.
(1) 열섬효과의 정의를 쓰시오.
(2) 열섬효과에 영향을 주는 대표적인 인자를 3가지 쓰시오.

정답
(1) 도시에 태양의 복사열로 인해 축적된 열이 주위 지역보다 커서 온도가 높아지는 현상이다.
(2) ① 도시지역에서 발생하는 인공열의 증가
② 도시지역 표면의 열적 성질의 차이
③ 지표면에서의 증발잠열의 차이
④ 건물 등에 의한 거칠기 변화

만점 KEYWORD
(1) 도시, 태양의 복사열, 축적된 열, 온도, 높아지는
(2) ① 도시지역, 인공열
② 표면, 열적 성질
③ 지표면, 증발잠열
④ 건물, 거칠기

12 ★★★

공장의 발생가스 중 먼지의 농도는 3.25g/m³이며 배출허용기준인 0.1g/m³에 맞춰 배출하려고 한다. 다음 물음에 답하시오.

(1) 집진장치 1개를 이용하여 배출허용기준에 맞춰 배출하려고 할 때 집진장치의 효율(%)은 최소 얼마인지 계산하시오.
(2) 집진장치 2개를 직렬연결하여 배출허용기준에 맞춰 배출하려고 할 때 집진장치 한 개의 효율(%)은 최소 얼마인지 계산하시오. (단, 두 개의 집진장치의 집진효율은 같다.)
(3) 집진장치 2개를 직렬연결하여 배출허용기준에 맞춰 배출하려고 할 때 두 번째 집진장치의 효율이 75%였다면 나머지 장치의 효율(%)은 최소 얼마인지 계산하시오.

정답
(1) 96.92%, (2) 82.46%, (3) 87.69%

해설

(1) 집진장치가 1개일 때 효율 계산

$$\eta = \left(1 - \frac{C_{out}}{C_{in}}\right) \times 100$$

C_{out}: 출구농도, C_{in}: 유입농도

$$\eta = \left(1 - \frac{0.1}{3.25}\right) \times 100 = 96.923\%$$

(2) 집진효율이 같은 집진장치 2개를 직렬연결했을 때 효율 계산

$\eta_T = 1 - (1-\eta_1)(1-\eta_2)$

η_T: 총효율, η_1: 1단효율, η_2: 2단효율

$0.96923 = 1 - (1-\eta_1)(1-\eta_2)$
$0.96923 = 1 - (1-\eta)^2$
$(1-\eta)^2 = 1 - 0.96923$
$1-\eta = \sqrt{1-0.96923}$
$\eta = 1 - \sqrt{1-0.96923}$
$\eta = 0.82459 = 82.459\%$

(3) 집진장치 2개를 직렬연결하고 두 번째 집진장치의 효율이 75%일 때 나머지 집진장치의 효율 계산

$\eta_T = 1 - (1-\eta_1)(1-\eta_2)$
η_T: 총효율
η_1: 1단효율, η_2: 2단효율
$0.96923 = 1 - (1-\eta_1)(1-0.75)$
$\eta_1 = 0.87692 = 87.692\%$

※ η_1 값은 공학용계산기의 SOLVE 기능을 이용하여 푸는 것이 편리합니다.

13 ★★★

A 물질의 초기농도가 1M이었는데 180min이 지난 후 농도가 0.1M로 감소하였다. A 물질의 농도가 1M에서 0.01M까지 감소하는 데 걸리는 시간(min)을 계산하시오. (단, 1차 반응이다.)

정답
359.78min

해설

1차 반응속도식을 이용한다.

$$\ln\frac{C_t}{C_o} = -kt$$

C_t: t시간이 지난 후 반응물질의 농도, C_o: 초기농도
k: 반응속도상수, t: 반응시간(min)

(1) k값 계산하기

k는 반응속도상수로 문제에 주어지는 경우도 있지만 문제에서 주어지지 않으면 문제에 주어진 조건으로 계산해야 한다.

$\ln\frac{0.1}{1} = -k \times 180\text{min}$

$k = 0.0128\text{min}^{-1}$

(2) A 물질의 농도가 1M에서 0.01M까지 감소하는 데 걸리는 시간(min) 계산

$\ln\frac{0.01}{1} = -0.0128\text{min}^{-1} \times t$

$t = 359.779\text{min}$

14 ★☆☆

악취를 처리하는 방법을 5가지 쓰시오.

정답

① 연소법
② 흡수법
③ 흡착법
④ 생물탈취법
⑤ 마스킹법
⑥ 촉매산화법
⑦ 통풍 및 희석법

15 ★★★

유효굴뚝높이가 60m인 굴뚝에서 SO_2가 50g/sec로 배출되고 있다. 그리고 지상 5.5m에서의 풍속이 5m/sec일 때 500m 떨어진 지표면에서 중심선상의 오염물질의 SO_2 농도($\mu g/m^3$)를 계산하시오.

- P: 0.25
- $\sigma_y = 37m$, $\sigma_z = 18m$
- Deacon의 식, 가우시안확산식을 이용하여 계산한다.

정답

$10.17 \mu g/m^3$

해설

(1) Deacon 식을 이용하여 풍속 계산

$$\frac{U_2}{U_1} = \left(\frac{Z_2}{Z_1}\right)^P$$

U_1: 기준높이에서의 풍속(m/sec), Z_1: 기준높이(m)
U_2: 임의고도에서의 풍속(m/sec), Z_2: 임의높이(m)
P: 풍속지수

$$\frac{U_2}{5m/sec} = \left(\frac{60m}{5.5m}\right)^{0.25}$$

$U_2 = 9.0869 m/sec$

(2) 가우시안확산식을 이용하여 중심선상의 오염물질 농도 계산

$$C(x, y, z) = \frac{Q}{2\pi U \sigma_y \sigma_z} \left[\exp\left(-\frac{1}{2}\left(\frac{y}{\sigma_y}\right)^2\right)\right]$$
$$\times \left[\exp\left\{-\frac{1}{2}\left(\frac{z-H_e}{\sigma_z}\right)^2\right\} + \exp\left\{-\frac{1}{2}\left(\frac{z+H_e}{\sigma_z}\right)^2\right\}\right]$$

Q: 오염물질 배출량($\mu g/sec$)

$$Q = \frac{50g}{sec} \times \frac{10^6 \mu g}{g} = 50 \times 10^6 \mu g/sec$$

U: 풍속(m/s), H_e: 유효굴뚝높이(m)
y: 풍향에 직각인 수평거리(m)
중심선상 오염농도를 구하므로 "0"
z: 지면으로부터 오염물질까지의 높이(m)
지표면의 농도를 구하므로 "0"
σ_y: 수평확산계수, σ_z: 수직확산계수

$$C(x, 0, 0) = \frac{50 \times 10^6}{2\pi \times 9.0869 \times 37 \times 18} \left[\exp\left(-\frac{1}{2}\left(\frac{0}{37}\right)^2\right)\right]$$
$$\times \left[\exp\left\{-\frac{1}{2}\left(\frac{0-60}{18}\right)^2\right\} + \exp\left\{-\frac{1}{2}\left(\frac{0+60}{18}\right)^2\right\}\right]$$
$$= \frac{50 \times 10^6}{2\pi \times 9.0869 \times 37 \times 18} \times [\exp(0)] \times \left[2 \times \exp\left\{-\frac{1}{2}\left(\frac{60}{18}\right)^2\right\}\right]$$
$$= 10.167 \mu g/m^3$$

16 ★★☆

아세트산의 연소에 대한 물음에 답하시오.

(1) 아세트산의 완전연소반응식을 쓰시오.
(2) 아세트산 $10 Sm^3$이 완전연소할 경우 이론건조연소가스량(Sm^3)을 계산하시오.

정답

(1) $CH_3COOH + 2O_2 \rightarrow 2CO_2 + 2H_2O$
(2) $95.24 Sm^3$

해설

아세트산(CH_3COOH) $10 Sm^3$이 연소할 때 산소(O_2)는 $20 Sm^3$이 필요하고, 이산화탄소(CO_2)는 $20 Sm^3$이 생성된다.
이론산소량 = $20 Sm^3$
이론공기량 = $\dfrac{\text{이론산소량}}{0.21} = \dfrac{20}{0.21} = 95.2381 Sm^3$
이론공기 중 질소량 = 이론공기량 × 0.79 = 95.2381 × 0.79
$= 75.2381 Sm^3$
건조연소생성물(CO_2) = $20 Sm^3$
이론건조연소가스량 = 이론공기 중 질소량 + 건조연소생성물(CO_2)
$= 75.2381 + 20 = 95.238 Sm^3$

17 ★★☆

중유의 황(S) 함유량은 3%이다. 황(S)은 연소되어 SO_2로 전환된 후 SO_3로 산화된다. 또한 대기 중에서 H_2SO_4로 전환된다. 중유 10ton/day를 연소 시 발생하는 H_2SO_4의 양(kg/day)을 계산하시오. (단, 탈황률은 90vol%이다.)

정답

826.88kg/day

해설

(1) SO_2 발생량(kg/day) 계산

황(S, 원자량 32) 1kmol이 연소하면 이산화황(SO_2, 분자량 64)이 1kmol 생성된다.

$S + O_2 \rightarrow SO_2$

$\dfrac{10{,}000\text{kg}}{\text{day}} \times \dfrac{3}{100} \times \dfrac{64}{32} = 600\text{kg/day}$

(2) 발생되는 H_2SO_4의 양(kg/day) 계산

H_2SO_4의 분자량 계산 $= (1 \times 2) + 32 + (16 \times 4) = 98$

$\dfrac{600\text{kg} \times \dfrac{22.4\text{Sm}^3}{64\text{kg}}}{\text{day}} \times \dfrac{90}{100} \times \dfrac{98\text{kg}}{22.4\text{Sm}^3} = 826.875\text{kg/day}$

18 ★☆☆

잔류성유기오염물질(POPs)의 공통적인 특징을 4가지 쓰시오.

정답

① 생체독성이 있어 암을 일으킬 수 있다.
② 잔류성이 있어 생태계에 오래 남아 있다.
③ 생물농축성이 있어 생체 내에 축적되는 정도가 크다.
④ 장거리 이동성이 있어 바람이나 해류를 따라 이동한다.

만점 KEYWORD

① 생체독성
② 잔류성
③ 생물농축성
④ 장거리 이동성

19 ★★★

다음 환경기준에 대한 알맞은 수치를 적으시오. (단, 환경정책기본법상 기준을 따른다.)

항목	기준
아황산가스(SO_2)	1시간 평균치 (①)ppm 이하
일산화탄소(CO)	8시간 평균치 (②)ppm 이하
이산화질소(NO_2)	24시간 평균치 (③)ppm 이하
오존(O_3)	1시간 평균치 (④)ppm 이하
납(Pb)	연간 평균치 (⑤)$\mu g/m^3$ 이하
벤젠	연간 평균치 (⑥)$\mu g/m^3$ 이하

정답

① 0.15, ② 9, ③ 0.06, ④ 0.1, ⑤ 0.5, ⑥ 5

관련이론 | 환경기준

항목	기준
아황산가스(SO_2)	연간 평균치 0.02ppm 이하
	24시간 평균치 0.05ppm 이하
	1시간 평균치 0.15ppm 이하
일산화탄소(CO)	8시간 평균치 9ppm 이하
	1시간 평균치 25ppm 이하
이산화질소(NO_2)	연간 평균치 0.03ppm 이하
	24시간 평균치 0.06ppm 이하
	1시간 평균치 0.10ppm 이하
미세먼지(PM-10)	연간 평균치 50$\mu g/m^3$ 이하
	24시간 평균치 100$\mu g/m^3$ 이하
초미세먼지(PM-2.5)	연간 평균치 15$\mu g/m^3$ 이하
	24시간 평균치 35$\mu g/m^3$ 이하
오존(O_3)	8시간 평균치 0.06ppm 이하
	1시간 평균치 0.1ppm 이하
납(Pb)	연간 평균치 0.5$\mu g/m^3$ 이하
벤젠	연간 평균치 5$\mu g/m^3$ 이하

20 ★★☆

다음 조건을 기준으로 제거효율이 60%가 되기 위한 중력 집진장치의 침강실의 높이(cm)를 계산하시오.

- 집진장치의 길이: 3m
- 집진장치의 폭: 1m
- 입자의 직경: 15μm
- 공기의 밀도: 0.11kg/m³
- 입자의 밀도: 320kg/m³
- 공기의 점성계수: 1.85×10^{-6} kg/m·sec
- 공기의 유속: 1m/sec
- 층류 기준이다.

정답

10.6cm

해설

(1) 중력침강속도(m/sec) 계산

$$V_g = \frac{d_p^2 \times (\rho_p - \rho)g}{18\mu}$$

V_g: 침강속도(m/sec), d_p: 입자의 직경(m)
ρ_p: 입자의 밀도(kg/m³), ρ: 공기의 밀도(kg/m³)
g: 중력가속도(9.8m/sec²)
μ: 점성계수(kg/m·sec)

$$V_g = \frac{(15 \times 10^{-6})^2 \times (320 - 0.11) \times 9.8}{18 \times 1.85 \times 10^{-6}} = 0.0212 \text{m/sec}$$

(2) 집진효율(%)이 60%가 되기 위한 침강실의 높이 계산

$$\eta = \frac{V_g \times L}{V \times H}$$

V_g: 침강속도(m/sec), V: 유속(m/sec)
L: 침강실의 길이(m), H: 침강실의 높이(m)

$$0.6 = \frac{0.0212 \times 3}{1 \times H}$$

$H = 0.106$m $= 10.6$cm

2022년 1회 기출문제

01 ★☆☆

다음 석면의 종류를 보고 물음에 답하시오.

> 갈석면, 청석면, 백석면

(1) 석면을 독성이 큰 순서에서 작은 순서대로 쓰시오.
(2) 석면이 인체에 미치는 영향을 3가지 쓰시오.

정답
(1) 청석면, 갈석면, 백석면
(2) 석면폐증, 폐암, 악성중피종, 피부질환 등

02 ★★★

충전탑을 이용하여 유해가스를 제거하고자 한다. 이때 흡수액이 갖추어야 할 조건을 3가지 쓰시오.

정답
① 용해도가 커야 한다.
② 점성이 작아야 한다.
③ 화학적으로 안정해야 한다.
④ 휘발성이 적어야 한다.
⑤ 부식성이 낮아야 한다.

만점 KEYWORD
① 용해도, 커야
② 점성, 작아야
③ 화학적, 안정
④ 휘발성, 적어야
⑤ 부식성, 낮아야

03 ★☆☆

환경대기 중의 미세먼지(PM-10) 측정방법으로 베타선법이 있다. 이에 대해 설명하시오.

정답
베타선을 방출하는 베타선원으로부터 조사된 베타선이 필터 위에 채취된 먼지를 통과할 때 흡수되는 베타선의 세기를 비교 측정하여 대기 중 미세먼지의 질량농도를 측정하는 방법이다.

만점 KEYWORD
베타선, 방출, 채취된 먼지, 통과, 흡수되는 베타선의 세기, 질량농도

04 ★★☆

CH_4의 고위발열량이 9,500kcal/Sm^3일 때 저위발열량(kcal/Sm^3)을 계산하시오.

정답
8,540kcal/Sm^3

해설
메탄(CH_4) 1mol이 연소하면 물(H_2O) 2mol이 생성된다.
$CH_4 + 2O_2 \rightarrow CO_2 + 2H_2O$
저위발열량 = 고위발열량 $- 480\Sigma H_2O$
ΣH_2O: 물의 몰수
저위발열량 $= 9,500 - (480 \times 2) = 8,540$ kcal/Sm^3

05 ★☆☆

광화학 스모그에 대한 물음에 답하시오.

(1) 광화학 스모그의 생성원인을 서술하시오.
(2) 광화학 스모그가 발생했을 때 생성되는 주요물질을 3가지 쓰시오.

정답

(1) 대기 중으로 방출된 NO_x, HC와 같은 1차 오염물질이 광화학반응을 하여 2차 오염물질을 형성함으로써 발생한다.
(2) 오존(O_3), PAN($CH_3COOONO_2$), 포름알데히드(HCHO), 염화니트로실(NOCl), 아크롤레인(CH_2CHCHO)

만점 KEYWORD

(1) NO_x, HC, 1차 오염물질, 광화학반응, 2차 오염물질, 대기오염현상

관련이론 | 광화학 스모그

- 광화학 스모그는 자동차나 공장의 배출가스 중에 포함된 질소산화물(NO_x)과 탄화수소(HC)가 태양광을 받아 유독물질인 PAN, 광화학 옥시던트(산소계 분자)를 형성하는 것이다.
- LA형 스모그가 대표적인 광화학 스모그 현상이다.
- 광화학 스모그의 생성물질인 PAN은 공기 중에 떠다니면서 수증기와 만나 짙은 안개를 형성한다.

06 ★★★

A 공장의 배기가스 중의 먼지농도가 75,000ppm일 때 배기가스 중의 먼지를 처리하기 위하여 집진장치 3개를 직렬로 연결하였다. 이 집진장치에서의 유출농도(ppm)를 계산하시오. (단, 각 집진장치의 효율은 모두 80%이다.)

정답

600ppm

해설

$\eta_T = 1-(1-\eta_1)(1-\eta_2)(1-\eta_3)$
η_T: 총효율
η_1: 1단효율, η_2: 2단효율, η_3: 3단효율
문제에서 각 집진장치의 효율이 같다고 했으므로 총효율 식을 다음과 같이 간단하게 나타낼 수 있다.
$\eta_T = 1-(1-\eta)^3 = 1-(1-0.8)^3 = 0.992$
효율(η) $= 1 - \dfrac{\text{유출농도}}{\text{유입농도}} = 1 - \dfrac{\text{유출농도}}{75,000} = 0.992$
유출농도 $= 600$ppm

07 ★☆☆

대도시에서 탄화수소, NO_2, NO, 오존의 오전 4시부터 오후 8시까지의 시간변화에 대한 그래프를 그리시오. (단, 각 물질의 농도의 최고점이 구별되도록 표기하시오.)

정답

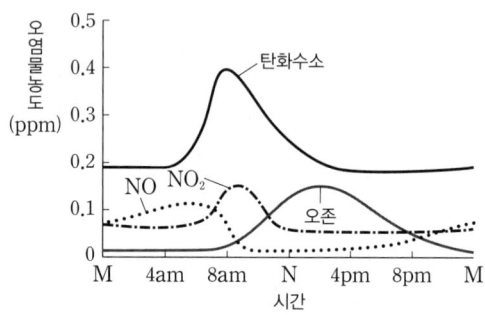

관련이론 | 하루 중 오염물질의 농도 변화

- NO는 출근시간 대에 농도가 급격히 상승하고, 해가 뜨는 시간(약 7~8시 정도)에 농도가 급격히 감소한다.
- NO가 산화되면 NO_2의 농도가 증가하기 시작된다.
- 오존의 농도는 일사량이 가장 많은 12시~13시 정도에 최대가 된다.
- 탄화수소와 NO_2의 농도 변화 그래프는 비슷하다.

08 ★★★
전기집진장치의 집진효율을 증가시키는 방법을 6가지 쓰시오.

정답
① 집진장치 내의 전류밀도를 안정적으로 유지한다.
② 처리가스의 유속을 낮춘다.
③ 역전리 현상을 방지한다.
④ 재비산 현상을 방지한다.
⑤ 집진면적을 증가시킨다.
⑥ 집진극의 길이를 길게 한다.
⑦ 강한 전계강도를 유지한다.
⑧ 집진극에 오염물질이 없도록 한다.
⑨ 분진의 전기비저항값을 적절하게 유지한다.

만점 KEYWORD
① 전류밀도, 유지
② 유속, 낮춘다
③ 역전리 현상, 방지
④ 재비산 현상, 방지
⑤ 집진면적, 증가
⑥ 집진극의 길이, 길게
⑦ 전계강도, 유지
⑧ 오염물질, 없도록
⑨ 전기비저항값, 유지

09 ★★☆
다음 질소산화물의 3가지 생성기구에 대해 간단히 서술하시오.
(1) Fuel NO_x
(2) Thermal NO_x
(3) Prompt NO_x

정답
(1) Fuel NO_x(연료 NO_x)는 연료 속에 포함된 질소(N)가 산소와 반응하는 연소과정을 통해 생성되는 것이다.
(2) Thermal NO_x(고온 NO_x)는 연소 시 공급되는 공기 속에 포함된 질소와 고온에서 산소가 반응하여 생성되는 것이다.
(3) Prompt NO_x(급속 NO_x)는 연소반응 중 연료의 탄화수소와 질소가 화염의 고온영역에 반응하여 생성되는 것이다.

만점 KEYWORD
(1) Fuel NO_x, 연료 속, 질소, 산소와 반응
(2) Thermal NO_x, 연소 시 공급되는 공기, 질소, 고온, 산소
(3) Prompt NO_x, 연료의 탄화수소, 질소, 화염의 고온영역

10 ★★☆
전기집진장치를 이용하여 유량이 150m³/min인 배기가스를 처리하려고 한다. 조건이 다음과 같을 때 먼지입자의 겉보기 이동속도(m/min)를 계산하시오.

- 집진판의 넓이: 10m × 10m
- 집진판(단면형)의 개수: 2개
- 효율: 99%

정답
3.45m/min

해설
$$\eta = 1 - e^{-\frac{A \times W_e}{Q}}$$
η: 집진효율
A: 단면적(m²)
문제에서 집진판의 개수가 2개라고 했으므로 단면적 계산 시 2를 곱해줘야 한다.
W_e: 먼지의 겉보기 이동속도(m/min)
Q: 처리가스량(m³/min)
$$0.99 = 1 - e^{-\frac{2 \times (10 \times 10) \times W_e}{150}}$$
$W_e = 3.454$m/min
※ W_e 값은 공학용계산기의 SOLVE 기능을 이용하여 푸는 것이 편리합니다.

11 ★★☆

염소를 250ppm 함유한 배기가스 75,000Sm³/hr을 수산화소듐용액으로 흡수하여 처리하고자 한다. 이때 다음 조건을 기준으로 생성되는 차아염소산소듐(NaOCl)의 이론량(kg/hr)을 계산하시오.

- HCl은 생성되지 않는다고 가정한다.
- Na의 원자량: 23
- Cl의 원자량: 35.5

정답

62.36kg/hr

해설

염소(Cl_2) 1kmol(22.4Sm³)이 NaOH 2kmol과 반응하면 1kmol의 NaOCl이 발생한다.
NaOCl의 분자량 = 23 + 16 + 35.5 = 74.5
$Cl_2 + 2NaOH \rightarrow NaOCl + NaCl + H_2O$

(1) 제거되는 Cl_2의 양을 단위환산하기

$$\frac{75,000Sm^3}{hr} \times \frac{250mL}{Sm^3} \times \frac{m^3}{10^6 mL} = 18.75 m^3/hr$$

(2) 비례식으로 생성되는 NaOCl의 양 계산하기

$22.4m^3 : 74.5kg = 18.75m^3/hr : x$
$x = 62.360 kg/hr$

12 ★★★

50개의 bag을 사용한 여과집진장치에서 집진율이 98%, 입구의 먼지 농도는 10g/Sm³이었다. 가동 중 1개의 bag에 구멍이 열려 전체 처리가스량의 1/5이 그대로 통과하였다면 출구의 먼지 농도(g/Sm³)를 계산하시오. (단, 나머지 bag의 집진율은 변하지 않는다.)

정답

2.16g/Sm³

해설

입구의 먼지 농도의 1/5은 그대로 통과하고 4/5은 집진율 98%가 적용된다.

$$\left(10g/Sm^3 \times \frac{1}{5}\right) + \left\{10g/Sm^3 \times \frac{4}{5} \times (1-0.98)\right\} = 2.16g/Sm^3$$

13 ★★★

공기를 사용하여 Propane을 완전연소시킬 때 건조연소가스 중의 $(CO_2)_{max}$(%)를 계산하시오.

정답

13.76%

해설

프로판(C_3H_8) 1mol이 연소할 때 산소(O_2) 5mol이 필요하고 이산화탄소(CO_2) 3mol이 생성된다.
$C_3H_8 + 5O_2 \rightarrow 3CO_2 + 4H_2O$
프로판의 부피를 1Sm³으로 가정한다.
이론산소량 = 5Sm³

이론공기량 = $\frac{이론산소량}{0.21} = \frac{5}{0.21} = 23.8095 Sm^3$

이론공기 중 질소량 = 이론공기량 × 0.79 = 23.8095 × 0.79
= 18.8095Sm³
건조연소생성물(CO_2) = 3Sm³
이론건조연소가스량 = 이론공기 중 질소량 + 건조연소생성물(CO_2)
= 18.8095 + 3 = 21.8095Sm³

$(CO_2)_{max}(\%) = \frac{이산화탄소 발생량}{이론건조연소가스량} \times 100 = \frac{3}{21.8095} \times 100$
= 13.755%

14 ★★☆

다음 조건을 기준으로 B-C유를 연료로 사용하는 보일러에서 방출되는 SO_2의 양(m^3/hr)을 계산하시오.

- 연료의 비중: 0.9
- 연료의 황 함량: 2.5wt%
- 보일러의 연료 소비량: 2kL/hr
- 배기가스 온도: 600℃

정답

100.73m^3/hr

해설

(1) 시간당 황 소비량 계산

$$\frac{2,000L}{hr} \times \frac{0.9kg}{L} \times \frac{2.5}{100} = 45kg/hr$$

(2) SO_2의 발생량 계산

황(S, 원자량 32) 1kmol이 연소하면 이산화황(SO_2) 1kmol이 생성된다.

$S + O_2 \rightarrow SO_2$

$32kg : 22.4Sm^3 = 45kg/hr : x$

$x = 31.5Sm^3/hr$

(3) SO_2의 발생량에 대한 온도 보정

SO_2는 기체상태로 방출되므로 문제의 조건에 있는 600℃ 기준으로 온도 보정을 해 주어야 한다.

$$\frac{31.5Sm^3}{hr} \times \frac{(273+600)K}{273K} = 100.731m^3/hr$$

15 ★★☆

A 공장의 배출가스를 분석한 결과가 다음과 같다. 물음에 답하시오.

- NO의 농도: 500ppm
- NO_2의 농도: 5ppm
- 배출가스의 유량: 10,000Sm^3/hr

(1) 배출가스 중의 질소산화물을 CO를 이용한 촉매환원법으로 완전히 제거할 때 필요한 CO의 양(Sm^3/hr)을 계산하시오.

(2) (1)의 과정에서 발생하는 N_2의 양(kg/hr)을 계산하시오.

정답

(1) 5.10Sm^3/hr

(2) 3.16kg/hr

해설

(1) 반응식 작성

NO 2kmol이 CO 2kmol과 반응하면 N_2 1kmol이 생성된다.

$2NO + 2CO \rightarrow N_2 + 2CO_2$

NO_2 2kmol이 CO 4kmol과 반응하면 N_2 1kmol이 생성된다.

$2NO_2 + 4CO \rightarrow N_2 + 4CO_2$

(2) 필요한 CO의 양(Sm^3/hr) 계산

NO를 제거하는 데 필요한 CO의 양(Sm^3/hr)

$$\frac{10,000Sm^3}{hr} \times \frac{500mL}{Sm^3} \times \frac{Sm^3}{10^6 mL} \times \frac{2Sm^3 - CO}{2Sm^3 - NO} = 5Sm^3/hr$$

NO_2를 제거하는 데 필요한 CO의 양(Sm^3/hr)

$$\frac{10,000Sm^3}{hr} \times \frac{5mL}{Sm^3} \times \frac{Sm^3}{10^6 mL} \times \frac{4Sm^3 - CO}{2Sm^3 - NO_2} = 0.1Sm^3/hr$$

필요한 CO의 양 $= 5 + 0.1 = 5.1Sm^3$/hr

(3) 발생되는 질소의 양(kg/hr) 계산

NO를 제거할 때 발생하는 N_2의 양(kg/hr)

$$\frac{10,000Sm^3}{hr} \times \frac{500mL}{Sm^3} \times \frac{Sm^3}{10^6 mL} \times \frac{28kg - N_2}{2 \times 22.4Sm^3 - NO}$$

$= 3.125kg/hr$

NO_2를 제거할 때 발생하는 N_2의 양(kg/hr)

$$\frac{10,000Sm^3}{hr} \times \frac{5mL}{Sm^3} \times \frac{Sm^3}{10^6 mL} \times \frac{28kg - N_2}{2 \times 22.4Sm^3 - NO_2}$$

$= 0.0313kg/hr$

발생하는 N_2의 양 $= 3.125 + 0.0313 = 3.156kg/hr$

16 ★★☆

자동차 배출가스 중의 질소산화물을 선택적 촉매환원법으로 처리할 때 사용되는 환원제를 3가지 쓰시오. (단, CO는 제외한다.)

정답

NH_3, H_2S, H_2

관련이론 | 질소산화물 처리기술

항목	기준
SCR	• 선택적 촉매환원법이라고 한다. • 200~400℃에서 촉매(TiO_2, V_2O_5 등)에 NH_3, H_2, CO, H_2S 등의 환원가스를 작용시켜 NO_x를 N_2로 환원시킨다.
NSCR	• 선택적 무촉매환원법이라고 한다. • 900~1,000℃에서 촉매를 사용하지 않고, 환원제를 반응시켜 질소산화물을 N_2로 환원시키는 방법이다. • 제거효율이 40~70%로 낮은 편이다.

17 ★★★

C_3H_8의 연소에 대한 물음에 답하시오.

(1) 완전연소반응식을 작성하시오. (단, 3.76mol의 N_2를 고려한다.)
(2) 완전연소 시 부피 기준 AFR을 계산하시오.
(3) 완전연소 시 질량 기준 AFR을 계산하시오. (단, 공기의 분자량은 28.95g/mol로 계산한다.)

정답

(1) $C_3H_8 + 5O_2 + 5 \times 3.76N_2 \rightarrow 3CO_2 + 4H_2O + 5 \times 3.76N_2$
(2) 23.81
(3) 15.67

해설

(1) 연소반응식 작성
일반적인 C_3H_8의 연소반응식은 다음과 같다.
$C_3H_8 + 5O_2 \rightarrow 3CO_2 + 4H_2O$
이 문제에서는 3.76mol의 N_2를 고려하라고 언급되어 있으므로 N_2를 포함해서 다음과 같이 연소반응식을 작성한다.
$C_3H_8 + 5O_2 + 5 \times 3.76N_2 \rightarrow 3CO_2 + 4H_2O + 5 \times 3.76N_2$
질소는 연소반응에 참여하지 않기 때문에 반응 전과 반응 후에 변화 없이 그대로 작성하면 된다.

(2) 부피 기준 AFR 계산
C_3H_8의 부피를 $1Sm^3$로 가정하면 산소의 부피는 $5Sm^3$이다.

공기의 부피 $= \dfrac{산소의\ 부피}{0.21} = \dfrac{5}{0.21} = 23.8095Sm^3$

$AFR = \dfrac{공기의\ 부피}{연료의\ 부피} = \dfrac{23.8095Sm^3}{1Sm^3} = 23.810$

(3) 질량 기준 AFR 계산
C_3H_8을 1mol로 가정하면 연료의 질량은 C_3H_8의 분자량과 같다.
C_3H_8의 분자량 $= (12 \times 3) + (1 \times 8) = 44g/mol$

공기의 몰수 $= \dfrac{5}{0.21} = 23.8095mol$

공기의 질량 = 공기의 몰수 × 공기의 분자량
$= 23.8095 \times 28.95 = 689.2850g$

$AFR = \dfrac{공기의\ 질량}{연료의\ 질량} = \dfrac{689.2850}{44} = 15.666$

18 ★★★

다음 조건에서 HF를 처리할 때 흡수탑의 높이(m)를 계산하시오.

- 유입농도: 200ppm, 처리 후 농도: 4ppm
- H_{OG}: 0.6m

정답

2.35m

해설

(1) 흡수탑의 효율 계산

$\eta = 1 - \dfrac{C_{out}}{C_{in}}$ C_{in}: 유입농도, C_{out}: 출구농도

$\eta = 1 - \dfrac{4}{200} = 0.98$

(2) 흡수탑의 높이 계산
흡수탑의 높이 $= H_{OG} \times N_{OG}$
H_{OG}: 기상총괄이동단위높이(m), N_{OG}: 기상총괄단위수

$N_{OG} = \ln \dfrac{1}{1-효율(\eta)}$

흡수탑의 높이 $= 0.6 \times \ln \dfrac{1}{1-0.98} = 2.347m$

19 ★★★

1m의 직경을 갖는 원심력집진장치에서 2m³/sec의 가스를 처리하고자 한다. 다음 조건을 기준으로 물음에 답하시오.

- 처리가스의 점도: 1.85×10^{-5} kg/m·sec
- 처리입자의 밀도: 1.8g/cm³
- 입구의 직경(D_o): 1m
- 입구의 높이: $D_o/2$
- 입구의 폭: $D_o/4$
- 유효회전수: 5회
- 공기의 밀도: 1.3kg/Sm³
- 1atm, 350K

(1) 원심력집진장치에 유입되는 가스의 속도(m/sec)를 계산하시오.
(2) 집진효율이 50%가 되는 입자의 직경(μm)을 계산하시오.

정답

(1) 16m/sec
(2) 6.79μm

해설

(1) 유입속도(m/sec) 계산

$$Q = AV, \ V = \frac{Q}{A}$$

Q: 유량(m³/sec), A: 단면적(m²), V: 속도(m/sec)

$$V = \frac{2\text{m}^3/\text{sec}}{0.5\text{m} \times 0.25\text{m}} = 16\text{m/sec}$$

※ 입구의 단면적은 유입구의 높이와 폭을 곱해서 구한다.

(2) 집진효율이 50%가 되는 입자의 직경(μm)

절단입경(d_{p50}) = $\left[\dfrac{9 \times \mu \times B}{2 \times (\rho_p - \rho) \times \pi \times N_e \times V}\right]^{0.5} \times 10^6$

μ: 가스의 점도(kg/m·sec), B: 유입구의 폭(m)
N_e: 유효회전수, V: 입구의 유속(m/sec)
ρ_p: 입자의 밀도(kg/m³)

$$\rho_p = \frac{1.8\text{g}}{\text{cm}^3} \times \frac{\text{kg}}{1,000\text{g}} \times \frac{10^6 \text{cm}^3}{\text{m}^3} = 1,800\text{kg/m}^3$$

ρ: 공기의 밀도(kg/m³)
문제에 주어진 350K 기준으로 보정을 한다.

$$\rho = \frac{1.3\text{kg}}{\text{Sm}^3 \times \dfrac{350\text{K}}{273\text{K}}} = 1.014\text{kg/m}^3$$

$$d_{p50} = \left[\frac{9 \times 1.85 \times 10^{-5} \times 0.25}{2 \times (1,800 - 1,014) \times \pi \times 5 \times 16}\right]^{0.5} \times 10^6$$

$= 6.785\mu$m

20 ★★★

배기가스 유량이 360m³/min, 농도가 6g/Sm³인 분진을 유효 높이 1.5cm, 직경 220mm인 원통형 Bag Filter를 사용하여 처리하려고 한다. 이때 필요한 Bag Filter의 개수를 구하시오. (단, 여과속도는 2.5m/sec이다.)

정답

232개

해설

백필터의 수(n) = $\dfrac{Q_T}{\pi DL \times V_f}$

Q_T: 처리유량(m³/min), V_f: 여과속도(m/min)
D: 직경(m), L: 길이(m)

$$n = \frac{360\text{m}^3/\text{min}}{\pi \times 0.22\text{m} \times 0.015\text{m} \times \dfrac{2.5\text{m}}{\text{sec}} \times \dfrac{60\text{sec}}{\text{min}}} = 231.498$$

※ n값은 Bag Filter의 개수이므로 답은 정수인 232가 된다.

2021년 4회 기출문제

01 ★★☆

CH_4 0.5Sm³, C_3H_8 0.5Sm³을 연소시킬 때 각각 저위발열량이 8,600kcal/Sm³, 23,000kcal/Sm³인 연료의 이론연소온도(℃)는 약 얼마인가? (단, 0~2,200℃에서 CO_2, H_2O, N_2의 정압비열은 13.1, 10.5, 8.0kcal/kmol·℃이고, 기준온도는 25℃이다.)

정답
2,195.84℃

해설

(1) CH_4의 정압비열 산정

CH_4 1kmol이 연소하면 산소(O_2) 2kmol이 필요하고, 이산화탄소(CO_2) 1kmol, 물(H_2O) 2kmol이 생성된다.

$CH_4 + 2O_2 \rightarrow CO_2 + 2H_2O$

CO_2: $13.1 \times 1 = 13.1$ kcal/kmol·℃

H_2O: $10.5 \times 2 = 21$ kcal/kmol·℃

질소는 반응식상 산소(O_2)가 2mol 필요하기 때문에 CH_4가 연소하는 데 필요한 이론공기량에 해당되는 질소의 양으로 정압비열을 산정한다.

N_2: $\dfrac{2}{0.21} \times 0.79 \times 8.0 = 60.1905$ kcal/kmol·℃

합계 = 13.1 + 21 + 60.1905 = 94.2905 kcal/kmol·℃

(2) C_3H_8의 정압비열 산정

C_3H_8 1kmol이 연소하면 산소(O_2) 5kmol이 필요하고, 이산화탄소(CO_2) 3kmol, 물(H_2O) 4kmol이 생성된다.

$C_3H_8 + 5O_2 \rightarrow 3CO_2 + 4H_2O$

CO_2: $13.1 \times 3 = 39.3$ kcal/kmol·℃

H_2O: $10.5 \times 4 = 42$ kcal/kmol·℃

N_2: $\dfrac{5}{0.21} \times 0.79 \times 8.0 = 150.4762$ kcal/kmol·℃

합계 = 39.3 + 42 + 150.4762 = 231.7762 kcal/kmol·℃

(3) 총 정압비열의 단위 환산

$\dfrac{(94.2905 \times 0.5 + 231.7762 \times 0.5)\text{kcal}}{\text{kmol} \cdot ℃} \times \dfrac{\text{kmol}}{22.4\text{Sm}^3}$

$= 7.2783$ kcal/Sm³·℃

(4) 이론연소온도 산정

이론연소온도 = $\dfrac{저위발열량}{정압비열}$ + 기준온도

$= \dfrac{(8,600 \times 0.5 + 23,000 \times 0.5)\text{kcal/Sm}^3}{7.2783 \text{kcal/Sm}^3 \cdot ℃} + 25℃ = 2,195.837℃$

02 ★★☆

흡착법에 사용되는 Freundlich 등온흡착식과 Langmuir 등온흡착식을 적으시오.

(1) Freundlich 등온흡착식

(2) Langmuir 등온흡착식

정답

(1) Freundlich 등온흡착식

$\dfrac{X}{M} = KC^{\frac{1}{n}}$

X: 흡착된 용질의 양

M: 흡착제(활성탄)의 양

C: 용질의 평형농도, K, n: 상수

(2) Langmuir 등온흡착식

$\dfrac{X}{M} = \dfrac{abC}{1+aC}$

X: 흡착된 용질의 양

M: 흡착제(활성탄)의 양

C: 용질의 평형농도, a, b: 상수

03 ★★☆

탄소 85%, 수소 15%인 경유(1kg)를 공기과잉계수 1.1로 연소시켰을 때 탄소의 1%가 검댕(그을음)으로 되었다. 건조배기가스 $1Sm^3$ 중 검댕의 농도(ppm)를 계산하시오. (단, 검댕의 밀도는 2g/mL이다.)

정답

0.36ppm

해설

검댕의 양 = 850g × 0.01 = 8.5g
이론산소량 = 1.867C + 5.6H + 0.7S − 0.7O
= (1.867 × 0.85) + (5.6 × 0.15) = $2.4270Sm^3$
검댕을 고려한 이론산소량
= (1.867 × 0.85 × 0.99) + (5.6 × 0.15) = $2.4111Sm^3$

※ 실제건연소가스량 산정 시 검댕으로 반응하지 않은 이론산소량을 보정하기 때문에 연료의 성분에 따른 이론공기량을 구한다.

이론공기량 = $\dfrac{\text{이론산소량}}{0.21}$ = $\dfrac{2.4270}{0.21}$ = $11.5571Sm^3$

이론공기 중 질소량 = 이론공기량 × 0.79
= 11.5571 × 0.79 = $9.1301Sm^3$

과잉공기량 = (m − 1) × 이론공기량 (m : 공기과잉계수)
과잉공기량 = (1.1 − 1) × 11.5571 = $1.1557Sm^3$

CO_2 배출량
탄소(C, 원자량 12) 1kmol이 연소하면 이산화탄소(CO_2) 1kmol이 발생한다.
$C + O_2 \rightarrow CO_2$
12kg : $22.4Sm^3$ = 0.85kg × 0.99 : xSm^3
x = $1.5708Sm^3$

※ 검댕(그을음)은 연소하지 않으므로 CO_2 발생량을 구할 때 제외해야 한다.

실제건연소가스량 = 이론공기 중 질소량 + 검댕으로 반응하지 않은 이론산소량 + 과잉공기량 + 건연소생성물(CO_2)
= 9.1301 + (2.4270 − 2.4111) + 1.1557 + 1.5708 = $11.8725Sm^3$

검댕의 농도(ppm) = $\dfrac{\text{검댕의 부피(mL)}}{\text{실제건연소가스량}(Sm^3)}$

= $\dfrac{8.5g \times \dfrac{mL}{2g}}{11.8725Sm^3}$ = 0.358ppm

04 ★★★

조성이 다음과 같은 중유의 $(CO_2)_{max}$(%)를 구하시오.

> C : 78(중량%), H : 18(중량%), S : 4(중량%)

정답

13.41%

해설

이론산소량 = 1.867C + 5.6H + 0.7S − 0.7O
= (1.867 × 0.78) + (5.6 × 0.18) + (0.7 × 0.04) = $2.4923Sm^3$/kg

이론공기량 = $\dfrac{\text{이론산소량}}{0.21}$ = $\dfrac{2.4923}{0.21}$ = $11.8681Sm^3$/kg

이론공기 중 질소량 = 이론공기량 × 0.79
= 11.8681 × 0.79 = $9.3758Sm^3$/kg

CO_2 배출량
탄소(C, 원자량 12) 1kmol이 연소하면 이산화탄소(CO_2) 1kmol이 발생한다.
$C + O_2 \rightarrow CO_2$
12kg : $22.4Sm^3$ = 0.78kg/kg : xSm^3/kg
x = $1.456Sm^3$/kg

SO_2 배출량
황(S, 원자량 32) 1kmol이 연소하면 이산화황(SO_2) 1kmol이 발생한다.
$S + O_2 \rightarrow SO_2$
32kg : $22.4Sm^3$ = 0.04kg/kg : xSm^3/kg
x = $0.028Sm^3$/kg

이론건연소가스량 = 이론공기 중 질소량 + 건연소생성물($CO_2 + SO_2$)
= 9.3758 + 1.456 + 0.028 = $10.8598Sm^3$/kg

$(CO_2)_{max}$(%) = $\dfrac{CO_2 \text{ 발생량}}{\text{이론건연소가스량}} \times 100$

= $\dfrac{1.456}{10.8598} \times 100$ = 13.407%

05 ★★☆

직경이 20μm인 구형입자가 침강할 때 침강속도(m/sec)와 항력(N)을 계산하시오. (단, 문제를 풀기 위한 조건은 다음의 표를 기준으로 한다.)

- 점성계수: 1.5×10^{-5} kg/m·sec
- 입자의 밀도: 2g/cm³
- 공기의 밀도: 1.3kg/m³
- 커닝험 보정계수: 1.0

(1) 침강속도(m/sec)
(2) 항력(N)

정답

(1) 0.03m/sec
(2) 8.20×10^{-11}N

해설

(1) 침강속도(m/sec) 구하기

$$V_g = \frac{d_p^2 \times (\rho_p - \rho)g}{18\mu} \times C_f$$

V_g: 침강속도(m/sec)
d_p: 입자의 직경(m)
$d_p = 20\mu m \times \frac{m}{10^6 \mu m} = 2 \times 10^{-5}$m
ρ_p: 입자의 밀도(kg/m³)
$\rho_p = \frac{2g}{cm^3} \times \frac{10^6 cm^3}{m^3} \times \frac{kg}{1,000g} = 2,000$ kg/m³
ρ: 공기의 밀도(kg/m³)
g: 중력가속도(9.8m/sec²)
μ: 점성계수(kg/m·sec)
C_f: 커닝험 보정계수

$$V_g = \frac{(2 \times 10^{-5})^2 \times (2,000 - 1.3) \times 9.8}{18 \times (1.5 \times 10^{-5})} \times 1 = 0.029 \text{m/sec}$$

(2) 항력(N) 구하기

항력$(F_d) = 3\pi \times \mu \times d_p \times V_g$

위 공식은 입자의 크기가 매우 작거나 유속이 느린 경우에 적용할 수 있다.

$F_d = 3\pi \times (1.5 \times 10^{-5}) \times (2 \times 10^{-5}) \times 0.029$
$= 8.20 \times 10^{-11}$ kg·m/sec² $= 8.20 \times 10^{-11}$N

※ kg·m/sec² = N

06 ★★★

50μm의 분진의 침강속도가 2.5m/sec일 경우 25μm의 분진을 중력집진장치로 100% 처리한다면 높이(m)는 얼마로 해야 하는가? (단, 중력집진장치 침강실의 길이는 4m, 유입속도 2m/sec이고, 층류이다.)

정답

1.25m

해설

(1) 25μm 분진의 침강속도 구하기

침강속도(V_g)를 구하는 공식을 이용한다.

$$V_g = \frac{d_p^2 \times (\rho_p - \rho)g}{18\mu}$$

문제에서 침강속도(V_g)와 입자의 직경(d_p) 외의 수치는 제시되지 않았으므로 다른 변수는 모두 무시하면 V_g는 d_p^2에 비례한다. 이 관계를 이용하여 다음과 같이 비례식을 세운다.

2.5m/sec : $(50\mu m)^2 = x : (25\mu m)^2$
$x = 0.625$m/sec

(2) 중력집진장치의 침강실 높이 구하기

분진을 100% 제거하기 위한 중력집진장치의 설계공식

$$\frac{V_g}{V} = \frac{H}{L}$$

V_g: 침강속도(m/sec), V: 유입속도(m/sec)
H: 침강실의 높이(m), L: 침강실의 길이(m)

$\frac{0.625}{2} = \frac{H}{4}$

$H = 1.25$m

07 ★★☆

원형 굴뚝을 변형시켜 직경이 기존의 2배로 변하였을 경우에 압력손실은 얼마만큼 변하는지 계산하시오.

정답

기존의 $\frac{1}{32}$배가 된다.

해설

(1) 직경의 변화에 따른 유속 변화량 산정

$$V = \frac{Q}{A} = \frac{Q}{\frac{\pi}{4} \times D^2}$$

V: 유속, Q: 유량

A(단면적) $= \frac{\pi}{4}D^2$ (D: 직경)

직경이 기존의 2배로 변하면 유속은 $\frac{1}{4}$로 감소한다.

(2) 원형 덕트의 압력손실 구하기

$$\Delta P = 4f \times \frac{L}{D} \times \frac{\gamma \times V^2}{2g} = 4f \times \frac{L}{D} \times P_V$$

ΔP: 압력손실, f: 마찰계수

L: 관의 길이, D: 관의 직경

g: 중력가속도, γ: 공기의 밀도, V: 유속

P_V(속도압) $= \frac{\gamma \times V^2}{2g}$

문제에서는 다른 조건은 언급이 없고, 직경(D)에 따른 속도변화와 압력변화량(ΔP)을 묻고 있으므로 다른 조건은 모두 상수 K로 둔다.

$$\Delta P = K \times \frac{V^2}{D}$$

변경 전(D, V)과 변경 후($2D$, $\frac{1}{4}V$)의 압력손실을 비교한다.

$$\frac{\Delta P_2}{\Delta P_1} = \frac{K \times \frac{\left(\frac{1}{4}V\right)^2}{2D}}{\frac{K \times V^2}{D}} = \frac{\frac{1}{16}}{2} = \frac{1}{32}$$

08 ★★☆

처리가스량이 100,000Sm³/hr, 압력손실이 800mmH₂O이고, 1일 16시간 운전하는 집진장치의 연간 동력비는 2,160만원이다. 처리가스량이 80,000Sm³/hr, 압력손실이 400mmH₂O일 때 이 장치의 연간 동력비(원)를 계산하시오.

정답

864만원

해설

동력비는 소요동력(kW)과 비례한다.

$$P = \frac{Q \times \Delta P}{102 \times \eta} \times \alpha$$

P: 소요동력(kW), Q: 처리가스량(m³/sec)

ΔP: 압력손실(mmH₂O)

η: 효율, α: 여유율(문제에서 주어지지 않으면 1로 간주)

문제에서 처리가스량(Q), 압력손실(ΔP) 외의 조건은 주어지지 않고 연간 동력비의 변화만 계산하도록 요구했다.

효율(η), 여유율(α)은 고려하지 않고 처리가스량(Q)과 압력손실(ΔP)의 곱만 고려하여 동력비를 산정한다.

$100,000 \times 800 : 2,160$만원 $= 80,000 \times 400 : x$

$x = 864$만원

09 ★★☆

습식 배연탈황법 중 석회석 세정법을 이용하여 황산화물을 처리할 때 발생하는 Scale 생성 방지대책을 3가지 적으시오.

정답

① 순환액의 pH 변화가 적도록 유지한다.
② 흡수액의 양을 증가하여 탑 내 또는 배관에서의 Scale 생성을 방지한다.
③ 탑 내에 세정액을 주기적으로 분사한다.
④ 배가스와 슬러지 분배를 적절하게 유지한다.
⑤ 탑 내에 내장물을 가능한 한 설치하지 않는다.
⑥ 슬러리의 석고농도를 5% 이상 유지하여 석고의 결정화를 촉진한다.

만점 KEYWORD

① 순환액, pH, 적도록
② 흡수액, 증가, Scale 생성 방지
③ 세정액, 분사
④ 배가스, 슬러지, 분배
⑤ 내장물, 설치하지 않는다.
⑥ 슬러리, 석고농도, 5% 이상 유지, 결정화

10 ★☆☆

연소실에서 저위발열량이 10,000kcal/kg인 중유를 100kg/hr로 연소시킬 때 연소실의 열발생율(kcal/m³·hr)을 계산하시오. (단, 연소실의 가로는 1.2m, 세로는 2.0m, 높이는 1.5m이다.)

정답

277,777.78kcal/m³·hr

해설

연소실 열발생율 = $\dfrac{\text{저위발열량} \times \text{시간당 연료 소비량}}{\text{연소실 부피}}$

= $\dfrac{10,000\text{kcal/kg} \times 100\text{kg/hr}}{1.2\text{m} \times 2.0\text{m} \times 1.5\text{m}}$

= 277,777.778kcal/m³·hr

11 ★★☆

사이클론 집진장치를 다음과 같이 변화시키는 경우 괄호 안에 들어갈 말을 쓰시오. (단, 괄호 안에는 증가, 감소, 불변 중 하나를 적는다.)

(1) 블로우다운 시 효율은 ( )한다.
(2) 입구의 직경이 작을수록 효율은 ( )한다.
(3) 유속이 증가할수록 효율은 ( )한다.
(4) 분진밀도가 클수록 효율은 ( )한다.
(5) 원통 직경이 클수록 효율은 ( )한다.

정답

(1) 증가
(2) 증가
(3) 증가
(4) 증가
(5) 감소

12 ★☆☆

등가비가 1에서 1.1로 변하였을 경우, CO와 NO_x의 농도는 증가/감소하는지 그 이유와 함께 쓰시오.

(1) CO의 농도 변화
(2) NO_x의 농도 변화

정답

(1) 연료에 비해 공기가 부족하여 불완전연소하기 때문에 CO의 농도는 증가한다.
(2) 연료에 비해 공기가 부족하여 불완전연소하기 때문에 NO_x의 농도는 감소한다.

만점 KEYWORD

(1) 불완전연소, 증가
(2) 불완전연소, 감소

관련이론 | 당량비(등가비)

- 이론공연비와 실제 공급되는 공연비에 대한 비로 당량비(등가비)와 공기비는 상호 반비례관계가 있다.
- 관계식
  ① 등가비 > 1: 연료에 비해 공기가 부족, 불완전연소, 일산화탄소 발생량 증가
  ② 등가비 = 1: 이상적인 연소 형태
  ③ 등가비 < 1: 연료에 비해 공기가 과잉, 질소산화물 증가

13 ★★★

중유 2kg을 25.6Sm³의 공기를 이용하여 완전연소할 경우 공기비를 계산하시오. (단, 중유의 조성은 C: 85%, H: 10%, S: 5%이다.)

정답

1.23

해설

이론산소량(Sm³/kg) = 1.867C + 5.6H + 0.7S − 0.7O
= (1.867 × 0.85) + (5.6 × 0.1) + (0.7 × 0.05) = 2.1820Sm³/kg

이론공기량(Sm³/kg) = $\dfrac{\text{이론산소량}}{0.21}$ = $\dfrac{2.1820}{0.21}$ = 10.3905Sm³/kg

중유 2kg의 이론공기량 = 2kg × 10.3905Sm³/kg = 20.781Sm³

공기비 = $\dfrac{\text{실제공기량}}{\text{이론공기량}}$ = $\dfrac{25.6}{20.781}$ = 1.232

14 ★★★

다음 용어의 의미를 간단히 서술하시오.
(1) Hold-up
(2) Loading Point
(3) Flooding Point

정답

(1) 충전탑에서 Hold-up은 흡수액을 통과시키면서 유량속도를 증가할 경우 충전층 내의 액보유량이 증가하게 되는 상태이다.
(2) 일정양의 흡수액을 흘릴 때 유해가스의 압력손실은 가스속도의 대수값에 비례하며, 가스속도 증가 시 나타나는 첫 번째 파과점이다.
(3) 가스속도가 커져서 액이 흐르지 않고 넘는 점이다.

만점 KEYWORD

(1) 흡수액, 액보유량, 증가
(2) 가스속도 증가, 첫 번째 파과점
(3) 가스속도, 넘는 점

15 ★★★

벤투리 스크러버에서 목부의 직경이 0.2m, 수압이 2atm, 노즐의 개수가 6개, 액가스비가 $0.5L/m^3$, 목부의 가스유속이 60m/sec일 때, 노즐의 직경(mm)을 계산하시오. (단, P는 공학기압 $10,000mmH_2O$를 사용한다.)

정답

3.76mm

해설

$$n \times \left(\frac{d}{D_t}\right)^2 = \frac{V_t \times L}{100\sqrt{P}}$$

n: 노즐개수, d: 노즐의 직경(m)
D_t: 목부(스롯트부)의 직경(m)
V_t: 유속(m/sec), L: 액가스비(L/m^3), P: 수압(mmH_2O)

$$6 \times \left(\frac{d}{0.2m}\right)^2 = \frac{60m/sec \times 0.5L/m^3}{100 \times \sqrt{2atm \times \frac{10,000mmH_2O}{atm}}}$$

$d = 3.761 \times 10^{-3}m = 3.76mm$

※ d값은 공학용계산기의 SOLVE 기능을 이용하여 푸는 것이 편리합니다.

16 ★★★

NO 1,000ppm을 함유한 배기가스 $5,000Sm^3/hr$를 NH_3에 의한 선택적 접촉환원법으로 NO가 20% 남을 때까지 처리했다. 이 경우 NO_x를 제거하기 위한 NH_3의 이론량(mol/hr)을 계산하시오. (단, 산소는 공존하지 않는다.)

정답

119.05mol/hr

해설

6kmol의 NO($6 \times 22.4Sm^3$)를 제거하기 위해서는 4kmol의 NH_3이 필요하다.

$6NO + 4NH_3 \rightarrow 5N_2 + 6H_2O$

제거할 NO의 양

$= \frac{1,000mL}{m^3} \times \frac{80}{100} \times \frac{5,000Sm^3}{hr} \times \frac{m^3}{10^6 mL} = 4Sm^3/hr$

※ 문제에서 NO가 20% 남을 때까지 처리한다고 했으므로 제거할 NO의 양은 80%이다.

필요한 NH_3의 이론량을 x로 놓으면 다음과 같이 비례식을 세울 수 있다.

$6 \times 22.4Sm^3 : 4,000mol = 4Sm^3/hr : x$

$x = 119.048mol/hr$

※ 4kmol = 4,000mol

관련이론 | 선택적 촉매환원기술(SCR: Selective Catalytic Reduction)

- 선택적 촉매환원법이라고도 한다.
- 200~400℃에서 촉매(TiO_2와 V_2O_5 등)에 NH_3, H_2, CO, H_2S 등의 환원가스를 작용시켜 NO_x를 N_2로 환원시키는 방법이다.
- $6NO_2 + 8NH_3 \rightarrow 7N_2 + 12H_2O$
- $6NO + 4NH_3 \rightarrow 5N_2 + 6H_2O$
- $4NO + 4NH_3 + O_2 \rightarrow 4N_2 + 6H_2O$(산소가 공존하는 상태)

17 ★★★

옥테인의 연소에 관한 물음에 답하시오.

(1) 질량기준 이론공연비를 계산하시오. (단, 공기의 평균 분자량은 29g/mol이다.)
(2) 옥테인을 연소할 경우 질량기준 공연비가 5라면, 옥테인의 연소상태는 어떻게 되는지 쓰시오.

정답

(1) 15.14
(2) 불완전 연소한다.

해설

(1) 질량기준 이론공연비(AFR_m) 계산

옥테인(C_8H_{18}) 1mol이 연소할 때 산소(O_2)는 12.5mol이 필요하다.

$C_8H_{18} + 12.5O_2 \rightarrow 8CO_2 + 9H_2O$

$AFR_m = \dfrac{M_A \times m_a}{M_F \times m_f}$

M_A : 공기의 분자량
m_a : 연소에 사용하는 공기의 몰수

$m_a = \dfrac{12.5}{0.21} = 59.5238 \text{mol}$

M_F : 연료의 분자량
$M_F = (12 \times 8) + (1 \times 18) = 114 \text{g/mol}$

m_f : 연료의 몰수

$AFR_m = \dfrac{29 \times 59.5238}{114 \times 1} = 15.142$

(2) 질량기준 공연비가 5일 때 연소상태 판단

(1)에서 구한 이론공연비보다 작기 때문에 불완전연소한다.

18 ★★☆

연돌을 거치지 않고 외부로 비산되는 먼지를 측정하려고 한다. 다음 조건을 이용하여 비산먼지의 농도(mg/m³)를 계산하시오.

- 최대 먼지농도: 65mg/m^3
- 대조위치 먼지농도: 0.23mg/m^3
- 풍향 보정계수: 주 풍향 90° 이상 변함
- 풍속 보정계수: 0.5m/sec 미만 또는 10m/sec 이상 되는 시간이 전 채취시간의 50% 이상임

(1) 계산식
(2) 정답

정답

(1) $C = (C_H - C_B) \times W_D \times W_S$
   $= (65 - 0.23) \times 1.5 \times 1.2 = 116.586 \text{mg/m}^3$
(2) 116.59mg/m^3

해설

비산먼지농도(C) $= (C_H - C_B) \times W_D \times W_S$
$= (65 - 0.23) \times 1.5 \times 1.2 = 116.586 \text{mg/m}^3$

C_H : 채취 먼지량이 가장 많은 위치에서의 먼지농도(mg/m³)
C_B : 대조위치에서의 먼지농도(mg/m³)
W_D, W_S : 풍향, 풍속 측정 결과로부터 구한 보정계수

풍향에 대한 보정

풍향변화 범위	보정계수
전 시료채취 기간 중 주 풍향이 90° 이상 변할 때	1.5
전 시료채취 기간 중 주 풍향이 45°~90° 변할 때	1.2
전 시료채취 기간 중 풍향이 변동이 없을 때(45° 미만)	1.0

풍속에 대한 보정

풍속범위	보정계수
풍속이 0.5m/s 미만 또는 10m/s 이상되는 시간이 전 채취시간의 50% 미만일 때	1.0
풍속이 0.5m/s 미만 또는 10m/s 이상되는 시간이 전 채취시간의 50% 이상일 때	1.2

19

0.05M NaOH 15mL로 SO_2 가스를 완전히 제거하려고 한다. 이때, 제거되는 SO_2의 부피(mL)를 계산하시오. (단, 배기가스의 온도는 50℃, 압력은 760mmHg이다.)

정답

9.94mL

해설

SO_2 1mol을 제거하기 위해서는 NaOH 2mol이 필요하다.

$SO_2 + 2NaOH \rightarrow Na_2SO_3 + H_2O$

$\dfrac{0.05\text{mol}}{\text{L}} \times 0.015\text{L} \times \dfrac{1\text{mol}-SO_2}{2\text{mol}-NaOH} \times \dfrac{22.4\text{L}}{\text{mol}} \times \dfrac{10^3\text{mL}}{\text{L}}$

$\times \dfrac{(273+50)\text{K}}{273\text{K}} = 9.938\text{mL}$

20

가솔린 자동차에서 사용하는 삼원촉매장치에 대한 물음에 답하시오.

(1) 사용하는 삼원촉매를 3가지 쓰시오.
(2) 제거되는 오염물질을 3가지 쓰시오.

정답

(1) 백금(Pt), 팔라듐(Pd), 로듐(Rh)
(2) NO_X, HC, CO

관련이론 | 삼원촉매장치

- 삼원촉매장치에서 처리하는 오염물질은 NO_X, CO, HC이다.
- 일반적으로 백금촉매는 CO와 HC를 저감시키는 반응을 촉진시키고 로듐촉매는 NO_X를 저감시키는 반응을 촉진시킨다.
- 로듐(Rh): 환원촉매, N_2로 환원
- 백금(Pt), 팔라듐(Pd): 산화촉매, CO_2와 H_2O로 산화

2021년 2회 기출문제

01 ★★★

원심력 집진장치에서 블로우다운(Blow down)에 대한 물음에 답하시오.

(1) 블로우다운의 의미를 간단히 쓰시오.
(2) 블로우다운의 효과를 3가지 쓰시오.

정답

(1) 원심력 집진장치에서 처리가스량의 5~10% 정도를 흡인하여 줌으로써 유효원심력을 증대시키는 방법이다.
(2) 효과
  ① 사이클론 내의 난류현상을 억제시킨다.
  ② 먼지의 재비산을 막아준다.
  ③ 장치 내벽에 부착되는 먼지의 축적을 방지한다.
  ④ 집진효율이 증대된다.

만점 KEYWORD

(1) 흡인, 유효원심력, 증대
(2) ① 난류현상, 억제
   ② 재비산, 막아줌
   ③ 내벽, 축적, 방지
   ④ 집진효율, 증대

02 ★★☆

연료 10kg을 공기비가 1.2인 상태로 연소시킬 때 필요한 실제공기량(Sm^3)을 계산하시오. (단, 연료의 조성은 탄소 85%, 수소 14%, 황 1%이다.)

정답

$135.89 Sm^3$

해설

이론산소량 $= 1.867C + 5.6H + 0.7S - 0.7O$
$= (1.867 \times 0.85) + (5.6 \times 0.14) + (0.7 \times 0.01) = 2.3780 Sm^3/kg$

이론공기량 $= \dfrac{\text{이론산소량}}{0.21} = \dfrac{2.3780}{0.21} = 11.3238 Sm^3/kg$

연료 10kg의 실제공기량 $=$ 이론공기량 $\times$ 공기비 $\times$ 연료량
$= 11.3238 Sm^3/kg \times 1.2 \times 10kg = 135.886 Sm^3$

03 ★★★

입경의 종류 중 (1) 스토크스 직경과 (2) 공기역학적 직경에 대하여 서술하시오.

정답

(1) 원래의 먼지와 밀도 및 침강속도가 동일한 구형입자의 직경이다.
(2) 측정하고자 하는 입자와 동일한 침강속도를 가지며, 밀도가 $1g/cm^3$인 구형입자의 직경이다.

만점 KEYWORD

(1) 밀도, 침강속도, 동일, 구형입자의 직경
(2) 동일한 침강속도, 밀도가 $1g/cm^3$, 구형입자의 직경

04 ★★☆

소각 후 발생하는 다이옥신류를 처리하기 위한 처리방법을 3가지 쓰고, 그 원리를 간단히 서술하시오. (단, 생물학적 분해방법은 제외한다.)

정답

① 촉매분해법: 300~400℃ 부근에서 촉매를 사용하여 다이옥신을 분해하는 방법으로 촉매로는 금속 산화물(V_2O_5, TiO_2 등), 귀금속(Pt, Pd)이 사용된다.
② 광분해법: 자외선 파장(250~340nm)을 이용하여 다이옥신을 분해한다.
③ 열분해법: 고온(850℃ 이상)의 산소가 아주 적은 환원성 분위기에서 탈염소화, 수소첨가반응 등에 의해 분해한다.
④ 오존분해법: 수중에 포함된 다이옥신을 분해하는 방법으로 고온의 염기성 상태에서 오존을 주입하여 분해한다.

만점 KEYWORD

① 촉매분해법, 촉매, 금속 산화물, 귀금속
② 광분해법, 자외선 파장, 분해
③ 열분해법, 고온, 환원성 분위기, 분해
④ 오존분해법, 수중, 고온의 염기성 상태, 오존을 주입

05 ★☆☆

실제 연돌 높이를 늘리지 않고 유효연돌을 높여 배출가스를 희석시키는 방법을 3가지 쓰시오.

정답
① 배출가스 속도를 증가시킨다.
② 굴뚝의 배출구 직경을 감소시킨다.
③ 배출가스의 온도를 증가시킨다.

만점 KEYWORD
① 속도, 증가
② 직경, 감소
③ 온도, 증가

06 ★★★

사이클론에서 가스 유입속도를 4배로 증가시키고, 입구폭을 3배로 늘리면 50% 효율로 집진되는 입자의 직경, 즉 Lapple의 절단입경(d_{p50})은 처음에 비해 몇 배가 되는지 계산하시오.

정답
0.87배가 된다.

해설
절단입경 공식을 이용한다.

$$d_{p50} = \left[\frac{9 \times \mu \times B}{2 \times (\rho_p - \rho) \times \pi \times N_e \times V}\right]^{0.5}$$

d_{p50}: 절단입경, μ: 가스의 점도
B: 유입구의 폭, N_e: 유효회전수, V: 입구의 유속
ρ_p: 입자의 밀도, ρ: 가스의 밀도

문제에서 가스의 유입속도(V), 입구의 폭(B) 외의 조건은 언급되지 않았으므로 같다고 보고, 상수 K로 둔다.

$$d_{p50-1} = \left[\frac{B}{V}\right]^{0.5} \times K$$

$$d_{p50-2} = \left[\frac{3B}{4V}\right]^{0.5} \times K$$

$$\frac{d_{p50-2}}{d_{p50-1}} = \frac{\left[\frac{3B}{4V}\right]^{0.5} \times K}{\left[\frac{B}{V}\right]^{0.5} \times K} = 0.866$$

07 ★☆☆

리차드슨 수 및 대기 안정도를 표의 조건을 이용하여 구하시오.

고도	풍속	온도
3m	3.9m/sec	14.7℃
2m	3.3m/sec	15.4℃

(1) 리차드슨 수
(2) 안정도 판별

정답
(1) −0.07
(2) 대류에 의한 혼합이 기계적 혼합을 지배한다.

해설

$$R_i = \frac{g}{T_m}\left(\frac{\Delta T/\Delta Z}{(\Delta U/\Delta Z)^2}\right)$$

g: 그 지역의 중력가속도(9.8m/sec²)

T_m: 상하층의 평균절대온도(K) $= \frac{T_1 + T_2}{2}$

ΔT: 온도차, ΔZ: 고도차, ΔU: 풍속차

$$R_i = \frac{9.8}{\frac{288.4 + 287.7}{2}} \times \frac{(288.4 - 287.7)/(2-3)}{[(3.3 - 3.9)/(2-3)]^2} = -0.066$$

리차드슨수(R_i)에 의한 안정도 판별

리차드슨수(R)	특성
−0.04 ↓	대류에 의한 혼합이 기계적 혼합을 지배한다.
−0.03~0	기계적 난류와 대류가 존재하나 기계적 난류가 혼합을 주로 일으킨다.
0	기계적 난류만 존재한다.
0~0.25	성층에 의해 약화된 기계적 난류가 존재한다.

08 ★☆☆

수소 기체 4g, 염소 기체 12g을 부피가 20L인 용기에 혼합시켰을 때 혼합기체의 압력(mmHg, 25℃)을 구하시오.

정답

2,014mmHg

해설

수소 기체(H_2)의 분자량 = 2g/mol
염소 기체(Cl_2)의 분자량 = 71g/mol

(1) 혼합기체의 mol 계산

$$4g \times \frac{mol}{2g} + 12g \times \frac{mol}{71g} = 2.1690 mol$$

(2) 이상기체상태방정식으로 혼합기체의 압력 계산

$PV = nRT$
P: 압력(atm), V: 부피(L)
n: 몰수(mol), R: 기체상수(0.082 L·atm/mol·K)
T: 절대온도(K)

$$P = \frac{nRT}{V} = \frac{2.169 \times 0.082 \times (273+25)}{20} = 2.6500 atm$$

(3) 문제에 주어진 조건으로 단위환산

1atm = 760mmHg

$$2.65 atm \times \frac{760 mmHg}{atm} = 2,014 mmHg$$

09 ★☆☆

처리효율이 85%인 공정을 이용하여 농도 2g/m³, 유량 1,000m³/hr인 오염물질을 처리하고자 한다. 세정액량이 2m³이고 세정액의 농도가 10g/L일 경우 방류할 때 방류시간 간격(hr)을 계산하시오.

정답

11.77hr

해설

문제에 주어진 조건을 단위환산해서 정답을 구한다.

$$\frac{2g}{m^3} \times \frac{1,000 m^3}{hr} \times \frac{85}{100} \times x\,hr = \frac{10g}{L} \times \frac{10^3 L}{m^3} \times 2m^3$$

$x = 11.765 hr$

10 ★★★

황화수소가 5% 포함된 메탄을 공기비 1.1로 연소할 경우 건조배기가스 중의 SO_2 농도(ppm)를 계산하시오. (단, 황화수소는 모두 SO_2로 변환된다.)

정답

5,336.01ppm

해설

전체 가스량을 $1 Sm^3$라고 가정한다.
황화수소(H_2S)의 부피 = $0.05 Sm^3$
메탄(CH_4)의 부피 = $0.95 Sm^3$

(1) 황화수소(H_2S) 연소 시 발생하는 SO_2의 양 계산하기

황화수소(H_2S) 1kmol이 연소하기 위해서는 산소(O_2) 1.5kmol이 필요하고 이산화황(SO_2) 1kmol이 발생한다.

$H_2S + 1.5 O_2 \rightarrow SO_2 + H_2O$

이론산소량 = $0.05 Sm^3 \times 1.5 = 0.075 Sm^3$
SO_2 발생량 = $0.05 Sm^3$

(2) 메탄(CH_4) 연소 시 발생하는 CO_2의 양 계산하기

메탄(CH_4) 1kmol이 연소하기 위해서는 산소(O_2) 2kmol이 필요하고 이산화탄소(CO_2) 1kmol이 발생한다.

$CH_4 + 2 O_2 \rightarrow CO_2 + 2 H_2O$

이론산소량 = $0.95 Sm^3 \times 2 = 1.9 Sm^3$
CO_2 발생량 = $0.95 Sm^3$

(3) 혼합연료의 건조배기가스량 계산하기

이론공기량 = $\frac{이론산소량}{0.21} = \frac{(0.075 + 1.9)}{0.21} = 9.4048 Sm^3$

이론공기 중 질소량 = 이론공기량 × 0.79
= 9.4048 × 0.79 = 7.4298 Sm^3

과잉공기량 = (m-1) × 이론공기량 (m: 공기비)
= (1.1-1) × 9.4048 = 0.9405 Sm^3

건조연소생성물($CO_2 + SO_2$) = 0.05 + 0.95 = 1.0 Sm^3

건조연소가스량 = 이론공기 중 질소량 + 과잉공기량 + 건조연소생성물($CO_2 + SO_2$)
= 7.4298 + 0.9405 + 1.0 = 9.3703 Sm^3

(4) SO_2 농도(ppm) 계산하기

$$SO_2\ 농도(ppm) = \frac{0.05}{9.3703} \times 10^6 = 5,336.008 ppm$$

11 ★☆☆

1,000m³/hr의 분진(농도: 10g/m³)을 배출하는 공장에서 중력집진장치를 이용하여 이를 처리하고자 한다. 입자의 직경이 50μm이고 입자의 모양은 모두 구형이라고 가정할 때 집진장치의 처리효율(%) 및 총 분진제거량(kg)을 계산하시오. (단, 층류상태이다.)

[조건]
- 침강실 길이: 6.0m
- 먼지밀도: 200kg/m³
- 침강실 높이: 1.5m
- 공기의 밀도: 0.05kg/m³
- 수평유속: 0.3m/sec
- 점성계수: 7.5×10^{-6} kg/m·sec
- 하루 운행시간: 8hr
- 총 운행한 날: 30day

(1) 중력집진장치의 처리효율(%)
(2) 총 분진제거량(kg)

정답

(1) 48.4%
(2) 1,161.6kg

해설

(1) **중력집진장치의 처리효율(%) 구하기**

중력침강속도(V_g)를 구한 뒤 효율산정공식으로 효율을 구한다.

$$V_g = \frac{d_p^2 \times (\rho_p - \rho)g}{18\mu}$$

V_g: 침강속도(m/sec), d_p: 입자의 직경(m)
ρ_p: 입자의 밀도(kg/m³), ρ: 공기의 밀도(kg/m³)
g: 중력가속도(9.8m/sec²)
μ: 점성계수(kg/m·sec)

$$V_g = \frac{(50 \times 10^{-6})^2 \times (200 - 0.05) \times 9.8}{18 \times 7.5 \times 10^{-6}} = 0.0363 \text{m/sec}$$

효율 산정공식으로 효율을 계산한다.

$$\eta(\%) = \frac{V_g \times L}{V \times H} \times 100$$

V_g: 침강속도(m/sec), V: 유속(m/sec)
L: 침강실의 길이(m), H: 침강실의 높이(m)

$$\eta = \frac{0.0363 \times 6.0}{0.3 \times 1.5} \times 100 = 48.4\%$$

(2) **총 분진제거량(kg) 구하기**

(1)에서 구한 처리효율(%)과 문제에서 주어진 조건을 단위환산해서 구한다.

$$\frac{1,000\text{m}^3}{\text{hr}} \times \frac{10\text{g}}{\text{m}^3} \times \frac{\text{kg}}{1,000\text{g}} \times 8\text{hr} \times 30 \times \frac{48.4}{100} = 1,161.6\text{kg}$$

12 ★★★

C_xH_y을 연소시킬 경우 질량기준의 공연비를 계산하시오. (단, x:y=1:1.8이고, 공기의 분자량은 29이다.)

(1) 계산식
(2) 정답

정답

(1) 공연비 = $\frac{\text{공기의 질량}}{\text{연료의 질량}} = \frac{200.2392}{13.8} = 14.510$

(2) 14.51

해설

공연비는 공기/연료의 비이다.
문제의 조건대로 x, y 값을 넣어 연소반응식을 만들고 계수를 맞춘다.
$CH_{1.8} + 1.45O_2 \rightarrow CO_2 + 0.9H_2O$
반응 전 산소의 계수를 a라고 하면 다음 식으로 1.45를 구할 수 있다.
$2a = 2 + (0.9 \times 1)$
$a = 1.45$
연소반응식상 연료($CH_{1.8}$)는 1mol이므로 분자량이 연료량이다.
연료량 = $12 + (1 \times 1.8) = 13.8$g
산소량 = 1.45mol

공기량 = $\frac{\text{산소 mol수}}{0.21} = \frac{1.45\text{mol}}{0.21} = 6.9048\text{mol}$

문제에 주어진 공기의 분자량으로 공기의 양을 질량 기준으로 구한다.
$6.9048\text{mol} \times 29\text{g/mol} = 200.2392\text{g}$

공연비 = $\frac{\text{공기의 질량}}{\text{연료의 질량}} = \frac{200.2392}{13.8} = 14.510$

13 ★★☆

A 굴뚝 배출가스의 유속을 피토우관으로 측정하였다. 다음 조건일 때 배출가스의 유량(m³/min)을 일의 자리까지 계산하시오.

- 배출가스 온도: 120℃
- 동압 측정치: 15mmH$_2$O
- 굴뚝의 직경: 1.2m
- 피토우관 계수: 0.85
- 정압: 10mmH$_2$O
- 굴뚝 내의 배출가스 밀도: 1.29kg/Sm³

정답

1,044m³/min

해설

(1) 피토우관에서의 유속계산

$$V = C\sqrt{\frac{2gh}{\gamma}}$$

V: 유속(m/sec), C: 피토우관 계수
g: 중력가속도(m/sec²)
h: 피토관에 의한 동압 측정치(mmH$_2$O)
γ: 굴뚝 내의 배출가스 밀도(kg/m³)

$$\gamma = \frac{1.29\text{kg}}{\text{Sm}^3} \times \frac{273\text{K}}{(273+120)\text{K}} \times \frac{(10,332+10)\text{mmH}_2\text{O}}{10,332\text{mmH}_2\text{O}}$$
$$= 0.8970\text{kg/m}^3$$

※ 1atm = 10,332mmH$_2$O

$$V = 0.85 \times \sqrt{\frac{2 \times 9.8 \times 15}{0.8970}} = 15.3885\text{m/sec}$$

문제에서 원하는 유량의 단위가 m³/min이므로 V의 단위를 m/min으로 변환한다.

$$V = \frac{15.3885\text{m}}{\text{sec}} \times \frac{60\text{sec}}{\text{min}} = 923.31\text{m/min}$$

(2) 유량(Q) 계산

$Q = AV$
A: 단면적(m²)

$$A = \frac{\pi}{4}D^2 = \frac{\pi}{4} \times 1.2^2 = 1.1310\text{m}^2$$

V: 유속(m/min)

$Q = 1.1310 \times 923.31 = 1,044.3\text{m}^3/\text{min}$

14 ★☆☆

이산화황이 굴뚝을 통하여 배출되고 있다. 포집관 직경은 20mm, 길이가 100m이고 최대 5분 수집한다고 하였을 때 1분 동안 수집유량(L/min)을 계산하시오. (단, 배출가스의 온도는 150℃, 펌프의 온도는 150℃이고, 포집관을 가득 채취한다.)

정답

6.28L/min

해설

전체 배출량을 시간으로 나누어 1분 동안 수집유량(L/min)을 구한다.

$$Q = \frac{\frac{\pi}{4} \times D^2 \times H}{t}$$

Q: 수집유량(m³/min)
D: 굴뚝의 직경(m), H: 굴뚝의 길이(m)
t: 포집시간(min)

포집관의 부피는 온도, 압력의 변화에 영향을 받지 않으므로 이 문제에서는 온도를 고려하지 않아도 된다.

$$Q = \frac{\frac{\pi}{4} \times (0.02\text{m})^2 \times 100\text{m} \times \frac{10^3\text{L}}{\text{m}^3}}{5\text{min}} = 6.283\text{L/min}$$

15 ★☆☆

기상의 오염물질 A를 제거하는 흡수장치에서 다음과 같은 측정값을 얻었다. 기액경계면에서 오염물질 A의 농도(kmol/m³)를 계산하시오.

- 헨리상수(H): 2.0kmol/m³·atm
- 기상물질계수(k_g): 3.2kmol/m²·hr·atm
- 액상물질계수(k_L): 0.7m/hr
- 기상 A 성분의 분압(P_A): 114mmHg
- 액상 A 성분의 농도(C_A): 0.1kmol/m³

정답

0.24kmol/m³

해설

일반적으로 사용하는 헨리상수(H)의 단위는 atm·m³/kmol이지만 문제에서 주어진 헨리상수의 단위는 kmol/m³·atm이다.
문제에서 주어진 조건을 기준으로 헨리상수는 다음 식을 적용해야 한다.

$H = \dfrac{C}{P}$ (H의 단위: kmol/m³·atm)

이중경막설에 따르면 경막 내 계면에서의 물질전달은 다음과 같은 식으로 표현될 수 있다.

$N = k_g(P_A - P_i) = k_L(C_i - C_A)$

N: 흡수속도
P_i: 기액경계면에서 기체 및 액체의 분압 및 압력
C_i: 기액경계면에서의 농도

$P_i = \dfrac{C_i}{H}$

$k_g\left(P_A - \dfrac{C_i}{H}\right) = k_L(C_i - C_A)$

$(k_g \times P_A) - \left(k_g \times \dfrac{C_i}{H}\right) = (k_L \times C_i) - (k_L \times C_A)$

$(k_L \times C_i) + \left(k_g \times \dfrac{C_i}{H}\right) = (k_g \times P_A) + (k_L \times C_A)$

$C_i = \dfrac{(k_g \times P_A) + (k_L \times C_A)}{k_L + \dfrac{k_g}{H}} = \dfrac{(3.2 \times 0.15) + (0.7 \times 0.1)}{0.7 + \dfrac{3.2}{2.0}}$

$= 0.239\text{kmol/m}^3$

$P_A = 114\text{mmHg} \times \dfrac{1\text{atm}}{760\text{mmHg}} = 0.15\text{atm}$

기상물질계수(k_g)에서 압력의 단위가 atm이므로 P_A의 단위도 atm으로 변환해야 한다.

※ 이 문제는 단위가 복잡하게 주어진 난이도가 높은 문제입니다.

16 ★★★

20℃, 1기압에서 공기의 동점성계수는 $1.5 \times 10^{-5}\text{m}^2/\text{s}$이다. 관의 지름이 50mm일 때, 그 관을 흐르는 공기의 속도(m/sec)를 계산하시오. (단, 레이놀즈수는 3.5×10^4이다.)

정답

10.5m/sec

해설

레이놀즈수(Re) 공식을 이용한다.

$Re = \dfrac{D \times \rho \times V}{\mu} = \dfrac{D \times V}{\nu}$

D: 관의 직경(m)
ρ: 유체의 밀도(kg/m³), V: 유체의 속도(m/sec)
μ: 점성계수(kg/m·sec), ν: 동점성계수(m²/sec)

$3.5 \times 10^4 = \dfrac{0.05\text{m} \times V}{1.5 \times 10^{-5}\text{m}^2/\text{sec}}$

$V = 10.5\text{m/sec}$

17 ★★☆

습식 석회세정법으로 420,000Sm³/hr의 SO_2 가스를 처리할 때 하루 동안 15.6ton의 석고($CaSO_4 \cdot 2H_2O$)를 회수하였다. 이때 SO_2의 농도(ppm)를 구하시오. (단, 탈황률은 98%이다.)

정답

205.66ppm

해설

SO_2 1kmol(22.4m³)이 반응하면 석고($CaSO_4 \cdot 2H_2O$) 1kmol이 생성된다.
석고($CaSO_4 \cdot 2H_2O$)의 분자량 $= 40 + 32 + (16 \times 4) + (18 \times 2) = 172$
$SO_2 + CaCO_3 + 2H_2O + 0.5O_2 \rightarrow CaSO_4 \cdot 2H_2O + CO_2$
이 관계를 이용하여 다음과 같이 비례식을 세울 수 있다.
22.4Sm³:172kg

$= \dfrac{x\text{mL}}{\text{Sm}^3} \times \dfrac{98}{100} \times \dfrac{420,000\text{Sm}^3}{\text{hr}} \times \dfrac{\text{Sm}^3}{10^6\text{mL}} \times 24\text{hr} : 15,600\text{kg}$

비례식을 단위만 나타내면 Sm³:kg=Sm³:kg으로 단위가 통일되었으므로 다음과 같이 수치만 넣어 식을 만들고 공학용계산기의 SOLVE 기능을 이용하면 답을 쉽게 구할 수 있다.

$172 \times x \times \dfrac{98}{100} \times 420,000 \times \dfrac{1}{10^6} \times 24 = 22.4 \times 15,600$

$x = 205.664\text{mL/Sm}^3$

SO_2의 농도(ppm) $= 205.664$ppm

※ ppm $= \dfrac{\text{mL}}{\text{m}^3}$

18 ★☆☆

A공정에서 NO가 50,000Sm³/hr, 600ppm만큼 배출되고 있다. NO를 150ppm까지 낮추기 위해 시간당 필요한 요소용액의 양(kg/hr)을 계산하시오. (단, 다음 조건을 이용한다.)

- 요소 1몰당 NO 2몰 제거
- 요소: 60g/mol
- 요소용액은 20wt%임
- 표준상태임

정답

150.67kg/hr

해설

감소시켜야 할 NO의 농도는 450ppm이다. 이 농도를 문제의 조건을 이용하여 m³/hr로 단위환산한다.

$$\frac{450mL}{m^3} \times \frac{50,000m^3}{hr} \times \frac{m^3}{10^6 mL} = 22.5 m^3/hr$$

요소 1몰당 NO 2몰을 제거하고, 요소의 분자량은 60이다.
NO 22.5m³/hr를 감소시키기 위해 필요한 요소용액의 양(kg/hr)을 x라고 놓으면 다음과 같은 비례식을 세울 수 있다.

$60kg : 2 \times 22.4m^3 = 0.2x : 22.5m^3/hr$

$x = 150.670 kg/hr$

19 ★★☆

전기집진장치는 비저항 값에 영향을 많이 받는다. 정상상태로 운영하기 위해서는 비저항값을 $10^4 \Omega \cdot cm \sim 10^{11} \Omega \cdot cm$을 유지해야 하는데 $10^4 \Omega \cdot cm$ 이하일 경우와 $10^{11} \Omega \cdot cm$ 이상인 경우 발생되는 현상을 쓰고 방지대책을 1가지씩 각각 쓰시오.

(1) 비저항값이 $10^4 \Omega \cdot cm$ 이하일 경우
(2) 비저항값이 $10^{11} \Omega \cdot cm$ 이상인 경우

정답

(1) 재비산 현상이 발생하고 방지대책은 다음과 같다.
　① NH_3를 주입한다.
　② 처리가스의 속도를 낮춘다.
　③ 온도와 습도를 적절히 조절한다.

(2) 역전리 현상이 발생하고 방지대책은 다음과 같다.
　① 황함량이 높은 연료를 주입한다.
　② SO_3, 트리에틸아민 등을 주입한다.
　③ 온도와 습도를 적절히 조절한다.

만점 KEYWORD

(1) ① NH_3, 주입
　② 속도, 낮춘다.
　③ 온도, 습도, 조절
(2) ① 황함량, 높은
　② SO_3, 트리에틸아민, 주입
　③ 온도, 습도, 조절

20 ★★☆

유효굴뚝높이가 100m인 연돌에서 배출되는 가스량은 30,000Sm³/hr, SO_2의 농도가 1,000ppm일 때 Sutton식에 의한 최대 지표농도와 최대 착지거리를 계산하시오. (단, $K_y = K_z = 0.07$, 풍속은 6m/sec, 대기안정도 지수는 0.25이다.)

(1) 최대 지표농도(ppm)
(2) 최대 착지거리(m)

정답

(1) 0.03ppm
(2) 4,032.76m

해설

(1) 최대 지표농도(ppm)

$$C_{max} = \frac{2Q}{\pi e U H_e^2} \times \left(\frac{K_z}{K_y}\right)$$

C_{max}: 최대 지표농도(ppm)
Q: 오염물질 배출량(ppm·m³/hr)
U: 풍속(m/hr), H_e: 유효굴뚝높이(m)
K_z: 수직방향확산계수, K_y: 수평방향확산계수

$$C_{max} = \frac{2 \times (1,000ppm \times 30,000m^3/hr)}{\pi \times e \times 21,600m/hr \times (100m)^2} \times \left(\frac{0.07}{0.07}\right) = 0.033ppm$$

$$U = \frac{6m}{sec} \times \frac{3,600sec}{hr} = 21,600m/hr$$

(2) 최대 착지거리(m)

$$X_{max} = \left(\frac{H_e}{K_z}\right)^{\frac{2}{2-n}}$$

X_{max}: 최대 착지거리(m), H_e: 유효굴뚝높이(m)
K_z: 수직방향확산계수, n: 대기안정도 지수

$$X_{max} = \left(\frac{100m}{0.07}\right)^{\frac{2}{2-0.25}} = 4,032.759m$$

2021년 1회 기출문제

01 ★★★
원심력집진장치에서 블로우 다운(Blow down)에 대한 물음에 답하시오.
(1) 방법을 간단히 서술하시오.
(2) 효과를 3가지 서술하시오.

정답
(1) 원심력집진장치에서 처리가스량의 5~10% 정도를 흡인하여 줌으로써 유효원심력을 증대시키는 것이다.
(2) 효과
　① 사이클론 내의 난류현상을 억제시킨다.
　② 먼지의 재비산을 막아준다.
　③ 장치 내벽에 부착되는 먼지의 축적을 방지한다.
　④ 집진효율이 증대된다.

만점 KEYWORD
(1) 5~10%, 흡인, 유효원심력, 증대
(2) ① 난류현상, 억제
　　② 재비산, 막아준다.
　　③ 내벽, 축적, 방지
　　④ 집진효율, 증대

02 ★★☆
다음은 산성비에 대한 정의이다. 빈칸에 알맞은 것을 적으시오.

> 산성비의 pH는 (①) 이하이며, (②) 가스가 수증기 속에 녹아서 발생된다.
> 온도가 (③) 산성물질이 더 많이 용해된다.

정답
① 5.6, ② CO_2, ③ 낮을수록

03 ★★★
충전탑을 이용하여 유해가스를 제거하고자 한다. 이때 흡수액이 갖추어야 할 조건을 3가지를 쓰시오.

정답
① 용해도가 커야 한다.
② 점성이 작아야 한다.
③ 화학적으로 안정해야 한다.
④ 휘발성이 적어야 한다.
⑤ 부식성이 낮아야 한다.

만점 KEYWORD
① 용해도, 커야
② 점성, 작아야
③ 화학적, 안정
④ 휘발성, 적어야
⑤ 부식성, 낮아야

04 ★★☆
후드 선정 시 모형, 크기 등을 고려하여 선정해야 한다. 후드 선택 시 흡인요령을 3가지 서술하시오. (단, 개구면적을 좁게 하는 것은 제외한다.)

정답
① 발생원에 최대한 접근시켜 흡인시킨다.
② 포착속도(Capture velocity)를 충분히 유지시킨다.
③ 에어커튼을 사용한다.

만점 KEYWORD
① 발생원, 접근, 흡인
② 포착속도, 유지
③ 에어커튼

05 ★☆☆

대기오염공정시험기준 중 배출가스 분석방법을 적으시오.

(1) 암모니아 1가지
(2) 염화수소 2가지
(3) 황산화물 2가지

정답

(1) 인도페놀법(자외선/가시선 분광법)
(2) 이온크로마토그래피, 싸이오사이안산제이수은(자외선/가시선 분광법)
(3) 침전적정법(아르세나조 III법), 자동측정법－전기화학식(정전위전해법), 자동측정법－용액전도율법, 자동측정법－적외선흡수법, 자동측정법－자외선흡수법, 자동측정법－불꽃광도법

06 ★★☆

원심력집진장치의 제거효율의 변화는 다음 식을 이용하여 구할 수 있다. 유량 $200Sm^3/sec$일 경우 효율이 70%라면 유량이 $100Sm^3/sec$일 때의 효율을 구하시오.

$$\frac{100-\eta_a}{100-\eta_b}=\left(\frac{Q_b}{Q_a}\right)^{0.5}$$

정답

57.57%

해설

$$\frac{100-\eta_a}{100-\eta_b}=\left(\frac{Q_b}{Q_a}\right)^{0.5}$$

$$\frac{100-70}{100-\eta_b}=\left(\frac{100}{200}\right)^{0.5}$$

$\eta_b=57.574\%$

07 ★★☆

불화수소(HF) 농도가 500ppm인 굴뚝에서 배출가스량이 $1,000Sm^3/hr$이다. $20m^3$의 물로 5시간 순환 세정할 경우, 순환수의 pH를 구하시오. (단, 불화수소는 100% 전리되고, 100% 흡수되고, 불소의 원자량은 19이다.)

정답

2.25

해설

불화수소(HF)는 다음과 같이 전리된다.
$HF \rightleftharpoons H^+ + F^-$
문제에서 주어진 조건을 이용하여 순환수 내의 H^+ 몰농도(mol/L)를 구한다.

$$\frac{\frac{500mL}{Sm^3}\times\frac{1,000Sm^3}{hr}\times 5hr\times\frac{L}{1,000mL}\times\frac{mol}{22.4L}}{20m^3\times\frac{1,000L}{m^3}}$$

$=5.5804\times 10^{-3}mol/L$
$pH=-\log[H^+]=-\log[5.5804\times 10^{-3}]=2.253$

08 ★★★

H_{OG}가 0.85m, 제거율이 96%인 경우 충전탑의 높이(m)를 구하시오.

정답

2.74m

해설

충전탑 높이(m)$=H_{OG}\times N_{OG}$
H_{OG}: 기상총괄이동단위높이(m)
N_{OG}: 기상총괄단위수

$N_{OG}=\ln\frac{1}{1-\eta}$ (η: 효율)

$N_{OG}=\ln\frac{1}{1-0.96}=3.2189$

충전탑 높이$=0.85\times 3.2189=2.736m$

09 ★★★

$250m^3$의 크기를 갖는 실험실에서 담배에 의해 HCHO가 발생하여 농도가 0.5ppm이 되었다. 이를 0.01ppm까지 낮추기 위하여 $25m^3/min$ 유량을 갖는 공기청정기를 이용하려고 한다. 원하는 농도로 낮추기 위해 걸리는 시간(min)을 구하시오. (단, 처리효율은 100%이며 초기 HCHO 농도는 0ppm이다.)

정답

39.12min

해설

실험실에서 오염물질의 발생은 상자모델에 따르며 상자모델의 오염물질분해는 1차 반응을 따른다.
1차 반응식은 다음과 같다.

$\ln\dfrac{C_t}{C_O}=-kt$

$k=\dfrac{Q}{V}$이므로 $\ln\dfrac{C_t}{C_O}=-\dfrac{Q}{V}\times t$이다.

C_t: t시간이 지난 후 반응물질의 농도(ppm)
C_O: 초기농도(ppm)
Q: 송풍량(m^3/min), V: 실내용적(m^3), t: 반응시간(min)

$\ln\dfrac{0.01ppm}{0.5ppm}=-\dfrac{25m^3/min}{250m^3}\times t$

$t=39.120min$

관련이론

상자모델의 개요

- 배출원으로부터 배출되는 오염물질의 확산이 상자 안에서 이루어져 균일하게 혼합되어 확산된 오염물질의 물질수지를 산정하는 모델이다.

상자모델의 가정

- 고려되는 공간의 수직단면에 직각방향으로 부는 바람의 속도가 일정하여 환기량이 일정하다.
- 상자 안에서는 밑면에서 방출되는 오염물질이 상자 높이인 혼합층까지 즉시 균등하게 혼합된다.
- 상자공간에서 오염물의 농도는 균일하다.
- 오염물의 분해는 일차반응에 의한다.
- 오염배출원은 이 상자가 차지하고 있는 지면 전역에 균등하게 분포되어 있다.
- 오염원은 방출과 동시에 균등하게 혼합된다.

10 ★☆☆

우리나라의 월별 물질 농도표를 참고하여 아래의 물음에 답하시오. (단, y는 O_3이다.)

물질 \ 월	1월	2월	3월	4월	5월	6월
TVOC (ppm)	0.011	0.022	0.024	0.024	0.031	0.017
NO_2 (ppm)	0.033	0.033	0.041	0.041	0.033	0.033
O_3 (ppm)	0.065	0.071	0.104	0.102	0.079	0.066

(1) O_3와 NO_2의 회귀방정식($y=A+Bx$)
(2) O_3와 TVOC의 회귀방정식($y=A+Bx$)
(3) O_3와 NO_2의 상관계수
(4) O_3와 TVOC의 상관계수
(5) O_3와 상관성이 높은 물질

정답

(1) $y=4.09x-0.06$
(2) $y=1.38x+0.05$
(3) 0.9590
(4) 0.5336
(5) NO_2

해설

이 문제는 다음과 같이 공학용계산기의 MODE 메뉴 중 STAT 기능을 이용하여 구한다.
① MODE(MENU) 버튼을 누른다.
② STAT 버튼을 누른다.
③ REG 버튼을 누른다.
④ B: 기울기, A: y절편, R: 상관계수

※ 공학용계산기의 종류에 따라 순서와 메뉴가 다를 수 있다.

11 ★★☆

S 함량 4%의 B-C유 100kL를 사용하는 보일러에 S 함량 1.5%인 B-C유를 40% 섞어서 사용하면 SO_2의 배출량은 몇 % 감소하는지 구하시오. (단, 기타 연소조건은 동일하며, S는 연소 시 전량 SO_2로 변환되고, B-C유 비중은 0.95(S 함량과 무관)이다.)

정답

25%

해설

황(S, 원자량 32) 1kmol이 연소하면 이산화황(SO_2) 1kmol이 생성된다.
$S + O_2 \rightarrow SO_2$

(1) 전량을 황함량 4% 사용시 SO_2의 배출량

$$\frac{0.95 \text{kg}}{\text{L}} \times 100,000\text{L} \times \frac{4}{100} \times \frac{22.4 \text{Sm}^3}{32\text{kg}} = 2,660 \text{Sm}^3$$

(2) 황함량 1.5%를 40% 섞었을 때 SO_2의 배출량

$$\left(\frac{0.95\text{kg}}{\text{L}} \times 100,000\text{L} \times \frac{4}{100} \times \frac{22.4\text{Sm}^3}{32\text{kg}} \times 0.6\right)$$
$$+ \left(\frac{0.95\text{kg}}{\text{L}} \times 100,000\text{L} \times \frac{1.5}{100} \times \frac{22.4\text{Sm}^3}{32\text{kg}} \times 0.4\right)$$
$$= 1,995 \text{Sm}^3$$

(3) 저감률 계산

$$\frac{2,660 - 1,995}{2,660} \times 100 = 25\%$$

12 ★★★

유효높이(H_e)가 60m인 굴뚝으로부터 SO_2가 125g/sec의 속도로 배출되고 있다. 굴뚝높이에서의 풍속은 6m/sec이고 풍하거리 450m에서 대기안정조건에 따라 편차 σ_y는 36m, σ_z는 18.5m이었다. 이 굴뚝으로부터 풍하거리 450m의 중심선상의 지표면 농도($\mu g/m^3$)는 얼마인가? (단, 가우시안모델식을 사용하고, SO_2는 배출되는 동안에 화학적으로 반응하지 않는다고 가정한다.)

정답

$51.77 \mu g/m^3$

해설

$$C(x, y, z) = \frac{Q}{2\pi U \sigma_y \sigma_z} \left[\exp\left(-\frac{1}{2}\left(\frac{y}{\sigma_y}\right)^2\right)\right]$$
$$\times \left[\exp\left\{-\frac{1}{2}\left(\frac{z-H_e}{\sigma_z}\right)^2\right\} + \exp\left\{-\frac{1}{2}\left(\frac{z+H_e}{\sigma_z}\right)^2\right\}\right]$$

Q: 오염물질 배출량($\mu g/sec$)

$$\frac{125\text{g}}{\text{sec}} \times \frac{10^6 \mu g}{\text{g}} = 125 \times 10^6 \mu g/sec$$

U: 풍속(m/s), H_e: 유효굴뚝높이(m)
y: 풍향에 직각인 수평거리(m)
중심선상 오염농도를 구하므로 "0"
z: 지면으로부터 오염물질까지의 높이(m)
지표면의 농도를 구하므로 "0"
σ_y: 수평확산계수, σ_z: 수직확산계수

$$C(x, 0, 0) = \frac{125 \times 10^6}{2\pi \times 6 \times 36 \times 18.5} \left[\exp\left(-\frac{1}{2}\left(\frac{0}{36}\right)^2\right)\right]$$
$$\times \left[\exp\left\{-\frac{1}{2}\left(\frac{0-60}{18.5}\right)^2\right\} + \exp\left\{-\frac{1}{2}\left(\frac{0+60}{18.5}\right)^2\right\}\right]$$
$$= \frac{125 \times 10^6}{2\pi \times 6 \times 36 \times 18.5} \times [\exp(0)] \times \left[2 \times \exp\left\{-\frac{1}{2}\left(\frac{60}{18.5}\right)^2\right\}\right]$$
$$= 51.766 \mu g/m^3$$

13 ★★★

탄소 85%, 수소 15%로 된 경유(1kg)를 공기과잉계수 1.1로 연소했더니 탄소 1%가 검댕(그을음)으로 된다. 건조배기가스 $1Sm^3$ 중 검댕의 농도(g/Sm^3)를 계산하시오.

정답

$0.72g/Sm^3$

해설

검댕의 양 $= 850g \times 0.01 = 8.5g$

이론산소량: $1.867C + 5.6H + 0.7S - 0.7O$
$= (1.867 \times 0.85) + (5.6 \times 0.15) = 2.4270 Sm^3$

검댕을 고려한 이론산소량
$= (1.867 \times 0.85 \times 0.99) + (5.6 \times 0.15) = 2.4111 Sm^3$

이론공기량 $= \dfrac{\text{이론산소량}}{0.21} = \dfrac{2.4270}{0.21} = 11.5571 Sm^3$

※ 실제건연소가스량 산정 시 검댕으로 반응하지 않은 이론산소량을 보정하기 때문에 연료의 성분에 따른 이론공기량을 구한다.

이론공기 중 질소량 = 이론공기량 $\times 0.79$
$= 11.5571 \times 0.79 = 9.1301 Sm^3$

과잉공기량 $= (m-1) \times$ 이론공기량 (m: 공기과잉계수)
$= (1.1-1) \times 11.5571 = 1.1557 Sm^3$

CO_2 배출량

탄소(C, 원자량 12) 1kmol이 연소하면 이산화탄소(CO_2) 1kmol이 생성된다.

$C + O_2 \rightarrow CO_2$

$12kg : 22.4Sm^3 = 0.85kg \times 0.99 : xSm^3$

$x = 1.5708 Sm^3$

※ 검댕(그을음)은 연소하지 않기 때문에 CO_2 발생량을 구할 때 제외해야 한다.

실제건연소가스량 = 이론공기 중 질소량 + 검댕으로 반응하지 않은 이론산소량 + 과잉공기량 + 건연소생성물(CO_2)
$= 9.1301 Sm^3 + (2.4270 - 2.4111) Sm^3 + 1.1557 Sm^3 + 1.5708 Sm^3$
$= 11.8725 Sm^3$

검댕의 농도 $= \dfrac{8.5g}{11.8725 Sm^3} = 0.716 g/Sm^3$

14 ★★★

다음과 같은 조성을 가진 중유 1kg이 $15.3Sm^3$의 공기를 이용하여 완전연소할 경우 다음을 계산하시오.

C: 80%, O: 10%, H: 7%, S: 3%

(1) 공기비를 계산하시오.
(2) 과잉공기량(Sm^3)을 계산하시오.
(3) 과잉공기율(%)을 계산하시오.

정답

(1) 1.75
(2) $6.55 Sm^3$
(3) 75%

해설

(1) 공기비 계산

이론산소량 $= 1.867C + 5.6H + 0.7S - 0.7O$
$= (1.867 \times 0.8) + (5.6 \times 0.07) + (0.7 \times 0.03) - (0.7 \times 0.1)$
$= 1.8366 Sm^3$

이론공기량 $= \dfrac{\text{이론산소량}}{0.21} = \dfrac{1.8366}{0.21} = 8.7457 Sm^3$

공기비 $= \dfrac{\text{실제공기량}}{\text{이론공기량}} = \dfrac{15.3}{8.7457} = 1.749$

(2) 과잉공기량 계산

과잉공기량 = 실제 공기량 - 이론공기량 $= 15.3 - 8.7457$
$= 6.554 Sm^3$

(3) 과잉공기율 계산

과잉공기율(%) $= \dfrac{(\text{공기비}-1) \times \text{이론공기량}}{\text{이론공기량}} \times 100$

$= \dfrac{(1.75-1) \times 8.7457}{8.7457} \times 100 = 75\%$

15 ★★☆

대기오염물질의 농도를 추정하기 위한 상자모델 이론을 적용하기 위한 가정조건을 4가지 쓰시오.

정답

① 상자 공간에서 오염물의 농도는 균일하다.
② 오염물의 분해는 일차반응에 의한다.
③ 오염배출원은 이 상자가 차지하고 있는 지면 전역에 균등하게 분포되어 있다.
④ 오염원은 방출과 동시에 균등하게 혼합된다.

만점 KEYWORD

① 농도, 균일
② 분해, 일차반응
③ 배출원, 균등, 분포
④ 방출, 동시, 균등, 혼합

16 ★☆☆

CO_2 20%, NH_3 55%, Air 25%와 흡착제가 흡수탑에 들어가서 CO_2 40%, NH_3+Air 60% 배출가스와 NH_3 흡착제로 배출된다. 이때 배출가스의 NH_3 함량(%)을 계산하시오.

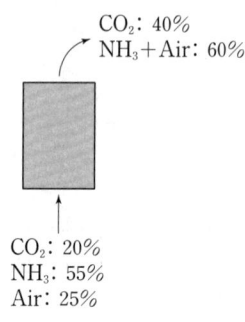

정답

10%

해설

흡착제에 의해 NH_3만 제거되고, CO_2와 Air는 처리되지 않고 배출된다. 유입되는 가스의 총량을 100으로 가정한다.

(1) 유입량

  CO_2 20% → 20
  NH_3 55% → 55
  Air 25% → 25

(2) 유출량

  x = 처리 후 배출된 NH_3의 양
  CO_2 40% = 20
  NH_3+Air 60% = x+25
  NH_3+Air(60%)는 CO_2(40%)의 1.5배이므로 총량은 30이고 Air가 25이므로 NH_3는 5이다.
  유출량은 총 50이고 그 중 NH_3는 5이다.

  NH_3 함량 = $\dfrac{5}{50} \times 100 = 10\%$

17 ★★★

다음 조건에서 분진을 유효높이가 8m인 Bag Filter를 사용하여 처리할 경우 필요한 Bag Filter의 개수를 계산하시오. (단, 답은 짝수로 한다.)

- 배기가스량: 65,000Sm³/hr
- Bag Filter의 직경: 20cm
- 처리가스의 여과속도: 1.5m/min

정답

144개

해설

Bag Filter 소요개수(n)를 구하는 공식을 이용한다.

$n = \dfrac{Q_T}{\pi DL \times V_f}$

Q_T: 배기가스량(m³/min)

$Q_T = \dfrac{65,000 \text{Sm}^3}{\text{hr}} \times \dfrac{\text{hr}}{60\text{min}} = 1,083.3333 \text{Sm}^3/\text{min}$

D: Bag Filter의 직경(m), L: Bag Filter의 길이(m)

V_f: 처리가스의 여과속도(m/min)

$n = \dfrac{1,083.3333}{\pi \times 0.2 \times 8 \times 1.5} = 143.682$

n은 Bag Filter의 소요개수로 소수로 나올 수는 없고, 문제에서 답은 짝수로 한다고 했으므로 144가 답이 된다.

18 ★★☆

대기오염물질 중 입자상 물질의 농도를 측정하고자 흡습관법, 경사마노미터, 피토우관, 건식가스미터를 이용하여 다음의 값을 얻었다. 다음 물음에 답하시오. (단, 경사마노미터 안의 액체는 물이다.)

- 시료채취 흡인가스량(건식가스미터에서 읽은 값): 20L
- 흡습 수분의 질량: 2.0g
- 배출가스의 밀도: 1.3kg/m³
- 포집먼지의 질량: 4.5mg
- 가스미터 흡인가스차압: 13.6mmH₂O
- 가스미터 흡인가스온도: 17℃
- 측정 대기압: 762mmHg
- 피토우관 계수: 1.2
- 경사마노미터(경사각 30°)에서 차압 눈금 값: 6mm
- 오리피스 압력차: 13.6mmH₂O

(1) 배출가스 중의 수분 농도(%)
(2) 배출가스 유속(m/sec)
(3) 배출가스 중 먼지농도(mg/Sm³) (단, 먼지농도는 소수점 둘째 자리까지 계산하여 소수점 첫째 자리까지 표기한다.)

정답

(1) 11.64%
(2) 8.07m/sec
(3) 238.1mg/Sm³

해설

(1) **배출가스 중의 수분 농도(%)**

$$X_W = \frac{\frac{22.4}{18}m_a}{V_m \times \frac{273}{273+\theta_m} \times \frac{P_a+P_m}{760} + \frac{22.4}{18}m_a} \times 100$$

X_W: 배출가스 중의 수증기의 부피 백분율(%)
m_a: 흡습 수분의 질량(g)
V_m: 흡입한 건조 가스량(건식가스미터에서 읽은 값)(L)
θ_m: 가스미터에서의 흡입 가스온도(℃)
P_a: 측정공 위치의 대기압(mmHg)
P_m: 가스미터에서의 가스의 게이지압(mmHg)

$$P_m = 13.6\text{mmH}_2\text{O} \times \frac{760\text{mmHg}}{10,332\text{mmH}_2\text{O}} = 1\text{mmHg}$$

$$X_W = \frac{\frac{22.4}{18} \times 2}{20 \times \frac{273}{273+17} \times \frac{762+1}{760} + \frac{22.4}{18} \times 2} \times 100 = 11.635\%$$

(2) **배출가스 유속(m/sec)**

$$V = C\sqrt{\frac{2gh}{\gamma}}$$

V: 배출가스 평균유속(m/sec)
C: 피토우관 계수
h: 피토우관에 의한 동압 측정치(mmH₂O)
경사각을 보정하기 위해 sin30°을 적용한다.
g: 중력 가속도(9.8m/s²)
γ: 굴뚝 내의 배출가스 밀도(kg/m³)

$$V = 1.2 \times \sqrt{\frac{2 \times 9.8 \times 6 \times \sin 30°}{1.3}} = 8.070\text{m/sec}$$

(3) **배출가스 중 먼지농도(mg/Sm³)**

$$C_n = \frac{m_d}{V_m' \times \frac{273}{273+\theta_m} \times \frac{P_a + \Delta H/13.6}{760}}$$

C_n: 먼지농도(mg/Sm³)
m_d: 채취된 먼지량(mg)
V_m': 건식가스미터에서 읽은 가스시료 채취량(m³)

$$V_m' = 20\text{L} \times \frac{\text{m}^3}{1,000\text{L}} = 0.02\text{m}^3$$

θ_m: 건식가스미터에서의 평균온도(℃)
P_a: 측정공 위치의 대기압(mmHg)
ΔH: 오리피스 압력차(mmH₂O)

$$C_n = \frac{4.5}{0.02 \times \frac{273}{273+17} \times \frac{762+13.6/13.6}{760}} = 238.07\text{mg/Sm}^3$$

19 ★★☆

입구의 분진농도가 12g/m³이고, 출구의 분진농도가 0.1g/m³인 전기집진장치가 있다. 이 장치에서 출구의 분진농도를 50mg/m³으로 하려면 집진면적을 몇 % 넓혀야 하는지 계산하시오.

정답

14.22%

해설

(1) 초기효율 계산

$$\eta = \left(1 - \frac{0.1}{12}\right) = 0.9917$$

(2) 나중효율 계산

$$\eta = \left(1 - \frac{0.05}{12}\right) = 0.9958$$

(3) 넓혀야 하는 집진면적 계산

전기집진장치의 집진효율을 다음 식으로 구한다.

$$\eta = 1 - e^{-\frac{A \cdot W_e}{Q}}$$

이 식은 정리하면 다음과 같고, 집진면적(A)은 $\ln(1-\eta)$과 비례한다.

$$-\frac{A \cdot W_e}{Q} = \ln(1-\eta)$$

$$\frac{증가면적}{초기면적} \times 100 = \frac{\ln(1-0.9958)}{\ln(1-0.9917)} \times 100 = 114.216\%$$

전기집진장치의 집진면적을 14.216% 넓히면 출구의 분진농도가 50mg/m³이 된다.

20 ★★☆

흡수탑에서 20,000m³/hr의 공기를 정화하고 있다. 공기가 흡수탑에 유입되는 속도가 2.5m/sec일 때 흡수탑의 유입구 직경(m)을 계산하시오.

정답

1.68m

해설

유량 공식을 이용하여 흡수탑의 유입구 직경을 계산한다.

$$Q = \frac{\pi}{4}D^2 \times V$$

Q : 유량(m³/sec)

$$Q = \frac{20,000\text{m}^3}{\text{hr}} \times \frac{\text{hr}}{3,600\text{sec}} = 5.5556\text{m}^3/\text{sec}$$

D : 직경(m)

※ $\frac{\pi}{4}D^2$은 단면적으로 단위는 m²이다.

V : 유속(m/sec)

$$5.5556 = \frac{\pi}{4}D^2 \times 2.5$$

$D = 1.682\text{m}$

※ D 값은 공학용계산기의 SOLVE 기능을 이용하여 푸는 것이 편리합니다.

2020년 5회 기출문제

01 ★★★
전기집진장치의 집진효율을 증가시키는 방법을 6가지 쓰시오.

정답
① 집진장치 내의 전류밀도를 안정적으로 유지한다.
② 처리가스의 유속을 낮춘다.
③ 역전리 현상을 방지한다.
④ 재비산 현상을 방지한다.
⑤ 집진면적을 증가시킨다.
⑥ 집진극의 길이를 길게 한다.
⑦ 강한 전계강도를 유지한다.
⑧ 집진극에 오염물질이 없도록 한다.
⑨ 분진의 전기비저항값을 적절하게 유지한다.

만점 KEYWORD
① 전류밀도, 유지
② 유속, 낮춘다.
③ 역전리 현상, 방지
④ 재비산 현상, 방지
⑤ 집진면적, 증가
⑥ 집진극의 길이, 길게
⑦ 전계강도, 유지
⑧ 오염물질, 없도록
⑨ 전기비저항값, 유지

02 ★★☆
배출가스 중의 가스상 물질의 시료를 채취할 때 채취관을 보온 또는 가열해야 하는 경우를 3가지 쓰시오.

정답
① 채취관이 부식될 염려가 있는 경우
② 여과재가 막힐 염려가 있는 경우
③ 분석물질이 응축수에 용해해서 오차가 생길 염려가 있는 경우

만점 KEYWORD
① 채취관, 부식
② 여과재, 막힘
③ 응축수, 용해, 오차

03 ★★★
처리가스의 먼지농도가 2,000mg/Sm³인 것을 3개의 집진장치를 직렬로 연결하여 처리하고자 한다. 각각의 집진율은 70%, 80%, 99%라 할 때 배출되는 먼지농도(mg/Sm³)를 계산하시오.

정답
1.2mg/Sm³

해설 1
(1) 1차 집진장치
   유입: 2,000mg/Sm³
   유출: 2,000mg/Sm³×(1−0.7)=600mg/Sm³
(2) 2차 집진장치
   유입: 600mg/Sm³
   유출: 600mg/Sm³×(1−0.8)=120mg/Sm³
(3) 3차 집진장치
   유입: 120mg/Sm³
   유출: 120mg/Sm³×(1−0.99)=1.2mg/Sm³

해설 2
$\eta_T = 1-(1-\eta_1)(1-\eta_2)(1-\eta_3)$
η_T: 총효율
η_1: 1단효율, η_2: 2단효율, η_3: 3단효율
$\eta_T = 1-(1-0.7)\times(1-0.8)\times(1-0.99)=0.9994$
2,000mg/Sm³×(1−0.9994)=1.2mg/Sm³

04 ★★☆

다음 보기 중 오존파괴지수(ODP)가 큰 순서대로 나열하시오.

[보기]
① $C_2F_4Br_2$, ② CF_3Br, ③ CH_2BrCl, ④ $C_2F_3Cl_3$, ⑤ CF_2BrCl

정답

② > ① > ⑤ > ④ > ③

해설

보기에 있는 물질의 오존파괴지수(ODP)
① $C_2F_4Br_2$(6.0)　　② CF_3Br(10)
③ CH_2BrCl(0.12)　　④ $C_2F_3Cl_3$(0.8)
⑤ CF_2BrCl(3.0)

05 ★★☆

유해가스와 물이 일정한 온도에서 평형상태에 있다. 기상의 유해가스의 분압이 38mmHg, 수중 유해가스의 농도가 2.5kmol/m³일 경우 헨리상수(atm·m³/kmol)를 계산하시오.

(1) 계산식
(2) 정답

정답

(1) $38 \times \dfrac{1}{760} = H \times 2.5$

$H = 0.02 \text{ atm} \cdot \text{m}^3/\text{kmol}$

(2) $0.02 \text{ atm} \cdot \text{m}^3/\text{kmol}$

해설

$P = HC$
P : 분압(atm), H : 헨리상수(atm·m³/kmol)
C : 유해가스의 농도(kmol/m³)

$38\text{mmHg} \times \dfrac{\text{atm}}{760\text{mmHg}} = H \times 2.5\text{kmol/m}^3$

$H = 0.02 \text{ atm} \cdot \text{m}^3/\text{kmol}$

06 ★★☆

기체크로마토그래피에서 분리도와 분리계수 공식을 쓰고, 각각을 기술하시오.

정답

분리도$(R) = \dfrac{2(t_{R2} - t_{R1})}{W_1 + W_2}$, 분리계수$(d) = \dfrac{t_{R2}}{t_{R1}}$

t_{R1} : 시료도입점으로부터 봉우리 1의 최고점까지의 길이
t_{R2} : 시료도입점으로부터 봉우리 2의 최고점까지의 길이
W_1 : 봉우리 1의 좌우 변곡점에서의 접선이 자르는 바탕선의 길이
W_2 : 봉우리 2의 좌우 변곡점에서의 접선이 자르는 바탕선의 길이

07 ★★☆

다음 물음에 답하시오.

(1) 액분산형 흡수장치를 3가지 쓰시오.
(2) Hold-up, Loading Point, Flooding Point의 의미에 대해 쓰시오.

정답

(1) 충전탑, 분무탑, 벤투리 스크러버, 사이클론 스크러버 등
(2) 충전탑에서 Hold-up은 흡수액을 통과시키면서 유량속도를 증가할 경우 충전층 내의 액보유량이 증가하게 되는 상태이다.
　　Loading Point는 일정양의 흡수액을 흘릴 때 유해가스의 압력손실은 가스속도의 대수값에 비례하며, 가스속도 증가시 나타나는 첫 번째 파과점이다.
　　Flooding Point는 가스 속도가 커져서 액이 흐르지 않고 넘는 점이다.

만점 KEYWORD

(2) Hold-up : 유량속도, 액보유량, 증가
　　Loading Point : 가스속도 증가, 첫 번째 파과점
　　Flooding Point : 가스속도, 넘는 점

08 ★★☆

폭굉에 관한 다음 물음에 답하시오.

(1) 유도거리의 정의를 쓰시오.
(2) 폭굉유도거리가 짧아지는 경우를 3가지 쓰시오.
(3) 혼합기체의 성분과 조성이 다음과 같을 때 혼합기체의 하한 연소범위(%)를 계산하시오.

성분	조성(%)	하한 연소범위(%)
CH_4	80	5.0
C_2H_6	12	3.0
C_3H_8	5	2.0
C_4H_{10}	3	1.5

정답

(1) 폭굉가스가 존재할 때 최초의 완만한 연소가 격렬한 폭굉으로 발전할 때까지의 거리이다.
(2) ① 관 속에 방해물이 있을 때
 ② 관내경이 작을 때
 ③ 압력이 높을 때
 ④ 점화원의 에너지가 강할 때
 ⑤ 정상의 연소속도가 큰 혼합가스인 경우
(3) 4.08%

해설

혼합기체의 하한 연소범위(%) 계산하기

$$L = \frac{p_1 + p_2 + \cdots}{\frac{p_1}{n_1} + \frac{p_2}{n_2} + \cdots}$$

n_i : 각 성분 단일의 연소한계(상한 또는 하한)
p_i : 각 성분 가스의 부피(%)

$$L = \frac{80 + 12 + 5 + 3}{\frac{80}{5.0} + \frac{12}{3.0} + \frac{5}{2.0} + \frac{3}{1.5}} = 4.082\%$$

만점 KEYWORD

(1) 최초, 완만한 연소, 폭굉, 거리
(2) ① 관 속, 방해물 ② 관내경, 작을
 ③ 압력, 높을 ④ 에너지, 강할
 ⑤ 연소속도가 큰, 혼합가스

09 ★★★

다음 바람에 대하여 서술하시오. (단, 정의, 특성, 밤과 낮일 때 차이를 구분해서 서술한다.)

(1) 해륙풍
(2) 산곡풍
(3) 경도풍

정답

(1) 해륙풍은 해안 근처의 지역에서 바다와 육지의 열용량차에 의해 발달된 바람이다.
 낮에는 햇빛에 의해 육지가 빨리 따뜻해져 공기가 상승하여 바다에서 육지쪽으로 부는 바람을 해풍이라 하고 밤에는 육지가 빨리 차가워져 공기가 하강하고 바다는 천천히 식어 따뜻한 공기가 형성되어 육지에서 바다로 부는 바람을 육풍이라 한다.
(2) 산곡풍은 평지와 계곡 및 분지지역의 일사량차로 인하여 생기는 바람이다.
 곡풍은 낮의 일사량이 평지보다 산이 많아 산의 비탈면을 따라 상승하는 바람이고 산풍은 밤에 산의 냉각으로 산의 비탈면을 따라 하강하는 바람이다.
(3) 경도풍은 기압경도력이 원심력, 전향력과 평형을 이루면서 고기압과 저기압의 중심부에서 발생하는 바람이다.

만점 KEYWORD

(1) 해안, 바다와 육지의 열용량차, 해풍, 육풍
(2) 평지와 계곡, 분지지역, 일사량차, 곡풍, 산풍
(3) 기압경도력, 원심력, 전향력, 평형, 중심부

10 ★★☆

에탄과 프로판의 혼합가스 1Sm³를 완전연소시킨 결과 배기가스 중 이산화탄소 생성량이 2.6Sm³이었다면 혼합가스 중 에탄과 프로판의 mol비(에탄/프로판)를 계산하시오.

정답
0.67

해설
에탄: $x\text{Sm}^3$, 프로판: $(1-x)\text{Sm}^3$로 두고 계산한다.
에탄(C_2H_6) 1mol이 연소하면 이산화탄소(CO_2) 2mol이 생성된다.
$C_2H_6 + 3.5O_2 \rightarrow 2CO_2 + 3H_2O$
CO_2: $2x\text{Sm}^3$
프로판(C_3H_8) 1mol이 연소하면 이산화탄소(CO_2) 3mol이 생성된다.
$C_3H_8 + 5O_2 \rightarrow 3CO_2 + 4H_2O$
CO_2: $3(1-x)\text{Sm}^3$
$2x + 3(1-x) = 2.6\text{Sm}^3$
$x = 0.4\text{Sm}^3$
mol비(에탄/프로판) = $\dfrac{\text{에탄의 몰수}}{\text{프로판의 몰수}} = \dfrac{0.4\text{Sm}^3}{(1-0.4)\text{Sm}^3} = 0.667$

※ mol비와 부피비는 같다.

11 ★★☆

세정집진장치에서 관성충돌계수가 커지는 경우를 6가지 쓰시오.

정답
① 가스유속이 빠를수록 커진다.
② 먼지입경이 클수록 커진다.
③ 처리가스의 온도가 낮을수록 커진다.
④ 가스의 점도가 낮을수록 커진다.
⑤ 분진의 밀도가 클수록 커진다.
⑥ 물방울 직경이 작을수록 커진다.

만점 KEYWORD
① 가스유속, 빠를수록
② 먼지입경, 클수록
③ 온도, 낮을수록
④ 점도, 낮을수록
⑤ 분진의 밀도, 클수록
⑥ 직경, 작을수록

12 ★★★

조성이 다음과 같은 중유를 5kg/hr로 연소하였다. 이때 실제 건조가스량 중의 SO_2 농도(ppm)를 계산하시오. (단, 표준 상태이고, 공기비는 1.20이다.)

C: 85%, H: 14%, S: 1%

정답
546.69ppm

해설

(1) 이론공기량, 과잉공기량 계산
이론산소량 = $1.867C + 5.6H + 0.7S - 0.7O$
= $(1.867 \times 0.85) + (5.6 \times 0.14) + (0.7 \times 0.01) = 2.3780\text{Sm}^3$
이론공기량 = $\dfrac{\text{이론산소량}}{0.21} = \dfrac{2.3780}{0.21} = 11.3238\text{Sm}^3$
이론공기 중 질소량 = 이론공기량 × 0.79
= $11.3238 \times 0.79 = 8.9458\text{Sm}^3$
과잉공기량 = 이론공기량 × (공기비 -1) = $11.3238 \times (1.2-1)$
= 2.2648Sm^3

(2) 실제건조연소가스량 계산
CO_2 배출량
C(탄소, 원자량 12) 1kmol이 연소하면 이산화탄소(CO_2) 1kmol이 발생한다.
$C + O_2 \rightarrow CO_2$
12kg : 22.4Sm³ = 0.85kg/kg : x
$x = 1.5867\text{Sm}^3/\text{kg}$
SO_2 배출량
S(황, 원자량 32) 1kmol이 연소하면 아산화황(SO_2) 1kmol이 발생한다.
$S + O_2 \rightarrow SO_2$
32kg : 22.4Sm³ = 0.01kg/kg : x
$x = 0.007\text{Sm}^3/\text{kg}$
실제건조연소가스량 = 이론공기 중 질소량 + 과잉공기량 + 건조연소생성물($CO_2 + SO_2$)
= $8.9458 + 2.2648 + 1.5867 + 0.007 = 12.8043\text{Sm}^3/\text{kg}$

(3) SO_2의 농도(ppm) 계산
SO_2 농도(ppm) = $\dfrac{0.007}{12.8043} \times 10^6 = 546.691\text{ppm}$

13 ★★☆

입자의 직경이 50μm, 밀도가 2,000kg/m³인 중력집진장치에서 가스의 유량은 10m³/sec이다. 조건이 다음과 같을 때 효율이 100%가 되기 위한 침강실의 길이(m)를 계산하시오.

- 집진기의 폭: 1.5m, 집진기의 높이: 1.5m
- 밑면을 포함한 평판은 10단이다.
- 점성계수: 1.75×10^{-5} kg/m · sec
- 공기의 밀도: 1.3kg/m³
- 흐름은 층류로 가정한다.

정답
4.29m

해설

(1) 중력침강속도(V_g) 계산

$$V_g = \frac{d_p^2 \times (\rho_p - \rho)g}{18\mu}$$

V_g: 침강속도(m/sec)
d_p: 입자의 직경(m)

$$d_p = 50\mu m \times \frac{m}{10^6 \mu m} = 50 \times 10^{-6} m$$

ρ_p: 입자의 밀도(kg/m³), ρ: 공기의 밀도(kg/m³)
g: 중력가속도(9.8m/sec²), μ: 점성계수(kg/m · sec)

$$V_g = \frac{(50 \times 10^{-6}m)^2 \times (2,000-1.3)kg/m^3 \times 9.8m/sec^2}{18 \times 1.75 \times 10^{-5} kg/m \cdot sec}$$

$= 0.1555$ m/sec

(2) 수평유속(m/sec) 계산

$Q = AV$

Q: 유량(m³/sec), A: 단면적(m²), V: 유속(m/sec)

$10 = 1.5 \times 1.5 \times V$

$V = 4.4444$ m/sec

(3) 침강실의 길이(m) 계산

$$\eta = \frac{V_g}{V} \times \frac{L}{H/n}$$

η: 효율(100%일 때는 1이다.)
V_g: 중력침강속도(m/sec), V: 수평유속(m/sec)
L: 침강실의 길이(m), H: 침강실의 높이(m)
n: 단수

$$1 = \frac{0.1555}{4.4444} \times \frac{L}{1.5/10}$$

$L = 4.287$ m

14 ★★★

열섬효과에 영향을 주는 대표적인 인자를 3가지 쓰시오.

정답
① 도시지역에서 발생하는 인공열의 증가
② 도시지역 표면의 열적 성질의 차이
③ 지표면에서의 증발잠열의 차이
④ 건물 등에 의한 거칠기 변화

만점 KEYWORD
① 도시지역, 인공열
② 표면, 열적 성질
③ 지표면, 증발잠열
④ 건물, 거칠기

15 ★☆☆

전기집진장치에서 전기적 구획화(Electrical sectionalization)를 하는 이유를 서술하시오.

정답
전기집진장치에서는 유입되는 분진의 농도가 높고 출구 부분의 분진의 농도는 낮아 전류의 불균형으로 효율이 감소한다. 따라서 집진실을 구획화하여 전류의 흐름을 균일하게 하여 효율을 증가시키기 위해서 전기적 구획화를 한다.

만점 KEYWORD
전류의 불균형, 효율이 감소, 전류의 흐름을 균일하게, 효율을 증가

16 ★★☆

200kmol/hr이 배출되는 처리가스는 공기 3mol, HCl 5mol의 비율로 구성되어 있다. 해당 처리가스를 16,200kg/hr의 물로 HCl을 흡수처리할 때 배출되는 가스의 공기 1mol당 HCl은 몇 mol인가? (단, 배출된 물은 물 8mol당 HCl 1mol로 구성되고, 탑 내에서 물의 증발손실은 없다고 가정한다.)

정답
0.17mol

해설
① 배출되는 처리가스 중 공기의 양

$200\text{kmol/hr} \times \frac{3}{8} = 75\text{kmol/hr}$

② 배출되는 처리가스 중 HCl의 양

$200\text{kmol/hr} \times \frac{5}{8} = 125\text{kmol/hr}$

③ 흡수하는 물의 양

$\frac{16,200\text{kg}}{\text{hr}} \times \frac{1\text{kmol}}{18\text{kg}} = 900\text{kmol/hr}$

④ 배출되는 물 속의 HCl의 양

$900 \times \frac{1}{8} = 112.5\text{kmol/hr}$

⑤ 흡수되지 않고 공기 중으로 배출되는 HCl의 양

$125 - 112.5 = 12.5\text{kmol/hr}$

⑥ 배출되는 가스의 공기 1mol당 HCl의 mol수

$\frac{\text{HCl의 몰수}}{\text{공기의 몰수}} = \frac{12.5}{75} = 0.167\text{mol}$

17 ★☆☆

액체 연료의 특성을 3가지 쓰시오.

정답
① 발열량이 높아 대형설비에 적합하다.
② 저장 및 운반, 계량이 용이하다.
③ 연료의 품질이 균일한 편이고 점화, 소화 및 연소의 조절이 비교적 용이하다.
④ 회분은 아주 적어 재의 처리가 필요없다.

만점 KEYWORD
① 발열량, 대형설비
② 저장, 운반, 계량, 용이
③ 품질이 균일, 조절이 비교적 용이
④ 회분, 적어

18 ★★☆

전기집진장치에서 2차 전류가 현저하게 떨어질 때의 대책을 3가지 쓰시오.

정답
① 스파크 횟수를 늘린다.
② 부착된 먼지를 탈락시킨다.
③ 조습용 스프레이의 수량을 증가시켜 겉보기 저항을 낮춘다.

만점 KEYWORD
① 스파크, 늘린다.
② 먼지, 탈락
③ 조습용 스프레이, 증가

19 ★★★

중력집진장치를 사용하여 72m³/min로 유입되는 가스를 처리하고자 한다. 다음 조건일 때 물음에 답하시오.

- 단수: 30
- 폭과 높이: 2m
- 점성계수: 2.0×10^{-5} kg/m·sec
- 공기의 밀도: 1.0kg/m³

(1) 레이놀즈수를 계산하시오.
(2) 흐름상태를 구분하여 쓰시오.

정답
(1) 1,935
(2) 층류

해설
(1) 유량으로 속도(V) 계산

$$V = \frac{Q}{A} = \frac{72\text{m}^3}{\text{min}} \times \frac{\text{min}}{60\text{sec}} \div (2\text{m} \times 2\text{m}) = 0.3\text{m/sec}$$

Q: 유량(m³/sec), A: 단면적(m²)

(2) 상당직경(D_O) 계산

문제에서 중력집진장치의 폭과 높이, 단수가 주어졌으므로 상당직경을 구한 후 레이놀즈수를 계산해야 한다.

$$D_O = \frac{2HW}{H+W}$$

H: 높이(m), W: 폭(m)

$$D_O = \frac{2 \times \frac{2}{30} \times 2}{\frac{2}{30} + 2} = 0.1290\text{m}$$

※ 문제의 조건에 단수가 30으로 주어졌으므로 실제 높이를 구할 때에는 높이를 단수로 나누어주어야 한다.

(3) 레이놀즈수(Re) 계산

$$Re = \frac{D \times V \times \rho}{\mu}$$

D: 관의 직경(m), V: 속도(m/sec)
ρ: 밀도(kg/m³), μ: 점성계수(kg/m·sec)

$$Re = \frac{0.1290 \times 0.3 \times 1.0}{2.0 \times 10^{-5}} = 1,935$$

레이놀즈수가 2,100보다 작으므로 층류이다.

관련이론 | 레이놀즈수에 따른 층류와 난류의 구분
- $Re > 4,000$: 난류
- $2,100 < Re < 4,000$: 전이영역
- $Re < 2,100$: 층류

20 ★★☆

A 공정에서 NO_2 150ppm 포함된 처리가스 1,500Sm³/hr가 배출되고 있다. 이를 CH_4으로 환원처리한 후 $FeSO_4$로 흡수처리하고자 할 때 필요한 $FeSO_4$(kg/hr)의 양을 계산하시오. (단, $FeSO_4$의 분자량은 151.8이고, 정답은 소수점 셋째 자리까지 나타내시오.)

정답
1.525kg/hr

해설
(1) 환원처리 한 NO의 양 계산

$$4NO_2 + CH_4 \rightarrow 4NO + CO_2 + 2H_2O$$

화학반응식에서 NO_2와 NO의 부피비는 1:1이므로 반응한 NO_2의 양과 생성된 NO의 양이 같다.

(2) 필요한 $FeSO_4$의 양 계산

NO 1kmol(22.4Sm³)은 $FeSO_4$ 1kmol(151.8kg)과 반응한다.

$$NO + FeSO_4 \rightarrow FeNOSO_4$$

$$\frac{150\text{mL}}{\text{Sm}^3} \times \frac{1,500\text{Sm}^3}{\text{hr}} \times \frac{\text{Sm}^3}{10^6\text{mL}} \times \frac{151.8\text{kg}}{22.4\text{Sm}^3} = 1.5248\text{kg/hr}$$

2020년 4회 기출문제

01 ★★☆

C가 85%, H가 15%인 액체연료 100kg/hr를 연소한 후 배출가스 분석결과 N_2: 84%, O_2: 4%, CO_2: 12%이었다. 이 경우 실제 연소공기량(Sm^3/hr)을 계산하시오. (단, 표준상태이다.)

정답

$1,407.77 Sm^3/hr$

해설

과잉공기비(m)를 구한다.

$$m = \frac{N_2}{N_2 - 3.76(O_2 - 0.5CO)} = \frac{84}{84 - 3.76(4 - 0.5 \times 0)} = 1.2181$$

이론산소량 = $1.867C + 5.6H + 0.7S - 0.7O$
$= (1.867 \times 0.85) + (5.6 \times 0.15) = 2.4270 Sm^3/kg$

이론공기량 = $\dfrac{\text{이론산소량}}{0.21} = \dfrac{2.4270 Sm^3}{0.21} = 11.5571 Sm^3/kg$

100kg/hr 연소 시 실제공기량 = 이론공기량 × 과잉공기비 × 연료량
$= 11.5571 Sm^3/kg \times 1.2181 \times 100 kg/hr = 1,407.770 Sm^3/hr$

02 ★★☆

상사법칙에서 송풍기 회전수와 (1) 풍량, (2) 풍압, (3) 축동력과의 관계를 설명하시오.

정답

(1) 풍량은 회전수에 비례한다.
(2) 풍압은 회전수의 제곱에 비례한다.
(3) 축동력은 회전수의 세제곱에 비례한다.

만점 KEYWORD

(1) 회전수, 비례
(2) 회전수, 제곱, 비례
(3) 회전수, 세제곱, 비례

03 ★★☆

$500 m^3$ 크기의 방안에서 10명 중 5명이 담배를 피우고 있다. 1시간 동안 5명이 총 10개비의 담배를 피울 때 담배 1개비당 1.4mg의 포름알데히드가 발생한다면 1시간 후 방안의 포름알데히드 농도(ppm)를 계산하시오. (단, 포름알데히드는 완전혼합되고, 담배를 피우기 전의 농도는 0, 실내온도 25℃이고, 정답은 소수점 셋째 자리까지 작성한다.)

정답

0.023ppm

해설

포름알데히드(HCHO)의 분자량 = 30

$$\frac{1.4mg \times \dfrac{22.4mL}{30mg} \times 10\text{개비} \times \dfrac{(273+25)K}{273K}}{500m^3}$$

$= 0.0228 mL/m^3 = 0.0228 ppm$

※ $ppm = mL/m^3$

04 ★☆☆

후드의 흡인 저하 원인을 4가지 쓰시오.

정답

① 발생원과 후드의 개구부가 멀어지는 경우
② 후드 주변에 난기류가 형성되어 흡인을 방해하는 경우
③ 후드 입구부분에 높은 압력이 형성되는 경우
④ 내부에 분진이 퇴적된 경우

만점 KEYWORD

① 발생원, 개구부, 멀어지는
② 난기류, 흡인, 방해
③ 입구부분, 높은 압력
④ 분진, 퇴적

05 ★★☆

고용량공기시료채취기로 비산먼지를 채취하고자 한다. 다음 조건을 기준으로 채취된 비산먼지의 농도(mg/m³)를 계산하시오.

- 채취시간: 24시간
- 채취개시 직후의 유량: 1.8m³/min
- 채취종료 직전의 유량: 0.2m³/min
- 채취 후 여과지의 질량: 14.9938g
- 채취 전 여과지의 질량: 3.4213g

정답

8.04mg/m³

해설

(1) 흡인공기량 계산

$$\text{흡인공기량} = \frac{Q_s + Q_e}{2} \times t$$

Q_s: 채취개시 직후의 유량(m³/min)
Q_e: 채취종료 직전의 유량(m³/min)
t: 채취시간(min)

$$\text{흡인공기량} = \frac{(1.8+0.2)\text{m}^3/\text{min}}{2} \times 24 \times 60\text{min} = 1{,}440\text{m}^3$$

(2) 채취된 비산먼지의 농도 계산

$$\text{먼지농도}(\text{mg/Sm}^3) = \frac{W_e - W_s}{V}$$

W_e: 채취 후 여과지의 질량(mg)
W_s: 채취 전 여과지의 질량(mg)
V: 총 공기흡입량(m³)

$$\text{먼지농도} = \frac{(14.9938 - 3.4213)\text{g} \times \frac{10^3 \text{mg}}{\text{g}}}{1{,}440\text{m}^3} = 8.036\text{mg/m}^3$$

06 ★★★

유입구의 폭이 25cm이고 유효회전수가 6인 원심분리기에 입자밀도가 1.6g/cm³인 배기가스가 24m/sec의 속도로 유입된다. 이때 절단입경(μm)을 계산하시오. (단, 공기의 밀도는 무시하고, 가스의 점성도는 300K에서 0.0648kg/m·hr이다.)

정답

5.29μm

해설

$$d_{p50} = \left[\frac{9 \times \mu \times B}{2 \times (\rho_p - \rho) \times \pi \times N_e \times V} \right]^{0.5} \times 10^6$$

d_{p50}: 절단입경(μm)
μ: 가스의 점도(kg/m·sec)

$$\mu = \frac{0.0648\text{kg}}{\text{m}\cdot\text{hr}} \times \frac{\text{hr}}{3{,}600\text{sec}} = 1.8 \times 10^{-5}\text{kg/m}\cdot\text{sec}$$

B: 유입구의 폭(m)
N_e: 유효회전수, V: 입구의 유속(m/sec)
ρ_p: 입자의 밀도(kg/m³)
ρ: 가스의 밀도(kg/m³)

$$d_{p50} = \left[\frac{9 \times 1.8 \times 10^{-5}\text{kg/m}\cdot\text{sec} \times 0.25\text{m}}{2 \times 1{,}600\text{kg/m}^3 \times \pi \times 6 \times 24\text{m/sec}} \right]^{0.5} \times 10^6$$
$$= 5.289\mu\text{m}$$

07 ★☆☆

연소조절에 의하여 질소산화물을 처리하는 방법 4가지를 적으시오.

정답
① 배기가스 재순환
② 저 NO_x 버너 사용
③ 저산소 연소
④ 2단연소

08 ★★☆

유량이 $10m^3/sec$, 먼지농도가 $155g/m^3$, 밀도는 $800kg/m^3$, 제거효율이 85%인 중력침강실에서 침전된 먼지의 부피가 $0.55m^3$이다. 이 경우 청소시간 간격(min)을 계산하시오.

정답
5.57min

해설
(1) 제거해야 할 먼지량(kg/sec) 계산

$$\frac{155g}{m^3} \times \frac{10m^3}{sec} \times \frac{85}{100} \times \frac{kg}{1,000g} = 1.3175 kg/sec$$

(2) 청소시간 간격(min) 계산

$$청소시간\ 간격 = \frac{먼지밀도 \times 침전된\ 먼지의\ 부피}{제거해야\ 할\ 먼지량}$$

$$청소시간\ 간격(min) = \frac{\frac{800kg}{m^3} \times 0.55m^3}{\frac{1.3175kg}{sec} \times \frac{60sec}{min}} = 5.566min$$

09 ★★★

분진농도가 $10g/m^3$인 배출가스를 처리하는 1차 집진장치의 집진율이 90%이다. 출구의 분진농도를 $0.2g/m^3$으로 하기 위한 2차 집진기의 집진율(%)을 계산하시오.

정답
80%

해설-1
(1) 1차 집진장치
유입: $10g/m^3$
유출: $10g/m^3 \times (1-0.9) = 1g/m^3$

(2) 2차 집진장치
유입: $1g/m^3$
유출: $1g/m^3 \times (1-x) = 0.2g/m^3$
$x = 0.8 = 80\%$

해설-2
$\eta_T = 1-(1-\eta_1)(1-\eta_2)$
η_T: 총효율, η_1: 1단효율, η_2: 2단효율
$\eta_T = 1-(1-0.9)(1-\eta_2) = 0.98$
$\eta_2 = 0.8 = 80\%$

10 ★★☆

유해가스 흡수장치 중 액분산형 흡수장치를 3가지 쓰시오.

정답
충전탑, 분무탑, 벤투리 스크러버, 사이클론 스크러버 등

관련이론 | 흡수장치의 종류
- 액측 저항이 클 경우 유리한 가스분산형 흡수장치: 단탑, 포종탑, 다공판탑, 기포탑 등
- 가스측 저항이 클 경우 유리한 액분산형 흡수장치: 충전탑, 분무탑, 벤투리 스크러버, 사이클론 스크러버 등
※ 가스분산형 흡수장치는 CO, NO, N_2 등의 용해도가 낮은 가스에 적용된다.

11 ★★★

가솔린($C_8H_{17.5}$)을 연소시킬 경우 질량기준의 공연비와 부피기준의 공연비를 계산하시오.

(1) 질량기준
(2) 부피기준

정답
(1) 질량기준 공연비 = 15.04
(2) 부피기준 공연비 = 58.93

해설
공연비는 공기/연료의 비이다.
가솔린($C_8H_{17.5}$) 1mol이 연소할 경우 산소(O_2)는 12.375mol이 필요하다.
$C_8H_{17.5} + 12.375O_2 \rightarrow 8CO_2 + 8.75H_2O$

(1) **질량기준 공연비 계산**

연료의 질량 = $(12 \times 8) + 17.5 = 113.5g$

산소의 질량 = 산소의 mol수 × 산소의 분자량
= $12.375 mol \times 32g/mol = 396g$

공기의 질량 = $\dfrac{산소의 \ 질량}{0.232} = \dfrac{396g}{0.232} = 1,706.8966g$

※ 공기의 부피가 아닌 공기의 질량을 구하기 때문에 0.232로 나누어주어야 한다.

질량기준 공연비 = $\dfrac{1,706.8966}{113.5} = 15.039$

(2) **부피기준 공연비 계산**

연료의 부피는 $1Sm^3$로 가정한다.

산소의 부피: $12.375Sm^3$

공기의 부피 = $\dfrac{산소의 \ 부피}{0.21} = \dfrac{12.375Sm^3}{0.21} = 58.9286Sm^3$

부피기준 공연비 = $\dfrac{58.9286}{1} = 58.929$

12 ★★★

물리적 흡착의 특성을 4가지 쓰시오.

정답
① 입자 간의 인력(Van der Waals 힘)이 주된 원동력이다.
② 흡착제에 피흡착물질이 부착되는 흡착이다.
③ 가역적인 흡착반응이 일어난다.
④ 일반적으로 기체의 분자량이 클수록 흡착량은 증가한다.
⑤ 흡착되는 피흡착물질의 분압이 높을수록 흡착량은 증가하게 된다.
⑥ 온도가 낮을수록 흡착량은 증가한다.
⑦ 오염가스 회수가 용이하다.

만점 KEYWORD
① 입자 간의 인력, 원동력
② 피흡착물질, 부착
③ 가역적, 흡착반응
④ 기체의 분자량이 클수록, 흡착량은 증가
⑤ 분압이 높을수록, 흡착량은 증가
⑥ 낮은 온도, 흡착량은 증가
⑦ 회수, 용이

13 ★★☆

흡착제 재생방법을 5가지 쓰시오.

정답
① 감압 진공 탈착법
② 수세 탈착법
③ 고온 공기 탈착법
④ 고온 수증기 탈착법
⑤ 불활성 가스에 의한 탈착법

14 ★★☆

다음 대기오염모델의 특징을 2가지씩 쓰시오.

(1) 분산모델
(2) 수용모델

정답

(1) 분산모델의 특징
① 지형 및 오염원의 조업조건에 영향을 받는다.
② 오염물의 단기간 분석 시 문제가 된다.
③ 먼지의 영향평가는 기상의 불확실성과 오염원이 미확인인 경우에 문제점을 가진다.
④ 미래예측이 가능하다.

(2) 수용모델의 특징
① 새로운 오염원, 불확실한 오염원과 불법배출 오염원을 정량적으로 확인평가할 수 있다.
② 측정자료를 입력자료로 사용하므로 시나리오 작성이 곤란하다.
③ 오염원의 조업 및 운영 상태에 대한 정보 없이도 사용 가능하다.

만점 KEYWORD

(1) ① 조업조건, 영향
   ② 단기간 분석, 문제
   ③ 기상의 불확실성, 오염원이 미확인, 문제점
   ④ 미래예측, 가능
(2) ① 오염원, 정량적, 확인평가
   ② 시나리오 작성, 곤란
   ③ 오염원의 조업, 정보 없이도 사용 가능

15 ★★★

굴뚝높이가 60m, 대기온도가 27℃, 배기가스의 평균온도가 137℃이다. 통풍력을 1.5배 증가시키기 위해서 요구되는 배출가스의 온도(℃)를 계산하시오. (단, 굴뚝의 높이는 일정하다고 가정하고, 배기가스와 대기의 비중량은 1.3kgf/Sm³이다.)

정답

229.04℃

해설

$$Z(mmH_2O) = 273 \times H \times \left[\frac{\gamma_a}{273+t_a} - \frac{\gamma_g}{273+t_g} \right]$$

H: 굴뚝의 높이(m)
γ_a: 공기의 비중량(kgf/m³), γ_g: 배기가스의 비중량(kgf/m³)
t_a: 공기의 온도(℃), t_g: 배기가스의 온도(℃)

(1) 현재의 통풍력 계산

$$273 \times 60 \times \left[\frac{1.3}{273+27} - \frac{1.3}{273+137} \right] = 19.0434 mmH_2O$$

(2) 통풍력이 1.5배 증가한 경우 배출가스의 온도 계산

$$273 \times 60 \times \left[\frac{1.3}{273+27} - \frac{1.3}{273+t_g} \right] = 1.5 \times 19.0434 mmH_2O$$

$t_g = 229.041℃$

※ t_g값은 공학용계산기의 SOLVE 기능을 이용하여 푸는 것이 편리합니다.

16 ★★☆

이온크로마토그래피의 측정원리와 써프렛서의 역할을 서술하시오.

(1) 측정원리
(2) 써프렛서의 역할

정답

(1) 이온크로마토그래피는 이동상으로는 액체, 그리고 고정상으로는 이온교환수지를 사용하여 이동상에 녹는 혼합물을 고분리능 고정상이 충전된 분리관 내로 통과시켜 시료성분의 용출상태를 전도도 검출기 또는 광학 검출기로 검출하여 그 농도를 정량하는 방법이다.
(2) 써프렛서란 용리액에 사용되는 전해질 성분을 제거하기 위하여 분리관 뒤에 직렬로 접속시킨 것으로 전해질을 물 또는 저전도도의 용매로 바꿔줌으로써 전기 전도도셀에서 목적이온 성분과 전기 전도도만을 고감도로 검출할 수 있게 해주는 것이다.

만점 KEYWORD

(1) 이동상으로는 액체, 고정상으로는 이온교환수지, 시료성분의 용출상태, 검출, 농도를 정량
(2) 용리액에 사용되는 전해질 성분을 제거, 전해질을 물 또는 저전도도의 용매로 바꿔줌, 목적이온 성분과 전기 전도도만을 고감도로 검출

17 ★★★

평판형 전기집진기의 집진극 전압이 60kV, 집진판 간격은 30cm이다. 가스속도는 1.0m/sec, 입자의 직경은 0.5μm일 때 효율이 100%가 되는 집진극의 길이(m)를 계산하시오. (단, 입자의 이동속도 공식 및 조건은 다음에 제시된 것을 기준으로 한다.)

입자의 이동속도 $(W_e) = \dfrac{1.1 \times 10^{-14} \times P \times E^2 \times d_p}{\mu}$

$P = 2$

$\mu = 8.63 \times 10^{-2} \text{kg/m} \cdot \text{hr}$

정답

7.35m

해설

(1) 입자의 이동속도 계산

$W_e = \dfrac{1.1 \times 10^{-14} \times P \times E^2 \times d_p}{\mu}$

W_e: 입자의 이동속도(m/sec)
E: 전계강도(V/m)

※ 전계강도를 구할 때에는 방전극과 집진극 사이의 거리를 기준으로 하기 때문에 집진판 간격을 2로 나누어서 식에 적용해야 한다.

d_p: 입자의 직경(μm), μ: 점성계수(kg/m · hr)

$W_e = \dfrac{1.1 \times 10^{-14} \times 2 \times \left(\dfrac{60,000\text{V}}{0.3\text{m}/2}\right)^2 \times 0.5}{8.63 \times 10^{-2}} = 0.0204 \text{m/sec}$

(2) 효율이 100%가 되는 집진극의 길이(m)

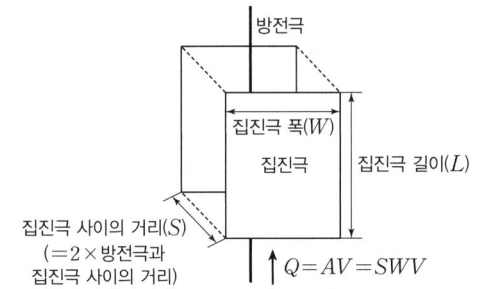

이론적 효율 $= \dfrac{A \times W_e}{Q}$

$1 = \dfrac{2WL \times W_e}{SWV} = \dfrac{2L \times W_e}{SV}$

Q: 처리가스량(m³/sec), A: 집진면적(m²)
W_e: 먼지의 겉보기 이동속도(m/sec)
입자를 완전히 제거하기 위한 이론적 효율은 1이다.

$1 = \dfrac{2L \times 0.0204}{0.3 \times 1.0}$

※ 이론적 효율을 구할 때 S는 집진극 사이의 거리이기 때문에 2로 나누지 않고 문제에 주어진 0.3m를 적용한다.

$L = 7.353\text{m}$

18 ★★★

벤투리 스크러버에서 목부의 직경이 0.22m, 수압이 2atm, 노즐의 개수가 6개, 액가스비가 0.5L/m³, 목부의 가스유속이 60m/sec이다. 이때 노즐의 직경(mm)을 계산하시오. (단, P는 공학기압 10,000mmH₂O를 사용한다.)

정답

4.14mm

해설

$$n \times \left(\frac{d}{D_t}\right)^2 = \frac{V_t \times L}{100\sqrt{P}}$$

n: 노즐의 개수
d: 노즐의 직경(m), D_t: 목부(스롯트부)의 직경(m)
V_t: 유속(m/sec), L: 액가스비(L/m³), P: 수압(mmH₂O)

$$6 \times \left(\frac{d}{0.22}\right)^2 = \frac{60 \times 0.5}{100\sqrt{2 \times 10,000}}$$

$d = 4.137 \times 10^{-3}$m = 4.137mm

벤투리 스크러버에서는 공학기압 10,000mmH₂O를 사용한다.
※ d값은 공학용계산기의 SOLVE 기능으로 푸는 것이 편리합니다.

19 ★★☆

25,000Sm³/hr의 배출가스를 물을 이용하여 처리하고자 한다. 목부의 유속은 85m/sec, 액가스비는 1L/m³인 경우 목부의 직경(m)을 계산하시오. (단, 배출가스의 온도는 100℃이다.)

정답

0.38m

해설

$Q = AV$

$Q = \dfrac{\pi}{4} \times D^2 \times V$

Q: 유량(m³/sec)
A: 단면적(m²), D: 직경(m)
V: 유속(m/sec)

$$\dfrac{25,000\text{Sm}^3 \times \dfrac{(273+100)\text{K}}{273\text{K}}}{\text{hr} \times \dfrac{3,600\text{sec}}{\text{hr}}} = \dfrac{\pi}{4}D^2 \times 85\text{m/sec}$$

$D = 0.377$m
※ D값은 공학용계산기의 SOLVE 기능으로 푸는 것이 편리합니다.

20 ★★★

조성이 다음과 같은 중유를 연소하는 데 공기가 15Sm³/kg이 소요되었다. 습연소가스 중의 SO₂ 농도(ppm)를 계산하시오. (단, 표준상태로 가정한다.)

C: 84%, H: 13%, S: 3%

정답

1,335.22ppm

해설

이론산소량 = 1.867C + 5.6H + 0.7S − 0.7O
= (1.867 × 0.84) + (5.6 × 0.13) + (0.7 × 0.03) = 2.3173Sm³/kg

이론공기량 = $\dfrac{\text{이론산소량}}{0.21} = \dfrac{2.3173}{0.21}$ = 11.0348Sm³/kg

이론공기 중 질소량 = 이론공기량 × 0.79
= 11.0348 × 0.79 = 8.7175Sm³/kg

과잉공기량 = 실제공기량 − 이론공기량
= 15 − 11.0348 = 3.9652Sm³/kg

CO₂ 배출량
탄소(C, 원자량 12) 1kmol이 연소하면 이산화탄소(CO₂) 1kmol이 발생한다.
C + O₂ → CO₂
12kg : 22.4Sm³ = 0.84kg/kg : x
x = 1.568Sm³/kg

H₂O 배출량
수소 기체(H₂, 분자량 2) 2kmol이 연소하면 물(H₂O) 2kmol이 발생한다.
2H₂ + O₂ → 2H₂O
2 × 2kg : 2 × 22.4Sm³ = 0.13kg/kg : x
x = 1.456Sm³/kg

SO₂ 배출량
황(S, 원자량 32) 1kmol이 연소하면 이산화황(SO₂) 1kmol이 발생한다.
S + O₂ → SO₂
32kg : 22.4Sm³ = 0.03kg/kg : x
x = 0.021Sm³/kg

실제습연소가스량 = 이론공기 중 질소량 + 과잉공기량 + 습연소생성물
(CO₂ + H₂O + SO₂)
= 8.7175 + 3.9652 + 1.568 + 1.456 + 0.021 = 15.7277Sm³/kg

SO₂ 농도(ppm) = $\dfrac{\text{SO}_2 \text{ 배출량}}{\text{실제습연소가스량}} \times 10^6 = \dfrac{0.021}{15.7277} \times 10^6$

= 1,335.224ppm

01 ★★☆

다음의 용어를 설명하시오.

(1) 알베도
(2) 비인의 변위법칙

정답

(1) 지표면에 입사된 에너지에 대한 반사되는 에너지의 비율을 퍼센트로 표현한 값이다.
(2) 흑체로부터 방출되는 파장 가운데 에너지 밀도가 최대인 파장과 흑체의 온도는 반비례한다는 법칙이다.

만점 KEYWORD

(1) 지표면, 입사, 반사, 비율
(2) 흑체, 에너지 밀도가 최대인 파장, 온도, 반비례

02 ★★☆

처리가스량이 100m³/min인 전기집진장치를 설계하고자 한다. 입자의 이동속도가 10cm/sec라면 입자를 99.9% 제거하는 데 필요한 면적(m²)을 계산하시오.

정답

$115.13m^2$

해설

$\eta = 1 - e^{\left(-\frac{A \times W_e}{Q}\right)}$

η: 효율, A: 면적(m²)
W_e: 입자의 이동속도(m/sec), Q: 처리가스량(m³/sec)

$W_e = \frac{10cm}{sec} \times \frac{m}{100cm} = 0.1 m/sec$

$Q = \frac{100m^3}{min} \times \frac{min}{60sec} = 1.6667 m^3/sec$

$0.999 = 1 - e^{\left(-\frac{A \times 0.1}{1.6667}\right)}$

$A = 115.132 m^2$

※ A값은 공학용계산기의 SOLVE 기능을 이용하여 푸는 것이 편리합니다.

03 ★★☆

기체연료(C_mH_n) 1mol을 이론공기량으로 완전연소시켰을 경우 이론습연소가스량(mol)을 계산하시오.

정답

$(4.76m + 1.44n)mol$

해설

기체연료(C_mH_n)의 완전연소반응식은 다음과 같이 나타낼 수 있다.

$C_mH_n + \left(m + \frac{n}{4}\right)O_2 \rightarrow mCO_2 + \frac{n}{2}H_2O$

(1) 이론산소량, 이론공기량 계산

이론산소량 = $\left(m + \frac{n}{4}\right)$ mol

이론공기량 = $\frac{\left(m + \frac{n}{4}\right)}{0.21}$ = $4.7619m + 1.1905n$

(2) 이론습연소가스량 계산

이론공기 중 질소량 = 이론공기량 × 0.79
= $(4.7619m + 1.1905n) \times 0.79 = 3.7619m + 0.9405n$

$CO_2 = m$
$H_2O = 0.5n$

이론습연소가스량 = 이론공기 중 질소량 + 연소생성물($CO_2 + H_2O$)
= $3.7619m + 0.9405n + m + 0.5n$
= $4.7619m + 1.4405n$

04 ★☆☆

다음 조건에서 기체크로마토그래피에서 피크의 분리정도를 나타내는 (1) 분리도와 (2) 분리계수를 구하시오. (단, 계산식도 함께 쓰시오.)

- 시료도입점으로부터 봉우리 1의 최고점까지의 길이(시간)는 2분이다.
- 시료도입점으로부터 봉우리 2의 최고점까지의 길이(시간)는 5분이다.
- 봉우리 1의 좌우 변곡점에서의 접선이 자르는 바탕선의 길이(시간)는 40초이다.
- 봉우리 2의 좌우 변곡점에서의 접선이 자르는 바탕선의 길이(시간)는 60초이다.

정답

(1) 분리도(R) $= \dfrac{2(300-120)}{40+60} = 3.6$

(2) 분리계수(d) $= \dfrac{300}{120} = 2.5$

해설

분리도(R) $= \dfrac{2(t_{R2}-t_{R1})}{W_1+W_2}$, 분리계수(d) $= \dfrac{t_{R2}}{t_{R1}}$

t_{R1}: 시료도입점으로부터 봉우리 1의 최고점까지의 길이
t_{R2}: 시료도입점으로부터 봉우리 2의 최고점까지의 길이
W_1: 봉우리 1의 좌우 변곡점에서의 접선이 자르는 바탕선의 길이
W_2: 봉우리 2의 좌우 변곡점에서의 접선이 자르는 바탕선의 길이

(1) 분리도 계산

분리도(R) $= \dfrac{2(t_{R2}-t_{R1})}{W_1+W_2} = \dfrac{2\times(300\text{sec}-120\text{sec})}{40\text{sec}+60\text{sec}} = 3.6$

(2) 분리계수 계산

분리계수(d) $= \dfrac{t_{R2}}{t_{R1}} = \dfrac{300\text{sec}}{120\text{sec}} = 2.5$

05 ★★☆

원자흡수분광광도법에서 사용하는 아래 용어의 정의를 각각 쓰시오.

(1) 공명선
(2) 분무실

정답

(1) 공명선은 원자가 외부로부터 빛을 흡수했다가 다시 먼저 상태로 돌아갈 때 방사하는 스펙트럼선이다.
(2) 분무실은 분무기와 함께 분무된 시료용액의 미립자를 더욱 미세하게 해주는 한편 큰 입자와 분리시키는 작용을 갖는 장치이다.

만점 KEYWORD

(1) 빛을 흡수, 먼저 상태, 방사, 스펙트럼선
(2) 분무된 시료용액, 미세하게, 큰 입자와 분리

06 ★★☆

선택적 촉매환원법(SCR)에 대한 물음에 답하시오.

(1) 원리를 간단히 서술하시오.
(2) 대표적인 반응식을 3가지 쓰시오.

정답

(1) 200~400℃에서 촉매(TiO_2와 V_2O_5 등)에 NH_3, H_2, CO, H_2S 등의 환원가스를 작용시켜 NO_X를 N_2로 환원시키는 방법이다.
(2) ① $6NO_2 + 8NH_3 \rightarrow 7N_2 + 12H_2O$
② $6NO + 4NH_3 \rightarrow 5N_2 + 6H_2O$
③ $4NO + 4NH_3 + O_2 \rightarrow 4N_2 + 6H_2O$ (산소가 공존하는 상태)

만점 KEYWORD

(1) 촉매, 환원가스를 작용, NO_X를 N_2로 환원

07 ★★☆

온실효과에 대한 물음에 답하시오.

(1) 온실효과의 기온상승 원리를 서술하시오.
(2) 온실효과의 대표적인 원인물질을 3가지 쓰시오.

정답

(1) 온실효과는 온실의 유리처럼 온실기체가 지구에서 방출되는 적외선 영역의 에너지를 흡수하여 다시 지구로 반사시켜 지구의 온도를 상승시키는 현상이다.
(2) CO_2, CFC, N_2O, CH_4, SF_6

만점 KEYWORD

(1) 온실기체, 에너지를 흡수, 지구로 반사, 온도를 상승

08 ★☆☆

역전리 현상의 방지대책을 2가지 쓰시오.

정답

① 황 함량이 높은 연료를 주입한다.
② SO_3, 트리에틸아민 등을 주입한다.
③ 온도와 습도를 적절히 조절한다.
④ 배출가스의 점성이 커서 역전리 현상이 발생한 경우 집진극의 타격을 강하게 하거나 빈도수를 늘린다.

만점 KEYWORD

① 황 함량, 높은
② SO_3, 트리에틸아민
③ 온도, 습도, 조절
④ 역전리 현상, 타격을 강하게, 빈도수를 늘린다.

09 ★★☆

A 공장에서 6,000kcal/kg의 발열량을 갖는 석탄을 연소하고 있다. SO_2의 규제 기준이 $2.5mg_{-SO_2}$/kcal라면 기준에 맞는 석탄의 황 함유량(%)을 계산하시오.

정답

0.75%

해설

황(S, 원자량 32) 1mol이 연소하면 이산화황(SO_2, 분자량 64) 1mol이 생성된다.
$S + O_2 \rightarrow SO_2$

$$\frac{kg}{6,000kcal} \times x \times \frac{10^6 mg}{kg} \times \frac{64g_{-SO_2}}{32g_{-S}} = \frac{2.5mg_{-SO_2}}{kcal}$$

$x = 0.0075 = 0.75\%$

10 ★★☆

다음 표의 조건을 이용하여 집진장치의 총 집진효율(%)을 계산하시오.

입경(μm)	0~5	5~10	10~15
분진중량분포(%)	50	30	20
부분집진효율(%)	45	80	96

정답

65.7%

해설

Σ(중량분포 × 효율) = $(50 \times 0.45) + (30 \times 0.8) + (20 \times 0.96) = 65.7\%$

11 ★★☆

보일러에서 중유(황 함량 2.5%)를 10ton/hr로 연소시키고 있다. 배출가스 중 황을 NaOH 수용액을 이용하여 처리할 때 필요한 NaOH의 양(kg/day)을 계산하시오. (단, 조건은 다음을 기준으로 한다.)

- 황은 전부 SO_2로 산화된다.
- 제거효율은 85%이다.
- 보일러는 24시간 운전한다.

정답

12,750kg/day

해설

황(S, 원자량 32) 1mol이 연소하면 이산화황(SO_2) 1mol이 생성된다.
$S + O_2 \rightarrow SO_2$
이산화황(SO_2) 1mol을 처리하기 위해서는 NaOH(분자량 40) 2mol이 필요하므로 황(S, 원자량 32) 1mol을 처리하기 위해서는 NaOH(분자량 40) 2mol이 필요하다.
$SO_2 + 2NaOH \rightarrow Na_2SO_3 + H_2O$

$$\frac{10{,}000\text{kg}}{\text{hr}} \times \frac{2.5}{100} \times \frac{85}{100} \times \frac{2 \times 40\text{kg}}{32\text{kg}} \times \frac{24\text{hr}}{\text{day}} = 12{,}750\text{kg/day}$$

12 ★★★

A 물질이 550sec 동안 반응한 후 농도가 초기농도의 1/20이 되었다면 A 물질이 1/5이 남을 때까지 소요되는 시간(sec)을 구하시오. (단, 1차 반응이다.)

정답

1,277.03sec

해설

1차 반응속도식을 이용한다.
$\ln\frac{C_t}{C_O} = -kt$
C_t: t시간이 지난 후 반응물질의 농도, C_O: 초기농도
k: 반응속도상수, t: 반응시간(min)

(1) k값 계산하기

k는 반응속도상수로 문제에 주어지는 경우도 있지만 문제에서 주어지지 않으면 문제에 주어진 조건으로 계산해야 한다.
초기농도(C_O)를 100이라고 하면 550sec 후의 농도(C_t)는 50이다.
$\ln\frac{50}{100} = -k \times 550\text{sec}$
$k = 1.2603 \times 10^{-3}\text{sec}^{-1}$

(2) A 물질이 1/5이 남을 때까지 소요되는 시간 계산

초기농도(C_O)를 100이라고 하면 t시간이 지난 후 A 물질의 농도(C_t)는 20이다.
$\ln\frac{20}{100} = -\frac{1.2603 \times 10^{-3}}{\text{sec}} \times t$
$t = 1{,}277.028\text{sec}$

13 ★★★

반경이 15cm인 원통에 공기가 1m/sec로 흐르고 있다. 유체의 밀도가 1.2kg/m³이고, 점도가 0.2cP일 경우 레이놀즈수를 계산하시오.

(1) 계산식

(2) 정답

정답

(1) $Re = \dfrac{0.3 \times 1.2 \times 1}{2 \times 10^{-4}} = 1{,}800$

(2) 1,800

해설

레이놀즈수(Re) $= \dfrac{D\rho V}{\mu}$

D: 관의 직경(m), ρ: 유체의 밀도(kg/m³)
V: 유체의 속도(m/sec), μ: 점성계수(kg/m·sec)

$\mu = 0.2\text{cP} \times \dfrac{\text{P}}{100\text{cP}} \times \dfrac{\text{g/cm}\cdot\text{sec}}{\text{P}} \times \dfrac{\text{kg}}{10^3\text{g}} \times \dfrac{100\text{cm}}{\text{m}}$

$= 2 \times 10^{-4}\text{kg/m}\cdot\text{sec}$

$Re = \dfrac{0.3\text{m} \times 1.2\text{kg/m}^3 \times 1\text{m/sec}}{2 \times 10^{-4}\text{kg/m}\cdot\text{sec}} = 1{,}800$

※ 문제에서는 반경이 15cm라고 했지만 직경(D)의 단위는 m임을 주의해야 합니다.

14 ★★☆

석탄 1kg의 조성이 다음과 같다. 물음에 답하시오. (단, 석탄 중의 N은 반응하지 않는다고 가정한다.)

성분	C	H	O	N	S	회분	수분
%	64	5.3	8.8	0.8	0.1	12	9

(1) $G_{od}(Sm^3/kg)$을 계산하시오.
(2) $G_{ow}(Sm^3/kg)$을 계산하시오.
(3) $(CO_2)_{max}(\%)$을 계산하시오.

정답

(1) $G_{od} = 6.58 Sm^3/kg$
(2) $G_{ow} = 7.28 Sm^3/kg$
(3) $(CO_2)_{max} = 18.16\%$

해설

(1) G_{od}(이론건연소가스량) 계산

석탄의 성분 중 N, 회분, 수분은 연소하지 않기 때문에 이론산소량을 구할 때 고려하지 않아도 된다.

이론산소량 = $1.867C + 5.6H + 0.7S - 0.7O$
= $(1.867 \times 0.64) + (5.6 \times 0.053) + (0.7 \times 0.001) - (0.7 \times 0.088)$
= $1.4308 Sm^3/kg$

이론공기량 = $\dfrac{\text{이론산소량}}{0.21} = \dfrac{1.4308 Sm^3/kg}{0.21} = 6.8133 Sm^3/kg$

이론공기 중 질소량 = 이론공기량 $\times 0.79$
= $6.8133 Sm^3/kg \times 0.79 = 5.3825 Sm^3/kg$

CO_2 배출량

탄소(C, 원자량 12) 1kmol이 연소하면 이산화탄소(CO_2) 1kmol이 생성된다.

$C + O_2 \rightarrow CO_2$
$12kg : 22.4Sm^3 = 0.64kg/kg : x$
$x = 1.1947 Sm^3/kg$

SO_2 배출량

황(S, 원자량 32) 1kmol이 연소하면 이산화황(SO_2) 1kmol이 생성된다.

$S + O_2 \rightarrow SO_2$
$32kg : 22.4Sm^3 = 0.001kg/kg : x$
$x = 0.0007 Sm^3/kg$

G_{od}(이론건연소가스량) = 이론공기 중 질소량 + 건연소생성물(CO_2, SO_2)
= $5.3825 + 1.1947 + 0.0007 = 6.578 Sm^3/kg$

(2) G_{ow}(이론습연소가스량) 계산

이론습연소가스량은 이론건연소가스량에서 발생한 H_2O의 부피만 더해주면 된다.

H_2O 배출량

수소 기체(H_2, 분자량 2) 2kmol이 연소하면 물(H_2O) 2kmol이 생성된다.

$2H_2 + O_2 \rightarrow 2H_2O$
$2 \times 2kg : 2 \times 22.4Sm^3 = 0.053kg/kg : xSm^3$
$x = 0.5936 Sm^3/kg$

문제에서 석탄 자체에 수분이 9% 포함되어 있다고 했으므로 수분 9%에 해당하는 양을 Sm^3/kg으로 환산한다.
물(H_2O)의 분자량은 18이고, 물 1kmol의 부피는 $22.4Sm^3$이다.
$18kg : 22.4Sm^3 = 0.09kg/kg : x$
$x = 0.112 Sm^3/kg$

G_{ow}(이론습연소가스량) = $6.5779 + 0.5936 + 0.112 = 7.284 Sm^3/kg$

(3) $(CO_2)_{max}(\%)$ 계산

$(CO_2)_{max} = \dfrac{CO_2 \text{ 배출량}}{G_{od}} \times 100 = \dfrac{1.1947}{6.58} \times 100 = 18.157\%$

15 ★★☆

어느 공간에서 배출되는 CO_2의 양이 분당 $0.9m^3$이다. 이때 공기 중 CO_2를 5,000ppm으로 유지하기 위해 필요한 환기량(m^3/hr)을 계산하시오. (단, 안전계수는 10이다.)

정답

$108,000 m^3/hr$

해설

필요한 환기량 = $\dfrac{CO_2 \text{ 발생량}}{\text{허용농도}} \times \text{안전계수}$

이 문제에서는 CO_2 발생량의 단위(m^3/min)와 필요한 환기량의 단위(m^3/hr)가 다르므로 단위를 통일해야 한다.

필요한 환기량 = $\dfrac{\dfrac{0.9m^3}{min} \times \dfrac{60min}{hr}}{5,000 \times 10^{-6}} \times 10$

= $108,000 m^3/hr$

16 ★★★

전구를 만드는 공장에서 배출되는 NO_x를 선택적 접촉환원법으로 처리할 때 필요한 NH_3의 양(Sm^3/day)을 계산하시오. (단, 조건은 다음을 따른다.)

- 배출되는 NO_x는 모두 NO_2이다.
- NO_2의 농도는 7,000ppm이다.
- 오염가스의 배출유량은 135Sm^3/hr이다.
- 공장은 하루에 8시간 가동한다.
- 산소의 공존은 없는 것으로 가정한다.

정답

10.08Sm^3/day

해설

NO_2 6kmol을 처리하기 위해서는 NH_3 8kmol이 필요하다.

$6NO_2 + 8NH_3 \rightarrow 7N_2 + 12H_2O$

NO_2 발생량 계산

$$\frac{7,000mL}{m^3} \times \frac{135Sm^3}{hr} \times \frac{8hr}{day} \times \frac{m^3}{10^6 mL} = 7.56 Sm^3/day$$

이 관계를 이용하면 다음과 같은 비례식을 세울 수 있다.

$6 \times 22.4 Sm^3 : 8 \times 22.4 Sm^3 = 7.56 Sm^3/day : x$

$x = 10.08 Sm^3/day$

관련이론 | 선택적 촉매환원기술(SCR)

- 선택적 촉매환원법이라고도 하며 200~400℃에서 촉매(TiO_2와 V_2O_5 등)에 NH_3, H_2, CO, H_2S 등의 환원가스를 작용시켜 NO_x를 N_2로 환원시키는 방법이다.
- $6NO_2 + 8NH_3 \rightarrow 7N_2 + 12H_2O$
- $6NO + 4NH_3 \rightarrow 5N_2 + 6H_2O$
- $4NO + 4NH_3 + O_2 \rightarrow 4N_2 + 6H_2O$(산소가 공존하는 상태)
- 촉매: 백금, 산화알루미늄계, 산화철계, 산화티타늄계 등
- 환원가스: NH_3, CO, H_2S, H_2 등

17 ★☆☆

다음은 광화학 사이클에 대한 내용이다. ㉠~㉤에 알맞은 말을 쓰시오.

오전 시간 중 자동차 등에서 발생한 NO_2가 (㉠)에 의해 NO와 (㉡)로 분해되며, O_2와 (㉢)이 반응하여 O_3이 생성된다. 이때 (㉣)는 생성된 O_3와 반응하여 NO_2로 (㉤)하여 대기 중 O_3의 농도가 유지된다.

정답

㉠ 자외선, ㉡ O, ㉢ O, ㉣ NO, ㉤ 산화

관련이론 | 질소산화물의 광화학적 반응

- 오존+질소산화물+VOCs와 자외선이 반응(광화학적 반응)하여 2차 오염물질이 생성된다.
- NO 광산화율이란 탄화수소에 의하여 NO가 NO_2로 산화되는 비율이다.
- 휘발성유기화합물이 존재하지 않는 경우 → 오존은 증가하지 않고 일정함
  - 대기 중에서 NO → NO_2로 산화
  - NO_2는 햇빛에 의해 O와 NO로 광분해
  - 분해된 산소원자(O)+대기 중의 산소분자 → 오존 생성
  - 이 오존은 다시 NO를 NO_2로 산화시키고 산소원자와 산소분자로 분해
- 휘발성유기화합물이 존재할 경우 → 대기 중의 오존농도는 증가
  - 산소원자+휘발성유기화합물 → 과산화기(RO_2) 생성
  - 과산화기에 의해 NO → NO_2로 산화시키는 반응이 추가
  - NO → NO_2로 산화시키는 오존의 소모는 감소되어 대기 중의 오존농도는 증가

18 ★★☆

연료($C_{10}H_{20}$) 속에 질소가 0.3%(무게 기준) 포함되어 있다. 연료 중의 질소는 전부 NO_2로 전환될 때 습연소가스량 중의 NO_2의 농도(ppm)를 계산하시오. (단, 표준상태이고, 60%의 과잉공기를 사용했다.)

정답

251.77ppm

해설

계산상 편의를 위해 연료를 1kg으로 가정하면 $C_{10}H_{20}$은 0.997kg이고, 질소는 0.003kg이다.

(1) 산소, 이산화탄소, 물의 부피 계산

$C_{10}H_{20}$의 분자량 $=(12 \times 10)+(1 \times 20)=140$

$C_{10}H_{20}$ 1kmol이 연소할 때 산소는 15kmol이 필요하고, 이산화탄소(CO_2) 10kmol, 물(H_2O) 10kmol이 발생한다.

$C_{10}H_{20} + 15O_2 \rightarrow 10CO_2 + 10H_2O$

$C_{10}H_{20}$ 0.997kg이 연소할 때 필요한 산소의 부피를 x라고 놓으면 다음과 같은 비례식을 세울 수 있다.

$140kg : 15 \times 22.4Sm^3 = 0.997kg : x$

$x = 2.3928Sm^3$

같은 방법으로 이산화탄소와 물의 발생부피를 구한다.

$140kg : 10 \times 22.4Sm^3 = 0.997kg : x$

$x = 1.5952Sm^3$

(2) 질소가 반응할 때 필요한 산소의 부피 계산

질소(N_2, 분자량 28) 1kmol이 NO_2로 전환될 때 산소(O_2)는 2kmol이 필요하다.

$N_2 + 2O_2 \rightarrow 2NO_2$

질소 0.003kg이 전환될 때 필요한 산소의 부피를 x라고 놓으면 다음과 같은 비례식을 세울 수 있다.

$28kg : 2 \times 22.4Sm^3 = 0.003kg : x$

$x = 0.0048Sm^3$

(3) 이론공기량, 이론공기 중 질소량, 과잉공기량 계산

이론공기량 $= \dfrac{\text{이론산소량}}{0.21} = \dfrac{2.3928 + 0.0048}{0.21} = 11.4171Sm^3$

이론공기 중 질소량 $= 11.4171 \times 0.79 = 9.0195Sm^3$

과잉공기량 $=(m-1) \times$ 이론공기량 (m: 공기과잉계수)
$=(1.6-1) \times 11.4171 = 6.8503Sm^3$

※ 문제에서 60%의 과잉공기를 사용했다고 했으므로 $m=1.6$을 적용한다.

(4) 실제습연소가스량 계산

실제습연소가스량 = 이론공기 중 질소량 + 과잉공기량 + 습연소생성물(CO_2, H_2O, NO_2)
$= 9.0195 + 6.8503 + 1.5952 + 1.5952 + 0.0048 = 19.065Sm^3$

(5) NO_2 농도(ppm) 계산

NO_2 농도(ppm) $= \dfrac{NO_2 \text{ 배출량}}{\text{실제습연소가스량}} \times 10^6 = \dfrac{0.0048}{19.065} \times 10^6$

$= 251.770ppm$

19 ★★☆

다음에서 설명하고 있는 먼지의 측정법을 쓰시오.

> 이 방법은 먼지 입자들에 의한 빛의 반사, 흡수, 분산으로 인한 감쇄현상에 기초를 둔다. 먼지를 포함하는 굴뚝배출가스에 일정한 광량을 투과하여 얻어진 투과된 광의 강도변화를 측정하여 굴뚝에서 미리 구한 먼지농도와 투과도의 상관관계식에 측정한 투과도를 대입하여 먼지의 상대농도를 연속적으로 측정하는 방법이다.

정답

광투과법

20 ★★☆

원심력집진장치를 이용하여 분진을 처리하고자 한다. 아래 조건을 기준으로 Lapple식을 적용하여 총 집진효율(%)을 계산하시오.

- 유입구 폭: 0.25m
- 가스 밀도: 1.2kg/m³
- 유입구 높이: 0.5m
- 가스 점도: 1.85×10^{-4} poise
- 유효 회전수: 6회
- 분진 밀도: 1.8g/cm³
- 유입 함진가스량: 1m³/sec

입경 (μm)	10	30	60	80	100
중량분포 (%)	5	15	50	20	10
d_p/d_{p50}	0.16	0.48	1.14	1.27	2.06
부분 집진율(%)	3	19	51	62	81
d_p/d_{p50}	3.42	3.83	6.85	9.13	11.42
부분 집진율(%)	93	94	97	99	100

정답

94.8%

해설

절단입경 산정 공식을 이용한다.

$$d_{p50}(\mu m) = \left[\frac{9 \times \mu \times B}{2 \times (\rho_p - \rho) \times \pi \times N_e \times V}\right]^{0.5} \times 10^6$$

μ: 가스의 점도(kg/m · sec)

$\mu = \frac{1.85 \times 10^{-4} g}{cm \cdot sec} \times \frac{kg}{10^3 g} \times \frac{100cm}{m} = 1.85 \times 10^{-5}$ kg/m · sec

B: 유입구의 폭(m), N_e: 유효회전수, V: 입구의 유속(m/sec)

$V = \frac{Q}{A} = \frac{1m^3/sec}{0.25m \times 0.5m} = 8$ m/sec

ρ_p: 입자의 밀도(kg/m³)

$\rho_p = \frac{1.8g}{cm^3} \times \frac{kg}{1,000g} \times \frac{10^6 cm^3}{m^3} = 1,800$ kg/m³

ρ: 가스의 밀도(kg/m³)

(1) 절단입경(μm) 계산

$$d_{p50}(\mu m) = \left[\frac{9 \times 1.85 \times 10^{-5} \times 0.25}{2 \times (1,800 - 1.2) \times \pi \times 6 \times 8}\right]^{0.5} \times 10^6$$

$= 8.7594 \mu m$

(2) 입경별 부분집진율 산정

입경별 d_p/d_{p50}을 계산한 후 문제의 표에서 부분집진율(%)을 찾는다.

- 10μm의 부분집진율 $= \frac{10}{8.7594} = 1.1416 \to 51\%$
- 30μm의 부분집진율 $= \frac{30}{8.7594} = 3.4249 \to 93\%$
- 60μm의 부분집진율 $= \frac{60}{8.7594} = 6.8498 \to 97\%$
- 80μm의 부분집진율 $= \frac{80}{8.7594} = 9.1330 \to 99\%$
- 100μm의 부분집진율 $= \frac{100}{8.7594} = 11.4163 \to 100\%$

(3) 총 집진효율(η_T) 계산

(2)에서 구한 부분집진율과 문제에서 제시된 중량분포를 이용하여 총 집진효율을 계산한다.

$\eta_T = (5 \times 0.51) + (15 \times 0.93) + (50 \times 0.97) + (20 \times 0.99) + (10 \times 1.0)$

$= 94.8\%$

2020년 2회 기출문제

01 ★★☆

송풍기 회전판의 회전에 의하여 세정액이 미립자로 만들어져 집진하는 원리를 가진 회전식 세정집진장치에서 직경이 12cm인 회전판이 4,400rpm으로 회전하고 있다. 이때 형성되는 물방울의 직경(μm)을 계산하시오.

(1) 계산식
(2) 정답

정답

(1) $d_p = \dfrac{200}{4,400\sqrt{6}} \times 10^4 = 185.567\,\mu\text{m}$

(2) $185.57\,\mu\text{m}$

해설

$d_p = \dfrac{200}{N\sqrt{R}} \times 10^4$

d_p: 물방울의 직경(μm)
N: 회전판의 회전수(rpm), R: 회전판의 반경(cm)

$d_p = \dfrac{200}{4,400\sqrt{6}} \times 10^4 = 185.567\,\mu\text{m}$

02 ★☆☆

흡착제 재생방법을 5가지 쓰시오.

정답

① 감압 진공 탈착법
② 수세 탈착법
③ 고온 공기 탈착법
④ 고온 수증기 탈착법
⑤ 불활성 가스에 의한 탈착법

03 ★★★

탄소 85%, 수소 15%로 구성된 경유(1kg)를 공기과잉계수 1.1로 연소했더니 탄소의 1%가 검댕(그을음)으로 되었다. 건조배기가스 1Sm^3 중 검댕의 농도(g/Sm^3)를 계산하시오.

정답

$0.72\,\text{g/Sm}^3$

해설

검댕의 양 $= 850\text{g} \times 0.01 = 8.5\text{g}$

이론산소량 $= 1.867\text{C} + 5.6\text{H} + 0.7\text{S} - 0.7\text{O}$
$= (1.867 \times 0.85) + (5.6 \times 0.15) = 2.4270\,\text{Sm}^3$

검댕을 고려한 이론산소량
$= (1.867 \times 0.85 \times 0.99) + (5.6 \times 0.15) = 2.4111\,\text{Sm}^3$

이론공기량 $= \dfrac{\text{이론산소량}}{0.21} = \dfrac{2.4270}{0.21} = 11.5571\,\text{Sm}^3$

※ 실제건연소가스량 산정 시 검댕으로 반응하지 않은 이론산소량을 보정하기 때문에 연료의 성분에 따른 이론공기량을 구한다.

이론공기 중 질소량 $=$ 이론공기량 $\times 0.79$
$= 11.5571 \times 0.79 = 9.1301\,\text{Sm}^3$

과잉공기량 $= (m-1) \times$ 이론공기량 (m: 공기과잉계수)
$= (1.1-1) \times 11.5571 = 1.1557\,\text{Sm}^3$

CO_2 배출량
탄소(C, 원자량 12) 1kmol이 연소하면 이산화탄소(CO_2) 1kmol이 발생한다.
$C + O_2 \rightarrow CO_2$
$12\text{kg} : 22.4\,\text{Sm}^3 = 0.85\text{kg} \times 0.99 : x\,\text{Sm}^3$
$x = 1.5708\,\text{Sm}^3$

※ 검댕(그을음)은 연소하지 않기 때문에 CO_2 발생량을 구할 때 제외해야 한다.

실제건연소가스량 = 이론공기 중 질소량 + 검댕으로 반응하지 않은 이론산소량 + 과잉공기량 + 건연소생성물(CO_2)
$= 9.1301\,\text{Sm}^3 + (2.4270 - 2.4111)\,\text{Sm}^3 + 1.1557\,\text{Sm}^3 + 1.5708\,\text{Sm}^3$
$= 11.8725\,\text{Sm}^3$

검댕의 농도 $= \dfrac{\text{검댕의 질량}}{\text{실제건연소가스량}} = \dfrac{8.5\text{g}}{11.8725\,\text{Sm}^3} = 0.716\,\text{g/Sm}^3$

04 ★★☆

석탄 1kg의 조성이 다음과 같다. 물음에 답하시오. (단, 석탄 중의 N은 100% N_2로 전환된다고 가정한다.)

성분	C	H	O	N	S	회분	수분
%	64	5.3	8.8	0.8	0.1	12	9

(1) $G_{od}(Sm^3/kg)$을 계산하시오.
(2) $G_{ow}(Sm^3/kg)$을 계산하시오.

정답
(1) $G_{od} = 6.58 Sm^3/kg$
(2) $G_{ow} = 7.29 Sm^3/kg$

해설
(1) G_{od}(이론건연소가스량) 계산
석탄의 성분 중 N, 회분, 수분은 연소하지 않기 때문에 이론산소량을 구할 때 고려하지 않아도 된다.
이론산소량 $= 1.867C + 5.6H + 0.7S - 0.7O$
$= (1.867 \times 0.64) + (5.6 \times 0.053) + (0.7 \times 0.001) - (0.7 \times 0.088)$
$= 1.4308 Sm^3/kg$
이론공기량 $= \dfrac{\text{이론산소량}}{0.21} = \dfrac{1.4308 Sm^3/kg}{0.21} = 6.8133 Sm^3/kg$
이론공기 중 질소량 $=$ 이론공기량 $\times 0.79$
$= 6.8133 Sm^3/kg \times 0.79 = 5.3825 Sm^3/kg$
CO_2 배출량
탄소(C, 원자량 12) 1kmol이 연소하면 이산화탄소(CO_2) 1kmol이 생성된다.
$C + O_2 \rightarrow CO_2$
$12kg : 22.4Sm^3 = 0.64kg/kg : x$
$x = 1.1947 Sm^3/kg$
SO_2 배출량
황(S, 원자량 32) 1kmol이 연소하면 이산화황(SO_2) 1kmol이 생성된다.
$S + O_2 \rightarrow SO_2$
$32kg : 22.4Sm^3 = 0.001kg/kg : x$
$x = 0.0007 Sm^3/kg$
질소(N, 원자량 14) 1kmol은 질소기체(N_2) 0.5kmol이 된다.
$N \rightarrow 0.5N_2$
$14kg : 0.5 \times 22.4Sm^3 = 0.008kg/kg : x$
$x = 0.0064 Sm^3/kg$
G_{od}(이론건연소가스량) $=$ 이론공기 중 질소량 $+$ 건연소생성물(CO_2, SO_2, N_2)
$= 5.3825 + 1.1947 + 0.0007 + 0.0064 = 6.5843 Sm^3/kg$

(2) G_{ow}(이론습연소가스량) 계산
이론습연소가스량은 이론건연소가스량에서 발생한 H_2O의 부피만 더해주면 된다.
H_2O 배출량
수소 기체(H_2, 분자량 2) 2kmol이 연소하면 물(H_2O) 2kmol이 생성된다.
$2H_2 + O_2 \rightarrow 2H_2O$
$2 \times 2kg : 2 \times 22.4Sm^3 = 0.053kg/kg : xSm^3$
$x = 0.5936 Sm^3/kg$
문제에서 석탄 자체에 수분이 9% 포함되어 있다고 했으므로 수분 9%에 해당하는 양을 Sm^3/kg으로 환산한다.
물(H_2O)의 분자량은 18이고, 물 1kmol의 부피는 $22.4Sm^3$이다.
$18kg : 22.4Sm^3 = 0.09kg/kg : x$
$x = 0.112 Sm^3/kg$
G_{ow}(이론습연소가스량) $= 6.5843 + 0.5936 + 0.112 = 7.290 Sm^3/kg$

05 ★☆☆

세정 집진장치에 대한 물음에 답하시오.

(1) 기본원리를 서술하시오.
(2) 포집원리를 3가지 쓰시오.

정답
(1) 가스를 기포, 액적, 액막 등으로 세정한 후 관성충돌, 확산, 응집, 부착원리를 이용하여 입자상 물질과 가스상 물질을 동시에 제거하는 장치이다.
(2) 관성충돌, 확산, 응집, 차단

만점 KEYWORD
(1) 세정, 관성충돌, 확산, 응집, 입자상 물질과 가스상 물질, 제거

06 ★★☆

탄소 74.11%, 수소 25.89%를 함유한 액체연료를 50kg/hr 연소할 때 공기공급량(Sm³/hr)을 계산하시오.

정답

674.64Sm³

해설

이론산소량 = $1.867C + 5.6H + 0.7S - 0.7O$
$= (1.867 \times 0.7411) + (5.6 \times 0.2589) = 2.8335 \, Sm^3/kg$

공기공급량 = 이론공기량 × 연료량
$= \dfrac{이론산소량}{0.21} \times 연료량$
$= \dfrac{2.8335 \, Sm^3/kg}{0.21} \times 50 kg/hr = 674.643 \, Sm^3/hr$

07 ★☆☆

사이클론에서 처리가스량에 대하여 외기의 유입이 없을 때 집진율은 80%였다면 외부로부터 외기가 5% 유입될 때의 유출농도(g/Sm³)를 계산하시오. (단, 먼지 통과율은 유입되지 않은 경우의 2배에 해당되고, 유입농도는 50g/Sm³이다.)

정답

19.05g/Sm³

해설

유입먼지의 양을 100이라 가정하면 통과먼지는 20이다.
문제의 조건에서 외기가 5%가 유입되었을 때 통과율이 2배 되었으므로 통과율은 20×2=40%이고, 집진율은 60%이다.

$\eta = \left(1 - \dfrac{C_2 \times Q_2}{C_1 \times Q_1}\right) \times 100$

η: 집진율(%)
C_2: 출구먼지농도(g/Sm³), Q_2: 출구가스량
C_1: 입구먼지농도(g/Sm³), Q_1: 입구가스량

입구가스량(Q_1)을 1이라고 하면 출구가스량(Q_2)은 1.05이다.

$60 = \left(1 - \dfrac{C_2 \times 1.05}{50g/Sm^3 \times 1}\right) \times 100$

$C_2 = 19.048 \, g/Sm^3$

※ C_2 값은 공학용계산기의 SOLVE 기능을 이용하여 푸는 것이 편리합니다.

08 ★★★

물리적 흡착에 대한 물음에 답하시오.
(1) 물리적 흡착의 특성을 4가지 쓰시오.
(2) 물리적 흡착의 단점을 2가지 쓰시오.

정답

(1) ① 입자간의 인력(Van der Waals 힘)이 주된 원동력이다.
② 흡착제에 피흡착물질이 부착되는 흡착이다.
③ 가역적인 흡착반응이 일어난다.
④ 일반적으로 기체의 분자량이 클수록 흡착량이 증가한다.
⑤ 흡착되는 피흡착물질의 분압이 높을수록 흡착량은 증가한다.
⑥ 온도가 낮을수록 흡착량은 증가한다.
⑦ 오염가스 회수가 용이하다.

(2) ① 고온에서는 흡착효율이 떨어진다.
② 흡착제의 비용이 많이 든다.
③ 흡착제가 손실되는 경우 다시 충전해야 한다.

만점 KEYWORD

(1) ① 입자간의 인력, 원동력
② 흡착제, 피흡착물질, 부착
③ 가역, 흡착반응
④ 기체의 분자량이 클수록, 흡착량이 증가
⑤ 분압이 높을수록, 흡착량은 증가
⑥ 온도가 낮을수록, 흡착량은 증가
⑦ 회수, 용이

(2) ① 고온, 흡착효율, 떨어진다
② 비용, 많이
③ 손실, 충전

09 ★★☆

지표면에서 측정한 CO_2 농도가 평균 350ppm이었다. 지구의 반지름이 6,380km라면 지표면으로부터 150m 상공 사이에 존재하는 이산화탄소의 양(ton)을 계산하시오. (단, 표준상태이다.)

정답

5.28×10^{10} ton

해설

지구를 완전 구형으로 가정하고 지표면으로부터 상공 150m의 체적을 구한다.

구의 부피 $= \dfrac{\pi d^3}{6}$ (d: 구의 직경)

(1) 지표면으로부터 상공 150m의 체적 계산

$$\dfrac{\pi \times [2 \times (6,380,000m + 150m)]^3}{6} - \dfrac{\pi \times [2 \times (6,380,000m)]^3}{6}$$
$$= 7.6728 \times 10^{16} m^3$$

(2) 이산화탄소의 양(ton) 계산

이산화탄소(CO_2)의 분자량은 44이다.

CO_2의 양 $= CO_2$의 농도 $\times$ 체적

$$\dfrac{350mL}{m^3} \times 7.6728 \times 10^{16} m^3 \times \dfrac{44mg}{22.4mL} \times \dfrac{ton}{10^9 mg}$$
$$= 5.275 \times 10^{10} ton$$

10 ★☆☆

액가스비를 크게 해야 하는 경우를 3가지 쓰시오.

정답

① 분진의 점착성이 큰 경우
② 분진의 소수성이 큰 경우
③ 처리가스의 온도가 높은 경우
④ 분진의 입경이 작은 경우
⑤ 분진의 농도가 높은 경우

만점 KEYWORD
① 점착성, 큰
② 소수성, 큰
③ 온도, 높은
④ 입경, 작은
⑤ 농도, 높은

11 ★★☆

오염가스가 4,300Sm³/hr로 배출되고 있다. 오염가스 중 HF의 농도는 46ppm이며 이를 수산화칼슘용액으로 침전제거하려고 할 때 5일 동안 사용한 수산화칼슘의 양(kg)을 계산하시오. (단, HF는 90%가 흡수액에 흡수되고, 하루 9시간 운전하며, 표준상태로 가정한다.)

정답

13.23kg

해설

HF 2kmol($2 \times 22.4 Sm^3$)을 침전제거하기 위해서는 수산화칼슘($Ca(OH)_2$, 분자량 74) 1kmol이 필요하다.
수산화칼슘의 분자량 계산 $= 40 + (17 \times 2) = 74$

$2HF + Ca(OH)_2 \rightarrow CaF_2 + 2H_2O$

$$\dfrac{46mL}{Sm^3} \times \dfrac{4,300 Sm^3}{hr} \times 0.9 \times \dfrac{74mg}{2 \times 22.4mL} \times \dfrac{kg}{10^6 mg} \times \dfrac{9hr \times 5day}{day}$$
$$= 13.232 kg$$

12 ★★☆

온실효과에 대한 물음에 답하시오.

(1) 온실효과에 의한 기온상승 원리를 서술하시오.
(2) 온실효과의 대표적인 원인물질을 3가지 쓰시오.

정답

(1) 온실효과는 온실의 유리처럼 온실기체가 지구에서 방출되는 적외선 영역의 에너지를 흡수하여 다시 지구로 반사시켜 온도를 상승시키는 현상이다.
(2) CO_2, CFC, N_2O, CH_4, SF_6

만점 KEYWORD
(1) 온실기체, 에너지를 흡수, 지구로 반사, 온도 상승

13 ★★☆

다음 연소방법을 해당 물질 1가지 이상을 언급하여 의미를 서술하시오.

(1) 증발연소
(2) 분해연소
(3) 표면연소
(4) 확산연소
(5) 내부연소

정답

(1) 증발연소는 휘발유, 등유 등과 같이 화염으로부터 열을 받아 가연성 증기가 발생하여 연소하는 형태이다.
(2) 분해연소는 석탄, 목재와 같이 분자량이 큰 연료가 열분해되면 가연성 가스를 방출하는데 이 가연성 가스가 화염을 발생시키며 연소하는 형태이다.
(3) 표면연소는 목탄, 코크스 등과 같이 고정탄소 성분이 연소하여 화염을 내지 않고 표면이 빨갛게 빛을 내면서 연소하는 형태이다.
(4) 확산연소는 LPG, 프로판 등과 같은 기체연료를 버너노즐로 분사시켜 외부 공기와 혼합하면서 연소하는 형태이다.
(5) 내부연소는 니트로글리세린 등과 같이 공기 중의 산소의 공급이 없어도 그 물질 내부에 포함하고 있는 산소를 이용하여 스스로 연소하는 형태이다.

만점 KEYWORD

(1) 휘발유, 화염, 가연성 증기
(2) 목재, 열분해, 가연성 가스, 화염
(3) 목탄, 고정탄소, 표면이 빨갛게
(4) LPG, 공기, 혼합
(5) 니트로글리세린, 산소, 스스로 연소

14 ★★★

다음 조건에서 분진을 유효높이가 11.6m인 Bag Filter를 사용하여 처리할 경우 필요한 Bag Filter의 개수를 계산하시오.

- 배기가스량: 1,180m³/min
- Bag Filter의 직경: 290mm
- 처리가스의 여과속도: 1.3cm/sec

정답

144

해설

Bag Filter 소요개수(n)를 구하는 공식을 이용한다.

$$n = \frac{Q_T}{\pi D L V_f}$$

Q_T: 배기가스량(m³/min)
D: Bag Filter의 직경(m), L: Bag Filter의 길이(m)
V_f: 처리가스의 여과속도(m/min)

$$V_f = \frac{1.3\text{cm}}{\text{sec}} \times \frac{60\text{sec}}{\text{min}} \times \frac{\text{m}}{100\text{cm}} = 0.78 \text{m/min}$$

$$n = \frac{1,180}{\pi \times 0.29 \times 11.6 \times 0.78} = 143.147$$

n은 Bag Filter의 소요개수로 소수로 나올 수는 없으므로 144이 답이 된다.

15 ★★☆

직경이 55μm인 입자가 1.1m/sec의 유속으로 중력집진장치에 유입되고 있다. 중력집진장치의 높이가 1.55m, 침강속도가 15.5cm/sec인 경우 입자를 100% 제거하기 위한 이론적 집진장치의 길이(m)를 계산하시오. (단, 층류영역이다.)

정답

11m

해설

입자를 100% 제거하기 위한 중력집진장치의 설계공식

$$\frac{V_g}{V} = \frac{H}{L}$$

V_g: 중력침강속도(m/sec), V: 유속(m/sec)
H: 침강실의 높이(m), L: 침강실의 길이(m)

$$\frac{0.155\text{m/sec}}{1.1\text{m/sec}} = \frac{1.55\text{m}}{L}$$

$L = 11$m

16 ★★☆

다음과 같은 조건을 가지는 송풍기의 소요동력(kW)을 계산하시오.

- 처리가스량: 72,000m³/hr
- 압력손실: 150mmH₂O
- 효율: 70%

(1) 계산식
(2) 정답

정답

(1) $P = \dfrac{72{,}000 \times \dfrac{1}{3{,}600} \times 150}{102 \times 0.7} = 42.017 \text{kW}$

(2) 42.02kW

해설

$P(\text{kW}) = \dfrac{Q \times \Delta P}{102 \times \eta} \times \alpha$

Q: 처리가스량(m³/sec), ΔP: 압력손실(mmH₂O)
η: 효율, α: 여유율(주어지지 않으면 1로 간주함)

$P = \dfrac{\dfrac{72{,}000\text{m}^3}{\text{hr}} \times \dfrac{\text{hr}}{3{,}600\text{sec}} \times 150\text{mmH}_2\text{O}}{102 \times 0.7} = 42.017 \text{kW}$

17 ★★☆

다음 표의 조건을 이용하여 리차드슨수와 대기안정도를 구하시오.

고도	풍속	온도
3m	3.9m/sec	14.7℃
2m	3.3m/sec	15.4℃

(1) 리차드슨수
(2) 대기안정도 판별

정답

(1) −0.07
(2) 대류에 의한 혼합이 기계적 혼합을 지배한다.

해설

리차드슨수$(R_i) = \dfrac{g}{T_m}\left(\dfrac{\Delta T/\Delta Z}{(\Delta U/\Delta Z)^2}\right)$

g: 그 지역의 중력가속도(9.8m/sec²)
T_m: 상하층의 평균절대온도(K) $= \dfrac{T_1 + T_2}{2}$
ΔZ: 고도차(m) $= Z_2 - Z_1$
ΔT: 온도차(K) $= T_2 - T_1$
ΔU: 풍속차(m/sec) $= U_2 - U_1$

$R_i = \dfrac{9.8}{\dfrac{287.7 + 288.4}{2}} \times \left(\dfrac{\dfrac{288.4 - 287.7}{2-3}}{\left(\dfrac{3.3 - 3.9}{2-3}\right)^2}\right) = -0.066$

리차드슨수(R_i)에 의한 안정도 판별

리차드슨수(R_i)	특성
−0.04↓	대류에 의한 혼합이 기계적 혼합을 지배한다.
−0.03~0	기계적 난류와 대류가 존재하나 기계적 난류가 혼합을 주로 일으킨다.
0	기계적 난류만 존재한다.
0~0.25	성층에 의해 약화된 기계적 난류가 존재한다.

18 ★★★

원심력집진장치와 관련된 물음에 답하시오.

(1) 블로우다운(Blow down)의 의미를 서술하시오.
(2) 블로우다운(Blow down) 효과를 3가지 쓰시오.

정답

(1) 원심력집진장치에서 처리가스량의 5~10% 정도를 흡인하여 줌으로써 유효원심력을 증대시키는 방법이다.
(2) ① 사이클론 내의 난류현상을 억제시킨다.
   ② 먼지의 재비산을 막아준다.
   ③ 장치 내벽에 부착되는 먼지의 축적을 방지한다.
   ④ 집진효율이 증대된다.

만점 KEYWORD

(1) 처리가스량, 흡인, 유효원심력, 증대
(2) ① 난류현상, 억제
   ② 재비산, 막아준다.
   ③ 내벽, 먼지의 축적, 방지
   ④ 집진효율, 증대

19 ★★★

충전탑을 이용하여 유해가스를 제거하려고 한다. 흡수액이 갖추어야 할 조건을 3가지 쓰시오.

정답

① 용해도가 커야 한다.
② 점성이 작아야 한다.
③ 화학적으로 안정해야 한다.
④ 휘발성이 적어야 한다.
⑤ 부식성이 낮아야 한다.

만점 KEYWORD

① 용해도, 커야
② 점성, 작아야
③ 화학적, 안정
④ 휘발성, 적어야
⑤ 부식성, 낮아야

20 ★★☆

고용량공기시료채취기로 비산먼지를 채취하고자 한다. 다음 조건을 기준으로 채취된 먼지의 농도(mg/m^3)를 계산하시오.

- 채취시간: 24시간
- 채취개시 직후의 유량: $1.8m^3/min$
- 채취종료 직전의 유량: $1.2m^3/min$
- 채취 후 여과지의 질량: 3.6816g
- 채취 전 여과지의 질량: 3.416g

정답

$0.12mg/m^3$

해설

(1) 흡인공기량 계산

$$흡인공기량 = \frac{Q_s + Q_e}{2} \times t$$

Q_s: 채취개시 직후의 유량(m^3/min)
Q_e: 채취종료 직전의 유량(m^3/min)
t: 채취시간(min)

$$흡인공기량 = \frac{(1.8+1.2)m^3/min}{2} \times 24hr \times \frac{60min}{hr} = 2,160m^3$$

(2) 먼지의 농도 계산

$$먼지농도(mg/Sm^3) = \frac{W_e - W_s}{V}$$

W_e: 채취 후 여과지의 질량(mg)
W_s: 채취 전 여과지의 질량(mg)
V: 총 공기흡입량(Sm^3)

$$먼지농도 = \frac{(3.6816 \times 10^3 mg) - (3.416 \times 10^3 mg)}{2,160m^3} = 0.123mg/m^3$$

2020년 1회 기출문제

01 ★★★

높이가 35m인 굴뚝에 집진장치를 설치하였더니 압력손실이 10mmH₂O만큼 발생되었다. 집진장치를 설치하기 이전의 통풍력을 유지하기 위해서는 굴뚝의 높이(m)를 얼마나 높여야 하는지 계산하시오. (단, 조건은 다음 기준을 따른다.)

- 대기의 온도: 27℃
- 가스의 온도: 227℃
- 대기 및 배출가스의 비중량: 1.3kgf/Sm³

정답
21.13m

해설
압력손실에 해당하는 만큼 굴뚝의 높이를 높여야 한다.

통풍력(mmH₂O) $= 273 \times H \times \left[\dfrac{\gamma_a}{273+t_a} - \dfrac{\gamma_g}{273+t_g} \right]$

H: 굴뚝의 높이(m)
t_a: 대기의 온도(℃), t_g: 가스의 온도(℃)
γ_a: 공기의 비중(kgf/Sm³), γ_g: 가스의 비중(kgf/Sm³)

$10\text{mmH}_2\text{O} = 273 \times H \times \left[\dfrac{1.3}{273+27} - \dfrac{1.3}{273+227} \right]$

$H = 21.133\text{m}$

02 ★★☆

다음 물음에 답하시오.
(1) Coh의 정의를 쓰시오.
(2) Coh 공식을 쓰시오.

정답
(1) 깨끗한 여과지에 먼지를 모아 빛전달률의 감소를 측정함으로써 결정되며 광화학적 밀도가 0.01이 되도록 하는 여과지상의 고형물의 양을 의미한다.

(2) $\text{Coh} = \dfrac{\text{OD}}{0.01} = \dfrac{\log(1/t)}{0.01} = \dfrac{\log\left(\dfrac{1}{I_t/I_o}\right)}{0.01} = 100\log\dfrac{1}{I_t/I_o}$

OD: 광화학적 밀도로 불투명도의 log 값
I_t: 투과광의 강도
I_o: 입사광의 강도
I_t/I_o: 빛 전달율(투과도: t)

만점 KEYWORD
(1) 여과지, 빛전달률, 광화학적 밀도가 0.01, 고형물의 양

03 ★★☆

수은 1kg이 완전히 기화됐을 때 체적(m³)을 구하시오. (단, 기온은 25℃, 압력은 760mmHg, 수은의 원자량은 200이다.)

정답
0.12m³

해설
주어진 조건을 단위환산해서 체적을 구한다.

$1\text{kg} \times \dfrac{22.4\text{Sm}^3}{200\text{kg}} \times \dfrac{(273+25)\text{K}}{273\text{K}} \times \dfrac{760\text{mmHg}}{760\text{mmHg}} = 0.122\text{m}^3$

04 ★★☆

조성이 다음과 같은 중유 1kg을 연소시키려고 한다. 물음에 답하시오.

> 탄소: 86.6%, 수소: 4%, 황: 1.4%, 산소: 8%

(1) 이론산소량(Sm^3/kg)을 계산하시오.
(2) 이론 습연소가스량(Sm^3/kg)을 계산하시오.

정답

(1) $1.79 Sm^3/kg$
(2) $8.83 Sm^3/kg$

해설

(1) 이론산소량(Sm^3/kg) 계산

이론산소량 $= 1.867C + 5.6H + 0.7S - 0.7O$
$= (1.867 \times 0.866) + (5.6 \times 0.04) + (0.7 \times 0.014) - (0.7 \times 0.08)$
$= 1.7946 Sm^3/kg$

(2) 이론 습연소가스량(Sm^3/kg) 계산

이론공기량 $= \dfrac{\text{이론산소량}}{0.21} = \dfrac{1.7946}{0.21} = 8.5457 Sm^3/kg$

이론공기 중 질소량 = 이론공기량 × 0.79
$= 8.5457 \times 0.79 = 6.7511 Sm^3/kg$

CO_2 배출량
탄소(C, 원자량 12) 1kmol이 연소하면 이산화탄소(CO_2) 1kmol이 발생한다.
$C + O_2 \rightarrow CO_2$
$12 kg : 22.4 Sm^3 = 0.866 kg/kg : x$
$x = 1.6165 Sm^3/kg$

H_2O 배출량
수소 기체(H_2, 분자량 2) 2kmol이 연소하면 물(H_2O) 2kmol이 발생한다.
$2H_2 + O_2 \rightarrow 2H_2O$
$2 \times 2 kg : 2 \times 22.4 Sm^3 = 0.04 kg/kg : x$
$x = 0.448 Sm^3/kg$

SO_2 배출량
황(S, 원자량 32) 1kmol이 연소하면 이산화황(SO_2) 1kmol이 발생한다.
$S + O_2 \rightarrow SO_2$
$32 kg : 22.4 Sm^3 = 0.014 kg/kg : x$
$x = 0.0098 Sm^3/kg$

이론 습연소가스량 = 이론공기 중 질소량 + 습연소생성물($CO_2 + H_2O + SO_2$)
$= 6.7511 + 1.6165 + 0.448 + 0.0098 = 8.825 Sm^3/kg$

05 ★★☆

입자의 입경을 간접적으로 측정하는 방법을 2가지 적고 간략하게 설명하시오.

정답

① 관성충돌법: 입자의 관성충돌을 이용하여 입경을 간접적으로 측정하는 방법으로 체를 이용하여 모래를 거르는 방법과 유사하다.
② 액상침강법: 입자를 유체에서 침강시키며 침강속도를 구한 뒤 입자의 직경을 산정하는 방법이다.
③ 공기투과법: 입자의 비표면적을 측정하여 입경을 측정하는 방법이다.

만점 KEYWORD

① 관성충돌법, 관성충돌, 간접적으로 측정
② 액상침강법, 유체, 침강, 침강속도
③ 공기투과법, 비표면적 측정

06 ★★☆

원심력집진장치의 집진효율 향상 조건을 3가지 쓰시오. (단, Blow Down 효과는 제외한다.)

정답

① 원통의 직경이 작을수록 집진효율이 증가한다.
② 입자의 밀도가 클수록 집진효율이 증가한다.
③ 가스의 유입속도가 클수록 집진효율이 증가한다.
④ 입자의 직경이 클수록 집진효율이 증가한다.
⑤ 적당한 Dust Box의 모양과 크기로 설치한다.
⑥ 미세먼지의 재비산 방지를 위해 스키머와 회전깃, 살수설비 등을 설치하여 제거효율을 증대시킨다.

만점 KEYWORD

① 원통, 직경, 작을수록
② 밀도, 클수록
③ 유입속도, 클수록
④ 입자, 직경, 클수록
⑤ 적당한, Dust Box, 모양, 크기
⑥ 재비산 방지, 스키머와 회전깃, 살수설비, 설치

07 ★★★

여과집진기에 유량 $4.78 \times 10^6 \text{cm}^3/\text{sec}$, 공기여재비 4cm/sec로 배출가스가 유입되고 있다. 여과포 1개의 직경이 200mm, 유효높이가 3m인 경우 필요한 여과포의 개수를 계산하시오.

정답
64개

해설
여과포 소요개수 $(n) = \dfrac{Q_T}{\pi DL \times V_f}$

Q_T: 처리가스 유량(cm^3/sec)
D: 여과포의 직경(cm), L: 여과포의 길이(cm)
V_f: 처리가스의 겉보기 여과속도(cm/sec)
※ 처리가스의 겉보기 여과속도를 공기여재비라고도 한다.

$n = \dfrac{4.78 \times 10^6}{\pi \times 20 \times 300 \times 4} = 63.397$

n은 여과포 소요개수로 소수로 나올 수 없으므로 64개가 답이 된다.

08 ★★★

다음 조건을 기준으로 벤투리 스크러버에서 노즐의 개수를 계산하시오.

- 목부의 직경: 0.2m
- 수압: $20,000 \text{mmH}_2\text{O}$
- 노즐의 직경: 3.8mm
- 액가스비: 0.5L/m^3
- 목부의 가스유속: 60m/sec

정답
6개

해설
$n \times \left(\dfrac{d}{D_t}\right)^2 = \dfrac{V_t \times L}{100\sqrt{P}}$

n: 노즐의 개수
d: 노즐의 직경(m), D_t: 목부(스롯트부)의 직경(m)
V_t: 유속(m/sec), L: 액가스비(L/m^3), P: 수압(mmH_2O)

$n \times \left(\dfrac{3.8 \times 10^{-3}\text{m}}{0.2\text{m}}\right)^2 = \dfrac{60\text{m/sec} \times 0.5\text{L/m}^3}{100\sqrt{20,000\text{mmH}_2\text{O}}}$

$n = 5.876$

n은 노즐의 개수로 소수로 나올 수 없으므로 6개가 답이 된다.

09 ★★☆

충전탑과 단탑의 차이점을 3가지 쓰시오.

정답
① 포말성 흡수액일 경우 충전탑이 유리하다.
② 흡수액에 부유물이 포함되어 있을 경우 단탑을 사용하는 것이 더 효율적이다.
③ 온도 변화에 따른 팽창과 수축이 우려될 경우에는 충전제 손상이 예상되므로 단탑이 유리하다.
④ 운전 시 용매에 의해 발생되는 용해열을 제거해야 할 경우 냉각오일을 설치하기 쉬운 단탑이 유리하다.
⑤ 단탑은 충전탑에 비해 압력손실이 크다.
⑥ 단탑은 충전탑에 비해 흡수액의 Hold-up이 크다.
⑦ 충전탑은 충전물이 고가이므로 초기 설치비가 많이 든다.

만점 KEYWORD
① 포말성, 충전탑, 유리
② 부유물, 단탑, 효율적
③ 팽창, 수축, 충전제 손상, 단탑, 유리
④ 용해열, 제거, 냉각오일, 단탑, 유리
⑤ 단탑, 압력손실이 크다.
⑥ 단탑, Hold-up이 크다.
⑦ 충전물, 고가, 설치비가 많이

10 ★★☆

배출가스 중 가스상 물질 시료채취방법에 관한 물음에 답하시오.

(1) 시료채취관을 선정할 때 재질과 관련되어 고려해야 할 사항을 3가지 쓰시오.
(2) 폼알데하이드 여과재를 2가지 쓰시오.

정답

(1) ① 화학반응이나 흡착작용 등으로 배출가스의 분석결과에 영향을 주지 않는 것
② 배출가스 중의 부식성 성분에 의하여 잘 부식되지 않는 것
③ 배출가스 온도, 유속 등에 견딜 수 있는 충분한 기계적 강도를 갖는 것

(2) 알칼리 성분이 없는 유리솜 또는 실리카솜, 소결유리

만점 KEYWORD

(1) ① 화학반응, 흡착작용, 배출가스의 분석결과, 영향을 주지 않는
② 부식성 성분, 부식되지 않는 것
③ 온도, 유속, 충분한 기계적 강도

11 ★★☆

Bag filter에서 먼지부하가 360g/m²일 때마다 부착먼지를 간헐적으로 탈락시키려고 한다. 유입가스 중의 먼지농도가 12g/m³이고, 겉보기 여과속도가 1.2cm/sec일 때 부착먼지의 탈락시간 간격(sec)을 구하시오. (단, 집진율은 97.5%이다.)

정답

2,564.10sec

해설

부착먼지의 탈락시간 간격$(t) = \dfrac{L_d}{C_i \times V_f \times \eta}$

L_d: 먼지부하(g/m²), C_i: 입구먼지농도(g/m³)
V_f: 여과속도(m/sec), η: 집진효율

$t = \dfrac{\dfrac{360\text{g}}{\text{m}^2}}{\dfrac{12\text{g}}{\text{m}^3} \times \dfrac{0.012\text{m}}{\text{sec}} \times 0.975} = 2,564.103\text{sec}$

12 ★★☆

여과집진장치의 집진원리를 4가지 쓰시오.

정답

① 차단
② 확산
③ 관성충돌
④ 중력
⑤ 정전기적 인력

13 ★☆☆

공장의 배기가스에서 사플루오린화규소(SiF_4)의 농도가 25ppm이었다. 이 공장의 사플루오린화규소의 배출기준이 플루오린(F) 양 기준으로 10mg/Sm³이라면 배기가스 중의 사플루오린화규소의 처리효율을 얼마로 하여야 하는지 계산하시오. (단, SiF_4의 분자량은 104, 플루오린의 원자량은 19이다.)

정답

88.21%

해설

(1) SiF_4 25ppm을 F 기준으로 단위환산 하기

$\dfrac{25\text{mL}}{\text{Sm}^3} \times \dfrac{104\text{mg}(SiF_4)}{22.4\text{mL}} \times \dfrac{19 \times 4\text{mg}(F)}{104\text{mg}(SiF_4)} = 84.8214\text{mg/Sm}^3$

(2) 효율 계산하기

효율$(\eta) = \left(1 - \dfrac{C_{out}}{C_{in}}\right) \times 100$

C_{in}: 유입농도, C_{out}: 출구농도

$\eta = \left(1 - \dfrac{10}{84.8214}\right) \times 100 = 88.211\%$

14 ★★★

다음 환경기준에 대한 알맞은 수치를 적으시오. (단, 환경정책기본법상 기준을 따른다.)

항목	기준
이산화질소 (NO$_2$)	연간 평균치: (①)ppm 이하
	24시간 평균치: (②)ppm 이하
	1시간 평균치: (③)ppm 이하
오존 (O$_3$)	8시간 평균치: (④)ppm 이하
	1시간 평균치: (⑤)ppm 이하
일산화탄소 (CO)	8시간 평균치: (⑥)ppm 이하
	1시간 평균치: (⑦)ppm 이하

정답

① 0.03, ② 0.06, ③ 0.10, ④ 0.06, ⑤ 0.1, ⑥ 9, ⑦ 25

관련이론 | 환경기준

항목	기준
아황산가스 (SO$_2$)	연간 평균치 0.02ppm 이하
	24시간 평균치 0.05ppm 이하
	1시간 평균치 0.15ppm 이하
일산화탄소 (CO)	8시간 평균치 9ppm 이하
	1시간 평균치 25ppm 이하
이산화질소 (NO$_2$)	연간 평균치 0.03ppm 이하
	24시간 평균치 0.06ppm 이하
	1시간 평균치 0.10ppm 이하
미세먼지 (PM-10)	연간 평균치 50μg/m^3 이하
	24시간 평균치 100μg/m^3 이하
초미세먼지 (PM-2.5)	연간 평균치 15μg/m^3 이하
	24시간 평균치 35μg/m^3 이하
오존(O$_3$)	8시간 평균치 0.06ppm 이하
	1시간 평균치 0.1ppm 이하
납(Pb)	연간 평균치 0.5μg/m^3 이하
벤젠	연간 평균치 5μg/m^3 이하

15 ★★★

직경이 0.3048m인 덕트에 유체가 2m/sec의 속도로 흐르고 있다. 유체의 밀도가 1.2kg/m^3, 점도가 20cP일 경우 다음을 구하시오.

(1) Reynolds Number
(2) Kinematic Viscosity (단, 소수점 셋째 자리까지 구하시오.)

정답

(1) 36.58
(2) 0.017m^2/sec

해설

(1) Reynolds Number(레이놀즈 수) 계산

레이놀즈 수$(Re) = \dfrac{D\rho V}{\mu}$

D: 덕트의 직경(m)
ρ: 유체의 밀도(kg/m^3), V: 유체의 속도(m/sec)
μ: 점성계수(kg/m·sec)

점성계수는 점도라고도 하므로 20cP를 문제를 풀기위한 단위로 변환한다.
20cP=0.2P
1P=100cP, P는 점도의 단위로 g/cm·sec이다.

$\mu = \dfrac{0.2\text{g}}{\text{cm}\cdot\text{sec}} \times \dfrac{\text{kg}}{1{,}000\text{g}} \times \dfrac{100\text{cm}}{\text{m}} = 0.02\text{kg/m}\cdot\text{sec}$

$Re = \dfrac{0.3048\text{m} \times 1.2\text{kg/m}^3 \times 2\text{m/sec}}{0.02\text{kg/m}\cdot\text{sec}} = 36.576$

(2) Kinematic Viscosity(동점성계수) 계산

동점성계수$(v) = \dfrac{\mu}{\rho} = \dfrac{0.02\text{kg/m}\cdot\text{sec}}{1.2\text{kg/m}^3} = 0.0167\text{m}^2/\text{sec}$

16 ★★☆

송풍기의 송풍량이 200m³/min, 회전수가 200rpm, 정압이 60mmH₂O, 동력이 6HP이다. 이 송풍기의 회전수가 400rpm으로 변할 때 다음을 구하시오.

(1) 정압(mmH₂O)
(2) 동력(HP)
(3) 송풍량(m³/min)

정답

(1) 240mmH₂O
(2) 48HP
(3) 400m³/min

해설

(1) 정압(mmH₂O) 계산

$$P_2 = P_1 \times \left(\frac{N_2}{N_1}\right)^2$$

P_1 : 변경 전 압력(mmH₂O), P_2 : 변경 후 압력(mmH₂O)
N_1 : 변경 전 회전수(rpm), N_2 : 변경 후 회전수(rpm)

$$P_2 = 60\text{mmH}_2\text{O} \times \left(\frac{400\text{rpm}}{200\text{rpm}}\right)^2 = 240\text{mmH}_2\text{O}$$

(2) 동력(HP) 계산

$$W_2 = W_1 \times \left(\frac{N_2}{N_1}\right)^3$$

W_1 : 변경 전 동력(HP), W_2 : 변경 후 동력(HP)
N_1 : 변경 전 회전수(rpm), N_2 : 변경 후 회전수(rpm)

$$W_2 = 6\text{HP} \times \left(\frac{400\text{rpm}}{200\text{rpm}}\right)^3 = 48\text{HP}$$

(3) 송풍량(m³/min) 계산

$$Q_2 = Q_1 \times \left(\frac{N_2}{N_1}\right)$$

Q_1 : 변경 전 송풍량(m³/min), Q_2 : 변경 후 송풍량(m³/min)
N_1 : 변경 전 회전수(rpm), N_2 : 변경 후 회전수(rpm)

$$Q_2 = 200\text{m}^3/\text{min} \times \left(\frac{400\text{rpm}}{200\text{rpm}}\right) = 400\text{m}^3/\text{min}$$

17 ★★☆

액체연료를 100kg/hr 연소할 경우 공기공급량(Sm³/hr)을 계산하시오. (단, 액체연료의 조성은 탄소 74.11%, 수소 25.89%이다.)

정답

1,349.29Sm³/hr

해설

이론산소량 = 1.867C + 5.6H + 0.7S − 0.7O
= (1.867 × 0.7411) + (5.6 × 0.2589) = 2.8335Sm³/kg

100kg/hr 연소 시 공기공급량 = 이론공기량 × 연료량

$$= \frac{2.8335\text{Sm}^3/\text{kg}}{0.21} \times 100\text{kg/hr} = 1,349.286\text{Sm}^3/\text{hr}$$

18 ★★☆

가스 500m³/min를 전기집진장치를 이용하여 처리하려고 한다. 반경 20cm, 길이 10m인 집진극 25개가 직렬로 연결되어 있을 때 먼지입자의 겉보기 이동속도(m/sec)를 계산하시오. (단, 유입농도는 10g/m³, 유출농도는 0.1g/m³이다.)

정답

0.12m/sec

해설

$$\eta = 1 - e^{\left(-\frac{A \times W_e}{Q}\right)}$$

효율(η) = $1 - \frac{\text{유출농도}}{\text{유입농도}} = 1 - \frac{0.1}{10} = 0.99$

A : 집진면적(m²), W_e : 먼지의 겉보기 이동속도(m/sec)
Q : 유량(m³/sec)

$$Q = \frac{500\text{m}^3}{\text{min}} \times \frac{\text{min}}{60\text{sec}} = 8.3333\text{m}^3/\text{sec}$$

$$0.99 = 1 - e^{-\frac{\pi \times 0.4\text{m} \times 10\text{m} \times 25 \times W_e}{8.3333\text{m}^3/\text{sec}}}$$

집진면적을 구할 때 집진극의 개수(25)를 곱해야 한다.
문제에서 반경이라고 하였으므로 이는 원의 반지름을 의미한다. 따라서, 집진극의 형태는 원형을 기준으로 하여야 한다.

$W_e = 0.122$m/sec

※ W_e 값은 공학용계산기의 SOLVE 기능을 이용하여 푸는 것이 편리합니다.

19 ★★☆

한 공장의 유효굴뚝높이가 50m이다. 연돌을 높여 최대지표농도를 1/3로 감소시키려면 유효굴뚝높이(m)를 얼마나 높여야 하는지 계산하시오. (단, 유효굴뚝높이 외의 다른 조건은 모두 동일하다.)

정답

36.60m

해설

최대지표농도(C_{max}) = $\dfrac{2Q}{\pi e U H_e^2}\left(\dfrac{K_z}{K_y}\right)$

Q : 오염물질 배출량(ppm·m³/sec)
U : 풍속(m/sec), H_e : 유효굴뚝높이(m)
K_z : 수직방향확산계수, K_y : 수평방향확산계수

문제에서 유효굴뚝높이 외의 다른 조건은 동일하다고 했으므로 유효굴뚝높이 외의 조건은 상수 K로 둘 수 있다.

$C_{max} = K\dfrac{1}{H_e^2}$

$\dfrac{C_{max-2}}{C_{max-1}} = \dfrac{K\dfrac{1}{H_e^2}}{K\dfrac{1}{50^2}} = \dfrac{1}{3}$

$\dfrac{\dfrac{1}{H_e^2}}{\dfrac{1}{50^2}} = \dfrac{1}{3}$

$H_e = 86.6025$m

높여야 할 유효굴뚝높이(m) = 86.6025 − 50 = 36.603m

※ H_e 값은 공학용계산기의 SOLVE 기능을 이용하여 푸는 것이 편리합니다.

20 ★★★

부탄(C_4H_{10}) 1Sm³을 완전연소시켰을 때 건조연소가스 중의 CO_2 농도는 11%이었다. 이때 공기비를 구하시오.

정답

1.26

해설

부탄(C_4H_{10}) 1kmol이 연소할 때 산소(O_2) 6.5kmol이 필요하고, 이산화탄소(CO_2) 4kmol이 생성된다.

$C_4H_{10} + 6.5O_2 \rightarrow 4CO_2 + 5H_2O$

이론산소량 = 6.5Sm³

이론공기량 = $\dfrac{\text{이론산소량}}{0.21} = \dfrac{6.5}{0.21} = 30.9524$Sm³

이론공기 중 질소량 = 이론공기량 × 0.79
= 30.9524 × 0.79 = 24.4524Sm³

과잉공기량 = xSm³

건조연소생성물(CO_2) = 4Sm³

건조연소가스량 = 이론공기 중 질소량 + 과잉공기량 + 건조연소생성물(CO_2)
= (24.4524 + x + 4)Sm³

CO_2 농도 = $\dfrac{4}{(24.4524 + x + 4)} \times 100 = 11\%$

$x = 7.9112$Sm³

공기비 = $\dfrac{\text{실제공기량}(A)}{\text{이론공기량}(A_O)} = \dfrac{30.9524 + 7.9112}{30.9524} = 1.256$

2019년 4회 기출문제

01 ★★☆

다음 물음에 답하시오.
(1) 재비산 현상 방지대책을 2가지 쓰시오.
(2) 역전리 현상 방지대책을 2가지 쓰시오.

정답
(1) ① NH_3을 주입한다.
② 처리가스의 속도를 낮춘다.
③ 온도와 습도를 적절히 조절한다.
④ 먼지의 비저항이 낮아 재비산 현상이 발생한 경우 Baffle을 설치한다.
(2) ① 황 함량이 높은 연료를 주입한다.
② SO_3, 트리에틸아민 등을 주입한다.
③ 온도와 습도를 적절히 조절한다.
④ 배출가스의 점성이 커서 역전리 현상이 발생한 경우 집진극의 타격을 강하게 하거나 빈도수를 늘린다.

만점 KEYWORD
(1) ① NH_3, 주입
② 속도, 낮춘다.
③ 온도, 습도, 조절
④ 비저항이 낮아, Baffle, 설치
(2) ① 황 함량, 높은 연료
② SO_3, 트리에틸아민, 주입
③ 온도, 습도, 조절
④ 점성이 커서, 타격을 강하게, 빈도수 늘림

02 ★★☆

다음 물음에 답하시오.
(1) 흑체의 정의를 쓰시오.
(2) 스테판 볼츠만 법칙에 대해 서술하시오.(단, 공식을 쓰고 공식에 있는 인자의 의미도 쓰시오.)

정답
(1) 흑체는 입사되는 모든 파장대의 복사에너지를 완전히 흡수하는 이상적인 물체이다.
(2) 스테판 볼츠만 법칙은 흑체가 방출하는 열복사에너지와 절대온도의 관계를 나타내는 법칙으로 열복사에너지는 절대온도의 4제곱에 비례한다.
$E = \sigma \times T^4$
E: 흑체의 단위 면적당 방출하는 에너지 세기
σ: 비례상수[$=5.67 \times 10^{-8}\,W/(m^2 \cdot K^4)$]
T: 흑체의 절대온도(K)

만점 KEYWORD
(1) 모든 파장대, 복사에너지, 완전히 흡수
(2) 흑체, 열복사에너지와 절대온도의 관계

03 ★★☆

대기오염공정시험기준상 굴뚝배출가스 중 이산화황의 연속자동측정방법을 3가지 쓰시오.

정답
① 용액전도율법
② 적외선흡수법
③ 자외선흡수법
④ 정전위전해법
⑤ 불꽃광도법

04 ★☆☆

충전탑으로 오염물질을 처리하는 경우에 대한 물음에 답하시오.

(1) 편류현상의 정의를 쓰시오.
(2) 편류현상의 방지대책을 3가지 쓰시오.

정답

(1) 편류현상은 흡수액이 균일하게 충전물에 분산되지 않고 한쪽으로 치우쳐 흐르는 현상이다.
(2) ① 충전탑의 직경(D)과 충전제 직경(d)의 비 D/d가 8~10일 때 편류현상이 최소가 된다.
② 충전물의 공극률이 커야 한다.
③ 정류판을 설치한다.
④ 충전물로 인한 압력손실이 작아야 한다.

만점 KEYWORD

(1) 분산되지 않고, 치우쳐 흐르는 현상
(2) ① D/d가, 8~10
② 공극률, 커야
③ 정류판, 설치
④ 압력손실, 작아야

05 ★★☆

전기집진장치로 분진을 집진할 경우 작용하는 집진원리를 4가지 쓰시오.

정답

① 입자 간의 흡인력
② 전계강도의 힘
③ 전기풍에 의한 힘
④ 대전 입자의 하전에 의한 쿨롱력

06 ★★★

황화수소가 5% 포함된 CH_4를 공기비 1.1로 연소할 경우 건조 배기가스 중의 SO_2 농도(ppm)를 계산하시오. (단, 황화수소는 모두 SO_2로 변환된다.)

정답

5,336.01ppm

해설

전체가스량을 $1Sm^3$라고 가정하면 황화수소는 $0.05Sm^3$, CH_4는 $0.95Sm^3$이다.

(1) **황화수소(H_2S) 연소**

황화수소(H_2S) 1kmol이 연소할 때 산소(O_2) 1.5kmol이 필요하고 이산화황(SO_2) 1kmol이 발생한다.

$H_2S + 1.5O_2 \rightarrow SO_2 + H_2O$

이론산소량 $= 0.05Sm^3 \times 1.5 = 0.075Sm^3$
SO_2 발생량 $= 0.05Sm^3$

(2) **메탄(CH_4) 연소**

메탄(CH_4) 1kmol이 연소할 때 산소(O_2) 2kmol이 필요하고 이산화탄소(CO_2) 1kmol이 발생한다.

$CH_4 + 2O_2 \rightarrow CO_2 + 2H_2O$

이론산소량 $= 0.95Sm^3 \times 2 = 1.9Sm^3$
CO_2 발생량 $= 0.95Sm^3$

(3) **혼합연료의 건조배기가스량 계산**

이론공기량 $= \dfrac{\text{이론산소량}}{0.21} = \dfrac{(0.075 + 1.9)}{0.21} = 9.4048Sm^3$

이론공기 중 질소량 = 이론공기량 × 0.79
$= 9.4048 \times 0.79 = 7.4298Sm^3$

과잉공기량 = (m−1) × 이론공기량 (m: 공기비)
$= (1.1 − 1) \times 9.4048 = 0.9405Sm^3$

건조연소생성물($CO_2 + SO_2$) = 0.05 + 0.95 = $1.0Sm^3$

건조연소가스량 = 이론공기 중 질소량 + 과잉공기량 + 건조연소생성물($CO_2 + SO_2$)
$= 7.4298 + 0.9405 + 1.0 = 9.3703Sm^3$

(4) **SO_2 농도(ppm) 계산**

$SO_2(ppm) = \dfrac{SO_2 \text{ 발생량}}{\text{건조연소가스량}} \times 10^6 = \dfrac{0.05}{9.3703} \times 10^6$
$= 5,336.008ppm$

07 ★★★

바람의 종류 중 지균풍과 경도풍에 대해 서술하시오.

정답
① 지균풍은 기압경도력과 전향력이 평형을 이루어 마찰력이 없는 고도 1km 이상에서 등압선과 평행하게 부는 바람이다.
② 경도풍은 기압경도력과 원심력, 전향력이 평형을 이루면서 부는 바람으로 고기압과 저기압의 중심부에서 발생한다.

만점 KEYWORD
① 기압경도력과 전향력, 평형, 등압선과 평행
② 기압경도력, 원심력, 전향력, 평형, 중심부

08 ★☆☆

처리가스에 있는 오염물질 60ppm을 흡착처리하여 5ppm으로 배출하려고 한다. 다음 조건을 기준으로 필요한 흡착제의 양(g)을 계산하시오.

- Freundlich의 등온흡착식을 따른다.
- 흡착용량: 200L
- K: 0.015, $\frac{1}{n}$: 4

정답
1,173.34g

해설
$$\frac{X}{M} = KC^{\frac{1}{n}}$$

X: 흡착된 오염물질의 양(ppm)
M: 흡착제의 양(g/L), C: 흡착 후의 오염물질 농도(ppm)
K: 용량계수, $\frac{1}{n}$: 민감도변수

$$\frac{60-5}{M} = 0.015 \times 5^4$$

$M = 5.8667$g/L

단위환산을 해서 주입해야 할 흡착제의 양을 계산한다.

$$\frac{5.8667\text{g}}{\text{L}} \times 200\text{L} = 1,173.34\text{g}$$

09 ★★★

유입구의 폭이 15.0cm이고 유효회전수가 6인 원심분리기에 입자밀도가 1.6g/cm³인 배기가스가 15m/sec의 속도로 유입된다. 이때 절단입경(μm)을 계산하시오. (단, 공기밀도는 무시, 가스의 점성도는 300K에서 0.0648kg/m·hr이다.)

정답
5.18μm

해설
$$d_{p50} = \left[\frac{9 \times \mu \times B}{2 \times (\rho_p - \rho) \times \pi \times N_e \times V}\right]^{0.5} \times 10^6$$

d_{p50}: 절단입경(μm)
μ: 가스의 점도(kg/m·sec)
$$\mu = \frac{0.0648\text{kg}}{\text{m}\cdot\text{hr}} \times \frac{\text{hr}}{3,600\text{sec}} = 1.8 \times 10^{-5} \text{kg/m}\cdot\text{sec}$$
B: 유입구의 폭(m)
N_e: 유효회전수, V: 입구의 유속(m/sec)
ρ_p: 입자의 밀도(kg/m³)
$$\rho_p = \frac{1.6\text{g}}{\text{cm}^3} \times \frac{\text{kg}}{1,000\text{g}} \times \frac{10^6\text{cm}^3}{\text{m}^3} = 1,600\text{kg/m}^3$$
ρ: 공기의 밀도(kg/m³)

$$d_{p50} = \left[\frac{9 \times 1.8 \times 10^{-5}\text{kg/m}\cdot\text{sec} \times 0.15\text{m}}{2 \times 1,600\text{kg/m}^3 \times \pi \times 6 \times 15\text{m/sec}}\right]^{0.5} \times 10^6$$
$= 5.182\mu\text{m}$

10 ★☆☆

다음 물음에 답하시오.

(1) 가솔린 엔진과 관련된 옥탄가에 대해 서술하시오.
(2) 디젤 엔진과 관련된 세탄가에 대해 서술하시오.

정답

(1) 옥탄가는 휘발유의 특성을 나타내는 수치로 노킹(knocking)현상에 대한 저항성을 의미한다.
(2) 세탄가는 디젤기관의 착화성을 정량적으로 나타내는 데 이용되는 수치이다.

만점 KEYWORD

(1) 휘발유의 특성, 노킹(knocking)현상에 대한 저항성
(2) 디젤기관의 착화성, 정량적

11 ★★★

다음 조건에서 통풍력을 1.5배 증가시키기 위해서 요구되는 배출가스의 온도(℃)를 계산하시오.

- 굴뚝높이: 50m
- 공기의 온도: 25℃
- 배출가스의 평균온도: 225℃
- 배출가스와 공기의 비중량: 1.3kgf/Sm³

정답

476.51℃

해설

$$Z(\text{mmH}_2\text{O}) = 273 \times H \times \left[\frac{\gamma_a}{273+t_a} - \frac{\gamma_g}{273+t_g} \right]$$

H: 굴뚝의 높이(m)
γ_a: 공기의 비중량(kgf/m³), γ_g: 배출가스의 비중량(kgf/m³)
t_a: 공기의 온도(℃), t_g: 배출가스의 온도(℃)

(1) 현재의 통풍력 계산

$$273 \times 50 \times \left[\frac{1.3}{273+25} - \frac{1.3}{273+225} \right] = 23.9144 \text{mmH}_2\text{O}$$

(2) 통풍력이 1.5배 증가한 경우 배출가스의 온도(t_g) 계산

$$273 \times 50 \times \left[\frac{1.3}{273+25} - \frac{1.3}{273+t_g} \right] = 1.5 \times 23.9144 \text{mmH}_2\text{O}$$

$t_g = 476.513℃$

※ t_g값은 공학용계산기의 SOLVE 기능을 이용하여 푸는 것이 편리합니다.

12 ★★★

탄소 86%, 수소 12%, 황 2%의 조성을 가진 중유를 연소한 후 배기가스를 분석했더니 (CO_2+SO_2)가 13%, O_2가 3.5%이었다. 건조 연소가스 중의 SO_2 농도(ppm)를 계산하시오. (단, 표준상태이다.)

정답

1,139.90ppm

해설

(1) 이론산소량, 이론공기량, 이론공기 중 질소량 계산

이론산소량 $= 1.867C + 5.6H + 0.7S - 0.7O$
$= (1.867 \times 0.86) + (5.6 \times 0.12) + (0.7 \times 0.02) = 2.2916 Sm^3/kg$

이론공기량 $= \dfrac{\text{이론산소량}}{0.21} = \dfrac{2.2916 Sm^3}{0.21}$
$= 10.9124 Sm^3/kg$

이론공기 중 질소량 $=$ 이론공기량 $\times 0.79$
$= 10.9124 \times 0.79 = 8.6208 Sm^3/kg$

(2) 과잉공기량 계산

$m = \dfrac{N_2}{N_2 - 3.76(O_2 - 0.5CO)} = \dfrac{83.5}{83.5 - 3.76(3.5 - 0.5 \times 0)}$
$= 1.1871$

과잉공기량 $=$ 이론공기량 $\times (m-1) = 10.9124 \times (1.1871 - 1)$
$= 2.0417 Sm^3/kg$

(3) CO_2 배출량 계산

탄소(C, 원자량 12) 1kmol이 연소하면 이산화탄소(CO_2) 1kmol이 발생한다.

$C + O_2 \rightarrow CO_2$

$12kg : 22.4 Sm^3 = 0.86kg/kg : x$

$x = 1.6053 Sm^3/kg$

(4) SO_2 배출량 계산

황(S, 원자량 32) 1kmol이 연소하면 이산화황(SO_2) 1kmol이 발생한다.

$S + O_2 \rightarrow SO_2$

$32kg : 22.4 Sm^3 = 0.02kg/kg : x$

$x = 0.014 Sm^3/kg$

(5) 건조 연소가스 중의 SO_2 농도 계산

실제건조연소가스량 $=$ 이론공기 중 질소량 $+$ 과잉공기량 $+$ 건조연소생성물($CO_2 + SO_2$)
$= 8.6208 + 2.0417 + 1.6053 + 0.014 = 12.2818 Sm^3/kg$

SO_2 농도(ppm) $= \dfrac{SO_2 \text{ 발생량}}{\text{실제건조연소가스량}} \times 10^6$
$= \dfrac{0.014}{12.2818} \times 10^6 = 1,139.898 ppm$

2019년 2회 기출문제

01 ★★☆

한 공장의 유효굴뚝높이가 50m이다. 굴뚝을 높여 최대지표농도를 1/4로 감소시키려면 유효굴뚝높이(m)를 얼마로 해야 하는지 계산하시오. (단, 유효굴뚝높이 외의 다른 조건은 모두 동일하다.)

정답

100m

해설

최대지표농도(C_{max}) $= \dfrac{2Q}{\pi e U H_e^2}\left(\dfrac{K_z}{K_y}\right)$

Q : 오염물질 배출량(ppm·m³/sec)
U : 풍속(m/sec), H_e : 유효굴뚝높이(m)
K_z : 수직방향확산계수, K_y : 수평방향확산계수

문제에서 유효굴뚝높이 외의 다른 조건은 동일하다고 했으므로 유효굴뚝높이 외의 조건은 상수 K로 둘 수 있다.

$C_{max} = K\dfrac{1}{H_e^2}$

$\dfrac{C_{max-2}}{C_{max-1}} = \dfrac{K\dfrac{1}{H_e^2}}{K\dfrac{1}{50^2}} = \dfrac{1}{4}$

$\dfrac{\dfrac{1}{H_e^2}}{\dfrac{1}{50^2}} = \dfrac{1}{4}$

$H_e = 100\text{m}$

※ H_e 값은 공학용계산기의 SOLVE 기능을 이용하여 푸는 것이 편리합니다.

02 ★★★

원심력 집진장치에서 블로우다운(Blow down)에 대한 물음에 답하시오.

(1) 블로우다운의 의미를 간단히 쓰시오.
(2) 블로우다운의 효과를 3가지 쓰시오.

정답

(1) 원심력 집진장치에서 처리 가스량의 5~10% 정도를 흡인하여 줌으로써 유효원심력을 증대시키는 방법이다.
(2) 효과
① 사이클론 내의 난류현상을 억제시킨다.
② 먼지의 재비산을 막아준다.
③ 장치 내벽에 부착되는 먼지의 축적을 방지한다.
④ 집진효율이 증대된다.

만점 KEYWORD

(1) 흡인, 유효원심력, 증대
(2) ① 난류현상, 억제　　② 재비산, 막아줌
　　③ 부착, 먼지의 축적, 방지　④ 집진효율, 증대

03 ★★★

충전탑을 이용하여 유해가스를 제거하고자 한다. 이때 흡수액이 갖추어야 할 조건을 3가지를 쓰시오.

정답

① 용해도가 커야 한다.
② 점성이 작아야 한다.
③ 화학적으로 안정해야 한다.
④ 휘발성이 적어야 한다.
⑤ 부식성이 낮아야 한다.

만점 KEYWORD

① 용해도, 커야　　　② 점성, 작아야
③ 화학적, 안정　　　④ 휘발성, 적어야
⑤ 부식성, 낮아야

04 ★☆☆

압입통풍에 대한 물음에 답하시오.

(1) 장점을 3가지 쓰시오.
(2) 단점을 3가지 쓰시오.

정답

(1) ① 내압이 정압(+)으로 연소효율이 좋다.
　② 송풍기의 고장이 적고 점검 및 보수가 용이하다.
　③ 흡인통풍방식보다 송풍기의 동력 소모가 적다.
(2) ① 역화의 위험성이 있다.
　② 연소실 내의 압력이 정압이므로 가스가 누설될 수 있다.
　③ 연소실 내벽의 손상이 일어날 수 있다.

만점 KEYWORD

(1) ① 내압, 정압, 연소효율, 좋다.
　② 고장이 적고, 점검, 보수, 용이
　③ 흡인통풍방식, 동력 소모, 적다.
(2) ① 역화, 위험성
　② 정압, 가스가 누설
　③ 내벽, 손상

05 ★★★

다음과 같은 여과집진장치가 가동하는 중에 1개의 bag에 구멍이 뚫려 전체 처리가스량의 1/10이 그대로 통과한 경우 출구의 먼지농도(g/Sm^3)를 계산하시오.

- 20개의 bag을 사용한다.
- 집진율: 90%
- 입구의 먼지농도: $10g/Sm^3$

정답

$1.9g/Sm^3$

해설

입구의 먼지농도의 1/10은 그대로 통과하고 9/10은 집진율 90%가 적용된다.

$$\left(10g/Sm^3 \times \frac{1}{10}\right) + \left(10g/Sm^3 \times \frac{9}{10} \times (1-0.9)\right) = 1.9g/Sm^3$$

06 ★★☆

배출가스 중 황산화물을 처리하려고 한다. 다음 물음에 답하시오.

(1) 건식법의 종류를 3가지 쓰시오.
(2) 습식법과 비교한 건식법의 장점을 3가지 쓰시오.

정답

(1) 석회석주입법, 활성탄흡착법, 활성산화망간법
(2) ① 폐수의 발생이 없다.
　② 배출가스의 온도 저하가 거의 없는 편이다.
　③ 연돌에 의한 배출가스의 확산이 양호한 편이다.

만점 KEYWORD

(2) ① 폐수, 없다.
　② 온도 저하, 거의 없는
　③ 확산, 양호

관련이론 | 배연탈황법

배출가스 속에 포함된 황산화물을 장치를 통과시키면서 제거하는 방법이다.

구분	방법
건식법	석회석주입법, 활성탄흡착법, 활성산화망간법
습식법	가성소다흡수법, 황산나트륨흡수법, 암모니아흡수법
반건식법	석회석주입법(반건식), 소석회주입법

07 ★☆☆

액분산형 흡수장치 중 분무탑의 장점과 단점을 3가지씩 쓰시오.

(1) 장점
(2) 단점

정답
(1) ① 구조가 간단하다.
② 충전탑에 비해 설치비와 유지관리비용이 저렴하다.
③ 침전물이 생기는 경우에 효과적으로 처리할 수 있다.
④ 압력손실이 적다.
(2) ① 가스의 흐름이 균일하지 못하다.
② 분무액과 가스의 접촉이 균일하지 못하여 효율이 낮다.
③ 편류가 발생할 수 있다.
④ 노즐이 막힐 염려가 있다.

만점 KEYWORD
(1) ① 구조, 간단
② 설치비, 유지관리비용, 저렴
③ 침전물, 효과적으로 처리
④ 압력손실, 적다.
(2) ① 흐름, 균일하지 못하다.
② 접촉, 균일하지 못하여, 효율 낮다.
③ 편류, 발생
④ 노즐, 막힐 염려

08 ★★☆

스테판-볼츠만의 법칙에 대한 정의를 서술하시오.

정답
흑체가 방출하는 열복사에너지와 절대온도의 관계를 나타내는 법칙으로 열복사에너지는 절대온도의 4제곱에 비례한다.

만점 KEYWORD
흑체, 열복사에너지, 절대온도, 4제곱에 비례

09 ★☆☆

외부식 장방형 후드의 속도압이 22mmH$_2$O, 유입계수가 0.79이다. 이 경우 후드의 압력손실(mmH$_2$O)을 계산하시오.

정답
13.25mmH$_2$O

해설
후드의 압력손실(ΔP) $= F \times P_v$
F : 압력손실계수
$F = \dfrac{1-K^2}{K^2}$ (K : 유입계수)
P_v : 속도압(mmH$_2$O)
$\Delta P = \dfrac{1-0.79^2}{0.79^2} \times 22\text{mmH}_2\text{O} = 13.251\text{mmH}_2\text{O}$

10 ★★☆

보일러에서 중유(황 함량 2.5%)를 10ton/hr로 연소시키고 있다. 보일러에서 나온 배출가스를 NaOH 수용액을 이용하여 황을 처리할 때 필요한 NaOH량(kg/day)을 계산하시오. (단, 황은 전부 SO_2로 산화되고, 제거효율은 85%이며, 보일러는 24시간 운전한다.)

정답

12,750kg/day

해설

황(S, 원자량 32) 1mol이 연소하면 이산화황(SO_2) 1mol이 생성된다.
$S + O_2 \rightarrow SO_2$
이산화황(SO_2) 1mol을 처리하기 위해서는 NaOH(분자량 40) 2mol이 필요하므로 황(S, 원자량 32) 1mol을 처리하기 위해서는 NaOH(분자량 40) 2mol이 필요하다.
$SO_2 + 2NaOH \rightarrow Na_2SO_3 + H_2O$

$$\frac{10{,}000\text{kg}}{\text{hr}} \times \frac{2.5}{100} \times \frac{85}{100} \times \frac{2 \times 40\text{kg}}{32\text{kg}} \times \frac{24\text{hr}}{\text{day}} = 12{,}750\text{kg/day}$$

12 ★★☆

기체크로마토그래피에서 이론단수가 1,800인 분리관이 있다. 보유시간이 10min되는 피크의 밑부분 폭{피크 좌우 변곡점에서 접선이 자르는 바탕선의 길이(mm)}을 계산하시오. (단, 기록지 이동속도는 1.5cm/min, 이론단수는 모든 성분에 대하여 같다.)

정답

14.14mm

해설

이론단수$(n) = 16 \times \left(\dfrac{t_R}{W}\right)^2$

t_R: 기록지 이동속도(mm/min) × 보유시간(min)

$t_R = \dfrac{1.5\text{cm}}{\text{min}} \times \dfrac{10\text{mm}}{\text{cm}} \times 10\text{min} = 150\text{mm}$

W: 피크의 좌우변곡점에서 접선이 자르는 바탕선의 길이(mm)

$1{,}800 = 16 \times \left(\dfrac{150\text{mm}}{W}\right)^2$

$W = 14.142\text{mm}$

※ W값은 공학용계산기의 SOLVE 기능을 이용하여 푸는 것이 편리합니다.

11 ★★☆

고용량공기시료채취기로 비산먼지를 채취하고자 한다. 채취개시 직후의 유량이 1.5m³/min, 채취종료 직전의 유량이 1.7m³/min일 때 흡인공기량(m³)을 계산하시오. (단, 포집시간은 24시간이다.)

정답

2,304m³

해설

고용량공기시료채취기로 비산먼지를 채취할 때 사용하는 흡인공기량 공식을 이용한다.

흡인공기량 $= \dfrac{Q_s + Q_e}{2} \times t$

Q_s: 채취개시 직후의 유량(m³/min)
Q_e: 채취종료 직전의 유량(m³/min)
t: 채취시간(min)

흡인공기량 $= \dfrac{(1.5 + 1.7)\text{m}^3/\text{min}}{2} \times 24\text{hr} \times \dfrac{60\text{min}}{\text{hr}} = 2{,}304\text{m}^3$

2019년 1회 기출문제

01 ★★★

A 물질이 120min 동안 1차 반응으로 반응한 후 초기 농도의 1/10이 되었다면 A 물질을 99.9% 제거하기 위해 소요되는 시간(min)을 계산하시오.

정답

359.78min

해설

1차 반응속도식을 이용한다.

$$\ln \frac{C_t}{C_O} = -k \times t$$

C_t : t시간이 지난 후 반응물질의 농도(ppm)
C_O : 초기농도(ppm)
k : 반응속도상수

(1) k값 계산

초기농도(C_O)를 100이라고 하면 120min이 지난 후의 농도(C_t)는 10이다.

$$\ln \frac{10}{100} = -k \times 120 \text{min}$$

$k = 0.0192 \text{min}^{-1}$

(2) 99.9% 감소하는데 걸리는 시간 계산

초기농도(C_O)를 100이라고 하면 t시간이 지난 후의 농도(C_t)는 0.1이다.

$$\ln \frac{0.1}{100} = \frac{-0.0192}{\text{min}} \times t$$

$t = 359.779 \text{min}$

02 ★★☆

전기집진장치에서 전류밀도가 먼지층 표면부근의 이온전류밀도와 같고 양호한 집진작용이 이루어지는 값이 $2 \times 10^{-8} \text{A/cm}^2$이다. 먼지층 중의 절연파괴 전계강도를 $5 \times 10^3 \text{V/cm}$로 할 때 물음에 답하시오.

(1) 먼지층의 겉보기 전기저항을 계산하시오.
(2) 역전리 현상이 발생하는지 여부를 판단하시오.

정답

(1) $2.5 \times 10^{11} \Omega \cdot \text{cm}$
(2) 겉보기 전기저항이 $10^{11} \Omega \cdot \text{cm}$ 이상이므로 역전리 현상이 발생한다.

해설

$$\text{겉보기 전기저항} = \frac{\text{절연파괴 전계강도}}{\text{전류밀도}}$$

$$\text{겉보기 전기저항} = \frac{5 \times 10^3 \text{V/cm}}{2 \times 10^{-8} \text{A/cm}^2} = 2.5 \times 10^{11} \Omega \cdot \text{cm}$$

구분	기준	현상
저 비저항	$10^4 \Omega \cdot \text{cm}$ 이하	재비산 현상
고 비저항	$10^{11} \Omega \cdot \text{cm}$ 이상	역전리 현상

03 ★★☆

탄소를 85% 함유하고 그 외에 수소, 황으로 구성된 중유를 공기비 1.3에서 완전연소한 결과 실제습연소가스 중 SO_2가 0.25%였다. 이 중유 속에 포함된 황은 몇 %인지 계산하시오. (단, 중유 속의 황은 모두 SO_2로 된다.)

[정답]
5.02%

[해설]

(1) 탄소의 연소

탄소(C, 원자량 12) 1kmol이 연소하기 위해서는 산소(O_2) 1kmol이 필요하고, 이산화탄소(CO_2) 1kmol이 생성된다.

$C + O_2 \rightarrow CO_2$

12kg : 22.4Sm³ = 0.85kg/kg : x

$x = 1.5867$ Sm³/kg

x값은 필요한 산소의 양과 발생한 이산화탄소의 양이다.

(2) 황의 연소

황(S, 원자량 32) 1kmol이 연소하기 위해서는 산소(O_2) 1kmol이 필요하고, 이산화황(SO_2) 1kmol이 생성된다.

$S + O_2 \rightarrow SO_2$

중유 속의 황 함유량을 a%라고 하고 비례식을 세운다.

32kg : 22.4Sm³ = $0.01 \times a$ kg/kg : x

※ 0.01은 a가 %단위이기 때문에 정확한 계산을 위해 곱해 준 것입니다.

$x = 0.007a$ Sm³/kg

x값은 필요한 산소의 양과 발생한 이산화황의 양이다.

(3) 수소의 연소

수소 기체(H_2, 분자량 2) 1kmol이 연소하기 위해서는 산소(O_2) 0.5kmol이 필요하고 물(H_2O) 1kmol이 발생한다.

$H_2 + 0.5O_2 \rightarrow H_2O$

중유 속의 수소 함유량을 $(15-a)$%라고 하고 비례식을 세운다.

2kg : 0.5×22.4Sm³ = $0.01 \times (15-a)$kg/kg : x

$x = 0.056 \times (15-a)$ Sm³/kg

x값은 필요한 산소의 양이고, 이 값에 2를 곱하면 발생한 물(H_2O)의 양이다.

(4) 이론공기량, 이론공기 중 질소량, 과잉공기량 계산

이론공기량 = $\dfrac{\text{이론산소량}}{0.21}$

$= \dfrac{1.5867 + 0.007a + \{0.056 \times (15-a)\}}{0.21}$

$= \dfrac{2.4267 - 0.049a}{0.21} = (11.5557 - 0.2333a)$ Sm³/kg

이론공기 중 질소량 = 이론공기량 × 0.79

$= (11.5557 - 0.2333a) \times 0.79$

과잉공기량 = 이론공기량 × (공기비 − 1)

$= (11.5557 - 0.2333a) \times 0.3$

(5) 실제습연소가스량 계산

실제습연소가스량 = 이론공기 중 질소량 + 과잉공기량 + 습연소생성물($CO_2 + SO_2 + H_2O$)

$= \{(11.5557 - 0.2333a) \times 0.79\}$
$+ \{(11.5557 - 0.2333a) \times 0.3\}$
$+ 1.5867 + 0.007a + \{0.112 \times (15-a)\}$
$= 12.5957 - 0.2543a + 1.5867 + 0.007a + 1.68 - 0.112a$
$= 15.8624 - 0.3593a$

(6) SO_2 농도로 황의 함량(%) 계산

SO_2 농도(%) = $\dfrac{SO_2 \text{ 배출량}}{\text{실제습연소가스량}} \times 100 = 0.25\%$

$\dfrac{0.007a}{15.8624 - 0.3593a} \times 100 = 0.25$

$a = 5.021\%$

04 ★★☆

99%의 집진효율을 갖는 전기집진장치와 95%의 집진효율을 갖는 여과집진장치를 병렬로 연결하여 분진을 처리하고자 할 때 다음 조건을 기준으로 배출되는 분진의 양(g/hr)을 구하시오.

- 전기집진장치 유입유량: 10,000Sm³/hr
- 여과집진장치 유입유량: 30,000Sm³/hr
- 입구 분진 농도: 3g/Sm³

정답

4,800g/hr

해설

(1) 전기집진장치에서 배출되는 분진량 계산

$$\frac{10,000Sm^3}{hr} \times \frac{3g}{Sm^3} \times \frac{1}{100} = 300g/hr$$

(2) 여과집진장치에서 배출되는 분진량 계산

$$\frac{30,000Sm^3}{hr} \times \frac{3g}{Sm^3} \times \frac{5}{100} = 4,500g/hr$$

(3) 전체 배출되는 분진량 계산

병렬로 연결했으므로 (1)+(2) = 4,800g/hr

05 ★★★

충전탑을 이용하여 유해가스를 제거하고자 한다. 이때 흡수액이 갖추어야 할 조건을 3가지를 쓰시오.

정답

① 용해도가 커야 한다.
② 점성이 작아야 한다.
③ 화학적으로 안정해야 한다.
④ 휘발성이 적어야 한다.
⑤ 부식성이 낮아야 한다.

만점 KEYWORD
① 용해도, 커야
② 점성, 작아야
③ 화학적, 안정
④ 휘발성, 적어야
⑤ 부식성, 낮아야

06 ★★☆

2% 황분이 들어있는 중유를 250kg/hr로 연소하는 보일러가 있다. 이때 배출가스를 탄산칼슘으로 탈황하여 $CaSO_4 \cdot 2H_2O$로 회수하려고 한다. 탈황률을 95%라 할 때 이론적으로 회수할 수 있는 $CaSO_4 \cdot 2H_2O$의 양(kg/hr)을 계산하시오. (단, 연료 중의 황 성분은 모두 SO_2로 전환된다.)

정답

25.53kg/hr

해설

(1) SO_2 발생량 계산

황(S, 원자량 32) 1kmol이 연소하면 이산화황(SO_2, 분자량 64) 1kmol이 발생한다.

$S + O_2 \rightarrow SO_2$

$$\frac{250kg}{hr} \times \frac{2}{100} \times \frac{64kg_{-SO_2}}{32kg_{-S}} = 10kg/hr$$

(2) 회수되는 $CaSO_4 \cdot 2H_2O$의 양 계산

이산화황(SO_2, 분자량 64) 1kmol을 처리하면 $CaSO_4 \cdot 2H_2O$ 1kmol이 생성된다.

$CaSO_4 \cdot 2H_2O$의 분자량 = 40 + 32 + (16×4) + (18×2) = 172

$SO_2 + CaCO_3 + 2H_2O + 0.5O_2 \rightarrow CaSO_4 \cdot 2H_2O + CO_2$

$$\frac{10kg}{hr} \times \frac{95}{100} \times \frac{172kg_{-CaSO_4 \cdot 2H_2O}}{64kg_{-SO_2}} = 25.531kg/hr$$

07 ★★★

굴뚝의 배출가스 온도가 207℃에서 107℃로 변하면 통풍력은 처음의 몇 %로 감소되는지 계산하시오. (단, 대기온도는 27℃이고, 공기와 배출가스의 비중량은 1.3kgf/Sm³이다.)

정답
처음 통풍력의 56.14%로 감소한다.

해설
$$Z(\text{mmH}_2\text{O}) = 273 \times H \times \left[\frac{\gamma_a}{273+t_a} - \frac{\gamma_g}{273+t_g} \right]$$

H : 굴뚝의 높이(m)
γ_a : 공기의 비중량(kgf/m³), γ_g : 배기가스의 비중량(kgf/m³)
t_a : 공기의 온도(℃), t_g : 배기가스의 온도(℃)

(1) 207℃에서 통풍력
$$Z_1 = 273 \times H \times \left[\frac{1.3}{273+27} - \frac{1.3}{273+207} \right]$$

(2) 107℃로 변했을 때의 통풍력
$$Z_2 = 273 \times H \times \left[\frac{1.3}{273+27} - \frac{1.3}{273+107} \right]$$

(3) 감소율 계산
$$\frac{Z_2}{Z_1} \times 100 = \frac{273 \times H \times \left[\frac{1.3}{273+27} - \frac{1.3}{273+107} \right]}{273 \times H \times \left[\frac{1.3}{273+27} - \frac{1.3}{273+207} \right]} \times 100$$
$$= 56.140\%$$

08 ★★☆

배출가스 중 황산화물을 처리하려고 한다. 다음 물음에 답하시오.
(1) 건식법의 종류를 3가지 쓰시오.
(2) 습식법과 비교한 건식법의 장점을 3가지 쓰시오.

정답
(1) 석회석주입법, 활성탄흡착법, 활성산화망간법
(2) ① 폐수의 발생이 없다.
② 배출가스의 온도 저하가 거의 없는 편이다.
③ 연돌에 의한 배출가스의 확산이 양호한 편이다.

만점 KEYWORD
(2) ① 폐수, 없다.
② 온도 저하, 거의 없는
③ 확산, 양호

관련이론 | 배연탈황법
배출가스 속에 포함된 황산화물을 장치를 통과시키면서 제거하는 방법이다.

구분	방법
건식법	석회석주입법, 활성탄흡착법, 활성산화망간법
습식법	가성소다흡수법, 황산나트륨흡수법, 암모니아흡수법
반건식법	석회석주입법(반건식), 소석회주입법

09 ★☆☆

성분이 다음 표와 같은 석탄이 완전연소되었을 때 건조연소가스량 중 O_2가 3%였다. 건조연소가스량 중 SO_2 농도(ppm)를 계산하시오. (단, N은 전부 N_2로 전환된다.)

C	H	N	S	O	회분
72.3%	5.8%	1.3%	0.5%	14.9%	5.2%

정답

410.16ppm

해설

석탄의 성분 중 N, 회분은 연소하지 않기 때문에 이론산소량을 구할 때 고려하지 않아도 된다.

이론산소량 $= 1.867C + 5.6H + 0.7S - 0.7O$
$= (1.867 \times 0.723) + (5.6 \times 0.058) + (0.7 \times 0.005) - (0.7 \times 0.149)$
$= 1.5738 Sm^3/kg$

이론공기량 $= \dfrac{\text{이론산소량}}{0.21} = \dfrac{1.5738 Sm^3/kg}{0.21} = 7.4943 Sm^3/kg$

이론공기 중 질소량 $=$ 이론공기량 $\times 0.79$
$= 7.4943 Sm^3/kg \times 0.79 = 5.9205 Sm^3/kg$

CO_2 배출량

탄소(C, 원자량 12) 1kmol이 연소하면 이산화탄소(CO_2) 1kmol이 생성된다.

$C + O_2 \rightarrow CO_2$

$12kg : 22.4 Sm^3 = 0.723 kg/kg : x$

$x = 1.3496 Sm^3/kg$

SO_2 배출량

황(S, 원자량 32) 1kmol이 연소하면 이산화황(SO_2) 1kmol이 생성된다.

$S + O_2 \rightarrow SO_2$

$32kg : 22.4 Sm^3 = 0.005 kg/kg : x$

$x = 0.0035 Sm^3/kg$

N_2 배출량

질소(N, 원자량 14) 1kmol은 0.5kmol의 질소 기체(N_2, 분자량 28)로 전환된다.

$N \rightarrow 0.5 N_2$

$14kg : 0.5 \times 22.4 = 0.013 kg/kg : x$

$x = 0.0104 Sm^3/kg$

과잉공기량 계산

완전연소시 과잉공기비$(m) = \dfrac{21}{21 - O_2} = \dfrac{21}{21 - 3} = 1.1667$

과잉공기량 = 이론공기량 $\times (m-1) = 7.4943 \times (1.1667 - 1)$
$= 1.2493 Sm^3/kg$

건조연소가스량 = 이론공기 중 질소량 + 과잉공기량 + 건연소생성물(CO_2, SO_2, N_2)
$= 5.9205 + 1.2493 + 1.3496 + 0.0035 + 0.0104 = 8.5333 Sm^3/kg$

SO_2 농도(ppm) $= \dfrac{SO_2 \text{ 배출량}}{\text{실제건연소가스량}} \times 10^6$

$= \dfrac{0.0035}{8.5333} \times 10^6 = 410.158 ppm$

10 ★★☆

기체크로마토그래피에서의 각 정량방법을 함유율을 구하는 식을 포함하여 설명하시오.

(1) 보정넓이 백분율법
(2) 상대검정곡선법
(3) 표준물첨가법

정답

(1) 보정넓이 백분율법

도입한 시료의 전 성분이 용출되며 또한 용출 전 성분의 상대감도가 구해진 경우는 다음 식에 의하여 정확한 함유율을 구할 수 있다.

$$X_i(\%) = \frac{A_i/f_i}{\sum_{i=1}^{n}(A_i/f_i)} \times 100$$

f_i : i 성분의 상대감도, n : 전 봉우리 수

(2) 상대검정곡선법

정량하려는 성분의 순물질(X) 일정량에 내부표준물질(S)의 일정량을 가한 혼합시료의 크로마토그램을 기록하여 봉우리 넓이를 측정한다.

$$X(\%) = \frac{\left(\frac{M'_x}{M'_s}\right) \times n}{M} \times 100$$

M'_x : 피검성분량, M'_s : 표준물질량
n : 표준물질의 기지량, M : 시료의 기지량

(3) 표준물첨가법

시료의 크로마토그램으로부터 피검성분 A 및 다른 임의의 성분 B의 봉우리 넓이 a_1 및 b_1을 구한다.

$$X(\%) = \frac{\Delta W_A}{\left(\frac{a_2}{b_2} \times \frac{b_1}{a_1} - 1\right)W} \times 100$$

ΔW_A : 성분 A의 기지량
a_1, a_2 : 성분 A의 봉우리 넓이
b_1, b_2 : 성분 B의 봉우리 넓이
W : 시료량

※ 이 문제는 대기오염공정시험기준에 있는 내용을 전부 작성해야 만점을 받을 수 있어 수험생의 선택에 따라 암기해야 할 문제입니다.

11 ★★★

사이클론에서 가스 유입속도를 4배로 증가시키고, 입구폭을 3배 늘리면 50% 효율로 집진되는 입자의 직경, 즉 Lapple의 절단입경(d_{p50})은 처음의 몇 배가 되는지 계산하시오.

정답
처음의 0.87배가 된다.

해설
절단입경 공식을 이용한다.

$$d_{p50} = \left[\frac{9 \times \mu \times B}{2 \times (\rho_p - \rho) \times \pi \times N_e \times V}\right]^{0.5}$$

d_{p50} : 절단입경, μ : 가스의 점도
B : 유입구의 폭, N_e : 유효회전수, V : 입구의 유속
ρ_p : 입자의 밀도, ρ : 가스의 밀도

문제에서 가스의 유입속도(V), 입구의 폭(B) 외의 조건은 언급되지 않았으므로 같다고 보고 상수 K로 둔다.

$$d_{p50-1} = \left[\frac{B}{V}\right]^{0.5} \times K$$

$$d_{p50-2} = \left[\frac{3B}{4V}\right]^{0.5} \times K$$

$$\frac{d_{p50-2}}{d_{p50-1}} = \frac{\left[\frac{3B}{4V}\right]^{0.5} \times K}{\left[\frac{B}{V}\right]^{0.5} \times K} = 0.866$$

01 ★★☆

연돌을 거치지 않고 외부로 비산되는 먼지를 측정하려고 한다. 다음 조건을 이용하여 비산먼지의 농도(mg/m³)를 계산하시오.

- 채취 먼지량이 가장 많은 위치에서의 먼지농도: 6.83mg/m^3
- 대조위치에서의 먼지농도: 0.12mg/m^3
- 전 시료채취 기간 중 주 풍향이 90° 이상 변하고 풍속이 0.5m/sec 미만 또는 10m/sec 이상되는 시간이 전 채취시간의 50% 미만이다.

(1) 계산식
(2) 정답

정답

(1) $C = (C_H - C_B) \times W_D \times W_S$
$= (6.83 - 0.12) \times 1.5 \times 1.0 = 10.065 \text{mg/m}^3$

(2) 10.07mg/m^3

해설

비산먼지농도 $(C) = (C_H - C_B) \times W_D \times W_S$
$= (6.83 - 0.12) \times 1.5 \times 1.0 = 10.065 \text{mg/m}^3$

C_H: 채취 먼지량이 가장 많은 위치에서의 먼지농도(mg/m³)
C_B: 대조위치에서의 먼지농도(mg/m³)
W_D, W_S: 풍향, 풍속 측정 결과로부터 구한 보정계수

풍향에 대한 보정

풍향변화 범위	보정계수
전 시료채취 기간 중 주 풍향이 90° 이상 변할 때	1.5
전 시료채취 기간 중 주 풍향이 45°~90° 변할 때	1.2
전 시료채취 기간 중 풍향이 변동이 없을 때(45° 미만)	1.0

풍속에 대한 보정

풍속범위	보정계수
풍속이 0.5m/s 미만 또는 10m/s 이상되는 시간이 전 채취시간의 50% 미만일 때	1.0
풍속이 0.5m/s 미만 또는 10m/s 이상되는 시간이 전 채취시간의 50% 이상일 때	1.2

02 ★★★

전기집진장치의 집진효율을 증가시키는 방법을 6가지 쓰시오.

정답

① 집진장치 내의 전류밀도를 안정적으로 유지한다.
② 처리가스의 유속을 낮춘다.
③ 역전리 현상을 방지한다.
④ 재비산 현상을 방지한다.
⑤ 집진면적을 증가시킨다.
⑥ 집진극의 길이를 길게 한다.
⑦ 강한 전계강도를 유지한다.
⑧ 집진극에 오염물질이 없도록 한다.
⑨ 분진의 전기비저항값을 적절하게 유지한다.

만점 KEYWORD

① 전류밀도, 유지
② 유속, 낮춘다.
③ 역전리 현상, 방지
④ 재비산 현상, 방지
⑤ 집진면적, 증가
⑥ 집진극의 길이, 길게
⑦ 전계강도, 유지
⑧ 오염물질, 없도록
⑨ 전기비저항값, 유지

03 ★★★

1m의 직경을 갖는 원심력 집진장치에서 3m³/sec의 가스 (1atm, 320K)를 처리하고자 한다. 다음 물음에 답하시오.

- 처리 입자의 밀도: $1.6g/cm^3$
- 점도: $1.85 \times 10^{-5} kg/m \cdot sec$
- 입구 높이: 0.5m
- 입구 폭: 0.25m
- 유효회전수: 4
- 공기밀도: $1.3kg/m^3$

(1) 유입속도(m/sec)를 계산하시오.
(2) 절단입경(μm)을 계산하시오.

정답

(1) 24m/sec
(2) 6.57μm

해설

(1) 유입속도(m/sec) 계산

$Q = AV$, $V = \dfrac{Q}{A}$

Q: 유량(m³/sec), A: 단면적(m²), V: 속도(m/sec)

$V = \dfrac{3m^3/sec}{0.5m \times 0.25m} = 24m/sec$

(2) 절단입경(μm)

절단입경(d_{p50}) = $\left[\dfrac{9 \times \mu \times B}{2 \times (\rho_p - \rho) \times \pi \times N_e \times V} \right]^{0.5} \times 10^6$

μ: 가스의 점도(kg/m·sec), B: 유입구의 폭(m)
N_e: 유효회전수, V: 입구의 유속(m/sec)
ρ_p: 입자의 밀도(kg/m³)

$\rho_p = \dfrac{1.6g}{cm^3} \times \dfrac{kg}{1,000g} \times \dfrac{10^6 cm^3}{m^3} = 1,600 kg/m^3$

ρ: 가스의 밀도(kg/m³)

$d_{p50} = \left[\dfrac{9 \times 1.85 \times 10^{-5} \times 0.25}{2 \times (1,600 - 1.3) \times \pi \times 4 \times 24} \right]^{0.5} \times 10^6$

$= 6.570 \mu m$

04 ★★★

환경정책기본법상 환경기준에 대한 수치를 적으시오.

항목	기준
이산화질소 (NO_2)	연간 평균치: (①)ppm 이하
	24시간 평균치: (②)ppm 이하
	1시간 평균치: (③)ppm 이하
오존 (O_3)	8시간 평균치: (④)ppm 이하
	1시간 평균치: (⑤)ppm 이하
일산화탄소 (CO)	8시간 평균치: (⑥)ppm 이하
	1시간 평균치: (⑦)ppm 이하

정답

① 0.03, ② 0.06, ③ 0.10, ④ 0.06, ⑤ 0.1, ⑥ 9, ⑦ 25

관련이론 | 환경기준

항목	기준
아황산가스 (SO_2)	연간 평균치 0.02ppm 이하
	24시간 평균치 0.05ppm 이하
	1시간 평균치 0.15ppm 이하
일산화탄소 (CO)	8시간 평균치 9ppm 이하
	1시간 평균치 25ppm 이하
이산화질소 (NO_2)	연간 평균치 0.03ppm 이하
	24시간 평균치 0.06ppm 이하
	1시간 평균치 0.10ppm 이하
미세먼지 (PM-10)	연간 평균치 50$\mu g/m^3$ 이하
	24시간 평균치 100$\mu g/m^3$ 이하
초미세먼지 (PM-2.5)	연간 평균치 15$\mu g/m^3$ 이하
	24시간 평균치 35$\mu g/m^3$ 이하
오존(O_3)	8시간 평균치 0.06ppm 이하
	1시간 평균치 0.1ppm 이하
납(Pb)	연간 평균치 0.5$\mu g/m^3$ 이하
벤젠	연간 평균치 5$\mu g/m^3$ 이하

05 ★★☆

다음 조건에서 100μm의 분진을 중력집진장치로 100% 처리한다면 침강실의 길이(m)는 얼마로 해야 하는지 계산하시오.

- 10μm 분진의 침강속도: 0.55cm/sec
- 침강실의 높이: 10m
- 유입속도: 5m/sec
- 층류이다.

정답

90.91m

해설

(1) 100μm 분진의 침강속도 산정

중력침강속도 $(V_g) = \dfrac{d_p^2(\rho_p - \rho)g}{18\mu}$

d_p: 입자의 직경, ρ_p: 입자의 밀도
ρ: 공기의 밀도, g: 중력가속도, μ: 점성계수

중력침강속도는 입자의 직경(d_p)의 제곱에 비례하고, 다른 조건은 모두 동일하므로 다음과 같이 상수 K를 넣어 식을 정리할 수 있다.

$V_g = K \times d_p^2$

$0.55\text{cm/sec} = K \times 10^2$

$K = 0.0055$

100μm 분진의 침강속도 $= 0.0055 \times 100^2 = 55\text{cm/sec}$

(2) 분진을 100% 제거하기 위한 중력집진장치의 길이 계산

$\dfrac{V_g}{V} = \dfrac{H}{L}$

V_g: 침강속도(m/sec), V: 유입속도(m/sec)
H: 침강실의 높이(m), L: 침강실의 길이(m)

$\dfrac{0.55\text{m/sec}}{5\text{m/sec}} = \dfrac{10\text{m}}{L}$

$L = 90.909\text{m}$

※ (1)에서 구한 중력침강속도의 단위가 cm/sec이므로 유입속도의 단위(m/sec)와 통일시켜 주어야 한다.

06 ★★★

물리적 흡착에 대한 물음에 답하시오.

(1) 물리적 흡착의 특성을 4가지 쓰시오.
(2) 물리적 흡착의 단점을 2가지 쓰시오.

정답

(1) ① 입자 간의 인력(Van der Waals 힘)이 주된 원동력이다.
② 가역적인 흡착반응이 일어난다.
③ 일반적으로 기체의 분자량이 클수록 흡착량이 증가한다.
④ 흡착되는 피흡착물질의 분압이 높을수록 흡착량은 증가한다.
⑤ 온도가 낮을수록 흡착량은 증가한다.
⑥ 오염가스 회수가 용이하다.

(2) ① 고온에서는 흡착효율이 떨어진다.
② 흡착제의 비용이 많이 든다.
③ 흡착제가 손실되는 경우 다시 충전해야 한다.

만점 KEYWORD

(1) ① 입자 간의 인력, 원동력
② 가역, 흡착반응
③ 기체의 분자량, 클수록, 흡착량이 증가
④ 분압이 높을수록, 흡착량은 증가
⑤ 온도가 낮을수록, 흡착량은 증가
⑥ 회수, 용이

(2) ① 고온, 효율, 떨어진다.
② 비용, 많이
③ 손실, 충전

07 ★★☆

어떤 장소에서 특정 월의 최대 지표온도가 30℃이었다. 지면의 온도가 21℃, 고도가 600m에서의 온도가 18℃였을 때, 최대혼합고(m)를 계산하시오. (단, 건조단열체감율은 -0.98℃/100m이다.)

정답

1,875m

해설

$$\frac{\Delta t}{\Delta Z} \times MMD + t(℃) = \gamma_d \times MMD + t_{max}(℃)$$

Δt: 온도차(℃), ΔZ: 고도차(m)
MMD: 최대혼합고(m), γ_d: 건조단열체감율(℃/m)
t: 지면의 온도(℃), t_{max}: 최대 지표온도(℃)

$$\frac{(18-21)℃}{600m} \times MMD + 21℃ = \frac{-0.98℃}{100m} \times MMD + 30℃$$

MMD = 1,875m

08 ★★☆

석탄 1kg의 조성이 다음과 같다. 이 석탄이 완전연소되었을 때 실제습연소가스량(Sm³/kg)을 계산하시오. (단, 공기비는 1.3이고, 석탄 중의 N은 전부 N_2로 전환된다.)

성분	C	H	S	N	H_2O
%	85	7	3.2	3	1.8

정답

12.83Sm³/kg

해설

석탄의 성분 중 N, H_2O은 연소하지 않으므로 이론산소량을 구할 때는 고려하지 않는다.

이론산소량 = 1.867C + 5.6H + 0.7S - 0.7O
= (1.867×0.85) + (5.6×0.07) + (0.7×0.032) = 2.0014Sm³/kg

이론공기량 = $\frac{이론산소량}{0.21}$ = $\frac{2.0014Sm^3/kg}{0.21}$ = 9.5305Sm³/kg

이론공기 중 질소량 = 이론공기량 × 0.79
= 9.5305Sm³/kg × 0.79 = 7.5291Sm³/kg

과잉공기량 = (m-1) × 이론공기량 (m: 공기비)
= (1.3-1) × 9.5305 = 2.8592Sm³

CO_2 배출량

탄소(C, 원자량 12) 1kmol이 연소하면 이산화탄소(CO_2) 1kmol이 생성된다.

$C + O_2 \rightarrow CO_2$

12kg : 22.4Sm³ = 0.85kg/kg : x

x = 1.5867Sm³/kg

H_2O 배출량

수소 기체(H_2, 분자량 2) 2kmol이 연소하면 물(H_2O) 2kmol이 생성된다.

$2H_2 + O_2 \rightarrow 2H_2O$

2×2kg : 2×22.4Sm³ = 0.07kg/kg : x

x = 0.784Sm³/kg

문제에서 석탄 자체에 수분이 1.8% 포함되어 있다고 했으므로 수분 1.8%에 해당하는 양을 Sm³/kg으로 환산한다.

물(H_2O)의 분자량은 18이고, 물 1kmol의 부피는 22.4Sm³이다.

18kg : 22.4Sm³ = 0.018kg/kg : x

x = 0.0224Sm³/kg

SO_2 배출량

황(S, 원자량 32) 1kmol이 연소하면 이산화황(SO_2) 1kmol이 생성된다.

$S + O_2 \rightarrow SO_2$

32kg : 22.4Sm³ = 0.032kg/kg : x

x = 0.0224Sm³/kg

N_2 발생량

질소(N, 원자량 14) 1kmol은 질소 기체(N_2) 0.5kmol이 된다.

$N \rightarrow 0.5N_2$

14kg : 0.5 × 22.4Sm³ = 0.03kg/kg : x

x = 0.024Sm³/kg

실제습연소가스량 = 이론공기 중 질소량 + 과잉공기량 + 습연소생성물($CO_2 + H_2O + SO_2 + N_2$)
= 7.5291 + 2.8592 + 1.5867 + (0.784 + 0.0224) + 0.0224 + 0.024
= 12.828Sm³/kg

09 ★★★

유효굴뚝높이가 60m인 굴뚝에서 오염물질이 40g/sec로 배출되고 있다. 그리고 지상 5m에서의 풍속이 4m/sec일 때 500m 하류에 위치하는 중심선상 오염물질의 지표농도($\mu g/m^3$)를 계산하시오.

- P: 0.25
- $\sigma_y = 37m$, $\sigma_z = 18m$
- Deacon의 식, 가우시안확산식을 이용하여 계산한다.

정답

$9.93 \mu g/m^3$

해설

(1) Deacon식을 이용하여 풍속 계산

$$\frac{U_2}{U_1} = \left(\frac{Z_2}{Z_1}\right)^P$$

U_1: 기준높이에서의 풍속(m/sec), Z_1: 기준높이(m)
U_2: 임의높이에서의 풍속(m/sec), Z_2: 임의높이(m)
P: 풍속지수

$$\frac{U_2}{4m/sec} = \left(\frac{60m}{5m}\right)^{0.25}$$

$U_2 = 7.4448 m/sec$

(2) 가우시안확산식을 이용하여 중심선상의 오염물질 농도 계산

$$C(x, y, z) = \frac{Q}{2\pi U \sigma_y \sigma_z} \left[\exp\left(-\frac{1}{2}\left(\frac{y}{\sigma_y}\right)^2\right)\right]$$
$$\times \left[\exp\left\{-\frac{1}{2}\left(\frac{z-H_e}{\sigma_z}\right)^2\right\} + \exp\left\{-\frac{1}{2}\left(\frac{z+H_e}{\sigma_z}\right)^2\right\}\right]$$

Q: 오염물질 배출량($\mu g/sec$)

$$\frac{40g}{sec} \times \frac{10^6 \mu g}{g} = 40 \times 10^6 \mu g/sec$$

U: 풍속(m/s), H_e: 유효굴뚝높이(m)
y: 풍향에 직각인 수평거리(m)
중심선상 오염농도를 구하므로 "0"
z: 지면으로부터 오염물질까지의 높이(m)
지표면의 농도를 구하므로 "0"
σ_y: 수평확산계수, σ_z: 수직확산계수

$$C(x, 0, 0) = \frac{40 \times 10^6}{2\pi \times 7.4448 \times 37 \times 18}\left[\exp\left(-\frac{1}{2}\left(\frac{0}{37}\right)^2\right)\right]$$
$$\times \left[\exp\left\{-\frac{1}{2}\left(\frac{0-60}{18}\right)^2\right\} + \exp\left\{-\frac{1}{2}\left(\frac{0+60}{18}\right)^2\right\}\right]$$
$$= \frac{40 \times 10^6}{2\pi \times 7.4448 \times 37 \times 18} \times [\exp(0)] \times \left[2 \times \exp\left\{-\frac{1}{2}\left(\frac{60}{18}\right)^2\right\}\right]$$
$$= 9.927 \mu g/m^3$$

10 ★★☆

처리가스량이 100,000Sm³/hr, 압력손실이 800mmH₂O이고, 1일 16시간 운전하는 집진장치의 연간 동력비는 2,160만원이다. 처리가스량이 80,000Sm³/hr이고, 압력손실이 400mmH₂O일 때 이 장치의 연간 동력비(원)를 계산하시오.

정답

864만원

해설

동력비는 소요동력(kW)과 비례한다.

$$P = \frac{Q \times \Delta P}{102 \times \eta} \times \alpha$$

P: 소요동력(kW), Q: 처리가스량(m³/sec)
ΔP: 압력손실(mmH₂O)
η: 효율, α: 여유율(문제에서 주어지지 않으면 1로 간주)
문제에서 처리가스량(Q), 압력손실(ΔP) 외의 조건은 주어지지 않고 연간 동력비의 변화만 계산하도록 요구했다.
효율(η), 여유율(α)은 고려하지 않고 처리가스량(Q)과 압력손실(ΔP)의 곱만 고려하여 동력비를 산정한다.

$100,000 \times 800 : 2,160만원 = 80,000 \times 400 : x$

$x = 864만원$

11 ★★☆

여과집진장치에 대한 물음에 답하시오.

(1) 간헐식 탈진방식의 장점을 2가지 쓰시오.
(2) 연속식 탈진방식의 장점을 2가지 쓰시오.

정답

(1) ① 간헐식은 먼지의 재비산이 적다.
② 탈진과 여과를 순차적으로 실시하므로 높은 집진율을 얻을 수 있다.
③ 여포의 수명이 연속식에 비해 길다.
(2) ① 연속식은 포집과 탈진이 동시에 이루어지므로 압력손실이 거의 일정하다.
② 고농도, 대용량의 가스를 처리할 수 있다.
③ 점성있는 조대먼지의 탈진에 효과적이다.

만점 KEYWORD

(1) ① 먼지의 재비산, 적다.
② 탈진, 여과, 순차적, 높은 집진율
③ 여포의 수명, 길다.
(2) ① 포집, 탈진, 동시, 압력손실이 거의 일정
② 고농도, 대용량, 처리
③ 점성, 조대먼지, 탈진, 효과적

2018년 2회 기출문제

01 ★★☆

자외선/가시선 분광법을 이용하여 측정한 A 물질의 농도가 0.03M, 빛의 투사거리는 0.3mm이다. A 물질의 흡광도를 계산하시오. (단, 흡광계수는 80이다.)

정답
0.72

해설
$$흡광도(A) = \log\frac{1}{t(투과율)} = \log\frac{1}{I_t/I_o} = \log\frac{I_o}{I_t} = \varepsilon CL$$

I_t: 투사광의 강도, I_o: 입사광의 강도
ε: 흡광계수
C: 농도(M), L: 빛의 투사거리(mm)
$A = 80 \times 0.03\text{M} \times 0.3\text{mm} = 0.72$

02 ★★★

노인요양시설의 알맞은 실내공기질 유지기준을 쓰시오.

항목	유지기준
PM-10	(①)μg/m³ 이하
PM-2.5	(②)μg/m³ 이하
이산화탄소	(③)ppm 이하
폼알데하이드	(④)μg/m³ 이하
총부유세균	(⑤)CFU/m³ 이하
일산화탄소	(⑥)ppm 이하

정답
① 75, ② 35, ③ 1,000, ④ 80, ⑤ 800, ⑥ 10

관련이론 | 실내공기질 유지기준
의료기관, 산후조리원, 노인요양시설, 어린이집, 실내 어린이놀이시설의 실내공기질 유지기준은 다음과 같다.

항목	유지기준
PM-10	75μg/m³ 이하
PM-2.5	35μg/m³ 이하
이산화탄소	1,000ppm 이하
폼알데하이드	80μg/m³ 이하
총부유세균	800CFU/m³ 이하
일산화탄소	10ppm 이하

03 ★★☆

A 집진장치의 입구와 출구에서 배출가스 중의 먼지를 측정한 결과 각각 15g/m³, 0.15g/m³이었다. 또 입구와 출구에서 채취한 먼지시료 중에 함유된 0~5μm의 입경범위인 것의 중량비율은 먼지에 대하여 각각 10%, 60%이었다면 A 집진장치의 0~5μm 입경범위에서의 부분 집진효율(%)을 계산하시오.

정답
94%

해설
부분집진율 공식을 이용한다.
$$\eta = \left(1 - \frac{C_o \times R_o}{C_i \times R_i}\right) \times 100$$

C_o: 출구농도(g/m³), R_o: 출구 중량백분율
C_i: 입구농도(g/m³), R_i: 입구 중량백분율
$$\eta = \left(1 - \frac{0.15 \times 0.6}{15 \times 0.1}\right) \times 100 = 94\%$$

04 ★☆☆

다음 물음에 답하시오.

(1) 반응속도의 의미를 서술하시오.
(2) 1차 반응속도식을 쓰시오. (단, 반응시간과 농도와의 관계를 포함한다.)
(3) 2차 반응속도식을 쓰시오. (단, 반응시간과 농도와의 관계를 포함한다.)

정답

(1) 시간의 변화에 따른 반응물질의 농도변화로 반응물질의 농도를 측정하여 반응차수가 결정되며 차수에 따라 반응속도식이 결정된다.

(2) $\ln\dfrac{C_t}{C_o} = -k \times t$

C_o: 초기농도, C_t: t시간 후의 반응물질 농도
k: 반응속도상수, t: 시간

(3) $\dfrac{1}{C_t} - \dfrac{1}{C_o} = k \times t$

C_o: 초기농도, C_t: t시간 후의 반응물질 농도
k: 반응속도상수, t: 시간

만점 KEYWORD

(1) 시간의 변화, 반응물질의 농도변화, 차수, 반응속도식

05 ★★★

NO 448ppm, NO_2 44.8ppm을 함유한 배기가스 50,000Sm³/hr를 NH_3에 의한 선택적 접촉환원법으로 처리할 경우 NO_x를 제거하기 위한 NH_3의 이론량(kg/hr)을 계산하시오. (단, 산소는 공존하지 않는다.)

정답

13.6kg/hr

해설

(1) NO를 처리할 경우 필요한 NH_3의 양 계산

NO의 발생량을 Sm³/hr 단위로 환산한다.

$\dfrac{448\text{mL}}{\text{Sm}^3} \times \dfrac{50{,}000\text{Sm}^3}{\text{hr}} \times \dfrac{\text{Sm}^3}{10^6\text{mL}} = 22.4\text{Sm}^3/\text{hr}$

NO 6kmol을 처리하기 위해서는 NH_3(분자량 17) 4kmol이 필요하다.

$6NO + 4NH_3 \rightarrow 5N_2 + 6H_2O$
$6 \times 22.4\text{Sm}^3 : 4 \times 17\text{kg} = 22.4\text{Sm}^3/\text{hr} : x$
$x = 11.3333\text{kg/hr}$

(2) NO_2를 처리할 경우 필요한 NH_3의 양 계산

NO_2의 발생량을 Sm³/hr 단위로 환산한다.

$\dfrac{44.8\text{mL}}{\text{Sm}^3} \times \dfrac{50{,}000\text{Sm}^3}{\text{hr}} \times \dfrac{\text{Sm}^3}{10^6\text{mL}} = 2.24\text{Sm}^3/\text{hr}$

NO_2 6kmol을 처리하기 위해서는 NH_3(분자량 17) 8kmol이 필요하다.

$6NO_2 + 8NH_3 \rightarrow 7N_2 + 12H_2O$
$6 \times 22.4\text{Sm}^3 : 8 \times 17\text{kg} = 2.24\text{Sm}^3/\text{hr} : x$
$x = 2.2667\text{kg/hr}$

(3) NO_x를 제거하기 위한 NH_3의 이론량(kg/hr) 계산

$11.3333 + 2.2667 = 13.6\text{kg/hr}$

관련이론 | 선택적 촉매환원기술(SCR)

- 선택적 촉매환원법이라고도 하며 200~400℃에서 촉매(TiO_2와 V_2O_5 등)에 NH_3, H_2, CO, H_2S 등의 환원가스를 작용시켜 NO_x를 N_2로 환원시키는 방법이다.
- $6NO_2 + 8NH_3 \rightarrow 7N_2 + 12H_2O$
- $6NO + 4NH_3 \rightarrow 5N_2 + 6H_2O$
- $4NO + 4NH_3 + O_2 \rightarrow 4N_2 + 6H_2O$(산소가 공존하는 상태)
- 촉매: 백금, 산화알루미늄계, 산화철계, 산화티타늄계 등
- 환원가스: NH_3, CO, H_2S, H_2 등

06 ★★☆

A지점의 미세먼지(PM-10) 측정농도가 80, 72, 96, 70, 65 $\mu g/m^3$일 때 물음에 답하시오.

(1) 기하평균을 계산한 후 환경기준의 24시간 평균치와 비교하시오.
(2) 산술평균을 계산한 후 환경기준의 24시간 평균치와 비교하시오.

정답

(1) 75.88 $\mu g/m^3$이므로 24시간 평균치인 100 $\mu g/m^3$를 초과하지 않는다.
(2) 76.6 $\mu g/m^3$이므로 24시간 평균치인 100 $\mu g/m^3$를 초과하지 않는다.

해설

(1) 기하평균 $= (80 \times 72 \times 96 \times 70 \times 65)^{1/5} = 75.882 \mu g/m^3$
(2) 산술평균 $= \dfrac{80+72+96+70+65}{5} = 76.6 \mu g/m^3$

관련이론 | 환경기준

항목	기준
아황산가스 (SO₂)	연간 평균치 0.02ppm 이하
	24시간 평균치 0.05ppm 이하
	1시간 평균치 0.15ppm 이하
일산화탄소 (CO)	8시간 평균치 9ppm 이하
	1시간 평균치 25ppm 이하
이산화질소 (NO₂)	연간 평균치 0.03ppm 이하
	24시간 평균치 0.06ppm 이하
	1시간 평균치 0.10ppm 이하
미세먼지 (PM-10)	연간 평균치 50 $\mu g/m^3$ 이하
	24시간 평균치 100 $\mu g/m^3$ 이하
초미세먼지 (PM-2.5)	연간 평균치 15 $\mu g/m^3$ 이하
	24시간 평균치 35 $\mu g/m^3$ 이하
오존(O₃)	8시간 평균치 0.06ppm 이하
	1시간 평균치 0.1ppm 이하
납(Pb)	연간 평균치 0.5 $\mu g/m^3$ 이하
벤젠	연간 평균치 5 $\mu g/m^3$ 이하

07 ★★☆

폭굉에 관한 다음 물음에 답하시오.

(1) 유도거리의 정의를 쓰시오.
(2) 폭굉유도거리가 짧아지는 이유를 3가지 쓰시오.
(3) 다음 표를 기준으로 혼합기체의 하한 연소범위(%)를 계산하시오.

성분	조성(%)	하한 연소범위(%)
CH_4	80	5.0
C_2H_6	14	3.0
C_3H_8	4	2.1
C_4H_{10}	2	1.5

정답

(1) 유도거리는 폭굉가스가 존재할 때 최초의 완만한 연소가 격렬한 폭굉으로 발전할 때까지의 거리이다.
(2) ① 관 속에 방해물이 있을 때
  ② 관내경이 작을 때
  ③ 압력이 높을 때
  ④ 점화원의 에너지가 강할 때
  ⑤ 정상의 연소속도가 큰 혼합가스인 경우
(3) 4.18%

만점 KEYWORD

(1) 폭굉가스, 최초의 완만한 연소, 격렬한 폭굉, 거리
(2) ① 관 속, 방해물
  ② 관내경, 작을
  ③ 압력, 높을
  ④ 에너지, 강할
  ⑤ 연소속도, 큰, 혼합가스

해설

혼합기체의 하한 연소범위(%) 계산하기

$$L = \dfrac{p_1 + p_2 + \cdots}{\dfrac{p_1}{n_1} + \dfrac{p_2}{n_2} + \cdots}$$

n_i: 각 성분 단일의 연소한계(상한 또는 하한)
p_i: 각 성분 가스의 부피(%)

$$L = \dfrac{80+14+4+2}{\dfrac{80}{5.0}+\dfrac{14}{3.0}+\dfrac{4}{2.1}+\dfrac{2}{1.5}} = 4.183\%$$

08 ★★★

중력집진장치의 높이와 폭이 3m이고 가스유속이 1m/sec 일 경우 다음 조건에서 레이놀즈수를 계산하시오.

- 20℃, 1atm이다.
- 가스의 밀도: 1.3kg/Sm³
- 점성계수는 1.18×10^{-5} kg/m·sec

정답
307,957.63

해설

(1) 상당직경 계산

$$D_o = \frac{2ab}{a+b} \quad a: 가로길이(m), b: 세로길이(m)$$

$$D_o = \frac{2 \times 3 \times 3}{3+3} = 3m$$

(2) 가스의 밀도를 보정

$$\rho = \frac{1.3kg}{Sm^3 \times \frac{(273+20)}{273}} = 1.2113 kg/m^3$$

(3) 레이놀즈수 계산

$$레이놀즈수(Re) = \frac{D\rho V}{\mu}$$

D: 직경(m), ρ: 밀도(kg/m³)
V: 속도(m/sec), μ: 점성계수(kg/m·sec)

$$Re = \frac{3 \times 1.2113 \times 1}{1.18 \times 10^{-5}} = 307,957.627$$

09 ★★★

평판형 전기집진기의 집진극 전압이 60kV, 집진판 간격은 40cm이다. 가스속도는 1.5m/sec, 입자의 직경은 0.5μm 일 때 효율이 100%가 되는 집진극의 길이(m)를 계산하시오. (단, 입자의 이동속도 공식 및 조건은 다음에 제시된 것을 기준으로 한다.)

입자의 이동속도$(W_e) = \dfrac{1.1 \times 10^{-14} \times P \times E^2 \times d_p}{\mu}$

$P = 2$
$\mu = 8.63 \times 10^{-2}$ kg/m·hr

정답
26.09m

해설

(1) 입자의 이동속도 계산

$$W_e = \frac{1.1 \times 10^{-14} \times P \times E^2 \times d_p}{\mu}$$

W_e: 입자의 이동속도(m/sec)
E: 전계강도(V/m)

※ 전계강도를 구할 때에는 방전극과 집진극 사이의 거리를 기준으로 하기 때문에 집진판 간격을 2로 나누어서 식에 적용해야 한다.

d_p: 입자의 직경(μm), μ: 점성계수(kg/m·hr)

$$W_e = \frac{1.1 \times 10^{-14} \times 2 \times \left(\frac{60,000V}{0.4m/2}\right)^2 \times 0.5}{8.63 \times 10^{-2}} = 0.0115 m/sec$$

(2) 효율이 100%가 되는 집진극의 길이(m)

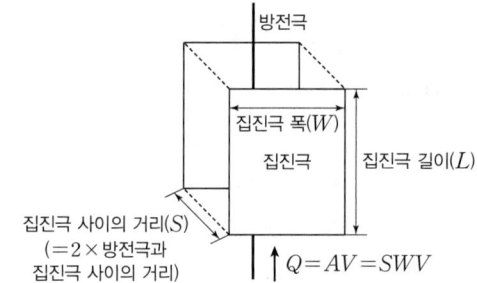

이론적 효율 $= \dfrac{A \times W_e}{Q}$

$1 = \dfrac{2WL \times W_e}{SWV} = \dfrac{2L \times W_e}{SV}$

Q: 처리가스량(m³/sec), A: 집진면적(m²)
W_e: 먼지의 겉보기 이동속도(m/sec)
입자를 완전히 제거하기 위한 이론적 효율은 1이다.

$1 = \dfrac{2L \times 0.0115}{0.4 \times 1.5}$

※ 이론적 효율을 구할 때 S는 집진극 사이의 거리이기 때문에 2로 나누지 않고 문제에 주어진 0.4m를 적용한다.

$L = 26.087m$

※ L의 값은 공학용계산기의 SOLVE 기능을 이용해서 푸는 것이 편리합니다.

10 ★★☆

용량비로 CO 45%, H_2 55%인 기체 혼합물이 있다. 물음에 답하시오.

(1) CO와 H_2의 중량비(%)를 계산하시오.
(2) 기체 혼합물의 평균분자량(g/mol)을 계산하시오.

정답

(1) CO: 91.97%, H_2: 8.03%
(2) 13.7g/mol

해설

CO의 분자량 = 12+16 = 28g/mol
H_2의 분자량 = 1×2 = 2g/mol

(1) CO와 H_2의 중량비(%)

$$CO: \frac{28 \times 0.45}{(28 \times 0.45)+(2 \times 0.55)} \times 100 = 91.971\%$$

$$H_2: \frac{2 \times 0.55}{(28 \times 0.45)+(2 \times 0.55)} \times 100 = 8.029\%$$

(2) 기체 혼합물의 평균분자량(g/mol)

평균분자량 = $(28 \times 0.45)+(2 \times 0.55) = 13.7$g/mol

11 ★★★

C: 78(중량%), H: 18(중량%), S: 4(중량%)인 중유의 $(CO_2)_{max}$(%)를 계산하시오.

정답

13.41%

해설

이론산소량 = 1.867C + 5.6H + 0.7S − 0.7O
= $(1.867 \times 0.78)+(5.6 \times 0.18)+(0.7 \times 0.04) = 2.4923$Sm³/kg

이론공기량 = $\frac{이론산소량}{0.21} = \frac{2.4923}{0.21} = 11.8681$Sm³/kg

이론공기 중 질소량 = 이론공기량 × 0.79
= $11.8681 \times 0.79 = 9.3758$Sm³/kg

CO_2 배출량
탄소(C, 원자량 12) 1kmol이 연소하면 이산화탄소(CO_2) 1kmol이 발생한다.
$C + O_2 \rightarrow CO_2$
12kg : 22.4Sm³ = 0.78kg/kg : x
$x = 1.456$Sm³/kg

SO_2 배출량
황(S, 원자량 32) 1kmol이 연소하면 이산화황(SO_2) 1kmol이 발생한다.
$S + O_2 \rightarrow SO_2$
32kg : 22.4Sm³ = 0.04kg/kg : x
$x = 0.028$Sm³/kg

이론건연소가스량 = 이론공기 중 질소량 + 건연소생성물($CO_2 + SO_2$)
= $9.3758 + 1.456 + 0.028 = 10.8598$Sm³/kg

$$(CO_2)_{max}(\%) = \frac{CO_2 \text{ 배출량}}{\text{이론건연소가스량}} \times 100 = \frac{1.456}{10.8598} \times 100 = 13.407\%$$

2018년 1회 기출문제

01 ★★☆
기체크로마토그래피에서 분리도와 분리계수 공식을 쓰고, 각각을 기술하시오.

정답

분리도(R)=$\dfrac{2(t_{R2}-t_{R1})}{W_1+W_2}$, 분리계수(d)=$\dfrac{t_{R2}}{t_{R1}}$

t_{R1}: 시료도입점으로부터 봉우리 1의 최고점까지의 길이
t_{R2}: 시료도입점으로부터 봉우리 2의 최고점까지의 길이
W_1: 봉우리 1의 좌우 변곡점에서의 접선이 자르는 바탕선의 길이
W_2: 봉우리 2의 좌우 변곡점에서의 접선이 자르는 바탕선의 길이

02 ★★★
입경의 종류 중 (1) 스토크스 직경과 (2) 공기역학적 직경에 대하여 서술하시오.

정답

(1) 원래의 먼지와 밀도 및 침강속도가 동일한 구형입자의 직경이다.
(2) 측정하고자 하는 입자와 동일한 침강속도를 가지며, 밀도가 $1g/cm^3$인 구형입자의 직경이다.

만점 KEYWORD

(1) 밀도, 침강속도, 동일, 구형입자의 직경
(2) 동일한 침강속도, 밀도가 $1g/cm^3$, 구형입자의 직경

03 ★★★
탄소 78%, 수소 22%인 경유(1kg)를 공기과잉계수 1.2로 연소시켰을 때 탄소의 1%가 검댕(그을음)으로 되었다. 건조배기가스 $1Sm^3$ 중 검댕의 농도(g/Sm^3)를 계산하시오.

정답

$0.55g/Sm^3$

해설

검댕의 양=780g×0.01=7.8g
이론산소량=1.867C+5.6H+0.7S−0.7O
　　　　　=(1.867×0.78)+(5.6×0.22)=$2.6883Sm^3$
검댕을 고려한 이론산소량
=(1.867×0.78×0.99)+(5.6×0.22)=$2.6737Sm^3$
이론공기량=$\dfrac{이론산소량}{0.21}=\dfrac{2.6883}{0.21}=12.8014Sm^3$

※ 실제건연소량 산정 시 검댕으로 반응하지 않은 이론산소량을 보정하기 때문에 연료의 성분에 따른 이론공기량을 구한다.

이론공기 중 질소량=이론공기량×0.79
　　　　　　　　=12.8014×0.79=$10.1131Sm^3$
과잉공기량=(m−1)×이론공기량 (m: 공기과잉계수)
과잉공기량=(1.2−1)×12.8014=$2.5603Sm^3$

CO_2 배출량
탄소(C, 원자량 12) 1kmol이 연소하면 이산화탄소(CO_2) 1kmol이 발생한다.
$C+O_2 \rightarrow CO_2$
12kg : $22.4Sm^3$=0.78kg×0.99 : x
$x=1.4414Sm^3$

실제건연소가스량=이론공기 중 질소량+검댕으로 반응하지 않은 이론산소량+과잉공기량+건연소생성물(CO_2)
=10.1131+(2.6883−2.6737)+2.5603+1.4414=$14.1294Sm^3$

검댕의 농도=$\dfrac{검댕의 양}{실제건연소가스량}=\dfrac{7.8g}{14.1294Sm^3}=0.552g/Sm^3$

04 ★☆☆

다음은 배출가스 중 플루오린화합물 분석방법 중 적정법과 관련된 내용이다. 괄호 안에 알맞은 말을 쓰시오.

> 플루오린화 이온을 방해이온과 분리한 다음, 완충액을 가하여 pH를 조절하고, (①)을 가한 다음 (②) 용액으로 적정하는 방법이다.
> 이 방법의 정량범위는 HF로서 0.60~4,200ppm이고, 방법검출한계는 0.20ppm이다.

정답
① 네오토린, ② 질산토륨
※ 대기오염공정시험기준 개정으로 배출가스 중 플루오린화합물 – 적정법은 폐지되어 삭제된 기준입니다.

05 ★★★

바람의 종류 중 지균풍과 경도풍에 대해 서술하시오.

정답
① 지균풍은 기압경도력과 전향력이 평형을 이루어 마찰력이 없는 고도 1km 이상에서 등압선과 평행하게 부는 바람이다.
② 경도풍은 기압경도력과 원심력, 전향력이 평형을 이루면서 부는 바람으로 고기압과 저기압의 중심부에서 발생한다.

만점 KEYWORD
① 기압경도력과 전향력, 평형, 등압선과 평행
② 기압경도력, 원심력, 전향력, 평형, 중심부

06 ★☆☆

고체연료의 연소장치 중 유동층 연소장치에 대한 물음에 답하시오.

(1) 장점을 2가지 쓰시오.
(2) 단점을 2가지 쓰시오.

정답
(1) ① 사용연료의 입도범위가 넓기 때문에 연료를 미분쇄 할 필요가 없다.(미분탄장치가 필요없다.)
② 연료의 층 내 체류시간이 길어 저발열량의 석탄도 완전연소가 가능하다.
③ 균일한 연소가 가능하고 연소실 부하가 크며 과잉공기량이 적다.
④ 유동매체에 석회석 등의 탈황제를 사용하여 로 내 탈황도 가능하다.
⑤ NO_x의 생성량이 적다.

(2) ① 부하변동에 따른 적응성이 낮은 편이다.
② 석탄연소 시 미연소된 char가 배출될 수 있으므로 재연소장치에서의 연소가 필요하다.
③ 비산분진의 발생량이 많다.
④ 유동화에 따른 압력손실이 커 동력비가 많이 든다.
⑤ 조대한 연료는 투입 전 전처리과정으로 파쇄공정을 거쳐야 한다.

만점 KEYWORD
(1) ① 입도범위, 넓기, 미분쇄, 필요가 없다
② 층 내 체류시간, 길어, 저발열량, 완전연소가 가능
③ 균일한 연소, 과잉공기량, 적다.
④ 석회석, 로 내 탈황, 가능
⑤ NO_x, 적다.
(2) ① 부하변동, 적응성, 낮다.
② 미연소된 char가 배출, 재연소장치, 필요
③ 비산분진, 많다.
④ 압력손실, 커, 동력비, 많이
⑤ 조대한 연료, 파쇄공정

07 ★★☆

이온크로마토그래피의 측정원리와 써프렛서의 역할을 서술하시오.

(1) 측정원리
(2) 써프렛서의 역할

정답

(1) 이온크로마토그래피는 이동상으로는 액체, 그리고 고정상으로는 이온교환수지를 사용하여 이동상에 녹는 혼합물을 고분리능 고정상이 충전된 분리관 내로 통과시켜 시료성분의 용출상태를 전도도 검출기 또는 광학 검출기로 검출하여 그 농도를 정량하는 방법이다.
(2) 써프렛서란 용리액에 사용되는 전해질 성분을 제거하기 위하여 분리관 뒤에 직렬로 접속시킨 것으로써 전해질을 물 또는 저전도도의 용매로 바꿔줌으로써 전기 전도도셀에서 목적이온 성분과 전기 전도도만을 고감도로 검출할 수 있게 해주는 것이다.

만점 KEYWORD

(1) 이동상으로는 액체, 고정상으로는 이온교환수지, 시료성분의 용출상태, 검출, 농도를 정량
(2) 용리액에 사용되는 전해질 성분을 제거, 전해질을 물 또는 저전도도의 용매로 바꿔줌, 목적이온 성분과 전기 전도도만을 고감도로 검출

08 ★★☆

전기집진장치에서 2차 전류가 현저하게 떨어질 때의 대책을 3가지 쓰시오.

정답

① 스파크 횟수를 늘린다.
② 부착된 먼지를 탈락시킨다.
③ 조습용 스프레이의 수량을 증가시켜 겉보기 저항을 낮춘다.

만점 KEYWORD

① 스파크, 늘린다.
② 먼지, 탈락
③ 조습용 스프레이, 증가

09 ★★★

처리가스의 먼지농도가 2,000mg/Sm³인 것을 3개의 집진장치를 직렬로 연결하여 처리하려고 한다. 각각의 집진장치의 집진율은 70%, 50%, 80%일 때 배출되는 먼지농도(mg/Sm³)를 계산하시오.

정답

60mg/Sm^3

해설

$\eta_T = 1-(1-\eta_1)(1-\eta_2)(1-\eta_3)$
η_T: 총효율
η_1: 1단효율, η_2: 2단효율, η_3: 3단효율
$\eta_T = 1-(1-0.7)\times(1-0.5)\times(1-0.8) = 0.97$
$2{,}000\text{mg/Sm}^3 \times (1-0.97) = 60\text{mg/Sm}^3$

10 ★★☆

질소산화물의 3가지 생성기구에 대해 그 종류를 쓰고 간단히 서술하시오.

정답

① Fuel NO_x(연료 NO_x): 연료 속에 포함된 질소(N)가 산소와 반응하는 연소과정을 통해 생성되는 것이다.
② Thermal NO_x(고온 NO_x): 연소 시 공급되는 공기 속에 포함된 질소와 고온에서 산소가 반응하여 생성되는 것이다.
③ Prompt NO_x(급속 NO_x): 연소반응 중 연료의 탄화수소와 질소가 화염의 고온영역에 반응하여 생성되는 것이다.

만점 KEYWORD

① Fuel NO_x, 연료 속, 질소, 산소와 반응
② Thermal NO_x, 연소 시 공급되는 공기, 질소, 고온, 산소
③ Prompt NO_x, 연료의 탄화수소, 질소, 화염의 고온영역

11 ★★★

반경이 15cm인 원통에 공기가 2m/sec로 흐르고 있다. 유체의 밀도가 1.2kg/m³, 점도가 0.2cP일 경우 레이놀즈수를 계산하시오.

정답

3,600

해설

$Re = \dfrac{D \times V \times \rho}{\mu}$

D: 직경(m), V: 속도(m/sec)

ρ: 밀도(kg/m³), μ: 점성계수(kg/m·sec)

$\mu = 0.2\text{cP} \times \dfrac{\text{P}}{100\text{cP}} \times \dfrac{\text{g/cm} \cdot \text{sec}}{\text{P}} \times \dfrac{\text{kg}}{10^3 \text{g}} \times \dfrac{100\text{cm}}{\text{m}}$

$= 2 \times 10^{-4} \text{kg/m} \cdot \text{sec}$

$Re = \dfrac{0.3 \times 2 \times 1.2}{2 \times 10^{-4}} = 3,600$

※ 문제에서는 반경이 15cm라고 했지만 직경(D)의 단위는 m임을 주의해야 합니다.

※ 1Poise = 100cP = 0.1kg/m·sec = 1g/cm·sec

12 ★★☆

유해가스와 물이 일정한 온도에서 평형상태에 있다. 기상의 유해가스의 분압이 38mmHg일 때 수중 유해가스의 농도가 2.5kmol/m³일 경우 헨리상수(atm·m³/kmol)를 계산하시오.

정답

0.02atm·m³/kmol

해설

헨리법칙을 이용한다.

$P = HC$

P: 분압(atm)

H: 헨리상수(atm·m³/kmol)

C: 유해가스의 농도(kmol/m³)

문제의 조건 중 유해가스의 분압의 단위는 mmHg이고, 헨리상수의 압력의 단위는 atm이므로 단위를 환산해서 압력의 단위를 통일해야 한다.

$38\text{mmHg} \times \dfrac{1\text{atm}}{760\text{mmHg}} = H \times 2.5\text{kmol/m}^3$

$H = 0.02 \text{atm} \cdot \text{m}^3/\text{kmol}$

13 ★★★

다중이용시설의 실내공기질 유지기준 중 산후조리원에 대한 오염물질 항목의 빈칸에 알맞은 수치를 적으시오.

(1) 폼알데하이드: (①)μg/m³ 이하
(2) 총 부유세균: (②)CFU/m³ 이하

정답

① 80, ② 800

관련이론 | 실내공기질 유지기준

의료기관, 산후조리원, 노인요양시설, 어린이집, 실내 어린이놀이시설의 실내공기질 유지기준은 다음과 같다.

항목	유지기준
PM-10	75μg/m³ 이하
PM-2.5	35μg/m³ 이하
이산화탄소	1,000ppm 이하
폼알데하이드	80μg/m³ 이하
총 부유세균	800CFU/m³ 이하
일산화탄소	10ppm 이하

2017년 | 4회 기출문제

01 ★★☆

건식 석회(CaO) 주입법을 이용하여 배기가스 중 SO_2를 제거하려고 한다. 배기가스량은 1,000Sm³/hr이고, SO_2 농도는 2,000ppm이라 할 때 생성되는 황산칼슘의 양(kg/hr)을 계산하시오. (단, 처리효율은 80%이다.)

정답
9.71kg/hr

해설
이산화황(SO_2) 1kmol을 건식 석회(CaO)로 처리하면 황산칼슘($CaSO_4$) 1kmol이 생성된다.
$SO_2 + CaO + 0.5O_2 \rightarrow CaSO_4$
황산칼슘($CaSO_4$)의 분자량 $= 40 + 32 + (16 \times 4) = 136$
SO_2 처리량 $= \dfrac{2,000\text{mL}}{\text{Sm}^3} \times \dfrac{1,000\text{Sm}^3}{\text{hr}} \times \dfrac{\text{Sm}^3}{10^6 \text{mL}} \times \dfrac{80}{100}$
$= 1.6 \text{Sm}^3/\text{hr}$
$22.4\text{Sm}^3 : 136\text{kg} = 1.6\text{Sm}^3/\text{hr} : x$
$x = 9.714 \text{kg/hr}$

02 ★☆☆

배출가스 중 다이옥신을 가스크로마토그래프/질량분석계(GC/MS)로 분석하려고 한다. 이때 GC/MS에 주입하기 전에 첨가하는 실린지 첨가용 내부표준물질 2가지를 쓰시오.

정답
$^{13}C - 1, 2, 3, 4 - TeCDD$
$^{13}C - 1, 2, 3, 7, 8, 9 - HxCDD$

03 ★☆☆

Stokes 침강 속도식을 유도하시오. (단, 유도과정도 기입하고 항력은 다음 식을 이용한다.)

$$\text{항력}(F_d) = 3\pi \cdot \mu \cdot d_p \cdot V_g$$

정답
항력 = 중력 - 부력
중력$(F_g) = m \times a = \rho_p \times V \times g = \rho_p \times \dfrac{\pi d_p^3}{6} \times g$
부력$(F_b) = m \times a = \rho \times V \times g = \rho \times \dfrac{\pi d_p^3}{6} \times g$
항력$(F_b) = F_d = 3\pi \mu \times d_p \times V_g$
$\rho_p \times \dfrac{\pi d_p^3}{6} \times g - \rho \times \dfrac{\pi d_p^3}{6} \times g = 3\pi \mu \times d_p \times V_g$
$(\rho_p - \rho) \times \dfrac{\pi d_p^3}{6} \times g = 3\pi \mu \times d_p \times V_g$
$(\rho_p - \rho) \times \dfrac{d_p^2}{6} \times g = 3\mu \times V_g$
$V_g = \dfrac{d_p^2(\rho_p - \rho)g}{18\mu}$

04 ★★★

공장의 발생가스 중 먼지의 농도는 4.5g/m³이며 배출허용기준인 0.15g/m³에 맞춰 배출하려고 한다. 다음 물음에 답하시오.

(1) 집진장치 1개를 이용하여 배출허용기준에 맞춰 배출하려고 할 때 집진장치의 효율(%)을 계산하시오.
(2) 집진장치 2개를 직렬연결하여 배출허용기준에 맞춰 배출하려고 할 때 집진장치의 효율(%)을 계산하시오. (단, 두 개의 집진효율은 같다)
(3) 집진효율이 80%인 장치를 하나 포함하여 집진장치 2개를 직렬연결 했을 때 나머지 장치의 효율(%)을 계산하시오.

정답
(1) 96.67%
(2) 81.75%
(3) 83.35%

해설
(1) 집진장치가 1개일 때 효율 계산

$$\eta = \left(1 - \frac{C_{out}}{C_{in}}\right) \times 100$$

C_{in}: 유입농도, C_{out}: 출구농도

$$\eta = \left(1 - \frac{0.15}{4.5}\right) \times 100 = 96.667\%$$

(2) 집진효율이 같은 집진장치 2개를 직렬연결했을 때 효율 계산

$\eta_T = 1 - (1-\eta_1)(1-\eta_2)$
η_T: 총효율, η_1: 1단효율, η_2: 2단효율
$0.9667 = 1 - (1-\eta)^2$
$\eta = 0.81752 = 81.752\%$

(3) 나머지 집진장치의 효율 계산

$\eta_T = 1 - (1-\eta_1)(1-\eta_2)$
η_T: 총효율, η_1: 1단효율, η_2: 2단효율
$0.9667 = 1 - (1-\eta_1)(1-0.8)$
$\eta_1 = 0.8335 = 83.35\%$

05 ★★☆

입자의 입경을 간접적으로 측정하는 방법을 2가지 적고 간략하게 설명하시오.

정답
① 관성충돌법: 입자의 관성충돌을 이용하여 입경을 간접적으로 측정하는 방법으로 체를 이용하여 모래를 거르는 방법과 유사하다.
② 액상침강법: 입자를 유체에서 침강시키며 침강속도를 구한 뒤 입자의 직경을 산정하는 방법이다.
③ 공기투과법: 입자의 비표면적을 측정하여 입경을 측정하는 방법이다.

만점 KEYWORD
① 관성충돌법, 관성충돌, 간접적으로 측정
② 액상침강법, 유체, 침강, 침강속도
③ 공기투과법, 비표면적 측정

06 ★★☆

습식 배연탈황법 중 석회석 세정법을 이용하여 황산화물을 처리할 때 발생하는 Scale 생성 방지대책을 3가지 적으시오.

정답
① 순환액의 pH 변화가 적도록 유지한다.
② 흡수액의 양을 증가하여 탑 내 또는 배관에서의 Scale 생성을 방지한다.
③ 탑 내에 세정액을 주기적으로 분사한다.
④ 배가스와 슬러지 분배를 적절하게 유지한다.
⑤ 탑 내에 내장물을 가능한 한 설치하지 않는다.
⑥ 슬러리의 석고농도를 5% 이상 유지하여 석고의 결정화를 촉진한다.

만점 KEYWORD
① 순환액, pH 변화, 적도록
② 흡수액, 증가, Scale 생성, 방지
③ 세정액, 분사
④ 배가스, 슬러지, 분배
⑤ 내장물, 설치하지 않는다.
⑥ 슬러리, 석고농도, 5% 이상 유지, 결정화

07 ★★☆

염소가 35.5mg/Sm³ 포함된 가스가 15,000Sm³/hr로 배출되고 있다. NaOH를 사용하여 염소농도를 5ppm으로 낮추려고 한다. 이때 필요한 NaOH의 양(kg/hr)을 계산하시오.

정답

0.33kg/hr

해설

(1) 제거되는 Cl_2의 양 계산

염소기체(Cl_2)의 분자량 $= 35.5 \times 2 = 71$

$$\frac{35.5\text{mg}}{\text{Sm}^3} \times \frac{22.4\text{mL}}{71\text{mg}} - \frac{5\text{mL}}{\text{Sm}^3} = 6.2\text{mL/Sm}^3$$

(2) 필요한 NaOH 계산

염소 기체(Cl_2) 1kmol을 제거하기 위해서는 NaOH(분자량 40) 2kmol이 필요하다.

$Cl_2 + 2NaOH \rightarrow NaCl + NaOCl + H_2O$

제거되는 Cl_2의 양을 문제의 조건을 반영하여 Sm³/hr로 단위를 환산한다.

$$\frac{6.2\text{mL}}{\text{Sm}^3} \times \frac{15,000\text{Sm}^3}{\text{hr}} \times \frac{\text{Sm}^3}{10^6\text{mL}} = 0.093\text{Sm}^3/\text{hr}$$

$22.4\text{Sm}^3 : 2 \times 40\text{kg} = 0.093\text{Sm}^3/\text{hr} : x$

$x = 0.332\text{kg/hr}$

08 ★★★

C: 80(중량%), H: 20(중량%)인 중유를 완전연소시켰을 때 건조 배기가스 중의 $(CO_2)_{max}$(%)를 계산하시오.

정답

13.19%

해설

이론산소량 $= 1.867C + 5.6H + 0.7S - 0.7O$
$= (1.867 \times 0.80) + (5.6 \times 0.20) = 2.6136\text{Sm}^3/\text{kg}$

이론공기량 $= \dfrac{\text{이론산소량}}{0.21} = \dfrac{2.6136}{0.21} = 12.4457\text{Sm}^3/\text{kg}$

이론공기 중 질소량 $=$ 이론공기량 $\times 0.79$
$= 12.4457 \times 0.79 = 9.8321\text{Sm}^3/\text{kg}$

CO_2 배출량

탄소(C, 원자량 12) 1kmol이 연소하면 이산화탄소(CO_2) 1kmol이 발생한다.

$C + O_2 \rightarrow CO_2$

$12\text{kg} : 22.4\text{Sm}^3 = 0.80\text{kg/kg} : x$

$x = 1.4933\text{Sm}^3/\text{kg}$

이론건연소가스량 $=$ 이론공기 중 질소량 $+$ 건연소생성물(CO_2)
$9.8321 + 1.4933 = 11.3254\text{Sm}^3/\text{kg}$

$(CO_2)_{max}(\%) = \dfrac{CO_2 \text{ 배출량}}{\text{이론건연소가스량}} \times 100 = \dfrac{1.4933}{11.3254} \times 100$
$= 13.185\%$

09 ★★☆

다음은 A 소각로에서 발생하는 다이옥신을 17%의 산소농도에서 측정한 결과이다. 다이옥신의 농도(ng/Sm³)를 산소농도 10%로 환산하여 독성등가인자를 고려하여 계산하시오. (단, 소수점 셋째자리까지 계산하여 쓰시오.)

다이옥신의 종류	독성등가 환산계수	농도
T_4CDD	1.0	0.1ng/Sm³
T_4CDF	0.5	0.2ng/Sm³
P_5CDD	0.5	0.5ng/Sm³
O_8CDD	0.001	12ng/Sm³
O_8CDF	0.001	2ng/Sm³

정답

1.276ng/Sm³

해설

(1) 산소농도 보정 후 다이옥신 농도

다이옥신의 종류	농도(10%)
T_4CDD	$0.1 \times \dfrac{21-10}{21-17} = 0.275$
T_4CDF	$0.2 \times \dfrac{21-10}{21-17} = 0.55$
P_5CDD	$0.5 \times \dfrac{21-10}{21-17} = 1.375$
O_8CDD	$12 \times \dfrac{21-10}{21-17} = 33$
O_8CDF	$2 \times \dfrac{21-10}{21-17} = 5.5$

$C = C_a \times \dfrac{21-O_s}{21-O_a}$

C: 오염물질농도
O_s: 표준산소농도(%), O_a: 실측산소농도(%)
C_a: 실측오염물질농도

(2) 산소농도 보정 후 독성등가인자를 적용한 다이옥신 농도
$(1.0 \times 0.275) + (0.5 \times 0.55) + (0.5 \times 1.375) + (0.001 \times 33) + (0.001 \times 5.5) = 1.276$ng/Sm³

10 ★☆☆

직경이 2m인 사이클론에서 외부선회류의 내측반경이 0.5m, 외측반경이 0.70m이다. 이 경우 장치의 중심에서 반경 0.6m인 곳으로 유입된 입자의 속도(m/sec)를 계산하시오. (단, 함진가스량은 1.5m³/sec이다.)

정답

37.15m/sec

해설

$V = \dfrac{Q}{R \times W \times \ln\left(\dfrac{r_2}{r_1}\right)}$

Q: 유량(m³/sec), R: 중심반경(m)
W: $r_2 - r_1$
r_1: 내측반경(m), r_2: 외측반경(m)

$V = \dfrac{1.5}{0.6 \times (0.7-0.5) \times \ln\left(\dfrac{0.7}{0.5}\right)} = 37.150$m/sec

01

Freundlich 등온흡착식 $\frac{X}{M}=k \cdot C^{\frac{1}{n}}$ 에서 상수 k와 n을 구하는 방법을 서술하시오.

정답

$\frac{X}{M}=k \cdot C^{\frac{1}{n}}$ 에서 양변에 log를 취한다.

$y=ax+b$의 그래프에서 a는 기울기, b는 절편이다.

$\log\frac{X}{M}=\log k+\frac{1}{n}\log C$ 에서 기울기는 $1/n$, 절편은 $\log k$가 된다. 그래프를 이용하여 n과 k를 구할 수 있다.

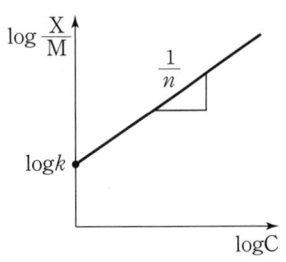

02

가솔린($C_8H_{17.5}$)을 연소시킬 경우 질량기준의 공연비와 부피기준의 공연비를 계산하시오.

(1) 질량기준
(2) 부피기준

정답

(1) 질량기준 공연비 = 15.04
(2) 부피기준 공연비 = 58.93

해설

공연비는 공기/연료의 비이다.
가솔린($C_8H_{17.5}$) 1mol이 연소할 경우 산소(O_2)는 12.375mol이 필요하다.
$C_8H_{17.5} + 12.375O_2 \rightarrow 8CO_2 + 8.75H_2O$

(1) **질량기준 공연비 계산**

연료의 질량 = $(12 \times 8) + 17.5 = 113.5$g

산소의 질량 = 산소의 mol수 × 산소의 분자량
= 12.375mol × 32g/mol = 396g

공기의 질량 = $\frac{산소의 질량}{0.232} = \frac{396g}{0.232} = 1,706.8966$g

※ 공기의 부피가 아닌 공기의 질량을 구하기 때문에 0.232로 나누어주어야 한다.

질량기준 공연비 = $\frac{1,706.8966}{113.5} = 15.039$

(2) **부피기준 공연비 계산**

연료의 부피는 1Sm³로 가정한다.
산소의 부피: 12.375Sm³

공기의 부피 = $\frac{산소의 부피}{0.21} = \frac{12.375Sm^3}{0.21} = 58.9286Sm^3$

부피기준 공연비 = $\frac{58.9286}{1} = 58.929$

03 ★★☆

온실효과에 대한 물음에 답하시오.

(1) 온실효과의 기온상승 원리를 서술하시오.
(2) 온실효과의 대표적인 원인물질을 3가지 쓰시오.

정답

(1) 온실효과는 온실의 유리처럼 온실기체가 지구에서 방출되는 적외선 영역의 에너지를 흡수하여 다시 지구로 반사시켜 지구의 온도를 상승시키는 현상이다.
(2) CO_2, CFC, N_2O, CH_4, SF_6

만점 KEYWORD
(1) 온실기체, 에너지를 흡수, 지구로 반사, 온도를 상승

04 ★★☆

다음은 비분산적외선분광분석법에 나오는 용어에 대한 설명이다. ( ) 안에 알맞은 말을 쓰시오.

- 스팬 드리프트: 동일 조건에서 제로가스를 흘려 보내면서 때때로 스팬가스를 도입할 때 제로 드리프트를 뺀 드리프트가 고정형은 24시간, 이동형은 (①) 시간 동안에 전체 눈금 값의 (②)% 이상이 되어서는 안 된다.

- 응답시간: 제로 조정용 가스를 도입하여 안정된 후 유로를 스팬가스로 바꾸어 기준 유량으로 분석기에 도입하여 그 농도를 눈금 범위 내의 어느 일정한 값으로부터 다른 일정한 값으로 갑자기 변화시켰을 때 스텝 응답에 대한 소비시간이 (③) 이내이어야 한다. 또 이때 최종 지시 값에 대한 90% 응답을 나타내는 시간은 40초 이내이어야 한다.

정답

① 4, ② ±2, ③ 1초

05 ★★★

다음 환경기준에 대한 알맞은 수치를 적으시오. (단, 환경정책기본법상 기준을 따른다.)

항목	기준
이산화질소 (NO_2)	연간 평균치: (①)ppm 이하
	24시간 평균치: (②)ppm 이하
	1시간 평균치: (③)ppm 이하
오존 (O_3)	8시간 평균치: (④)ppm 이하
	1시간 평균치: (⑤)ppm 이하
일산화탄소 (CO)	8시간 평균치: (⑥)ppm 이하
	1시간 평균치: (⑦)ppm 이하
벤젠	연간 평균치: (⑧)$\mu g/m^3$ 이하

정답

① 0.03, ② 0.06, ③ 0.10, ④ 0.06, ⑤ 0.1, ⑥ 9, ⑦ 25, ⑧ 5

관련이론 | 환경기준

항목	기준
아황산가스 (SO_2)	연간 평균치 0.02ppm 이하
	24시간 평균치 0.05ppm 이하
	1시간 평균치 0.15ppm 이하
일산화탄소 (CO)	8시간 평균치 9ppm 이하
	1시간 평균치 25ppm 이하
이산화질소 (NO_2)	연간 평균치 0.03ppm 이하
	24시간 평균치 0.06ppm 이하
	1시간 평균치 0.10ppm 이하
미세먼지 (PM-10)	연간 평균치 50$\mu g/m^3$ 이하
	24시간 평균치 100$\mu g/m^3$ 이하
초미세먼지 (PM-2.5)	연간 평균치 15$\mu g/m^3$ 이하
	24시간 평균치 35$\mu g/m^3$ 이하
오존(O_3)	8시간 평균치 0.06ppm 이하
	1시간 평균치 0.1ppm 이하
납(Pb)	연간 평균치 0.5$\mu g/m^3$ 이하
벤젠	연간 평균치 5$\mu g/m^3$ 이하

06 ★★☆

습식 석회세정법으로 420,000Sm³/hr의 SO₂ 가스를 처리할 때 하루동안 15.6ton의 석고($CaSO_4 \cdot 2H_2O$)를 회수하였다. 이때 SO₂의 농도(ppm)를 구하시오. (단, 탈황률은 98%이다.)

정답

205.66ppm

해설

SO_2 1kmol(22.4m³)이 반응하면 석고($CaSO_4 \cdot 2H_2O$) 1kmol이 생성된다.
석고($CaSO_4 \cdot 2H_2O$)의 분자량 = 40+32+(16×4)+(18×2)=172
$SO_2 + CaCO_3 + 2H_2O + 0.5O_2 \rightarrow CaSO_4 \cdot 2H_2O + CO_2$
이 관계를 이용하여 다음과 같이 비례식을 세울 수 있다.
22.4Sm³ : 172kg
$= \dfrac{x \text{mL}}{\text{Sm}^3} \times \dfrac{98}{100} \times \dfrac{420{,}000\text{Sm}^3}{\text{hr}} \times \dfrac{\text{Sm}^3}{10^6 \text{mL}} \times 24\text{hr} : 15{,}600\text{kg}$

비례식을 단위만 나타내면 Sm³:kg=Sm³:kg로 단위가 통일되었으므로 다음과 같이 수치만 넣어 식을 만들고 공학용계산기의 SOLVE 기능을 이용하면 답을 쉽게 구할 수 있다.

$172 \times x \times \dfrac{98}{100} \times 420{,}000 \times \dfrac{1}{10^6} \times 24 = 22.4 \times 15{,}600$

$x = 205.664$
SO₂의 농도(ppm) = 205.664ppm

※ ppm $= \dfrac{\text{mL}}{\text{m}^3}$

07 ★★☆

입경이 X의 지수 n값이 1로 나타나는 Rosin-Rammler 분포를 갖는 먼지의 중위경(R: 50%)이 50μm이다. 이 경우 25μm 이상 분진의 체거름상 분진농도(%)를 계산하시오.

정답

70.65%

해설

(1) β값 계산

$R(\%) = 100 \times \exp(-\beta \cdot d_p^n)$
$50 = 100 \times \exp(-\beta \times 50^1)$
$\beta = 0.0139$

※ β값은 공학용계산기의 SOLVE 기능을 이용하여 푸는 것이 편리합니다.

(2) 분진농도 계산

$R(\%) = 100 \times \exp(-0.0139 \times 25^1) = 100 \times e^{(-0.0139 \times 25)}$
$= 70.645\%$

08 ★★☆

0.5%의 염화수소를 포함하는 가스 1,000Sm³/hr를 수산화칼슘을 이용하여 중화시켜 처리하고자 한다. 이때 필요한 수산화칼슘의 양(kg/hr)을 계산하시오.

정답

8.26kg/hr

해설

염화수소(HCl) 2kmol을 처리하기 위해서는 수산화칼슘[$Ca(OH)_2$] 1kmol(74kg)이 필요하다.
수산화칼슘[$Ca(OH)_2$]의 분자량 = 40+(17×2)=74
$2HCl + Ca(OH)_2 \rightarrow CaCl_2 + 2H_2O$

$\dfrac{1{,}000\text{Sm}^3}{\text{hr}} \times \dfrac{0.5}{100} \times \dfrac{74\text{kg}}{2 \times 22.4\text{Sm}^3} = 8.259\text{kg/hr}$

09 ★★☆

Bag filter에서 먼지부하가 360g/m²일 때마다 부착먼지를 간헐적으로 탈락시키려고 한다. 유입가스 중의 먼지농도가 12g/m³이고, 겉보기 여과속도가 1.2cm/sec일 때 부착먼지의 탈락시간 간격(sec)을 구하시오. (단, 집진율은 97.5%이다.)

정답

2,564.10sec

해설

부착먼지의 탈락시간 간격$(t) = \dfrac{L_d}{C_i \times V_f \times \eta}$

L_d: 먼지부하(g/m²), C_i: 입구먼지농도(g/m³)
V_f: 여과속도(m/sec), η: 집진효율

$t = \dfrac{\dfrac{360\text{g}}{\text{m}^2}}{\dfrac{12\text{g}}{\text{m}^3} \times \dfrac{0.012\text{m}}{\text{sec}} \times 0.975} = 2,564.103\text{sec}$

10 ★★☆

배출가스 중 황산화물을 처리하려고 한다. 다음 물음에 답하시오.

(1) 건식법의 종류를 3가지 쓰시오.
(2) 습식법과 비교한 건식법의 장점을 3가지 쓰시오.

정답

(1) 석회석주입법, 활성탄흡착법, 활성산화망간법
(2) ① 폐수의 발생이 없다.
② 배출가스의 온도 저하가 거의 없는 편이다.
③ 연돌에 의한 배출가스의 확산이 양호한 편이다.

만점 KEYWORD

(2) ① 폐수, 없다.
② 온도 저하, 거의 없는
③ 확산, 양호

관련이론 | 배연탈황법

배출가스 속에 포함된 황산화물을 장치를 통과시키면서 제거하는 방법이다.

구분	방법
건식법	석회석주입법, 활성탄흡착법, 활성산화망간법
습식법	가성소다흡수법, 황산나트륨흡수법, 암모니아흡수법
반건식법	석회석주입법(반건식), 소석회주입법

11 ★★☆

다음 전기집진장치에서의 장애현상의 원인 및 대책을 한 가지씩 쓰시오.

(1) 2차 전류가 주기적으로 변하거나 불규칙하게 흐를 때
(2) 2차 전류가 현저히 떨어질 때
(3) 재비산현상이 일어날 때

정답

(1) ① 원인
- 집진극에 집진된 먼지의 스파크가 심할 때 발생한다.
- 방전극과 집진극이 변형되었을 때 발생한다.

② 대책
- 분진을 충분하게 탈리시킨다.
- 1차 전압을 스파크와 전류의 흐름이 안정될 때까지 낮추어 준다.

(2) ① 원인
- 먼지농도가 높을 때 발생한다.
- 먼지의 겉보기 저항이 비정상적으로 높을 때 발생한다.

② 대책
- 스파크 횟수를 늘린다.
- 조습용 스프레이의 수량을 증가시켜 겉보기 저항을 낮춘다.

(3) ① 원인
- 비저항이 $10^4 \Omega \cdot cm$ 이하일 때 발생한다.
- 배연시설에서 연료에 S 함유량이 많은 경우에 발생한다.

② 대책
- 처리가스의 속도를 낮추어 준다.
- 암모니아 가스를 주입한다.

만점 KEYWORD

(1) ① 원인
- 먼지, 스파크, 심할 때
- 방전극과 집진극, 변형

② 대책
- 분진, 탈리
- 1차 전압, 낮추어

(2) ① 원인
- 먼지농도, 높을
- 먼지의 겉보기 저항, 높을 때

② 대책
- 스파크 횟수, 늘린다.
- 조습용 스프레이, 증가, 겉보기 저항, 낮춘다.

(3) ① 원인
- 비저항, $10^4 \Omega \cdot cm$, 이하
- S 함유량, 많은

② 대책
- 처리가스, 속도, 낮추어
- 암모니아 가스, 주입

2017년 1회 기출문제

01 ★★☆

프로판과 부탄을 용적비 3:2로 혼합한 가스 $1Sm^3$이 이론적으로 완전연소할 때 발생하는 CO_2의 양(Sm^3)을 계산하시오. (단, 표준상태이다.)

정답

$3.4Sm^3$

해설

프로판(C_3H_8)의 부피=$0.6Sm^3$
프로판(C_3H_8) 1kmol이 연소할 때 이산화탄소(CO_2)는 3kmol이 생성된다.
$C_3H_8 + 5O_2 \rightarrow 3CO_2 + 4H_2O$
CO_2 발생량=$0.6 \times 3 = 1.8Sm^3$
부탄(C_4H_{10})의 부피=$0.4Sm^3$
부탄(C_4H_{10}) 1kmol이 연소할 때 이산화탄소(CO_2)는 4kmol이 생성된다.
$C_4H_{10} + 6.5O_2 \rightarrow 4CO_2 + 5H_2O$
CO_2 발생량=$0.4 \times 4 = 1.6Sm^3$
총 CO_2 발생량=$1.8 + 1.6 = 3.4Sm^3$

02 ★★★

배기가스 유량이 $400m^3/min$, 농도가 $5g/Sm^3$인 분진을 유효 높이 5.5m, 직경 200mm인 Bag Filter를 사용하여 처리하려고 한다. 이때 필요한 Bag Filter의 개수를 구하시오. (단, 여과속도는 1.2cm/sec이다.)

정답

161개

해설

Bag Filter의 수$(n) = \dfrac{Q_T}{\pi DL \times V_f}$

Q_T: 처리유량(m^3/min), V_f: 여과속도(m/min)
D: 직경(m), L: 길이(m)

$n = \dfrac{400m^3/min}{\pi \times 0.2m \times 5.5m \times \dfrac{1.2cm}{sec} \times \dfrac{m}{100cm} \times \dfrac{60sec}{min}} = 160.763$

※ n은 Bag Filter의 수이므로 161개가 답이 된다.

03 ★★☆

흡착법에 사용되는 Freundlich 등온흡착식과 Langmuir 등온흡착식을 적으시오.

(1) Freundlich 등온흡착식
(2) Langmuir 등온흡착식

정답

(1) Freundlich 등온흡착식

$$\dfrac{X}{M} = KC^{\frac{1}{n}}$$

X: 흡착된 용질의 양
M: 흡착제(활성탄)의 양
C: 용질의 평형농도, K, n: 상수

(2) Langmuir 등온흡착식

$$\dfrac{X}{M} = \dfrac{abC}{1+aC}$$

X: 흡착된 용질의 양
M: 흡착제(활성탄)의 양
C: 용질의 평형농도, a, b: 상수

04 ★★★

다음 환경기준에 대한 알맞은 수치를 적으시오. (단, 환경정책기본법상 기준을 따른다.)

항목	기준
이산화질소 (NO$_2$)	연간 평균치: (①)ppm 이하
	24시간 평균치: (②)ppm 이하
	1시간 평균치: (③)ppm 이하
오존 (O$_3$)	8시간 평균치: (④)ppm 이하
	1시간 평균치: (⑤)ppm 이하
납(Pb)	연간 평균치 (⑥)μg/m^3 이하

정답

① 0.03, ② 0.06, ③ 0.10, ④ 0.06, ⑤ 0.1, ⑥ 0.5

관련이론 | 환경기준

항목	기준
아황산가스 (SO$_2$)	연간 평균치 0.02ppm 이하
	24시간 평균치 0.05ppm 이하
	1시간 평균치 0.15ppm 이하
일산화탄소 (CO)	8시간 평균치 9ppm 이하
	1시간 평균치 25ppm 이하
이산화질소 (NO$_2$)	연간 평균치 0.03ppm 이하
	24시간 평균치 0.06ppm 이하
	1시간 평균치 0.10ppm 이하
미세먼지 (PM-10)	연간 평균치 50μg/m^3 이하
	24시간 평균치 100μg/m^3 이하
초미세먼지 (PM-2.5)	연간 평균치 15μg/m^3 이하
	24시간 평균치 35μg/m^3 이하
오존(O$_3$)	8시간 평균치 0.06ppm 이하
	1시간 평균치 0.1ppm 이하
납(Pb)	연간 평균치 0.5μg/m^3 이하
벤젠	연간 평균치 5μg/m^3 이하

05 ★★☆

벤투리 스크러버에서 목부의 직경이 0.2m이고, 수압이 20,000mmH$_2$O, 노즐의 직경이 3.8mm, 액가스비가 0.5L/m^3, 목부의 가스유속이 60m/sec일 때, 노즐의 개수를 계산하시오.

정답

6개

해설

$$n \times \left(\frac{d}{D_t}\right)^2 = \frac{V_t \times L}{100\sqrt{P}}$$

n: 노즐개수, d: 노즐의 직경(m)
D_t: 목부(스롯트부)의 직경(m)
V_t: 유속(m/sec), L: 액가스비(L/m^3), P: 수압(mmH$_2$O)

$$n \times \left(\frac{3.8 \times 10^{-3} \text{m}}{0.2 \text{m}}\right)^2 = \frac{60 \text{m/sec} \times 0.5 \text{L/m}^3}{100 \times \sqrt{20,000 \text{mmH}_2\text{O}}}$$

$n = 5.876$

노즐의 개수는 소수로 나올 수 없으므로 답은 6이다.

※ n값은 공학용계산기의 SOLVE 기능을 이용하여 푸는 것이 편리합니다.

06 ★★★

열섬효과에 영향을 주는 대표적인 인자를 3가지 쓰시오.

정답

① 도시지역에서 발생하는 인공열의 증가
② 도시지역 표면의 열적 성질의 차이
③ 지표면에서의 증발잠열의 차이
④ 건물 등에 의한 거칠기 변화

만점 KEYWORD
① 도시지역, 인공열
② 표면, 열적 성질
③ 지표면, 증발잠열
④ 건물, 거칠기

07 ★★★

높이가 35m인 굴뚝에 집진장치를 설치하였더니 압력손실이 10mmH₂O 만큼 발생되었다. 집진장치를 설치하기 이전의 통풍력을 유지하기 위해서는 굴뚝의 높이(m)를 얼마나 높여야 하는지 계산하시오. (단, 조건은 다음 기준을 따른다.)

- 대기의 온도: 27℃
- 가스의 온도: 230℃
- 대기 및 배출가스의 비중량: 1.3kgf/Sm³

정답

20.95m

해설

압력손실에 해당하는 만큼 굴뚝의 높이를 높여야 한다.

$$통풍력(\text{mmH}_2\text{O}) = 273 \times H \times \left[\frac{\gamma_a}{273 + t_a} - \frac{\gamma_g}{273 + t_g} \right]$$

H : 굴뚝의 높이(m)
t_a : 공기의 온도(℃), t_g : 배기가스의 온도(℃)
γ_a : 공기의 비중량(kgf/Sm³), γ_g : 배기가스의 비중량(kgf/Sm³)

$$10\text{mmH}_2\text{O} = 273 \times H \times \left[\frac{1.3}{273 + 27} - \frac{1.3}{273 + 230} \right]$$

$H = 20.945\text{m}$

08 ★★☆

다음의 용어를 설명하시오.

(1) 알베도
(2) 비인의 변위법칙

정답

(1) 지표면에 입사된 에너지에 대한 반사되는 에너지의 비율을 퍼센트로 표현한 값이다.
(2) 흑체로부터 방출되는 파장 가운데 에너지 밀도가 최대인 파장과 흑체의 온도는 반비례 한다는 법칙이다.

만점 KEYWORD

(1) 지표면, 입사, 반사, 비율
(2) 흑체, 에너지 밀도가 최대인 파장, 온도, 반비례

09 ★★☆

광학 현미경을 이용하여 입자의 투영면적으로부터 측정하는 직경 중 다음 설명에 해당되는 것은 무엇인지 쓰시오.

입자상 물질의 끝과 끝을 연결한 선 중 가장 긴 선을 직경으로 하는 것이다.

정답

휘렛직경

관련이론 | 입자의 직경

구분	의미
공기역학적 직경	측정하고자 하는 입자와 동일한 침강속도를 가지며, 밀도가 1g/cm³인 구형입자의 직경이다. (밀도는 고려하지 않음)
스토크스 직경	원래의 먼지와 밀도 및 침강속도가 동일한 구형입자의 직경이다.
휘렛직경	입자상 물질의 끝과 끝을 연결한 선 중 가장 긴 선을 직경으로 하는 것이다.
마틴직경	입자상 물질의 그림자를 2개의 등면적으로 나눈 선의 길이를 직경으로 하는 것이다.
투영면적경	먼지의 면적과 동일한 면적을 갖는 원의 직경으로 하는 것이다.

10 ★★☆

다음과 같은 중력 침강실에서 분진을 완전히 제거할 수 있는 먼지입자의 최소입경(μm)을 계산하시오.

- 침강실의 길이: 10m, 높이: 2m
- 침강실에 유입되는 분진가스의 유속: 1.4m/sec
- 입자의 밀도: 1,600kg/m³
- 공기의 밀도: 1.3kg/m³
- 분진가스의 점도: 2.0×10^{-5}kg/m·sec
- 가스의 흐름: 층류

정답

$80.21\mu m$

해설

입자를 100% 제거하기 위한 중력집진장치의 설계공식

$$\frac{V_g}{V} = \frac{H}{L}$$

V_g: 중력침강속도(m/sec), V: 유속(m/sec)
H: 침강실의 높이(m), L: 침강실의 길이(m)

중력침강속도 공식

$$V_g = \frac{d_p^2 \times (\rho_p - \rho)g}{18\mu}$$

V_g: 침강속도(m/sec), d_p: 입자의 직경(m)
ρ_p: 입자의 밀도(kg/m³), ρ: 공기의 밀도(kg/m³)
g: 중력가속도(9.8m/sec²)
μ: 점성계수(kg/m·sec)

중력침강속도 공식을 입자를 100% 제거하기 위한 중력집진장치의 설계공식에 대입하면 다음과 같다.

$$\frac{\frac{d_p^2 \times (\rho_p - \rho)g}{18\mu}}{V} = \frac{H}{L}$$

문제의 조건을 대입하여 최소입경(d_p)을 구한다.

$$\frac{\frac{d_p^2(1,600-1.3) \times 9.8}{18 \times 2.0 \times 10^{-5}}}{1.4} = \frac{2}{10}$$

$d_p = 8.0211 \times 10^{-5}$m $= 80.211\mu m$

※ d_p 값은 공학용계산기의 SOLVE 기능을 이용하여 푸는 것이 편리합니다.

11 ★☆☆

커닝험 보정계수에 대해 서술하시오.

정답

입자가 미세하면 기체분자가 입자에 충돌할 때 입자표면에서 미끄러지는 현상이 발생하여 실제입자에 작용하는 항력이 작아지게 된다. 이에 대한 보정계수를 커닝험 보정계수라고 하며 항상 1보다 크다.

만점 KEYWORD

미세, 입자표면, 미끄러지는 현상, 항력이 작아지게, 1보다 크다.

2016년 | 4회 기출문제

01 ★★★

250m³의 크기를 갖는 실험실에서 담배에 의해 HCHO가 발생하여 농도가 0.5ppm이 되었다. 이를 0.01ppm까지 낮추기 위하여 25m³/min 유량을 갖는 공기청정기를 이용하려고 한다. 원하는 농도를 낮추기 위해 걸리는 시간(min)을 구하시오.(단, 처리효율은 100%이며 초기 HCHO 농도는 0ppm이다.)

정답
39.12min

해설
실험실에서 오염물질의 발생은 상자모델에 따르며 상자모델의 오염물질분해는 1차 반응을 따른다.
1차 반응식은 다음과 같다.
$\ln\dfrac{C_t}{C_O} = -kt$
$k = \dfrac{Q}{V}$ 이므로 $\ln\dfrac{C_t}{C_O} = -\dfrac{Q}{V} \times t$ 이다.
C_t : t시간이 지난 후 반응물질의 농도(ppm)
C_O : 초기농도(ppm)
Q : 송풍량(m³/min), V : 실내용적(m³), t : 반응시간(min)
$\ln\dfrac{0.01\text{ppm}}{0.5\text{ppm}} = -\dfrac{25\text{m}^3/\text{min}}{250\text{m}^3} \times t$
$t = 39.120\text{min}$

02 ★★☆

굴뚝높이가 30m, 배출 연기온도는 200℃, 배출연기속도는 30m/sec, 굴뚝직경이 2m인 화력발전소가 있다. 현재 주변 대기온도가 20℃이고, 굴뚝 배출구에서 대기 풍속이 10m/sec이며, 대기압은 1,000mb인 조건에서 유효굴뚝높이(m)를 계산하시오. (단, 계산식은 다음에 제시된 식을 이용한다.)

$$\Delta H = \dfrac{V_s \cdot D}{U}\left(1.5 + 2.68 \times 10^{-3} \cdot P \cdot \dfrac{T_s - T_a}{T_s} \cdot D\right)$$

정답
51.24m

해설
$\Delta H = \dfrac{V_s D}{U}\left[1.5 + 2.68 \times 10^{-3} P\left(\dfrac{T_s - T_a}{T_s}\right)D\right]$
ΔH : 연기의 상승높이(m)
V_s : 연기의 배출속도(m/sec), D : 굴뚝의 직경(m)
U : 대기의 풍속(m/sec), P : 대기압(mb)
T_s : 연기의 절대온도(K), T_a : 대기의 절대온도(K)
$\Delta H = \dfrac{30 \times 2}{10}\left[1.5 + 2.68 \times 10^{-3} \times 1,000 \times \left(\dfrac{473 - 293}{473}\right) \times 2\right]$
$\qquad = 21.2385\text{m}$
유효굴뚝높이 = 굴뚝높이 + 연기의 상승높이 = 30m + 21.2385m
$\qquad\qquad\qquad = 51.239\text{m}$

03 ★☆☆

다음 외부식 후드의 흡인풍량 및 압력손실을 계산하시오.

> - 개구면적이 0.5m²인 외부식 장방형 후드이다.
> - 후드 개구면에서 포착점까지의 거리: 0.4m
> - 통제속도: 0.25m/sec
> - 유입계수: 0.85
> - 유속: 10m/sec
> - 공기의 밀도: 1.3kg/Sm³

(1) 흡인풍량(m²/sec)
(2) 압력손실(mmH₂O)

정답

(1) 0.53m³/sec
(2) 2.55mmH₂O

해설

(1) 흡인풍량 계산

흡인풍량 공식(플랜지가 없는 자유공간에 설치된 장방형 후드인 경우)을 이용한다.

$Q = (10X^2 + A) \times V$

Q: 흡인풍량(m³/sec)
X: 후드 개구면에서 포착점까지의 거리(m)
A: 후드의 개구면적(m²)
V: 통제속도(m/sec)

$Q = (10 \times 0.4^2 + 0.5) \times 0.25 = 0.525$ m³/sec

(2) 압력손실 계산

$\Delta P = F \times P_v = \dfrac{1-K^2}{K^2} \times \dfrac{\gamma V^2}{2g}$

ΔP: 압력손실(mmH₂O)
F: 압력손실계수

$F = \dfrac{1-K^2}{K^2}$ (K: 유입계수)

속도압(P_v) $= \dfrac{\gamma V^2}{2g}$

γ: 밀도(kg/m³), V: 유속(m/sec)
g: 중력가속도(9.8m/sec²)

$\Delta P = \dfrac{1-0.85^2}{0.85^2} \times \dfrac{1.3 \times 10^2}{2 \times 9.8} = 2.547$ mmH₂O

04 ★★☆

전기집진장치를 이용하여 120,000m³/hr의 가스를 처리하려고 한다. 먼지의 겉보기 이동속도는 10m/min, 제거효율은 99.5%, 집진판의 길이는 2m, 높이는 5m라 할 때 필요한 집진판의 개수를 계산하시오. (단, Deutsch Anderson 식을 적용하여 계산하고, 모든 내부 집진판은 양면이며 두 개의 외부 집진판은 각각 하나의 집진면을 갖는다.)

정답

54개

해설

(1) 필요한 집진면적 계산하기

$\eta = 1 - e^{\left(-\dfrac{A \times W_e}{Q}\right)}$

η: 효율, A: 단면적(m²)
W_e: 먼지의 겉보기 이동속도(m/hr)

$W_e = \dfrac{10\text{m}}{\text{min}} \times \dfrac{60\text{min}}{\text{hr}} = 600$ m/hr

Q: 처리가스 유량(m³/hr)

$0.995 = 1 - e^{\left(-\dfrac{A \times 600}{120,000}\right)}$

$A = 1,059.6635$ m²

※ A 값은 공학용계산기의 SOLVE 기능을 이용하여 푸는 것이 편리합니다.

(2) 집진판의 개수 계산하기

집진면의 개수 $= \dfrac{\text{전체 면적}}{\text{1개 면적}} = \dfrac{1,059.6635}{2 \times 5} = 105.9664$

총 106개의 집진면이 필요하다.
문제의 조건에서 내부 집진판은 양면이고, 두 개의 외부 집진판은 각각 하나의 집진면을 갖는다고 했다.
양면 집진판 52개, 단면 집진판 2개가 있어야 106개의 집진면이 된다.

05 ★★☆

석탄 1kg의 조성이 다음과 같다. 물음에 답하시오. (단, 석탄 중의 N은 반응하지 않는다고 가정한다.)

성분	C	H	O	N	S	회분	수분
%	64	5.3	8.8	0.8	0.1	12	9

(1) $G_{od}(Sm^3/kg)$을 계산하시오.
(2) $G_{ow}(Sm^3/kg)$을 계산하시오.
(3) $(CO_2)_{max}(\%)$을 계산하시오.

정답

(1) $G_{od} = 6.58 Sm^3/kg$
(2) $G_{ow} = 7.28 Sm^3/kg$
(3) $(CO_2)_{max} = 18.16\%$

해설

(1) G_{od}(이론건연소가스량) 계산

석탄의 성분 중 N, 회분, 수분은 연소하지 않기 때문에 이론산소량을 구할 때 고려하지 않아도 된다.

이론산소량 $= 1.867C + 5.6H + 0.7S - 0.7O$
$= (1.867 \times 0.64) + (5.6 \times 0.053) + (0.7 \times 0.001) - (0.7 \times 0.088)$
$= 1.4308 Sm^3/kg$

이론공기량 $= \dfrac{\text{이론산소량}}{0.21} = \dfrac{1.4308 Sm^3/kg}{0.21} = 6.8133 Sm^3/kg$

이론공기 중 질소량 = 이론공기량 × 0.79
$= 6.8133 Sm^3/kg \times 0.79 = 5.3825 Sm^3/kg$

CO_2 배출량

탄소(C, 원자량 12) 1kmol이 연소하면 이산화탄소(CO_2) 1kmol이 생성된다.

$C + O_2 \rightarrow CO_2$

$12kg : 22.4 Sm^3 = 0.64 kg/kg : x$
$x = 1.1947 Sm^3/kg$

SO_2 배출량

황(S, 원자량 32) 1kmol이 연소하면 이산화황(SO_2) 1kmol이 생성된다.

$S + O_2 \rightarrow SO_2$

$32kg : 22.4 Sm^3 = 0.001 kg/kg : x$
$x = 0.0007 Sm^3/kg$

G_{od}(이론건연소가스량) = 이론공기 중 질소량 + 건연소생성물(CO_2, SO_2)
$= 5.3825 + 1.1947 + 0.0007 = 6.578 Sm^3/kg$

(2) G_{ow}(이론습연소가스량) 계산

이론습연소가스량은 이론건연소가스량에서 발생한 H_2O의 부피만 더해주면 된다.

H_2O 배출량

수소 기체(H_2, 분자량 2) 2kmol이 연소하면 물(H_2O) 2kmol이 생성된다.

$2H_2 + O_2 \rightarrow 2H_2O$

$2 \times 2kg : 2 \times 22.4 Sm^3 = 0.053 kg/kg : x$
$x = 0.5936 Sm^3/kg$

문제에서 석탄 자체에 수분이 9%가 포함되어 있다고 했으므로 수분 9%에 해당하는 양을 Sm^3/kg으로 환산한다.

물(H_2O)의 분자량은 18이고, 물 1kmol의 부피는 $22.4 Sm^3$이다.

$18kg : 22.4 Sm^3 = 0.09 kg/kg : x$
$x = 0.112 Sm^3/kg$

G_{ow}(이론습연소가스량) $= 6.5779 + 0.5936 + 0.112$
$= 7.284 Sm^3/kg$

(3) $(CO_2)_{max}(\%)$ 계산

$(CO_2)_{max} = \dfrac{CO_2 \text{ 배출량}}{G_{od}} \times 100 = \dfrac{1.1947}{6.58} \times 100 = 18.157\%$

06 ★★☆

3.5μm의 직경을 갖는 구형입자의 비표면적(m^2/kg)과 질량이 1kg일 경우 입자의 개수를 계산하시오. (단, 입자의 밀도는 1.5g/cm^{3}이다.)

(1) 비표면적(m^2/kg)
(2) 입자의 개수

정답
(1) 1,142.86m^2/kg
(2) 2.97×10^{13}개

해설
(1) 비표면적(m^2/kg) 계산

$$S_V = \frac{6}{d_s \times \rho}$$

S_V : 구형 입자의 비표면적(m^2/kg)
d_s : 입자의 직경(m)
$d_s = 3.5\mu m = 3.5 \times 10^{-6}$m
ρ : 입자의 밀도(kg/m^3)

$$\rho = \frac{1.5\text{g}}{\text{cm}^3} \times \frac{\text{kg}}{1,000\text{g}} \times \frac{10^6 \text{cm}^3}{\text{m}^3} = 1,500 \text{kg/m}^3$$

$$S_V = \frac{6}{3.5 \times 10^{-6} \times 1,500} = 1,142.857 \text{m}^2/\text{kg}$$

(2) 입자의 개수 계산

$$n = \frac{m}{\rho \times V}$$

n : 입자의 개수, m : 전체 입자의 질량(kg)
ρ : 입자의 밀도(kg/m^3)
V : 입자의 부피(m^3)

$$V = \frac{\pi \times D^3}{6} = \frac{\pi \times (3.5 \times 10^{-6})^3}{6} = 2.2449 \times 10^{-17} \text{m}^3$$

$$n = \frac{1}{1,500 \times 2.2449 \times 10^{-17}} = 2.970 \times 10^{13}$$

07 ★★☆

A 공장에서 5,000kcal/kg의 발열량을 갖는 석탄을 연소하고 있다. SO$_2$의 규제 기준이 3.5mg SO$_2$/kcal라면 기준에 맞는 석탄의 황 함유량(%)을 계산하시오. (단, 소수 셋째자리까지 나타내시오.)

정답
0.875%

해설
황(S, 원자량 32) 1mol이 연소하면 이산화황(SO$_2$, 분자량 64) 1mol이 생성된다.
S + O$_2$ → SO$_2$

$$\frac{\text{kg}}{5,000\text{kcal}} \times x \times \frac{64_{-SO_2}}{32_{-S}} \times \frac{10^6 \text{mg}}{\text{kg}} = \frac{3.5\text{mg}_{-SO_2}}{\text{kcal}}$$

$x = 8.75 \times 10^{-3} = 0.875\%$

08 ★☆☆

연료를 연소할 때 공기비가 작을 경우 발생하는 현상을 3가지 쓰시오.

정답
① 가연성 물질인 CO, HC 등의 농도가 증가한다.
② 연소실벽에 미연탄화물 부착이 늘어난다.
③ 가연성분과 산소의 접촉이 원활하게 이루어지지 못한다.
④ 불완전 연소로 연소실 내의 열손실이 커져 연소효율이 저하된다.
⑤ 연소효율이 감소하여 배출가스의 온도가 불규칙하게 증가 및 감소를 반복한다.

만점 KEYWORD
① 가연성 물질, 농도, 증가
② 연소실벽, 미연탄화물, 부착
③ 가연성분, 산소의 접촉, 못한다.
④ 불완전 연소, 열손실, 연소효율, 저하
⑤ 연소효율, 감소, 배출가스의 온도, 불규칙

09 ★★★
전기집진장치의 집진효율을 증가시키는 방법을 6가지 쓰시오.

정답
① 집진장치 내의 전류밀도를 안정적으로 유지한다.
② 처리가스의 유속을 낮춘다.
③ 역전리 현상을 방지한다.
④ 재비산 현상을 방지한다.
⑤ 집진면적을 증가시킨다.
⑥ 집진극의 길이를 길게 한다.
⑦ 강한 전계강도를 유지한다.
⑧ 집진극에 오염물질이 없도록 한다.
⑨ 분진의 전기비저항값을 적절하게 유지한다.

만점 KEYWORD
① 전류밀도, 유지
② 유속, 낮춘다.
③ 역전리 현상, 방지
④ 재비산 현상, 방지
⑤ 집진면적, 증가
⑥ 집진극의 길이, 길게
⑦ 전계강도, 유지
⑧ 오염물질, 없도록
⑨ 전기비저항값, 유지

10 ★★☆
배출가스 중의 가스상 물질의 시료를 채취할 때 채취관을 보온 또는 가열해야 하는 경우를 3가지 쓰시오.

정답
① 채취관이 부식될 염려가 있는 경우
② 여과재가 막힐 염려가 있는 경우
③ 분석물질이 응축수에 용해해서 오차가 생길 염려가 있는 경우

만점 KEYWORD
① 채취관, 부식
② 여과재, 막힐
③ 응축수, 용해, 오차

11 ★★☆
다음 보기 중 오존파괴지수(ODP)가 큰 순서대로 나열하시오.

① $C_2F_4Br_2$, ② CF_3Br, ③ CH_2BrCl,
④ $C_2F_3Cl_3$, ⑤ CF_2BrCl

정답
② > ① > ⑤ > ④ > ③

해설
보기에 있는 물질의 오존파괴지수(ODP)
① $C_2F_4Br_2$(6.0)
② CF_3Br(10)
③ CH_2BrCl(0.12)
④ $C_2F_3Cl_3$(0.8)
⑤ CF_2BrCl(3.0)

2016년 2회 기출문제

01 ★★★

가우시안 모델의 대기오염 확산방정식을 적용하는 경우에 지면에 있는 오염원으로부터 바람부는 방향으로 200m 떨어진 연기의 중심축상 지상오염농도(mg/m^3)를 계산하시오. (단, 오염물질의 배출량은 4g/sec, 풍속은 4.5m/sec, σ_y, σ_z는 각각 22m, 12m이다.)

정답

$1.07 mg/m^3$

해설

$$C(x, y, z) = \frac{Q}{2\pi U \sigma_y \sigma_z}\left[\exp\left(-\frac{1}{2}\left(\frac{y}{\sigma_y}\right)^2\right)\right]$$
$$\times \left[\exp\left\{-\frac{1}{2}\left(\frac{z-H_e}{\sigma_z}\right)^2\right\} + \exp\left\{-\frac{1}{2}\left(\frac{z+H_e}{\sigma_z}\right)^2\right\}\right]$$

Q: 오염물질 배출량(mg/sec)

$Q = \frac{4g}{sec} \times \frac{1,000mg}{g} = 4,000 mg/sec$

U: 풍속(m/s)

H_e: 유효굴뚝높이(m)

지면에 있는 오염원이므로 "0"

y: 풍향에 직각인 수평거리(m)

중심축상 오염농도를 구하므로 "0"

z: 지면으로부터 오염물질까지의 높이(m)

지상오염농도를 구하므로 "0"

σ_y: 수평확산계수, σ_z: 수직확산계수

$C(x, 0, 0) = \frac{4,000}{2\pi \times 4.5 \times 22 \times 12}[\exp(0)] \times [\exp\{0\} + \exp\{0\}]$

$= 1.072 mg/m^3$

02 ★★★

분진농도가 $10g/m^3$인 배출가스를 처리하는 1차 집진장치의 집진율이 90%이다. 출구의 분진농도를 $0.2g/m^3$으로 하기 위한 2차 집진기의 집진율(%)을 계산하시오.

정답

80%

해설-1

(1) 1차 집진장치

유입: $10g/m^3$

유출: $10g/m^3 \times (1-0.9) = 1g/m^3$

(2) 2차 집진장치

유입: $1g/m^3$

유출: $1g/m^3 \times (1-x) = 0.2g/m^3$

$x = 0.8 = 80\%$

해설-2

$\eta_T = 1 - (1-\eta_1)(1-\eta_2)$

η_T: 총효율, η_1: 1단효율, η_2: 2단효율

$\eta_T = 1 - (1-0.9)(1-\eta_2) = 1 - \frac{0.2}{10} = 0.98$

$\eta_2 = 0.8 = 80\%$

03 ★★☆

송풍기의 입구 흡인정압이 58mmH₂O, 출구정압이 30mmH₂O이다. 입구 쪽 평균유속이 1,200m/min일 때 필요한 송풍기의 유출정압(kgf/cm²)을 계산하시오.

정답

$6.35 \times 10^{-3} \, \text{kgf/cm}^2$

해설

유출정압＝흡인정압＋출구정압－입구속도압

입구속도압＝$\left(\dfrac{V}{242.2}\right)^2$

V : 유속(m/min)

유출정압＝$(58+30) - \left(\dfrac{1,200}{242.2}\right)^2 = 63.4521 \, \text{mmH}_2\text{O}$

※ $\text{mmH}_2\text{O} = \text{kgf/m}^2$

$\dfrac{63.4521 \, \text{kgf}}{\text{m}^2} \times \dfrac{\text{m}^2}{10^4 \, \text{cm}^2} = 6.345 \times 10^{-3} \, \text{kgf/cm}^2$

04 ★★☆

개구면적이 0.5m²인 외부식 장방형 후드의 흡인풍량(m³/sec)을 계산하시오. (단, 후드 개구면에서 포착점까지의 거리는 0.4m이고, 포착속도는 0.25m/sec이다.)

정답

$0.53 \, \text{m}^3/\text{sec}$

해설

흡인풍량 공식(플랜지가 없는 자유공간에 설치된 장방형 후드인 경우)을 이용한다.

$Q = (10X^2 + A) \times V$

Q : 흡인풍량(m³/sec)

X : 후드 개구면에서 포착점까지의 거리(m)

A : 후드의 개구면적(m²)

V : 포착속도(m/sec)

$Q = \{10 \times (0.4)^2 + 0.5\} \times 0.25 = 0.525 \, \text{m}^3/\text{sec}$

05 ★★★

배기가스 유량이 500m³/min, 농도가 5g/Sm³인 분진을 유효 높이 6.0m, 직경 200mm인 Bag Filter를 사용하여 처리하려고 한다. 이때 필요한 Bag Filter의 개수를 구하시오. (단, 여과속도는 1.2cm/sec이다.)

정답

185개

해설

백필터의 수$(n) = \dfrac{Q_T}{\pi D L \times V_f}$

Q_T : 처리유량(m³/min), V_f : 여과속도(m/min)

D : 직경(m), L : 길이(m)

$n = \dfrac{500 \, \text{m}^3/\text{min}}{\pi \times 0.2 \, \text{m} \times 6.0 \, \text{m} \times \dfrac{1.2 \, \text{cm}}{\text{sec}} \times \dfrac{\text{m}}{100 \, \text{cm}} \times \dfrac{60 \, \text{sec}}{\text{min}}}$

$= 184.207$

n은 Bag Filter의 소요개수로 답은 185개이다.

06 ★★☆

기체크로마토그래피에서 이론단수가 1,800인 분리관이 있다. 보유시간이 15min되는 피크의 밑부분 폭{피크 좌우 변곡점에서 접선이 자르는 바탕선의 길이(mm)}을 계산하시오. (단, 기록지 이동속도는 2.0cm/min, 이론단수는 모든 성분에 대하여 같다.)

정답

28.28mm

해설

이론단수$(n) = 16 \times \left(\dfrac{t_R}{W}\right)^2$

t_R : 기록지 이동속도(mm/min) × 보유시간(min)

$t_R = \dfrac{2.0 \, \text{cm}}{\text{min}} \times \dfrac{10 \, \text{mm}}{\text{cm}} \times 15 \, \text{min} = 300 \, \text{mm}$

W : 피크의 좌우변곡점에서 접선이 자르는 바탕선의 길이(mm)

$1,800 = 16 \times \left(\dfrac{300 \, \text{mm}}{W}\right)^2$

$W = 28.284 \, \text{mm}$

07 ★★☆

프로판의 고위발열량이 20,000kcal/Sm³일 때 저위발열량(kcal/Sm³)을 계산하시오.

정답
18,080kcal/Sm³

해설
프로판(C_3H_8) 1mol이 연소하면 물(H_2O) 4mol이 생성된다.
$C_3H_8 + 5O_2 \rightarrow 3CO_2 + 4H_2O$
저위발열량 = 고위발열량 $- 480\Sigma H_2O$
$= 20,000 - (480 \times 4) = 18,080$ kcal/Sm³

08 ★★★

물리적 흡착의 특성을 4가지 쓰시오.

정답
① 입자 간의 인력(Van der Waals 힘)이 주된 원동력이다.
② 흡착제에 피흡착물질이 부착되는 흡착이다.
③ 가역적인 흡착반응이 일어난다.
④ 일반적으로 기체의 분자량이 클수록 흡착량은 증가한다.
⑤ 흡착되는 피흡착물질의 분압이 높을수록 흡착량은 증가하게 된다.
⑥ 온도가 낮을수록 흡착량은 증가한다.
⑦ 오염가스 회수가 용이하다.

만점 KEYWORD
① 입자 간의 인력, 원동력
② 피흡착물질, 부착
③ 가역적, 흡착반응
④ 기체의 분자량, 클수록, 흡착량은 증가
⑤ 분압이 높을수록, 흡착량은 증가
⑥ 낮은 온도, 흡착량은 증가
⑦ 회수, 용이

09 ★★☆

선택적 촉매 환원법(SCR)에 대한 물음에 답하시오.
(1) 원리를 간단히 서술하시오.
(2) 대표적인 반응식을 3가지 쓰시오.

정답
(1) 200~400°C에서 촉매(TiO_2와 V_2O_5 등)에 NH_3, H_2, CO, H_2S 등의 환원가스를 작용시켜 NO_x를 N_2로 환원시키는 방법이다.
(2) ① $6NO_2 + 8NH_3 \rightarrow 7N_2 + 12H_2O$
② $6NO + 4NH_3 \rightarrow 5N_2 + 6H_2O$
③ $4NO + 4NH_3 + O_2 \rightarrow 4N_2 + 6H_2O$ (산소가 공존하는 상태)

만점 KEYWORD
(1) 촉매, 환원가스를 작용, NO_x를 N_2로 환원

10 ★☆☆

고체연료 연소장치 중 하나인 미분탄 연소장치의 장점을 3가지 쓰시오.

정답
① 연소제어가 용이하고 점화 및 소화 시 손실이 적다.
② 사용연료의 범위가 넓다.
③ 연료의 접촉표면이 크므로 스토커식 연소에 비해 작은 공기비로도 완전연소가 가능하다.
④ 부하변동에 대한 응답성이 좋은 편이어서 대용량의 연소에 적합하다.

만점 KEYWORD
① 연소제어, 용이, 손실, 적다.
② 사용연료, 범위, 넓다.
③ 접촉표면이 크므로, 작은 공기비, 완전연소, 가능
④ 부하변동, 응답성이 좋은, 대용량의 연소

11 ★★★
원심력집진장치와 관련된 물음에 답하시오.
(1) 블로우다운(Blow down)의 의미를 서술하시오.
(2) 블로우다운(Blow down)효과를 3가지 쓰시오.

정답
(1) 원심력집진장치에서 처리가스량의 5~10% 정도를 흡인하여 줌으로써 유효원심력을 증대시키는 방법이다.
(2) ① 사이클론 내의 난류현상을 억제시킨다.
② 먼지의 재비산을 막아준다.
③ 장치 내벽에 부착되는 먼지의 축적을 방지한다.
④ 집진효율이 증대된다.

만점 KEYWORD
(1) 처리가스량, 흡인, 유효원심력, 증대
(2) ① 난류현상, 억제
② 재비산, 막아준다.
③ 내벽, 먼지의 축적, 방지
④ 집진효율, 증대

12 ★★★
충전탑을 이용하여 유해가스를 제거하려고 한다. 흡수액이 갖추어야 할 조건을 3가지 쓰시오.

정답
① 용해도가 커야 한다.
② 점성이 작아야 한다.
③ 화학적으로 안정해야 한다.
④ 휘발성이 적어야 한다.
⑤ 부식성이 낮아야 한다.

만점 KEYWORD
① 용해도, 커야
② 점성, 작아야
③ 화학적, 안정
④ 휘발성, 적어야
⑤ 부식성, 낮아야

2016년 | 1회 기출문제

01 ★★★

배기가스 유량이 400m³/min, 농도가 5g/Sm³인 분진을 유효 높이 5.5m, 직경 200mm인 Bag Filter를 사용하여 처리하려고 한다. 이때 필요한 Bag Filter의 개수를 구하시오. (단, 여과속도는 1.2cm/sec이다.)

정답
161개

해설
백필터의 수$(n) = \dfrac{Q_T}{\pi DL \times V_f}$

Q_T: 처리유량(m³/min), V_f: 여과속도(m/min)
D: 직경(m), L: 길이(m)

$n = \dfrac{400 \text{m}^3/\text{min}}{\pi \times 0.2\text{m} \times 5.5\text{m} \times \dfrac{1.2\text{cm}}{\text{sec}} \times \dfrac{\text{m}}{100\text{cm}} \times \dfrac{60\text{sec}}{\text{min}}}$

$= 160.763$

문제에서 요구하는 답이 필요한 Bag Filter의 개수이므로 답은 161개이다.

02 ★★☆

원심력집진장치의 집진효율 향상 조건을 3가지 쓰시오 (단, Blow Down 효과는 제외한다.)

정답
① 원통의 직경이 작을수록 집진효율이 증가한다.
② 입자의 밀도가 클수록 집진효율이 증가한다.
③ 가스의 유입속도가 클수록 집진효율이 증가한다.
④ 입자의 직경이 클수록 집진효율이 증가한다.
⑤ 적당한 Dust Box의 모양과 크기로 설치한다.
⑥ 미세먼지의 재비산 방지를 위해 스키머와 회전깃, 살수설비 등을 설치하여 제거효율을 증대시킨다.

만점 KEYWORD
① 원통, 직경, 작을수록
② 밀도, 클수록
③ 유입속도, 클수록
④ 입자, 직경, 클수록
⑤ 적당한, Dust Box, 모양, 크기
⑥ 재비산 방지, 스키머와 회전깃, 살수설비, 설치

03 ★★★

H_{OG}가 0.8m, 제거율이 98%인 경우 충전탑의 높이(m)를 구하시오.

정답
3.13m

해설
충전탑 높이(m) $= H_{OG} \times N_{OG}$
H_{OG}: 기상총괄이동단위높이(m)
N_{OG}: 기상총괄단위수

$N_{OG} = \ln \dfrac{1}{1-\eta}$ (η: 효율)

$N_{OG} = \ln \dfrac{1}{1-0.98} = 3.9120$

충전탑 높이 $= 0.8 \times 3.9120 = 3.130$m

04 ★★☆

배출가스 중의 가스상 물질의 시료를 채취할 때 채취관을 보온 또는 가열해야 하는 경우를 3가지 쓰시오.

정답
① 채취관이 부식될 염려가 있는 경우
② 여과재가 막힐 염려가 있는 경우
③ 분석물질이 응축수에 용해해서 오차가 생길 염려가 있는 경우

만점 KEYWORD
① 채취관, 부식
② 여과재, 막힘
③ 응축수, 용해, 오차

05 ★★☆

SO_2를 200ppm 함유한 가스가 50,000Sm³/hr로 배출되고 있다. 이를 석회석으로 100% 흡수처리하고자 할 때 소요되는 약품의 양(kg/hr)을 구하시오. (단, 약품의 석회석 함유량은 15%이다.)

정답

297.62kg/hr

해설

SO_2 1kmol을 처리하기 위해서는 $CaCO_3$ 1kmol이 필요하다.
$SO_2 + CaCO_3 + 2H_2O + 0.5O_2 \rightarrow CaSO_4 \cdot 2H_2O + CO_2$
$CaCO_3$의 분자량 $= 40 + 12 + (16 \times 3) = 100$

(1) SO_2 200ppm을 Sm³/hr로 단위환산하기

$$\frac{200mL}{Sm^3} \times \frac{50,000Sm^3}{hr} \times \frac{Sm^3}{10^6 mL} = 10Sm^3/hr$$

(2) 비례식을 이용하여 약품의 양 계산

$$22.4Sm^3 : 100kg = 10Sm^3/hr : x \times \frac{15}{100}$$

$x = 297.619kg/hr$

06 ★☆☆

먼지의 Stokes 직경이 5×10^{-4}cm이고 입자의 밀도가 1.8g/cm³이다. 이 분진의 공기역학적 직경(cm)을 계산하시오.

정답

6.71×10^{-4}cm

해설

공기역학적 직경은 대상 먼지와 침강속도가 동일하며 밀도가 1g/cm³인 구형입자의 직경이다.
문제에서 입자의 직경과 밀도만 제시했기 때문에 스토크스의 법칙에서 입자의 직경과 입자의 밀도 외의 조건은 같다고 볼 수 있으므로 상수 K로 놓으면 다음과 같이 식을 나타낼 수 있다.

$$V_g = \frac{d_p^2(\rho_p - \rho)g}{18\mu}$$

$V_g = (5 \times 10^{-4} cm)^2 \times 1.8 g/cm^3 \times K = d_p^2 \times 1 g/cm^3 \times K$
$d_p = 6.708 \times 10^{-4}$cm

07 ★★★

탄소 85%, 수소 15%인 경유(1kg)를 공기과잉계수 1.1로 연소시켰을 때 탄소의 1%가 검댕(그을음)으로 되었다. 건조배기가스 1Sm³ 중 검댕의 농도(g/Sm³)를 계산하시오.

정답

0.72g/Sm³

해설

검댕의 양 $= 850g \times 0.01 = 8.5g$
이론산소량 $= 1.867C + 5.6H + 0.7S - 0.7O$
$= (1.867 \times 0.85) + (5.6 \times 0.15) = 2.4270 Sm^3$
검댕을 고려한 이론산소량
$= (1.867 \times 0.85 \times 0.99) + (5.6 \times 0.15) = 2.4111 Sm^3$
이론공기량 $= \frac{이론산소량}{0.21} = \frac{2.4270}{0.21} = 11.5571 Sm^3$

※ 실제건연소가스량 산정 시 검댕으로 반응하지 않은 이론산소량을 보정하기 때문에 연료의 성분에 따른 이론공기량을 구한다.

이론공기 중 질소량 $=$ 이론공기량 $\times 0.79$
$= 11.5571 \times 0.79 = 9.1301 Sm^3$
과잉공기량 $= (m-1) \times$ 이론공기량 (m: 공기과잉계수)
과잉공기량 $= (1.1 - 1) \times 11.5571 = 1.1557 Sm^3$
CO_2 배출량
탄소(C, 원자량 12) 1kmol이 연소하면 이산화탄소(CO_2) 1kmol이 발생한다.
$C + O_2 \rightarrow CO_2$
$12kg : 22.4Sm^3 = 0.85kg \times 0.99 : x$
$x = 1.5708 Sm^3$
실제건연소가스량 $=$ 이론공기 중 질소량 $+$ 검댕으로 반응하지 않은 이론산소량 $+$ 과잉공기량 $+$ 건연소생성물(CO_2)
$= 9.1301 + (2.4270 - 2.4111) + 1.1557 + 1.5708 = 11.8725 Sm^3$

검댕의 농도 $= \frac{검댕의 양}{실제건연소가스량} = \frac{8.5g}{11.8725 Sm^3} = 0.716 g/Sm^3$

08 ★★☆

다음 표의 조건을 이용하여 리차드손수와 대기안정도를 구하시오.

고도	풍속	온도
3m	3.9m/sec	14.7℃
2m	3.3m/sec	15.4℃

(1) 리차드손수
(2) 대기안정도 판별

정답
(1) -0.07
(2) 대류에 의한 혼합이 기계적 혼합을 지배한다.

해설

리차드손수$(R_i) = \dfrac{g}{T_m}\left(\dfrac{\Delta T/\Delta Z}{(\Delta U/\Delta Z)^2}\right)$

g : 그 지역의 중력가속도(9.8m/sec²)

T_m : 상하층의 평균절대온도(K)$= \dfrac{T_1+T_2}{2}$

ΔZ : 고도차(m)$= Z_2 - Z_1$

ΔT : 온도차(K)$= T_2 - T_1$

ΔU : 풍속차(m/sec)$= U_2 - U_1$

$R_i = \dfrac{9.8}{\dfrac{287.7+288.4}{2}} \times \left(\dfrac{\dfrac{288.4-287.7}{2-3}}{\left(\dfrac{3.3-3.9}{2-3}\right)^2}\right) = -0.066$

리차드손수(R_i)에 의한 안정도 판별

리차드손수(R_i)	특성
$-0.04 \downarrow$	대류에 의한 혼합이 기계적 혼합을 지배한다.
$-0.03 \sim 0$	기계적 난류와 대류가 존재하나 기계적 난류가 혼합을 주로 일으킨다.
0	기계적 난류만 존재한다.
$0 \sim 0.25$	성층에 의해 약화된 기계적 난류가 존재한다.

09 ★☆☆

흡착제를 이용하여 오염물질을 처리하고자 한다. 흡착제 선택 시 고려해야 할 사항을 5가지 쓰시오. (단, 비용에 대한 사항은 제외한다.)

정답
① 가스의 온도를 적절히 고려해야 한다.
② 질량당 표면적이 커야 한다.
③ 압력손실이 작아야 한다.
④ 흡착률이 우수해야 한다.
⑤ 흡착된 물질의 회수가 용이해야 한다.
⑥ 흡착제의 재생이 쉬워야 한다.
⑦ 흡착제의 강도가 커야 한다.

만점 KEYWORD
① 온도, 고려
② 표면적, 커야
③ 압력손실, 작아야
④ 흡착률, 우수
⑤ 물질, 회수, 용이
⑥ 재생, 쉬워야
⑦ 강도, 커야

10 ★★☆

여과집진장치의 집진원리를 4가지 쓰시오.

정답
① 차단
② 확산
③ 관성충돌
④ 중력
⑤ 정전기적 인력

11 ★★☆

대기오염물질의 농도를 추정하기 위한 상자모델 이론을 적용하기 위한 가정조건을 4가지 쓰시오.

정답
① 상자 공간에서 오염물의 농도는 균일하다.
② 오염물의 분해는 일차반응에 의한다.
③ 오염배출원은 이 상자가 차지하고 있는 지면 전역에 균등하게 분포되어 있다.
④ 오염원은 방출과 동시에 균등하게 혼합된다.

만점 KEYWORD
① 농도, 균일
② 분해, 일차반응
③ 배출원, 균등, 분포
④ 방출, 동시, 균등, 혼합

2015년 4회 기출문제

01 ★★★

유효굴뚝높이가 100m인 굴뚝에서 오염물질이 40g/sec로 배출되고 있다. 그리고 지상 5m에서의 풍속이 4m/sec일 때 500m 하류에 위치하는 중심선상 오염물질의 지표농도($\mu g/m^3$)를 계산하시오.

- P: 0.25
- $\sigma_y = 30m$, $\sigma_z = 20m$
- Deacon의 식, 가우시안확산식을 이용하여 계산한다.

정답

$9.35 \times 10^{-3} \mu g/m^3$

해설

(1) Deacon 식을 이용하여 풍속 계산

$$\frac{U_2}{U_1} = \left(\frac{Z_2}{Z_1}\right)^P$$

U_1: 기준높이에서의 풍속(m/sec), Z_1: 기준높이(m)
U_2: 임의고도에서의 풍속(m/sec), Z_2: 임의높이(m)
P: 풍속지수

$$\frac{U_2}{4m/sec} = \left(\frac{100m}{5m}\right)^{0.25}$$

$U_2 = 8.4590 m/sec$

(2) 가우시안확산식을 이용하여 중심선상의 오염물질 농도 계산

$$C(x, y, z) = \frac{Q}{2\pi U \sigma_y \sigma_z} \left[\exp\left(-\frac{1}{2}\left(\frac{y}{\sigma_y}\right)^2\right)\right]$$
$$\times \left[\exp\left\{-\frac{1}{2}\left(\frac{z-H_e}{\sigma_z}\right)^2\right\} + \exp\left\{-\frac{1}{2}\left(\frac{z+H_e}{\sigma_z}\right)^2\right\}\right]$$

Q: 오염물질 배출량($\mu g/sec$)

$$\frac{40g}{sec} \times \frac{10^6 \mu g}{g} = 40 \times 10^6 \mu g/sec$$

U: 풍속(m/s), H_e: 유효굴뚝높이(m)
y: 풍향에 직각인 수평거리(m)
중심선상 오염농도를 구하므로 "0"
z: 지면으로부터 오염물질까지의 높이(m)
지표면의 농도를 구하므로 "0"
σ_y: 수평확산계수, σ_z: 수직확산계수

$$C(x, 0, 0) = \frac{40 \times 10^6}{2\pi \times 8.4590 \times 30 \times 20}\left[\exp\left(-\frac{1}{2}\left(\frac{0}{30}\right)^2\right)\right]$$
$$\times \left[\exp\left\{-\frac{1}{2}\left(\frac{0-100}{20}\right)^2\right\} + \exp\left\{-\frac{1}{2}\left(\frac{0+100}{20}\right)^2\right\}\right]$$
$$= \frac{40 \times 10^6}{2\pi \times 8.4590 \times 30 \times 20} \times [\exp(0)] \times \left[2 \times \exp\left\{-\frac{1}{2}\left(\frac{100}{20}\right)^2\right\}\right]$$
$$= 9.349 \times 10^{-3} \mu g/m^3$$

02 ★★★

H_{OG}가 0.7m, 제거율이 99%인 경우 충전탑의 높이(m)를 구하시오.

정답

3.22m

해설

충전탑 높이(m) = $H_{OG} \times N_{OG}$
H_{OG}: 기상총괄이동단위높이(m)
N_{OG}: 기상총괄단위수

$N_{OG} = \ln\frac{1}{1-\eta}$ (η: 효율)

$N_{OG} = \ln\frac{1}{1-0.99} = 4.6052$

충전탑 높이 = $0.7 \times 4.6052 = 3.224 m$

03 ★★★

원통형 여과집진기에서 유량 $4.78 \times 10^6 \mathrm{cm^3/sec}$, 공기여재비 4cm/sec로 배출가스가 유입되고 있다. 여과포 1개의 직경이 200mm, 유효높이 3m인 경우에 필요한 여과포의 개수를 구하시오.

정답

64개

해설

여과포 소요개수$(n) = \dfrac{Q_T}{\pi DL \times V_f}$

Q_T: 처리가스 유량($\mathrm{cm^3/sec}$)
D: 여과포의 직경(cm), L: 여과포의 길이(cm)
V_f: 처리가스의 겉보기 여과속도(cm/sec)
※ 처리가스의 겉보기 여과속도를 공기여재비라고도 한다.

$n = \dfrac{4.78 \times 10^6}{\pi \times 20 \times 300 \times 4} = 63.397$

n은 여과포의 소요개수로 소수로 나올 수 없으므로 64개가 답이 된다.

04 ★★☆

빗물의 pH가 5.6일 때 이 빗물의 [OH^-] 이온의 농도(mol/L)를 계산하시오.

정답

[OH^-] = 3.98×10^{-9} mol/L

해설

pOH = 14 - pH = 14 - 5.6 = 8.4
pOH = $-\log[OH^-]$
$8.4 = -\log[OH^-]$
[OH^-] = $10^{-8.4} = 3.981 \times 10^{-9}$ mol/L

05 ★★☆

공기 중 CO_2 가스의 부피가 5%를 넘으면 인체에 해롭다고 한다. 600$\mathrm{m^3}$되는 방에서 문을 닫고 85%의 탄소를 가진 숯을 최소 몇 kg을 태우면 해로운 상태로 되는지 계산하시오. (단, 기존의 공기 중 CO_2 가스의 부피는 고려하지 않고, 실내에서 기체는 완전히 혼합한다고 가정하며, 표준상태이다.)

정답

18.91kg

해설

한계 CO_2 부피 = 600$\mathrm{Sm^3} \times 0.05 = 30\mathrm{Sm^3}$
탄소(C, 원자량 12) 1kmol이 연소하면 이산화탄소(CO_2) 1kmol($22.4\mathrm{Sm^3}$)이 생성된다.
$C + O_2 \rightarrow CO_2$

$x \times \dfrac{85}{100} \times \dfrac{22.4\mathrm{Sm^3}}{12\mathrm{kg}} = 30\mathrm{Sm^3}$

$x = 18.908$ kg

06 ★★★

평판형 전기집진기의 집진극 전압이 60kV, 집진판 간격은 30cm이다. 가스속도는 1.0m/sec, 입자의 직경은 0.5μm 일 때 효율이 100%가 되는 집진극의 길이(m)를 계산하시오. (단, 입자의 이동속도 공식 및 조건은 다음에 제시된 것을 기준으로 한다.)

> 입자의 이동속도$(W_e) = \dfrac{1.1 \times 10^{-14} \times P \times E^2 \times d_p}{\mu}$
> $P = 2$
> $\mu = 8.63 \times 10^{-2} \text{kg/m} \cdot \text{hr}$

정답

7.35m

해설

(1) 입자의 이동속도 계산

$W_e = \dfrac{1.1 \times 10^{-14} \times P \times E^2 \times d_p}{\mu}$

W_e: 입자의 이동속도(m/sec)
E: 전계강도(V/m)
※ 전계강도를 구할 때에는 방전극과 집진극 사이의 거리를 기준으로 하기 때문에 집진판 간격을 2로 나누어서 식에 적용해야 한다.
d_p: 입자의 직경(μm), μ: 점성계수(kg/m·hr)

$W_e = \dfrac{1.1 \times 10^{-14} \times 2 \times \left(\dfrac{60,000\text{V}}{0.3\text{m}/2}\right)^2 \times 0.5}{8.63 \times 10^{-2}} = 0.0204\text{m/sec}$

(2) 효율이 100%가 되는 집진극의 길이(m)

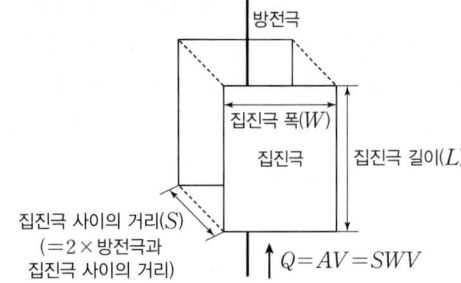

이론적 효율 $= \dfrac{A \times W_e}{Q}$

$1 = \dfrac{2WL \times W_e}{SWV} = \dfrac{2L \times W_e}{SV}$

Q: 처리가스량(m³/sec), A: 집진면적(m²)
W_e: 먼지의 겉보기 이동속도(m/sec)
입자를 완전히 제거하기 위한 이론적 효율은 1이다.

$1 = \dfrac{2L \times 0.0204}{0.3 \times 1}$

※ 이론적 효율을 구할 때 S는 집진극 사이의 거리이기 때문에 2로 나누지 않고 문제에 주어진 0.3m를 적용한다.

$L = 7.353\text{m}$

07 ★★☆

원자흡수분광광도법에서 사용하는 아래 용어의 정의를 각각 쓰시오.

(1) 공명선
(2) 분무실

정답

(1) 공명선은 원자가 외부로부터 빛을 흡수했다가 다시 먼저 상태로 돌아갈 때 방사하는 스펙트럼선이다.
(2) 분무실은 분무기와 함께 분무된 시료용액의 미립자를 더욱 미세하게 해주는 한편 큰 입자와 분리시키는 작용을 갖는 장치이다.

만점 KEYWORD

(1) 빛을 흡수, 먼저 상태, 방사, 스펙트럼선
(2) 분무된 시료용액, 미세하게, 큰 입자와 분리

08 ★★☆

21,000Sm³/hr의 배출가스를 물을 이용하여 처리하고자 한다. 목부의 유속은 80m/sec, 액가스비는 1L/m³인 경우 목부의 직경(m)을 계산하시오. (단, 배출가스의 온도는 150℃이다.)

정답

0.38m

해설

$Q = AV$

$Q = \dfrac{\pi}{4}D^2 \times V$

Q: 유량(m³/sec)
A: 단면적(m²), D: 직경(m)
V: 유속(m/sec)

$$\dfrac{21{,}000\mathrm{Sm}^3 \times \dfrac{(273+150)\mathrm{K}}{273\mathrm{K}}}{\mathrm{hr} \times \dfrac{3{,}600\mathrm{sec}}{\mathrm{hr}}} = \dfrac{\pi}{4}D^2 \times 80\mathrm{m/sec}$$

$D = 0.379\mathrm{m}$

※ D값은 공학용계산기의 SOLVE 기능으로 푸는 것이 편리합니다.

09 ★★☆

기체연료(C_mH_n) 1mol을 이론공기량으로 완전연소시켰을 경우 이론습연소가스량(mol)을 계산하시오.

정답

$(4.76m + 1.44n)$mol

해설

기체연료(C_mH_n)의 완전연소반응식은 다음과 같이 나타낼 수 있다.

$$C_mH_n + \left(m + \dfrac{n}{4}\right)O_2 \rightarrow mCO_2 + \dfrac{n}{2}H_2O$$

(1) 이론산소량, 이론공기량 계산

$$\text{이론산소량} = \left(m + \dfrac{n}{4}\right)\mathrm{mol}$$

$$\text{이론공기량} = \dfrac{\left(m + \dfrac{n}{4}\right)}{0.21} = 4.7619m + 1.1905n$$

(2) 이론습연소가스량 계산

이론공기 중 질소량 = 이론공기량 × 0.79
 = (4.7619m + 1.1905n) × 0.79 = 3.7619m + 0.9405n

$CO_2 = m$

$H_2O = 0.5n$

이론습연소가스량 = 이론공기 중 질소량 + 습연소생성물($CO_2 + H_2O$)
 = 3.7619m + 0.9405n + m + 0.5n
 = 4.7619m + 1.4405n

10 ★★★

다음 환경기준에 대한 알맞은 수치를 적으시오. (단, 환경정책기본법상 기준을 따른다.)

항목	기준
이산화질소 (NO_2)	연간 평균치: (①)ppm 이하
	24시간 평균치: (②)ppm 이하
	1시간 평균치: (③)ppm 이하
오존 (O_3)	8시간 평균치: (④)ppm 이하
	1시간 평균치: (⑤)ppm 이하
일산화탄소 (CO)	8시간 평균치: (⑥)ppm 이하
	1시간 평균치: (⑦)ppm 이하

정답

① 0.03, ② 0.06, ③ 0.10, ④ 0.06, ⑤ 0.1, ⑥ 9, ⑦ 25

11 ★★☆

가솔린 자동차에서 사용하는 삼원촉매장치에 대한 물음에 답하시오.

(1) 사용하는 삼원촉매를 3가지 쓰시오.
(2) 제거되는 오염물질을 3가지 쓰시오.

정답

(1) 백금(Pt), 팔라듐(Pd), 로듐(Rh)
(2) NO_x, HC, CO

관련이론 | 삼원촉매장치
- 삼원촉매장치에서 처리하는 오염물질은 NO_x, CO, HC이다.
- 일반적으로 백금촉매는 CO와 HC를 저감시키는 반응을 촉진시키고 로듐촉매는 NO_x를 저감시키는 반응을 촉진시킨다.
- 로듐(Rh): 환원촉매, N_2로 환원
- 백금(Pt), 팔라듐(Pd): 산화촉매, CO_2와 H_2O로 산화

12 ★★☆

다음 충전탑과 관련된 물음에 답하시오.

(1) Hold-up의 의미를 쓰시오.
(2) Loading Point의 의미를 쓰시오.
(3) Flooding Point의 의미를 쓰시오.
(4) Loading Point와 Flooding Point를 그래프를 이용하여 표현하시오.

정답

(1) 충전탑에서 Hold-up은 흡수액을 통과시키면서 유량속도를 증가할 경우 충전층 내의 액보유량이 증가하게 되는 상태이다.
(2) 일정량의 흡수액을 흘릴 때 유해가스의 압력손실은 가스속도의 대수값에 비례하며, 가스속도 증가 시 나타나는 첫 번째 파과점이다.
(3) 가스속도가 커져서 액이 흐르지 않고 넘는 점이다.
(4)

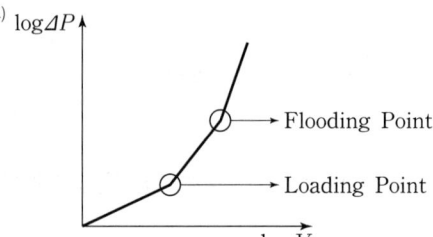

만점 KEYWORD
(1) 유량속도, 액보유량, 증가
(2) 가스속도 증가, 첫 번째, 파과점
(3) 가스속도, 넘는 점

2015년 2회 기출문제

01 ★★★

NO 448ppm, NO_2 44.8ppm을 함유한 배기가스 50,000Sm³/hr를 NH_3에 의한 선택적 접촉환원법으로 처리할 경우 NO_x를 제거하기 위한 NH_3의 이론량(kg/hr)을 계산하시오. (단, 산소는 공존하지 않는다.)

정답
13.6kg/hr

해설
(1) NO를 처리할 경우 필요한 NH_3의 양 계산
　NO의 발생량을 Sm³/hr 단위로 환산한다.
　$\dfrac{448mL}{Sm^3} \times \dfrac{50,000Sm^3}{hr} \times \dfrac{Sm^3}{10^6 mL} = 22.4 Sm^3/hr$
　NO 6kmol을 처리하기 위해서는 NH_3(분자량 17) 4kmol이 필요하다.
　$6NO + 4NH_3 \rightarrow 5N_2 + 6H_2O$
　$6 \times 22.4 Sm^3 : 4 \times 17kg = 22.4 Sm^3/hr : x$
　$x = 11.3333 kg/hr$

(2) NO_2를 처리할 경우 필요한 NH_3의 양 계산
　NO_2의 발생량을 Sm³/hr 단위로 환산한다.
　$\dfrac{44.8mL}{Sm^3} \times \dfrac{50,000Sm^3}{hr} \times \dfrac{Sm^3}{10^6 mL} = 2.24 Sm^3/hr$
　NO_2 6kmol을 처리하기 위해서는 NH_3(분자량 17) 8kmol이 필요하다.
　$6NO_2 + 8NH_3 \rightarrow 7N_2 + 12H_2O$
　$6 \times 22.4 Sm^3 : 8 \times 17kg = 2.24 Sm^3/hr : x$
　$x = 2.2667 kg/hr$

(3) NO_x를 제거하기 위한 NH_3의 이론량(kg/hr) 계산
　$11.3333 + 2.2667 = 13.6 kg/hr$

02 ★★☆

Bag filter에서 먼지부하가 360g/m²일 때마다 부착먼지를 간헐적으로 탈락시키려고 한다. 유입가스 중의 먼지농도가 10g/m³이고, 겉보기 여과속도가 1cm/sec일 때 부착먼지의 탈락시간 간격(sec)을 구하시오. (단, 집진율은 98.5%이다.)

정답
3,654.82sec

해설
부착먼지의 탈락시간 간격$(t) = \dfrac{L_d}{C_i \times V_f \times \eta}$

L_d : 먼지부하(g/m²), C_i : 입구먼지농도(g/m³)
V_f : 여과속도(m/sec), η : 집진효율

$t = \dfrac{\dfrac{360g}{m^2}}{\dfrac{10g}{m^3} \times \dfrac{0.01m}{sec} \times 0.985} = 3,654.822 sec$

03 ★★☆

대기오염공정시험기준상 굴뚝배출가스 중 이산화황의 연속 자동측정방법을 3가지 쓰시오.

정답
① 용액전도율법
② 적외선흡수법
③ 자외선흡수법
④ 정전위전해법
⑤ 불꽃광도법

04 ★★★

조성이 탄소 86%, 수소 12%, 황 2%인 중유가 연소했을 때 배기가스 중 (CO_2+SO_2)가 13%, O_2이 3.5%이었다. 건조연소가스 중의 SO_2 농도(ppm)를 계산하시오. (단, 표준상태이다.)

정답
1,139.90ppm

해설
과잉공기비(m)를 구한다.

$$m = \frac{N_2}{N_2 - 3.76(O_2 - 0.5CO)} = \frac{83.5}{83.5 - 3.76(3.5 - 0.5 \times 0)} = 1.1871$$

이론산소량 $= 1.867C + 5.6H + 0.7S - 0.7O$
$= (1.867 \times 0.86) + (5.6 \times 0.12) + (0.7 \times 0.02) = 2.2916 Sm^3/kg$

이론공기량 $= \dfrac{이론산소량}{0.21} = \dfrac{2.2916}{0.21} = 10.9124 Sm^3/kg$

이론공기 중 질소량 = 이론공기량 × 0.79
$= 10.9124 \times 0.79 = 8.6208 Sm^3/kg$

과잉공기량 = 이론공기량 × ($m-1$)
$= 10.9124 \times (1.1871 - 1) = 2.0417 Sm^3/kg$

CO_2 배출량
C(탄소, 원자량 12) 1kmol이 연소하면 이산화탄소(CO_2) 1kmol이 발생한다.
$C + O_2 \rightarrow CO_2$
$12kg : 22.4 Sm^3 = 0.86 kg/kg : x$
$x = 1.6053 Sm^3/kg$

SO_2 배출량
S(황, 원자량 32) 1kmol이 연소하면 이산화황(SO_2) 1kmol이 발생한다.
$S + O_2 \rightarrow SO_2$
$32kg : 22.4 Sm^3 = 0.02 kg/kg : x$
$x = 0.014 Sm^3/kg$

실제건조연소가스량 = 이론공기 중 질소량 + 과잉공기량 + 건조연소생성물(CO_2+SO_2)
$= 8.6208 + 2.0417 + 1.6053 + 0.014 = 12.2818 Sm^3/kg$

SO_2 농도(ppm) $= \dfrac{SO_2\ 배출량}{실제건조연소가스량} \times 10^6$

$= \dfrac{0.014}{12.2818} \times 10^6 = 1,139.898 ppm$

05 ★★☆

다음과 같은 중력 침강실에서 분진을 완전히 제거할 수 있는 먼지입자의 최소입경(μm)을 계산하시오.

- 침강실의 길이: 5m, 높이: 2m
- 침강실은 바닥을 포함하여 8개의 평행판으로 이루어져 있다.
- 침강실에 유입되는 분진가스의 유속: 0.2m/sec
- 입자의 밀도: $1,600 kg/m^3$
- 공기의 밀도: $1.3 kg/m^3$
- 분진가스의 점도: $2.1 \times 10^{-5} kg/m \cdot sec$
- 가스의 흐름: 층류

정답
$15.53 \mu m$

해설
입자를 100% 제거하기 위한 중력집진장치의 설계공식

$$\frac{V_g}{V} = \frac{H}{L}$$

V_g: 중력침강속도(m/sec), V: 유속(m/sec)
H: 침강실의 높이(m), L: 침강실의 길이(m)

중력침강속도 공식

$$V_g = \frac{d_p^2 \times (\rho_p - \rho)g}{18\mu}$$

V_g: 침강속도(m/sec), d_p: 입자의 직경(m)
ρ_p: 입자의 밀도(kg/m^3), ρ: 공기의 밀도(kg/m^3)
g: 중력가속도(9.8m/sec^2)
μ: 점성계수($kg/m \cdot sec$)

중력침강속도 공식을 입자를 100% 제거하기 위한 중력집진장치의 설계공식에 대입하면 다음과 같다.

$$\frac{\dfrac{d_p^2 \times (\rho_p - \rho)g}{18\mu}}{V} = \frac{H}{L}$$

문제의 조건을 대입하여 최소입경(d_p)을 구한다.

$$\frac{\dfrac{d_p^2(1,600 - 1.3) \times 9.8}{18 \times 2.1 \times 10^{-5}}}{0.2} = \frac{2 \div 8}{5}$$

$d_p = 1.553 \times 10^{-5} m = 15.53 \mu m$

문제의 조건에 바닥을 포함하여 평행판이 8개 있다고 했으므로 H는 8로 나누어서 식에 적용한다.

※ d_p 값은 공학용계산기의 SOLVE 기능을 이용하여 푸는 것이 편리합니다.

06 ★★★

1m의 직경을 갖는 원심력 집진장치에서 $3m^3/sec$의 가스 (1atm)를 처리하고자 한다. 이때 유입속도(m/sec)와 절단입경(μm)을 계산하시오.

- 처리 입자의 밀도: $1.6g/cm^3$
- 점도: $1.85 \times 10^{-5} kg/m \cdot sec$
- 입구 높이: 0.5m
- 입구 폭: 0.25m
- 유효회전수: 6
- 공기밀도: $1.3kg/m^3$

(1) 유입속도(m/sec)
(2) 절단입경(μm)

정답

(1) 24m/sec
(2) $5.36\mu m$

해설

(1) 유입속도(m/sec) 계산

$Q = AV$

Q: 유량(m^3/sec), A: 단면적(m^2), V: 속도(m/sec)

$$V = \frac{Q}{A} = \frac{3m^3/sec}{0.5m \times 0.25m} = 24m/sec$$

(2) 절단입경(μm) 계산

$$d_{p50}(\mu m) = \left[\frac{9 \times \mu \times B}{2 \times (\rho_p - \rho) \times \pi \times N_e \times V}\right]^{0.5} \times 10^6$$

μ: 가스의 점도(kg/m·sec)
B: 유입구의 폭(m)
N_e: 유효회전수, V: 입구의 유속(m/sec)
ρ_p: 입자의 밀도(kg/m^3)

$$\rho_p = \frac{1.6g}{cm^3} \times \frac{kg}{1,000g} \times \frac{10^6 cm^3}{m^3} = 1,600 kg/m^3$$

ρ: 가스의 밀도(kg/m^3)

$$d_{p50} = \left[\frac{9 \times 1.85 \times 10^{-5} \times 0.25}{2 \times (1,600 - 1.3) \times \pi \times 6 \times 24}\right]^{0.5} \times 10^6$$

$= 5.364 \mu m$

07 ★★☆

기체크로마토그래피에서의 각 정량방법을 함유율을 구하는 식을 포함하여 설명하시오.

(1) 보정넓이 백분율법
(2) 상대검정곡선법
(3) 표준물첨가법

정답

(1) 보정넓이 백분율법

도입한 시료의 전 성분이 용출되며 또한 용출 전 성분의 상대감도가 구해진 경우는 다음 식에 의하여 정확한 함유율을 구할 수 있다.

$$X_i(\%) = \frac{A_i/f_i}{\sum_{i=1}^{n}(A_i/f_i)} \times 100$$

f_i: i 성분의 상대감도, n: 전 봉우리 수

(2) 상대검정곡선법

정량하려는 성분의 순물질(X) 일정량에 내부표준물질(S)의 일정량을 가한 혼합시료의 크로마토그램을 기록하여 봉우리 넓이를 측정한다.

$$X(\%) = \frac{\left(\frac{M'_X}{M'_S}\right) \times n}{M} \times 100$$

M'_X: 피검성분량, M'_S: 표준물질량
n: 표준물질의 기지량, M: 시료의 기지량

(3) 표준물첨가법

시료의 크로마토그램으로부터 피검성분 A 및 다른 임의의 성분 B의 봉우리 넓이 a_1 및 b_1을 구한다.

$$X(\%) = \frac{\Delta W_A}{\left(\frac{a_2}{b_2} \times \frac{b_1}{a_1} - 1\right)W} \times 100$$

ΔW_A: 성분 A의 기지량
a_1, a_2: 성분 A의 봉우리 넓이
b_1, b_2: 성분 B의 봉우리 넓이
W: 시료량

※ 이 문제는 대기오염공정시험기준에 있는 내용을 전부 작성해야 만점을 받을 수 있어 수험생의 선택에 따라 암기해야 할 문제입니다.

08 ★★★

다음 바람에 대하여 서술하시오. (단, 정의, 특성, 밤과 낮일 때 차이를 구분해서 서술한다.)

(1) 해륙풍
(2) 산곡풍
(3) 경도풍

정답

(1) 해륙풍은 해안 근처의 지역에서 바다와 육지의 열용량차에 의해 발달된 바람이다.
낮에는 햇빛에 의해 육지가 빨리 따뜻해져 공기가 상승하여 바다에서 육지쪽으로 부는 바람을 해풍이라 하고 밤에는 육지가 빨리 차가워져 공기가 하강하고 바다는 천천히 식어 따뜻한 공기가 형성되어 육지에서 바다로 부는 바람을 육풍이라 한다.
(2) 산곡풍은 평지와 계곡 및 분지지역의 일사량차로 인하여 생기는 바람이다.
곡풍은 낮의 일사량이 평지보다 산이 많아 산의 비탈면을 따라 상승하는 바람이고 산풍은 밤에 산의 냉각으로 산의 비탈면을 따라 하강하는 바람이다.
(3) 경도풍은 기압경도력이 원심력, 전향력과 평형을 이루면서 고기압과 저기압의 중심부에서 발생하는 바람이다.

만점 KEYWORD

(1) 해안, 바다와 육지의 열용량차, 해풍, 육풍
(2) 평지와 계곡, 분지지역, 일사량차, 곡풍, 산풍
(3) 기압경도력, 원심력, 전향력, 평형, 중심부

09 ★★☆

유해가스 흡수장치 중 액분산형 흡수장치를 3가지 쓰시오.

정답

① 충전탑
② 분무탑
③ 벤투리 스크러버
④ 사이클론 스크러버

10 ★★☆

연소가스 중 NO를 다음 화합물과 반응시켜 N_2로 환원시키는 접촉환원법에 대한 반응식을 각각 쓰시오.

(1) H_2
(2) CO
(3) NH_3
(4) H_2S

정답

(1) $2NO + 2H_2 \rightarrow N_2 + 2H_2O$
(2) $2NO + 2CO \rightarrow N_2 + 2CO_2$
(3) $6NO + 4NH_3 \rightarrow 5N_2 + 6H_2O$
(4) $2NO + 2H_2S \rightarrow N_2 + 2H_2O + 2S$

11 ★★★

원심력집진장치와 관련된 물음에 답하시오.

(1) 블로우다운(Blow down)의 의미를 서술하시오.
(2) 블로우다운(Blow down)효과를 3가지 쓰시오.

정답

(1) 원심력집진장치에서 처리가스량의 5~10% 정도를 흡인하여 줌으로써 유효원심력을 증대시키는 방법이다.
(2) ① 사이클론 내의 난류현상을 억제시킨다.
② 먼지의 재비산을 막아준다.
③ 장치 내벽에 부착되는 먼지의 축적을 방지한다.
④ 집진효율이 증대된다.

만점 KEYWORD

(1) 처리가스량, 흡인, 유효원심력, 증대
(2) ① 난류현상, 억제
② 재비산, 막아준다.
③ 내벽, 먼지의 축적, 방지
④ 집진효율, 증대

2015년 1회 기출문제

01 ★★★

NO 448ppm, NO₂ 44.8ppm을 함유한 배기가스 50,000Sm³/hr를 NH₃에 의한 선택적 접촉환원법으로 처리할 경우 NOₓ를 제거하기 위한 NH₃의 이론량(kg/hr)을 계산하시오. (단, 산소는 공존하지 않는다.)

정답

13.6kg/hr

해설

(1) NO를 처리할 경우 필요한 NH₃의 양 계산

NO의 발생량을 Sm³/hr 단위로 환산한다.

$$\frac{448\text{mL}}{\text{Sm}^3} \times \frac{50,000\text{Sm}^3}{\text{hr}} \times \frac{\text{Sm}^3}{10^6\text{mL}} = 22.4\text{Sm}^3/\text{hr}$$

NO 6kmol을 처리하기 위해서는 NH₃(분자량 17) 4kmol이 필요하다.

$6\text{NO} + 4\text{NH}_3 \rightarrow 5\text{N}_2 + 6\text{H}_2\text{O}$

$6 \times 22.4\text{Sm}^3 : 4 \times 17\text{kg} = 22.4\text{Sm}^3/\text{hr} : x$

$x = 11.3333\text{kg/hr}$

(2) NO₂를 처리할 경우 필요한 NH₃의 양 계산

NO₂의 발생량을 Sm³/hr 단위로 환산한다.

$$\frac{44.8\text{mL}}{\text{Sm}^3} \times \frac{50,000\text{Sm}^3}{\text{hr}} \times \frac{\text{Sm}^3}{10^6\text{mL}} = 2.24\text{Sm}^3/\text{hr}$$

NO₂ 6kmol을 처리하기 위해서는 NH₃(분자량 17) 8kmol이 필요하다.

$6\text{NO}_2 + 8\text{NH}_3 \rightarrow 7\text{N}_2 + 12\text{H}_2\text{O}$

$6 \times 22.4\text{Sm}^3 : 8 \times 17\text{kg} = 2.24\text{Sm}^3/\text{hr} : x$

$x = 2.2667\text{kg/hr}$

(3) NOₓ를 제거하기 위한 NH₃의 이론량(kg/hr) 계산

$11.3333 + 2.2667 = 13.6\text{kg/hr}$

02 ★★☆

송풍기 회전판의 회전에 의하여 세정액이 미립자로 만들어져 집진하는 원리를 가진 회전식 세정집진장치에서 직경이 12cm인 회전판이 4,400rpm으로 회전하고 있다. 이때 형성되는 물방울의 직경(μm)을 계산하시오.

정답

185.57μm

해설

$$d_p = \frac{200}{N\sqrt{R}} \times 10^4$$

d_p: 물방울의 직경(μm)

N: 회전판의 회전수(rpm), R: 회전판의 반경(cm)

$$d_p = \frac{200}{4,400\sqrt{6}} \times 10^4 = 185.567\mu\text{m}$$

03 ★★☆

피토우관 경사마노미터의 확대율이 10배이고 차압이 32mmH₂O이다. 유속을 1.4배 증가시킬 경우 동압(mmH₂O)은 얼마인지 계산하시오.

정답

6.27mmH₂O

해설

$$V = C\sqrt{\frac{2gh}{\gamma}}$$

V: 배출가스 평균유속(m/sec)
C: 피토우관 계수, h: 동압(mmH₂O)
γ: 배출가스의 밀도(kg/m³)

문제에서 확대율이 10배라고 했으므로 차압을 확대율로 나누어 동압을 구한다.

$$h = \frac{32\text{mmH}_2\text{O}}{10} = 3.2\text{mmH}_2\text{O}$$

유속과 동압을 제외한 변수는 동일하므로 상수 K로 둘 수 있다.
$V = K\sqrt{h}$, $V = K\sqrt{3.2}$

동압의 증가로 유속이 1.4배 증가하였을 때의 식은 다음과 같다.
$1.4V = K\sqrt{h}$
$1.4 \times K\sqrt{3.2} = K\sqrt{h}$
$h = (1.4 \times \sqrt{3.2})^2 = 6.272\text{mmH}_2\text{O}$

04 ★★☆

원형 굴뚝을 변형시켜 직경이 기존의 1/4로 변하였을 경우에 압력손실은 얼마만큼 변하는지 계산하시오.

정답

1,024배 증가한다.

해설

(1) 직경의 변화에 따른 유속 변화량 산정

$$V = \frac{Q}{A} = \frac{Q}{\frac{\pi}{4} \times D^2}$$

V: 유속, Q: 유량

$A(\text{단면적}) = \frac{\pi}{4}D^2$ (D: 직경)

직경이 기존의 1/4로 변하면 유속은 16배 증가한다.

(2) 원형 덕트의 압력손실 구하기

$$\Delta P = 4f \times \frac{L}{D} \times \frac{\gamma \times V^2}{2g} = 4f \times \frac{L}{D} \times P_V$$

ΔP: 압력손실, f: 마찰계수
L: 관의 길이, D: 관의 직경
g: 중력가속도, γ: 공기의 밀도, V: 유속

$$P_V(\text{속도압}) = \frac{\gamma \times V^2}{2g}$$

문제에서는 다른 조건은 언급이 없고, 직경(D)에 따른 속도변화와 압력변화량(ΔP)을 묻고 있으므로 다른 조건은 모두 상수 K로 둔다.

$$\Delta P = K \times \frac{V^2}{D}$$

변경 전(D, V)과 변경 후($\frac{1}{4}D$, $16V$)의 압력손실을 비교한다.

$$\frac{\Delta P_2}{\Delta P_1} = \frac{K \times \frac{(16V)^2}{\frac{1}{4}D}}{\frac{K \times V^2}{D}} = 16^2 \times 4 = 1,024$$

05 ★★☆

구성이 H_2 75%, CO_2 25%인 기체연료가 공기비 1.2로 연소할 때 습배출가스 중 CO_2 농도(%)를 계산하시오.

정답

9.03%

해설

기체연료의 전체 부피를 $1Sm^3$으로 가정하면 H_2는 $0.75Sm^3$, CO_2는 $0.25Sm^3$이다.

이론산소량

수소 기체(H_2) 2kmol이 연소할 때 산소(O_2)는 1kmol이 필요하다.

$2H_2 + O_2 \rightarrow 2H_2O$

$2Sm^3 : 1Sm^3 = 0.75Sm^3 : x$

$x = 0.375Sm^3$

이론공기량 $= \dfrac{\text{이론산소량}}{0.21} = \dfrac{0.375}{0.21} = 1.7857Sm^3$

이론공기 중 질소량 = 이론공기량 × 0.79
$= 1.7857 \times 0.79 = 1.4107Sm^3$

과잉공기량 = 이론공기량 × (m − 1)   (m: 공기비)
$= 1.7857 \times (1.2 − 1) = 0.3571Sm^3$

CO_2는 연소하지 않으므로 기체연료에 있던 $0.25Sm^3$이 그대로 배출된다.

H_2O 배출량

수소 기체(H_2) 2kmol이 연소하면 물(H_2O) 2kmol이 생성된다.

$2H_2 + O_2 \rightarrow 2H_2O$

$2Sm^3 : 2Sm^3 = 0.75Sm^3 : x$

$x = 0.75Sm^3$

실제습연소가스량 = 이론공기 중 질소량 + 과잉공기량 + 습연소생성물($CO_2 + H_2O$)
$= 1.4107 + 0.3571 + 0.25 + 0.75 = 2.7678Sm^3$

$CO_2(\%) = \dfrac{CO_2 \text{ 배출량}}{\text{실제습연소가스량}} \times 100 = \dfrac{0.25}{2.7678} \times 100 = 9.032\%$

06 ★★☆

오염된 공기를 활성탄 흡착층으로 처리하고자 한다. 활성탄 흡착층의 운전용량은 주어진 Yaws의 식에 의해 나타난 흡착용량의 40%라 할 때 다음 조건을 기준으로 활성탄 흡착층의 운전용량(kg/kg)을 계산하시오.

- 오염된 공기는 $30m^3/min$(25℃, 1atm)으로 흡착층에 유입된다.
- 공기 중 Benzene(C_6H_6) 700ppm이 포함되어 있다.
- 흡착층의 깊이: 0.85m
- 공탑의 속도: 0.65m/sec
- 활성탄의 겉보기 밀도: $330kg/m^3$

Yaws의 식

$\log X = -1.189 + 0.288 \times \log C_e - 0.0238[\log C_e]^2$

X: 흡착용량(오염물 kg/탄소 kg)

C_e: 오염농도(ppm)

정답

0.11kg/kg

해설

$\log X = -1.189 + 0.288 \times \log C_e - 0.0238[\log C_e]^2$

$\log X = -1.189 + 0.288 \times \log(700) - 0.0238[\log(700)]^2 = -0.5623$

$X = 10^{-0.5623} = 0.2740 kg/kg$

문제에서 흡착층의 운전용량은 Yaws의 식에 의해 나타난 흡착용량의 40%라고 했다.

흡착층의 운전용량(kg/kg) = $0.2740 \times 0.4 = 0.110 kg/kg$

07 ★★☆

원심력 집진장치를 이용하여 분진을 처리하고자 한다. 아래 조건을 기준으로 Lapple식을 적용하여 총 집진효율(%)을 계산하시오.

- 유입구 폭: 0.25m
- 가스 밀도: 1.2kg/m³
- 유입구 높이: 0.5m
- 가스 점도: 1.85×10^{-4} poise
- 유효 회전수: 6회
- 분진 밀도: 1.8g/cm³
- 유입 함진가스: 1m³/sec

입경 (μm)	10	30	60	80	100
중량분포 (%)	5	15	50	20	10
d_p/d_{p50}	0.16	0.48	1.14	1.27	2.06
부분 집진율(%)	3	19	51	62	81
d_p/d_{p50}	3.42	3.83	6.85	9.13	11.42
부분 집진율(%)	93	94	97	99	100

정답

94.8%

해설

절단입경 산정 공식을 이용한다.

$$d_{p50}(\mu m) = \left[\frac{9 \times \mu \times B}{2 \times (\rho_p - \rho) \times \pi \times N_e \times V} \right]^{0.5} \times 10^6$$

μ: 가스의 점도(kg/m·sec)

$\mu = \frac{1.85 \times 10^{-4} g}{cm \cdot sec} \times \frac{kg}{10^3 g} \times \frac{100cm}{m} = \frac{1.85 \times 10^{-5} kg}{m \cdot sec}$

B: 유입구의 폭(m), N_e: 유효회전수, V: 입구의 유속(m/sec)

$V = \frac{Q}{A} = \frac{1 m^3/sec}{0.25m \times 0.5m} = 8 m/sec$

ρ_p: 입자의 밀도(kg/m³)

$\rho_p = \frac{1.8g}{cm^3} \times \frac{kg}{1,000g} \times \frac{10^6 cm^3}{m^3} = 1,800 kg/m^3$

ρ: 가스의 밀도(kg/m³)

(1) 절단입경(μm) 계산

$d_{p50}(\mu m) = \left[\frac{9 \times 1.85 \times 10^{-5} \times 0.25}{2 \times (1,800 - 1.2) \times \pi \times 6 \times 8} \right]^{0.5} \times 10^6$

$= 8.7594 \mu m$

(2) 입경별 부분집진율 산정

입경별 d_p/d_{p50}을 계산한 후 문제의 표에서 부분집진율(%)을 찾는다.

- 10μm의 부분집진율 $= \frac{10}{8.7594} = 1.1416 \rightarrow 51\%$
- 30μm의 부분집진율 $= \frac{30}{8.7594} = 3.4249 \rightarrow 93\%$
- 60μm의 부분집진율 $= \frac{60}{8.7594} = 6.8498 \rightarrow 97\%$
- 80μm의 부분집진율 $= \frac{80}{8.7594} = 9.1330 \rightarrow 99\%$
- 100μm의 부분집진율 $= \frac{100}{8.7594} = 11.4163 \rightarrow 100\%$

(3) 총 집진효율(η_T) 계산

(2)에서 구한 부분집진율과 문제에서 제시된 중량분포를 이용하여 총 집진효율을 계산한다.

$\eta_T = (51 \times 0.05) + (93 \times 0.15) + (97 \times 0.5) + (99 \times 0.2)$
$\quad + (100 \times 0.1)$
$= 94.8\%$

08 ★★☆

다음은 다중이용시설 중 실내주차장의 실내공기질 권고기준이다. 빈칸에 알맞은 기준을 쓰시오.

항목	유지기준
NO_2	(①)ppm 이하
라돈	(②)Bq/m³ 이하
총휘발성유기화합물	(③)μg/m³ 이하

정답
① 0.30, ② 148, ③ 1,000

관련이론 | 실내주차장의 실내공기질 권고기준

항목	유지기준
이산화질소(NO_2)	0.30ppm 이하
라돈	148Bq/m³ 이하
총휘발성유기화합물	1,000μg/m³ 이하

09 ★☆☆

국소환기장치가 전체환기장치보다 좋은 점을 3가지 쓰시오.

정답
① 적은 소요동력으로 국소적인 흡인방식이 가능하여 작업장으로 유해물질의 확산이 적다.
② 오염물질의 제어효율이 좋은 편이다.
③ 필요한 부지면적이 적다.
④ 후드를 발생원 가까이 설치하여 방해기류를 적게 받는다.

만점 KEYWORD
① 적은 소요동력, 유해물질의 확산, 적다.
② 제어효율, 좋은
③ 부지면적, 적다.
④ 후드, 발생원 가까이, 방해기류, 적게

10 ★★☆

기체크로마토그래피에서 분리도와 분리계수 공식을 쓰고, 각각을 기술하시오.

정답
분리도$(R) = \dfrac{2(t_{R2} - t_{R1})}{W_1 + W_2}$, 분리계수$(d) = \dfrac{t_{R2}}{t_{R1}}$

t_{R1}: 시료도입점으로부터 봉우리 1의 최고점까지의 길이
t_{R2}: 시료도입점으로부터 봉우리 2의 최고점까지의 길이
W_1: 봉우리 1의 좌우 변곡점에서의 접선이 자르는 바탕선의 길이
W_2: 봉우리 2의 좌우 변곡점에서의 접선이 자르는 바탕선의 길이

11 ★★☆

충전탑과 단탑의 차이점을 3가지 쓰시오.

정답
① 포말성 흡수액일 경우 충전탑이 유리하다.
② 흡수액에 부유물이 포함되어 있을 경우 단탑을 사용하는 것이 더 효율적이다.
③ 온도 변화에 따른 팽창과 수축이 우려될 경우에는 충전제 손상이 예상되므로 단탑이 유리하다.
④ 운전 시 용매에 의해 발생되는 용해열을 제거해야 할 경우 냉각오일을 설치하기 쉬운 단탑이 유리하다.
⑤ 단탑은 충전탑에 비해 압력손실이 크다.
⑥ 단탑은 충전탑에 비해 흡수액의 Hold-up이 크다.
⑦ 충전탑은 충전물이 고가이므로 초기 설치비가 많이 든다.

만점 KEYWORD
① 포말성, 충전탑, 유리
② 부유물, 단탑, 효율적
③ 팽창, 수축, 충전제 손상, 단탑, 유리
④ 용해열, 제거, 냉각오일, 단탑, 유리
⑤ 단탑, 충전탑, 압력손실
⑥ 단탑, 충전탑, Hold-up
⑦ 충전물, 고가, 설치비

2014년 4회 기출문제

01 ★★☆

다음과 같은 조건에서 1시간 후 500m³인 방 안의 포름알데하이드의 농도(ppm)를 계산하시오. (단, 정답은 소수 셋째자리까지 구하시오.)

- 1시간 동안 5명이 10개비의 담배를 피운다.
- 담배 1개비당 1.4mg의 포름알데하이드가 발생한다.
- 포름알데하이드는 완전혼합된다.
- 담배를 피우기 전에 방안의 포름알데하이드의 농도는 0이다.
- 실내온도는 25℃이다.

정답

0.023ppm

해설

문제에 주어진 조건을 단위환산해서 정답을 구한다.
포름알데하이드(HCHO)의 분자량 = 1+12+1+16 = 30

$$\frac{\frac{1.4\text{mg}}{1\text{개비}} \times 10\text{개비} \times \frac{22.4\text{SmL}}{30\text{mg}} \times \frac{(273+25)\text{K}}{273\text{K}}}{500\text{m}^3}$$

$= 0.0228\text{mL/m}^3 = 0.0228\text{ppm}$

02 ★★☆

전기집진장치에서 전류밀도가 먼지층 표면부근의 이온전류밀도와 같고 양호한 집진작용이 이루어지는 값이 2×10^{-8}A/cm²이다. 먼지층 중의 절연파괴 전계강도를 5×10^3V/cm로 할 때 물음에 답하시오.

(1) 먼지층의 겉보기 전기저항을 계산하시오.
(2) 역전리 현상이 발생하는지 여부를 판단하시오.

정답

(1) $2.5 \times 10^{11} \Omega \cdot \text{cm}$
(2) 겉보기 전기저항이 $10^{11} \Omega \cdot \text{cm}$ 이상이므로 역전리 현상이 발생한다.

해설

겉보기 전기저항 = $\frac{\text{절연파괴 전계강도}}{\text{전류밀도}}$

$= \frac{5 \times 10^3 \text{V/cm}}{2 \times 10^{-8} \text{A/cm}^2}$

$= 2.5 \times 10^{11} \Omega \cdot \text{cm}$

구분	기준	현상
저 비저항	$10^4 \Omega \cdot \text{cm}$ 이하	재비산 현상
고 비저항	$10^{11} \Omega \cdot \text{cm}$ 이상	역전리 현상

03 ★★★

NO 448ppm, NO_2 44.8ppm을 함유한 배기가스 50,000Sm³/hr를 NH_3에 의한 선택적 접촉환원법으로 처리할 경우 NO_x를 제거하기 위한 NH_3의 이론량(kg/hr)을 계산하시오. (단, 산소는 공존하지 않는다.)

정답

13.6kg/hr

해설

(1) NO를 처리할 경우 필요한 NH_3의 양 계산

NO의 발생량을 Sm³/hr 단위로 환산한다.

$$\frac{448mL}{Sm^3} \times \frac{50,000Sm^3}{hr} \times \frac{Sm^3}{10^6 mL} = 22.4Sm^3/hr$$

NO 6kmol을 처리하기 위해서는 NH_3(분자량 17) 4kmol이 필요하다.

$6NO + 4NH_3 \rightarrow 5N_2 + 6H_2O$

$6 \times 22.4Sm^3 : 4 \times 17kg = 22.4Sm^3/hr : x\,kg/hr$

$x = 11.3333kg/hr$

(2) NO_2를 처리할 경우 필요한 NH_3의 양 계산

NO_2의 발생량을 Sm³/hr 단위로 환산한다.

$$\frac{44.8mL}{Sm^3} \times \frac{50,000Sm^3}{hr} \times \frac{Sm^3}{10^6 mL} = 2.24Sm^3/hr$$

NO_2 6kmol을 처리하기 위해서는 NH_3(분자량 17) 8kmol이 필요하다.

$6NO_2 + 8NH_3 \rightarrow 7N_2 + 12H_2O$

$6 \times 22.4Sm^3 : 8 \times 17kg = 2.24Sm^3/hr : x\,kg/hr$

$x = 2.2667kg/hr$

(3) NO_x를 제거하기 위한 NH_3의 이론량(kg/hr) 계산

$11.3333 + 2.2667 = 13.6kg/hr$

관련이론 | 선택적 촉매환원기술(SCR)

- 선택적 촉매환원법이라고도 하며 200~400℃에서 촉매(TiO_2와 V_2O_5 등)에 NH_3, H_2, CO, H_2S 등의 환원가스를 작용시켜 NO_x를 N_2로 환원시키는 방법이다.
- $6NO_2 + 8NH_3 \rightarrow 7N_2 + 12H_2O$
- $6NO + 4NH_3 \rightarrow 5N_2 + 6H_2O$
- $4NO + 4NH_3 + O_2 \rightarrow 4N_2 + 6H_2O$(산소가 공존하는 상태)
- 촉매: 백금, 산화알루미늄계, 산화철계, 산화티타늄계 등
- 환원가스: NH_3, CO, H_2S, H_2 등

04 ★★★

높이가 35m인 굴뚝에 집진장치를 설치하였더니 압력손실이 10mmH₂O 만큼 발생되었다. 집진장치를 설치하기 이전의 통풍력을 유지하기 위해서는 굴뚝의 높이(m)를 얼마나 높여야 하는지 계산하시오. (단, 조건은 다음을 따른다.)

- 대기의 온도: 27℃
- 가스의 온도: 227℃
- 대기 및 배출가스의 비중량: 1.3kgf/Sm³

정답

21.13m

해설

압력손실에 해당하는 만큼 굴뚝의 높이를 높여야 한다.

통풍력(mmH₂O) $= 273 \times H \times \left[\dfrac{\gamma_a}{273 + t_a} - \dfrac{\gamma_g}{273 + t_g} \right]$

H: 굴뚝의 높이(m)

t_a: 대기의 온도(℃), t_g: 가스의 온도(℃)

γ_a: 대기의 비중량(kgf/Sm³), γ_g: 배출가스의 비중량(kgf/Sm³)

$10mmH_2O = 273 \times H \times \left[\dfrac{1.3}{273 + 27} - \dfrac{1.3}{273 + 227} \right]$

$H = 21.133m$

05 ★☆☆

저위발열량이 13,500kcal/kg인 중유의 이론습연소가스량과 이론공기량을 계산하시오. (단, Rosin 식을 이용하여 계산하고, 계산식도 쓰시오.)

(1) 이론습연소가스량(Sm^3/kg)
(2) 이론공기량(Sm^3/kg)

정답

(1) 이론습연소가스량(Sm^3/kg)

$$G_{ow} = \frac{1.11 \times 13,500}{1,000} = 14.985 = 14.99 \, Sm^3/kg$$

(2) 이론공기량(Sm^3/kg)

$$A_o = \frac{0.85 \times 13,500}{1,000} + 2.0 = 13.475 = 13.48 \, Sm^3/kg$$

관련이론 | Rosin 식

연료	공식
고체연료	이론습연소가스량 $G_{ow} = \dfrac{0.89Hl}{1,000} + 1.65 \, Sm^3/kg$ 이론공기량 $A_o = \dfrac{1.01Hl}{1,000} + 0.5 \, Sm^3/kg$
액체연료	이론습연소가스량 $G_{ow} = \dfrac{1.11Hl}{1,000} \, Sm^3/kg$ 이론공기량 $A_o = \dfrac{0.85Hl}{1,000} + 2.0 \, Sm^3/kg$

06 ★★☆

다음 연소방법을 해당 물질 1가지 이상을 언급하여 의미를 서술하시오.

(1) 증발연소
(2) 분해연소
(3) 표면연소
(4) 확산연소
(5) 내부연소

정답

(1) 증발연소는 휘발유, 등유 등과 같이 화염으로부터 열을 받아 가연성 증기가 발생하여 연소하는 형태이다.
(2) 분해연소는 석탄, 목재와 같이 분자량이 큰 연료가 열분해되면 가연성 가스를 방출하는데 이 가연성 가스가 화염을 발생시키며 연소하는 형태이다.
(3) 표면연소는 목탄, 코크스 등과 같이 고정탄소 성분이 연소하여 화염을 내지 않고 표면이 빨갛게 빛을 내면서 연소하는 형태이다.
(4) 확산연소는 LPG, 프로판 등과 같은 기체연료를 버너노즐로 분사시켜 외부 공기와 혼합하면서 연소하는 형태이다.
(5) 내부연소는 니트로글리세린 등과 같이 공기 중의 산소의 공급이 없어도 그 물질 내부에 포함하고 있는 산소를 이용하여 스스로 연소하는 형태이다.

만점 KEYWORD

(1) 휘발유, 화염, 가연성 증기
(2) 목재, 열분해, 가연성 가스, 화염
(3) 목탄, 고정탄소, 표면이 빨갛게
(4) LPG, 외부 공기, 혼합
(5) 니트로글리세린, 산소, 스스로 연소

07 ★★☆

여과집진장치에 대한 물음에 답하시오.
(1) 간헐식 탈진방식의 장점을 2가지 쓰시오.
(2) 연속식 탈진방식의 장점을 2가지 쓰시오.

정답
(1) ① 간헐식은 먼지의 재비산이 적다.
② 탈진과 여과를 순차적으로 실시하므로 높은 집진율을 얻을 수 있다.
③ 여포의 수명이 연속식에 비해 길다.
(2) ① 연속식은 포집과 탈진이 동시에 이루어지므로 압력손실이 거의 일정하다.
② 고농도, 대용량의 가스를 처리할 수 있다.
③ 점성있는 조대먼지의 탈진에 효과적이다.

만점 KEYWORD
(1) ① 먼지의 재비산, 적다.
② 탈진, 여과, 순차적, 높은 집진율
③ 여포의 수명, 길다.
(2) ① 포집, 탈진, 동시, 압력손실이 거의 일정
② 고농도, 대용량, 처리
③ 점성, 조대먼지, 탈진, 효과적

08 ★★☆

액체연료 연소장치 중 유압분무식 버너의 특징을 5가지 쓰시오.

정답
① 구조가 간단하고 유지보수가 용이하다.
② 연소장치가 큰 대형보일러에 이용할 수 있다.
③ 고부하의 연소가 가능하다.
④ 연료의 분사유량은 15~2,000L/h 정도이다.
⑤ 유압은 5~30kg/cm²로 크다.
⑥ 유량조절범위가 환류식의 경우는 1:3, 비환류식의 경우는 1:2 정도로 적어서 부하변동에 적응하기 어렵다.
⑦ 연료의 점도가 크거나 유압이 5kg/cm² 이하가 되면 분무화가 불량하다.

만점 KEYWORD
① 구조, 간단, 유지보수, 용이
② 대형보일러, 이용
③ 고부하, 연소, 가능
④ 분사유량, 15~2,000L/h
⑤ 유압, 5~30kg/cm², 크다.
⑥ 유량조절범위, 적어서, 부하변동, 적응, 어렵다.
⑦ 점도, 크거나, 유압, 5kg/cm² 이하, 분무화, 불량

09 ★★☆

다음은 비분산적외선분광분석법에 나오는 용어에 대한 설명이다. ( ) 안에 알맞은 말을 쓰시오.

- 스팬 드리프트: 동일 조건에서 제로가스를 흘려 보내면서 때때로 스팬가스를 도입할 때 제로 드리프트를 뺀 드리프트가 고정형은 24시간, 이동형은 (①)시간 동안에 전체 눈금 값의 (②)% 이상이 되어서는 안 된다.

- 응답시간: 제로 조정용 가스를 도입하여 안정된 후 유로를 스팬가스로 바꾸어 기준유량으로 분석기에 도입하여 그 농도를 눈금 범위 내의 어느 일정한 값으로부터 다른 일정한 값으로 갑자기 변화시켰을 때 스텝응답에 대한 소비시간이 (③) 이내이어야 한다. 또 이때 최종 지시 값에 대한 90% 응답을 나타내는 시간은 40초 이내이어야 한다.

정답
① 4, ② ±2, ③ 1초

10 ★★☆

다음은 굴뚝배출가스 중의 브로민화합물의 분석방법이다. ( ) 안에 알맞은 말을 쓰시오.

> 자외선/가시선분광법은 배출가스 중 브로민화합물을 수산화소듐 용액에 흡수시킨 후 일부를 분취해서 산성으로 하여 (①)을 사용하여 브로민으로 산화시켜 (②)로/으로 추출한다. 흡수파장은 (③)nm이다.

정답
① 과망간산포타슘 용액
② 클로로폼
③ 460

관련이론 | 배출가스 중 브로민화합물 - 자외선/가시선분광법
배출가스 중 브로민화합물을 수산화소듐 용액에 흡수시킨 후 일부를 분취해서 산성으로 하여 과망간산포타슘 용액을 사용하여 브로민으로 산화시켜 클로로폼으로 추출한다.
클로로폼층에 정제수와 황산제이철암모늄 용액 및 싸이오사이안산제이수은 용액을 가하여 발색한 정제수 층의 흡광도를 측정해서 브로민을 정량하는 방법이다. 흡수파장은 460nm이다.

11 ★★★

물리적 흡착에 대한 물음에 답하시오.
(1) 물리적 흡착의 특성을 4가지 쓰시오.
(2) 물리적 흡착의 단점을 2가지 쓰시오.

정답
(1) ① 입자간의 인력(Van der Waals 힘)이 주된 원동력이다.
② 흡착제에 피흡착물질이 부착되는 흡착이다.
③ 가역적인 흡착반응이 일어난다.
④ 일반적으로 기체의 분자량이 클수록 흡착량이 증가한다.
⑤ 흡착되는 피흡착물질의 분압이 높을수록 흡착량은 증가한다.
⑥ 온도가 낮을수록 흡착량은 증가한다.
⑦ 오염가스 회수가 용이하다.
(2) ① 고온에서는 흡착효율이 떨어진다.
② 흡착제의 비용이 많이 든다.
③ 흡착제가 손실되는 경우 다시 충전해야 한다.

만점 KEYWORD
(1) ① 입자간의 인력, 원동력
② 흡착제, 피흡착물질, 부착
③ 가역, 흡착반응
④ 기체의 분자량이 클수록, 흡착량이 증가
⑤ 분압이 높을수록, 흡착량은 증가
⑥ 온도가 낮을수록, 흡착량은 증가
⑦ 회수, 용이
(2) ① 고온, 흡착효율, 떨어짐
② 비용, 많이
③ 손실, 충전

2014년 2회 기출문제

01 ★★★

NO 224ppm, NO₂ 44.8ppm을 함유한 배기가스 100,000Sm³/hr를 NH₃에 의한 선택적 접촉환원법으로 처리할 경우 NO$_x$를 제거하기 위한 NH₃의 이론량(kg/hr)을 계산하시오. (단, 산소는 공존하지 않는다.)

정답
15.87kg/hr

해설
(1) NO를 처리할 경우 필요한 NH₃의 양 계산
NO의 발생량을 Sm³/hr 단위로 환산한다.
$$\frac{224mL}{Sm^3} \times \frac{100,000Sm^3}{hr} \times \frac{Sm^3}{10^6 mL} = 22.4 Sm^3/hr$$
NO 6kmol을 처리하기 위해서는 NH₃(분자량 17) 4kmol이 필요하다.
$6NO + 4NH_3 \rightarrow 5N_2 + 6H_2O$
$6 \times 22.4 Sm^3 : 4 \times 17 kg = 22.4 Sm^3/hr : x kg/hr$
$x = 11.3333 kg/hr$

(2) NO₂를 처리할 경우 필요한 NH₃의 양 계산
NO₂의 발생량을 Sm³/hr 단위로 환산한다.
$$\frac{44.8mL}{Sm^3} \times \frac{100,000Sm^3}{hr} \times \frac{Sm^3}{10^6 mL} = 4.48 Sm^3/hr$$
NO₂ 6kmol을 처리하기 위해서는 NH₃(분자량 17) 8kmol이 필요하다.
$6NO_2 + 8NH_3 \rightarrow 7N_2 + 12H_2O$
$6 \times 22.4 Sm^3 : 8 \times 17 kg = 4.48 Sm^3/hr : x kg/hr$
$x = 4.5333 kg/hr$

(3) NO$_x$를 제거하기 위한 NH₃의 이론량(kg/hr) 계산
$11.3333 + 4.5333 = 15.867 kg/hr$

02 ★★★

다음과 같은 여과집진장치가 가동하는 중에 1개의 bag에 구멍이 뚫려 전체 처리가스량의 1/5이 그대로 통과한 경우 출구의 먼지농도(g/Sm³)를 계산하시오.

- 10개의 bag을 사용한다.
- 집진율: 97%
- 입구의 먼지농도: 25g/Sm³

정답
5.6g/Sm³

해설
입구의 먼지농도의 1/5은 그대로 통과하고 4/5은 집진율 97%가 적용된다.
$$\left(25g/Sm^3 \times \frac{1}{5}\right) + \left\{25g/Sm^3 \times \frac{4}{5} \times (1-0.97)\right\} = 5.6 g/Sm^3$$

03 ★★☆

전기집진장치에서 2차 전류가 현저하게 떨어질 때의 대책을 3가지 쓰시오.

정답
① 스파크 횟수를 늘린다.
② 부착된 먼지를 탈락시킨다.
③ 조습용 스프레이의 수량을 증가시켜 겉보기 저항을 낮춘다.

만점 KEYWORD
① 스파크, 늘린다.
② 먼지, 탈락
③ 조습용 스프레이, 증가

04 ★★☆

전기집진장치를 이용하여 120,000m³/hr의 가스를 처리하려고 한다. 먼지의 겉보기 이동속도는 10m/min, 제거효율은 99.5%, 집진판의 길이는 2m, 높이는 5m라 할 때 필요한 집진판의 개수를 계산하시오. (단, Deutsch Anderson 식을 적용하여 계산하고, 모든 내부 집진판은 양면이며 두 개의 외부 집진판은 각각 하나의 집진면을 갖는다.)

정답

54개

해설

(1) 필요한 집진면적 계산하기

$$\eta = 1 - e^{\left(-\frac{A \times W_e}{Q}\right)}$$

η: 효율, A: 단면적(m²)

W_e: 먼지의 겉보기 이동속도(m/hr)

$$W_e = \frac{10\text{m}}{\text{min}} \times \frac{60\text{min}}{\text{hr}} = 600\text{m/hr}$$

Q: 처리가스 유량(m³/hr)

$$0.995 = 1 - e^{\left(-\frac{A \times 600}{120,000}\right)}$$

$A = 1,059.6635\text{m}^2$

※ A 값은 공학용계산기의 SOLVE 기능을 이용하여 푸는 것이 편리합니다.

(2) 집진판의 개수 계산하기

$$\text{집진면의 개수} = \frac{\text{전체면적}}{1\text{개 면적}} = \frac{1,059.6635}{2 \times 5} = 105.9664$$

총 106개의 집진면이 필요하다.

문제의 조건에서 내부 집진판은 양면이고, 두 개의 외부 집진판은 각각 하나의 집진면을 갖는다고 했다.

양면 집진판 52개, 단면 집진판 2개가 있어야 106개의 집진면이 된다.

05 ★☆☆

빛의 소멸계수(σ_{ext}) 0.45km⁻¹인 대기에서, 시정거리의 한계를 빛의 강도가 초기 강도의 95%가 감소했을 때의 거리라고 정의할 때, 시정거리 한계(km)를 계산하시오. (단, 광도는 Lambert-Beer 법칙을 따르며, 자연대수로 적용한다.)

정답

6.66km

해설

Lambert-Beer 법칙

$$I = I_O \times e^{-(a+S+R)L} = I_O \times e^{-\sigma_{ext} \times L}$$

I: 통과거리 L에서 빛의 강도

I_O: 초기 빛의 강도

R: 반사계수, a: 흡수계수, S: 분산계수

σ_{ext}: 빛의 소멸계수

L: 시정거리 한계

초기 빛의 강도(I_O)를 1이라고 하면 통과거리 L에서의 빛의 강도(I)는 0.05이다.

$$0.05 = e^{-0.45 \times L}$$

$L = 6.657\text{km}$

※ L값은 공학용계산기의 SOLVE 기능을 이용하여 푸는 것이 편리합니다.

06 ★★☆

다음 조건을 기준으로 수평판이 설치되지 않은 중력집진장치를 이용하여 배기가스 중 분진을 제거하려고 한다. 물음에 답하시오.

[조건]
- 배출가스 중 먼지밀도: $0.85 g/cm^3$
- 먼지의 직경: $20 \mu m$
- 침강실의 길이: 5m
- 처리가스의 밀도: $1.28 kg/m^3$
- 처리가스의 점도: $0.067 kg/m \cdot hr$
- 장치 내 배출가스의 유속: 0.5m/sec
- 침강실의 폭과 높이: 3m

[먼지입자의 침강속도 공식]
- 층류

$$V_g = \frac{d_p^2 \times (\rho_p - \rho_s)g}{18\mu}$$

- 전이류

$$V_g = 0.153 \times \rho_p \times \frac{d_p \times g}{\rho_g \times \mu_g}$$

- 난류

$$V_g = 1.74\left(g \times d_p \times \frac{\rho_p}{\rho_g}\right)^{0.5}$$

(1) 집진효율(%)을 계산하시오.
(2) 집진효율이 90%가 되기 위하여 늘려야 할 침강실의 최소길이(m)를 계산하시오.

정답
(1) 87.66%
(2) 0.5m

해설
(1) **집진효율(%) 계산**

레이놀즈수(Re)를 계산하여 층류, 전이류, 난류를 구분한다.

$$Re = \frac{D \times \rho \times V}{\mu}$$

D: 침강실의 직경(m)

침강실은 원형이 아니므로 상당직경을 계산하여 적용한다.

$$D = \frac{2 \times B(폭) \times H(높이)}{B+H} = \frac{2 \times 3 \times 3}{3+3} = 3m$$

ρ: 처리가스의 밀도(kg/m^3), V: 배출가스의 유속(m/sec)
μ: 처리가스의 점도($kg/m \cdot sec$)

$$\mu = \frac{0.067 kg}{m \cdot hr} \times \frac{hr}{3,600 sec} = 1.8611 \times 10^{-5} kg/m \cdot sec$$

$$Re = \frac{3 \times 1.28 \times 0.5}{1.8611 \times 10^{-5}} = 103,164.795$$

$Re > 4,000$일 경우 난류이므로 해당 흐름은 난류이다. 따라서 난류에 대한 침강속도 공식을 적용한다.

$$V_g = 1.74\left(g \times d_p \times \frac{\rho_p}{\rho_g}\right)^{0.5}$$

g: 중력가속도($9.8 m/sec^2$), d_p: 입자의 직경(m)
ρ_p: 입자의 밀도(kg/m^3)

$$\rho_p = \frac{0.85g}{cm^3} \times \frac{kg}{1,000g} \times \frac{10^6 cm^3}{m^3} = 850 kg/m^3$$

ρ_g: 처리가스의 밀도(kg/m^3)

$$V_g = 1.74 \times \left(9.8 \times 20 \times 10^{-6} \times \frac{850}{1.28}\right)^{0.5} = 0.6277 m/sec$$

중력집진장치에서 난류일 경우의 집진효율공식을 이용한다.

$$\eta = 1 - \exp\left(-\frac{V_g \times L}{V \times H}\right) = 1 - \exp\left(-\frac{0.6277 \times 5}{0.5 \times 3}\right)$$

$$= 0.8766 = 87.66\%$$

(2) **집진효율(%)이 90%가 되기 위한 침강실의 길이 계산**

$$0.9 = 1 - \exp\left(-\frac{0.6277 \times L}{0.5 \times 3}\right)$$

$L = 5.5024 m$

기존 침강실의 길이가 5m이다.

늘려야 할 침강실의 길이 $= 5.5024 - 5 = 0.502 m$

07 ★★☆

폭굉에 관한 다음 물음에 답하시오.

(1) 유도거리의 정의를 쓰시오.
(2) 폭굉유도거리가 짧아지는 이유를 3가지 쓰시오.
(3) 다음 표를 기준으로 혼합기체의 하한 연소범위(%)를 계산하시오.

성분	조성(%)	하한 연소범위(%)
CH_4	80	5.0
C_2H_6	12	3.0
C_3H_8	5	2.0
C_4H_{10}	3	1.5

정답

(1) 유도거리는 폭굉가스가 존재할 때 최초의 완만한 연소가 격렬한 폭굉으로 발전할 때까지의 거리이다.
(2) ① 관 속에 방해물이 있을 때
② 관내경이 작을 때
③ 압력이 높을 때
④ 점화원의 에너지가 강할 때
⑤ 정상의 연소속도가 큰 혼합가스인 경우
(3) 4.08%

만점 KEYWORD

(1) 폭굉가스, 최초의 완만한 연소, 격렬한 폭굉, 거리
(2) ① 관 속, 방해물　② 관내경, 작을
③ 압력, 높을　④ 에너지, 강할
⑤ 연소속도, 큰, 혼합가스

해설

혼합기체의 하한 연소범위(%) 계산하기

$$L = \frac{p_1 + p_2 + \cdots}{\frac{p_1}{n_1} + \frac{p_2}{n_2} + \cdots}$$

n_i: 각 성분 단일의 연소한계(상한 또는 하한)
p_i: 각 성분 가스의 부피(%)

$$L = \frac{80 + 12 + 5 + 3}{\frac{80}{5.0} + \frac{12}{3.0} + \frac{5}{2.0} + \frac{3}{1.5}} = 4.082\%$$

08 ★★☆

후드 선정 시 모형, 크기 등을 고려하여 선정해야 한다. 후드 선택 시 흡인요령을 3가지 서술하시오. (단, 개구면적을 좁게 하는 것은 제외한다.)

정답

① 발생원에 최대한 접근시켜 흡인시킨다.
② 포착속도(Capture velocity)를 충분히 유지시킨다.
③ 에어커튼을 사용한다.

만점 KEYWORD

① 발생원, 접근, 흡인
② 포착속도, 유지
③ 에어커튼

09 ★★☆

다음에서 설명하고 있는 굴뚝배출가스 중 먼지를 연속적으로 자동측정하는 방법을 쓰시오.

> 이 방법은 먼지 입자들에 의한 빛의 반사, 흡수, 분산으로 인한 감쇄현상에 기초를 둔다. 먼지를 포함하는 굴뚝배출가스에 일정한 광량을 투과하여 얻어진 투과된 광의 강도변화를 측정하여 굴뚝에서 미리 구한 먼지농도와 투과도의 상관관계식에 측정한 투과도를 대입하여 먼지의 상대농도를 연속적으로 측정하는 방법이다.

정답

광투과법

10 ★★★

다음 환경기준에 대한 알맞은 수치를 적으시오. (단, 환경정책기본법상 기준을 따른다.)

항목	기준
이산화질소 (NO_2)	연간 평균치: (①)ppm 이하
	24시간 평균치: (②)ppm 이하
	1시간 평균치: (③)ppm 이하
오존 (O_3)	8시간 평균치: (④)ppm 이하
	1시간 평균치: (⑤)ppm 이하
일산화탄소 (CO)	8시간 평균치: (⑥)ppm 이하
	1시간 평균치: (⑦)ppm 이하

정답

① 0.03, ② 0.06, ③ 0.10, ④ 0.06, ⑤ 0.1, ⑥ 9, ⑦ 25

관련이론 | 환경기준

항목	기준
아황산가스 (SO_2)	연간 평균치 0.02ppm 이하
	24시간 평균치 0.05ppm 이하
	1시간 평균치 0.15ppm 이하
일산화탄소 (CO)	8시간 평균치 9ppm 이하
	1시간 평균치 25ppm 이하
이산화질소 (NO_2)	연간 평균치 0.03ppm 이하
	24시간 평균치 0.06ppm 이하
	1시간 평균치 0.10ppm 이하
미세먼지 (PM-10)	연간 평균치 $50\mu g/m^3$ 이하
	24시간 평균치 $100\mu g/m^3$ 이하
초미세먼지 (PM-2.5)	연간 평균치 $15\mu g/m^3$ 이하
	24시간 평균치 $35\mu g/m^3$ 이하
오존(O_3)	8시간 평균치 0.06ppm 이하
	1시간 평균치 0.1ppm 이하
납(Pb)	연간 평균치 $0.5\mu g/m^3$ 이하
벤젠	연간 평균치 $5\mu g/m^3$ 이하

11 ★★☆

Freundlich 등온흡착식 $\dfrac{X}{M}=k\cdot C^{1/n}$에서 상수 k와 n을 구하는 방법을 서술하시오.

정답

$\dfrac{X}{M}=k\cdot C^{1/n}$에서 양변에 log를 취한다.

$y=ax+b$의 그래프에서 a는 기울기, b는 y축 절편이다.

$\log\dfrac{X}{M}=\log k+\dfrac{1}{n}\log C$에서 기울기는 $1/n$, 절편은 $\log k$가 된다.

그래프를 이용하여 n과 k를 구할 수 있다.

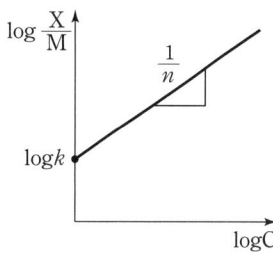

2014년 1회 기출문제

01 ★☆☆

장방형 덕트의 장변이 0.25m, 단변이 0.15m일 때 이 덕트의 20m당 압력손실(mmH₂O)을 계산하시오. (단, 마찰계수 (f): 0.004, 속도압: 15mmH₂O이다.)

정답

6.4mmH₂O

해설

(1) 상당직경(D_o) 계산

$$D_0 = \frac{2ab}{a+b} \quad (a: \text{가로길이}, b: \text{세로길이})$$

$$D_0 = \frac{2 \times 0.25 \times 0.15}{0.25 + 0.15} = 0.1875\text{m}$$

(2) 압력손실 계산

장방형 덕트의 압력손실 식을 이용한다.

$$\Delta P = f \times \frac{L}{D} \times \frac{\gamma \times V^2}{2g} = f \times \frac{L}{D} \times P_v$$

ΔP: 압력손실(mmH₂O)
f: 마찰계수
L: 관의 길이(m), D: 관의 직경(m)
g: 중력가속도(m/sec²)
γ: 공기의 밀도(kg/m³), V: 유속(m/sec)
P_v: 속도압(mmH₂O)

$$P_v = \frac{\gamma V^2}{2g}$$

$$\Delta P = 0.004 \times \frac{20}{0.1875} \times 15 = 6.4\text{mmH}_2\text{O}$$

02 ★★☆

충전탑 설계를 위한 Pilot plant를 만들어 측정가스를 흡수한 결과가 다음의 조건과 같다. 동일 조건에서 처리효율이 98%가 되기 위한 충전탑의 높이(m)를 계산하시오.

- 액가스비: 3L/m^3
- 공탑 속도: 1.2m/sec
- 초기 충전층 높이: 0.7m
- 처리 효율: 75%
- 충전재: Berl Saddle

정답

1.98m

해설

(1) 기상총괄이동단위높이 계산

흡수탑의 충전층 높이 = $H_{OG} \times N_{OG}$
H_{OG}: 기상총괄이동단위높이(m)
N_{OG}: 기상총괄단위수

$$N_{OG} = \ln \frac{1}{1-\text{효율}(\eta)}$$

$$0.7\text{m} = H_{OG} \times \ln \frac{1}{1-0.75}$$

$H_{OG} = 0.5049\text{m}$

※ H_{OG} 값은 공학용계산기의 SOLVE 기능을 이용하여 푸는 것이 편리합니다.

(2) 처리효율이 98%일 때 충전탑의 높이 계산

충전탑 높이 = $H_{OG} \times N_{OG}$
$= 0.5049 \times \ln \frac{1}{1-0.98} = 1.975\text{m}$

03 ★★☆

연돌을 거치지 않고 외부로 비산되는 먼지를 측정하려고 한다. 다음 조건을 이용하여 비산먼지의 농도(mg/m³)를 계산하시오.

- 채취 먼지량이 가장 많은 위치에서의 먼지농도: 65mg/m³
- 대조위치에서의 먼지농도: 0.23mg/m³
- 전 시료채취 기간 중 주 풍향이 90° 이상 변하고 풍속이 0.5m/sec 미만 또는 10m/sec 이상되는 시간이 전 채취시간의 50% 이상이다.

(1) 계산식
(2) 정답

정답

(1) $C = (C_H - C_B) \times W_D \times W_S$
   $= (65 - 0.23) \times 1.5 \times 1.2 = 116.586 \text{mg/m}^3$

(2) 116.59mg/m^3

해설

비산먼지농도$(C) = (C_H - C_B) \times W_D \times W_S$
$= (65 - 0.23) \times 1.5 \times 1.2 = 116.586 \text{mg/m}^3$

C_H: 채취 먼지량이 가장 많은 위치에서의 먼지농도(mg/m³)
C_B: 대조위치에서의 먼지농도(mg/m³)
W_D, W_S: 풍향, 풍속 측정 결과로부터 구한 보정계수

풍향에 대한 보정

풍향변화 범위	보정계수
전 시료채취 기간 중 주 풍향이 90° 이상 변할 때	1.5
전 시료채취 기간 중 주 풍향이 45°~90° 변할 때	1.2
전 시료채취 기간 중 풍향이 변동이 없을 때(45° 미만)	1.0

풍속에 대한 보정

풍속범위	보정계수
풍속이 0.5m/s 미만 또는 10m/s 이상되는 시간이 전 채취시간의 50% 미만일 때	1.0
풍속이 0.5m/s 미만 또는 10m/s 이상되는 시간이 전 채취시간의 50% 이상일 때	1.2

04 ★★★

20℃, 1기압에서 공기의 동점성계수는 $1.5 \times 10^{-5} \text{m}^2/\text{sec}$이다. 관의 지름이 50mm일 때, 그 관을 흐르는 공기의 속도(m/sec)를 계산하시오. (단, $Re = 3 \times 10^4$이다.)

정답

9m/sec

해설

$Re = \dfrac{D\rho V}{\mu} = \dfrac{DV}{\nu}$

D: 관의 직경(m), V: 속도(m/sec)
ν: 동점성계수(m²/sec)

$3 \times 10^4 = \dfrac{0.05 \times V}{1.5 \times 10^{-5}}$

$V = 9 \text{m/sec}$

05 ★☆☆

노인요양시설의 알맞은 실내공기질 유지기준을 쓰시오.

항목	유지기준
PM-10	(①)μg/m³ 이하
PM-2.5	(②)μg/m³ 이하
이산화탄소	(③)ppm 이하
폼알데하이드	(④)μg/m³ 이하
총부유세균	(⑤)CFU/m³ 이하
일산화탄소	(⑥)ppm 이하

정답

① 75, ② 35, ③ 1,000, ④ 80, ⑤ 800, ⑥ 10

06 ★★★

굴뚝의 배출가스 온도가 207℃에서 107℃로 변하면 통풍력은 처음의 몇 %로 감소되는지 계산하시오. (단, 대기온도는 27℃이고, 공기와 배출가스의 비중량은 1.3kgf/Sm³이다.)

정답

56.14% 감소한다.

해설

$$Z(\text{mmH}_2\text{O}) = 273 \times H \times \left[\frac{\gamma_a}{273+t_a} - \frac{\gamma_g}{273+t_g} \right]$$

H: 굴뚝의 높이(m)
γ_a: 공기의 비중량(kgf/m³), γ_g: 배기가스의 비중량(kgf/m³)
t_a: 공기의 온도(℃), t_g: 배기가스의 온도(℃)

(1) 207℃에서 통풍력

$$Z_1 = 273 \times H \times \left[\frac{1.3}{273+27} - \frac{1.3}{273+207} \right]$$

(2) 107℃로 변했을 때의 통풍력

$$Z_2 = 273 \times H \times \left[\frac{1.3}{273+27} - \frac{1.3}{273+107} \right]$$

(3) 감소율 계산

$$\frac{Z_2}{Z_1} \times 100 = \frac{273 \times H \times \left[\frac{1.3}{273+27} - \frac{1.3}{273+107} \right]}{273 \times H \times \left[\frac{1.3}{273+27} - \frac{1.3}{273+207} \right]} \times 100$$

$$= 56.140\%$$

07 ★★★

직경 50μm의 분진의 침강속도가 2.5m/sec일 경우 직경 25μm의 분진을 중력집진장치로 100% 처리한다면 높이(m)는 얼마로 해야 하는가? (단, 중력집진장치 침강실의 길이는 4m, 유입속도 2m/sec이고, 층류이다.)

정답

1.25m

해설

(1) 25μm 분진의 침강속도 구하기

침강속도(V_g)를 구하는 공식을 이용한다.

$$V_g = \frac{d_p^2 \times (\rho_p - \rho)g}{18\mu}$$

문제에서 침강속도(V_g)와 입자의 직경(d_p) 외의 수치는 제시되지 않았으므로 다른 변수는 모두 무시한다.
V_g는 d_p^2에 비례하고, 이 관계를 이용하여 다음과 같이 비례식을 세울 수 있다.
$(50\mu\text{m})^2 : 2.5\text{m/sec} = (25\mu\text{m})^2 : x$
$x = 0.625\text{m/sec}$

(2) 중력집진장치의 침강실 높이 구하기

분진을 100% 제거하기 위한 중력집진장치의 설계공식

$$\frac{V_g}{V} = \frac{H}{L}$$

V_g: 침강속도(m/sec), V: 유입속도(m/sec)
H: 침강실의 높이(m), L: 침강실의 길이(m)

$$\frac{0.625}{2} = \frac{H}{4}$$

$H = 1.25\text{m}$

08 ★★★

공장의 발생가스 중 먼지의 농도는 4.5g/m³이며 배출허용기준인 0.15g/m³에 맞춰 배출하려고 한다. 다음 물음에 답하시오.

(1) 집진장치 1개를 이용하여 배출허용기준에 맞춰 배출하려고 할 때 집진장치의 효율(%)을 계산하시오.
(2) 집진장치 2개를 직렬연결하여 배출허용기준에 맞춰 배출하려고 할 때 집진장치의 하나의 효율(%)을 계산하시오. (단, 두 개의 집진효율은 같다.)
(3) 집진효율이 80%인 장치를 하나 포함하여 집진장치 2개를 직렬연결 했을 때 나머지 장치의 효율(%)을 계산하시오.

정답
(1) 96.67%
(2) 81.75%
(3) 83.35%

해설

(1) 집진장치가 1개일 때 효율 계산

$$\eta = \left(1 - \frac{C_{out}}{C_{in}}\right) \times 100$$

C_{in}: 유입농도, C_{out}: 출구농도

$$\eta = \left(1 - \frac{0.15}{4.5}\right) \times 100 = 96.667\%$$

(2) 집진효율이 같은 집진장치 2개를 직렬연결했을 때 효율 계산

$\eta_T = 1 - (1-\eta_1)(1-\eta_2)$

η_T: 총효율, η_1: 1단효율, η_2: 2단효율

$0.9667 = 1 - (1-\eta)^2$

$\eta = 0.81752 = 81.752\%$

(3) 나머지 집진장치의 효율 계산

$\eta_T = 1 - (1-\eta_1)(1-\eta_2)$

η_T: 총효율, η_1: 1단효율, η_2: 2단효율

$0.9667 = 1 - (1-\eta_1)(1-0.8)$

$\eta_1 = 0.8335 = 83.35\%$

09 ★☆☆

다음 대기오염모델의 특징을 2가지씩 쓰시오.
(1) 분산모델
(2) 수용모델

정답

(1) 분산모델
① 지형 및 오염원의 조업조건에 영향을 받는다.
② 오염물의 단기간 분석 시 문제가 된다.
③ 먼지의 영향평가는 기상의 불확실성과 오염원이 미확인인 경우에 문제점을 가진다.
④ 미래예측이 가능하다.

(2) 수용모델
① 새로운 오염원, 불확실한 오염원과 불법배출 오염원을 정량적으로 확인·평가할 수 있다.
② 측정자료를 입력자료로 사용하므로 시나리오 작성이 곤란하다.
③ 오염원의 조업 및 운영 상태에 대한 정보 없이도 사용 가능하다.

만점 KEYWORD
(1) ① 조업조건, 영향
② 단기간 분석, 문제
③ 기상의 불확실성, 오염원이 미확인, 문제점
④ 미래예측, 가능
(2) ① 오염원, 정량적, 확인·평가
② 시나리오 작성, 곤란
③ 오염원의 조업, 정보 없이도 사용 가능

10 ★☆☆

벤젠(C_6H_6)을 20%의 과잉공기를 사용하여 완전연소했다. 이때 연소가스 중의 CO_2, H_2O, O_2, N_2의 조성을 부피(V%)와 무게(wt%)로 각각 구하시오.

(1) 부피(V%)
(2) 무게(wt%)

정답

(1) CO_2: 13.53%, H_2O: 6.76%, O_2: 3.38%, N_2: 76.33%
(2) CO_2: 20.10%, H_2O: 4.11%, O_2: 3.65%, N_2: 72.15%

해설

(1) 부피(V%) 기준 조성 계산

벤젠(C_6H_6) 1kmol이 연소할 때 산소(O_2)는 7.5kmol이 필요하고, 이산화탄소(CO_2) 6kmol, 물(H_2O) 3kmol이 생성된다.

$C_6H_6 + 7.5O_2 \rightarrow 6CO_2 + 3H_2O$

벤젠을 $1Sm^3$이라고 가정하고 계산한다.

이론산소량 = $7.5Sm^3$

이론공기량 = $\dfrac{\text{이론산소량}}{0.21} = \dfrac{7.5}{0.21} = 35.7143 Sm^3$

이론공기 중 질소량 = 이론공기량 × 0.79
 = 35.7143 × 0.79 = $28.2143 Sm^3$

과잉공기량 = (m − 1) × 이론공기량 (m: 과잉공기계수)

과잉공기량 = (1.2 − 1) × 35.7143 = $7.1429 Sm^3$

이산화탄소(CO_2) 발생량 = $6Sm^3$

물(H_2O) 발생량 = $3Sm^3$

실제습연소가스량 = 이론공기 중 질소량 + 과잉공기량 + 습연소생성물(CO_2, H_2O)
 = 28.2143 + 7.1429 + 6 + 3 = $44.3572 Sm^3$

CO_2의 부피 V% = $\dfrac{6}{44.3572} \times 100 = 13.527\%$

H_2O의 부피 V% = $\dfrac{3}{44.3572} \times 100 = 6.763\%$

O_2의 부피 V% = $\dfrac{7.1429 \times 0.21}{44.3572} \times 100 = 3.382\%$

※ 실제습연소가스량에 있는 과잉공기량($7.1429 Sm^3$) 중 21%가 산소의 부피이다.

N_2의 부피 V% = $\dfrac{28.2143 + (7.1429 \times 0.79)}{44.3572} \times 100 = 76.329\%$

※ 실제습연소가스량에 있는 이론공기 중 질소량과 과잉공기량에 있는 질소량(79%)을 더해야 연소가스 중의 질소의 부피가 된다.

(2) 무게(wt%) 기준 조성 계산

혼합기체의 질량 = 혼합기체의 부피비 × 분자량
 = (0.1353 × 44) + (0.0676 × 18) + (0.0338 × 32) + (0.7633 × 28)
 = 29.624

CO_2의 무게 wt% = $\dfrac{0.1353 \times 44}{29.624} \times 100 = 20.096\%$

H_2O의 무게 wt% = $\dfrac{0.0676 \times 18}{29.624} \times 100 = 4.107\%$

O_2의 무게 wt% = $\dfrac{0.0338 \times 32}{29.624} \times 100 = 3.651\%$

N_2의 무게 wt% = $\dfrac{0.7633 \times 28}{29.624} \times 100 = 72.146\%$

11 ★★★

입경의 종류 중 (1) 스토크스 직경과 (2) 공기역학적 직경에 대하여 서술하시오.

정답

(1) 원래의 먼지와 밀도 및 침강속도가 동일한 구형입자의 직경이다.
(2) 측정하고자 하는 입자와 동일한 침강속도를 가지며, 밀도가 $1g/cm^3$인 구형입자의 직경이다.

만점 KEYWORD

(1) 밀도, 침강속도, 동일, 구형입자의 직경
(2) 동일한 침강속도, 밀도가 $1g/cm^3$, 구형입자의 직경

2013년 4회 기출문제

01 ★★☆

처리가스량이 10m³/sec인 전기집진장치를 설계하고자 한다. 입자의 이동속도(W_e)는 0.11m/sec, 입경(d_p)은 1.5×10⁻⁵m라면 입자를 95% 제거하는 데 필요한 면적(m²)을 계산하시오.

정답

272.34m²

해설

$\eta = 1 - e^{-\frac{A \times W_e}{Q}}$

η: 집진효율
A: 단면적(m²)
W_e: 먼지의 겉보기 이동속도(m/sec)
Q: 처리가스량(m³/sec)

$0.95 = 1 - e^{-\frac{A \times 0.11}{10}}$

※ 이 단계에서 공학용계산기의 SOLVE 기능으로 바로 답을 구할 수 있고, 수학적으로 식을 이항하면 다음과 같이 풀 수 있다.

$e^{-\frac{A \times 0.11}{10}} = 0.05$

$-\frac{A \times 0.11}{10} = \ln(0.05)$

$A = 272.339 \text{m}^2$

02 ★★☆

굴뚝의 배출가스량은 500Sm³/hr이고, 이 배출가스 중 HCl의 농도는 800mL/Sm³이다. 이 배출가스를 효율이 85%인 Spray tower를 이용하여 8시간 동안 조업했을 때 순환수의 pH를 계산하시오. (단, HCl는 완전히 해리되고, 순환수의 부피는 5m³이다.)

정답

1.61

해설

HCl 농도(mL/Sm³)를 주어진 조건을 이용하여 몰농도의 단위(mol/L)로 환산한다.

$$\frac{\dfrac{800\text{mL}}{\text{Sm}^3} \times \dfrac{1\text{L}}{10^3\text{mL}} \times \dfrac{1\text{mol}}{22.4\text{L}} \times \dfrac{500\text{Sm}^3}{\text{hr}} \times 8\text{hr} \times 0.85}{5\text{m}^3 \times \dfrac{1{,}000\text{L}}{\text{m}^3}}$$

$= 0.0243 \text{mol/L}$

HCl은 물에서 다음과 같이 해리되므로 위에서 구한 값이 순환수에서의 수소이온 농도이다.

$\text{HCl} \rightleftarrows \text{H}^+ + \text{Cl}^-$

$\text{pH} = -\log[\text{H}^+] = -\log[0.0243] = 1.614$

03 ★★☆

$4\mu m$의 직경을 갖는 구형입자의 비표면적(m^2/kg)과 질량의 합이 1kg일 경우 입자의 개수를 계산하시오. (단, 입자의 밀도는 1.4g/cm^3이다.)

(1) 비표면적(m^2/kg)
(2) 입자의 개수

정답

(1) 1,071.43m^2/kg
(2) 2.13×10^{13}개

해설

(1) 비표면적(m^2/kg) 계산

$$S_V = \frac{6}{d_s \times \rho}$$

S_V: 구형 입자의 비표면적(m^2/kg)
d_s: 입자의 직경(m)
$d_s = 4\mu m = 4 \times 10^{-6}$m
ρ: 입자의 밀도(kg/m^3)

$$\rho = \frac{1.4g}{cm^3} \times \frac{kg}{1,000g} \times \frac{10^6 cm^3}{m^3} = 1,400 kg/m^3$$

$$S_V = \frac{6}{4 \times 10^{-6} \times 1,400} = 1,071.429 m^2/kg$$

(2) 입자의 개수 계산

$$n = \frac{m}{\rho \times V}$$

n: 입자의 개수, m: 입자의 질량(kg)
ρ: 입자의 밀도(kg/m^3)
V: 입자의 부피(m^3)

$$V = \frac{\pi \times D^3}{6} = \frac{\pi \times (4 \times 10^{-6})^3}{6} = 3.351 \times 10^{-17} m^3$$

$$n = \frac{1}{1,400 \times 3.351 \times 10^{-17}} = 2.132 \times 10^{13}$$

04 ★★☆

Bag filter에서 먼지부하가 360g/m^2일 때마다 부착먼지를 간헐적으로 탈락시키려고 한다. 유입가스 중의 먼지농도가 12g/m^3이고, 겉보기 여과속도가 1.2cm/sec일 때 부착먼지의 탈락시간 간격(sec)을 구하시오. (단, 집진율은 97.5%이다.)

정답

2,564.10sec

해설

부착먼지의 탈락시간간격$(t) = \dfrac{L_d}{C_i \times V_f \times \eta}$

L_d: 먼지부하(g/m^2), C_i: 입구먼지농도(g/m^3)
V_f: 여과속도(m/sec), η: 집진효율

$$t = \frac{\dfrac{360g}{m^2}}{\dfrac{12g}{m^3} \times \dfrac{0.012m}{sec} \times 0.975} = 2,564.103 sec$$

05 ★★☆

외부식 장방형 후드의 개구면적이 0.5m^2일 때 포집량(m^3/sec)을 계산하시오. (단, 후드 개구면에서 포착점까지의 거리는 0.4m, 포착속도는 0.25m/sec이다.)

정답

0.53m^3/sec

해설

흡입풍량 공식(플랜지가 없는 자유공간에 설치된 장방형 후드인 경우)을 이용한다.

$Q = (10X^2 + A) \times V$

Q: 포집량(m^3/sec)
X: 후드 개구면에서 포착점까지의 거리(m)
A: 후드의 개구면적(m^2)
V: 포착속도(m/sec)
$Q = \{10 \times (0.4)^2 + 0.5\} \times 0.25 = 0.525 m^3/sec$

06 ★★☆

조성이 다음과 같은 중유 1kg을 연소시키려고 한다. 물음에 답하시오.

> 탄소: 86.6%, 수소: 4%, 황: 1.4%, 산소: 8%

(1) 이론산소량(Sm^3/kg)을 계산하시오.
(2) 이론 습연소가스량(Sm^3/kg)을 계산하시오.

정답
(1) $1.79 Sm^3/kg$
(2) $8.83 Sm^3/kg$

해설
(1) 이론산소량(Sm^3/kg) 계산
   이론산소량 $= 1.867C + 5.6H + 0.7S - 0.7O$
   $= (1.867 \times 0.866) + (5.6 \times 0.04) + (0.7 \times 0.014) - (0.7 \times 0.08)$
   $= 1.7946 Sm^3/kg$

(2) 이론 습연소가스량(Sm^3/kg) 계산
   이론공기량 $= \dfrac{\text{이론산소량}}{0.21} = \dfrac{1.7946}{0.21} = 8.5457 Sm^3/kg$

   이론공기 중 질소량 = 이론공기량 × 0.79
   $= 8.5457 \times 0.79 = 6.7511 Sm^3/kg$

   CO_2 배출량
   탄소(C, 원자량 12) 1kmol이 연소하면 이산화탄소(CO_2) 1kmol이 발생한다.
   $C + O_2 \rightarrow CO_2$
   $12 kg : 22.4 Sm^3 = 0.866 kg/kg : x$
   $x = 1.6165 Sm^3/kg$

   H_2O 배출량
   수소 기체(H_2, 분자량 2) 2kmol이 연소하면 물(H_2O) 2kmol이 발생한다.
   $2H_2 + O_2 \rightarrow 2H_2O$
   $2 \times 2 kg : 2 \times 22.4 Sm^3 = 0.04 kg/kg : x$
   $x = 0.448 Sm^3/kg$

   SO_2 배출량
   황(S, 원자량 32) 1kmol이 연소하면 이산화황(SO_2) 1kmol이 발생한다.
   $S + O_2 \rightarrow SO_2$
   $32 kg : 22.4 Sm^3 = 0.014 kg/kg : x$
   $x = 0.0098 Sm^3/kg$

   이론 습연소가스량 = 이론공기 중 질소량 + 습연소생성물
   ($CO_2 + H_2O + SO_2$)
   $= 6.7511 + 1.6165 + 0.448 + 0.0098 = 8.825 Sm^3/kg$

07 ★☆☆

Heptane과 Toluene 혼합물의 조성이 다음과 같을 때 혼합물의 TLV(ppm)를 계산하시오.

구분	부피	TLV
Heptane	50%	420ppm
Toluene	50%	120ppm

정답
186.67ppm

해설
$$TLV(ppm) = \dfrac{p_1 + p_2 + \cdots}{\dfrac{p_1}{n_1} + \dfrac{p_2}{n_2} + \cdots}$$

n_i: 각 성분의 TLV(ppm)
p_i: 각 성분 가스의 부피(%)

$$TLV = \dfrac{50 + 50}{\dfrac{50}{420} + \dfrac{50}{120}} = 186.667 ppm$$

08 ★★☆

전기집진장치로 분진을 집진할 경우 작용하는 집진원리를 4가지 쓰시오.

정답
① 입자 간의 흡인력
② 전계강도의 힘
③ 전기풍에 의한 힘
④ 대전 입자의 하전에 의한 쿨롱력

09 ★☆☆

전기집진장치의 집진성능은 먼지입자의 비저항에 중요한 영향을 받는다. 장치가 정상상태로 운영하기 위해서는 비저항 값을 $10^4 \sim 10^{11} \Omega \cdot cm$ 유지해야 하는데 비저항 값이 다음과 같을 때 발생하는 현상을 쓰시오.

(1) $10^4 \Omega \cdot cm$ 이하
(2) $10^{11} \Omega \cdot cm$ 이상

정답
(1) $10^4 \Omega \cdot cm$ 이하: 재비산 현상 발생
(2) $10^{11} \Omega \cdot cm$ 이상: 역전리 현상 발생

10 ★★☆

다음 물음에 답하시오.

(1) 액분산형 흡수장치를 3가지 쓰시오.
(2) Hold-up, Loading Point, Flooding Point의 의미에 대해 쓰시오.

정답
(1) 충전탑, 분무탑, 벤투리 스크러버, 사이클론 스크러버 등
(2) 충전탑에서 Hold-up은 흡수액을 통과시키면서 유량속도를 증가할 경우 충전층 내의 액보유량이 증가하게 되는 상태이다.
  Loading Point는 일정양의 흡수액을 흘릴 때 유해가스의 압력손실은 가스속도의 대수값에 비례하며, 가스속도 증가시 나타나는 첫 번째 파과점이다.
  Flooding Point는 가스 속도가 커져서 액이 흐르지 않고 넘는 점이다.

만점 KEYWORD
(2) Hold-up: 유량속도, 액보유량, 증가
  Loading Point: 흡수액, 압력손실, 첫 번째 파과점
  Flooding Point: 가스속도, 넘는 점

11 ★★★

환경정책기본법상 환경기준에 대한 수치를 적으시오.

항목	기준
이산화질소 (NO_2)	연간 평균치: (①)ppm 이하
	24시간 평균치: (②)ppm 이하
	1시간 평균치: (③)ppm 이하
미세먼지 (PM-10)	연간 평균치: (④)ppm 이하
	24시간 평균치: (⑤)ppm 이하
오존 (O_3)	8시간 평균치: (⑥)ppm 이하
	1시간 평균치: (⑦)ppm 이하

정답
① 0.03, ② 0.06, ③ 0.10, ④ 50, ⑤ 100, ⑥ 0.06, ⑦ 0.1

관련이론 | 환경기준

항목	기준
아황산가스 (SO_2)	연간 평균치 0.02ppm 이하
	24시간 평균치 0.05ppm 이하
	1시간 평균치 0.15ppm 이하
일산화탄소 (CO)	8시간 평균치 9ppm 이하
	1시간 평균치 25ppm 이하
이산화질소 (NO_2)	연간 평균치 0.03ppm 이하
	24시간 평균치 0.06ppm 이하
	1시간 평균치 0.10ppm 이하
미세먼지 (PM-10)	연간 평균치 $50\mu g/m^3$ 이하
	24시간 평균치 $100\mu g/m^3$ 이하
초미세먼지 (PM-2.5)	연간 평균치 $15\mu g/m^3$ 이하
	24시간 평균치 $35\mu g/m^3$ 이하
오존(O_3)	8시간 평균치 0.06ppm 이하
	1시간 평균치 0.1ppm 이하
납(Pb)	연간 평균치 $0.5\mu g/m^3$ 이하
벤젠	연간 평균치 $5\mu g/m^3$ 이하

2013년 2회 기출문제

01 ★☆☆

가솔린에 미량으로 함유된 벤젠에 대한 물음에 답하시오.

(1) 벤젠의 이론연소반응식을 쓰시오.
(2) 벤젠의 AFR을 계산하시오. (단, 무게 기준이다.)

정답

(1) $C_6H_6 + 7.5O_2 \rightarrow 6CO_2 + 3H_2O$
(2) 13.26

해설

벤젠의 AFR(무게 기준) 계산

벤젠이 1kmol일 때를 가정하고 계산한다. 벤젠(C_6H_6) 1kmol이 연소할 때 산소(O_2)는 7.5kmol이 필요하다.

$C_6H_6 + 7.5O_2 \rightarrow 6CO_2 + 3H_2O$

이론산소량(kg) = $7.5 \times 32 = 240$ kg

이론공기량(kg) = $\dfrac{240}{0.232} = 1,034.4828$ kg

※ 무게기준이므로 0.21이 아닌 0.232로 나누어 주어야 한다.

연료의 질량은 벤젠 1kmol일 때의 질량이므로 벤젠의 분자량을 구하면 된다.

연료의 질량 = 벤젠(C_6H_6)의 분자량 = $(12 \times 6) + (1 \times 6) = 78$

$AFR = \dfrac{\text{이론공기량}}{\text{연료의 질량}} = \dfrac{1,034.4828}{78} = 13.263$

02 ★★☆

면적이 1.5m²인 여과집진장치로 먼지농도가 1.5g/m³인 배기가스가 100m³/min으로 통과하고 있다. 먼지가 모두 여과포에서 제거되었으며, 집진된 먼지층의 밀도가 1g/cm³라면 1시간 후 여과된 먼지층의 두께(mm)를 계산하시오.

정답

6mm

해설

제거된 먼지의 양을 부피로 환산한 후 면적으로 나누어 먼지층의 두께를 구한다.

$\dfrac{\dfrac{1.5\text{g}}{\text{m}^3} \times \dfrac{100\text{m}^3}{\text{min}} \times 60\text{min} \times \dfrac{\text{cm}^3}{1\text{g}} \times \dfrac{\text{m}^3}{10^6 \text{cm}^3}}{1.5\text{m}^2}$

$= 0.006\text{m} = 6\text{mm}$

03 ★★☆

유해가스와 물이 일정한 온도에서 평형상태에 있다. 기상의 유해가스의 분압이 38mmHg일 때 수중 유해가스의 농도가 2.5kmol/m³일 경우 헨리상수(atm·m³/kmol)를 계산하시오.

정답

0.02 atm·m³/kmol

해설

헨리법칙을 이용한다.

$P = HC$

P: 분압(atm)
H: 헨리상수(atm·m³/kmol)
C: 유해가스의 농도(kmol/m³)

문제의 조건 중 유해가스의 분압의 단위는 mmHg이고, 헨리상수의 압력의 단위는 atm이므로 단위를 환산해서 압력의 단위를 통일해야 한다.

$38\text{mmHg} \times \dfrac{1\text{atm}}{760\text{mmHg}} = H \times 2.5\text{kmol/m}^3$

$H = 0.02\text{atm·m}^3/\text{kmol}$

04 ★★★

1m의 직경을 갖는 원심력집진장치에서 3m³/sec의 가스(1atm)를 처리하고자 한다. 다음 물음에 답하시오.

- 처리 입자의 밀도: 1.6g/cm³
- 점도: 1.85×10^{-5} kg/m · sec
- 입구 높이: 0.5m
- 입구 폭: 0.25m
- 유효회전수: 6
- 공기밀도: 1.3kg/m³

(1) 유입속도(m/sec)를 계산하시오.
(2) 절단입경(μm)을 계산하시오.

정답

(1) 24m/sec
(2) 5.36μm

해설

(1) 유입속도(m/sec) 계산

$$Q = AV, \quad V = \frac{Q}{A}$$

Q: 유량(m³/sec), A: 단면적(m²), V: 속도(m/sec)

$$V = \frac{3\text{m}^3/\text{sec}}{0.5\text{m} \times 0.25\text{m}} = 24\text{m/sec}$$

(2) 절단입경(μm)

$$\text{절단입경}(d_{p50}) = \left[\frac{9 \times \mu \times B}{2 \times (\rho_p - \rho) \times \pi \times N_e \times V}\right]^{0.5} \times 10^6$$

μ: 가스의 점도(kg/m · sec), B: 유입구의 폭(m)
N_e: 유효회전수, V: 입구의 유속(m/sec)
ρ_p: 입자의 밀도(kg/m³)

$$\rho_p = \frac{1.6\text{g}}{\text{cm}^3} \times \frac{\text{kg}}{1,000\text{g}} \times \frac{10^6\text{cm}^3}{\text{m}^3} = 1,600\text{kg/m}^3$$

ρ: 공기의 밀도(kg/m³)

$$d_{p50} = \left[\frac{9 \times 1.85 \times 10^{-5} \times 0.25}{2 \times (1,600-1.3) \times \pi \times 6 \times 24}\right]^{0.5} \times 10^6$$

$$= 5.364 \mu\text{m}$$

05 ★★☆

가스 500m³/min를 전기집진장치를 이용하여 처리하려고 한다. 반경 20cm, 길이 10m인 집진극 25개가 직렬로 연결되어 있을 때 먼지입자의 겉보기이동속도(m/sec)를 계산하시오. (단, 유입농도는 10g/m³, 유출농도는 0.1g/m³이다.)

정답

0.12m/sec

해설

$$\eta = 1 - e^{-\frac{A \times W_e}{Q}}$$

효율(η) = $1 - \frac{\text{유출농도}}{\text{유입농도}} = 1 - \frac{0.1}{10} = 0.99$

A: 집진면적(m²), W_e: 먼지의 겉보기 이동속도(m/sec)
Q: 유량(m³/sec)

$$Q = \frac{500\text{m}^3}{\text{min}} \times \frac{\text{min}}{60\text{sec}} = 8.3333\text{m}^3/\text{sec}$$

$$0.99 = 1 - e^{-\frac{\pi \times 0.4\text{m} \times 10\text{m} \times 25 \times W_e}{8.3333\text{m}^3/\text{sec}}}$$

집진면적을 구할 때 집진극의 개수(25)를 곱해야 한다.

$W_e = 0.122$m/sec

※ W_e 값은 공학용계산기의 SOLVE 기능을 이용하여 푸는 것이 편리합니다.

06 ★★☆

배출가스 중 다이옥신을 가스크로마토그래프/질량분석계(GC/MS)로 분석하려고 한다. 이때 GC/MS에 주입하기 전에 첨가하는 실린지 첨가용 내부표준물질 2가지를 쓰시오.

정답

^{13}C - 1, 2, 3, 4 - TeCDD
^{13}C - 1, 2, 3, 7, 8, 9 - HxCDD

07 ★★★

액체연료를 완전연소했을 때 발생되는 습연소가스량이 16.5Sm³/kg이었다. 이때 공기비(m)를 계산하시오. (단, 연료의 A_O=11.5Sm³/kg, G_{OW}=12.3Sm³/kg이다.)

정답
1.37

해설
습연소가스량 = 이론공기 중 질소량 + 과잉공기량 + 습연소생성물
= 이론습연소가스량(G_{ow}) + 과잉공기량
과잉공기량 = 이론공기량(A_O) × (m-1) (m: 공기비)
16.5 = 12.3 + 11.5 × (m-1)
m = 1.365

08 ★☆☆

상대습도가 70% 이하이고, 파장이 5,240Å 인 빛 속에서 밀도가 1,700mg/cm³이고, 직경이 0.4μm인 기름방울의 분산면적비가 4.5이다. 이때 먼지의 농도가 0.4mg/m³이라면 가시거리(m)는 얼마인지 계산하시오.

정답
982.22m

해설
$L_v(m) = \dfrac{5.2 \times \rho \times r}{K \times C}$

L_v: 가시거리(m), ρ: 먼지 또는 입자의 밀도(mg/cm³)
r: 입자의 반경(μm), C: 먼지농도(mg/m³)
K: 분산면적비

$L_v = \dfrac{5.2 \times 1,700 \times 0.2}{4.5 \times 0.4}$

$L_v = 982.222$m

09 ★★☆

대기오염물질의 농도를 추정하기 위한 상자모델 이론을 적용하기 위한 가정조건을 4가지 쓰시오.

정답
① 상자 공간에서 오염물의 농도는 균일하다.
② 오염물의 분해는 일차반응에 의한다.
③ 오염배출원은 이 상자가 차지하고 있는 지면 전역에 균등하게 분포되어 있다.
④ 오염원은 방출과 동시에 균등하게 혼합된다.

만점 KEYWORD
① 농도, 균일
② 분해, 일차반응
③ 배출원, 균등, 분포
④ 방출, 동시, 균등, 혼합

10 ★☆☆

온실가스 감축을 위한 교토메커니즘의 주요 제도 3가지를 적으시오.

정답
공동이행제도(JI), 청정개발체제(CDM), 배출권거래제도(ETS)

11 ★★☆

다음의 용어를 설명하시오.
(1) 알베도
(2) 비인의 변위법칙

정답
(1) 지표면에 입사된 에너지에 대한 반사되는 에너지의 비율을 퍼센트로 표현한 값이다.
(2) 흑체로부터 방출되는 파장 가운데 에너지 밀도가 최대인 파장과 흑체의 온도는 반비례 한다는 법칙이다.

만점 KEYWORD
(1) 지표면, 입사, 반사, 비율
(2) 흑체, 에너지 밀도가 최대인 파장, 온도, 반비례

2013년 1회 기출문제

01 ★★★

처리가스의 먼지농도가 2,000mg/Sm³인 것을 3개의 집진장치를 직렬로 연결하여 처리하고자 한다. 각각의 집진율은 70%, 80%, 99%라 할 때 배출되는 먼지농도(mg/Sm³)를 계산하시오.

정답

1.2mg/Sm³

해설-1

(1) 1차 집진장치
  유입: 2,000mg/Sm³
  유출: 2,000mg/Sm³×(1−0.7)=600mg/Sm³
(2) 2차 집진장치
  유입: 600mg/Sm³
  유출: 600mg/Sm³×(1−0.8)=120mg/Sm³
(3) 3차 집진장치
  유입: 120mg/Sm³
  유출: 120mg/Sm³×(1−0.99)=1.2mg/Sm³

해설-2

$\eta_T = 1-(1-\eta_1)(1-\eta_2)(1-\eta_3)$
η_T: 총효율
η_1: 1단효율, η_2: 2단효율, η_3: 3단효율
$\eta_T = 1-(1-0.7)\times(1-0.8)\times(1-0.99)=0.9994$
2,000mg/Sm³×(1−0.9994)=1.2mg/Sm³

02 ★★☆

용량비로 CO 40%, H_2 60%인 기체 혼합물이 있다. 물음에 답하시오.

(1) CO와 H_2의 중량비(%)를 계산하시오.
(2) 기체 혼합물의 평균분자량(g/mol)을 계산하시오.

정답

(1) CO: 90.32%, H_2: 9.68%
(2) 12.4g/mol

해설

CO의 분자량=12+16=28g/mol
H_2의 분자량=1×2=2g/mol

(1) CO와 H_2의 중량비(%)

$CO: \dfrac{28 \times 0.4}{(28 \times 0.4)+(2 \times 0.6)} \times 100 = 90.323\%$

$H_2: \dfrac{2 \times 0.6}{(28 \times 0.4)+(2 \times 0.6)} \times 100 = 9.677\%$

(2) 기체 혼합물의 평균분자량(g/mol)
  평균분자량=(28×0.4)+(2×0.6)=12.4g/mol

03 ★★☆

송풍기의 입구 흡인정압이 58mmH₂O, 출구정압이 30mmH₂O이다. 입구 쪽 평균유속이 1,200m/min일 때 필요한 송풍기의 유출정압(kgf/cm²)을 계산하시오.

정답

$6.35 \times 10^{-3} \text{kgf/cm}^2$

해설

유출정압 = 흡인정압 + 출구정압 − 입구속도압

입구속도압(mmH₂O) = $\left(\dfrac{V}{242.2}\right)^2$

V : 유속(m/min)

유출정압 = $58 + 30 - \left(\dfrac{1,200}{242.2}\right)^2 = 63.4521 \text{mmH}_2\text{O}$

※ mmH₂O = kgf/m²

$\dfrac{63.4521 \text{kgf}}{\text{m}^2} \times \dfrac{\text{m}^2}{10^4 \text{cm}^2} = 6.345 \times 10^{-3} \text{kgf/cm}^2$

04 ★★☆

한 굴뚝의 배기량은 10^4m³/hr이고 배기가스 중 HCl의 농도는 60ppm이다. 배기가스 중 HCl을 제거하기 위해 10^3m³의 물을 사용하는 수세탑을 설치하여 1일 5시간씩 4일간 운영하였을 때 순환수의 pH를 계산하시오. (단, 물의 손실은 없으며 HCl의 제거율은 100%이다.)

정답

3.27

해설

$\dfrac{60\text{mL}}{\text{Sm}^3} \times \dfrac{1\text{L}}{10^3 \text{mL}} \times \dfrac{1\text{mol}}{22.4\text{L}} \times \dfrac{10^4 \text{m}^3}{\text{hr}} \times \dfrac{5\text{hr}}{\text{day}} \times 4\text{day} \times \dfrac{1}{10^3 \text{m}^3}$

$\times \dfrac{1\text{m}^3}{10^3 \text{L}} = 5.3571 \times 10^{-4} \text{mol/L}$

HCl은 물에서 다음과 같이 해리되므로 위에서 구한 값이 순환수에서의 수소이온농도이다.

HCl → H⁺ + Cl⁻

pH = $-\log[\text{H}^+] = -\log[5.3571 \times 10^{-4}] = 3.271$

HCl의 당량수가 1eq/mol이기 때문에 몰농도와 노르말농도는 같다.

05 ★★☆

다음과 같은 조건을 가지는 송풍기의 소요동력(kW)을 계산하시오.

- 처리가스량: 72,000m³/hr
- 압력손실: 150mmH₂O
- 효율: 70%

정답

42.02kW

해설

$P(\text{kW}) = \dfrac{Q \times \Delta P}{102 \times \eta} \times \alpha$

Q: 처리가스량(m³/sec), ΔP: 압력손실(mmH₂O)

η: 효율, α: 여유율(주어지지 않으면 1로 간주함)

$P = \dfrac{\dfrac{72,000\text{m}^3}{\text{hr}} \times \dfrac{\text{hr}}{3,600\text{sec}} \times 150\text{mmH}_2\text{O}}{102 \times 0.7} = 42.017\text{kW}$

06 ★☆☆

다음 빈칸에 알맞은 말을 쓰시오.

- 방울수라 함은 (①)℃에서 정제수 (②)방울을 떨어뜨릴 때 그 부피가 약 1mL가 되는 것을 뜻한다.
- (③)라 함은 물질을 취급 또는 보관하는 동안 기체 또는 미생물이 침입하지 않도록 내용물을 보호하는 용기를 뜻한다.
- 상온은 (④)℃, 실온은 1~35℃, 찬곳은 따로 규정이 없는 한 (⑤)℃의 곳을 말한다.

정답

① 20, ② 20, ③ 밀봉용기, ④ 15~25, ⑤ 0~15

07 ★★★

평판형 전기집진기의 집진극 전압이 60kV, 집진판 간격은 30cm이다. 가스속도는 1.0m/sec, 입자의 직경은 0.5μm일 때 효율이 100%가 되는 집진극의 길이(m)를 계산하시오. (단, 입자의 이동속도 공식 및 조건은 다음에 제시된 것을 기준으로 한다.)

$$\text{입자의 이동속도}(W_e) = \frac{1.1 \times 10^{-14} \times P \times E^2 \times d_p}{\mu}$$
$$P = 2$$
$$\mu = 8.63 \times 10^{-2} \text{kg/m} \cdot \text{hr}$$

정답

7.35m

해설

(1) 입자의 이동속도 계산

$$W_e = \frac{1.1 \times 10^{-14} \times P \times E^2 \times d_p}{\mu}$$

W_e: 입자의 이동속도(m/sec)

E: 전계강도(V/m)

※ 전계강도를 구할 때에는 방전극과 집진극 사이의 거리를 기준으로 하기 때문에 집진판 간격을 2로 나누어서 식에 적용해야 한다.

d_p: 입자의 직경(μm), μ: 점성계수(kg/m · hr)

$$W_e = \frac{1.1 \times 10^{-14} \times 2 \times \left(\frac{60,000\text{V}}{0.3\text{m}/2}\right)^2 \times 0.5}{8.63 \times 10^{-2}} = 0.0204 \text{m/sec}$$

(2) 효율이 100%가 되는 집진극의 길이(m)

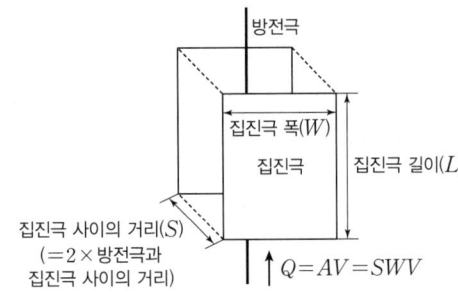

이론적 효율 = $\frac{A \times W_e}{Q}$

$$1 = \frac{2WL \times W_e}{SWV} = \frac{2L \times W_e}{SV}$$

Q: 처리가스량(m³/sec), A: 집진면적(m²)

W_e: 먼지의 겉보기 이동속도(m/sec)

입자를 완전히 제거하기 위한 이론적 효율은 1이다.

$$1 = \frac{2L \times 0.0204}{0.3 \times 1}$$

※ 이론적 효율을 구할 때 S는 집진극 사이의 거리이기 때문에 2로 나누지 않고 문제에 주어진 0.3m를 적용한다.

$L = 7.353$m

08 ★★☆

다음 물음에 답하시오.

(1) Coh의 정의를 쓰시오.

(2) Coh 공식을 쓰시오.

정답

(1) 깨끗한 여과지에 먼지를 모아 빛전달률의 감소를 측정함으로써 결정되며 광화학적 밀도가 0.01이 되도록 하는 여과지상의 고형물의 양을 의미한다.

(2) $\text{Coh} = \frac{\text{OD}}{0.01} = \frac{\log \frac{1}{I_t/I_o}}{0.01} = 100 \log \frac{1}{I_t/I_o}$

OD: 광화학적 밀도로 불투명도의 log 값

I_t: 투과광의 강도

I_o: 입사광의 강도

I_t/I_o: 빛 전달률(투과도)

만점 KEYWORD

(1) 여과지, 빛전달률, 광화학적 밀도가 0.01, 고형물의 양

09

다음은 A 소각로에서 발생하는 다이옥신을 17%의 산소농도에서 측정한 결과이다. 다이옥신의 농도(ng/Sm^3)를 산소농도 10%로 환산하여 독성등가인자를 고려하여 계산하시오. (단, 소수점 셋째자리까지 계산하여 쓰시오.)

다이옥신의 종류	독성등가 환산계수	농도
T_4CDD	1.0	$0.1 ng/Sm^3$
T_4CDF	0.5	$0.2 ng/Sm^3$
P_5CDD	0.5	$0.5 ng/Sm^3$
O_8CDD	0.001	$12 ng/Sm^3$
O_8CDF	0.001	$2 ng/Sm^3$

정답
$1.276 ng/Sm^3$

해설
(1) 산소농도 보정 후 다이옥신 농도

다이옥신의 종류	농도(10%)
T_4CDD	$0.1 \times \frac{21-10}{21-17} = 0.275$
T_4CDF	$0.2 \times \frac{21-10}{21-17} = 0.55$
P_5CDD	$0.5 \times \frac{21-10}{21-17} = 1.375$
O_8CDD	$12 \times \frac{21-10}{21-17} = 33$
O_8CDF	$2 \times \frac{21-10}{21-17} = 5.5$

$$C = C_a \times \frac{21-O_s}{21-O_a}$$

C: 오염물질농도
O_s: 표준산소농도(%), O_a: 실측산소농도(%)
C_a: 실측오염물질농도

(2) 산소농도 보정 후 독성등가인자를 적용한 다이옥신 농도
$(1.0 \times 0.275) + (0.5 \times 0.55) + (0.5 \times 1.375) + (0.001 \times 33) + (0.001 \times 5.5) = 1.276 ng/Sm^3$

10

노인요양시설의 알맞은 실내공기질 유지기준을 쓰시오.

항목	유지기준
PM-10	(①)$\mu g/m^3$ 이하
PM-2.5	(②)$\mu g/m^3$ 이하
이산화탄소	(③)ppm 이하
폼알데하이드	(④)$\mu g/m^3$ 이하
총부유세균	(⑤)CFU/m^3 이하
일산화탄소	(⑥)ppm 이하

정답
① 75, ② 35, ③ 1,000, ④ 80, ⑤ 800, ⑥ 10

관련이론 | 실내공기질 유지기준
의료기관, 산후조리원, 노인요양시설, 어린이집, 실내 어린이놀이시설의 실내공기질 유지기준은 다음과 같다.

항목	유지기준
PM-10	$75 \mu g/m^3$ 이하
PM-2.5	$35 \mu g/m^3$ 이하
이산화탄소	1,000ppm 이하
폼알데하이드	$80 \mu g/m^3$ 이하
총부유세균	$800 CFU/m^3$ 이하
일산화탄소	10ppm 이하

11 ★★☆

대기오염물질 중 입자상 물질의 농도를 측정하고자 흡습관법, 경사마노미터, 피토우관, 건식가스미터를 이용하여 다음의 값을 얻었다. 다음 물음에 답하시오. (단, 경사마노미터의 액주는 물을 사용한다.)

- 시료채취 흡인가스량(건식 가스미터에서 읽은 값): 20L
- 흡습 수분의 질량: 2.0g
- 배출가스의 밀도: 1.3kg/m³
- 포집먼지의 질량: 4.5mg
- 가스미터 흡인가스차압: 13.6mmH$_2$O
- 가스미터 흡인가스온도: 17℃
- 측정 대기압: 762mmHg
- 피토우관 계수: 1.2
- 경사마노미터(경사각 30°)에서 차압 눈금 값: 6mm
- 오리피스 압력차: 13.6mmH$_2$O

(1) 배출가스 중의 수분 농도(%)
(2) 배출가스 유속(m/sec)
(3) 배출가스 중 먼지농도(mg/Sm³) (단, 먼지농도는 소수점 둘째 자리까지 계산하여 소수점 첫째 자리까지 표기한다.)

정답

(1) 11.64%
(2) 8.07m/sec
(3) 238.1mg/Sm³

해설

(1) 배출가스 중의 수분 농도(%)

$$X_W = \frac{\frac{22.4}{18}m_a}{V_m \times \frac{273}{273+\theta_m} \times \frac{P_a+P_m}{760} + \frac{22.4}{18}m_a} \times 100$$

X_W: 배출가스 중의 수증기의 부피 백분율(%)
m_a: 흡습 수분의 질량(g)
V_m: 흡입한 건조 가스량(건식가스미터에서 읽은 값)(L)
θ_m: 가스미터에서의 흡입 가스온도(℃)
P_a: 측정공 위치의 대기압(mmHg)
P_m: 가스미터에서의 가스의 게이지압(mmHg)

$P_m = 13.6\text{mmH}_2\text{O} \times \frac{760\text{mmHg}}{10,332\text{mmH}_2\text{O}} = 1\text{mmHg}$

$$X_W = \frac{\frac{22.4}{18} \times 2}{20 \times \frac{273}{273+17} \times \frac{762+1}{760} + \frac{22.4}{18} \times 2} \times 100$$
$= 11.635\%$

(2) 배출가스 유속(m/sec)

$$V = C\sqrt{\frac{2gh}{\gamma}}$$

V: 배출가스 평균유속(m/sec)
C: 피토우관 계수
h: 피토우관에 의한 동압 측정치(mmH$_2$O) 경사각을 보정하기 위해 sin30°을 적용한다.
g: 중력가속도(9.8m/s²)
γ: 굴뚝 내의 배출가스 밀도(kg/m³)

$V = 1.2 \times \sqrt{\frac{2 \times 9.8 \times 6 \times \sin30°}{1.3}} = 8.070\text{m/sec}$

(3) 배출가스 중 먼지농도(mg/Sm³)

$$C_n = \frac{m_d}{V_m' \times \frac{273}{273+\theta_m} \times \frac{P_a+\Delta H/13.6}{760}}$$

C_n: 먼지농도(mg/Sm³)
m_d: 채취된 먼지량(mg)
V_m': 건식가스미터에서 읽은 가스시료 채취량(m³)

$V_m' = 20\text{L} \times \frac{\text{m}^3}{1,000\text{L}} = 0.02\text{m}^3$

θ_m: 건식가스미터에서의 평균온도(℃)
P_a: 측정공 위치의 대기압(mmHg)
ΔH: 오리피스압력차(mmH$_2$O)

$C_n = \frac{4.5}{0.02 \times \frac{273}{273+17} \times \frac{762+13.6/13.6}{760}} = 238.07\text{mg/Sm}^3$

2012년 4회 기출문제

01 ★★★

다음 바람에 대하여 서술하시오. (단, 정의, 특성, 밤과 낮일 때 차이를 구분해서 서술한다.)

(1) 해륙풍
(2) 산곡풍
(3) 경도풍

정답

(1) 해륙풍은 해안 근처의 지역에서 바다와 육지의 열용량차에 의해 발달된 바람이다.
　낮에는 햇빛에 의해 육지가 빨리 따뜻해져 공기가 상승하여 바다에서 육지쪽으로 부는 바람을 해풍이라 하고 밤에는 육지가 빨리 차가워져 공기가 하강하고 바다는 천천히 식어 따뜻한 공기가 형성되어 육지에서 바다로 부는 바람을 육풍이라 한다.

(2) 산곡풍은 평지와 계곡 및 분지지역의 일사량차로 인하여 생기는 바람이다.
　곡풍은 낮의 일사량이 평지보다 산이 많아 산의 비탈면을 따라 상승하는 바람이고 산풍은 밤에 산의 냉각으로 산의 비탈면을 따라 하강하는 바람이다.

(3) 경도풍은 기압경도력이 원심력, 전향력과 평형을 이루면서 고기압과 저기압의 중심부에서 발생하는 바람이다.

만점 KEYWORD

(1) 해안, 바다와 육지의 열용량차, 해풍, 육풍
(2) 평지와 계곡, 분지지역, 일사량차, 곡풍, 산풍
(3) 기압경도력, 원심력, 전향력, 평형, 중심부

02 ★★★

다음 환경기준에 대한 알맞은 수치를 적으시오. (단, 환경정책기본법상 기준을 따른다.)

항목	기준
NO_2	연간 평균치: (①)ppm 이하
PM-10	24시간 평균치: (②)$\mu g/m^3$ 이하
벤젠	연간 평균치: (③)$\mu g/m^3$ 이하

정답

① 0.03, ② 100, ③ 5

관련이론 | 환경기준

항목	기준
아황산가스 (SO_2)	연간 평균치 0.02ppm 이하
	24시간 평균치 0.05ppm 이하
	1시간 평균치 0.15ppm 이하
일산화탄소 (CO)	8시간 평균치 9ppm 이하
	1시간 평균치 25ppm 이하
이산화질소 (NO_2)	연간 평균치 0.03ppm 이하
	24시간 평균치 0.06ppm 이하
	1시간 평균치 0.10ppm 이하
미세먼지 (PM-10)	연간 평균치 50$\mu g/m^3$ 이하
	24시간 평균치 100$\mu g/m^3$ 이하
초미세먼지 (PM-2.5)	연간 평균치 15$\mu g/m^3$ 이하
	24시간 평균치 35$\mu g/m^3$ 이하
오존(O_3)	8시간 평균치 0.06ppm 이하
	1시간 평균치 0.1ppm 이하
납(Pb)	연간 평균치 0.5$\mu g/m^3$ 이하
벤젠	연간 평균치 5$\mu g/m^3$ 이하

03 ★★☆

실내공기질 관리법규상 신축 공동주택의 실내공기질 권고기준 수치를 알맞게 넣으시오.

항목	기준
폼알데하이드	(①)$\mu g/m^3$ 이하
에틸벤젠	(②)$\mu g/m^3$ 이하
벤젠	(③)$\mu g/m^3$ 이하

정답

① 210, ② 360, ③ 30

관련이론 | 신축 공동주택의 실내공기질 권고기준

- 폼알데하이드 210$\mu g/m^3$ 이하
- 벤젠 30$\mu g/m^3$ 이하
- 톨루엔 1,000$\mu g/m^3$ 이하
- 에틸벤젠 360$\mu g/m^3$ 이하
- 자일렌 700$\mu g/m^3$ 이하
- 스티렌 300$\mu g/m^3$ 이하
- 라돈 148Bq/m^3 이하

04 ★★★

기상총괄이동단위높이가 0.6m, 충전탑의 높이가 4m인 충전탑에서 80ppm의 HCl을 처리하려고 한다. 이때 유출되는 HCl의 농도(mg/Sm^3)를 계산하시오.

정답

0.17mg/Sm^3

해설

(1) 기상총괄단위수 계산

충전탑 높이(m)=$H_{OG} \times N_{OG}$

H_{OG}: 기상총괄이동단위높이(m)

N_{OG}: 기상총괄단위수

4m=0.6m×N_{OG}

N_{OG}=6.6667

(2) 효율 계산

$N_{OG} = \ln \frac{1}{1-\eta}$ (η: 효율)

$6.6667 = \ln \frac{1}{1-\eta}$

$e^{6.6667} = \frac{1}{1-\eta}$

$\eta = 1 - \frac{1}{e^{6.6667}}$

$\eta = 0.9987$

※ η값은 공학용계산기의 SOLVE 기능을 이용하여 구하는 것이 편리합니다.

(3) 유출되는 HCl의 농도 계산

HCl의 분자량=1+35.5=36.5

$\frac{80mL}{Sm^3} \times (1-0.9987) \times \frac{36.5mg}{22.4mL} = 0.169mg/Sm^3$

05 ★★★

중력집진장치를 사용하여 72m³/min로 유입되는 가스를 처리하려고 한다. 단수는 30, 폭과 높이는 2m일 경우 레이놀즈수를 구한 후 흐름상태를 구분하시오. (단, 점도는 2.0×10^{-5} kg/m·sec, 밀도는 1.0kg/m³이다.)

(1) 레이놀즈수
(2) 흐름상태

정답

(1) 1,935
(2) 층류

해설

(1) 가스의 유속(V) 계산

$$V = \frac{Q}{A}$$

Q: 유량(m³/sec), A: 단면적(m²)

$$V = \frac{\frac{72m^3}{min} \times \frac{min}{60sec}}{2m \times 2m} = 0.3 m/sec$$

(2) 상당직경(D) 계산

문제에서 중력집진장치의 폭과 높이, 단수가 주어졌으므로 상당직경을 구한 후 레이놀즈수를 계산해야 한다.

$$D = \frac{2 \times B \times H}{B + H} \quad B: 폭(m), H: 높이(m)$$

$$D = \frac{2 \times 2 \times \frac{2}{30}}{2 + \frac{2}{30}} = 0.1290 m$$

※ 문제에서 단수가 30개라고 했으므로 높이(H)는 단수만큼 낮아지기 때문에 높이는 단수로 나누어야 한다.

(3) 레이놀즈수(R_e) 계산

$$R_e = \frac{D \times \rho \times V}{\mu} = \frac{D \times V}{\nu}$$

D: 관의 직경(m)
ρ: 가스의 밀도(kg/m³), V: 가스의 속도(m/sec)
μ: 점성계수(kg/m·sec), ν: 동점성계수(m²/sec)

$$R_e = \frac{0.1290 \times 1.0 \times 0.3}{2.0 \times 10^{-5}} = 1,935$$

레이놀즈수(R_e)가 2,100보다 작으므로 층류이다.

관련이론 | 레이놀즈수에 따른 층류와 난류의 구분

- $R_e > 4,000$: 난류
- $2,100 < R_e < 4,000$: 전이영역
- $R_e < 2,100$: 층류

06 ★★☆

지표면에서 측정한 CO_2 농도가 평균 350ppm이었다. 지구의 반지름이 6,380km라면 지표면으로부터 150m 상공 사이에 존재하는 이산화탄소의 양(ton)을 계산하시오. (단, 표준상태이다.)

정답

5.28×10^{10} ton

해설

지구를 완전 구형으로 가정하고 지표면으로부터 상공 150m의 체적을 구한다.

구의 부피 = $\frac{\pi d^3}{6}$ (d: 구의 직경)

(1) 지표면으로부터 상공 150m의 체적 계산

$$\frac{\pi \times [2 \times (6,380,000m + 150m)]^3}{6} - \frac{\pi \times [2 \times (6,380,000m)]^3}{6}$$
$$= 7.6728 \times 10^{16} m^3$$

(2) 이산화탄소의 양(ton) 계산

이산화탄소(CO_2)의 분자량은 44이다.

CO_2의 양 = CO_2의 농도 × 체적

$$\frac{350 mL}{m^3} \times 7.6728 \times 10^{16} m^3 \times \frac{44 mg}{22.4 mL} \times \frac{ton}{10^9 mg}$$
$$= 5.275 \times 10^{10} ton$$

07 ★★☆

오염가스가 500Sm³/hr로 배출되고 있다. 오염가스 중 HF의 농도는 60ppm이며 이를 수산화칼슘용액으로 침전제거하려고 할 때 6일 동안 사용한 수산화칼슘의 양(kg)을 계산하시오. (단, HF는 90%가 물에 흡수되고, 하루 10시간 운전하며, 표준상태로 가정한다.)

정답

2.68kg

해설

HF 2kmol(2×22.4Sm³)을 침전제거하기 위해서는 수산화칼슘(Ca(OH)$_2$, 분자량 74) 1kmol이 필요하다.
수산화칼슘의 분자량 계산 = $40 + (17 \times 2) = 74$
$2HF + Ca(OH)_2 \rightarrow CaF_2 + 2H_2O$

$$\frac{60mL}{Sm^3} \times \frac{500Sm^3}{hr} \times 0.9 \times \frac{74mg}{2 \times 22.4mL} \times \frac{kg}{10^6 mg}$$
$$\times \frac{10hr \times 6day}{day} = 2.676kg$$

08 ★★☆

배출가스 중 가스상 물질 시료채취방법에 관한 물음에 답하시오.

(1) 시료채취관을 선정할 때 재질과 관련되어 고려해야 할 사항을 3가지 쓰시오.
(2) 폼알데하이드 여과재를 2가지 쓰시오.

정답

(1) ① 화학반응이나 흡착작용 등으로 배출가스의 분석결과에 영향을 주지 않는 것
② 배출가스 중의 부식성 성분에 의하여 잘 부식되지 않는 것
③ 배출가스 온도, 유속 등에 견딜 수 있는 충분한 기계적 강도를 갖는 것
(2) 알칼리 성분이 없는 유리솜 또는 실리카솜, 소결유리

만점 KEYWORD

(1) ① 화학반응, 흡착작용, 배출가스의 분석결과, 영향을 주지 않는
② 부식성 성분, 부식되지 않는 것
③ 온도, 유속, 충분한 기계적 강도

09 ★★★

1m의 직경을 갖는 원심력집진장치에서 3m³/sec의 가스(1atm)를 처리하고자 한다. 다음 물음에 답하시오.

- 처리 입자의 밀도: 1.6g/cm³
- 점도: 1.85×10^{-5}kg/m·sec
- 입구 높이: 0.5m
- 입구 폭: 0.25m
- 유효회전수: 4
- 공기밀도: 1.3kg/m³

(1) 유입속도(m/sec)를 계산하시오.
(2) 절단입경(μm)을 계산하시오.

정답

(1) 24m/sec
(2) 6.57μm

해설

(1) 유입속도(m/sec) 계산

$$Q = AV, \quad V = \frac{Q}{A}$$

Q: 유량(m³/sec), A: 단면적(m²), V: 속도(m/sec)

$$V = \frac{3m^3/sec}{0.5m \times 0.25m} = 24m/sec$$

(2) 절단입경(μm)

절단입경(d_{p50}) = $\left[\frac{9 \times \mu \times B}{2 \times (\rho_p - \rho) \times \pi \times N_e \times V}\right]^{0.5} \times 10^6$

μ: 가스의 점도(kg/m·sec), B: 유입구의 폭(m)
N_e: 유효회전수, V: 입구의 유속(m/sec)
ρ_p: 입자의 밀도(kg/m³)

$$\rho_p = \frac{1.6g}{cm^3} \times \frac{kg}{1,000g} \times \frac{10^6 cm^3}{m^3} = 1,600 kg/m^3$$

ρ: 가스의 밀도(kg/m³)

$$d_{p50} = \left[\frac{9 \times 1.85 \times 10^{-5} \times 0.25}{2 \times (1,600 - 1.3) \times \pi \times 4 \times 24}\right]^{0.5} \times 10^6$$
$$= 6.570 \mu m$$

10 ★★★

40μm의 분진의 침강속도가 1.5m/sec일 경우 20μm의 분진을 중력집진장치로 100% 처리한다면 높이(m)는 얼마로 해야 하는지 계산하시오. (단, 중력집진장치 침강실의 길이는 8m, 유입속도 2m/sec이고, 층류이다.)

정답

1.5m

해설

(1) 20μm 분진의 침강속도 구하기

침강속도(V_g)를 구하는 공식을 이용한다.

$$V_g = \frac{d_p^2 \times (\rho_p - \rho)g}{18\mu}$$

문제에서 침강속도(V_g)와 입자의 직경(d_p) 외의 수치는 제시되지 않았으므로 다른 변수는 모두 무시한다.

침강속도 공식에 의해 V_g는 d_p^2에 비례한다. 이 성질을 이용하여 비례식을 세운다.

$(40\mu m)^2 : 1.5 m/sec = (20\mu m)^2 : x$

$x = 0.375 m/sec$

(2) 중력집진장치의 침강실 높이 구하기

분진을 100% 제거하기 위한 중력집진장치의 설계공식

$$\frac{V_g}{V} = \frac{H}{L}$$

V_g: 침강속도(m/sec), V: 유입속도(m/sec)
H: 침강실의 높이(m), L: 침강실의 길이(m)

$$\frac{0.375}{2} = \frac{H}{8}$$

$H = 1.5m$

11 ★★★

전기집진장치의 집진효율을 증가시키는 방법을 6가지 쓰시오.

정답

① 집진장치 내의 전류밀도를 안정적으로 유지한다.
② 처리가스의 유속을 낮춘다.
③ 역전리 현상을 방지한다.
④ 재비산 현상을 방지한다.
⑤ 집진면적을 증가시킨다.
⑥ 집진극의 길이를 길게 한다.
⑦ 강한 전계강도를 유지한다.
⑧ 집진극에 오염물질이 없도록 한다.
⑨ 분진의 전기비저항값을 적절하게 유지한다.

만점 KEYWORD

① 전류밀도, 유지
② 유속, 낮춘다.
③ 역전리 현상, 방지
④ 재비산 현상, 방지
⑤ 집진면적, 증가
⑥ 집진극의 길이, 길게
⑦ 전계강도, 유지
⑧ 오염물질, 없도록
⑨ 전기비저항값, 유지

2012년 2회 기출문제

01 ★★★

직경이 55μm인 입자가 1.1m/sec의 유속으로 중력집진장치에 유입되고 있다. 중력집진장치의 높이가 1.55m, 침강속도가 15.5cm/sec인 경우 입자를 100% 제거하기 위한 이론적 집진장치의 길이(m)를 계산하시오. (단, 층류영역이다.)

정답

11m

해설

입자를 100% 제거하기 위한 중력집진장치의 설계공식

$$\frac{V_g}{V} = \frac{H}{L}$$

V_g : 침강속도(m/sec), V : 유속(m/sec)
H : 침강실의 높이(m), L : 침강실의 길이(m)

$$\frac{0.155\text{m/sec}}{1.1\text{m/sec}} = \frac{1.55\text{m}}{L}$$

$L = 11$m

02 ★★☆

기체연료(C_mH_n) 1mol을 이론공기량으로 완전연소시켰을 경우 이론습연소가스량(mol)을 계산하시오.

정답

$(4.76m + 1.44n)$mol

해설

기체연료(C_mH_n)의 연소반응식은 다음과 같이 나타낼 수 있다.

$$C_mH_n + \left(m + \frac{n}{4}\right)O_2 \rightarrow mCO_2 + \frac{n}{2}H_2O$$

(1) 이론산소량, 이론공기량 계산

이론산소량 $= \left(m + \frac{n}{4}\right)$mol

이론공기량 $= \dfrac{\left(m + \dfrac{n}{4}\right)}{0.21} = 4.7619m + 1.1905n$

(2) 이론습연소가스량 계산

이론공기 중 질소량 = 이론공기량 × 0.79
= (4.7619m + 1.1905n) × 0.79 = 3.7619m + 0.9405n
$CO_2 = m$
$H_2O = 0.5n$
이론습연소가스량 = 이론공기 중 질소량 + 연소생성물($CO_2 + H_2O$)
= 3.7619m + 0.9405n + m + 0.5n
= 4.7619m + 1.4405n

03 ★★★

NO 448ppm, NO_2 44.8ppm을 함유한 배기가스 50,000Sm³/hr를 NH_3에 의한 선택적 접촉환원법으로 처리할 경우 NO_x를 제거하기 위한 NH_3의 이론량(kg/hr)을 계산하시오. (단, 산소는 공존하지 않는다.)

정답

13.6kg/hr

해설

(1) NO를 처리할 경우 필요한 NH_3의 양 계산

NO의 발생량을 Sm³/hr 단위로 환산한다.

$$\frac{448mL}{Sm^3} \times \frac{50,000Sm^3}{hr} \times \frac{Sm^3}{10^6 mL} = 22.4 Sm^3/hr$$

NO 6kmol을 처리하기 위해서는 NH_3(분자량 17) 4kmol이 필요하다.

$6NO + 4NH_3 \rightarrow 5N_2 + 6H_2O$

$6 \times 22.4Sm^3 : 4 \times 17kg = 22.4Sm^3/hr : x\,kg/hr$

$x = 11.3333\,kg/hr$

(2) NO_2를 처리할 경우 필요한 NH_3의 양 계산

NO_2의 발생량을 Sm³/hr 단위로 환산한다.

$$\frac{44.8mL}{Sm^3} \times \frac{50,000Sm^3}{hr} \times \frac{Sm^3}{10^6 mL} = 2.24 Sm^3/hr$$

NO_2 6kmol을 처리하기 위해서는 NH_3(분자량 17) 8kmol이 필요하다.

$6NO_2 + 8NH_3 \rightarrow 7N_2 + 12H_2O$

$6 \times 22.4Sm^3 : 8 \times 17kg = 2.24Sm^3/hr : x\,kg/hr$

$x = 2.2667\,kg/hr$

(3) NO_x를 제거하기 위한 NH_3의 이론량(kg/hr) 계산

$11.3333 + 2.2667 = 13.6\,kg/hr$

관련이론 | 선택적 촉매환원기술(SCR)

- 선택적 촉매환원법이라고도 하며 200~400℃에서 촉매(TiO_2와 V_2O_5 등)에 NH_3, H_2, CO, H_2S 등의 환원가스를 작용시켜 NO_x를 N_2로 환원시키는 방법이다.
- $6NO_2 + 8NH_3 \rightarrow 7N_2 + 12H_2O$
- $6NO + 4NH_3 \rightarrow 5N_2 + 6H_2O$
- $4NO + 4NH_3 + O_2 \rightarrow 4N_2 + 6H_2O$(산소가 공존하는 상태)
- 촉매: 백금, 산화알루미늄계, 산화철계, 산화티타늄계 등
- 환원가스: NH_3, CO, H_2S, H_2 등

04 ★★☆

기체크로마토그래피에서 이론단수가 1,800인 분리관이 있다. 보유시간이 10min되는 피크의 밑부분 폭{피크 좌우 변곡점에서 접선이 자르는 바탕선의 길이(mm)}을 계산하시오. (단, 기록지 이동속도는 1.5cm/min, 이론단수는 모든 성분에 대하여 같다.)

정답

14.14mm

해설

이론단수$(n) = 16 \times \left(\dfrac{t_R}{W}\right)^2$

t_R: 기록지 이동속도(mm/min) × 보유시간(min)

$t_R = \dfrac{1.5cm}{min} \times \dfrac{10mm}{cm} \times 10min = 150mm$

W: 피크의 좌우변곡점에서 접선이 자르는 바탕선의 길이(mm)

$1,800 = 16 \times \left(\dfrac{150mm}{W}\right)^2$

$W = 14.142\,mm$

※ W값은 공학용계산기의 SOLVE 기능을 이용하여 푸는 것이 편리합니다.

05 ★☆☆

저위발열량이 10,000kcal/kg인 중유를 10kg/hr로 연소실에서 연소시킬 때 연소실의 열발생률(kcal/m³·hr)을 계산하시오. (단, 연소실의 크기는 가로 1.2m, 세로 2.0m, 높이 1.5m이다.)

정답

27,777.78kcal/m³·hr

해설

연소실 열발생률 = $\dfrac{\text{저위발열량} \times \text{시간당 연소량}}{\text{연소실 부피}}$

$= \dfrac{10,000kcal/kg \times 10kg/hr}{1.2m \times 2.0m \times 1.5m} = 27,777.778\,kcal/m^3 \cdot hr$

06 ★★☆

가솔린($C_8H_{17.5}$)을 연소시킬 경우 질량기준의 공연비와 부피기준의 공연비를 계산하시오.

(1) 질량기준
(2) 부피기준

정답
(1) 질량기준 공연비 = 15.04
(2) 부피기준 공연비 = 58.93

해설
공연비는 공기/연료의 비이다.
가솔린($C_8H_{17.5}$) 1mol이 연소할 경우 산소(O_2)는 12.375mol이 필요하다.
$C_8H_{17.5} + 12.375O_2 \rightarrow 8CO_2 + 8.75H_2O$

(1) **질량기준 공연비 계산**

연료의 질량 = $(12 \times 8) + 17.5 = 113.5g$

산소의 질량 = 산소의 mol수 × 산소의 분자량
= $12.375mol \times 32g/mol = 396g$

공기의 질량 = $\dfrac{\text{산소의 질량}}{0.232} = \dfrac{396g}{0.232} = 1,706.8966g$

※ 공기의 부피가 아닌 공기의 질량을 구하기 때문에 0.232로 나누어주어야 한다.

질량기준 공연비 = $\dfrac{1,706.8966}{113.5} = 15.039$

(2) **부피기준 공연비 계산**

연료의 부피는 $1Sm^3$로 가정한다.
산소의 부피: $12.375Sm^3$

공기의 부피 = $\dfrac{\text{산소의 부피}}{0.21} = \dfrac{12.375Sm^3}{0.21} = 58.9286Sm^3$

부피기준 공연비 = $\dfrac{58.9286}{1} = 58.929$

07 ★☆☆

다음은 배출가스 중 플루오린화합물 분석방법 중 적정법과 관련된 내용이다. 괄호 안에 알맞은 말을 쓰시오.

> 플루오린화 이온을 방해이온과 분리한 다음, 완충액을 가하여 pH를 조절하고, (①)을 가한 다음 (②) 용액으로 적정하는 방법이다.
> 이 방법의 정량범위는 HF로서 0.60~4,200ppm이고, 방법검출한계는 0.20ppm이다.

정답
① 네오토린, ② 질산토륨
※ 대기오염공정시험기준 개정으로 배출가스 중 플루오린화합물 – 적정법은 폐지되어 삭제된 기준입니다.

08 ★★☆

광학 현미경을 이용하여 입자의 투영면적으로부터 측정하는 직경 중 다음 설명에 해당되는 것은 무엇인지 쓰시오.

> 입자상 물질의 끝과 끝을 연결한 선 중 가장 긴 선을 직경으로 하는 것이다.

정답
휘렛직경

관련이론 | 입자의 직경

구분	의미
공기역학적 직경	측정하고자 하는 입자와 동일한 침강속도를 가지며, 밀도가 $1g/cm^3$인 구형입자의 직경이다. (밀도는 고려하지 않음)
스토크스 직경	원래의 먼지와 밀도 및 침강속도가 동일한 구형입자의 직경이다.
휘렛직경	입자상 물질의 끝과 끝을 연결한 선 중 가장 긴 선을 직경으로 하는 것이다.
마틴직경	입자상 물질의 그림자를 2개의 등면적으로 나눈 선의 길이를 직경으로 하는 것이다.
투영면적경	먼지의 면적과 동일한 면적을 갖는 원의 직경으로 하는 것이다.

09 ★★★

다음 환경기준에 대한 알맞은 수치를 적으시오. (단, 환경정책기본법상 기준을 따른다.)

- Pb 연간 평균치: (①)$\mu g/m^3$ 이하
- SO_2 1시간 평균치: (②)ppm 이하
- O_3 1시간 평균치: (③)ppm 이하
- CO 8시간 평균치: (④)ppm 이하
- 벤젠의 연간 평균치: (⑤)$\mu g/m^3$ 이하
- NO_2 24시간 평균치: (⑥)ppm 이하

정답

① 0.5, ② 0.15, ③ 0.1, ④ 9, ⑤ 5, ⑥ 0.06

관련이론 | 환경기준

항목	기준
아황산가스 (SO_2)	연간 평균치 0.02ppm 이하
	24시간 평균치 0.05ppm 이하
	1시간 평균치 0.15ppm 이하
일산화탄소 (CO)	8시간 평균치 9ppm 이하
	1시간 평균치 25ppm 이하
이산화질소 (NO_2)	연간 평균치 0.03ppm 이하
	24시간 평균치 0.06ppm 이하
	1시간 평균치 0.10ppm 이하
미세먼지 (PM-10)	연간 평균치 50$\mu g/m^3$ 이하
	24시간 평균치 100$\mu g/m^3$ 이하
초미세먼지 (PM-2.5)	연간 평균치 15$\mu g/m^3$ 이하
	24시간 평균치 35$\mu g/m^3$ 이하
오존(O_3)	8시간 평균치 0.06ppm 이하
	1시간 평균치 0.1ppm 이하
납(Pb)	연간 평균치 0.5$\mu g/m^3$ 이하
벤젠	연간 평균치 5$\mu g/m^3$ 이하

10 ★★☆

배출가스 중 황산화물을 처리하려고 한다. 다음 물음에 답하시오.

(1) 건식법의 종류를 3가지 쓰시오.
(2) 습식법과 비교한 건식법의 장점을 3가지 쓰시오.

정답

(1) 석회석주입법, 활성탄흡착법, 활성산화망간법
(2) ① 폐수의 발생이 없다.
   ② 배출가스의 온도 저하가 거의 없는 편이다.
   ③ 연돌에 의한 배출가스의 확산이 양호한 편이다.

만점 KEYWORD

(2) ① 폐수, 없다.
   ② 온도 저하, 거의 없는
   ③ 확산, 양호

관련이론 | 배연탈황법

구분	방법
건식법	석회석주입법, 활성탄흡착법, 활성산화망간법
습식법	가성소다흡수법, 황산나트륨흡수법, 암모니아흡수법
반건식법	석회석주입법(반건식), 소석회주입법

2012년 1회 기출문제

01 ★★★

250m³의 크기를 갖는 실험실에서 담배에 의해 HCHO가 발생하여 농도가 0.5ppm이 되었다. 이를 0.01ppm까지 낮추기 위하여 25m³/min 유량을 갖는 공기청정기를 이용하려고 한다. 원하는 농도로 낮추기 위해 걸리는 시간(min)을 구하시오. (단, 처리효율은 100%이며 초기 HCHO 농도는 0ppm이다.)

정답

39.12min

해설

실험실에서 오염물질의 발생은 상자모델을 따르며 상자모델의 오염물질분해는 1차 반응을 따른다.
1차 반응식은 다음과 같다.

$\ln \dfrac{C_t}{C_0} = -kt$

$k = \dfrac{Q}{V}$ 이므로 $\ln \dfrac{C_t}{C_0} = -\dfrac{Q}{V} \times t$ 이다.

C_t: t시간이 지난 후 반응물질의 농도(ppm)
C_0: 초기농도(ppm)
Q: 송풍량(m³/min), V: 실내용적(m³), t: 반응시간(min)

$\ln \dfrac{0.01\text{ppm}}{0.5\text{ppm}} = -\dfrac{25\text{m}^3/\text{min}}{250\text{m}^3} \times t$

$t = 39.120$min

관련이론

상자모델의 개요

배출원으로부터 배출되는 오염물질의 확산이 상자 안에서 이루어져 균일하게 혼합되어 확산된 오염물질의 물질수지를 산정하는 모델이다.

상자모델의 가정

- 고려되는 공간의 수직단면에 직각 방향으로 부는 바람의 속도가 일정하여 환기량이 일정하다.
- 상자 안에서는 밑면에서 방출되는 오염물질이 상자 높이인 혼합층까지 즉시 균등하게 혼합된다.
- 상자공간에서 오염물의 농도는 균일하다.
- 오염물의 분해는 일차반응에 의한다.
- 오염배출원은 이 상자가 차지하고 있는 지면 전역에 균등하게 분포되어 있다.
- 오염원은 방출과 동시에 균등하게 혼합된다.

02 ★★☆

보일러에서 중유(황 함량 2.5%)를 10ton/hr로 연소시키고 있다. 배출가스 중 황을 NaOH 수용액을 이용하여 처리할 때 필요한 NaOH의 양(kg/day)을 계산하시오. (단, 조건은 다음을 기준으로 한다.)

- 황은 전부 SO_2로 산화된다.
- 제거효율은 85%이다.
- 보일러는 24시간 운전한다.

정답

12,750kg/day

해설

황(S, 원자량 32) 1mol이 연소하면 이산화황(SO_2) 1mol이 생성된다.
$S + O_2 \rightarrow SO_2$
이산화황(SO_2) 1mol을 처리하기 위해서는 NaOH(분자량 40) 2mol이 필요하므로 황(S, 원자량 32) 1mol을 처리하기 위해서는 NaOH(분자량 40) 2mol이 필요하다.
$SO_2 + 2NaOH \rightarrow Na_2SO_3 + H_2O$

$\dfrac{10{,}000\text{kg}}{\text{hr}} \times \dfrac{2.5}{100} \times \dfrac{85}{100} \times \dfrac{2 \times 40\text{kg}}{32\text{kg}} \times \dfrac{24\text{hr}}{\text{day}} = 12{,}750\text{kg/day}$

03 ★★☆

A지점의 미세먼지(PM-10) 측정농도가 80, 72, 96, 70, 65 $\mu g/m^3$일 때 물음에 답하시오.

(1) 기하평균을 계산한 후 환경기준의 24시간 평균치와 비교하시오.
(2) 산술평균을 계산한 후 환경기준의 24시간 평균치와 비교하시오.

정답

(1) 75.88 $\mu g/m^3$이므로 24시간 평균치인 100 $\mu g/m^3$를 초과하지 않는다.
(2) 76.6 $\mu g/m^3$이므로 24시간 평균치인 100 $\mu g/m^3$를 초과하지 않는다.

해설

(1) 기하평균 $= (80 \times 72 \times 96 \times 70 \times 65)^{1/5} = 75.882 \,\mu g/m^3$
(2) 산술평균 $= \dfrac{80+72+96+70+65}{5} = 76.6 \,\mu g/m^3$

관련이론 | 환경기준

항목	기준
아황산가스 (SO$_2$)	연간 평균치 0.02ppm 이하
	24시간 평균치 0.05ppm 이하
	1시간 평균치 0.15ppm 이하
일산화탄소 (CO)	8시간 평균치 9ppm 이하
	1시간 평균치 25ppm 이하
이산화질소 (NO$_2$)	연간 평균치 0.03ppm 이하
	24시간 평균치 0.06ppm 이하
	1시간 평균치 0.10ppm 이하
미세먼지 (PM-10)	연간 평균치 50 $\mu g/m^3$ 이하
	24시간 평균치 100 $\mu g/m^3$ 이하
초미세먼지 (PM-2.5)	연간 평균치 15 $\mu g/m^3$ 이하
	24시간 평균치 35 $\mu g/m^3$ 이하
오존(O$_3$)	8시간 평균치 0.06ppm 이하
	1시간 평균치 0.1ppm 이하
납(Pb)	연간 평균치 0.5 $\mu g/m^3$ 이하
벤젠	연간 평균치 5 $\mu g/m^3$ 이하

04 ★☆☆

A 공정에서 배출되는 먼지의 입경을 Rosin-Rammler 분포에 의해 나타내려고 한다. 이때 중위경이 30 μm일 때, 20 μm 이상의 입자가 차지하는 분포율(%)을 계산하시오. (단, 입경지수는 1이다.)

$$\text{Rosin-Rammler 분포: } R(\%) = 100 \cdot \exp(-\beta \cdot d_p^n)$$

정답

63.00%

해설

(1) β값 계산

$R(\%) = 100 \times \exp(-\beta \cdot d_p^n)$
$50 = 100 \times \exp(-\beta \times 30^1)$
$\beta = 0.0231$

(2) 분포율 계산

$R(\%) = 100 \times \exp(-0.0231 \times 20^1) = 100 \times e^{(-0.0231 \times 20)}$
$= 63.002\%$

관련이론 | Rosin-Rammler 분포

- $R(\%)$은 체상누적분포(%)이고 n이 클수록 입경분포의 폭은 좁다.
- β가 커지면 임의의 누적분포를 갖는 입경 d_p는 작아져서 미세한 분진이 많다는 것을 의미한다.
- $R(\%) = 100 \times \exp(-\beta d_p^n)$

05 ★★☆

먼지의 입경을 측정하는 방법을 직접적 방법과 간접적 방법으로 구분하여 종류를 2가지씩 쓰시오.

정답

① 직접적 측정법: 현미경법, 표준체측정법
② 간접적 측정법: 광산란법, 공기투과법, 액상침강법, 관성충돌법

06 ★★☆

소각 후 발생하는 다이옥신류를 처리하기 위한 처리방법을 3가지 쓰고, 그 원리를 간단히 서술하시오. (단, 생물학적 분해방법은 제외한다.)

정답

① 촉매분해법: 300~400℃ 부근에서 촉매를 사용하여 다이옥신을 분해하는 방법으로 촉매로는 금속 산화물(V_2O_5, TiO_2 등), 귀금속(Pt, Pd)이 사용된다.
② 광분해법: 자외선 파장(250~340nm)을 이용하여 다이옥신을 분해한다.
③ 열분해법: 고온(850℃ 이상)의 산소가 아주 적은 환원성 분위기에서 탈염소화, 수소첨가반응 등에 의해 분해한다.
④ 오존분해법: 수중에 포함된 다이옥신을 분해하는 방법으로 고온의 염기성 상태에서 오존을 주입하여 분해한다.

만점 KEYWORD

① 촉매분해법, 촉매, 금속 산화물, 귀금속
② 광분해법, 자외선 파장, 분해
③ 열분해법, 고온, 환원성 분위기, 분해
④ 오존분해법, 수중, 고온의 염기성 상태, 오존을 주입

07 ★★☆

후드 선정 시 모형, 크기 등을 고려하여 선정해야 한다. 후드 선택 시 흡인요령을 3가지 서술하시오. (단, 개구면적을 좁게 하는 것은 제외한다.)

정답

① 발생원에 최대한 접근시켜 흡인시킨다.
② 포착속도(Capture velocity)를 충분히 유지시킨다.
③ 에어커튼을 사용한다.

만점 KEYWORD

① 발생원, 접근, 흡인
② 포착속도, 유지
③ 에어커튼

08 ★★☆

SO_2를 200ppm 함유한 가스가 50,000Sm^3/hr로 배출되고 있다. 이를 석회석으로 100% 흡수처리하고자 할 때 소요되는 약품의 양(kg/hr)을 구하시오. (단, 약품의 석회석 함유량은 15%이다.)

정답

297.62kg/hr

해설

석회석의 주성분은 탄산칼슘($CaCO_3$)이다.
SO_2 1kmol을 처리하기 위해서는 $CaCO_3$ 1kmol이 필요하다.
$SO_2 + CaCO_3 + 2H_2O + 0.5O_2 \rightarrow CaSO_4 \cdot 2H_2O + CO_2$
$CaCO_3$의 분자량 = 40 + 12 + (16 × 3) = 100

(1) SO_2 200ppm을 Sm^3/hr로 단위환산하기

$$\frac{200mL}{Sm^3} \times \frac{50,000Sm^3}{hr} \times \frac{Sm^3}{10^6 mL} = 10 Sm^3/hr$$

(2) 비례식을 이용하여 약품의 양 계산

$$22.4Sm^3 : 100kg = 10Sm^3/hr : x \times \frac{15}{100}$$

$x = 297.619 kg/hr$

09 ★★☆

어떤 장소에서 특정 월의 최대 지표온도가 30℃이었다. 지면의 온도가 21℃, 고도가 600m에서의 온도가 18℃였을 때, 최대혼합고(m)를 구하시오. (단, 건조단열체감율은 −0.98℃/100m이다.)

정답

1,875m

해설

$$\frac{\Delta t}{\Delta Z} \times \text{MMD} + t(℃) = \gamma_d \times \text{MMD} + t_{max}(℃)$$

Δt: 온도차(℃), ΔZ: 고도차(m)
MMD: 최대혼합고(m), γ_d: 건조단열체감율(℃/m)
t: 지면의 온도(℃), t_{max}: 최대 지표온도(℃)

$$\frac{(18-21)℃}{600\text{m}} \times \text{MMD} + 21℃ = \frac{-0.98℃}{100\text{m}} \times \text{MMD} + 30℃$$

MMD = 1,875m

10 ★★★

배기가스 유량이 360m³/min, 농도가 6g/Sm³인 분진을 유효 높이 2.5m, 직경 200mm인 Bag Filter를 사용하여 처리하려고 한다. 이때 필요한 Bag Filter의 개수를 계산하시오. (단, 여과속도는 1.5cm/sec이다.)

정답

255개

해설

백필터의 수(n) = $\frac{Q_T}{\pi DL \times V_f}$

Q_T: 처리유량(m³/min), V_f: 여과속도(m/min)
D: 직경(m), L: 길이(m)

$$n = \frac{360\text{m}^3/\text{min}}{\pi \times 0.2\text{m} \times 2.5\text{m} \times \frac{1.5\text{cm}}{\text{sec}} \times \frac{\text{m}}{100\text{cm}} \times \frac{60\text{sec}}{\text{min}}} = 254.648$$

※ n값은 Bag Filter의 개수이므로 답은 정수인 255가 된다.

11 ★★☆

전기집진장치에서 전류밀도가 먼지층 표면부근의 이온전류밀도와 같고 양호한 집진작용이 이루어지는 값이 2×10^{-8}A/cm²이다. 먼지층 중의 절연파괴 전계강도를 5×10^3V/cm로 할 때 물음에 답하시오.

(1) 먼지층의 겉보기 전기저항을 계산하시오.
(2) 역전리 현상이 발생하는지 여부를 판단하시오.

정답

(1) $2.5 \times 10^{11} \Omega \cdot \text{cm}$
(2) 겉보기 전기저항이 $10^{11} \Omega \cdot \text{cm}$ 이상이므로 역전리 현상이 발생한다.

해설

겉보기 전기저항 = $\frac{\text{절연파괴 전계강도}}{\text{전류밀도}}$

$$= \frac{5 \times 10^3 \text{V/cm}}{2 \times 10^{-8} \text{A/cm}^2} = 2.5 \times 10^{11} \Omega \cdot \text{cm}$$

구분	기준	현상
저 비저항	$10^4 \Omega \cdot \text{cm}$ 이하	재비산 현상
고 비저항	$10^{11} \Omega \cdot \text{cm}$ 이상	역전리 현상

2011년 | 4회 기출문제

01 ★★☆

SO_2를 1,000ppm 함유한 가스(1기압, 25℃)가 유동층 연소로에서 10,000m³/hr로 배출되고 있다. 이를 석회석으로 100% 처리하고자 할 때 소요되는 $CaCO_3$의 양(kg/hr)을 계산하시오. (단, Ca/S비가 4일 경우 SO_2는 100% 처리된다.)

[정답]

163.59kg/hr

[해설]

(1) SO_2 1,000ppm을 m³/hr로 단위환산하기

표준상태에서 SO_2 1kmol=22.4m³를 이용하여 소요되는 탄산칼슘의 양을 구할 수 있기 때문에 273K로 보정한다.

$$\frac{1,000\text{mL}}{\text{m}^3} \times \frac{10,000\text{m}^3}{\text{hr}} \times \frac{273\text{K}}{(273+25)\text{K}} \times \frac{\text{m}^3}{10^6\text{mL}}$$
$$= 9.1611\text{Sm}^3/\text{hr}$$

(2) 비례식을 이용하여 탄산칼슘($CaCO_3$)의 양 계산

$CaCO_3$의 분자량 = 40+12+(16×3) = 100

문제의 조건에서 Ca/S의 비가 4일 경우 SO_2가 100% 처리된다고 했으므로 SO_2 1kmol(22.4m³)을 100% 처리하기 위해서는 $CaCO_3$ 4kmol(4×100kg)이 필요하다. 이 관계를 이용하여 비례식을 세우면 다음과 같다.

22.4m³ : 4×100kg = 9.1611m³/hr : x

x = 163.591kg/hr

02 ★★☆

대기오염공정시험기준상 배출가스 중 염화바이닐은 기체크로마토그래피로 분석할 수 있다. 이 분석방법의 종류를 2가지를 적고 그 방법에 대해 서술하시오.

[정답]

① 고체흡착열탈착-기체크로마토그래프: 흡착제를 충전한 흡착관에 사염화탄소 및 클로로폼 그리고 염화바이닐을 흡착시킨 후 탈착을 쉽게 하기 위해 흡착시킨 방향과 반대방향으로 열탈착하여 기체크로마토그래프(Gas chromatograph)를 이용하여 분석하는 방법이다.

② 시료채취 주머니-기체크로마토그래프: 시료채취 주머니 내의 시료 일정량을 흡입하여 저온농축관(-10℃ 이하)에 농축한다. 저온농축관에 농축된 시료는 열탈착되어 기체크로마토그래프 분석 컬럼으로 주입된다. GC 컬럼에 주입된 시료는 설정된 온도 조건에서 GC 분석이 이루어지게 한다.

만점 KEYWORD

① 고체흡착열탈착, 흡착제를 충전, 흡착관, 탈착을 쉽게, 흡착시킨 방향과 반대방향, 열탈착, 기체크로마토그래프, 분석

② 시료채취 주머니, 흡입, 저온농축관, 농축, 저온농축관, 열탈착, 분석 컬럼, 주입, 설정된 온도 조건, GC 분석

03 ★★★

벤투리 스크러버에서 목부의 직경이 0.2m, 수압이 20,000mmH$_2$O, 노즐의 직경이 3.8mm, 액가스비가 0.5L/m^3, 목부의 가스유속이 60m/sec일 때, 노즐의 개수를 계산하시오.

정답
6개

해설
$$n \times \left(\frac{d}{D_t}\right)^2 = \frac{V_t \times L}{100\sqrt{P}}$$
n: 노즐개수, d: 노즐의 직경(m)
D_t: 목부(스롯트부)의 직경(m)
V_t: 유속(m/sec), L: 액가스비(L/m^3), P: 수압(mmH$_2$O)
$$n \times \left(\frac{3.8 \times 10^{-3}\text{m}}{0.2\text{m}}\right)^2 = \frac{60\text{m/sec} \times 0.5\text{L/m}^3}{100 \times \sqrt{20,000\text{mmH}_2\text{O}}}$$
$n = 5.876$
※ 노즐의 개수는 소수로 나올 수 없으므로 답은 6이다.

04 ★★☆

원심력집진장치의 제거효율의 변화는 다음 식을 이용하여 구할 수 있다. 유량 300Sm^3/sec일 경우 효율이 70%라면 유량이 150Sm^3/sec일 때의 효율(%)을 계산하시오.

$$\frac{100-\eta_a}{100-\eta_b} = \left(\frac{Q_b}{Q_a}\right)^{0.5}$$

정답
57.57%

해설
$$\frac{100-70}{100-\eta_b} = \left(\frac{150}{300}\right)^{0.5}$$
$\eta_b = 57.574\%$

05 ★★★

탄소 85%, 수소 15%로 구성된 경유(1kg)를 공기과잉계수 1.1로 연소했더니 탄소 1%가 검댕(그을음)으로 된다. 건조 배기가스 1Sm^3 중 검댕의 농도(g/Sm^3)를 계산하시오.

정답
0.72g/Sm^3

해설
검댕의 양 $= 850\text{g} \times 0.01 = 8.5\text{g}$
이론산소량: $1.867C + 5.6H + 0.7S - 0.7O$
$= (1.867 \times 0.85) + (5.6 \times 0.15) = 2.4270\text{Sm}^3$
검댕을 고려한 이론산소량
$= (1.867 \times 0.85 \times 0.99) + (5.6 \times 0.15) = 2.4111\text{Sm}^3$
이론공기량 $= \dfrac{\text{이론산소량}}{0.21} = \dfrac{2.4270}{0.21} = 11.5571\text{Sm}^3$

※ 실제건연소가스량 산정 시 검댕으로 반응하지 않은 이론산소량을 보정하기 때문에 연료의 성분에 따른 이론공기량을 구한다.

이론공기 중 질소량 = 이론공기량 × 0.79
$= 11.5571 \times 0.79 = 9.1301\text{Sm}^3$
과잉공기량 $= (m-1) \times$ 이론공기량 (m: 공기과잉계수)
$= (1.1-1) \times 11.5571 = 1.1557\text{Sm}^3$

CO$_2$ 배출량
탄소(C, 원자량 12) 1kmol이 연소하면 이산화탄소(CO$_2$) 1kmol이 생성된다.
C + O$_2$ → CO$_2$
12kg : 22.4Sm^3 = 0.85kg × 0.99 : xSm^3
$x = 1.5708\text{Sm}^3$

※ 검댕(그을음)은 연소하지 않으므로 CO$_2$ 발생량을 구할 때 제외해야 한다.

실제건연소가스량 = 이론공기 중 질소량 + 검댕으로 반응하지 않은 이론산소량 + 과잉공기량 + 건연소생성물(CO$_2$)
$= 9.1301\text{Sm}^3 + (2.4270 - 2.4111)\text{Sm}^3 + 1.1557\text{Sm}^3 + 1.5708\text{Sm}^3$
$= 11.8725\text{Sm}^3$

검댕의 농도 $= \dfrac{8.5\text{g}}{11.8725\text{Sm}^3} = 0.716\text{g/Sm}^3$

06 ★★☆

사이클론 집진장치를 다음과 같이 변화시키는 경우 괄호 안에 들어갈 말을 쓰시오. (단, 괄호 안에는 증가, 감소, 불변 중 하나를 적는다.)

(1) 블로우다운 시 효율은 (   )한다.
(2) 입구의 직경이 작을수록 효율은 (   )한다.
(3) 유속이 증가할수록 효율은 (   )한다.
(4) 분진밀도가 클수록 효율은 (   )한다.
(5) 원통 직경이 클수록 효율은 (   )한다.

정답
(1) 증가
(2) 증가
(3) 증가
(4) 증가
(5) 감소

07 ★☆☆

오전 4시부터 오후 8시까지의 탄화수소, NO_2, NO, 오존의 시간변화에 따른 농도 변화에 대한 그래프를 직접 작성하시오.

정답

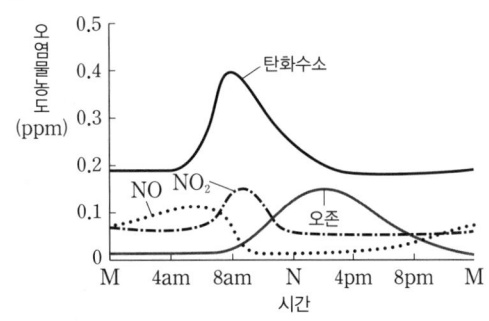

08 ★★☆

에탄과 부탄의 혼합가스 $1Sm^3$를 완전연소시킨 결과 배기가스 중 이산화탄소 생성량이 $3.3Sm^3$이었다면 혼합가스 중 에탄과 부탄의 mol비(에탄/부탄)를 계산하시오.

정답
0.54

해설
에탄: xSm^3, 부탄: $(1-x)Sm^3$로 두고 계산한다.
에탄(C_2H_6) 1mol이 연소하면 이산화탄소(CO_2) 2mol이 생성된다.
$C_2H_6 + 3.5O_2 \rightarrow 2CO_2 + 3H_2O$
CO_2: $2xSm^3$
부탄(C_4H_{10}) 1mol이 연소하면 이산화탄소(CO_2) 4mol이 생성된다.
$C_4H_{10} + 6.5O_2 \rightarrow 4CO_2 + 5H_2O$
CO_2: $4(1-x)Sm^3$
$2x + 4(1-x) = 3.3Sm^3$
$x = 0.35Sm^3$
에탄과 부탄의 mol비는 부피비와 같다.
$$\text{mol비(에탄/부탄)} = \frac{\text{에탄의 몰수}}{\text{부탄의 몰수}} = \frac{0.35Sm^3}{(1-0.35)Sm^3} = 0.538$$

09 ★★☆

처리효율이 70%인 공정을 이용하여 농도 $2g/m^3$, 유량 $1,000m^3/hr$인 오염물질을 처리하고자 한다. 세정액량이 $2m^3$이고 세정액의 농도가 $10g/L$일 경우 방류할 때 방류시간 간격(hr)을 계산하시오.

정답
14.29hr

해설
문제에 주어진 조건을 단위환산해서 정답을 구한다.
$$\frac{2g}{m^3} \times \frac{1,000m^3}{hr} \times \frac{70}{100} \times x\,hr = \frac{10g}{L} \times \frac{10^3 L}{m^3} \times 2m^3$$
$x = 14.286hr$

10 ★★★

유효굴뚝높이가 60m인 굴뚝에서 풍속이 6m/sec일 때 500m 떨어진 중심선상의 오염물질의 지표농도가 66μg/m³, y방향 50m 지점에서의 지상농도가 23μg/m³이다. 이 경우 표준편차(σ_y)를 계산하시오. (단, 가우시안방정식을 사용한다.)

정답

34.44m

해설

$$C(x, y, z) = \frac{Q}{2\pi U \sigma_y \sigma_z} \left[\exp\left(-\frac{1}{2}\left(\frac{y}{\sigma_y}\right)^2\right) \right]$$
$$\times \left[\exp\left\{-\frac{1}{2}\left(\frac{z-H_e}{\sigma_z}\right)^2\right\} + \exp\left\{-\frac{1}{2}\left(\frac{z+H_e}{\sigma_z}\right)^2\right\} \right]$$

Q: 오염물질 배출량(μg/sec)
U: 풍속(m/s), H_e: 유효굴뚝높이(m)
y: 풍향에 직각인 수평거리(m)
z: 지면으로부터 오염물질까지의 높이(m)
σ_y, σ_z: 수평, 수직방향 표준편차(m)

(1) 500m 떨어진 중심선상의 오염물질의 지표농도

  y: 중심선상 오염농도를 구하므로 "0"
  z: 지상의 오염농도를 구하므로 "0"
  H_e: 60m

$$66 = \frac{Q}{2\pi \times 6 \times \sigma_y \sigma_z} \left[\exp\left(-\frac{1}{2}\left(\frac{0}{\sigma_y}\right)^2\right) \right]$$
$$\times \left[\exp\left\{-\frac{1}{2}\left(\frac{0-60}{\sigma_z}\right)^2\right\} + \exp\left\{-\frac{1}{2}\left(\frac{0+60}{\sigma_z}\right)^2\right\} \right]$$
$$66 = \frac{Q}{2\pi \times 6 \times \sigma_y \sigma_z} \times 1 \times 2 \left[\exp\left\{-\frac{1}{2}\left(\frac{60}{\sigma_z}\right)^2\right\} \right]$$

(2) y방향 50m 지점의 지상농도

  y: y방향으로 50m이므로 "50"
  z: 지상오염농도를 구하므로 "0"
  H_e: 60m

$$23 = \frac{Q}{2\pi \times 6 \times \sigma_y \sigma_z} \left[\exp\left(-\frac{1}{2}\left(\frac{50}{\sigma_y}\right)^2\right) \right]$$
$$\times \left[\exp\left\{-\frac{1}{2}\left(\frac{0-60}{\sigma_z}\right)^2\right\} + \exp\left\{-\frac{1}{2}\left(\frac{0+60}{\sigma_z}\right)^2\right\} \right]$$
$$23 = \frac{Q}{2\pi \times 6 \times \sigma_y \sigma_z} \left[\exp\left(-\frac{1}{2}\left(\frac{50}{\sigma_y}\right)^2\right) \right] \times 2 \left[\exp\left(-\frac{1}{2}\left(\frac{60}{\sigma_z}\right)^2\right) \right]$$

(3) (1)번 식을 (2)번 식에 대입하여 σ_y 계산

$$23 = 66 \times \left[\exp\left\{-\frac{1}{2}\left(\frac{50}{\sigma_y}\right)^2\right\} \right]$$

$\sigma_y = 34.435$m

※ σ_y 값은 공학용계산기의 SOLVE 기능을 이용하여 푸는 것이 편리합니다.

01 ★★☆

0.5%의 HCl을 포함하는 가스 500Sm³/hr를 Ca(OH)₂로 중화하려고 한다. 이때 필요한 수산화칼슘의 소비량(kg/hr)을 계산하시오.

정답

4.13kg/hr

해설

HCl 2kmol($2 \times 22.4 \text{Sm}^3$)을 처리하기 위해서는 Ca(OH)₂ 1kmol(74kg)이 필요하다.

Ca(OH)₂의 분자량 계산 $= 40 + (17 \times 2) = 74$

$2HCl + Ca(OH)_2 \rightarrow CaCl_2 + 2H_2O$

$$\frac{500 \text{Sm}^3}{\text{hr}} \times \frac{0.5}{100} \times \frac{74 \text{kg}}{2 \times 22.4 \text{Sm}^3} = 4.129 \text{kg/hr}$$

02 ★★☆

입경이 X의 지수 n값이 1로 나타나는 Rosin-Rammler 분포를 갖는 먼지의 중위경(R: 50%)이 50μm이다. 이 경우 25μm 이상 분진의 체거름상 분진농도(%)를 계산하시오.

정답

70.65%

해설

(1) β값 계산

$R(\%) = 100 \times \exp(-\beta \cdot d_p^n)$

$50 = 100 \times \exp(-\beta \times 50^1)$

$\beta = 0.0139$

(2) 분진농도 계산

$R(\%) = 100 \times \exp(-0.0139 \times 25^1) = 100 \times e^{(-0.0139 \times 25)}$

$= 70.645\%$

03 ★★★

여과집진기에 유량 $4.78 \times 10^6 \text{cm}^3/\text{sec}$, 공기여재비 4cm/sec로 배출가스가 유입되고 있다. 여과포 1개의 직경이 200mm, 유효높이가 3m인 경우 필요한 여과포의 개수를 계산하시오.

정답

64개

해설

여과포 소요개수 $(n) = \dfrac{Q_T}{\pi DL \times V_f}$

Q_T: 처리가스 유량(cm³/sec)
D: 여과포의 직경(cm), L: 여과포의 길이(cm)
V_f: 처리가스의 겉보기 여과속도(cm/sec)
※ 처리가스의 겉보기 여과속도를 공기여재비라고도 한다.

$n = \dfrac{4.78 \times 10^6}{\pi \times 20 \times 300 \times 4} = 63.397$

n은 여과포 소요개수로 소수로 나올 수 없으므로 64개가 답이 된다.

04 ★★★

1m의 직경을 갖는 원심력집진장치에서 $3m^3/sec$의 가스(1atm, 350K)를 처리하고자 한다. 다음 물음에 답하시오.

- 처리 입자의 밀도: $1.6g/cm^3$
- 점도: $1.85 \times 10^{-5} kg/m \cdot sec$
- 입구 높이: 0.5m
- 입구 폭: 0.25m
- 유효회전수: 6
- 공기밀도: $1.3kg/m^3$

(1) 유입속도(m/sec)를 계산하시오.
(2) 절단입경(μm)을 계산하시오.

정답

(1) 24m/sec
(2) $5.36\mu m$

해설

(1) 유입속도(m/sec) 계산

$Q = AV$, $V = \dfrac{Q}{A}$

Q: 유량(m^3/sec), A: 단면적(m^2), V: 속도(m/sec)

$V = \dfrac{3m^3/sec}{0.5m \times 0.25m} = 24m/sec$

(2) 절단입경(μm)

절단입경(d_{p50}) = $\left[\dfrac{9 \times \mu \times B}{2 \times (\rho_p - \rho) \times \pi \times N_e \times V}\right]^{0.5} \times 10^6$

μ: 가스의 점도(kg/m · sec), B: 유입구의 폭(m)
N_e: 유효회전수, V: 입구의 유속(m/sec)
ρ_p: 입자의 밀도(kg/m^3)

$\rho_p = \dfrac{1.6g}{cm^3} \times \dfrac{kg}{1,000g} \times \dfrac{10^6 cm^3}{m^3} = 1,600 kg/m^3$

ρ: 가스의 밀도(kg/m^3)

$d_{p50} = \left[\dfrac{9 \times 1.85 \times 10^{-5} \times 0.25}{2 \times (1,600 - 1.3) \times \pi \times 6 \times 24}\right]^{0.5} \times 10^6$

$= 5.364 \mu m$

05 ★★★

황화수소가 5% 포함된 메탄을 공기비 1.1로 연소할 경우 건조배기가스 중의 SO_2 농도(ppm)를 계산하시오. (단, 황화수소는 모두 SO_2로 변환된다.)

정답

5,336.01ppm

해설

전체 혼합연료량을 $1Sm^3$라고 가정한다.
황화수소(H_2S)의 부피 = $0.05Sm^3$
메탄(CH_4)의 부피 = $0.95Sm^3$

(1) 황화수소(H_2S) 연소 시 발생하는 SO_2의 양 계산하기

황화수소(H_2S) 1kmol이 연소하기 위해서는 산소(O_2) 1.5kmol이 필요하고 이산화황(SO_2) 1kmol이 발생한다.

$H_2S + 1.5O_2 \rightarrow SO_2 + H_2O$

이론산소량 = $0.05Sm^3 \times 1.5 = 0.075Sm^3$
SO_2 발생량 = $0.05Sm^3$

(2) 메탄(CH_4) 연소 시 발생하는 CO_2의 양 계산하기

메탄(CH_4) 1kmol이 연소하기 위해서는 산소(O_2) 2kmol이 필요하고 이산화탄소(CO_2) 1kmol이 발생한다.

$CH_4 + 2O_2 \rightarrow CO_2 + 2H_2O$

이론산소량 = $0.95Sm^3 \times 2 = 1.9Sm^3$
CO_2 발생량 = $0.95Sm^3$

(3) 혼합연료의 건조배기가스량 계산하기

이론공기량 = $\dfrac{\text{이론산소량}}{0.21} = \dfrac{(0.075 + 1.9)}{0.21} = 9.4048Sm^3$

이론공기 중 질소량 = 이론공기량 $\times 0.79$
$= 9.4048 \times 0.79 = 7.4298Sm^3$

과잉공기량 = (m − 1) × 이론공기량 (m: 공기비)
$= (1.1 − 1) \times 9.4048 = 0.9405Sm^3$

건조연소생성물($CO_2 + SO_2$) = $0.05 + 0.95 = 1.0Sm^3$

건조연소가스량 = 이론공기 중 질소량 + 과잉공기량 + 건조연소생성물($CO_2 + SO_2$)
$= 7.4298 + 0.9405 + 1.0 = 9.3703Sm^3$

(4) SO_2 농도(ppm) 계산하기

SO_2 농도(ppm) = $\dfrac{0.05}{9.3703} \times 10^6 = 5,336.008ppm$

06 ★★★

부탄 1Sm³을 완전연소시켰을 때 건조연소가스 중의 CO_2 농도는 11%이었다. 이때 공기비를 구하시오.

정답

1.26

해설

부탄(C_4H_{10}) 1kmol이 연소할 때 산소(O_2) 6.5kmol이 필요하고, 이산화탄소(CO_2) 4kmol이 생성된다.

$C_4H_{10} + 6.5O_2 \rightarrow 4CO_2 + 5H_2O$

이론산소량 = 6.5Sm³

이론공기량 = $\dfrac{\text{이론산소량}}{0.21} = \dfrac{6.5}{0.21} = 30.9524 Sm^3$

이론공기 중 질소량 = 이론공기량 × 0.79
= 30.9524 × 0.79 = 24.4524Sm³

과잉공기량 = x Sm³

건조연소생성물(CO_2) = 4Sm³

건조연소가스량 = 이론공기 중 질소량 + 과잉공기량 + 건조연소생성물(CO_2)
= (24.4524 + x + 4)Sm³

CO_2 농도 = $\dfrac{4}{(24.4524 + x + 4)} \times 100 = 11\%$

x = 7.9112Sm³

공기비 = $\dfrac{\text{실제공기량}(A)}{\text{이론공기량}(A_O)} = \dfrac{30.9524 + 7.9112}{30.9524} = 1.256$

07 ★★★

평판형 전기집진기의 집진극 전압이 60kV, 집진판 간격은 30cm이다. 가스속도는 1.0m/sec, 입자의 직경은 0.5μm일 때 효율이 100%가 되는 집진극의 길이(m)를 계산하시오. (단, 입자의 이동속도 공식 및 조건은 다음에 제시된 것을 기준으로 한다.)

> 입자의 이동속도(W_e) = $\dfrac{1.1 \times 10^{-14} \times P \times E^2 \times d_p}{\mu}$
>
> P = 2
>
> $\mu = 8.63 \times 10^{-2}$ kg/m·hr

정답

7.35m

해설

(1) 입자의 이동속도 계산

$W_e = \dfrac{1.1 \times 10^{-14} \times P \times E^2 \times d_p}{\mu}$

W_e : 입자의 이동속도(m/sec)

E : 전계강도(V/m)

※ 전계강도를 구할 때에는 방전극과 집진극 사이의 거리를 기준으로 하기 때문에 집진판 간격을 2로 나누어서 식에 적용해야 한다.

d_p : 입자의 직경(μm), μ : 점성계수(kg/m·hr)

$W_e = \dfrac{1.1 \times 10^{-14} \times 2 \times \left(\dfrac{60,000V}{0.3m/2}\right)^2 \times 0.5}{8.63 \times 10^{-2}} = 0.0204 m/sec$

(2) 효율이 100%가 되는 집진극의 길이(m)

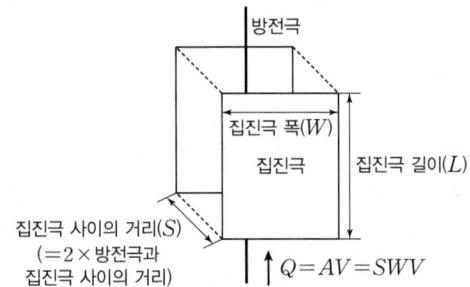

이론적 효율 = $\dfrac{A \times W_e}{Q}$

$1 = \dfrac{2WL \times W_e}{SWV} = \dfrac{2L \times W_e}{SV}$

Q : 처리가스량(m³/sec), A : 집진면적(m²)

W_e : 먼지의 겉보기 이동속도(m/sec)

입자를 완전히 제거하기 위한 이론적 효율은 1이다.

$1 = \dfrac{2L \times 0.0204}{0.3 \times 1}$

※ 이론적 효율을 구할 때 S는 집진극 사이의 거리이기 때문에 2로 나누지 않고 문제에 주어진 0.3m를 적용한다.

L = 7.353m

08 ★★★

중력집진장치의 높이와 폭이 3m이고 가스유속이 1.5m/sec일 경우 다음 조건에서 레이놀즈수를 계산하시오.

- 20℃, 1atm이다.
- 가스의 밀도: 1.3kg/Sm³
- 점성계수: 1.18×10^{-5} kg/m·sec

정답

461,936.44

해설

(1) 상당직경 계산

$$D_0 = \frac{2ab}{a+b} \quad a: 가로길이(m), \ b: 세로길이(m)$$

$$D_0 = \frac{2 \times 3 \times 3}{3+3} = 3m$$

(2) 가스의 밀도를 보정

$$\rho = \frac{1.3 \text{kg}}{\text{Sm}^3 \times \frac{273+20}{273}} = 1.2113 \text{kg/m}^3$$

(3) 레이놀즈수 계산

레이놀즈수$(Re) = \dfrac{D\rho V}{\mu}$

D: 직경(m), ρ: 밀도(kg/m³)

V: 속도(m/sec), μ: 점성계수(kg/m·sec)

$$Re = \frac{3 \times 1.2113 \times 1.5}{1.18 \times 10^{-5}} = 461,936.441$$

09 ★★☆

어느 공간에서 배출되는 CO_2의 양이 분당 0.9m³이다. 이때 공기 중 CO_2를 5,000ppm으로 유지하기 위해 필요한 환기량(m³/hr)을 계산하시오. (단, 안전계수는 10이고, CO_2의 외기농도는 0.03%이다.)

정답

114,893.62m³/hr

해설

필요한 환기량 $= \dfrac{CO_2 \text{ 발생량}}{C_{in} - C_{out}} \times 100$

C_{in}: 실내 허용농도(%), C_{out}: 외기농도(%)

이 문제에서는 CO_2 발생량의 단위(m³/min)와 필요한 환기량의 단위(m³/hr)가 다르므로 단위를 통일해야 한다.

필요한 환기량 $= \dfrac{\dfrac{0.9 \text{m}^3}{\text{min}} \times \dfrac{60 \text{min}}{\text{hr}}}{\left(5,000\text{ppm} \times \dfrac{1\%}{10,000\text{ppm}}\right) - 0.03\%} \times 100 \times 10$

$= 114,893.617 \text{m}^3/\text{hr}$

% 단위는 10^2이고, ppm 단위는 10^6이므로 1% = 10,000ppm이다.

문제의 조건에서 안전계수 10이 주어졌으므로 필요한 환기량에 10을 곱해야 한다.

10 ★★★

입자의 직경이 50μm, 밀도가 2,000kg/m³인 중력집진장치에서 가스의 유량은 10m³/sec이다. 조건이 다음과 같을 때 침강실의 길이(m)를 계산하시오.

- 집진기의 폭: 1.5m, 집진기의 높이: 1.5m
- 밑면을 포함한 평판은 10단이다.
- 효율: 100%
- 점성계수: 1.75×10^{-5}kg/m·sec
- 공기의 밀도: 1.3kg/m³
- 흐름은 층류로 가정한다.

정답

4.29m

해설

(1) 중력침강속도(V_g) 계산

$$V_g = \frac{d_p^2(\rho_p - \rho)g}{18\mu}$$

V_g: 침강속도(m/sec)
d_p: 입자의 직경(m)
$d_p = 50\mu\text{m} \times \frac{\text{m}}{10^6 \mu\text{m}} = 50 \times 10^{-6}\text{m}$
ρ_p: 입자의 밀도(kg/m³), ρ: 공기의 밀도(kg/m³)
g: 중력가속도(9.8m/sec²), μ: 점성계수(kg/m·sec)

$$V_g = \frac{(50 \times 10^{-6}\text{m})^2 \times (2{,}000 - 1.3)\text{kg/m}^3 \times 9.8\text{m/sec}^2}{18 \times 1.75 \times 10^{-5}\text{kg/m} \cdot \text{sec}}$$

$= 0.1555$m/sec

(2) 수평유속(m/sec) 계산

$Q = AV$

Q: 유량(m³/sec), A: 단면적(m²), V: 유속(m/sec)

$10 = 1.5 \times 1.5 \times V$

$V = 4.4444$m/sec

(3) 침강실의 길이(m) 계산

$$\eta = \frac{V_g}{V} \times \frac{L}{H/n}$$

η: 효율
V_g: 중력침강속도(m/sec), V: 수평유속(m/sec)
L: 침강실의 길이(m), H: 침강실의 높이(m)
n: 단수

$1 = \frac{0.1555}{4.4444} \times \frac{L}{1.5/10}$

$L = 4.287$m

11 ★★☆

세정집진장치에서 관성충돌계수가 커지는 경우를 6가지 쓰시오.

정답

① 가스유속이 빠를수록 커진다.
② 먼지입경이 클수록 커진다.
③ 처리가스의 온도가 낮을수록 커진다.
④ 가스의 점도가 낮을수록 커진다.
⑤ 분진의 밀도가 클수록 커진다.
⑥ 물방울 직경이 작을수록 커진다.

만점 KEYWORD

① 가스유속, 빠를수록
② 먼지입경, 클수록
③ 온도, 낮을수록
④ 점도, 낮을수록
⑤ 분진의 밀도, 클수록
⑥ 직경, 작을수록

2011년 1회 기출문제

01 ★★☆

보일러에서 중유(황 함량 2.5%)를 10ton/hr로 연소시키고 있다. 배출가스 중 황을 NaOH 수용액을 이용하여 처리할 때 필요한 NaOH의 양(kg/day)을 계산하시오. (단, 조건은 다음을 기준으로 한다.)

- 황은 전부 SO_2로 산화된다.
- 제거효율은 85%이다.
- 보일러는 24시간 운전한다.

정답

12,750kg/day

해설

황(S, 원자량 32) 1mol이 연소하면 이산화황(SO_2) 1mol이 생성된다.
$S + O_2 \rightarrow SO_2$
이산화황(SO_2) 1mol을 처리하기 위해서는 NaOH(분자량 40) 2mol이 필요하므로 황(S, 원자량 32) 1mol을 처리하기 위해서는 NaOH(분자량 40) 2mol이 필요하다.
$SO_2 + 2NaOH \rightarrow Na_2SO_3 + H_2O$

$$\frac{10,000kg}{hr} \times \frac{2.5}{100} \times \frac{85}{100} \times \frac{2 \times 40kg}{32kg} \times \frac{24hr}{day} = 12,750kg/day$$

02 ★★★

C: 87(중량%), H: 11(중량%), S: 2(중량%)인 중유의 $(CO_2)_{max}(\%)$를 계산하시오.

정답

16.05%

해설

이론산소량 $= 1.867C + 5.6H + 0.7S - 0.7O$
$= (1.867 \times 0.87) + (5.6 \times 0.11) + (0.7 \times 0.02) = 2.2543Sm^3/kg$

이론공기량 $= \dfrac{\text{이론산소량}}{0.21} = \dfrac{2.2543}{0.21} = 10.7348Sm^3/kg$

이론공기 중 질소량 $=$ 이론공기량 $\times 0.79$
$= 10.7348 \times 0.79 = 8.4805Sm^3/kg$

CO_2 배출량
탄소(C, 원자량 12) 1kmol이 연소하면 이산화탄소(CO_2) 1kmol이 발생한다.
$C + O_2 \rightarrow CO_2$
$12kg : 22.4Sm^3 = 0.87kg/kg : x$
$x = 1.624Sm^3/kg$

SO_2 배출량
황(S, 원자량 32) 1kmol이 연소하면 이산화황(SO_2) 1kmol이 발생한다.
$S + O_2 \rightarrow SO_2$
$32kg : 22.4Sm^3 = 0.02kg/kg : x$
$x = 0.014Sm^3/kg$

이론건연소가스량 $=$ 이론공기 중 질소량 $+$ 건연소생성물($CO_2 + SO_2$)
$= 8.4805 + 1.624 + 0.014 = 10.1185Sm^3/kg$

$(CO_2)_{max}(\%) = \dfrac{CO_2 \text{ 배출량}}{\text{이론건연소가스량}} \times 100 = \dfrac{1.624}{10.1185} \times 100 = 16.050\%$

03 ★★☆

다음 전기집진장치에서의 장애현상의 원인 및 대책을 한 가지씩 쓰시오.

(1) 2차 전류가 주기적으로 변하거나 불규칙하게 흐를 때
(2) 2차 전류가 현저히 떨어질 때
(3) 재비산현상이 일어날 때

정답

(1) ① 원인
  - 집진극에 집진된 먼지의 스파크가 심할 때 발생한다.
  - 방전극과 집진극이 변형되었을 때 발생한다.
 ② 대책
  - 분진을 충분하게 탈리시킨다.
  - 1차 전압을 스파크와 전류의 흐름이 안정될 때까지 낮추어 준다.

(2) ① 원인
  - 먼지농도가 높을 때 발생한다.
  - 먼지의 겉보기 저항이 비정상적으로 높을 때 발생한다.
 ② 대책
  - 스파크 횟수를 늘린다.
  - 조습용 스프레이의 수량을 증가시켜 겉보기 저항을 낮춘다.

(3) ① 원인
  - 비저항이 $10^4 \Omega \cdot cm$ 이하일 때 발생한다.
  - 배연시설에서 연료에 S 함유량이 많은 경우에 발생한다.
 ② 대책
  - 처리가스의 속도를 낮추어 준다.
  - 암모니아 가스를 주입한다.

만점 KEYWORD

(1) ① 원인
  - 먼지, 스파크, 심할 때
  - 방전극과 집진극의 간격, 이완
 ② 대책
  - 분진, 탈리
  - 1차 전압, 낮추어

(2) ① 원인
  - 먼지농도, 높을
  - 먼지의 겉보기 저항, 높을 때
 ② 대책
  - 스파크 횟수, 늘린다.
  - 조습용 스프레이, 증가, 겉보기 저항, 낮춘다.

(3) ① 원인
  - 비저항, $10^4 \Omega \cdot cm$, 이하
  - S 함유량, 많은
 ② 대책
  - 처리가스, 속도, 낮추어
  - 암모니아 가스, 주입

04 ★★★

조성이 다음과 같은 중유를 5kg/hr 연소하였다. 이때 실제 건조가스량 중의 SO_2 농도(ppm)를 계산하시오. (단, 표준상태이고, 공기비는 1.2이다.)

> C: 85%, H: 14%, S: 1%

정답

546.69ppm

해설

(1) 이론공기량, 과잉공기량 계산

이론산소량 $= 1.867C + 5.6H + 0.7S - 0.7O$
$= (1.867 \times 0.85) + (5.6 \times 0.14) + (0.7 \times 0.01) = 2.3780 Sm^3$

이론공기량 $= \dfrac{\text{이론산소량}}{0.21} = \dfrac{2.3780}{0.21} = 11.3238 Sm^3$

이론공기 중 질소량 = 이론공기량 $\times 0.79$
$= 11.3238 \times 0.79 = 8.9458 Sm^3$

과잉공기량 = 이론공기량 $\times$ (공기비 -1) $= 11.3238 \times (1.2 - 1)$
$= 2.2648 Sm^3$

(2) 실제건조연소가스량 계산

CO_2 배출량

C(탄소, 원자량 12) 1kmol이 연소하면 이산화탄소(CO_2) 1kmol이 발생한다.

$C + O_2 \rightarrow CO_2$

$12kg : 22.4Sm^3 = 0.85kg/kg : x$

$x = 1.5867 Sm^3/kg$

SO_2 배출량

S(황, 원자량 32) 1kmol이 연소하면 이산화황(SO_2) 1kmol이 발생한다.

$S + O_2 \rightarrow SO_2$

$32kg : 22.4Sm^3 = 0.01kg/kg : x$

$x = 0.007 Sm^3/kg$

실제건조연소가스량 = 이론공기 중 질소량 + 과잉공기량 + 건조연소생성물($CO_2 + SO_2$)
$= 8.9458 + 2.2648 + 1.5867 + 0.007 = 12.8043 Sm^3/kg$

(3) SO_2의 농도(ppm) 계산

SO_2 농도(ppm) $= \dfrac{0.007}{12.8043} \times 10^6 = 546.691 ppm$

05 ★★★

다음과 같은 여과집진장치가 가동하는 중에 1개의 bag에 구멍이 뚫려 전체 처리가스량의 1/5이 그대로 통과한 경우 입구의 먼지농도(g/Sm^3)를 계산하시오.

> - 20개의 bag을 사용한다.
> - 집진율: 95%
> - 출구의 먼지농도(150℃): $4.1g/m^3$

정답

$26.47 g/Sm^3$

해설

출구의 먼지 농도를 표준상태로 보정한다.

$\dfrac{4.1g}{m^3 \times \dfrac{273K}{(273+150)K}} = 6.3527 g/Sm^3$

입구의 먼지농도를 x라고 놓으면 다음 식이 성립한다.

$\left(x \times \dfrac{1}{5}\right) + \left(x \times \dfrac{4}{5} \times (1-0.95)\right) = 6.3527 g/Sm^3$

$x = 26.470 g/Sm^3$

※ x값은 공학용계산기의 SOLVE 기능을 이용하여 구하는 것이 편리합니다.

06 ★★☆

송풍기의 송풍량이 300m³/min, 회전수가 400rpm, 정압이 60mmH₂O, 동력이 6HP이다. 이 송풍기의 회전수가 600rpm으로 변할 때 다음을 구하시오.

(1) 정압(mmH₂O)
(2) 동력(HP)
(3) 송풍량(m³/min)

정답

(1) 135mmH₂O
(2) 20.25HP
(3) 450m³/min

해설

(1) 정압(mmH₂O) 계산

$$P_2 = P_1 \times \left(\frac{N_2}{N_1}\right)^2$$

P_1: 변경 전 압력(mmH₂O), P_2: 변경 후 압력(mmH₂O)
N_1: 변경 전 회전수(rpm), N_2: 변경 후 회전수(rpm)

$$P_2 = 60\text{mmH}_2\text{O} \times \left(\frac{600\text{rpm}}{400\text{rpm}}\right)^2 = 135\text{mmH}_2\text{O}$$

(2) 동력(HP) 계산

$$W_2 = W_1 \times \left(\frac{N_2}{N_1}\right)^3$$

W_1: 변경 전 동력(HP), W_2: 변경 후 동력(HP)
N_1: 변경 전 회전수(rpm), N_2: 변경 후 회전수(rpm)

$$W_2 = 6\text{HP} \times \left(\frac{600\text{rpm}}{400\text{rpm}}\right)^3 = 20.25\text{HP}$$

(3) 송풍량(m³/min) 계산

$$Q_2 = Q_1 \times \left(\frac{N_2}{N_1}\right)$$

Q_1: 변경 전 송풍량(m³/min), Q_2: 변경 후 송풍량(m³/min)
N_1: 변경 전 회전수(rpm), N_2: 변경 후 회전수(rpm)

$$Q_2 = 300\text{m}^3/\text{min} \times \left(\frac{600\text{rpm}}{400\text{rpm}}\right) = 450\text{m}^3/\text{min}$$

07 ★★☆

다음 조건에서 피토관 내의 배기가스 유량(m³/min)을 계산하시오.

- 굴뚝 내의 배기가스 온도: 120℃
- 굴뚝 내의 배기가스 밀도: 1.3kg/Sm³
- 피토관에 의한 동압 측정치: 15mmH₂O
- 피토관 직경: 1.2m
- 피토관 계수: 0.85

정답

1,040.73m³/min

해설

(1) 배출가스의 밀도를 주어진 온도로 보정

$$\gamma = \frac{1.3\text{kg}}{\text{Sm}^3 \times \frac{273+120}{273}} = 0.9031\text{kg/m}^3$$

(2) 배출가스의 유속 계산

$$V = C\sqrt{\frac{2gh}{\gamma}}$$

V: 배출가스 평균유속(m/sec)
C: 피토관 계수
h: 피토관에 의한 동압 측정치(mmH₂O)
g: 중력 가속도(9.8m/s²)
γ: 굴뚝 내의 배출가스 밀도(kg/m³)

$$V = 0.85\sqrt{\frac{2 \times 9.8 \times 15}{0.9031}} = 15.3364\text{m/sec}$$

(3) 배출가스의 유량 계산

$Q = AV$

Q: 유량(m³/sec)
A: 단면적(m²), V: 유속(m/sec)

$$A = \frac{\pi}{4} \times D^2 = \frac{\pi}{4} \times 1.2^2 = 1.1310\text{m}^2$$

$$Q = 1.1310\text{m}^2 \times 15.3364\text{m/sec} = 17.3455\text{m}^3/\text{sec}$$

(4) 문제에서 요구한 단위로 환산

$$Q = \frac{17.3455\text{m}^3}{\text{sec}} \times \frac{60\text{sec}}{\text{min}} = 1,040.73\text{m}^3/\text{min}$$

08 ★☆☆

유효굴뚝높이가 200m인 굴뚝에서 배출되는 가스량은 40,000m³/hr, SO_2의 농도가 1,000ppm일 때 Sutton식에 의한 최대 지표농도(ppm)를 계산하시오. (단, $K_y=K_z=1$, 풍속은 5m/sec이며, 답은 소수 셋째 자리까지 구한다.)

정답
0.013ppm

해설
$$C_{max} = \frac{2Q}{\pi e U H_e^2} \times \left(\frac{K_z}{K_y}\right)$$

C_{max}: 최대 지표농도(ppm)
Q: 오염물질 배출량(ppm·m³/sec)
※ 문제에 단위가 m³/hr로 주어졌으므로, m³/sec 단위로 변환한다.
$$Q = 1,000\text{ppm} \times \frac{40,000\text{m}^3}{\text{hr}} \times \frac{\text{hr}}{3,600\text{sec}} = 11,111.1\text{ppm·m}^3/\text{sec}$$
U: 풍속(m/sec), H_e: 유효굴뚝높이(m)
K_z: 수직방향확산계수, K_y: 수평방향확산계수
$$C_{max} = \frac{2 \times (11,111.1\text{ppm·m}^3/\text{sec})}{\pi \times e \times 5\text{m/sec} \times (200\text{m})^2} \times \left(\frac{1}{1}\right) = 0.0130\text{ppm}$$

09 ★☆☆

다음 물음에 답하시오.
(1) 반응속도의 의미를 서술하시오.
(2) 1차 반응속도식을 쓰시오. (단, 반응시간과 농도와의 관계를 포함한다.)
(3) 2차 반응속도식을 쓰시오. (단, 반응시간과 농도와의 관계를 포함한다.)

정답
(1) 시간의 변화에 따른 반응물질의 농도변화로 반응물질의 농도를 측정하여 반응차수가 결정되며 차수에 따라 반응속도식이 결정된다.
(2) $\ln\frac{C_t}{C_o} = -k \times t$
   C_o: 초기농도, C_t: t시간 후의 반응물질 농도
   k: 반응속도상수, t: 시간
(3) $\frac{1}{C_t} - \frac{1}{C_o} = k \times t$
   C_o: 초기농도, C_t: t시간 후의 반응물질 농도
   k: 반응속도상수, t: 시간

만점 KEYWORD
(1) 시간의 변화, 반응물질의 농도변화, 반응차수, 반응속도식

10 ★★☆

세정집진장치에서 관성충돌계수가 커지는 경우를 6가지 쓰시오.

[정답]
① 가스유속이 빠를수록 커진다.
② 먼지입경이 클수록 커진다.
③ 처리가스의 온도가 낮을수록 커진다.
④ 가스의 점도가 낮을수록 커진다.
⑤ 분진의 밀도가 클수록 커진다.
⑥ 물방울 직경이 작을수록 커진다.

만점 KEYWORD
① 가스유속, 빠를수록
② 먼지입경, 클수록
③ 온도, 낮을수록
④ 점도, 낮을수록
⑤ 분진의 밀도, 클수록
⑥ 직경, 작을수록

11 ★☆☆

직경이 50μm인 입자의 표면에 수분이 존재할 경우 입자 간 부착한 액에 의해 표면장력이 작용하는 경우 다음 조건을 기준으로 결합력(N)을 계산하시오.

- 결합력(F) $= \pi \times d_p \times T$
- 표면장력: 72.8dyne/cm

[정답]
1.14×10^{-5} N

[해설]
$F = \pi \times d_p \times T$
F: 결합력(N)
d_p: 입자의 직경(m)
$d_p = 50\mu m = 50 \times 10^{-6}$ m
T: 표면장력(kg/sec²)

1dyne는 질량 1g의 물체에 작용하여 1cm/sec²의 가속도가 생기게 되는 힘으로 단위는 g·cm/sec²이다.

$$T = \frac{72.8 \text{dyne}}{\text{cm}} = \frac{\frac{72.8 \text{g} \cdot \text{cm}}{\text{sec}^2}}{\text{cm}} = \frac{72.8 \text{g}}{\text{sec}^2} \times \frac{\text{kg}}{1{,}000 \text{g}} = 0.0728 \text{kg/sec}^2$$

$F = \pi \times (50 \times 10^{-6}) \text{m} \times 0.0728 \text{kg/sec}^2$
$\quad = 1.144 \times 10^{-5}$ kg·m/sec² $= 1.144 \times 10^{-5}$ N

※ N의 단위는 kg·m/sec²이다.

에듀윌이
너를
지지할게
ENERGY

내가 꿈을 이루면
나는 누군가의 꿈이 된다.

– 이도준

여러분의 작은 소리
에듀윌은 크게 듣겠습니다.

본 교재에 대한 여러분의 목소리를 들려주세요.
공부하시면서 어려웠던 점, 궁금한 점,
칭찬하고 싶은 점, 개선할 점, 어떤 것이라도 좋습니다.

에듀윌은 여러분께서 나누어 주신 의견을
통해 끊임없이 발전하고 있습니다.

에듀윌 도서몰 book.eduwill.net
- 부가학습자료 및 정오표: 에듀윌 도서몰 → 도서자료실
- 교재 문의: 에듀윌 도서몰 → 문의하기 → 교재(내용, 출간) / 주문 및 배송

2026 에듀윌 대기환경기사 실기 2주끝장

발 행 일	2025년 12월 4일 초판
편 저 자	이찬범
펴 낸 이	양형남
개발책임	목진재
개 발	나현아
펴 낸 곳	(주)에듀윌
I S B N	979-11-360-4053-4
등록번호	제25100-2002-000052호
주 소	08378 서울특별시 구로구 디지털로34길 55 코오롱싸이언스밸리 2차 3층

* 이 책의 무단 인용·전재·복제를 금합니다.

www.eduwill.net
대표전화 1600-6700